Rainer Geißler
Werner Kammerloher
Hans Werner Schneider

**Berechnungs- und
Entwurfsverfahren der
Hochfrequenztechnik 2**

Rainer Geißler
Werner Kammerloher
Hans Werner Schneider

Berechnungs- und Entwurfsverfahren der Hochfrequenztechnik 2

Mit 67 Beispielen, 49 Übungsaufgaben
und 239 Abbildungen

Die Deutsche Bibliothek – CIP-Einheitsaufnahme

Geißler, Rainer:
Berechnungs- und Entwurfsverfahren der Hochfrequenztechnik /
Rainer Geißler; Werner Kammerloher; Hans Werner Schneider. –
Braunschweig; Wiesbaden: Vieweg.
      (Viewegs Fachbücher der Technik)

NE: Kammerloher, Werner:; Schneider, Hans Werner:

2. Mit 67 Beispielen, 49 Übungsaufgaben. – 1994
      ISBN-13: 978-3-528-04943-0   e-ISBN-13: 978-3-322-84919-9
      DOI: 10.1007/978-3-322-84919-9

Umschlaggestaltung: Klaus Birk, Wiesbaden

Gedruckt auf säurefreiem Papier

ISBN-13: 978-3-528-04943-0

Vorwort

Das vorliegende aus zwei Teilbänden bestehende Lehrbuch ist für Studierende der Nachrichtentechnik an Fachhochschulen und Universitäten konzipiert. Es dient als Ergänzung der bekannten Hochfrequenzbücher (siehe Literaturverzeichnis), bei denen auf Grund der Stoffülle die Herleitungen äußerst knapp gehalten sind.

Durch die Betrachtung nur einiger weniger Anwendungsfälle der HF-Technik ist es möglich, ausführliche (nachvollziehbare) Ableitungen durchzuführen und zum besseren Verständnis viele durchgerechnete Beispiele und Übungsaufgaben (Kleindruck) vorzusehen. Auch bei den Übungsaufgaben, deren Lösungen im Anhang zusammengestellt sind, wurde eine ausführliche Form des Lösungsweges angestrebt. Wo der inhaltliche Rahmen des Buches gesprengt wird, ist auf Darstellungen in der weiterführenden Literatur verwiesen (z. B. Computerprogramme).

Vorausgesetzt werden für Band I mathematische Kenntnisse über komplexe Rechnung, Differential- und Integralrechnung sowie Fourierreihen (Niveau: Fachhochschulvordiplom in Elektrotechnik). Für Band II werden zusätzlich Differentialgleichungen und die Feldtheorie benötigt.

Band I beinhaltet die wichtigsten HF-Berechnungsverfahren (Frequenzumsetzung, Filterung, Verstärkung und Oszillation) von Ersatzschaltungen mit diskreten Bauelementen. Außerdem werden in Band I (Kap. 7) das Kreis- und das Smithdiagramm für eine Schaltungssynthese vorgestellt, während die Dimensionierung bzw. Optimierung (heute in der Praxis mit Computerhilfe) mit den normierten Wellen des Kap. 9 (Band II) erfolgt. Weiterhin behandelt Band 2 die Wellenausbreitung bzw. -übertragung (spezielle Leitungsarten und Antennen).

Der in den beiden Bänden dargestellte Stoff bietet somit eine Einführung in die HF-Technik sowie ihrer Berechnungsmethoden.

Den Mitarbeitern des Vieweg-Verlags danken wir für die sorgfältige Anfertigung der Zeichnungen und des Satzes.

Den Benutzern des Buches, vor allem aus dem Kreis der Studenten, danken wir im voraus für Verbesserungsvorschläge.

R. Geißler, W. Kammerloher, H. W. Schneider

Neu-Anspach, Frankfurt und Bad Orb,
im April 1994

Inhaltsverzeichnis

Inhaltsübersicht Band 1

8 Leitungswellen vom Lecher-Typ [10, 12, 54−56, 62, 63]

Der Name Lecherleitungswelle wurde zu Ehren von Herrn E. Lecher eingeführt, der vor ca. 100 Jahren an Paralleldrahtleitungen meßtechnisch die Wellenlänge elektromagnetischer Schwingungen bestimmte. Bild 8-1a zeigt das Prinzipbild einer Parallel-, Doppel- oder Zweidrahtleitung. Das Hauptanwendungsgebiet von parallelverlaufenden Leitungen ist die Energieübertragung in der Hochspannungstechnik. In der Hochfrequenztechnik werden symmetrische Paralleldrahtleitungen nur bei relativ niedrigen Frequenzen (bis Anfang des MHz-Bereiches) verwendet, weil die Abstrahlverluste bei höheren Frequenzen so groß werden, daß die Zweidrahtleitung als Antenne wirkt. Bei niedrigen Frequenzen hat die Paralleldrahtleitung sogar Vorteile gegenüber der Koaxialleitung, nämlich geringere Dämpfung und niedrigere Kosten. Schirmt man die Zweidrahtleitung, wie in Bild 8-1b skizziert, mit einem Metallaußenmantel ab, dann vergrößern sich die Dämpfungswerte, weil jetzt zusätzliche Ströme im Außenmantel fließen. Damit ergeben sich höhere Verluste als bei der Koaxialleitung.

Durch ein Verdrillen von zwei isolierten Leitungen läßt sich ein Schutz gegen magnetische Störfelder herstellen; außerdem verringert man damit das Außenfeld der Zweidrahtleitung. Im Fernmeldebereich ist die in Bild 8-1c dargestellte symmetrische Vierdrahtleitung (Sternvierer) im Einsatz, die eine höhere Übersprechdämpfung und damit kleinere Nebensprechkopplung bewirkt. Mehrere dieser Sternvierer können zu einem Fernmeldekabel gehören. Diese verseilten Sternvierer, die aus zwei gekreuzten Paralleldrahtleitungen aufgebaut sind, werden bis zu Frequenzen von ca. 550 kHz verwendet [10].

Bei höheren Frequenzen (z. B. Fernsehbildsignale bei 5 MHz) sind statt der Paralleldraht-Koaxialleitungen (Bild 8-1d) im Einsatz. Elektrisch günstig als Dielektrika von Koaxialkabeln wären Luft- oder Gasfüllungen. Aus Festigkeitsgründen und zur Zentrierung des Innenleiters verwendet man dagegen meistens Kunststoffdielektrika.

Die in Bild 8-1 skizzierten Leitungen lassen sich mit Leitungswellen vom Lecher-Typ beschreiben. Die Lecherleitungswelle wird auch als Grundwelle bezeichnet. Mit Hilfe der Feldtheorie (Maxwellsche Gleichungen) lassen sich theoretisch die Leitungswellen berechnen. Man erhält bei sechs vorhandenen Feldkomponenten (bei rotationssymmetrischen Leitungen wie z. B. bei Koaxialkabeln vermindert sich die Anzahl) ein gekoppeltes System aus sechs partiellen Differentialgleichungen zweiter Ordnung, die an bestimmte Randbedingungen angepaßt werden müssen. Dieser Lösungsweg ist sehr aufwendig und schwierig, so daß bis jetzt nur die Koaxialleitung damit exakt berechnet wurde [60]. Bei der Berechnung der Paralleldrahtleitung mußten Vernachlässigungen eingeführt werden, um auf eine geschlossene Lösung zu kommen [61].

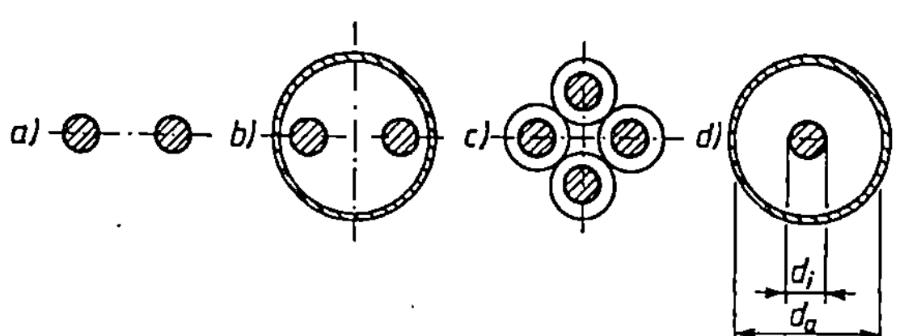

Bild 8-1
Prinzipdarstellungen von „Lecherleitungen"
a) Zweidrahtleitung
b) Geschirmte Zweidrahtleitung
c) Vierdrahtleitung (Sternvierer)
d) Koaxialleitung

Um auf die komplizierte Feldtheorie verzichten zu können, hat man mathematische Modelle zur Beschreibung der Lecherleitungswellen eingeführt. Ein Näherungsmodell arbeitet mit TEM-Wellen. Die TEM-(transversal-elektrisch-magnetische) Welle ist eine Leitungswelle, deren magnetisches und elektrisches Feld nur in Querrichtung liegt; sie besitzt also keine magnetischen oder elektrischen Feldkomponenten in Richtung der Wellenausbreitung. Dies ist theoretisch nur möglich, wenn bei den Leitern eine unendlich gute Leitfähigkeit ($\varkappa = \infty$) vorausgesetzt wird. Diese Voraussetzung kann in der Praxis selbst bei Supraleitfähigkeit nie exakt eintreten [59]. Weiterhin ist bei TEM-Wellen das Leiterinnere feldfrei, d. h. z. B. bei der Koaxialleitung, daß im Innen- und Außenleiter keine elektrischen und magnetischen Feldstärken vorhanden sind. Diese Voraussetzung ist bei höheren Frequenzen sehr gut erfüllt, denn durch den Stromverdrängungs- oder Skineffekt kann der Leiter in guter Näherung als feldfrei angesehen werden. Mit wachsender Frequenz nimmt die Stromverdrängung zu, so daß z. B. bei der Koaxialleitung der Strom nur noch in einer dünnen Oberflächenschicht des Innen- und Außenleiters (Innenfläche) fließen kann. Um die Verluste dieser Leitungen gering zu halten, werden die Oberflächen meistens versilbert. Zur Berechnung des Skineffekts benutzt man eine äquivalente Leitschichtdicke δ (auch Eindringtiefe genannt), in der theoretisch der Strom fließen soll. Mit dem Modell, daß der Strom gleichmäßig verteilt in einer Schicht der Dicke δ fließt, lassen sich die Widerstandswerte der Leiter berechnen. Natürlich sind auch noch Ströme (bzw. Felder) unterhalb der theoretischen Schicht der Dicke δ vorhanden, die aber mit wachsender Entfernung von der Leiteroberfläche exponentiell abnehmen. Als „Kochrezept" für die Silber- oder Goldschicht zur Reduzierung der ohmschen Verluste gilt:

Diese Schichten zur Verbesserung der Leitfähigkeit sollen mindestens 5δ dick sein.

Bei der praktischen Berechnung mit dem TEM-Wellenmodell muß man vor allem bei hohen Frequenzen beachten, ob auch wirklich eine transversal-elektrisch-magnetische Welle vorliegt. Die Koaxialleitung z. B. wirkt ab einer bestimmten Grenzfrequenz als Rundhohlleiter (s. Kapitel 10), besitzt also Feldkomponenten in Ausbreitungsrichtung der Welle. Die Berechnung der Koaxialleitung mit dem TEM-Wellenmodell ist also nur sinnvoll, wenn man die Abmessungen der Koaxialleitung so dimensioniert, daß nur die TEM-Welle (Grundmode) und keine weiteren Wellen mit axialen Komponenten (E_{mn}- und H_{mn}-Wellen) ausbreitungsfähig sind. Da die H_{11}-Welle die niedrigste Grenzfrequenz besitzt, muß die Koaxialleitung unterhalb der kritischen Frequenz der H_{11}-Welle betrieben werden. Näherungsweise gilt für eine reine TEM-Wellenausbreitung nach [12] die Beziehung

$$d_\mathrm{a} + d_\mathrm{i} < \frac{2c}{f \cdot \pi \cdot \sqrt{\varepsilon_\mathrm{r}}} \cdot \tag{8/1}$$

Die Größen d_a und d_i sind die Außen- und Innendurchmesser der Koaxialleitung (s. Bild 8-1 d).

Bei der Berechnung von TEM-Wellen (gekoppeltes System zweier Differentialgleichungen erster Ordnung) kommen die konforme Abbildung (s. Kapitel 7.6), das Spiegelungsprinzip oder die Variationsrechnung zur Anwendung. Als grafisches Verfahren eignet sich die „Kästchenmethode". Für experimentelle Untersuchungen ist der elektrolytische Trog im Einsatz.

Die TEM-Wellenberechnung gilt also für folgende Voraussetzungen: Der Leiter ist verlustlos ($\varkappa = \infty$), und es existieren keine Feldkomponenten in Ausbreitungsrichtung (aus den Lecherwellen werden formal TEM-Wellen). Das Leiterinnere muß bei TEM-Wellen feldfrei sein; dies ist näherungsweise bei starkem Skineffekt gut erfüllt.

Man erkennt an diesen Voraussetzungen, daß bei den TEM-Wellenberechnungen physikalische Näherungen eingeführt wurden.

Auch beim zweiten Modell der Leitungswellen müssen Näherungen benutzt werden: Die Feldkomponenten im Leiterinneren werden vernachlässigt. Im Gegensatz zum TEM-Wellenmodell dürfen die Leiter aber ohmsche Verluste aufweisen. Damit kann man die Leitungsgleichungen (s. Kapitel 8.1) ableiten. Sie bestehen wie die TEM-Gleichungen aus einem gekoppelten System zweier Differentialgleichungen erster Ordnung.

Mit den Leitungs- und den TEM-Wellengleichungen lassen sich folgende Größen einer Leitung ermitteln: Wellenwiderstand, Kopplung und Ausbreitungsgeschwindigkeit.

Die Streuparameter erhält man mit der Leitungstheorie für den gesamten Frequenzbereich ($f = 0$ bis zu hohen Frequenzen), während die TEM-Wellentheorie die Streuparameter nur bei hohen Frequenzen mit ausreichender Genauigkeit liefert. Nur mit der Leitungstheorie lassen sich die Dämpfungs- und Dispersionswerte einer Lecherleitung berechnen.

- **Beispiel 8/1:** Gegeben ist das in Bild 8-2a dargestellte Koaxialkabel, das als verlustlos angenommen wird. Weiterhin wird ein starker Skineffekt (genügend hohe Frequenz) vorausgesetzt, so daß die Leiter in guter Näherung als feldfrei aufgefaßt werden können. Dann existiert zwischen Innen- und Außenleiter eine radial gerichtete elektrische Feldstärke E_r, während die magnetischen Feldlinien auf konzentrischen Kreisen um den Innenleiter verlaufen (s. Bild 8-2b).
  a) Berechnen Sie die Kapazität pro Längeneinheit (Kapazitätsbelag) der leerlaufenden Koaxialleitung.
  b) Ermitteln Sie die Induktivität pro Längeneinheit (Induktivitätsbelag) der kurzgeschlossenen Koaxialleitung.
  c) Skizzieren Sie für ein kleines Leitungsstück Δz ein Ersatzschaltbild der verlustlosen Koaxialleitung.

Lösung:

a) Die Kapazität $C = Q/U$ gibt an, wie groß die in einem Kondensator (leerlaufende Koaxialleitung $\hat{=}$ Zylinderkondensator) gespeicherte Ladung ist, wenn er auf Grund dieser Ladung eine Klemmenspannung U aufweist. Die Berechnung wird mit dem elektrostatischen Feld durchgeführt. Das elektrostatische Feld ist ein elektrisches Feld, das bei ruhenden Ladungen im nichtleitenden Medium (Dielektrikum) auftritt. Zwecks Berechnung gibt man gedanklich eine positive Ladung Q auf den Innenleiter (der Außenleiter besitzt eine negative Ladung) und wendet den Gaußschen Satz der Elektrostatik an:

$$(1) \quad Q = \oiint \vec{D} \cdot \mathrm{d}\vec{A},$$

mit der elektrischen Erregung

$$(2) \quad \vec{D} = \varepsilon \vec{E}.$$

Für unsere einfache Zylindermantelfläche (s. Bild 8-2c) läßt sich (1) geometrisch auswerten.

$$Q = \oiint \vec{D} \cdot \mathrm{d}\vec{A} = D_r \cdot \underbrace{2\pi l_{\text{ges}} r}_{\text{Zylindermantelfläche}} \Rightarrow D_r = \frac{Q}{2\pi l_{\text{ges}} r}.$$

$$Aus\ (2) \Rightarrow E_r = \frac{D_r}{\varepsilon} = \frac{Q}{2\pi \varepsilon l_{\text{ges}} r}.$$

Die Spannung $U = \int \vec{E} \cdot \mathrm{d}\vec{s}$ zwischen Innen- und Außenleiter berechnet sich damit zu

$$U = \int_{r_i}^{r_a} E_r\, \mathrm{d}r = \frac{Q}{2\pi \varepsilon l_{\text{ges}}} \cdot \int_{r_i}^{r_a} \frac{\mathrm{d}r}{r} = \frac{Q}{2\pi \varepsilon l_{\text{ges}}} \cdot \ln\left(\frac{r_a}{r_i}\right).$$

$$(3) \quad C = \frac{Q}{U} = \frac{2\pi \varepsilon l_{\text{ges}}}{\ln\left(\dfrac{r_a}{r_i}\right)} = \frac{2\pi \varepsilon l_{\text{ges}}}{\ln\left(\dfrac{d_a}{d_i}\right)} \Rightarrow C' = \frac{C}{l_{\text{ges}}} = \frac{2\pi \varepsilon}{\ln\left(\dfrac{d_a}{d_i}\right)}$$

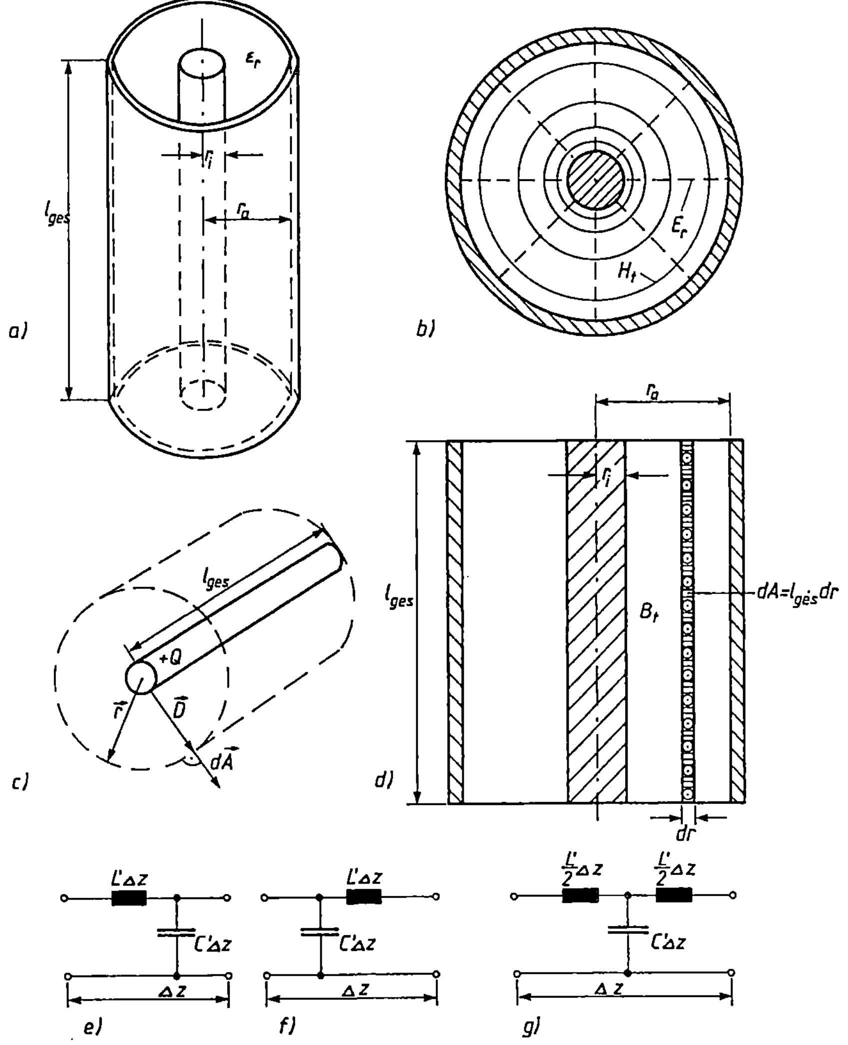

Bild 8-2 Verlustlose Koaxialleitung

a)   Prinzipieller Aufbau

b)   Feldverteilung

c)   Elektrostatisches Feldmodell zur Berechnung der Kapazität

d)   Magnetisches Feldmodell zur Berechnung der Induktivität

e)—g) Ersatzschaltbilder eines kleinen Leitungsstücks der Länge Δz

b) Läßt man einen Gleichstrom I durch die kurzgeschlossene Koaxialleitung fließen, so wird ein magnetischer Fluß $\Phi(I)$ erzeugt, der mit der Induktion $\vec{B}$ in folgendem Zusammenhang steht:

(4) $\Phi = \iint \vec{B} \cdot d\vec{A}$.

Weiterhin gilt (s. Grundlagen der Elektrotechnik).

(5) $\vec{B} = \mu_0 \mu_r \vec{H}$,

(6) $\oint \vec{H} \cdot d\vec{s} = \sum I$ (Durchflutungssatz),

(7) $L = \dfrac{\Phi(I)}{I}$.

Da wir das Kabel für starken Skineffekt betrachten wollen (Leiterinnere magnetisch feldfrei), brauchen wir auch für den Gleichspannungsabfall die magnetischen Felder im Leiterinneren nicht zu betrachten. Aus (6) folgt für $r_i < r < r_a$:

$$\oint \vec{H} \cdot \mathrm{d}\vec{s} = \sum I = I ,$$

$$(8) \quad \underbrace{2\pi r H_t}_{\substack{\text{auf einer} \\ \text{Kreisbahn}}} = I \Rightarrow H_t = \frac{I}{2\pi r} \;\overset{\text{tangential}}{}$$

Für das Dielektrikum der Koaxialleitung gilt $\mu_r = 1$.

Aus (5) und (8) $\Rightarrow$

$$(9) \quad B_t = \mu_0 H_t = \frac{\mu_0 I}{2\pi r} .$$

Aus (4) $\Rightarrow \mathrm{d}\Phi = B_t \cdot \mathrm{d}A = \underbrace{B_t l_{\text{ges}} \, \mathrm{d}r}_{\text{s. Bild 8-2d}} = \frac{\mu_0 I}{2\pi r} \cdot l_{\text{ges}} \, \mathrm{d}r ,$

$$(10) \quad \Phi = \int_{r_i}^{r_a} B_t l_{\text{ges}} \, \mathrm{d}r = \frac{\mu_0 I l_{\text{ges}}}{2\pi} \cdot \int_{r_i}^{r_a} \frac{\mathrm{d}r}{r} = \frac{\mu_0 I l_{\text{ges}}}{2\pi} \cdot \ln\left(\frac{r_a}{r_i}\right) = \frac{\mu_0 I l_{\text{ges}}}{2\pi} \ln\left(\frac{d_a}{d_i}\right) .$$

(10) in (7):

$$(11) \quad L = \frac{\mu_0 l_{\text{ges}}}{2\pi} \cdot \ln\left(\frac{d_a}{d_i}\right) \Rightarrow L' = \frac{L}{l_{\text{ges}}} = \frac{\mu_0}{2\pi} \cdot \ln\left(\frac{d_a}{d_i}\right) .$$

c) Bei den quasistationären Berechnungen konnten wir die Raumteile mit magnetischer Induktion eindeutig von den Raumteilen mit elektrischer Feldstärke trennen. Für die Aufstellung eines Ersatzschaltbildes betrachtet man Einzelstücke der homogenen Koaxialleitung. Werden diese Einzelstücke gedanklich immer kleiner (z. B. Δz), so verkleinert sich auch das Zeitintervall für die Ausbreitung entlang dieser Leitungslänge Δz. In transversaler Richtung kann man den Wellencharakter vernachlässigen, wenn man den Abstand zwischen Innen- und Außenleiter der Koaxialleitung sehr viel kleiner als eine Wellenlänge macht. Damit erhalten wir die beiden unsymmetrischen Ersatzschaltbilder 8-2e und f). Als symmetrisches Ersatzschaltbild eignet sich z. B. die in Bild 8-2g skizzierte T-Schaltung, möglich wäre auch noch eine äquivalente π-Schaltung. Da wir die Berechnung im nächsten Kapitel für den Grenzübergang $\Delta z \rightarrow \mathrm{d}z$ durchführen, ist es gleichgültig, welches Näherungsmodell wir für die Ableitung verwenden.

Den Kapazitäts- bzw. Induktivitätsbelag erhielten wir dadurch, daß wir den Kapazitäts- bzw. Induktivitätswert durch den Längenwert l_{ges} der Koaxialleitung dividierten. Deshalb müssen wir bei unseren Δz-Leitungsstücken L' und C' mit Δz multiplizieren, um Kapazitäts- und Induktivitätswerte bei unseren Ersatzschaltbildern zu erhalten.

Mit $Q = C \cdot U$ und $\Phi = L \cdot I$ ergeben sich für Spannungs- bzw. Stromänderungen

$$(12) \quad \Delta Q = C \cdot \Delta U = C' \Delta z \, \Delta U \quad \text{und}$$

$$(13) \quad \Delta\Phi = L \cdot \Delta I = L' \Delta z \, \Delta I .$$

Beschreibt man eine Leitungslänge l_{ges} mit beliebig vielen LC-Ersatzschaltbildern, dann kann man sich qualitativ die Ausbreitung einer Welle folgendermaßen vorstellen:

Eine Stromänderung ΔI durch eine Teilinduktivität $L' \Delta z$ führt nach (13) zu einer Flußänderung $\Delta\Phi$. Nach dem Induktionsgesetz ändert sich damit auch die Induktionsspannung an der Induktivität. Die Spannungsänderung ΔU bewirkt an der folgenden Kapazität $C' \Delta z$ nach (12) eine Ladungsänderung ΔQ. Durch die Ladungsänderung ändert sich auch der Strom um ΔI, und die darauffolgende Induktivität reagiert wieder mit einer Flußänderung $\Delta\Phi$. So pflanzt sich eine Welle vom Ein- zum Ausgang der Leitung fort.

8.1 Ableitung der Leitungsgleichungen

Mit den Ersatzschaltungen der Bilder 8-2e bis g) konnte eine verlustlose Koaxialleitung beschrieben werden. Auch die restlichen „Lecherleitungen" (s. Bild 8-1) lassen sich mit den gleichen Ersatzschaltbildern beschreiben, aber natürlich mit anderen Werten für L' und C'. Vernachlässigt wurden bis jetzt die Verluste in den Leitern und im Dielektrikum. Wegen des Skineffekts sind die ohmschen Leiterverluste frequenzabhängig. Da mit wachsender Frequenz der Skineffekt zunimmt und dadurch die wirksame Querschnittsfläche für den Strom abnimmt, erhöht sich der Widerstand. Auch dieser Widerstand R wird auf die Leitungslänge l_{ges} bezogen, und man erhält den Widerstandsbelag $R' = R/l_{\text{ges}}$. Die Verluste des Dielektrikums können durch einen Querleitwert G beschrieben werden. Dividiert man wieder durch die Leitungslänge l_{ges} der homogenen Leitung, dann ergibt sich der sogenannte Ableitungsbelag $G' = G/l_{\text{ges}}$. Berücksichtigt man z. B. in Bild 8-2e die Verluste, dann erhält man für ein kleines Leitungsstück Δz einer homogenen „Lecherleitung" das Ersatzschaltbild 8.1-1a. Eine verlustbehaftete „Lecherleitung" der Länge l_{ges} läßt sich näherungsweise durch n Ersatzschaltbilder 8.1-1a aufbauen (s. Bild 8.1-1b). Je größer n gewählt wird, desto besser ist die Approximation mit konzentrierten Bauelementen. Wählt man $n \to \infty$, dann geht Δz in die differentielle Leitungslänge dz über. Da die Berechnung von Einschwingvorgängen auf verlustbehafteten Leitungen (Differentialgleichung bzw. Laplacetransformation) für einen Einstieg in die Leitungstheorie zu kompliziert ist, wollen wir theoretisch so lange warten, bis alle Einschwingvorgänge abgeklungen sind, d. h. wir betrachten nur den eingeschwungenen Zustand (in der Praxis meistens schon nach einigen ms erreicht). Die partikuläre oder spezielle Lösung einer Differentialgleichung beschreibt diesen eingeschwungenen Zustand. Lag ein harmonisches Störglied (Eingangsgröße) der Differentialgleichung vor, so dürfen wir den partikulären

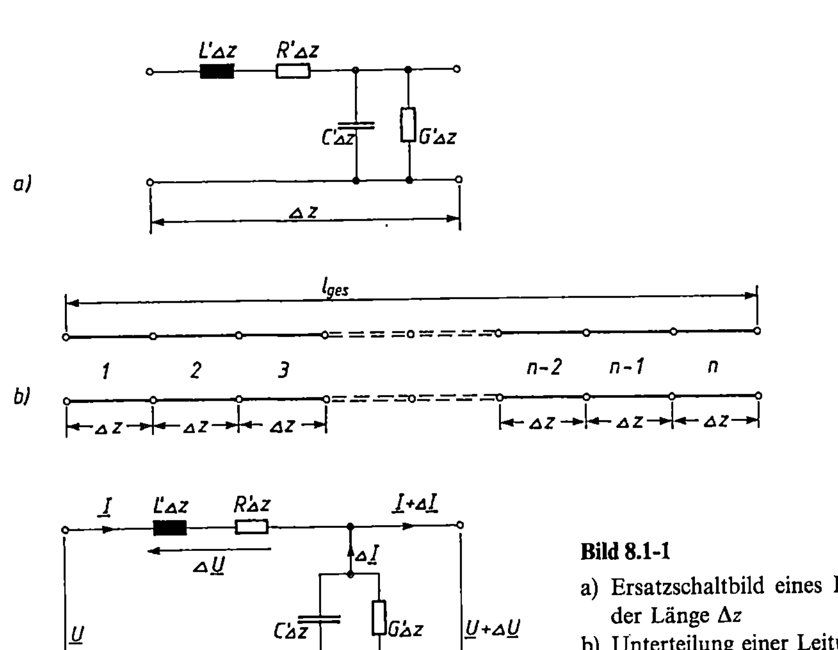

Bild 8.1-1

a) Ersatzschaltbild eines Leitungsstücks der Länge Δz

b) Unterteilung einer Leitung in n Leitungsabschnitte

c) Berechnungsmodell für den eingeschwungenen Zustand

Lösungsweg mit Hilfe der komplexen Rechnung durchführen; d. h., wählen wir sinus- oder kosinusförmige Spannungen und Ströme, dann können wir für die komplizierte Leitungstheorie die relativ einfache komplexe Rechnung benutzen. Trägt man in Bild 8.1-1a die komplexen Spannungen und Ströme ein, dann ergibt sich Bild 8.1-1c. Ein Maschenumlauf in Bild 8.1-1c liefert

$$\sum \underline{U} = 0 = -\underline{U} + (R' + j\omega L')\,\Delta z\,\underline{I} + \underline{U} + \Delta\underline{U} \Rightarrow \frac{\Delta\underline{U}}{\Delta z} = -(R' + j\omega L')\,\underline{I}, \qquad (8.1/1)$$

während die Knotenpunktregel

$$\sum \underline{I} = 0 = \underline{I} - (G' + j\omega C')\,\Delta z(\underline{U} + \Delta\underline{U}) - \underline{I} - \Delta\underline{I}$$
$$\Rightarrow \frac{\Delta\underline{I}}{\Delta z} = -(G' + j\omega C')\,(\underline{U} + \Delta\underline{U}) \qquad (8.1/2)$$

zur Folge hat. Für den Grenzübergang $n \to \infty$ (s. Bild 8.1-1b) ergibt sich $\Delta z \to dz$ und alle Differenzengrößen in Bild 8.1-1c werden zu Differentialen: $\Delta\underline{U} \to d\underline{U}$, $\Delta\underline{I} \to d\underline{I}$.

Den Term $\Delta\underline{U} \approx d\underline{U}$ in (8.1/2) darf man vernachlässigen.

$$\text{Aus } (8.1/1) \Rightarrow \frac{d\underline{U}}{dz} = -(R' + j\omega L')\,\underline{I}, \qquad (8.1/3)$$

$$\text{Aus } (8.1/2) \Rightarrow \frac{d\underline{I}}{dz} = -(G' + j\omega C')\,\underline{U}. \qquad (8.1/4)$$

Ströme und Spannungen entlang der Leitung in Bild 8.1-1c sind Funktionen des Ortes und der Zeit. Die Gln. (8.1/3) und (8.1/4) sind ein System partieller Differentialgleichungen erster Ordnung, in dem Strom und Spannung miteinander verkoppelt sind. Diese Art gekoppelter Differentialgleichungssysteme beschreibt in der Physik Ausbreitungsvorgänge, die nur von einer Koordinatenrichtung (z) abhängig sind (z. B. die Wärmeleitung). Deshalb kann die Lösung mit den gleichen Ansätzen erfolgen wie schon bei den bekannten physikalischen Ausbreitungsvorgängen. Zuerst wird (8.1/3) differenziert und danach (8.1/4) eingesetzt:

$$\frac{d^2\underline{U}}{dz^2} = -(R' + j\omega L') \cdot \underbrace{\frac{d\underline{I}}{dz} = (R' + j\omega L')\,(G' + j\omega C')\,\underline{U}}_{\text{aus }(8.1/4)} = \underline{\gamma}^2\underline{U}. \qquad (8.1/5)$$

Die in (8.1/5) benutzte Abkürzung $\underline{\gamma}^2$ beschreibt die Fortpflanzung einer Leitungswelle. Diese komplexe Fortpflanzungskonstante $\underline{\gamma}$ läßt sich in einen Realteil (Dämpfungskonstante α) und einen Imaginärteil (Phasenkonstante β) zerlegen.

$$\text{Aus } (8.1/5) \Rightarrow \underline{\gamma} = \alpha + j\beta = \sqrt{(R' + j\omega L')\,(G' + j\omega C')}. \qquad (8.1/6)$$

Die homogene Differentialgleichung

$$\frac{d^2\underline{U}}{dz^2} - \underline{\gamma}^2\underline{U} = 0 \qquad (8.1/7)$$

läßt sich mit dem einfachen e-Ansatz (s. [1]) lösen ($\underline{K}_1$ und $\underline{K}_2$ sind beliebige Konstanten).

$$\underline{U} = \underline{K}_1 \cdot e^{\gamma z} + \underline{K}_2 \cdot e^{-\gamma z} = \underbrace{\underline{K}_1 \cdot e^{\alpha z} \cdot e^{j\beta z}}_{} + \underbrace{\underline{K}_2 \cdot e^{-\alpha z} \cdot e^{-j\beta z}}_{} \tag{8.1/8}$$

Welle in negativer z-Richtung mit gedämpfter Amplitude *Welle in positiver z-Richtung mit gedämpfter Amplitude*

$$\underline{K}_1 = \underbrace{\underline{U}_{r0}}_{} \qquad \underline{K}_2 = \underbrace{\underline{U}_{h0}}_{}$$

rücklaufende Spannung an der Stelle $z = 0$ *hinlaufende Spannung an der Stelle $z = 0$*

$$\underline{U}(z = 0) = \underline{U}_0 = \underline{K}_1 + \underline{K}_2 = \underline{U}_{r0} + \underline{U}_{h0} \,. \tag{8.1/9}$$

Da unsere verlustbehaftete Leitung ein passives Bauelement ist, kann eine Verstärkung (Vergrößerung der Amplitude) nicht vorkommen. Mit dieser Überlegung läßt sich in (8.1/8) sofort herausfinden, welcher Anteil für die Ausbreitung in positiver z-Richtung ($e^{-\alpha z}$: z muß positiv eingesetzt werden, damit $e^{-\alpha z} < 1$) bzw. in negativer z-Richtung ($e^{\alpha z}$: z muß negativ eingesetzt werden, damit $e^{\alpha z} < 1$) zuständig ist.

$$\underline{U} = \underbrace{\underline{U}_{r0} \cdot e^{\gamma z}}_{\underline{U}_r} + \underbrace{\underline{U}_{h0} \cdot e^{-\gamma z}}_{\underline{U}_h} = \underline{U}_r + \underline{U}_h \tag{8.1/10}$$

In (8.1/10) steht der Index h für die hinlaufende und der Index r für die rücklaufende Welle. Der Zeiger der hinlaufenden Spannungswelle wird bei wachsendem z im Uhrzeigersinn gedreht ($e^{-j\beta z}$), seine Amplitude nimmt mit $e^{-\alpha z}$ ab. Der Zeiger der rücklaufenden Spannungswelle dreht dagegen im Gegenuhrzeigersinn.

Die gleichen Überlegungen gelten bei der Ableitung der Stromleitungswelle. Jetzt wird (8.1/4) differenziert und danach (8.1/3) eingesetzt:

$$\frac{d^2 \underline{I}}{dz^2} = -(G' + j\omega C') \cdot \frac{d\underline{U}}{dz} = \underbrace{(G' + j\omega C')\,(R' + j\omega L')}_{\text{aus (8.1/3)}} \underline{I} = \overset{\text{s. (8.1/6)}}{\gamma^2 \underline{I}} \,. \tag{8.1/11}$$

Ansatz analog zu (8.1/8):

$$\underline{I} = \underline{K}_3 \cdot e^{\gamma z} + \underline{K}_4 \cdot e^{-\gamma z} = \underbrace{\underline{I}_{r0} \cdot e^{\gamma z}}_{\underline{I}_r} + \underbrace{\underline{I}_{h0} \cdot e^{-\gamma z}}_{\underline{I}_h} = \underline{I}_r + \underline{I}_h \tag{8.1/12}$$

gleiche Überlegung wie in (8.1/8)

$$\underline{I}(z = 0) = \underline{I}_0 = \underline{I}_{r0} + \underline{I}_{h0} \tag{8.1/13}$$

- **Beispiel 8.1/1:** a) Skizzieren Sie die Zeit- und Ortsabhängigkeit einer hinlaufenden Spannungswelle ($\alpha = 0$).
  b) Wie berechnet sich die Phasengeschwindigkeit v_{Ph} der Welle?

Lösung:

a) *Aus (8.1/10):*

$$(1) \quad \underline{U}_h = \underline{U}_{h0} \cdot e^{-\gamma z} = \underline{U}_{h0} \cdot e^{-(\underset{0}{\alpha} + j\beta)z} = \underline{U}_{h0} \cdot e^{-j\beta z} \,.$$

Durch Multiplikation mit $e^{j\omega t}$ wird der ruhende Zeiger (1) in einen rotierenden Zeiger zurückverwandelt.

$$(2) \quad \underline{U}_h(t) = \underline{U}_h \cdot e^{j\omega t} = \underline{U}_{h0} \cdot e^{j(\omega t - \beta z)}$$

$$\underline{U}_{h0} = |\underline{U}_{h0}| \cdot e^{j\arg\{\underline{U}_{h0}\}} \,.$$

Der Phasenwinkel für die Zeichnung kann beliebig gewählt werden, so z. B. arg $\{\underline{U}_{h0}\} = 0$.

Aus (2) $\Rightarrow \underline{U}_h(t) = |\underline{U}_{h0}| \cdot e^{j(\omega t - \beta z)}$.

Durch Projektion auf die imaginäre oder reelle Achse ergibt sich die Zeitfunktion (willkürliche Wahl der reellen Achse).

$$(3) \quad u_h(t) = Re\{\underline{U}_h(t)\} = |\underline{U}_{h0}| \cdot \cos(\omega t - \beta z).$$

Zuerst soll die Zeitabhängigkeit dargestellt werden. Dafür werden zwei beliebige Orte z der Welle vorgegeben.

1. Am Ort $z = 0$:

$$(4) \quad u_h(t) = |\underline{U}_{h0}| \cdot \cos(\omega t) = \hat{u}_{h0} \cdot \cos\left(2\pi \cdot \frac{t}{T}\right).$$

2. Am Ort $z = z_A$:

$$(5) \quad u_h(t) = \hat{u}_{h0} \cdot \cos(\omega t - \beta z_A).$$

Nach einer Zeit t_A erreicht die Spannungswelle ihren Maximalwert am Ort $z = z_A$ (s. Bild 8.1-2a). Die Phasengeschwindigkeit der Welle (um von $z = 0$ bis $z = z_A$ zu gelangen, beträgt:

$$(6) \quad v_{Ph} = \frac{z_A}{t_A}.$$

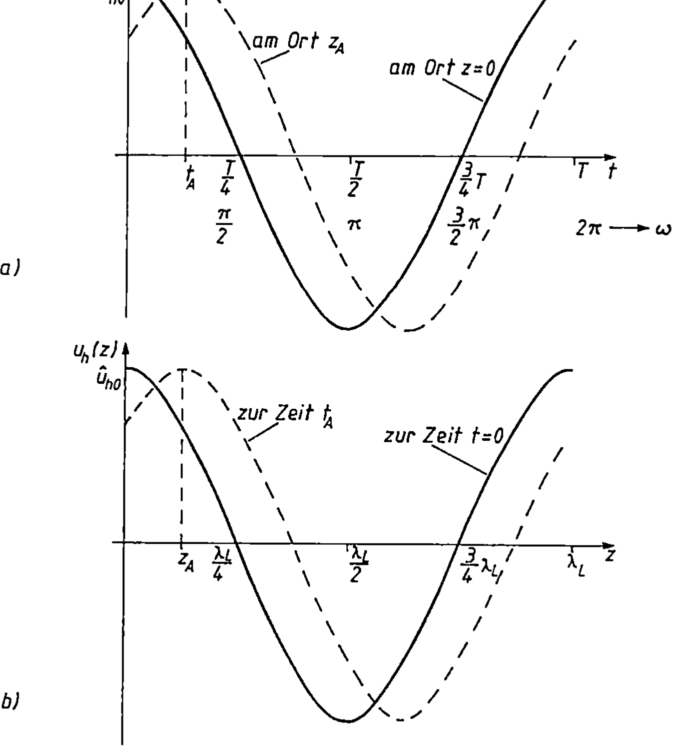

Bild 8.1-2   Hinlaufende Spannungswelle ($\alpha = 0$)

   a) Zeitabhängigkeit
   b) Ortsabhängigkeit

Für die Darstellung der Ortsabhängigkeit (Bild 8.1-2b) werden zwei beliebige Zeitwerte t vorgegeben.

1. Zur Zeit $t = 0$:

$$u_\mathrm{h}(z) = \hat{u}_\mathrm{h0} \cdot \cos\,(-\beta z)\,.$$

2. Zur Zeit $t = t_\mathrm{A}$:

$$u_\mathrm{h}(z) = \hat{u}_\mathrm{h0} \cdot \cos\,(\omega t_\mathrm{A} - \beta z)\,.$$

b) Die Welle läuft z. B. von $z = 0$ bis $z = z_\mathrm{A}$. Ihren Maximalwert bei $z = z_\mathrm{A}$ erreicht die Welle um die Zeit t_A später. Vergleicht man die beiden Bilder 8.1-2a und b, dann erkennt man, daß 2π und λ_L (Leitungswellenlänge) an den gleichen Stellen der Abszissenachsen liegen. Betrachtet man in Bild 8.1-2a eine Winkeldifferenz von

(7) $\beta z_1 - \beta z_2 = 2\pi\,,$

dann bedeutet dies in Bild 8.1-2b eine Ortsdifferenz von

(8) $z_1 - z_2 = \lambda_\mathrm{L}\,.$

Aus (7) $\Rightarrow$

(9) $\underbrace{\beta(z_1 - z_2)}_{\lambda_\mathrm{L}\text{ aus (8)}} = 2\pi \Rightarrow \beta\lambda_\mathrm{L} = 2\pi \Rightarrow \lambda_\mathrm{L} = \dfrac{2\pi}{\beta}\,.$

Wählt man für die beiden Werte t_A und z_A in (6)

$t_\mathrm{A} \overset{!}{=} T$ (s. Bild 8.1-2a) und

$z_\mathrm{A} \overset{!}{=} \lambda_\mathrm{L}$ (s. Bild 8.1-2b), dann ergibt sich aus (6):

(10) $v_\mathrm{Ph} = \dfrac{\lambda_\mathrm{L}}{T} = \underbrace{\dfrac{2\pi}{\beta}}_{\text{aus (9)}} \cdot f = \dfrac{\omega}{\beta}\,.$

■ **Übung 8.1/1:** Eine verlustlose, luftgefüllte Koaxialleitung besitzt einen Kapazitätsbelag von $C' = 45\,\mathrm{pF/m}$.

Ermitteln Sie den Induktivitätsbelag der Leitung.

● **Beispiel 8.1/2:** Mit den Gln. (8.1/10) und (8.1/12) konnten wir Spannung und Strom in eine hin- und rücklaufende Teilwelle zerlegen. Bildet man für jede Teilwelle das Verhältnis von Spannung zu Strom, so ergibt sich nach dem ohmschen Gesetz ein Widerstand, den wir als Leitungswellenwiderstand $\underline{Z}_0$ bezeichnen wollen.

a) Ermitteln Sie $\underline{Z}_0$.

b) Berechnen Sie den Leitungswellenwiderstand für eine verlustlose Koaxialleitung (s. Bild 8-2a).

Lösung:

a) *Aus (8.1/12)* $\Rightarrow \underline{I} = \underline{I}_\mathrm{r0} \cdot \mathrm{e}^{\gamma z} + \underline{I}_\mathrm{h0} \cdot \mathrm{e}^{-\gamma z}$

(1) $\dfrac{\mathrm{d}\underline{I}}{\mathrm{d}z} = \underline{\gamma}[\underline{I}_\mathrm{r0} \cdot \mathrm{e}^{\gamma z} - \underline{I}_\mathrm{h0} \cdot \mathrm{e}^{-\gamma z}] = \underbrace{\sqrt{(R' + \mathrm{j}\omega L')\,(G' + \mathrm{j}\omega C')}}_{\text{aus (8.1/6)}} \cdot [\underline{I}_\mathrm{r0} \cdot \mathrm{e}^{\gamma z} - \underline{I}_\mathrm{h0} \cdot \mathrm{e}^{-\gamma z}]$

Aus (8.1/4) $\Rightarrow$

(2) $\underline{U} = -\dfrac{1}{G' + \mathrm{j}\omega C'} \cdot \dfrac{\mathrm{d}\underline{I}}{\mathrm{d}z}\,.$

(1) in (2):

$$\underline{U} = \sqrt{\dfrac{R' + \mathrm{j}\omega L'}{G' + \mathrm{j}\omega C'}}\;[-\underline{I}_\mathrm{r0} \cdot \mathrm{e}^{\gamma z} + \underline{I}_\mathrm{h0} \cdot \mathrm{e}^{-\gamma z}] = \underbrace{\underline{U}_\mathrm{r0} \cdot \mathrm{e}^{\gamma z} + \underline{U}_\mathrm{h0} \cdot \mathrm{e}^{-\gamma z}}_{\text{aus (8.1/10)}}\,.$$

Koeffizientenvergleich:

1. $e^{\gamma z}$:

(3) $\displaystyle \sqrt{\frac{R' + j\omega L'}{G' + j\omega C'}} \cdot (-\underline{I}_{r0}) = \underline{U}_{r0} \Rightarrow -\frac{\underline{U}_{r0}}{\underline{I}_{r0}} = \sqrt{\frac{R' + j\omega L'}{G' + j\omega C'}} = \underline{Z}_0$.

2. $e^{-\gamma z}$:

(4) $\displaystyle \sqrt{\frac{R' + j\omega L'}{G' + j\omega C'}} \cdot \underline{I}_{h0} = \underline{U}_{h0} \Rightarrow \frac{\underline{U}_{h0}}{\underline{I}_{h0}} = \sqrt{\frac{R' + j\omega L'}{G' + j\omega C'}} = \underline{Z}_0$.

Aus (8.1/10):

(5) $\underline{U}_r = \underline{U}_{r0} \cdot e^{\gamma z}$,

(6) $\underline{U}_h = \underline{U}_{h0} \cdot e^{-\gamma z}$.

Aus (8.1/11):

(7) $\underline{I}_r = \underline{I}_{r0} \cdot e^{\gamma z}$,

(8) $\underline{I}_h = \underline{I}_{h0} \cdot e^{-\gamma z}$.

(5)/(7):

(9) $\displaystyle \frac{\underline{U}_r}{\underline{I}_r} = \frac{\underline{U}_{r0} \cdot e^{\gamma z}}{\underline{I}_{r0} \cdot e^{\gamma z}} = \frac{\underline{U}_{r0}}{\underline{I}_{r0}} = \underbrace{-\underline{Z}_0}_{\text{aus (3)}}$.

(6)/(8):

(10) $\displaystyle \frac{\underline{U}_h}{\underline{I}_h} = \frac{\underline{U}_{h0} \cdot e^{-\gamma z}}{\underline{I}_{h0} \cdot e^{-\gamma z}} = \frac{\underline{U}_{h0}}{\underline{I}_{h0}} = \underbrace{\underline{Z}_0}_{\text{aus (4)}}$

b) *Aus Beispiel 8/1, Gl. (3):*

$$C' = \frac{2\pi\varepsilon_0\varepsilon_r}{\ln\left(\dfrac{d_a}{d_i}\right)}$$

Gl. (11):

$$L' = \frac{\mu_0}{2\pi} \cdot \ln\left(\frac{d_a}{d_i}\right)$$

$$\underline{Z}_0 = \sqrt{\frac{R' + j\omega L'}{G' + j\omega C'}} , \quad \text{verlustlos} \Rightarrow R' = 0, \quad G' = 0 \Rightarrow$$

$$Z_0 = \sqrt{\frac{j\omega L'}{j\omega C'}} = \sqrt{\frac{L'}{C'}} = \sqrt{\frac{\mu_0}{2\pi} \cdot \ln\left(\frac{d_a}{d_i}\right) \cdot \frac{1}{2\pi\varepsilon_0\varepsilon_r} \cdot \ln\left(\frac{d_a}{d_i}\right)} = \sqrt{\frac{\mu_0}{4\pi^2\varepsilon_0}} \cdot \frac{\ln\left(\dfrac{d_a}{d_i}\right)}{\sqrt{\varepsilon_r}}$$

$$\sqrt{\frac{\mu_0}{4\pi^2\varepsilon_0}} = \sqrt{\frac{4\pi \cdot 10^{-7} \cdot \dfrac{\text{Vs}}{\text{Am}}}{4\pi^2 \cdot 8{,}85 \cdot 10^{-12} \cdot \dfrac{\text{As}}{\text{Vm}}}} = \sqrt{\frac{\Omega^2}{\pi \cdot 8{,}85 \cdot 10^{-5}}} = 59{,}97\,\Omega \approx 60\,\Omega$$

(11) $\displaystyle \Rightarrow Z_0 = \frac{60\,\Omega}{\sqrt{\varepsilon_r}} \cdot \ln\left(\frac{d_a}{d_i}\right)$.

Man erkennt an den Ableitungen des Beispiels 8.1/2, daß das Verhältnis von Teilspannungswelle zu Teilspannungsstrom an jeder beliebigen Stelle einer homogenen Leitung konstant ist. Die äußere Beschaltung (Generator- und Lastimpedanz) sowie die Leitungslänge l_{ges} haben keinen Einfluß auf die Größe des Leitungswellenwiderstandes $\underline{Z}_0$. So charakterisiert der Leitungswellenwiderstand ebenso wie die Fortpflanzungskonstante die homogene Leitung an jeder beliebigen Stelle z. Die Übertragungseigenschaften einer Leitung werden eindeutig von der Fortpflanzungskonstanten γ und dem Leitungswellenwiderstand $\underline{Z}_0$ beschrieben. Faßt man die Gln. (3), (4), (9) und (10) zusammen, dann ergibt sich:

$$-\frac{\underline{U}_r}{\underline{I}_r} = -\frac{\underline{U}_{r0}}{\underline{I}_{r0}} = \frac{\underline{U}_h}{\underline{I}_h} = \frac{\underline{U}_{h0}}{\underline{I}_{h0}} = \underline{Z}_0 = \sqrt{\frac{R' + j\omega L'}{G' + j\omega C'}} \; . \tag{8.1/14}$$

Das Minuszeichen in (8.1/14) bedeutet, daß sich die reflektierte Welle in negativer z-Richtung ausbreitet (s. Bild 8.1-3a).

In Bild 8.1-3a wird die Leitung an der Stelle $z = 0$ ($\underline{U}(z = 0) = \underline{U}_0$, $\underline{I}(z = 0) = \underline{I}_0$) gespeist und soll z. B. die Information zu einer Abschlußimpedanz $\underline{Z}_a$ führen. Diese Abschlußimpedanz (z. B. Empfangsverstärker oder -mischer) muß für eine bestimmte Aufgabe erst entwickelt und gebaut werden, während der einspeisende Generator (z. B. Empfangsantenne) meistens schon vorhanden ist. Man muß also z. B. eine Lastimpedanz $\underline{Z}_a$ leistungs- oder rauschmäßig an einen Generator anpassen, d. h. der Ort $z = l_{ges}$ (Abschluß oder Leitungsende) spielt bei der Schaltungsdimensionierung eine wichtigere Rolle als der Leitungsanfang (Generator). Deshalb soll der Nullpunkt unserer Ortskoordinate z um l_{ges} nach rechts verschoben werden (Bild 8.1-3b), damit sich unser neuer Nullpunkt am Ort der Abschlußimpedanz $\underline{Z}_a$ befindet. Durch die Verschiebung des z-Nullpunktes hat sich an unseren Leitungsgleichungen nichts verändert.

Aus (8.1/10) $\Rightarrow \underline{U}(z) = \underline{U}_{r0} \cdot e^{\gamma z} + \underline{U}_{h0} \cdot e^{-\gamma z}$.

Aus (8.1/12) $\Rightarrow \underline{I}(z) = \underline{I}_{r0} \cdot e^{\gamma z} + \underline{I}_{h0} \cdot e^{-\gamma z}$.

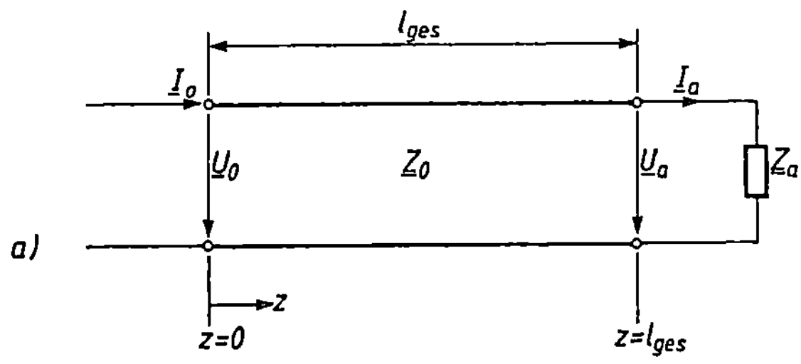

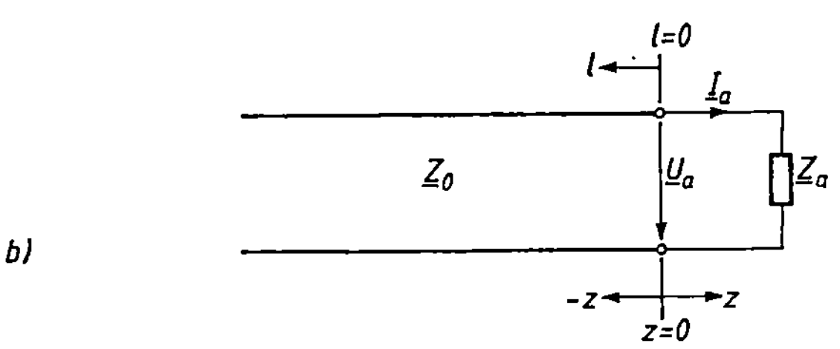

Bild 8.1-3
Koordinatensysteme für
Leitungsersatzschaltungen
a) Nullpunkt am Leitungsanfang
   (Generator)
b) Nullpunkt am Leitungsende
   (Lastimpedanz)

Führen wir statt der $-z$-Koordinatenrichtung die neue $+l$-Koordinatenrichtung ein (s. Bild 8.1-3b), so brauchen wir bloß in unseren Leitungsgleichungen z durch $-l$ zu ersetzen.

$$\underline{U}(l) = \underbrace{\underline{U}_{r0} \cdot e^{-\gamma l}}_{\underline{U}_r(l)} + \underbrace{\underline{U}_{h0} \cdot e^{\gamma l}}_{\underline{U}_h(l)} = \underline{U}_r(l) + \underline{U}_h(l), \tag{8.1/15}$$

$$\underline{U}(l = 0) = \underline{U}_a = \underline{U}_{r0} + \underline{U}_{h0}, \tag{8.1/16}$$

$$\underline{I}(l) = \underbrace{\underline{I}_{r0} \cdot e^{-\gamma l}}_{\underline{I}_r(l)} + \underbrace{\underline{I}_{h0} \cdot e^{\gamma l}}_{\underline{I}_h(l)} = \underline{I}_r(l) + \underline{I}_h(l), \tag{8.1/17}$$

$$\underline{I}(l = 0) = \underline{I}_a = \underline{I}_{r0} + \underline{I}_{h0}. \tag{8.1/18}$$

- **Beispiel 8.1/3:** Eine Leitung mit dem Wellenwiderstand $\underline{Z}_0$ ist mit der Impedanz $\underline{Z}_a$ abgeschlossen. Berechnen Sie die hin- und rücklaufenden Strom- und Spannungswellen am Leitungsende, wenn die Spannung $\underline{U}_a$ an der Impedanz $\underline{Z}_a$ als bekannt vorausgesetzt wird.

Lösung:

$$\underline{U}_{h0} = \underbrace{\underline{Z}_0 \underline{I}_{h0}}_{\text{aus (8.1/14)}} = \underbrace{\underline{Z}_0(\underline{I}_a - \underline{I}_{r0})}_{\text{(8.1/18)}} = \underline{Z}_0\left[\underline{I}_a - \underbrace{\left(\frac{-\underline{U}_{r0}}{\underline{Z}_0}\right)}_{\text{aus (8.1/14)}}\right] = \underline{Z}_0\underline{I}_a + \underline{U}_{r0} = \underline{Z}_0\underline{I}_a + \underbrace{\underline{U}_a - \underline{U}_{h0}}_{\text{aus (8.1/16)}}$$

$$(1)\quad 2\underline{U}_{h0} = \underline{U}_a + \underline{Z}_0\underline{I}_a \Rightarrow \underline{U}_{h0} = \frac{\underline{U}_a + \underline{Z}_0\underline{I}_a}{2} = \frac{\underline{U}_a}{2}\left(1 + \frac{\underline{Z}_0}{\underline{Z}_a}\right),$$

$$(2)\quad \underline{U}_{r0} = \underbrace{\underline{U}_a - \underline{U}_{h0}}_{\text{aus (8.1/16)}} = \underline{U}_a - \underbrace{\frac{\underline{U}_a + \underline{Z}_0\underline{I}_a}{2}}_{\text{aus (1)}} = \frac{\underline{U}_a - \underline{Z}_0\underline{I}_a}{2} = \frac{\underline{U}_a}{2}\cdot\left(1 - \frac{\underline{Z}_0}{\underline{Z}_a}\right),$$

$$(3)\quad \underline{I}_{h0} = \underbrace{\frac{\underline{U}_{h0}}{\underline{Z}_0}}_{\text{aus (8.1/14)}} = \underbrace{\frac{1}{2}\cdot\left[\frac{\underline{U}_a}{\underline{Z}_0} + \underline{I}_a\right]}_{\text{aus (1)}} = \frac{\underline{U}_a}{2}\cdot\left[\frac{1}{\underline{Z}_0} + \frac{1}{\underline{Z}_a}\right],$$

$$(4)\quad \underline{I}_{r0} = \underbrace{\frac{-\underline{U}_{r0}}{\underline{Z}_0}}_{\text{aus (8.1/14)}} = \underbrace{-\frac{1}{2}\left[\frac{\underline{U}_a}{\underline{Z}_0} - \underline{I}_a\right]}_{\text{aus (2)}} = \frac{1}{2}\left[\underline{I}_a - \frac{\underline{U}_a}{\underline{Z}_0}\right] = \frac{\underline{U}_a}{2}\cdot\left[\frac{1}{\underline{Z}_a} - \frac{1}{\underline{Z}_0}\right].$$

- **Übung 8.1/2:** Eine Leitung mit dem Wellenwiderstand $\underline{Z}_0 = 50\,\Omega$ ist mit der Lastimpedanz $\underline{Z}_a = (25 - j50)\,\Omega$ abgeschlossen. Die Spannung $\underline{U}_a$ an $\underline{Z}_a$ beträgt 1 V.

  a) Zerlegen Sie Spannung und Strom am Leitungsende (Lastimpedanz) in die Anteile der hin- und rücklaufenden Welle.

  b) Skizzieren Sie für das Leitungsende das Zeigerdiagramm aller Spannungen und Ströme.

8.2 Reflexionsfaktor

Mit den Leitungsgleichungen in Kapitel 8.1 erhielten wir eine hinlaufende und eine rücklaufende (reflektierte) Welle. Um diese beiden Teilwellen an einem beliebigen Ort l (s. Bild 8.1-3b) der Leitung in Beziehung setzen zu können, definiert man den Quotienten

$$\underline{r}(l) = \frac{\underline{U}_r(l)}{\underline{U}_h(l)} \tag{8.2/1}$$

als Reflexionsfaktor. Der Reflexionsfaktor $\underline{r}(l)$ ist also das Verhältnis der komplexen Spannung $\underline{U}_r(l)$ der reflektierten Welle zur komplexen Spannung $\underline{U}_h(l)$ der hinlaufenden Welle.

Für den Reflexionsfaktor am Leitungsende ($l = 0$, s. Bild 8.1-3b) erhält man:

$$\underline{r}(l = 0) = \underline{r}_0 = \frac{\underline{U}_r(l = 0)}{\underline{U}_h(l = 0)} = \frac{\underline{U}_{r0}}{\underline{U}_{h0}} = \underbrace{\frac{\dfrac{\underline{U}_a}{2} \cdot \left(1 - \dfrac{\underline{Z}_0}{\underline{Z}_a}\right)}{\dfrac{\underline{U}_a}{2} \cdot \left(1 + \dfrac{\underline{Z}_0}{\underline{Z}_a}\right)}}_{\text{aus (1) und (2) des Beispiel 8.1/3}} = \frac{\underline{Z}_a - \underline{Z}_0}{\underline{Z}_a + \underline{Z}_0}, \tag{8.2/2}$$

$$\Rightarrow \underline{r}_0(\underline{Z}_a + \underline{Z}_0) = \underline{Z}_a - \underline{Z}_0$$

$$\underline{Z}_a(\underline{r}_0 - 1) = -\underline{Z}_0(1 + \underline{r}_0) \Rightarrow \underline{Z}_a = \underline{Z}_0 \cdot \frac{1 + \underline{r}_0}{1 - \underline{r}_0}. \tag{8.2/3}$$

Der Reflexionsfaktor $\underline{r}_0$ am Leitungsende läßt sich nach (8.2/2) mit Hilfe der beiden Widerstände $\underline{Z}_a$ (Lastimpedanz) und $\underline{Z}_0$ (Leitungswellenwiderstand) ermitteln. Diese einfache Berechnung möchte man auch für $\underline{r}(l)$ anwenden. Deshalb setzt man $\underline{r}(l)$ in Beziehung zu $\underline{r}_0$.

Aus (8.1/15) $\Rightarrow \underline{U}_r(l) = \underline{U}_{r0} \cdot e^{-\underline{\gamma}l}, \qquad \underline{U}_h(l) = \underline{U}_{h0} \cdot e^{\underline{\gamma}l}.$

$$\textit{Aus (8.2/1)} \Rightarrow \underline{r}(l) = \frac{\underline{U}_r(l)}{\underline{U}_h(l)} = \underbrace{\frac{\underline{U}_{r0}}{\underline{U}_{h0}}}_{\underline{r}_0 \text{ nach (8.2/2)}} \cdot \frac{e^{-\underline{\gamma}l}}{e^{\underline{\gamma}l}} = \underline{r}_0 \cdot e^{-2\underline{\gamma}l}. \tag{8.2/4}$$

Nach (8.2/4) wird der Reflexionsfaktor entlang einer Leitung mit $e^{-2\underline{\gamma}l} = e^{-2\alpha l} \cdot e^{-j2\beta l}$ transformiert. Bei verlustbehafteten Leitungen ($\alpha \neq 0$) wird der Reflexionsfaktorbetrag verringert, dadurch wird die Welligkeit der Hüllkurve (für Spannung oder Strom) geringer. Bei verlustlosen Leitungen ($\alpha = 0$) wird nur die Phase des Reflexionsfaktors verändert; aus den Hüllkurven werden jetzt horizontale Linien.

Die Definition des Reflexionsfaktors ist auch auf Schaltungen mit konzentrierten Bauelementen übertragbar. Betrachten wir Bild 8.2-1a. Nach (8.2/2) berechnet sich der Reflexionsfaktor am Leitungsende ($l = 0$) zu

$$\underline{r}_0 = \frac{\underline{Z}_a(l = 0) - \underline{Z}_{01}}{\underline{Z}_a(l = 0) + \underline{Z}_{01}} = \frac{R - R}{R + R} = 0.$$

Dieser Reflexionsfaktor $\underline{r}_0$ läßt sich mit (8.2/4) an jeden Ort l ($0 \leq l \leq l_{ges}$) der Leitung transformieren.

$$\underline{r}(l) = \underbrace{\underline{r}_0}_{0} \cdot e^{-2\underline{\gamma}l} = 0$$

Für unseren Sonderfall der Wellenanpassung ($\underline{Z}_a(l = 0) = \underline{Z}_{01} = R$) erhält man auf der gesamten Leitung $\underline{r}(l) = 0$. Da wir gedanklich unseren Nullpunkt $l = 0$ beliebig verschieben können, dürfen wir an jedem Ort der Leitung mit (8.2/3) arbeiten. Aus $\underline{r}(l)$ wird dann formal $\underline{r}_0(l)$ und mit $\underline{Z}_a(l)$ aus (8.2/3) ergibt sich der Widerstand, den die Leitung an dieser Stelle l als Eingangswiderstand $\underline{Z}_{in}(l)$ repräsentiert. Für den speziellen Ort $l = l_{ges}$ bekommt man:

$$\underline{Z}_a(l = l_{ges}) = \underline{Z}_{in}(l = l_{ges}) = \underline{Z}_{01} \cdot \frac{1 + \underline{r}(l = l_{ges})}{1 - \underline{r}(l = l_{ges})} = R \cdot \frac{1 + 0}{1 - 0} = R.$$

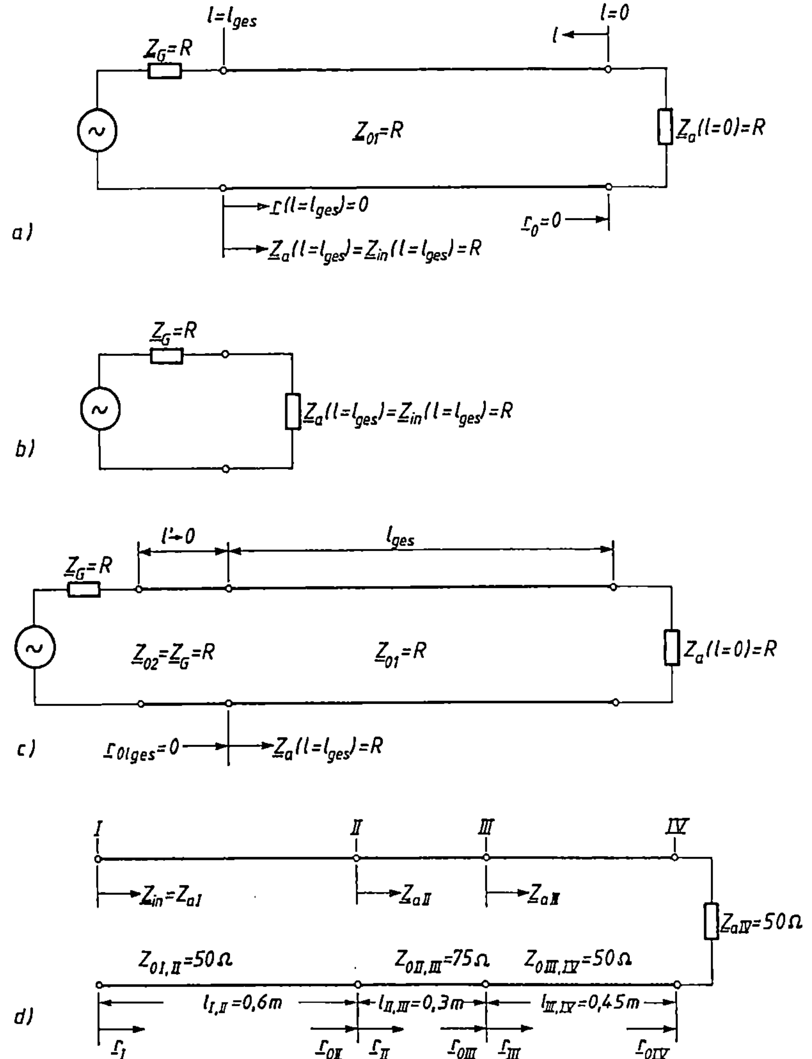

Bild 8.2-1 Reflexionsfaktoren und Impedanzen in Leitungsersatzschaltungen

Allgemein gilt:

$$\underline{Z}_a(l) = \underline{Z}_{in}(l) = \underline{Z}_0(l)\frac{1 + \underline{r}(l)}{1 - \underline{r}(l)}.\tag{8.2/5}$$

Mit Hilfe des Eingangswiderstandes bzw. des transformierten Lastwiderstandes erhält man das aus konzentrierten Elementen bestehende Ersatzschaltbild 8.2-1 b. Um auch bei konzentrierten Bauelementen mit dem Reflexionsfaktor arbeiten zu können, schaltet man gedanklich zwischen dem Eingang der Leitung und dem eigentlichen Generator ein fiktives Stück Leitung mit dem Wellenwiderstand $\underline{Z}_{02} = \underline{Z}_G = R$ (Bild 8.2-1c). So erzeugt formal der Eingangswiderstand $\underline{Z}_{in}(l = l_{ges}) = \underline{Z}_a(l = l_{ges}) = R$ der eigentlichen Leitung nach (8.2/2) einen Reflexionsfaktor $\underline{r}_0(l = l_{ges}) = \underline{r}_{0lges}$.

$$\underline{r}_{0lges} = \frac{\underline{Z}_a(l_{ges}) - \underline{Z}_{02}}{\underline{Z}_a(l_{ges}) + \underline{Z}_{02}} = \frac{R - R}{R + R} = 0\,.$$

Wegen $\underline{Z}_{02} = \underline{Z}_{\mathrm{G}}$ bekommt man

$$\underline{r}_{0l_{\mathrm{ges}}} = \frac{\underline{Z}_{\mathrm{a}}(l_{\mathrm{ges}}) - \underline{Z}_{\mathrm{G}}}{\underline{Z}_{\mathrm{a}}(l_{\mathrm{ges}}) + \underline{Z}_{\mathrm{G}}},$$

oder für den allgemeinen Fall, wenn man für $\underline{r}_{0l_{\mathrm{ges}}}$ wegen $l' \to 0$ am Ort des Generators $\underline{r}_{0\mathrm{G}}$ schreiben darf:

$$\underline{r}_{0\mathrm{G}} = \frac{\underline{Z}_{\mathrm{a}} - \underline{Z}_{\mathrm{G}}}{\underline{Z}_{\mathrm{a}} + \underline{Z}_{\mathrm{G}}} \, . \tag{8.2/6}$$

Damit können wir auch Schaltungen aus konzentrierten Bauelementen mit Hilfe des Reflexionsfaktors beschreiben.

● **Beispiel 8.2/1:** Gegeben ist die in Bild 8.2-1d skizzierte Serienschaltung, die aus drei Leitungen vernachlässigbarer Dämpfung besteht. Die Phasengeschwindigkeit beträgt $v_{\mathrm{Ph}} = c$ (Lichtgeschwindigkeit).

Ermitteln Sie die Eingangsimpedanz $\underline{Z}_{\mathrm{in}}$ bei der Frequenz $f = 500\,\mathrm{MHz}$.

Lösung:

Analog zu (8.2/2): $\underline{r}_{0\mathrm{IV}} = \dfrac{\underline{Z}_{\mathrm{aIV}} - \underline{Z}_{0\mathrm{III,IV}}}{\underline{Z}_{\mathrm{aIV}} + \underline{Z}_{0\mathrm{III,IV}}} = \dfrac{50 - 50}{100} = 0\,.$

Analog zu (8.2/4) mit $\alpha = 0$: $\underline{r}_{\mathrm{III}} = \underbrace{\underline{r}_{0\mathrm{IV}}}_{0} \cdot e^{-\mathrm{j}2\beta l_{\mathrm{III,IV}}} = 0\,.$

Analog zu (8.2/5): $\underline{Z}_{\mathrm{aIII}} = \underline{Z}_{0\mathrm{III,IV}} \cdot \dfrac{1 + \underline{r}_{\mathrm{III}}}{1 - \underline{r}_{\mathrm{III}}} = 50\,\Omega \cdot \dfrac{1 + 0}{1 - 0} = 50\,\Omega\,.$

Analog zu (8.2/2): $\underline{r}_{0\mathrm{III}} = \dfrac{\underline{Z}_{\mathrm{aIII}} - \underline{Z}_{0\mathrm{II,III}}}{\underline{Z}_{\mathrm{aIII}} + \underline{Z}_{0\mathrm{II,III}}} = \dfrac{50 - 75}{50 + 75} = -0{,}2\,.$

Analog zu (8.2/4) mit $\alpha = 0$: $\underline{r}_{\mathrm{II}} = \underline{r}_{0\mathrm{III}} \cdot e^{-\mathrm{j}2\beta l_{\mathrm{II,III}}}\,.$

Aus (10) des Beispiels 8.1/1: $\beta = \dfrac{\omega}{v_{\mathrm{Ph}}}$

$$\beta = \frac{\omega}{c} = \frac{2\pi \cdot 5 \cdot 10^8 \, \dfrac{1}{\mathrm{s}}}{3 \cdot 10^8 \, \dfrac{\mathrm{m}}{\mathrm{s}}} = 10{,}472 \, \frac{1}{\mathrm{m}}$$

$\underline{r}_{\mathrm{II}} = -0{,}2 \cdot e^{-\mathrm{j}2 \cdot 10{,}472 \cdot 0{,}3} = -0{,}2\,e^{-\mathrm{j}360°} = -0{,}2\,.$

Analog zu (8.2/5): $\underline{Z}_{\mathrm{aII}} = \underline{Z}_{0\mathrm{II,III}} \cdot \dfrac{1 + \underline{r}_{\mathrm{II}}}{1 - \underline{r}_{\mathrm{II}}} = 75\,\Omega\,\dfrac{1 - 0{,}2}{1 + 0{,}2} = 50\,\Omega\,.$

Analog zu (8.2/2): $\underline{r}_{0\mathrm{II}} = \dfrac{\underline{Z}_{\mathrm{aII}} - \underline{Z}_{0\mathrm{I,II}}}{\underline{Z}_{\mathrm{aII}} + \underline{Z}_{0\mathrm{I,II}}} = \dfrac{50 - 50}{50 + 50} = 0\,.$

Analog zu (8.2/4) mit $\alpha = 0$: $\underline{r}_{\mathrm{I}} = \underbrace{\underline{r}_{0\mathrm{II}}}_{0} \cdot e^{-\mathrm{j}2\beta l_{\mathrm{I,II}}} = 0\,.$

Analog zu (8.2/5): $\underline{Z}_{\mathrm{in}} = \underline{Z}_{\mathrm{aI}} = \underline{Z}_{0\mathrm{I,II}} \cdot \dfrac{1 + \underline{r}_{\mathrm{I}}}{1 - \underline{r}_{\mathrm{I}}} = 50\,\Omega \cdot \dfrac{1 + 0}{1 - 0} = 50\,\Omega\,.$

■ **Übung 8.2/1:** Gegeben ist wieder die in Bild 8.2-1d skizzierte Schaltung ($v_{Ph} = c$, $\alpha = 0$). Berechnen Sie die Eingangsimpedanz $\underline{Z}_{in}$ bei der Frequenz $f = 250\,\text{MHz}$.

● **Beispiel 8.2/2:** Eine verlustlose Leitung mit dem Wellenwiderstand $\underline{Z}_0 = 75\,\Omega$ ist abgeschlossen mit den Lastimpedanzen:

$\underline{Z}_a/\Omega$	75	0	∞	j75	−j75

Berechnen und skizzieren Sie den Reflexionsfaktor am Leitungsende. Zeichnen Sie für jeden Belastungsfall das qualitative Zeigerdiagramm aller Ströme und Spannungen.

Lösung:

Aus (8.2/2): $\underline{r}_0 = \dfrac{\underline{U}_{r0}}{\underline{U}_{h0}} = \dfrac{\underline{Z}_a - \underline{Z}_0}{\underline{Z}_a + \underline{Z}_0}$

Aus (8.1/14): $\dfrac{-\underline{U}_{r0}}{\underline{I}_{r0}} = \dfrac{\underline{U}_{h0}}{\underline{I}_{h0}} = \underline{Z}_0$

Aus (8.1/16): $\underline{U}_a = \underline{U}_{r0} + \underline{U}_{h0}$

Aus (8.1/18): $\underline{I}_a = \underline{I}_{r0} + \underline{I}_{h0}$

$\underline{Z}_a/\Omega$	$\underline{r}_0$
75	0
0	−1
∞	+1
j75	$\dfrac{j-1}{j+1} = \dfrac{(j-1)(1-j)}{2} = j$
−j75	$\dfrac{-j-1}{-j+1} = \dfrac{(-j-1)(1+j)}{2} = -j$

Der Fall der Wellenanpassung ($\underline{Z}_a = \underline{Z}_0$) liegt im Koordinatennullpunkt der Reflexionsfaktorebene ($\underline{r}_0 = 0$ in Bild 8.2-2) und damit in der Mitte des Smithdiagramms (s. Bild 7.6-7). Es treten keine reflektierten Ströme und Spannungen auf ($\underline{I}_{r0} = 0$, $\underline{U}_{r0} = 0$), und die gesamte transportierte Energie wird dem Lastwiderstand zugeführt. Bei einem Leerlauf ($\underline{Z}_a = \infty$) am Leitungsende wird $\underline{r}_0 = 1$, während man $\underline{r}_0 = -1$ für den Kurzschlußfall ($\underline{Z}_a = 0$) erhält. Beim Leerlauf heben sich die beiden Teilströme

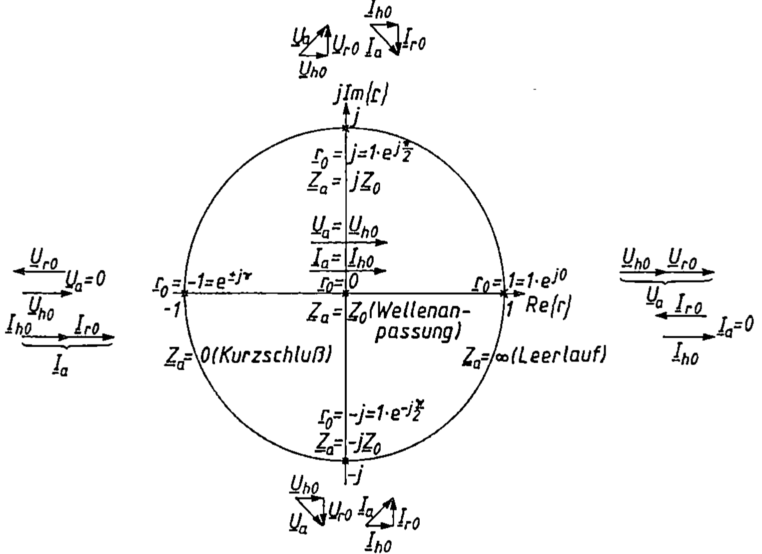

Bild 8.2-2 Lastimpedanzen und Reflexionsfaktoren in der Reflexionsfaktorebene (Smithdiagramm) sowie die dazugehörigen Zeigerdiagramme

$(\underline{I}_{r0} = -\underline{I}_{h0})$ am Ende der Leitung auf, und die Teilspannungen $(\underline{U}_{h0} = \underline{U}_{r0})$ addieren sich zu $\underline{U}_a$, während man bei einem Kurzschluß eine Gegenphasigkeit der Teilspannungen $(\underline{U}_{r0} = -\underline{U}_{h0})$ und eine Gleichphasigkeit der Teilströme $(\underline{I}_{h0} = \underline{I}_{r0})$ erreicht.

Bei unserem reellen Wellenwiderstand (liegt näherungsweise in der Praxis meistens vor) erkennt man aus $|\underline{r}_0| = 1$, daß die idealen Leitungsabschlüsse „Kurzschluß" und „Leerlauf" natürlich keine Energie aufnehmen können. Die gesamte hinlaufende Leistung wird reflektiert. Bei verlustlos angenommenen Leitungen schwanken dabei die Spannungs- und Stromverteilungen zwischen 0 und einem Maximum. Auf der gesamten Leitungslänge l_{ges} bleibt die Phasenverschiebung von 180° zwischen Strom und Spannung bestehen; d. h. es liegt eine Überlagerung zweier exakt gleich großer Wellen in gegenläufiger Richtung vor. Dieser Sonderfall, der keine Energieübertragung ermöglicht, wird stehende Welle genannt. Bei einer stehenden Welle pendelt die Energie wie bei einem verlustlosen Schwingkreis nur zwischen dem elektrischen und magnetischen Feld hin und her.

8.3 Leistungen

Bei einem Reflexionsfaktorbetrag von $|\underline{r}_0| = 1$ (Kurzschluß oder Leerlauf) gibt es keinen Energietransport zur Lastimpedanz; man spricht von einer stehenden Welle. Liegt bei einem reellen Wellenwiderstand Z_0 eine energieaufnehmende Lastimpedanz $\underline{Z}_a$ vor, dann wird bei einem Reflexionsfaktorbetrag von $|\underline{r}_0| < 1$ Energie vom Generator zur Lastimpedanz transportiert. Die hinlaufende Leistung P_h der Welle wird gedanklich aufgeteilt in einen Anteil, der betragsmäßig gleich der rücklaufenden Leistungswelle P_r ist und einen Rest $P = P_h - P_r$, der für den Energietransport zur Lastimpedanz verantwortlich ist. Die beiden gleich großen hin- und rücklaufenden Wellen erzeugen wieder eine stehende Welle. Nach unserer Modellvorstellung ergibt sich dann für das Leitungsende $(l = 0)$ folgender Zusammenhang:

$$P_a = P_{h0} - P_{r0} \, . \tag{8.3/1}$$

Wir wollen (8.3/1) noch einmal mathematisch ableiten. Vorausgesetzt wird dabei wieder ein reeller Leitungswellenwiderstand Z_0. Die Leistung der hinlaufenden Welle berechnet sich mit

$$P_h = \frac{1}{2} Re\{\underline{U}_h \underline{I}_h^*\} = \frac{1}{2} Re\left\{\underline{U}_h \cdot \underbrace{\frac{U_h^*}{Z_0}}_{\text{aus (8.1/14)}}\right\} = \frac{1}{2} Re\{\underbrace{\underline{I}_h Z_0 \underline{I}_h^*}_{(8.1/14)}\} = \frac{1}{2} \cdot \frac{|\underline{U}_h|^2}{Z_0} = \frac{1}{2} \cdot |\underline{I}_h|^2 Z_0 \, ,$$

$$\tag{8.3/2}$$

während man für die Leistung der reflektierten Welle folgenden Zusammenhang erhält:

$$P_r = \frac{1}{2} Re\{\underline{U}_r \underline{I}_r^*\} = \frac{1}{2} Re\left\{\underline{U}_r \underbrace{\left(-\frac{U_r^*}{Z_0}\right)}_{\text{aus (8.1/14)}}\right\} = \frac{1}{2} Re\{\underbrace{-\underline{I}_r Z_0 \underline{I}_r^*}_{(8.1/14)}\}$$

$$= -\frac{1}{2} \cdot \frac{|\underline{U}_r|^2}{Z_0} = -\frac{1}{2} |\underline{I}_r|^2 Z_0 \, .$$

Das negative Vorzeichen gibt an, daß sich die reflektierte Leistung P_r in negativer z-Richtung ausbreitet (s. Bild 8.3-1). Der Lastimpedanz $\underline{Z}_a$ wird die hinlaufende Leistung P_{h0} an der Stelle $z = 0$ oder $l = 0$ angeboten. Bei Wellenanpassung $(\underline{r}_0 = 0)$ ist $P_a = P_{h0}$. Bei Fehlanpassung $(\underline{r}_0 \neq 0)$ wird der Teil P_{r0} formal von der Lastimpedanz wieder abgegeben. Die Lastimpedanz kann dann für unser mathematisches Modell als Generator für P_{r0} angesehen werden. Da wir in den elektrischen Grundlagenvorlesungen eine vom Generator abgegebene Leistung negativ und eine von der Last aufgenommene Leistung positiv angenommen haben (wichtig bei Computerprogrammen), mußte das negative Vorzeichen bei der Ableitung herauskommen. In der Praxis möchte man jedoch bei Leitungsproblemen mit positiven Leistungen P_h und P_r arbeiten, die man z. B. mit einem Richtkoppler getrennt messen kann. Wegen des Praxisbezuges wollen wir deshalb auf das negative Vorzeichen verzichten und die rücklaufende (reflektierte) Leistung mit

$$P_\mathrm{r} = \frac{1}{2}\,\frac{|\underline{U}_\mathrm{r}|^2}{Z_0} = \frac{1}{2}\cdot|\underline{I}_\mathrm{r}|^2\,Z_0 \tag{8.3/3}$$

berechnen. Der Index r bei P_r gibt uns die Information, daß der Leistungsfluß P_r von der Lastimpedanz zum Generator erfolgt, also in negativer z-Richtung bzw. positiver l-Richtung (s. Bild 8.3-1). Für das Leitungsende ($l = 0$) ergibt sich dann:

$$\textit{Aus (8.3/2)} \Rightarrow P_\mathrm{h0} = \frac{1}{2}\cdot\frac{|\underline{U}_\mathrm{h0}|^2}{Z_0} = \frac{1}{2}\cdot|\underline{I}_\mathrm{h0}|^2\,Z_0\,. \tag{8.3/4}$$

$$\textit{Aus (8.3/3)} \Rightarrow P_\mathrm{r0} = \frac{1}{2}\cdot\frac{|\underline{U}_\mathrm{r0}|^2}{Z_0} = \frac{1}{2}\cdot|\underline{I}_\mathrm{r0}|^2\,Z_0\,. \tag{8.3/5}$$

Die von der Lastimpedanz $\underline{Z}_\mathrm{a}$ in Bild 8.3-1 aufgenommene Leistung P_a berechnet sich zu:

$$P_\mathrm{a} = \frac{1}{2}\cdot Re\{\underline{U}_\mathrm{a}\underline{I}_\mathrm{a}^*\} = \frac{1}{2}\cdot Re\{\underbrace{(\underline{U}_\mathrm{r0} + \underline{U}_\mathrm{h0})}_{\text{aus (8.1/16)}}\underbrace{(\underline{I}_\mathrm{r0}^* + \underline{I}_\mathrm{h0}^*)}_{(8.1/18)}\}$$

$$= \frac{1}{2}\cdot Re\left\{(\underline{U}_\mathrm{r0} + \underline{U}_\mathrm{h0})\cdot\left(\underbrace{\frac{-U_\mathrm{r0}^*}{Z_0}}_{(8.1/14)} + \underbrace{\frac{U_\mathrm{h0}^*}{Z_0}}_{(8.1/14)}\right)\right\}$$

$$= \frac{1}{2Z_0}\cdot Re\{(\underline{U}_\mathrm{r0} + \underline{U}_\mathrm{h0})(-\underline{U}_\mathrm{r0}^* + \underline{U}_\mathrm{h0}^*)\}$$

$$= \frac{1}{2Z_0}\cdot Re\{\underbrace{-\underline{U}_\mathrm{r0}\underline{U}_\mathrm{r0}^*}_{-|\underline{U}_\mathrm{r0}|^2} + \underline{U}_\mathrm{r0}\underline{U}_\mathrm{h0}^* - \underline{U}_\mathrm{h0}\underline{U}_\mathrm{r0}^* + \underbrace{\underline{U}_\mathrm{h0}\underline{U}_\mathrm{h0}^*}_{|\underline{U}_\mathrm{h0}|^2}\}$$

$$= \frac{1}{2Z_0}\cdot Re\{\underbrace{\underline{U}_\mathrm{h0}\underline{U}_\mathrm{h0}^*}_{|\underline{U}_\mathrm{h0}|^2}\}\left[\underbrace{\frac{-|\underline{U}_\mathrm{r0}|^2}{|\underline{U}_\mathrm{h0}|^2}}_{-|\underline{r}_0|^2} + \underbrace{\frac{\underline{U}_\mathrm{r0}}{\underline{U}_\mathrm{h0}}\cdot\frac{U_\mathrm{h0}^*}{\underline{U}_\mathrm{h0}^*}}_{\underline{r}_0 \text{ aus (8.2/2)}} - \underbrace{\frac{\underline{U}_\mathrm{h0}}{\underline{U}_\mathrm{h0}}\cdot\frac{U_\mathrm{r0}^*}{\underline{U}_\mathrm{h0}^*}}_{\underline{r}_0^* \text{ aus (8.2/2)}} + 1\right]$$

$$= \frac{|\underline{U}_\mathrm{h0}|^2}{2Z_0}\cdot Re\{-|\underline{r}_0|^2 + \underbrace{\underline{r}_0 - \underline{r}_0^*}_{j2\,Im\{\underline{r}_0\}} + 1\} = \underbrace{\frac{|\underline{U}_\mathrm{h0}|^2}{2Z_0}}_{P_\mathrm{h0} \text{ aus (8.3/4)}}\cdot(1 - |\underline{r}_0|^2)\,,$$

$$|\underline{r}_0|^2 = \underbrace{\frac{|\underline{U}_\mathrm{r0}|^2}{|\underline{U}_\mathrm{h0}|^2}\cdot\frac{Z_0}{Z_0}}_{\text{aus (8.2/2)}} = \underbrace{\frac{P_\mathrm{r0}}{P_\mathrm{h0}}}_{\text{aus (8.3/4) und (8.3/5)}},$$

$$P_\mathrm{a} = P_\mathrm{h0}\left(1 - \frac{P_\mathrm{r0}}{P_\mathrm{h0}}\right) = P_\mathrm{h0} - P_\mathrm{r0} \quad \text{(s. (8.3/1))}\,.$$

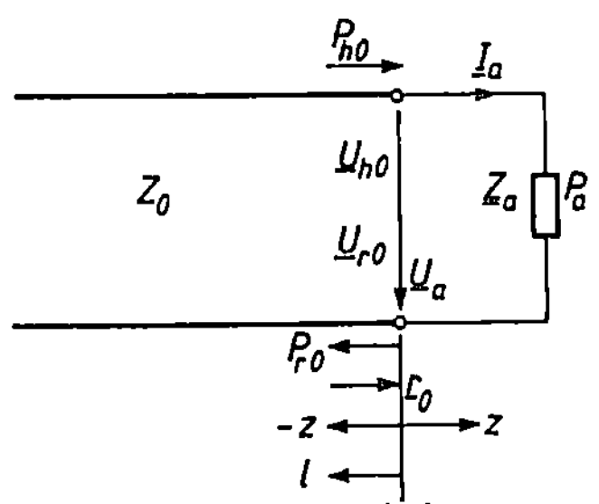

Bild 8.3-1
Leistungen und Spannungen am Leitungsende

Stellen wir noch einmal die wichtigsten P_a-Gleichungen zusammen:

$$P_a = P_{h0} - P_{r0} = P_{h0}(1 - |\underline{r}_0|^2) = \frac{|\underline{U}_{h0}|^2}{2Z_0} \cdot (1 - |\underline{r}_0|^2) \tag{8.3/6}$$

- **Beispiel 8.3/1:** Entwerfen Sie ein koaxiales Tiefpaßfilter, das im Frequenzbereich von 27,9—34,1 GHz sperrt.

Lösung:

Man erkennt aus (8.3/6), daß eine Lastimpedanz $\underline{Z}_a$ keine Leistung P_a aufnehmen kann, wenn $|\underline{r}_0| = 1$ ist. Durch Verschiebung des Nullpunktes der l-Koordinate gilt diese Aussage auch für den Eingang einer Filterschaltung. Könnte man also theoretisch einen Eingangsreflexionsfaktorbetrag von 1 erzeugen (reeller Wellenwiderstand), dann würde die gesamte hinlaufende Leistung an dieser Stelle reflektiert (im eingeschwungenen Zustand); das Filter hätte ein ideales Sperrverhalten. Bei endlichen Impedanzwerten wird man nach (8.2/2) dann einen Reflexionsfaktorbetrag in der Nähe von 1 erhalten, wenn $\underline{Z}_a$ und Z_0 stark unterschiedliche Werte aufweisen. In Beispiel 8.2/1 wurde gezeigt, wie sich der Reflexionsfaktorbetrag verändert, wenn man mehrere Leitungsstücke mit unterschiedlichen Wellenwiderständen zusammenschaltet. Um einen schnell größer werdenden Reflexionsfaktorbetrag zu erhalten, ist es sinnvoll, abwechselnd Leitungsstücke mit hohem bzw. niedrigem Wellenwiderstand vorzusehen. Man erkennt an Bild 8.2-2, daß die größten Widerstandsänderungen mit $\Delta \arg\{\underline{r}_0\} = \pm\pi$ erfolgen (z. B. liegt $\underline{Z}_a = \infty$ bei $\arg\{\underline{r}_0\} = 0°$ und $\underline{Z}_a = 0$ bei $\arg\{\underline{r}_0\} = \pm 180°$). Für verlustlose Leitungen beschreibt nach (8.2/4)

$$\underline{r}(l) = \underline{r}_0 \cdot e^{-j2\beta l}$$

die Transformation eines Reflexionsfaktors, d. h. eine Winkeländerung von $\Delta \arg\{\underline{r}_0\} = \pm\pi$ wird vom Term $e^{-j2\beta l}$ bewirkt.

$$\Rightarrow$$

$$(1) \quad -2\beta l = -\pi \Rightarrow l = \frac{\pi}{2\beta}.$$

Aus Gl. (9) des Beispiels 8.1/1:

$$(2) \quad \beta = \frac{2\pi}{\lambda_L}.$$

(2) in (1):

$$(3) \quad \Rightarrow l = \frac{\pi}{2 \cdot 2\pi} \cdot \lambda_L = \frac{\lambda_L}{4}.$$

Eine Sperrwirkung läßt sich also erreichen, wenn man mehrere Leitungsstücke der Längen $l = \lambda_L/4$ mit unterschiedlich großen Wellenwiderständen hintereinander schaltet. Der Leitungswellenwiderstand einer verlustlosen Koaxialleitung berechnet sich nach Beispiel 8.1/2, Gl. (11), mit

$$(4) \quad Z_0 = \frac{60\,\Omega}{\sqrt{\varepsilon_r}} \cdot \ln\left(\frac{d_a}{d_i}\right).$$

Der Leitungswellenwiderstand Z_0 ist also abhängig vom Durchmesser d_a des Außenleiters sowie vom Durchmesser d_i des Innenleiters. Aus konstruktiven Gründen (einfacher herzustellen) wählt man einen Außenleiter mit d_a = konst.. Um den Leitungswellenwiderstand zu verkleinern bzw. zu vergrößern, muß die Dicke des Innenleiters variiert werden. Bild 8.3-2a zeigt den prinzipiellen Aufbau des Innenleiters. Als Isolierung zum Außenleiter wird Teflon (ε_r = 2,1) benutzt. Neben der Isolationswirkung und der Fixierung des Innenleiters hat das Teflon-Dielektrikum den weiteren Vorteil, daß nach (4) Z_0 weiter verkleinert wird, d. h. der Unterschied zwischen den beiden Wellenwiderstandswerten noch größer wird.

Die Berechnung des koaxialen Tiefpaßfilters mit Hilfe der verlustlosen Leitungstheorie ist nur sinnvoll, wenn man die Abmessungen der Koaxialleitung so dimensioniert, daß nur die TEM-Welle und keine weiteren Wellen mit axialen Komponenten ausbreitungsfähig sind. Dafür gilt nach (8/1) die Ungleichung

$$(5) \quad d_a + d_i < \frac{2c}{f \cdot \pi \cdot \sqrt{\varepsilon_r}} \cdot$$

Fertigungstechnisch ergeben sich folgende Randbedingungen: Das Teflonisoliermaterial kann nur mit einer minimalen Wandstärke von δ = 0,1 mm hergestellt werden. Möglich wäre auch noch eine Isolierung mit Aluminiumoxid. Ein Innenleiter läßt sich mit einem Durchmesser von $d_{i,min}$ = 0,3 mm realisieren (Uhrmacherdrehbank).

Der maximale Durchmesser des Außenleiters ist durch (5) vorgegeben. Gewählt: d_a = 2,0 mm

$$\Rightarrow d_{i,max} = d_a - 2\delta = (2,0 - 2 \cdot 0,1)\,\text{mm} = 1,8\,\text{mm} \quad \text{(s. Bild 8.3-2a)}.$$

Die Kontrolle mit (5) muß mit der höchsten vorkommenden Frequenz von f_{max} = 34,1 GHz und dem größten Innenleiterdurchmesser von $d_{i,max}$ = 1,8 mm durchgeführt werden.

$$(2,0 + 1,8)\,\text{mm} < \frac{2 \cdot 300\,\text{mm}}{34,1 \cdot \pi \cdot \sqrt{2,1}}$$

$$3,8 < 3,865$$

Mit (4) erhält man für die Leitungswellenwiderstände (h = high, l = low):

$$Z_{0,h} = 60\,\Omega \cdot \ln\left(\frac{2,0}{0,3}\right) = 113,83\,\Omega ,$$

$$Z_{0,l} = \frac{60\,\Omega}{\sqrt{2,1}} \cdot \ln\left(\frac{2,0}{1,8}\right) = 4,36\,\Omega .$$

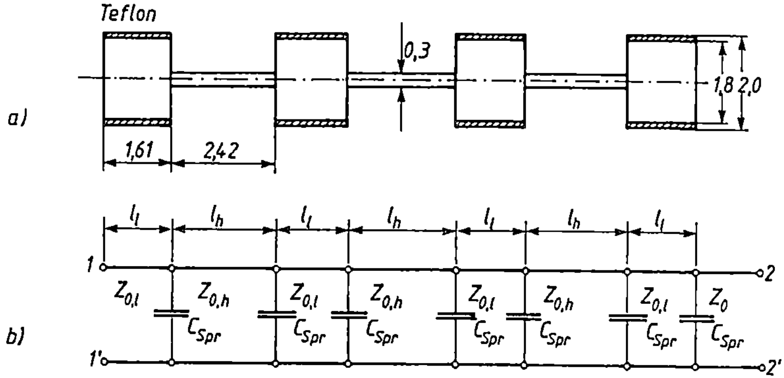

Bild 8.3-2 Koaxiales Tiefpaßfilter
   a) Prinzipieller Aufbau des Innenleiters
   b) Ersatzschaltbild

Die Teilleitungslängen sollen nach (3) $l = \lambda_L/4$ betragen. Die Leitungswellenlänge λ_L berechnet sich (s. Beispiel 8.1/1, Gl. (10)) mit

$$(6) \quad \lambda_L = v_{Ph} \cdot T = \frac{v_{Ph}}{f}.$$

Als Frequenz ergibt sich die Mittenfrequenz $f = 31$ GHz des geforderten Sperrbandes (27,9 – 34,1 GHz). Die Phasengeschwindigkeit im dielektrikumfreien Gebiet (0,3 mm-Innenleiter) ist gleich der Lichtgeschwindigkeit c (für verlustlose Leiter).

$$\lambda_{L,c} = \frac{c}{f} = \frac{3 \cdot 10^{11} \frac{\text{mm}}{\text{s}}}{31 \cdot 10^9 \frac{1}{\text{s}}} = 9{,}67 \text{ mm} ,$$

$$l_h = \frac{\lambda_{L,c}}{4} = \frac{9{,}67 \text{ mm}}{4} = 2{,}42 \text{ mm}$$

Durch ein Dielektrikum mit der Dielektrizitätskonstanten ε_r wird die Phasengeschwindigkeit auf

$$(7) \quad v_{Ph} = \frac{c}{\sqrt{\varepsilon_r}}$$

reduziert. Damit ergibt sich für das Dielektrikum eine Wellenlänge von

$$(8) \quad \lambda_{L,\varepsilon_r} = \frac{v_{Ph}}{f} = \frac{c}{\sqrt{\varepsilon_r} \cdot f}.$$

$$\lambda_{L,\varepsilon_r} = \frac{3 \cdot 10^{11} \text{ mm}}{\sqrt{2{,}1} \cdot 31 \cdot 10^9} = 6{,}68 \text{ mm}$$

$$\Rightarrow l_l = \frac{\lambda_{L,\varepsilon_r}}{4} = \frac{6{,}68 \text{ mm}}{4} = 1{,}67 \text{ mm} .$$

Mit diesen einfachen Überlegungen erhält man schon ein Filter mit einem guten Sperrverhalten. Diese Art eines koaxialen Tiefpasses („Choke") wird sehr häufig in der Praxis eingesetzt. Möchte man das Übertragungsverhalten noch verbessern, dann ist dies mit einem Optimierungsprogramm möglich. Als Beschreibungsmodell dient das Ersatzschaltbild 8.3-2b. Das Leitungsstück der Länge l_l mit dem niedrigen Wellenwiderstand $Z_{0,l}$ beschreibt die kapazitive Scheibe mit dem Dielektrikum ε_r, während der 0,3 mm dünne Innenleiter in Bild 8.3-2a durch das Leitungsstück der Länge l_h mit dem hohen Wellenwiderstand $Z_{0,h}$ beschrieben wird. Für die Diskontinuität (Scheibe – dünner Innenleiter $\Rightarrow$ Konzentration der elektrischen Feldlinien) wird eine Sprungkapazität $C_{Spr} = 0{,}069$ pF nach [64] eingeführt. Die Ersatzschaltung in Bild 8.3-2b wurde mit der verlustlosen (alle Leiter waren versilbert) Leitungstheorie berechnet. An der Stelle $2 - 2'$ wurde eine variable Impedanz $\underline{Z}_a$ angeschlossen und der Reflexionsfaktor am Punkt $1 - 1'$ berechnet, sowie die Einfügungsdämpfung. Angestrebt wurde am Eingang des Filters (Punkt $1 - 1'$ in Bild 8.3-2b) ein fast ideales Kurzschlußverhalten ($\underline{r}_{1-1'} \rightarrow 1{,}0 \cdot e^{j180°}$) für das Frequenzband 27,9 – 34,1 GHz bei einer beliebigen Abschlußimpedanz $\underline{Z}_a$. Mit Hilfe des Optimierungsprogramms [65] erhielt man die in Bild 8.3-2a eingezeichneten Längen. Nur die Länge l_l verschob sich von 1,67 mm auf 1,61 mm. Für eine Impedanz $\underline{Z}_a$ mit beliebigem Imaginärteil bekommt man für $Re\{\underline{Z}_a\} = 1 \, \Omega$ eine Sperrdämpfung $|a_{Sp}| = 83$ dB und für $Re\{\underline{Z}_a\} = 50 \, \Omega$ ein $|a_{Sp}| = 100$ dB, während die Phase des Eingangsreflexionsfaktors ($|\underline{r}| \approx 1$) in beiden Fällen arg $\{\underline{r}_{1-1'}\} = -179{,}9976°$ erreicht, also fast ideales Kurzschlußverhalten an der Stelle $1 - 1'$. Durchgeführte Messungen bestätigten die theoretischen Erwartungen [66].

Bei der Anwendung des Filters ist zu beachten, daß der koaxiale Tiefpaß nur Quasi-Tiefpaßverhalten aufweist, denn bei Erhöhung der Frequenz erreicht man für $l_l/\lambda_{L,\varepsilon_r} \approx 0{,}5 \cdot n$ und $l_h/\lambda_{L,c} \approx 0{,}5 \cdot n$ ($n = 1, 2, 3 \ldots$) wieder Durchgangsverhalten. Außerdem können sich Signale bei höheren Frequenzen ($f > 34{,}68$ GHz) als Rundhohlleiterwellen in der koaxialen Struktur ausbreiten.

8.3.1 Wellenanpassung zwischen Generator und Leitung

Bild 8.3.1-1a zeigt einen wellenmäßig angepaßten Generator, der über eine verlustbehaftete Leitung der Lastimpedanz $\underline{Z}_a$ Energie zuführt. In der Ersatzschaltung des Bildes 8.3.1-1b ist $\underline{Z}_L$ die Eingangsimpedanz der beschalteten Leitung. Für den Strom gilt:

$$\underline{I}_0 = \frac{\underline{U}_0}{Z_G + \underline{Z}_L} \cdot$$

(8.3.1/1)

Die Leistung

$$P_L = \frac{1}{2} \cdot |\underline{I}_0|^2 \, Re\{\underline{Z}_L\} = \frac{1}{2} \cdot \underbrace{\frac{|\underline{U}_0|^2}{|Z_G + \underline{Z}_L|^2}}_{\text{aus (8.3.1/1)}} \cdot Re\{\underline{Z}_L\}$$

(8.3.1/2)

ist die von der Leitung aufgenommene Wirkleistung. In Bild 8.3.1-1c ist zwischen Generator und tatsächlicher Leitung ein fiktives verlustloses Leitungsstück ($Z_0 = Z_G$) der Länge $l = 0{,}5\lambda$

$$(\text{e}^{-j2\beta l} = \text{e}^{\underbrace{-j2 \cdot \frac{2\pi}{\lambda_L} \cdot 0{,}5\lambda_L}_{\text{aus (9) des Beispiels 8.1/1}}} = \text{e}^{-j2\pi} = 1 \Rightarrow \text{keine Transformationseigenschaften}) \text{ eingefügt, um for-}$$

mal mit den Wellengrößen rechnen zu können.

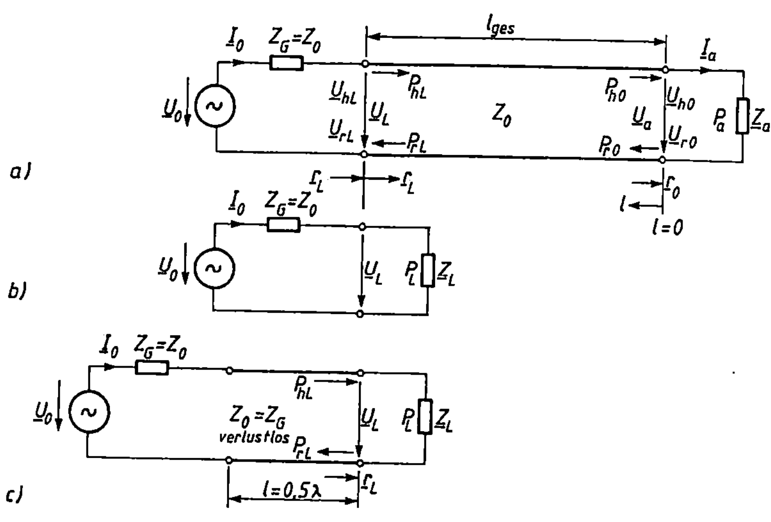

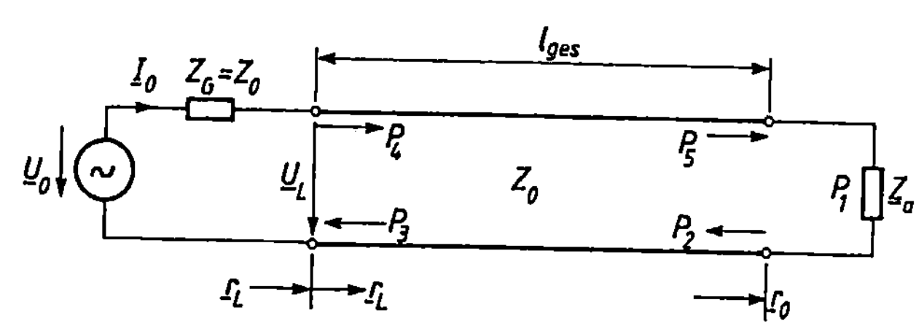

Bild 8.3.1-1 Wellenanpassung ($Z_G = Z_0$) zwischen Generator und Leitung

$$Aus \ (8.2/6) \Rightarrow \underline{r}_L = \frac{\underline{Z}_L - Z_0}{\underline{Z}_L + Z_0}. \tag{8.3.1/3}$$

$$Aus \ (8.3/6) \Rightarrow P_L = P_{hL} - P_{rL} = P_{hL}(1 - |\underline{r}_L|^2). \tag{8.3.1/4}$$

Bei dem Sonderfall der Anpassung ($\underline{Z}_L = \underline{Z}_G = Z_0$, $\underline{r}_L = 0$) wird die hinlaufende Leistung P_{hL} vollständig in der Last absorbiert ($P_L = P_{hL}$), d. h. $P_{rL} = 0$. Diese hinlaufende Leistungswelle P_{hL} ist für unsere Anordnung die maximale bzw. verfügbare Leistung $P_{L,max} = P_V$, d. h. bei Anpassung ($\underline{r}_L = 0$) kann der Generator seine gesamte Leistung P_V an die Schaltung abgeben.

$$Aus \ (8.3.1/1) \Rightarrow \underline{I}_0\big|_{Z_L = Z_G = Z_0} = \frac{U_0}{2Z_0}. \tag{8.3.1/5}$$

$$Aus \ (8.3.1/2) \Rightarrow P_{L,max} = P_V = P_{hL} = \frac{1}{2} \cdot \frac{|U_0|^2 Z_0}{|Z_0 + Z_0|^2} = \frac{1}{8} \cdot \frac{|U_0|^2}{Z_0}. \tag{8.3.1/6}$$

Bei Fehlanpassung verkleinert sich die von der Leitung aufgenommene Wirkleistung.

(8.3.1/6) in (8.3.1/4) ergibt:

$$P_L = \frac{1}{8} \cdot \frac{|U_0|^2}{Z_0} \cdot (1 - |\underline{r}_L|^2) = P_V(1 - |\underline{r}_L|^2) \tag{8.3.1/7}$$

Um die in der Lastimpedanz $\underline{Z}_a$ umgesetzte Wirkleistung P_a berechnen zu können, müssen die hin- und rücklaufenden Leistungen des Leitungsanfangs ($l = l_{ges}$) an das Leitungsende ($l = 0$) transformiert werden.

$$Aus \ (8.3/2) \Rightarrow P_{hL} = \frac{1}{2} \cdot \frac{|U_{hL}|^2}{Z_0} = \underbrace{P_V}_{aus \ (8.3.1/6)} \tag{8.3.1/8}$$

$$\Rightarrow P_{h0} = \frac{1}{2} \cdot \frac{|U_{h0}|^2}{Z_0}. \tag{8.3.1/9}$$

$$Aus \ (8.3/3) \Rightarrow P_{rL} = \frac{1}{2} \cdot \frac{|U_{rL}|^2}{Z_0} \tag{8.3.1/10}$$

$$\Rightarrow P_{r0} = \frac{1}{2} \cdot \frac{|U_{r0}|^2}{Z_0}. \tag{8.3.1/11}$$

Analog zu (8.1/15):

$$\underline{U}_{hL} = \underline{U}_{h0} \cdot e^{\underline{\gamma} l_{ges}} \Rightarrow \underline{U}_{h0} = \underline{U}_{hL} \cdot e^{-\underline{\gamma} l_{ges}} = \underline{U}_{hL} \cdot e^{-\alpha l_{ges}} \cdot e^{-j\beta l_{ges}}$$

$$|\underline{U}_{h0}| = |\underline{U}_{hL}| \cdot \underbrace{|e^{-\alpha l_{ges}}|}_{e^{-\alpha l_{ges}}} \cdot \underbrace{|e^{-j\beta l_{ges}}|}_{1} = |\underline{U}_{hL}| \cdot e^{-\alpha l_{ges}}, \tag{8.3.1/12}$$

$$\underline{U}_{rL} = \underline{U}_{r0} \cdot e^{-\underline{\gamma} l_{ges}} \Rightarrow \underline{U}_{r0} = \underline{U}_{rL} \cdot e^{\underline{\gamma} l_{ges}} \Rightarrow |\underline{U}_{r0}| = |\underline{U}_{rL}| \cdot e^{\alpha l_{ges}} \tag{8.3.1/13}$$

(8.3.1/12) in (8.3.1/9):

$$P_{h0} = \underbrace{\frac{1}{2} \cdot \frac{|U_{hL}|^2}{Z_0}}_{P_{hL} = P_V \ aus \ (8.3.1/8)} \cdot e^{-2\alpha l_{ges}} = P_V \cdot e^{-2\alpha l_{ges}} \tag{8.3.1/14}$$

(8.3.1/13) in (8.3.1/11):

$$P_{r0} = \underbrace{\frac{1}{2} \cdot \frac{|U_{rL}|^2}{Z_0}}_{P_{rL} \text{ aus } ((8.3.1/10)} \cdot e^{2\alpha l_{ges}} = P_{rL} \cdot e^{2\alpha l_{ges}} \, . \tag{8.3.1/15}$$

Aus (8.3/6) $\Rightarrow P_a = P_{h0} - P_{r0} = P_{h0}(1 - |\underline{r}_0|^2)$

$$= \underbrace{P_v \cdot e^{-2\alpha l_{ges}}}_{\text{aus } (8.3.1/14)} (1 - |\underline{r}_0|^2) = \underbrace{\frac{1}{8} \cdot \frac{|U_0|^2}{Z_0} \cdot e^{-2\alpha l_{ges}} (1 - |\underline{r}_0|^2)}_{\text{aus } (8.3.1/16)} \tag{8.3.1/16}$$

- **Beispiel 8.3.1/1:** Für die Schaltung in Bild 8.3.1-1a sind folgende Werte gegeben: $\underline{U}_0 = 10\,$V, $Z_G = Z_0 = 50\,\Omega$, $l_{ges} = 40\,$cm, $\alpha = 0,13 \cdot \dfrac{1}{m}$, $\beta = 8,5 \cdot \dfrac{1}{m}$ und $\underline{Z}_a = (30 + j70)\,\Omega$.

Berechnen Sie die Größen $\underline{r}_0$, $\underline{r}_L$, $\underline{I}_0$, $\underline{U}_L$, $\underline{U}_{hL}$, $\underline{U}_{rL}$, P_{hL}, P_{rL}, $\underline{U}_{h0}$, $\underline{U}_{r0}$, $\underline{U}_a$, $\underline{I}_a$, P_a, P_{h0} und P_{r0}.

Lösung:

Aus (8.2/2): $\underline{r}_0 = \dfrac{\underline{Z}_a - Z_0}{\underline{Z}_a + Z_0} = \dfrac{30 + j70 - 50}{30 + j70 + 50} = 0,685 \cdot e^{j64,76°}$.

(8.2/4): $\underline{r}_L = \underline{r}_0 \cdot e^{-2\underline{\gamma} l_{ges}} = 0,685 \cdot e^{j64,76°} \cdot e^{-2 \cdot 0,13 \cdot 0,4} \cdot e^{-j2 \cdot 8,5 \cdot 0,4}$

$\qquad = 0,6173 \cdot e^{j35,15°} = 0,5047 + j0,3554$.

(8.3.1/3): $\underline{Z}_L = Z_0 \cdot \dfrac{1 + \underline{r}_L}{1 - \underline{r}_L} = 50\,\Omega \cdot \dfrac{1 + 0,5047 + j0,3554}{1 - 0,5047 - j0,3554} = (83,28 + j95,63)\,\Omega$.

(8.3.1/1): $\underline{I}_0 = \dfrac{\underline{U}_0}{Z_G + \underline{Z}_L} = \dfrac{10\,\text{V}}{(50 + 83,28 + j95,63)\,\Omega} = 60,96 \cdot e^{-j35,66°}\,$mA

$\qquad \underline{U}_L = \underline{I}_0 \cdot \underline{Z}_L = 60,96 \cdot e^{-j35,66°}\,\text{mA} \cdot 126,81 \cdot e^{j48,95°}\,\Omega = 7,73 \cdot e^{j13,29°}\,$V

(8.3.1/2): $P_L = \frac{1}{2} \cdot |\underline{I}_0|^2 \cdot Re\{\underline{Z}_L\} = \frac{1}{2} \cdot (60,96\,\text{mA})^2 \cdot 83,28\,\Omega = 154,74\,$mW .

2. Weg:

(8.3.1./7): $P_L = \dfrac{1}{8} \cdot \dfrac{|U_0|^2}{Z_0} \cdot (1 - |\underline{r}_L|^2) = \dfrac{100\,\text{V}^2}{8 \cdot 50\,\Omega} \cdot (1 - 0,6173^2) = 154,74\,$mW

Analog zu Beispiel 8.1/3, Gl. (1): $\underline{U}_{hL} = \dfrac{U_L}{2} \cdot \left(1 + \dfrac{Z_0}{\underline{Z}_L}\right) = \dfrac{7,73 \cdot e^{j13,29°}\,\text{V}}{2} \cdot \left(1 + \dfrac{50}{126,81 \cdot e^{j48,95°}}\right) = 5\,$V .

2. Weg: $\underline{U}_{hL} = \dfrac{U_0}{2} = 5\,$V ,   weil der Generator im ersten Moment „Anpassung sieht".

Analog zu Beispiel 8.1/3, Gl. (2): $\underline{U}_{rL} = \dfrac{U_L}{2} \cdot \left(1 - \dfrac{Z_0}{\underline{Z}_L}\right) = 3,086 \cdot e^{j35,15°}\,$V .

Kontrolle: $\underline{U}_L = \underline{U}_{hL} + \underline{U}_{rL} = (5 + 2,523 + j1,777)\,\text{V} = 7,73 \cdot e^{j13,29°}\,$V .

(8.3.1/8): $P_{hL} = P_v = \dfrac{1}{2} \cdot \dfrac{|U_{hL}|^2}{Z_0} = \dfrac{1}{2} \cdot \dfrac{(5\,\text{V})^2}{50\,\Omega} = 250\,$mW .

(8.3.1/10): $P_{rL} = \dfrac{1}{2} \cdot \dfrac{|\underline{U}_{rL}|^2}{Z_0} = \dfrac{1}{2} \cdot \dfrac{(3,086\,\text{V})^2}{50\,\Omega} = 95,23\,$mW .

(8.3.1/12): $\underline{U}_{hO} = \underline{U}_{hL} \cdot e^{-\alpha l_{ges}} \cdot e^{-j\beta l_{ges}} = 4{,}747 \cdot e^{j165{,}19°}\,V$.

(8.3.1/13): $\underline{U}_{rO} = \underline{U}_{rL} \cdot e^{\alpha l_{ges}} \cdot e^{j\beta l_{ges}} = 3{,}2507 \cdot e^{-j130{,}04°}\,V$.

(8.1/16): $\underline{U}_a = \underline{U}_{hO} + \underline{U}_{rO} = (-4{,}59 + j1{,}21 - 2{,}09 - j2{,}49)\,V = 6{,}8 \cdot e^{-j169{,}2°}\,V$.

$$\underline{I}_a = \frac{\underline{U}_a}{\underline{Z}_a} = \frac{6{,}8 \cdot e^{-j169{,}2°}\,V}{76{,}158 \cdot e^{j66{,}8°}\,\Omega} = 89{,}29 \cdot e^{j124°}\,mA$$

$$P_a = \tfrac{1}{2} \cdot |\underline{I}_a|^2 \, Re\{\underline{Z}_a\} = \tfrac{1}{2} \cdot (89{,}29\,mA)^2 \cdot 30\,\Omega = 119{,}59\,mW \;.$$

2. Weg mit (8.3.1/16): $P_a = P_V \cdot e^{-2\alpha l_{ges}} \cdot (1 - |\underline{r}_O|^2) = 119{,}59\,mW$.

(8.3.1/9): $\quad P_{hO} = \dfrac{1}{2} \cdot \dfrac{|\underline{U}_{hO}|^2}{Z_0} = \dfrac{1}{2} \cdot \dfrac{(4{,}747\,V)^2}{50\,\Omega} = 225{,}25\,mW$.

2. Weg mit (8.3.1/14): $P_{hO} = P_V \cdot e^{-2\alpha l_{ges}} = 250\,mW \cdot 0{,}901 = 225{,}25\,mW$.

(8.3.1/11): $\quad P_{rO} = \dfrac{1}{2} \cdot \dfrac{|\underline{U}_{rO}|^2}{Z_0} = \dfrac{1}{2} \dfrac{(3{,}2507\,V)^2}{50\,\Omega} = 105{,}66\,mW$.

2. Weg mit (8.3.1/15): $P_{rO} = P_{rL} \cdot e^{2\alpha l_{ges}} = 95{,}23\,mW \cdot 1{,}11 = 105{,}66\,mW$

Kontrolle: $P_a = P_{hO} - P_{rO} = (225{,}25 - 105{,}66)\,mW = 119{,}59\,mW$.

- **Übung 8.3.1/1:** Gegeben ist die Schaltung in Bild 8.3.1-1d ($\underline{U}_0 = 100\,V$, $Z_G = Z_0 = 60\,\Omega$, $l_{ges} = 9\,m$,

  $\alpha = 0{,}02 \cdot \dfrac{1}{m}$, $\beta = 7{,}1 \cdot \dfrac{1}{m}$ und $\underline{Z}_a = (60 - j60)\,\Omega$.

  Berechnen Sie die Leistungen P_1 bis P_5.

8.3.2 Fehlanpassung zwischen Generator und Leitung

Bild 8.3.2-1a zeigt einen Generator (mit reellem Innenwiderstand), der über eine verlustbehaftete Leitung ($Z_0 \neq Z_G$) der Lastimpedanz $\underline{Z}_a$ die Leistung P_a zuführt. In der Ersatzschaltung des Bildes 8.3.2-1b ist $\underline{Z}_L$ die Eingangsimpedanz der beschalteten Leitung. Die Leistung P_L ist die von der Leitung aufgenommene Wirkleistung. In Bild 8.3.2-1c ist zwischen Generator und tatsächlicher Leitung ein fiktives verlustloses Leitungsstück (Wellenwiderstand $Z_0' = Z_G$) der Länge $l = 0{,}5\lambda$ (keine Transformationseigenschaften) eingefügt, um formal mit den Wellengrößen P_{hOL}, P_{rOL}, $\underline{U}_{hOL}$ und $\underline{U}_{rOL}$ rechnen zu können.

Analog zu (8.3.1/2), (8.3.1/4) und (8.3.1/7) gilt:

$$P_L = \frac{1}{2} \cdot |\underline{I}_0|^2 \, Re\{\underline{Z}_L\} = \frac{1}{2} \cdot \frac{|\underline{U}_0|^2}{|Z_G + \underline{Z}_L|^2} \, Re\{\underline{Z}_L\} = P_{hOL} - P_{rOL} = P_{hOL} \cdot (1 - |\underline{r}_{OL}|^2)$$

$$= \frac{1}{8} \cdot \frac{|\underline{U}_0|^2}{Z_G} \cdot (1 - |\underline{r}_{OL}|^2) = P_V(1 - |\underline{r}_{OL}|^2) \;. \tag{8.3.2/1}$$

Analog zu (8.1/15) ergibt sich:

$$\underline{U}_L = \underline{U}_{hOL} + \underline{U}_{rOL} = \underline{U}_{hOL} \cdot \left(1 + \frac{\underline{U}_{rOL}}{\underline{U}_{hOL}}\right) = \underline{U}_{hOL}(1 + \underbrace{\underline{r}_{OL}}_{s.\,(8.2/1)}) \Rightarrow \underline{U}_{hOL} = \frac{\underline{U}_L}{1 + \underline{r}_{OL}}, \tag{8.3.2/2}$$

$$\underline{U}_L = \underline{U}_{hL} + \underline{U}_{rL} = \underline{U}_{hL} \cdot \left(1 + \frac{\underline{U}_{rL}}{\underline{U}_{hL}}\right) = \underline{U}_{hL}(1 + \underbrace{\underline{r}_L}_{s.\,(8.2/1)}) \Rightarrow \underline{U}_{hL} = \frac{\underline{U}_L}{1 + \underline{r}_L} \tag{8.3.2/3}$$

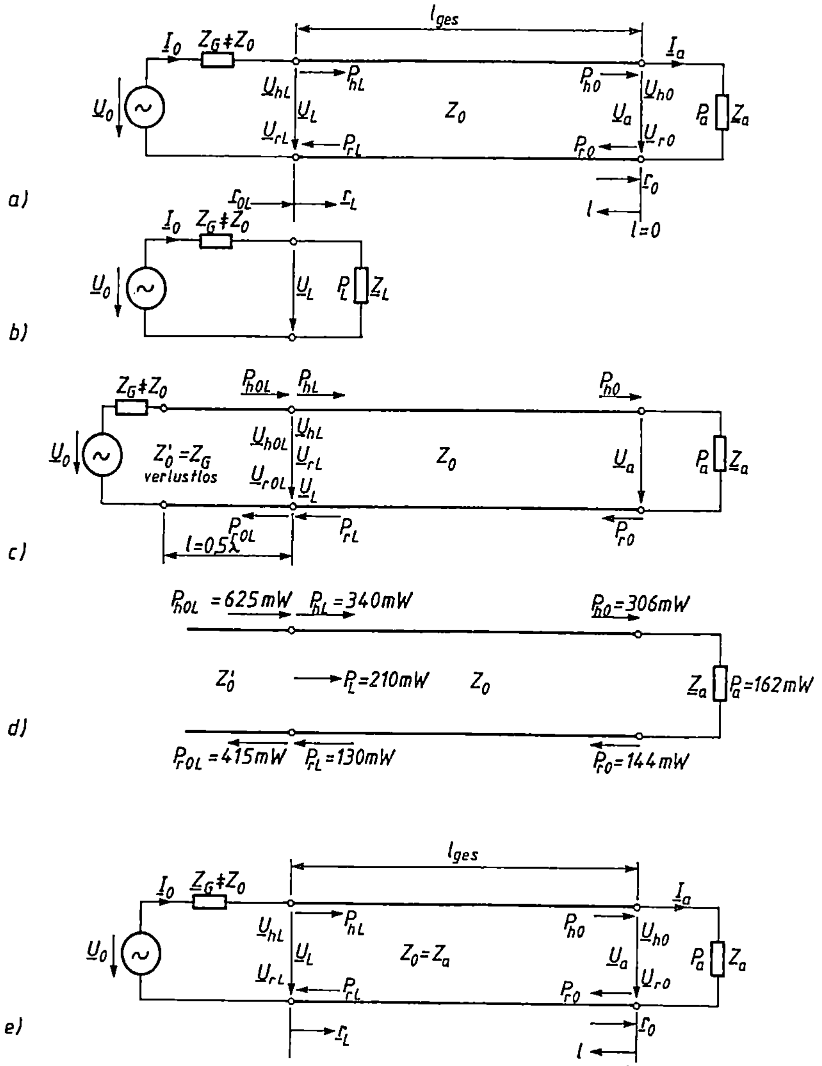

Bild 8.3.2-1   Fehlanpassung ($Z_G \neq Z_0$) zwischen Generator und Leitung

(8.3.2/3)/(8.3.2/2):

$$\frac{U_{hL}}{U_{hOL}} = \frac{U_L}{1 + \underline{r}_L} \cdot \frac{1 + \underline{r}_{OL}}{U_L} = \frac{1 + \underline{r}_{OL}}{1 + \underline{r}_L} .$$

(8.3.2/4)

Analog zu (8.3/2):

$$P_{hL} = \frac{1}{2} \cdot \frac{|U_{hL}|^2}{Z_0}$$

(8.3.2/5)

$$P_{hOL} = \frac{1}{2} \cdot \frac{|U_{hOL}|^2}{Z_G}$$

(8.3.2/6)

(8.3.2/5)/(8.3.2/6):

$$\frac{P_{hL}}{P_{hoL}} = \frac{1}{2} \cdot \frac{|\underline{U}_{hL}|^2}{Z_0} \cdot \frac{2Z_G}{|\underline{U}_{hoL}|^2} = \left|\frac{\underline{U}_{hL}}{\underline{U}_{hoL}}\right|^2 \cdot \frac{Z_G}{Z_0} = \underbrace{\left|\frac{1 + \underline{r}_{oL}}{1 + \underline{r}_L}\right|^2}_{aus\ (8.3.2/4)} \cdot \frac{Z_G}{Z_0} \cdot \tag{8.3.2/7}$$

Aus (8.3.2/1)

$$\Rightarrow P_{hoL} = P_V = \frac{1}{8} \cdot \frac{|\underline{U}_0|^2}{Z_G} \tag{8.3.2/8}$$

(8.3.2/8) in (8.3.2/7):

$$P_{hL} = \frac{1}{8} \cdot \frac{|\underline{U}_0|^2}{Z_G} \cdot \frac{Z_G}{Z_0} \cdot \left|\frac{1 + \underline{r}_{oL}}{1 + \underline{r}_L}\right|^2 = \frac{1}{8} \cdot \frac{|\underline{U}_0|^2}{Z_0} \cdot \left|\frac{1 + \underline{r}_{oL}}{1 + \underline{r}_L}\right|^2 \tag{8.3.2/9}$$

Analog zu (8.3.1/14):

$$P_{ho} = P_{hL} \cdot e^{-2\alpha l_{ges}} \tag{8.3.2/10}$$

Analog zu (8.3.1/16):

$$P_a = P_{ho} - P_{ro} = P_{ho}(1 - |\underline{r}_0|^2)$$

$$= \underbrace{P_{hL} \cdot e^{-2\alpha l_{ges}}}_{aus\ (8.3.2/10)} \cdot (1 - |\underline{r}_0|^2) = \underbrace{\frac{1}{8} \cdot \frac{|\underline{U}_0|^2}{Z_0} \cdot \left|\frac{1 + \underline{r}_{oL}}{1 + \underline{r}_L}\right|^2}_{aus\ (8.3.2/9)} \cdot e^{-2\alpha l_{ges}}(1 - |\underline{r}_0|^2). \tag{8.3.2/11}$$

P_a in (8.3.2/11) berechnet sich mit den Größen:

$$\underline{r}_0 = \frac{\underline{Z}_a - Z_0}{\underline{Z}_a + Z_0}, \quad \underline{r}_L = \underline{r}_0 \cdot e^{-2\underline{\gamma} l_{ges}}, \quad \underline{Z}_L = Z_0 \cdot \frac{1 + \underline{r}_L}{1 - \underline{r}_L}, \quad \underline{r}_{oL} = \frac{\underline{Z}_L - Z_G}{\underline{Z}_L + Z_G}. \tag{8.3.2/12}$$

- **Beispiel 8.3.2/1:** Für die Schaltung in Bild 8.3.2-1a sind folgende Werte gegeben: $\underline{U}_0 = 10\ V$, $Z_G = 20\ \Omega$, $Z_0 = 50\ \Omega$, $l_{ges} = 40\ cm$, $\alpha = 0{,}13 \cdot \frac{1}{m}$, $\beta = 8{,}5 \cdot \frac{1}{m}$ und $\underline{Z}_a = (30 + j70)\ \Omega$.

a) Berechnen Sie die Größen $\underline{r}_0$, $\underline{r}_L$, $\underline{r}_{oL}$, $\underline{I}_0$, $\underline{U}_L$, $\underline{U}_{hL}$, $\underline{U}_{rL}$, P_{hL}, P_{rL}, $\underline{U}_{ho}$, $\underline{U}_{ro}$, $\underline{U}_a$, $\underline{I}_a$, P_a, P_{ho} und P_{ro}.

b) Skizzieren Sie den Leistungsfluß.

Lösung:

a) $\underline{r}_0 = \dfrac{\underline{Z}_a - Z_0}{\underline{Z}_a + Z_0} = 0{,}685 \cdot e^{j64{,}76°}$,

$\underline{r}_L = \underline{r}_0 \cdot e^{-2\underline{\gamma} l_{ges}} = 0{,}6173 \cdot e^{j35{,}15°} = 0{,}5047 + j0{,}3554$,

$\underline{Z}_L = Z_0 \cdot \dfrac{1 + \underline{r}_L}{1 - \underline{r}_L} = 126{,}81 \cdot e^{j48{,}95°}\ \Omega = (83{,}28 + j95{,}63)\ \Omega$,

$\underline{I}_0 = \dfrac{\underline{U}_0}{Z_G + \underline{Z}_L} = 71{,}045 \cdot e^{-j42{,}8°}\ mA$,

$\underline{U}_L = \underline{I}_0 \underline{Z}_L = 9{,}01 \cdot e^{j6{,}15°}\ V$,

$P_L = \frac{1}{2} \cdot |\underline{I}_0|^2\ Re\{\underline{Z}_L\} = 210\ mW$,

$\underline{r}_{oL} = \dfrac{\underline{Z}_L - Z_G}{\underline{Z}_L + Z_G} = 0{,}8147 \cdot e^{j13{,}71°} = 0{,}7915 + j0{,}1931$,

$\underline{U}_{hoL} = \dfrac{\underline{U}_0}{2} = 5\ V$, weil der Generator im ersten Moment „Anpassung sieht".

$$2. \text{ } Weg: \underline{U}_{\text{h0L}} = \frac{\underline{U}_L}{2} \cdot \left(1 + \frac{\underline{Z}_G}{\underline{Z}_L}\right)$$

$$\underline{U}_{\text{r0L}} = \underline{r}_{0L} \cdot \underline{U}_{\text{h0L}} = 4{,}07 \cdot e^{j13{,}71°}\,\text{V}\,, \quad 2. \text{ } Weg: \underline{U}_{\text{r0L}} = \frac{\underline{U}_L}{2} \cdot \left(1 - \frac{\underline{Z}_G}{\underline{Z}_L}\right),$$

$$\left.\begin{aligned} P_{\text{h0L}} &= \frac{1}{2} \cdot \frac{|\underline{U}_{\text{h0L}}|^2}{Z_0'} = 625\,\text{mW} \\[2mm] P_{\text{r0L}} &= \frac{1}{2} \cdot \frac{|\underline{U}_{\text{r0L}}|^2}{Z_0'} = 415\,\text{mW} \end{aligned}\right\} \begin{aligned} &Kontrolle: \\[2mm] &P_L = P_{\text{h0L}} - P_{\text{r0L}} = 210\,\text{mW}\,, \end{aligned}$$

$$\underline{U}_{\text{hL}} = \underline{U}_{\text{h0L}} \cdot \frac{1 + \underline{r}_{0L}}{1 + \underline{r}_L} = 5{,}83 \cdot e^{-j7{,}14°}\,\text{V}\,, \qquad \underline{U}_{\text{rL}} = \underline{r}_L \cdot \underline{U}_{\text{hL}} = 3{,}60 \cdot e^{j28{,}01°}\,\text{V}\,,$$

$$P_{\text{hL}} = \frac{1}{2} \cdot \frac{|\underline{U}_{\text{hL}}|^2}{Z_0} = 340\,\text{mW}\,, \quad 2. \text{ } Weg: P_{\text{hL}} = \frac{1}{8} \frac{|\underline{U}_0|^2}{Z_0} \cdot \left|\frac{1 + \underline{r}_{0L}}{1 + \underline{r}_L}\right|^2\,,$$

$$P_{\text{rL}} = \frac{1}{2} \cdot \frac{|\underline{U}_{\text{rL}}|^2}{Z_0} \Rightarrow \frac{P_{\text{rL}}}{P_{\text{hL}}} = \frac{1}{2} \cdot \frac{|\underline{U}_{\text{rL}}|^2}{Z_0} \cdot \frac{2Z_0}{|\underline{U}_{\text{hL}}|^2} = \underbrace{\frac{|\underline{U}_{\text{rL}}|^2}{|\underline{U}_{\text{hL}}|^2}}_{|\underline{r}_L|^2} = |\underline{r}_L|^2\,,$$

$$P_{\text{rL}} = P_{\text{hL}} \cdot |\underline{r}_L|^2 = 130\,\text{mW}\,,$$

$$P_{\text{h0}} = P_{\text{hL}} \cdot e^{-2\alpha l_{\text{ges}}} = 306\,\text{mW}\,, \qquad P_{\text{r0}} = P_{\text{h0}} \cdot |\underline{r}_0|^2 = 144\,\text{mW}\,, \qquad P_{\text{a}} = P_{\text{h0}} - P_{\text{r0}} = 162\,\text{mW}\,.$$

$$2. \text{ } Weg: P_{\text{a}} = \frac{1}{8} \cdot \frac{|\underline{U}_0|^2}{Z_0} \cdot \left|\frac{1 + \underline{r}_{0L}}{1 + \underline{r}_L}\right|^2 \cdot e^{-2\alpha l_{\text{ges}}} \left(1 - |\underline{r}_0|^2\right).$$

$$\underline{U}_L = \underbrace{\underline{U}_{\text{r0}} \cdot e^{-\underline{\gamma} l_{\text{ges}}} + \underline{U}_{\text{h0}} \cdot e^{\underline{\gamma} l_{\text{ges}}}}_{\text{aus (8.1/15)}} = \underbrace{\frac{\underline{U}_{\text{a}}}{2}\left(1 - \frac{Z_0}{\underline{Z}_{\text{a}}}\right)e^{-\underline{\gamma} l_{\text{ges}}}}_{\text{Beispiel 8.1/3, (2)}} + \underbrace{\frac{\underline{U}_{\text{a}}}{2}\left(1 + \frac{Z_0}{\underline{Z}_{\text{a}}}\right)e^{\underline{\gamma} l_{\text{ges}}}}_{\text{Beispiel 8.1/3, (1)}},$$

$$\underline{U}_{\text{a}} = \frac{2\underline{U}_L}{\left(1 - \dfrac{Z_0}{\underline{Z}_{\text{a}}}\right)e^{-\underline{\gamma} l_{\text{ges}}} + \left(1 + \dfrac{Z_0}{\underline{Z}_{\text{a}}}\right) \cdot e^{\underline{\gamma} l_{\text{ges}}}} = 7{,}93 \cdot e^{-j176{,}32°}\,\text{V}\,,$$

$$\underline{I}_{\text{a}} = \frac{\underline{U}_{\text{a}}}{\underline{Z}_{\text{a}}} = 104{,}12 \cdot e^{j116{,}88°}\,\text{mA}\,, \qquad \underline{U}_{\text{h0}} = \frac{\underline{U}_{\text{a}}}{2} \cdot \left(1 + \frac{Z_0}{\underline{Z}_{\text{a}}}\right) = 5{,}54 \cdot e^{j158{,}07°}\,\text{V}$$

$$2. \text{ } Weg: \underline{U}_{\text{h0}} = \underline{U}_{\text{hL}} \cdot e^{-\underline{\gamma} l_{\text{ges}}}\,, \qquad \underline{U}_{\text{r0}} = \underline{r}_0 \cdot \underline{U}_{\text{h0}} = 3{,}79 \cdot e^{-j137{,}17°}\,\text{V}$$

b) Bild 8.3.2-1 d zeigt den Leistungsfluß.

- **Übung 8.3.2/1:** Gegeben ist die Schaltung in Bild 8.3.2-1e $\Big(\underline{U}_0 = 10\,\text{V}$, $\underline{Z}_G = (83{,}28 - j95{,}63)\,\Omega$,

$$Z_0 = Z_{\text{a}} = 50\,\Omega,\ l_{\text{ges}} = 40\,\text{cm},\ \alpha = 0{,}13 \cdot \frac{1}{\text{m}}\ \text{und}\ \beta = 8{,}5\,\frac{1}{\text{m}}\Big).$$

Berechnen Sie die Größen $\underline{r}_0$, $\underline{r}_L$, $\underline{I}_0$, $\underline{U}_L$, $\underline{U}_{\text{hL}}$, $\underline{U}_{\text{rL}}$, P_{hL}, P_{rL}, $\underline{U}_{\text{h0}}$, $\underline{U}_{\text{r0}}$, P_{h0}, P_{r0}, P_{a}, $\underline{U}_{\text{a}}$ und $\underline{I}_{\text{a}}$.

8.3.3 Leistungsanpassung zwischen Generator und Leitungseingangsimpedanz

Bild 8.3.3-1a zeigt einen Generator (mit der Impedanz $\underline{Z}_G$), der über eine verlustbehaftete Leitung der Lastimpedanz $\underline{Z}_{\text{a}}$ Energie zuführt. In der Ersatzschaltung des Bildes 8.3.3-1b ist $\underline{Z}_L$ die Eingangsimpedanz der beschalteten Leitung. Wegen des Sonderfalles $\underline{Z}_L = \underline{Z}_G^*$ liegt

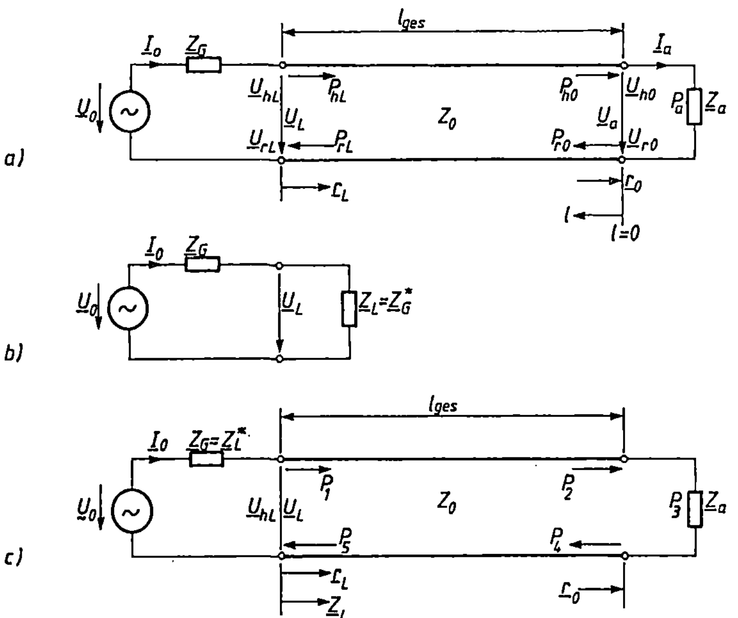

Bild 8.3.3-1   Leistungsanpassung zwischen Generator und Leitungseingangsimpedanz $(\underline{Z}_L = \underline{Z}_G^*)$

Leistungsanpassung am Eingangstor vor. Dafür gilt:

$$\underline{I}_0 = \frac{\underline{U}_0}{\underline{Z}_G + \underline{Z}_L} = \frac{\underline{U}_0}{\underline{Z}_G + \underline{Z}_G^*} = \frac{\underline{U}_0}{2Re\{\underline{Z}_G\}}, \tag{8.3.3/1}$$

$$\underline{U}_L = \underline{I}_0 \cdot \underline{Z}_L = \underline{I}_0 \cdot \underline{Z}_G^* = \underbrace{\frac{\underline{U}_0}{2Re\{\underline{Z}_G\}}}_{\text{aus (8.3.3/1)}} \cdot \underline{Z}_G^* \tag{8.3.3/2}$$

Aus (8.3.2/3) $\Rightarrow$

$$\underline{U}_{hL} = \frac{\underline{U}_L}{1 + \underline{r}_L} = \underbrace{\frac{\underline{U}_0 \cdot \underline{Z}_G^*}{2Re\{\underline{Z}_G\}}}_{\text{aus (8.3.3/2)}} \cdot \frac{1}{1 + \underline{r}_L}. \tag{8.3.3/3}$$

Aus (8.3.2/5) $\Rightarrow$

$$P_{hL} = \frac{1}{2} \cdot \frac{|\underline{U}_{hL}|^2}{Z_0} = \underbrace{\frac{1}{2Z_0} \cdot \frac{|\underline{U}_0|^2}{4} \cdot \frac{|\underline{Z}_G|^2}{Re^2\{\underline{Z}_G\}} \cdot \frac{1}{|1 + \underline{r}_L|^2}}_{\text{aus (8.3.3/3)}} = \frac{|\underline{U}_0|^2}{8Z_0} \cdot \left(\frac{|\underline{Z}_G|}{Re\{\underline{Z}_G\}}\right)^2 \cdot \frac{1}{|1 + \underline{r}_L|^2}. \tag{8.3.3/4}$$

Aus (8.3.2/10) $\Rightarrow$

$$P_{h0} = P_{hL} \cdot e^{-2\alpha l_{ges}} = \underbrace{\frac{|\underline{U}_0|^2}{8Z_0} \cdot \left(\frac{|\underline{Z}_G|}{Re\{\underline{Z}_G\}}\right)^2 \cdot \frac{1}{|1 + \underline{r}_L|^2}}_{\text{aus (8.3.3/4)}} \cdot e^{-2\alpha l_{ges}}. \tag{8.3.3/5}$$

Aus (8.3.2/11) ⇒

$$P_a = P_{h0}(1 - |\underline{r}_0|^2).$$

(8.3.3/6)

(8.3.3/5) in (8.3.3/6):

$$P_a = \frac{|\underline{U}_0|^2}{8Z_0} \cdot \left(\frac{|\underline{Z}_G|}{Re\{\underline{Z}_G\}}\right)^2 \cdot \frac{(1 - |\underline{r}_0|^2)}{|1 + \underline{r}_L|^2} \cdot e^{-2\alpha l_{ges}}.$$

(8.3.3/7)

● **Beispiel 8.3.3/1:** Für die Schaltung in Bild 8.3.3-1a sind folgende Werte gegeben: $\underline{U}_0 = 10$ V, $\underline{Z}_G = (83{,}28 - j95{,}63)\,\Omega, Z_0 = 50\,\Omega, l_{ges} = 40\,\text{cm}, \alpha = 0{,}13 \cdot \dfrac{1}{m}, \beta = 8{,}5 \cdot \dfrac{1}{m}$ und $\underline{Z}_a = (30 + j70)\,\Omega$.

Berechnen Sie die Größen $\underline{r}_0, \underline{r}_L, \underline{I}_0, \underline{U}_L, \underline{U}_{hL}, \underline{U}_{rL}, P_{hL}, P_{rL}, \underline{U}_{h0}, \underline{U}_{r0}, P_{h0}, P_{r0}, P_a, \underline{U}_a$ und $\underline{I}_a$.

Lösung:

$$\underline{r}_0 = \frac{\underline{Z}_a - Z_0}{\underline{Z}_a + Z_0} = 0{,}685 \cdot e^{j64{,}76°}, \qquad \underline{r}_L = \underline{r}_0 \cdot e^{-2\underline{\gamma}l_{ges}} = 0{,}6173 \cdot e^{j35{,}15°},$$

$$\underline{Z}_L = Z_0 \cdot \frac{1 + \underline{r}_L}{1 - \underline{r}_L} = 126{,}81 \cdot e^{j48{,}95°}\,\Omega = (83{,}28 + j95{,}63)\,\Omega \doteq \underline{Z}_G^*,$$

$$\underline{I}_0 = \frac{\underline{U}_0}{\underline{Z}_G + \underline{Z}_L} = \frac{\underline{U}_0}{2Re\{\underline{Z}_G\}} = 60{,}04\,\text{mA}, \qquad \underline{U}_L = \underline{I}_0 \cdot \underline{Z}_L = 7{,}61 \cdot e^{j48{,}95°}\,\text{V},$$

$$P_L = \frac{1}{2} \cdot |\underline{I}_0|^2\, Re\{\underline{Z}_L\} = 150{,}1\,\text{mW}, \qquad \underline{U}_{hL} = \frac{\underline{U}_L}{1 + \underline{r}_L} = 4{,}93 \cdot e^{j35{,}66°}\,\text{V},$$

$$\underline{U}_{rL} = \underline{r}_L \cdot \underline{U}_{hL} = 3{,}04 \cdot e^{j70{,}81°}\,\text{V},$$

$$P_{hL} = \frac{1}{2} \cdot \frac{|\underline{U}_{hL}|^2}{Z_0} = 242{,}6\,\text{mW}, \qquad P_{rL} = |\underline{r}_L|^2 \cdot P_{hL} = 92{,}4\,\text{mW},$$

$$P_{h0} = P_{hL} \cdot e^{-2\alpha l_{ges}} = 218{,}6\,\text{mW}, \qquad P_{r0} = P_{h0} \cdot |\underline{r}_0|^2 = 102{,}6\,\text{mW},$$

$$P_a = P_{h0} - P_{r0} = 116\,\text{mW},$$

$$\underline{U}_{h0} = \underline{U}_{hL} \cdot e^{-\underline{\gamma}l_{ges}} = 4{,}67 \cdot e^{-j159{,}15°}\,\text{V}, \qquad \underline{U}_{r0} = \underline{r}_0 \cdot \underline{U}_{h0} = 3{,}20 \cdot e^{-j94{,}39°}\,\text{V},$$

$$\underline{U}_a = \underline{U}_{h0} + \underline{U}_{r0} = 6{,}7 \cdot e^{-j133{,}52°}\,\text{V}, \qquad \underline{I}_a = \frac{\underline{U}_a}{\underline{Z}_a} = 87{,}96 \cdot e^{j159{,}68°}\,\text{mA}.$$

■ **Übung 8.3.3/1:** Gegeben ist die Schaltung in Bild 8.3.3-1c ($\underline{U}_0 = 25$ V, $\underline{Z}_G = (88{,}95 + j8{,}98)\,\Omega$, $Z_0 = 75\,\Omega, l_{ges} = 27\,\text{m}, \alpha = 0{,}017\dfrac{1}{m}, \beta = 6{,}25\dfrac{1}{m}$ und $\underline{Z}_a = (50 - j20)\,\Omega$).

Berechnen Sie die Leistungen P_1 bis P_5.

8.4 Verlustlose Leitungen

Bei Verbindungsleitungen (z. B. Telefonkabel) kann die Leitungsdämpfung nicht vernachlässigt werden, und die Berechnung kann z. B. mit den in Kapitel 8.3 vorgestellten Gleichungen erfolgen. Bei langen Leitungen (Streckendämpfung größer als 40 dB) vereinfacht sich die Berechnung, da man Sender und Empfänger wegen dieser Leitungsdämpfung als ein entkoppeltes System auffassen kann.

Sehr kurze Leitungsstücke (z. B. Viertelwellenstücke) werden in Filter- und Transformations-schaltungen eingesetzt. Bei diesen zur Selektion und Impedanzwandlung dienenden kurzen Leitungsstücken kann man die Leitungsverluste (R', G') vernachlässigen. Setzt man $R' = 0$ und $G' = 0$ in (8.1/6) ein, dann erhält man eine rein imaginäre Fortpflanzungskonstante $\underline{\gamma}$ ($\alpha = 0$).

$$\underline{\gamma} = \mathrm{j}\beta = \mathrm{j}\omega \sqrt{L'C'}\,. \tag{8.4/1}$$

Für den Leitungswellenwiderstand $\underline{Z}_0$ in (8.1/14) ergibt sich mit $R' = 0$ und $G' = 0$:

$$Z_0 = \sqrt{\frac{L'}{C'}}\,. \tag{8.4/2}$$

Für verlustlose Leitungen ist der Leitungswellenwiderstand Z_0 reell und frequenzunabhängig.

8.4.1 Reflexionsfaktor und Eingangsimpedanz

Für einen reellen Leitungswellenwiderstand Z_0 berechnet sich nach (8.2/2) der Reflexionsfaktor am Leitungsende ($l = 0$) mit

$$\underline{r}_0 = \frac{\underline{Z}_a - Z_0}{\underline{Z}_a + Z_0}\,, \tag{8.4.1/1}$$

während sich nach (8.2/4) ein Reflexionsfaktor

$$\underline{r}(l) = \underline{r}_0\, e^{-\mathrm{j}2\beta l} \tag{8.4.1/2}$$

an einem beliebigen Ort l der Leitung einstellt. Setzt man $\beta = 2\pi/\lambda_\mathrm{L}$ (aus Beispiel 8.1/1, (9)) in (8.4.1/2) ein, dann gilt:

$$\underline{r}(l) = \underline{r}_0 \cdot e^{-\mathrm{j}4\pi} \cdot \frac{l}{\lambda_\mathrm{L}}\,. \tag{8.4.1/3}$$

Die Eingangsimpedanz an einem beliebigen Ort l der Leitung berechnet sich nach (8.2/5) mit

$$\underline{Z}_\mathrm{in}(l) = Z_0(l) \cdot \frac{1 + \underline{r}(l)}{1 - \underline{r}(l)}\,. \tag{8.4.1/4}$$

● **Beispiel 8.4.1/1:** Eine Lastimpedanz $\underline{Z}_a = 0$ (Kurzschluß) soll durch folgende Leitungsstücke transformiert werden:

$\dfrac{l_\mathrm{ges}}{\lambda_\mathrm{L}}$	0,125	0,25	0,375	0,5

Berechnen Sie für einen beliebigen Leitungswellenwiderstand Z_0 den Reflexionsfaktor und die Eingangsimpedanz am Leitungsanfang ($l = l_\mathrm{ges}$).

Lösung:

Für die Berechnung benötigen wir die Gln. (8.4.1/1), (8.4.1/3) und (8.4.1/4).

$$\underline{Z}_a = 0 \Rightarrow \underline{r}_0 = -1 = 1 \cdot e^{j180°}$$

$\dfrac{l_{\text{ges}}}{\lambda_L}$	$\underline{r}(l_{\text{ges}})$	$\underline{Z}_{\text{in}}$
0,125	$1 \cdot e^{j90°} = j$	jZ_0
0,25	$1 \cdot e^{j0°} = 1$	∞
0,375	$1 \cdot e^{-j90°} = -j$	$-jZ_0$
0,5	$1 \cdot e^{j180°} = -1$	0

Betrachtet man die vier Leitungsstücke als Teillängen l auf einer Leitung, dann erkennt man an den Tabellenwerten, daß mit wachsendem Abstand vom Leitungsende ($l = 0$, Lastimpedanz $\underline{Z}_a = 0$) die Eingangsimpedanz $\underline{Z}_{\text{in}}(l)$ zuerst induktives ($0 < l < \lambda_L/4$) und dann kapazitives ($\lambda_L/4 < l < \lambda_L/2$) Verhalten aufweist. Im Smithdiagramm (s. z. B. Bild 7.7-3) verläuft die Leitungstransformation im Uhrzeigersinn. Die äußere Bezeichnung des Smithdiagramms (Wellenlängen zum Generator) entspricht unserem Parameterwert l/λ_L, d. h. nach $l/\lambda_L = 0,125$ erreichen wir auf dem $|\underline{r}_0| = 1$-Kreis den Winkel arg $\{\underline{r}(l = 0,125\lambda_L)\} = +90°$, nach $l/\lambda_L = 0,25$ den Winkel arg $\{\underline{r}(l = 0,25\lambda_L)\} = 0°$, nach $l/\lambda_L = 0,375$ den Winkel arg $\{\underline{r}(l = 0,375\lambda_L)\} = -90°$ und schließlich nach $l/\lambda_L = 0,5$ wieder unseren Startpunkt (arg $\{\underline{r}(l = 0,5\lambda_L)\} = \pm 180°$). Eine Leitung der Länge $l_{\text{ges}} = n \cdot \lambda_L/2$ ($n = 1, 2, 3 \dots$) besitzt also keine Transformationseigenschaften, d. h. räumlich entfernte Lastimpedanzen $\underline{Z}_a$ lassen sich so unverändert mit einem Generator verbinden. Neben den Reflexionsfaktoren lassen sich in dem auf Z_0 normierten Smithdiagramm auch die Eingangsimpedanzwerte ablesen.

Leitungsstücke der Länge $l_{\text{ges}} = \lambda_L/4$ werden sehr oft für Transformationszwecke benutzt. Im Beispiel 8.4.1/1 wurde damit eine Lastimpedanz $\underline{Z}_a = 0$ in eine Eingangsimpedanz $\underline{Z}_{\text{in}} = \infty$ transformiert. Setzt man in (8.4.1/3) $l/\lambda_L = 0,25$ ein, dann ergibt sich:

$$\underline{r}(l = \lambda_L/4) = \underline{r}_0 \cdot e^{-j4\pi \cdot 0,25} = \underline{r}_0 \cdot e^{-j\pi} = -\underline{r}_0 \tag{8.4.1/5}$$

(8.4.1/1) in (8.4.1/5):

$$\underline{r}(l_{\text{ges}} = \lambda_L/4) = -\frac{\underline{Z}_a - Z_0}{\underline{Z}_a + Z_0}. \tag{8.4.1/6}$$

Mit (8.4.1/4) und (8.4.1/6) erhält man dann als Eingangsimpedanz der $l_{\text{ges}} = \lambda_L/4$ langen Leitung:

$$\underline{Z}_{\text{in}}(l_{\text{ges}} = \lambda_L/4) = Z_0 \cdot \frac{1 - \dfrac{\underline{Z}_a - Z_0}{\underline{Z}_a + Z_0}}{1 + \dfrac{\underline{Z}_a - Z_0}{\underline{Z}_a + Z_0}} = Z_0 \cdot \frac{\underline{Z}_a + Z_0 - \underline{Z}_a + Z_0}{\underline{Z}_a + Z_0 + \underline{Z}_a - Z_0} = Z_0 \cdot \frac{2Z_0}{2\underline{Z}_a} = \frac{Z_0^2}{\underline{Z}_a}.$$

$$\tag{8.4.1/7}$$

Man erkennt aus (8.4.1/7), daß ein $l_{\text{ges}} = \lambda_L/4$ langes Leitungsstück eine Impedanz in eine solche mit reziprokem Wert transformiert, z. B.:

Kurzschluß $\leftrightarrow$ Leerlauf

Induktivität $\leftrightarrow$ Kapazität

hochohmig $\leftrightarrow$ niederohmig

Bei vorgegebener Lastimpedanz $\underline{Z}_a$ und gewünschter Eingangsimpedanz $\underline{Z}_{in}$ läßt sich aus (8.4.1/7) der Wellenwiderstand Z_0 einer $l_{ges} = \lambda_L/4$ langen Leitung (die die gewünschte Transformation bewirken soll) berechnen. Exakt wird diese Transformation nur bei einer Frequenz durchgeführt. Durch Hintereinanderschalten mehrerer $\lambda_L/4$-Leitungsstücke mit unterschiedlichen Wellenwiderständen (Stufentransformator) erreicht man eine Breitbandigkeit, so daß auch mit Frequenzbändern gearbeitet werden kann.

■ **Übung 8.4.1/1:** Eine $l_{ges} = \lambda_{L,\varepsilon_r}/4$ lange verlustlose Leitung ($L' = 236\,\text{nH/m}$, $C' = 94,4\,\text{pF/m}$) transformiert bei der Frequenz $f = 0,4\,\text{GHz}$ eine Lastimpedanz $\underline{Z}_a = 30 \cdot \text{e}^{\text{j}35°}\,\Omega$ in die Eingangsimpedanz $\underline{Z}_{in}$.

Ermitteln Sie ε_r, l_{ges} und $\underline{Z}_{in}$.

Aus (8.4.1/7) erhält man für $\underline{Z}_a = R_{L,max}$ und $\underline{Z}_{in} = R_{L,min}$:

$$R_{L,min} = \frac{Z_0^2}{R_{L,max}} \Rightarrow Z_0 = \sqrt{R_{L,min} \cdot R_{L,max}}\,, \qquad (8.4.1/8)$$

$$\Rightarrow \frac{R_{L,min}}{Z_0} = \frac{Z_0}{R_{L,max}} \Rightarrow R'_{L,min} = \underbrace{\frac{1}{R'_{L,max}}}_{\text{aus (7.7/14)}} = m\,. \qquad (8.4.1/9)$$

Auf der Leitung existieren Orte mit minimaler Spannung ($R_{L,min}$) bzw. minimalem Strom ($R_{L,max}$), an denen $\underline{U}_r$ und $\underline{U}_h$ bzw. $\underline{I}_r$ und $\underline{I}_h$ in Gegenphase sind (s. auch Bild 8.2-2).

$$|\underline{U}_{min}| = |\underline{U}_h| - |\underline{U}_r| = |\underline{U}_h| \cdot \left(1 - \frac{|\underline{U}_r|}{|\underline{U}_h|}\right) = |\underline{U}_h| \cdot \underbrace{(1 - |\underline{r}|)}_{\text{aus (8.2/1)}} \qquad (8.4.1/10)$$

$$|\underline{U}_{min}| = |\underline{U}_h| - |\underline{U}_r| = \underbrace{|\underline{I}_h Z_0| - |-\underline{I}_r Z_0|}_{\text{aus (8.1/14)}} = Z_0 \underbrace{[|\underline{I}_h| - |\underline{I}_r|]}_{|\underline{I}_{min}|} = Z_0 \cdot |\underline{I}_{min}|\,. \qquad (8.4.1/11)$$

Maximale Spannung ($R_{L,max}$) bzw. maximaler Strom ($R_{L,min}$) treten auf an Orten mit gleichphasigen $\underline{U}_h$ und $\underline{U}_r$ bzw. $\underline{I}_h$ und $\underline{I}_r$ (s. auch Bild 8.2-2).

$$|\underline{U}_{max}| = |\underline{U}_h| + |\underline{U}_r| = |\underline{U}_h| \cdot \left(1 + \frac{|\underline{U}_r|}{|\underline{U}_h|}\right) = |\underline{U}_h| \cdot \underbrace{(1 + |\underline{r}|)}_{\text{aus (8.2/1)}}, \qquad (8.4.1/12)$$

$$|\underline{U}_{max}| = |\underline{U}_h| + |\underline{U}_r| = \underbrace{|\underline{I}_h Z_0| + |-\underline{I}_r Z_0|}_{\text{aus (8.1/14)}} = Z_0 \cdot \underbrace{[|\underline{I}_h| + |\underline{I}_r|]}_{|\underline{I}_{max}|} = Z_0 \cdot |\underline{I}_{max}|, \qquad (8.4.1/13)$$

$$\underbrace{\frac{|\underline{U}_{min}|}{|\underline{U}_{max}|}}_{\substack{\text{aus (8.4.1/11)}\\ \text{und (8.4.1/13)}}} = \underbrace{\frac{|\underline{I}_{min}|}{|\underline{I}_{max}|}}_{\substack{\text{aus (8.4.1/10)}\\ \text{und (8.4.1/12)}}} = \underbrace{\frac{1 - |\underline{r}|}{1 + |\underline{r}|}}_{\text{aus (7.7/23)}} = m\,. \qquad (8.4.1/14)$$

Das Anpassungsmaß m ($0 \leq m \leq 1$, $m = 0$ bedeutet stehende Welle, während $m = 1$ bei Anpassung auftritt) wird in den USA durch $s = 1/m$ ($1 \leq s \leq \infty$) ersetzt (*vswr* = *v*oltage *s*tanding *w*ave *r*atio). Die Bestimmung des Stehwellenverhältnisses s auf einer Meßleitung (z. B. Koaxialleitung mit kleinem Schlitz in Ausbreitungsrichtung) war früher die einzige genaue Meßmethode, um hin- und rücklaufende Wellen zu messen.

■ **Übung 8.4.1/2:** Ein Generator mit dem Innenwiderstand $R_G = 40\,\Omega$ soll durch Zwischenschalten eines verlustlosen Leitungsstücks an einen Lastwiderstand $R_a = 135\,\Omega$ reflexionsfrei angeschlossen werden.

a) Wie groß müssen der Wellenwiderstand und die Länge des Leitungsstücks gewählt werden?

b) Berechnen Sie die Spannungsamplitude $\hat{u}_a$ am Lastwiderstand R_a, wenn der Generator eine Leerlaufspannungsamplitude von $\hat{u}_0 = 10\,\text{V}$ besitzt.

■ **Übung 8.4.1/3:** Eine verlustlose Leitung der Länge $l_{ges} = 0{,}5 \cdot \lambda_L$ besitzt einen Leitungswellenwiderstand von $Z_0 = 200\,\Omega$. Die Leitung ist mit $R_a = 80\,\Omega$ abgeschlossen und wird von einem an den Leitungswellenwiderstand angepaßten Generator mit $\hat{u}_0 = 20\,\text{V}$ gespeist.

Ermitteln Sie Lage und Größe der Extremwerte von $|\underline{U}(l)|$ und $|\underline{I}(l)|$ auf der Leitung.

■ **Übung 8.4.1/4:** Eine verlustlose Leitung ($Z_0 = 50\,\Omega$) wird mit einer Wellenlänge von $\lambda_L = 12\,\text{cm}$ betrieben und mit folgenden Lastimpedanzen $\underline{Z}_a$ abgeschlossen:

$\underline{Z}_a/\Omega$	150	50	10	j30	$-j150$	$30 + j80$

Ermitteln Sie mit Hilfe des Smithdiagramms den Reflexionsfaktor $\underline{r}_0$ am Leitungsende ($l = 0$) sowie das Anpassungsmaß m. Wie groß sind von $l = 0$ aus gesehen die minimalen Abstände l_{min} bis zu den ersten maximalen Strom- und Spannungsamplituden auf der Leitung?

8.4.2 Leistungen

Da keine Verluste auftreten ($\alpha = 0$), bleibt nach (8.2/4) der Reflexionsfaktorbetrag auf der Leitung konstant ($|\underline{r}(l)| = |\underline{r}| = |\underline{r}_0|$). Weiterhin werden die hin- und rücklaufenden Leistungen nicht durch Leitungsverluste verkleinert ($P_{hL} = P_{h0} = P_h$, $P_{rL} = P_{r0} = P_r$). Mit diesen Überlegungen ergibt sich aus (8.3/6):

$$P_a = P_h(1 - |\underline{r}|^2)\,. \tag{8.4.2/1}$$

In (8.3.1/6) wurde gezeigt, daß die hinlaufende Leistung P_h der verfügbaren Leistung P_V des Generators entspricht.

$$\Rightarrow P_a = P_V(1 - |\underline{r}|^2) = P_V \underbrace{\left[1 - \left(\frac{1 - m}{1 + m}\right)^2 \right]}_{\text{aus (7.7/23)}}$$

$$= P_V \left[\frac{1 + 2m + m^2 - 1 + 2m - m^2}{(1 + m)^2} \right] = P_V \cdot \frac{4m}{(1 + m)^2}\,. \tag{8.4.2/2}$$

Damit haben wir mit (8.4.2/2) die gleiche Form wie in (7.7/16), d. h. auch der Leistungstransport auf einer verlustlosen Leitung läßt sich mit den Kreisen konstanter Wirkleistung (s. Kap. 7.7) ermitteln.

● **Beispiel 8.4.2/1:** Eine verlustlose Leitung mit dem Leitungswellenwiderstand $Z_0 = 60\,\Omega$ ist 80 cm lang und wird mit $\underline{Z}_a = 142{,}5 \cdot e^{j15{,}38°}\,\Omega$ abgeschlossen. Die Wellenlänge beträgt $\lambda_L = 100\,\text{cm}$.

a) Ermitteln Sie mit Hilfe des Smithdiagramms die Eingangsimpedanz $\underline{Z}_{in}$.

b) Skizzieren Sie den Verlauf der Amplituden $\hat{u}(l)$ und $\hat{i}(l)$.

c) Berechnen Sie die Leistung der hinlaufenden und reflektierten Welle, wenn der angeschlossene Generator einen Innenwiderstand von $R_G = 60\,\Omega$ hat und bei Leistungsanpassung 400 W abgibt.

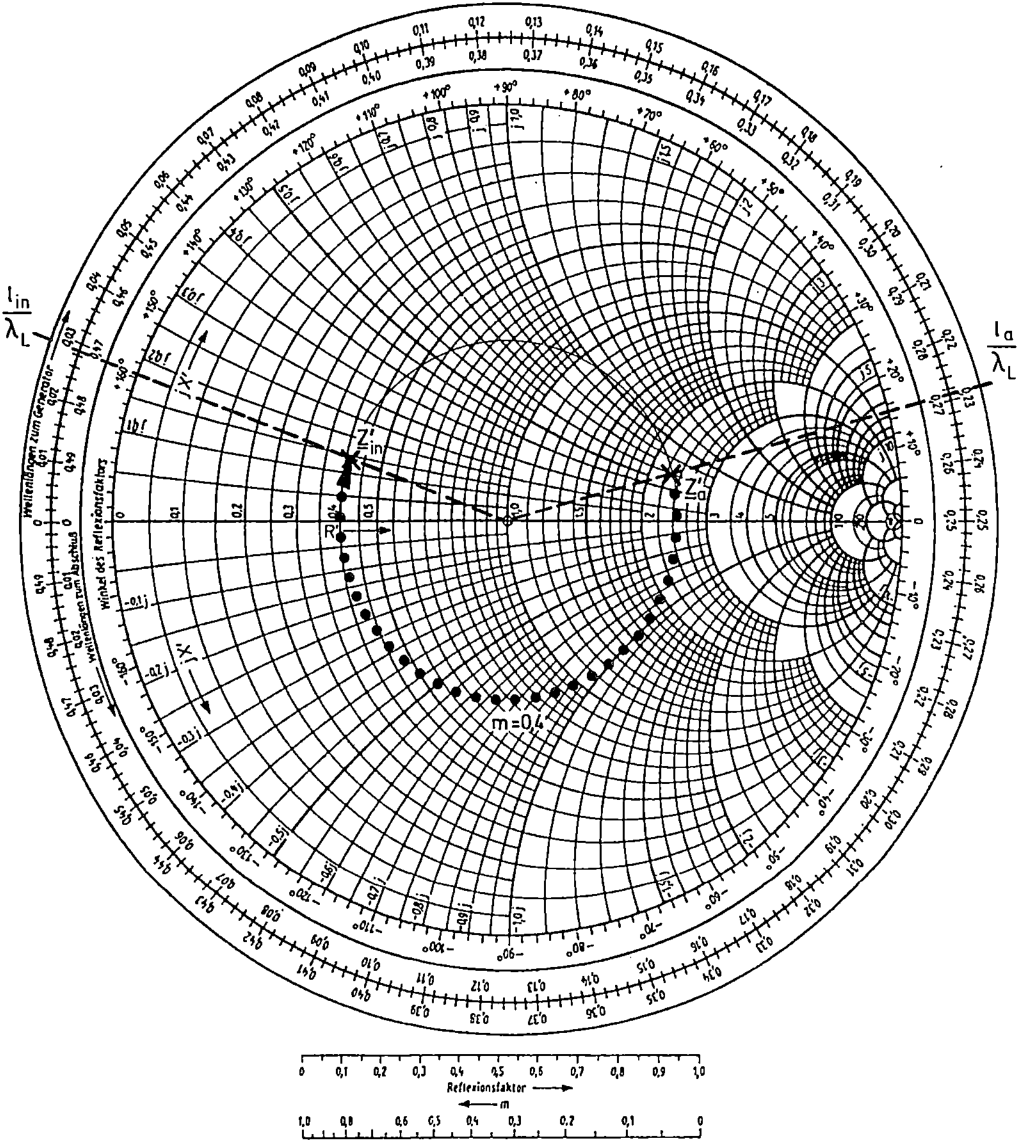

Bild 8.4.2-1   Leitungstransformation im Smithdiagramm

Lösung:

a) $\underline{Z}'_a = \dfrac{\underline{Z}_a}{Z_0} = \dfrac{137{,}4 + j37{,}8}{60} = 2{,}29 + j0{,}63$

$\underline{Z}'_a$ wird in Bild 8.4.2-1 eingetragen und $l_a/\lambda_L = 0{,}229$ abgelesen. Durch $\underline{Z}'_a$ wird der $m = 0{,}4$-Kreis gezeichnet.

$$\frac{l_{ges}}{\lambda_L} = \frac{80}{100} = 0{,}8$$

$$\frac{l_{in}}{\lambda_L} = \frac{l_a}{\lambda_L} + \frac{l_{ges}}{\lambda_L} = 0{,}229 + 0{,}8 = \underbrace{1{,}029}_{} \,\hat{=}\, 0{,}029$$

$2 \cdot 0{,}5$ abgezogen $\hat{=}$ 2 ganze Umdrehungen
im Smithdiagramm

$l_{in}/\lambda_L = 0,029$ wird in Bild 8.4.2-1a eingezeichnet und $\underline{Z}'_{in} = 0,42 + j0,14$ abgelesen (Schnittpunkt mit m-Kreis).

$$\underline{Z}_{in} = \underline{Z}'_{in} \cdot Z_0 = (0,42 + j0,14) \cdot 60\,\Omega = (25,2 + j8,4)\,\Omega = 26,56 \cdot e^{j18,43°}\,\Omega$$

b) Auf dem m-Kreis ist die Wirkleistung konstant: $\hat{i}_{max}$ bzw. $\hat{u}_{min}$ treten auf bei $R_{L,min}$ ($l/\lambda_L = 0$ bzw. 0,5), $\hat{i}_{min}$ bzw. $\hat{u}_{max}$ treten auf bei $R_{L,max}$ ($l/\lambda_L = 0,25$),

$$P_L = \frac{\hat{i}_{max}^2 \cdot R_{L,min}}{2} = \frac{\hat{i}_{min}^2 \cdot R_{L,max}}{2} = \frac{\hat{i}^2(l)}{2} \cdot Re\{\underline{Z}(l)\}\,,$$

$$\Rightarrow \hat{i}(l) = \hat{i}_{max} \cdot \sqrt{\frac{R_{L,min}}{Re\{\underline{Z}(l)\}}} = \hat{i}_{max} \cdot \sqrt{\frac{R'_{L,min}}{Re\{\underline{Z}'(l)\}}}$$

mit

(1) $\quad R'_{L,min} = \dfrac{R_{L,min}}{Z_0} = \underbrace{m}_{\text{aus (7.7/17)}},\qquad \underline{Z}'(l) = \underline{Z}(l)/Z_0 \Rightarrow \dfrac{\hat{i}(l)}{\hat{i}_{max}} = \sqrt{\dfrac{m}{Re\{\underline{Z}'(l)\}}}$

$$P_L = \frac{\hat{u}_{max}^2}{2R_{L,max}} = \frac{\hat{u}_{min}^2}{2R_{L,min}} = \frac{\hat{u}^2(l)}{2} \cdot Re\{\underline{Y}(l)\}$$

$$\Rightarrow \hat{u}(l) = \frac{\hat{u}_{max}}{\sqrt{Re\{\underline{Y}(l)\} \cdot R_{L,max}}} = \frac{\hat{u}_{max}}{\sqrt{Re\{\underline{Y}'(l)\} \cdot R'_{L,max}}}$$

mit

(2) $\quad R'_{L,max} = \dfrac{R_{L,max}}{Z_0} = \underbrace{\dfrac{1}{m}}_{\text{aus (7.7/17)}},\qquad \underline{Y}'(l) = \underline{Y}(l) \cdot Z_0 \Rightarrow \dfrac{\hat{u}(l)}{\hat{u}_{max}} = \sqrt{\dfrac{m}{Re\{\underline{Y}'(l)\}}}\,.$

$Re\{\underline{Z}'(l)\}$ wird für verschiedene l/λ_L-Werte aus dem Smithdiagramm abgelesen. Auch $Re\{\underline{Y}'(l)\}$ läßt sich aus dem Smithdiagramm entnehmen, wenn man eine zusätzliche $l/\lambda_L = 0,25$-Transformation hinzufügt (Inversion, s. Übung 7.6/1).

$\dfrac{l}{\lambda_L}$	$Re\{\underline{Z}'(l)\}$	$Re\{\underline{Y}'(l)\}$	$\dfrac{\hat{i}(l)}{\hat{i}_{max}} = \sqrt{\dfrac{0,4}{Re\{\underline{Z}'(l)\}}}$	$\dfrac{\hat{u}(l)}{\hat{u}_{max}} = \sqrt{\dfrac{0,4}{Re\{\underline{Y}'(l)\}}}$
0,229	2,29	0,41	0,418	0,988
0,25	2,5	0,4	0,4	1
0,3	1,65	0,43	0,492	0,965
0,35	0,88	0,56	0,674	0,845
0,4	0,56	0,88	0,845	0,674
0,45	0,43	1,65	0,965	0,492
0,5	0,4	2,5	1	0,4

Die Strom- und Spannungsverteilungen auf der Leitung sind in Bild 8.4.2-2a skizziert.

c) Beim Einschalten „sieht" die hinlaufende Welle immer den Leitungswellenwiderstand $Z_0 = R_G$ (Bild 8.4.2-2b).

$$\Rightarrow P_h = P_V = P_{max} = 400\,\text{W}$$

Aus (8.4.2/2): $P_a = P_V \cdot \dfrac{4m}{(1 + m)^2} = 400\,\text{W} \cdot \dfrac{4 \cdot 0,4}{1,4^2} = 326,53\,\text{W}$

$$P_r = P_h - P_a = (400 - 326,53)\,\text{W} = 73,47\,\text{W}\,.$$

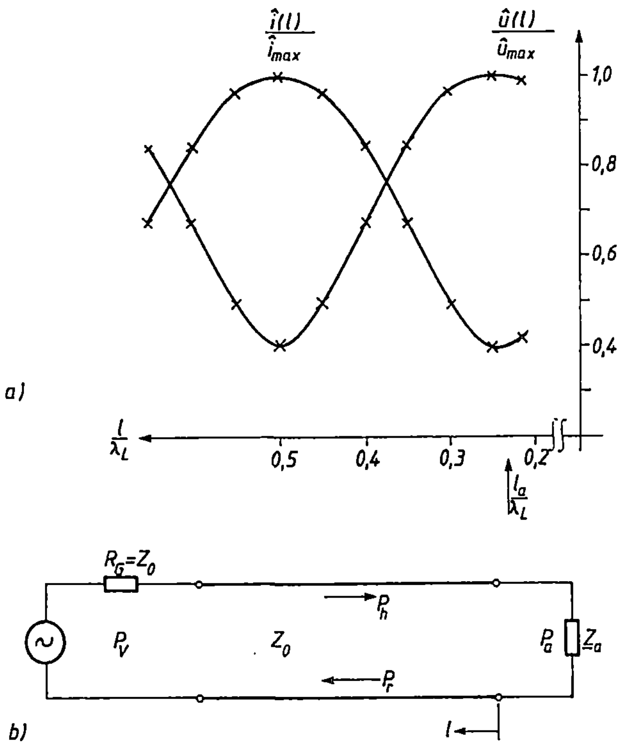

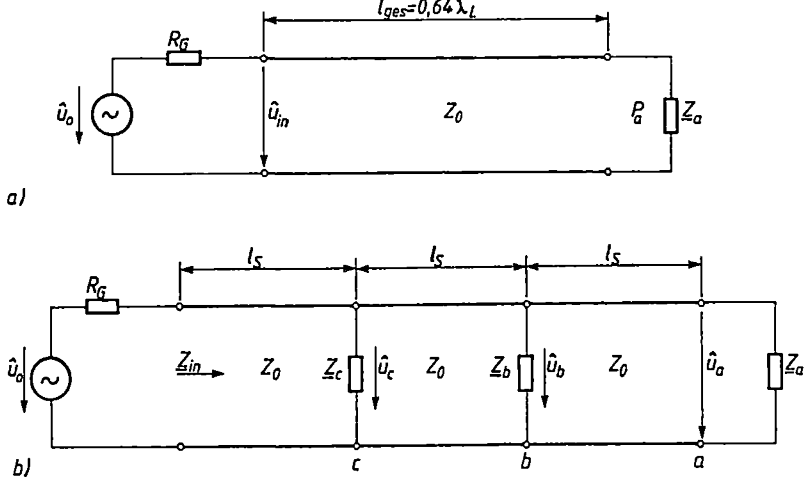

Bild 8.4.2-2   a) Strom- und Spannungsverteilung auf der Leitung
b) Auftretende Leistungen

Bild 8.4.2-3   Verlustlose Leitungstransformationen

- **Übung 8.4.2/1:** Eine verlustlose Leitung mit dem Leitungswellenwiderstand $Z_0 = 90\,\Omega$ ist $0{,}64 \cdot \lambda_L$ lang und wie in Bild 8.4.2-3a mit einem Generator ($\hat{u}_0 = 16\,\text{V}$, $R_G = 90\,\Omega$) und einer Lastimpedanz $\underline{Z}_a = (160 + \text{j}70)\,\Omega$ beschaltet.
a) Berechnen Sie die von der Lastimpedanz $\underline{Z}_a$ aufgenommene Wirkleistung P_a.
b) Wieviele Strommaxima existieren auf der Leitung, und welche Amplitude hat der Leitungsstrom dort?

■ **Übung 8.4.2/2:** Gegeben sind die drei in Bild 8.4.2-3b skizzierten verlustlosen Leitungsstücke ($Z_0 = 100\,\Omega$, $l_S = 0{,}132 \cdot \lambda_L$). Parallel dazu liegen die Impedanzen $\underline{Z}_a = (65 + \text{j}100)\,\Omega$, $\underline{Z}_b = 500\,\Omega$ und $\underline{Z}_c = \text{j}87\,\Omega$. Der speisende Generator besitzt einen Innenwiderstand $R_G = 100\,\Omega$ und eine Leerlaufspannung von $\hat{u}_0 = 100\,\text{V}$.

a) Ermitteln Sie mit Hilfe des Smithdiagramms die Eingangsimpedanz $\underline{Z}_{in}$.

b) Berechnen Sie $\hat{u}_a$, $\hat{u}_b$ und $\hat{u}_c$.

8.4.3 Schaltungsentwurf mit Hilfe des Smithdiagramms

Eine Transformation im Smithdiagramm ist nur mit konstanten Koeffizienten möglich, also immer nur für eine Frequenz. Bei Frequenzbändern wählt man einige Frequenzen des Bandes und führt die Leitungstransformationen für jede Frequenz getrennt durch. Durch Interpolation erhält man dann die Ortskurve.

Hat man mit Hilfe des Smithdiagramms die Schaltung entworfen, dann läßt sich eine Feinoptimierung hinsichtlich des Breitbandverhaltens sehr einfach mit einem Optimierungsprogramm realisieren, da die Schaltungsstruktur schon vorliegt und der Rechner nur noch die Größen der Bauelemente variieren muß. Auch bei verlustbehafteten Leitungstransformationen kann zuerst eine Schaltungssynthese mit dem Smithdiagramm (für verlustlose Leitungen) erfolgen, während die exakten Berechnungen wieder mit einem Computerprogramm durchgeführt werden.

● **Beispiel 8.4.3/1:** Eine verlustlose Leitung wird bei $\lambda_L = 0{,}8\,\text{m}$ mit einer Lastimpedanz $\underline{Z}_a = 46{,}1 \cdot e^{-\text{j}40{,}6°}\,\Omega$ abgeschlossen (Bild 8.4.3-1). Die im Abstand l_{min} in Serie geschaltete Kapazität C soll bewirken, daß für alle Orte $l > l_{min}$ gilt: $\underline{Z}_{in} = Z_0 = 50\,\Omega$.

Ermitteln Sie dafür die minimale Länge l_{min} und die Größe der Kapazität C.

Lösung:

$$\underline{Z}'_a = \frac{\underline{Z}_a}{Z_0} = \frac{35 - \text{j}30}{50} = 0{,}7 - \text{j}0{,}6 \quad \text{wird in Bild 8.4.3-2 eingetragen,} \quad l_a/\lambda_L = 0{,}385 \quad \text{ermittelt und der}$$

m-Kreis gezeichnet. Die SC-Transformation nach Bild 7.6-7 muß vom m-Kreis in den Anpassungspunkt (Mittelpunkt des Smithdiagramms) transformieren ($\underline{Z}_{in} = Z_0$).

Aus Bild 8.4.3-2 $\Rightarrow l_c/\lambda_L = 0{,}156$

$$\frac{l_{min}}{\lambda_L} = 0{,}5 - \frac{l_a}{\lambda_L} + \frac{l_c}{\lambda_L} = 0{,}5 - 0{,}385 + 0{,}156 = 0{,}271 \Rightarrow l_{min} = 21{,}68\,\text{cm}$$

$$f = \frac{c}{\lambda_L} = \frac{3 \cdot 10^8 \cdot \text{m/s}}{0{,}8\,\text{m}} = 375\,\text{MHz}$$

$$X'_C = \frac{X_C}{Z_0} = -\underbrace{\frac{1}{\omega C Z_0}}_{\text{Länge der } SC\text{-Transformation in Bild 8.4.3-2}} = 0 - 0{,}79 = -0{,}79$$

$$C = \frac{1}{\omega Z_0 \cdot 0{,}79} = \frac{1 \cdot F}{2\pi \cdot 3{,}75 \cdot 10^8 \cdot 50 \cdot 0{,}79} = 10{,}74\,\text{pF}\,.$$

● **Beispiel 8.4.3/2:** Eine verlustlose Leitung ist mit dem Wellenwiderstand abgeschlossen ($\underline{Z}_a = Z_0 = 120\,\Omega$). Durch das Zuschalten eines Meßgerätes entsteht eine störende Querkapazität von $C_M = 26{,}5\,\text{pF}$ (Bild 8.4.3-3). Die Störung soll durch das Parallelschalten einer zweiten Kapazität C_K bei der Frequenz $f = 100\,\text{MHz}$ kompensiert werden, so daß wieder gilt: $\underline{Z}_{in} = Z_0$.

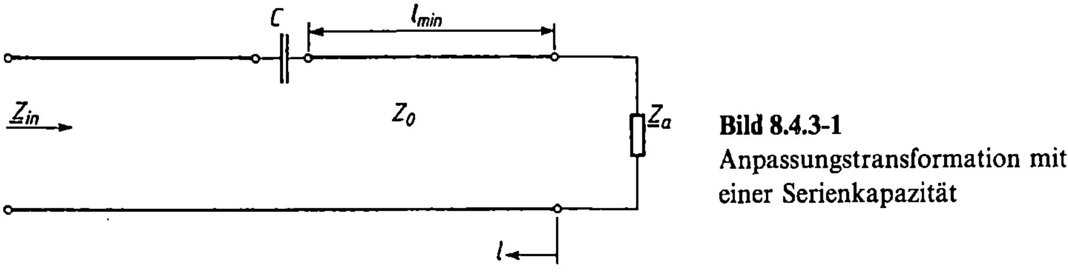

Bild 8.4.3-1
Anpassungstransformation mit
einer Serienkapazität

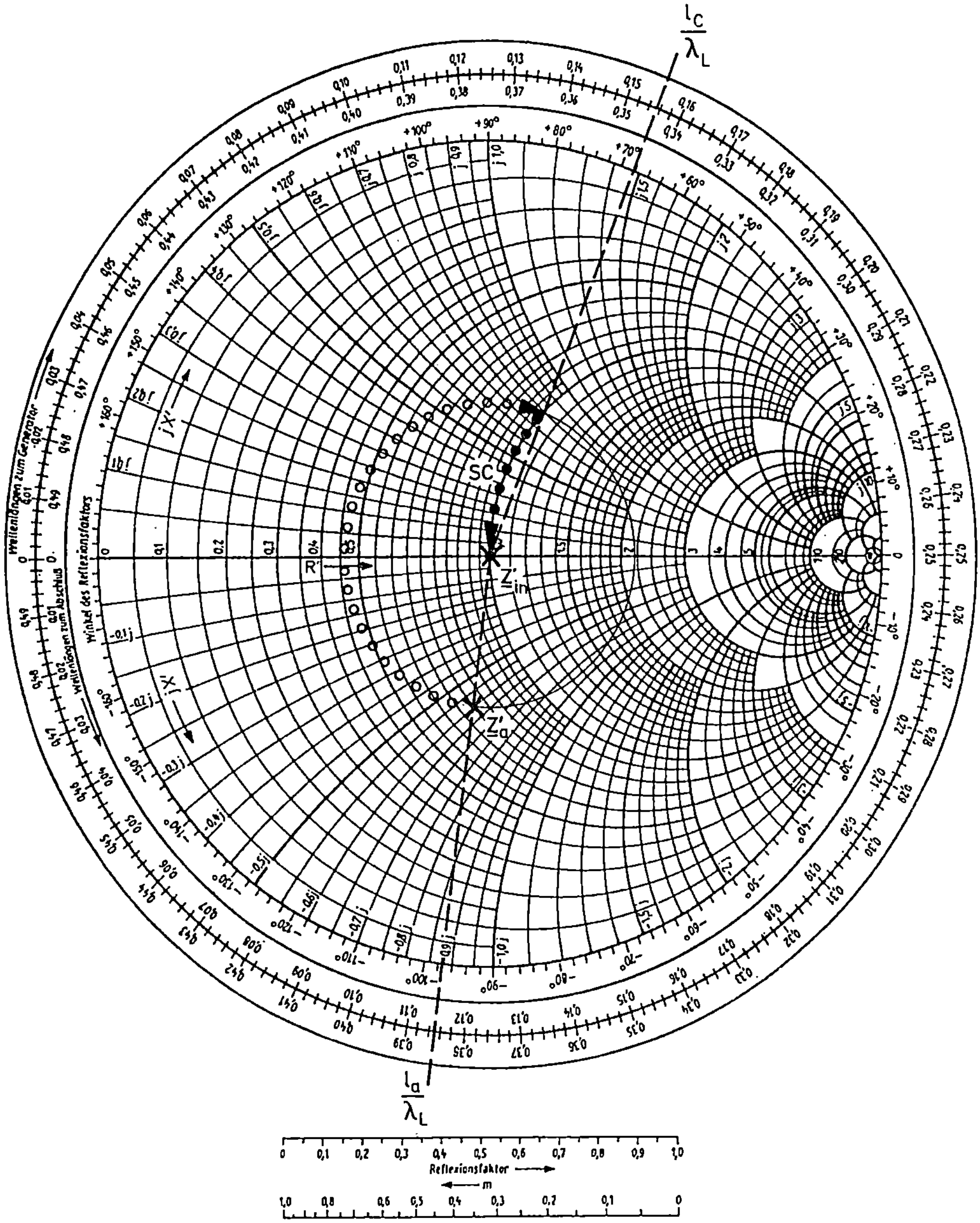

Bild 8.4.3-2   Anpassung mit Hilfe einer Serienkapazität

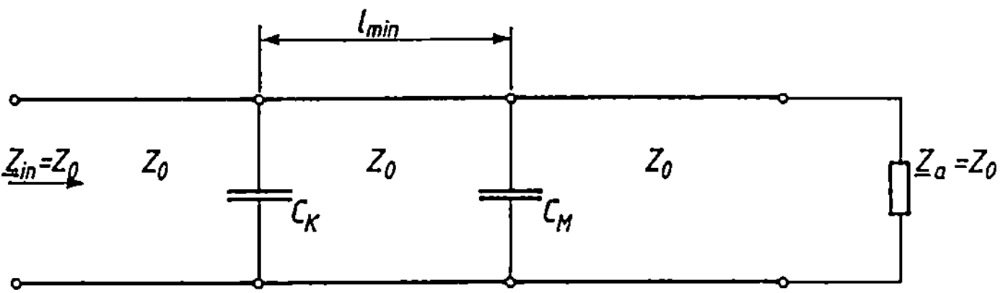

Bild 8.4.3-3 Kompensation einer Meßgerätekapazität C_M

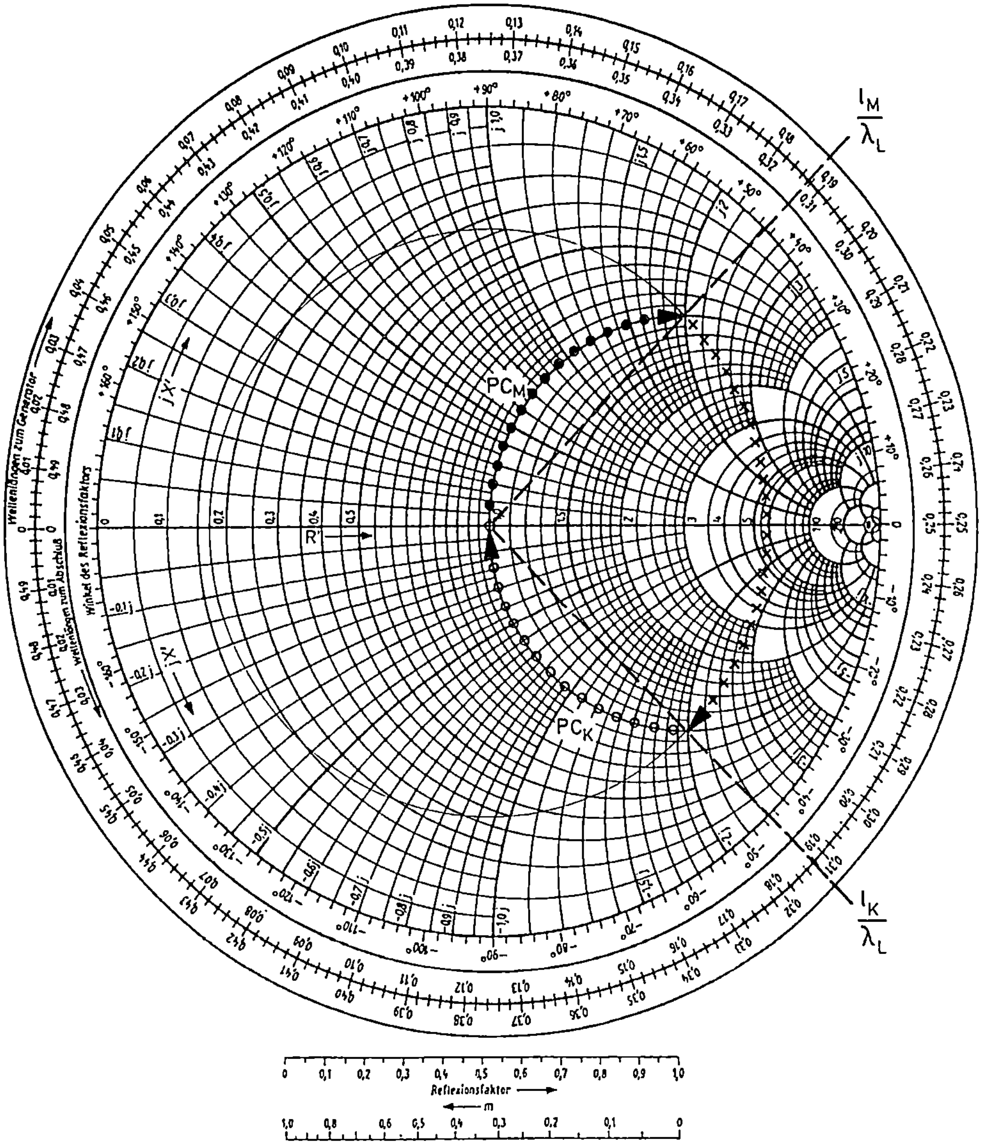

Bild 8.4.3-4 Transformationen in der Admittanzebene des Smithdiagramms ($R' \; \hat{=} \; G'$, $X' \; \hat{=} \; B'$)

Ermitteln Sie die Größe der Kapazität C_K und die minimale Leitungslänge l_{min} zwischen den beiden Kapazitäten.

Lösung:

$$B'_{CM} = B_{CM} \cdot Z_0 = \omega C_M Z_0 = 2\pi \cdot 10^8 \cdot 26{,}5 \cdot 10^{-12} \cdot 120 = 2$$

Die PC_M-Transformation (s. Bild 7.6-7) wird in das Smithdiagramm eingezeichnet (Bild 8.4.3-4), der m-Kreis konstruiert und $l_M/\lambda_L = 0{,}188$ abgelesen. Um wieder in den Anpassungspunkt zu gelangen, wird bei $l_K/\lambda_L = 0{,}3125$ die PC_K-Transformation durchgeführt. Wegen der gleichen Transformationslängen erhält man: $C_K = C_M = 26{,}5\,\text{pF}$,

$$\frac{l_{min}}{\lambda_L} = \frac{l_K}{\lambda_L} - \frac{l_M}{\lambda_L} = 0{,}3125 - 0{,}188 = 0{,}1245\,,$$

$$\lambda_L = \frac{c}{f} = \frac{3 \cdot 10^8 \cdot \text{m/s}}{10^8 \cdot \dfrac{1}{\text{s}}} = 3\,\text{m}\,,$$

$$l_{min} = 0{,}1245 \cdot \lambda_L = 37{,}35\,\text{cm}\,.$$

- **Übung 8.4.3/1:** Eine verlustlose Leitung der Länge $l_{ges} = 0{,}3$ m ist mit der Lastimpedanz $\underline{Z}_a = 260 \cdot e^{j15{,}6°}\,\Omega$ abgeschlossen. Die Leitung besitzt einen Leitungswellenwiderstand von $Z_0 = 100\,\Omega$ und wird mit der Leitungswellenlänge $\lambda_L = 1$ m betrieben. An der Lastimpedanz $\underline{Z}_a$ beträgt die Spannung $\hat{u}_a = 50$ V. Durch eine an der Stelle $l_{min,1}$ parallelgeschaltete, kurzgeschlossene Leitung (Bild 8.4.3-5) des gleichen Typs ($Z_0 = 100\,\Omega$) soll die Eingangsimpedanz $\underline{Z}_{in}$ gleich dem Leitungswellenwiderstand $Z_0 = 100\,\Omega$ werden.

  a) Ermitteln Sie mit Hilfe des Smithdiagramms die minimale Länge $l_{min,1}$.
  b) Welche minimale Länge $l_{min,2}$ muß die parallelgeschaltete Leitung besitzen?
  c) Berechnen Sie die Spannungsamplituden an den Stellen $l = l_{min,1}$ und $l = l_{ges}$.
  d) Wie groß sind die Stromamplituden an den Stellen $l = 0$, $l = l_{min,1}$, $l = l_{ges}$ und im Kurzschluß der parallelgeschalteten Leitung?

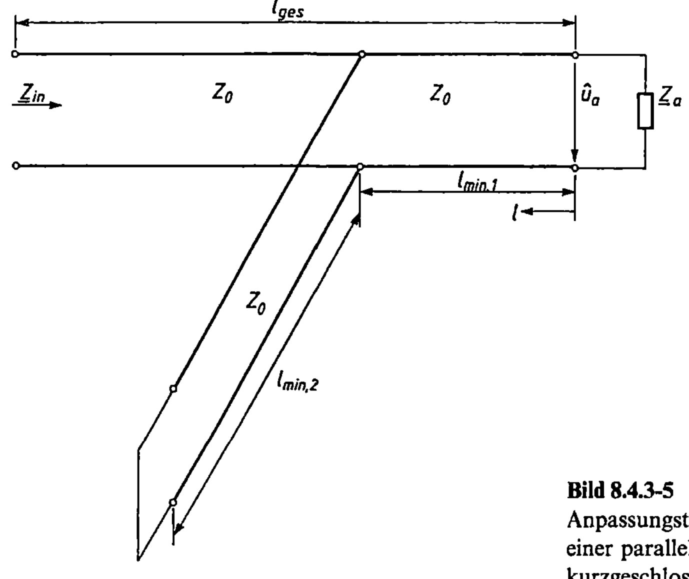

Bild 8.4.3-5
Anpassungstransformation mit Hilfe einer parallelgeschalteten, kurzgeschlossenen Leitung

9 Normierte Wellen [12, 15, 54, 55, 58, 62, 67, 68]

In Bild 9-1a ist der Eingang eines Zweitors dargestellt. Der Wellenwiderstand Z_0 der Zuleitung ist wieder reell. Mit einem Richtkoppler lassen sich getrennt die hin- und rücklaufenden Leistungen P_h und P_r messen.

$$\text{Aus (8.3/2)} \Rightarrow P_h = \frac{1}{2} \cdot \frac{|\underline{U}_h|^2}{Z_0} = \frac{1}{2} \cdot |\underline{I}_h|^2 \cdot Z_0 \tag{9/1}$$

$$\text{Aus (8.3/3)} \Rightarrow P_r = \frac{1}{2} \cdot \frac{|\underline{U}_r|^2}{Z_0} = \frac{1}{2} \cdot |\underline{I}_r|^2 \cdot Z_0 \,. \tag{9/2}$$

Die hinlaufende Leistung P_h hat dabei die Bedeutung der bei Anpassung der Leitung maximal übertragbaren Leistung. Die an das Zweitor abgegebene Leistung P läßt sich analog zu (8.3/6) berechnen.

$$P = P_h - P_r = P_h \cdot (1 - |\underline{r}|^2) \,. \tag{9/3}$$

Man möchte nun in (9/1) und (9/2) die Leistungen P_h und P_r jeweils nur noch mit einer normierten Größe berechnen. Dies ist möglich, wenn man die Normierungsgröße $\sqrt{Z_0}$ verwendet.

$$\underline{a} = \frac{\underline{U}_h}{\sqrt{Z_0}} = \underline{I}_h \sqrt{Z_0} \tag{9/4}$$

$$\Rightarrow P_h = \tfrac{1}{2} \cdot |\underline{a}|^2 \tag{9/5}$$

$$\underline{b} = \frac{\underline{U}_r}{\sqrt{Z_0}} = -\underline{I}_r \sqrt{Z_0} \tag{9/6}$$

$$\text{s. (8.1/14)}$$

$$\Rightarrow P_r = \tfrac{1}{2} \cdot |\underline{b}|^2 \,. \tag{9/7}$$

Die durch die Normierung neu entstandenen Definitionsgrößen $\underline{a}$ und $\underline{b}$ werden als normierte Spannungs- bzw. Stromwellen bezeichnet. Der große Vorteil dieser normierten Wellen ist, daß man nur noch mit einer normierten hinlaufenden Welle $\underline{a}$ bzw. einer normierten rücklaufenden Welle $\underline{b}$ zu rechnen braucht, da normierte Spannungs- und Stromwellen sich nicht unterscheiden. Damit erhält man für Bild 9-1a die in Bild 9-1b skizzierte Wellenersatzschaltung. Für die beiden Schaltungen ergeben sich folgende Verknüpfungsgleichungen:

$$\underline{U} = \underbrace{\underline{U}_h + \underline{U}_r}_{\text{aus (8.1/10)}} = \underbrace{\underline{a}\sqrt{Z_0}}_{(9/4)} + \underbrace{\underline{b}\sqrt{Z_0}}_{(9/6)} = \sqrt{Z_0} \cdot (\underline{a} + \underline{b}) \,, \tag{9/8}$$

$$\underline{I} = \underbrace{\underline{I}_h + \underline{I}_r}_{\text{aus (8.1/12)}} = \underbrace{\frac{\underline{a}}{\sqrt{Z_0}}}_{(9/4)} - \underbrace{\frac{\underline{b}}{\sqrt{Z_0}}}_{(9/6)} = \frac{\underline{a} - \underline{b}}{\sqrt{Z_0}} \,. \tag{9/9}$$

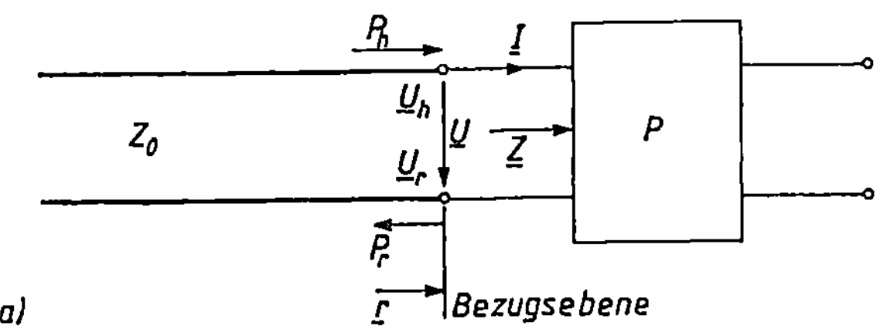

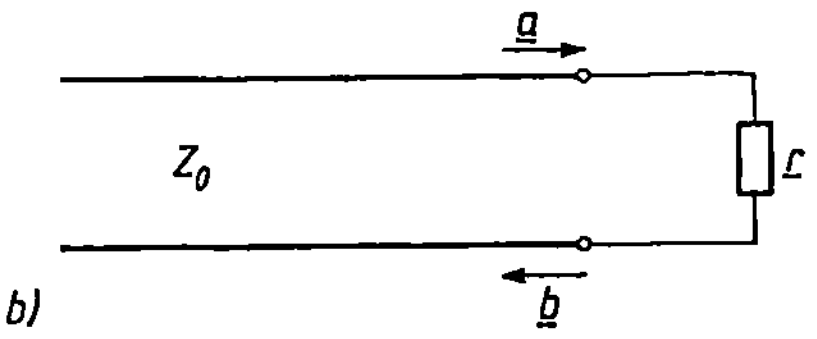

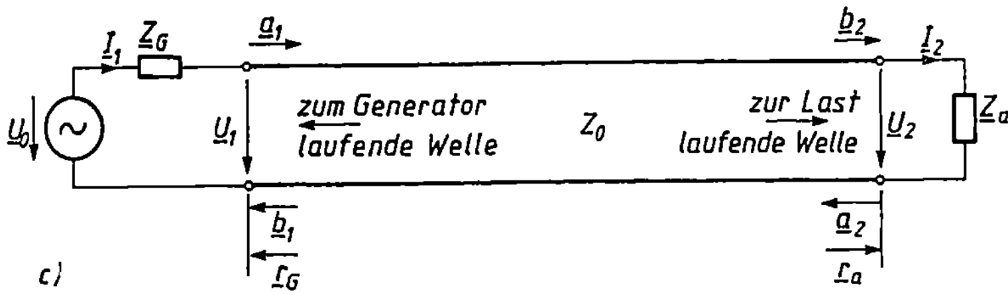

Bild 9-1 a) Eingangsbeschaltung eines Zweitors
     b) Ersatzschaltung mit normierten Wellen für Bild 9-1a (Eintor)
     c) Normierte Wellen bei einem Zweitor (Leitung)

Die Addition von (9/8) und (9/9) liefert

$$\underline{a} = \frac{\underline{U} + \underline{I} \cdot Z_0}{2\sqrt{Z_0}}, \tag{9/10}$$

während die Subtraktion

$$\underline{b} = \frac{\underline{U} - \underline{I} \cdot Z_0}{2\sqrt{Z_0}} \tag{9/11}$$

ergibt.
Weiterhin läßt sich bei Kenntnis des dazugehörigen Wellenwiderstandes aus (9/8) und (9/9) die Ein- bzw. Ausgangsimpedanz $\underline{Z}$ des Zweitors berechnen.

$$\underline{Z} = \frac{\underline{U}}{\underline{I}} = \frac{\sqrt{Z_0} \cdot (\underline{a} + \underline{b})}{\dfrac{1}{\sqrt{Z_0}} \cdot (\underline{a} - \underline{b})} = Z_0 \cdot \frac{\underline{a} + \underline{b}}{\underline{a} - \underline{b}}. \tag{9/12}$$

Die Größe $\underline{r}$ in Bild 9-1a ist der bereits bekannte Reflexionsfaktor aus (8.2/1), den die Leitung in Richtung zum Zweitor „sieht".

$$\underline{r} = \frac{\underline{U}_r}{\underline{U}_h} = \underbrace{\frac{\underline{b} \cdot Z_0}{\underline{a} \cdot Z_0}}_{\text{aus (9/4) und (9/6)}} = \frac{\underline{b}}{\underline{a}} \Rightarrow \underline{b} = \underline{r} \cdot \underline{a} \tag{9/13}$$

mit

$$\underline{r} = \underbrace{\frac{\underline{Z} - Z_0}{\underline{Z} + Z_0}}_{\text{analog zu (8.2/2)}} \cdot \tag{9/14}$$

Wie bei der Eintorbeschaltung in Bild 9-1b möchte man auch bei einem Mehrtor (n-Tor) alle normierten hinlaufenden Wellen mit $\underline{a}_i$ und alle normierten rücklaufenden Wellen mit $\underline{b}_i$ bezeichnen ($i = 1, 2, 3 \dots, n$), weil bei den Reflexionsfaktormeßgeräten nacheinander jedem Tor eine hinlaufende Leistung angeboten wird; aus der gemessenen rücklaufenden (reflektierten) Leistung läßt sich dann der Reflexionsfaktor für jedes Tor ermitteln.

Bild 9-1c zeigt ein beschaltetes Zweitor (Leitung). Am Tor 1 (Eingang) existieren eine normierte hinlaufende Welle $\underline{a}_1$ und eine normierte rücklaufende Welle $\underline{b}_1$, während sich für Tor 2 (Ausgang) die normierte hinlaufende Welle $\underline{a}_2$ und die normierte rücklaufende Welle $\underline{b}_2$ ergeben. Betrachtet man aber eine Wellenausbreitung von der Leitung zum Generator, dann ist $\underline{b}_1$ eine normierte hinlaufende Welle und $\underline{a}_1$ eine normierte reflektierte Welle. Bei einer Wellenausbreitung auf der Leitung in Richtung zur Lastimpedanz $\underline{Z}_a$ ist $\underline{b}_2$ eine normierte hinlaufende Welle und $\underline{a}_2$ eine normierte reflektierte Welle. Durch die unterschiedlichen Betrachtungsweisen vertauschen sich die Bezeichnungen für die hin- und rücklaufenden Wellen, und man erhält aus (9/4) bzw. (9/6):

$$\underline{b}_1 = \frac{\underline{U}_{h1}}{\sqrt{Z_0}} = \underline{I}_{h1} \sqrt{Z_0} \, , \tag{9/15}$$

$$\underline{a}_1 = \frac{\underline{U}_{r1}}{\sqrt{Z_0}} = -\underline{I}_{r1} \sqrt{Z_0} \, , \tag{9/16}$$

$$\underline{b}_2 = \frac{\underline{U}_{h2}}{\sqrt{Z_0}} = \underline{I}_{h2} \sqrt{Z_0} \, , \tag{9/17}$$

$$\underline{a}_2 = \frac{\underline{U}_{r2}}{\sqrt{Z_0}} = -\underline{I}_{r2} \sqrt{Z_0} \, . \tag{9/18}$$

Analog zu (9/8):

$$\underline{U}_2 = \underline{U}_{h2} + \underline{U}_{r2} = \underbrace{\sqrt{Z_0} \cdot (\underline{b}_2 + \underline{a}_2)}_{\text{aus (9/17) und (9/18)}} \cdot \tag{9/19}$$

Analog zu (9/9):

$$\underline{I}_2 = \underline{I}_{h2} + \underline{I}_{r2} = \underbrace{\frac{\underline{b}_2 - \underline{a}_2}{\sqrt{Z_0}}}_{\text{aus (9/17) und (9/18)}} \cdot \tag{9/20}$$

Setzt man (9/19) und (9/20) in $\underline{U}_2 = \underline{I}_2 \cdot \underline{Z}_a$ (Ohmsches Gesetz, s. Bild 9-1c) ein, dann ergibt sich:

$$\sqrt{Z_0} \cdot (\underline{b}_2 + \underline{a}_2) = \frac{\underline{b}_2 - \underline{a}_2}{\sqrt{Z_0}} \cdot \underline{Z}_a \, ,$$

$$\underline{a}_2(\underline{Z}_a + Z_0) = \underline{b}_2(\underline{Z}_a - Z_0) \Rightarrow \underline{a}_2 = \underline{b}_2 \cdot \underbrace{\frac{\underline{Z}_a - Z_0}{\underline{Z}_a + Z_0}}_{} = \underline{b}_2 \cdot \underbrace{\underline{r}_a}_{\text{analog zu } (9/14)} \cdot \tag{9/21}$$

Analog zu (9/8):

$$\underline{U}_1 = \underline{U}_{h1} + \underline{U}_{r1} = \underbrace{\sqrt{Z_0} \cdot (\underline{b}_1 + \underline{a}_1)}_{\text{aus } (9/15) \text{ und } (9/18)} \cdot \tag{9/22}$$

Möchte man analog zu (9/9) den Generatorstrom $\underline{I}_1$ mit den Leitungsströmen $\underline{I}_{h1}$ und $\underline{I}_{r1}$ verknüpfen, dann muß man beachten, daß die Gln. (9/15) und (9/16) für eine zum Generator laufende Welle gelten, während der Generator selbst eine Welle in Richtung zum Leitungseingang erzeugen möchte; also eine Phasenverschiebung von 180° (Minuszeichen) vorliegt.

$$\underline{I}_1 = -(\underline{I}_{h1} + \underline{I}_{r1}) = -\underbrace{\frac{(\underline{b}_1 - \underline{a}_1)}{\sqrt{Z_0}}}_{\text{aus } (9/15) \text{ und } (9/16)} = \frac{\underline{a}_1 - \underline{b}_1}{\sqrt{Z_0}} \cdot \tag{9/23}$$

Ein Maschenumlauf in Bild 9-1c liefert:

$$\underline{U}_1 = \underline{U}_0 - \underline{I}_1 \cdot \underline{Z}_G \cdot \tag{9/24}$$

Setzt man (9/22) und (9/23) in (9/24) ein, dann ergibt sich:

$$\sqrt{Z_0} \cdot (\underline{b}_1 + \underline{a}_1) = \underline{U}_0 - \frac{\underline{a}_1 - \underline{b}_1}{\sqrt{Z_0}} \cdot \underline{Z}_G \, ,$$

$$\underline{a}_1(\underline{Z}_G + Z_0) = \sqrt{Z_0} \cdot \underline{U}_0 + \underline{b}_1(\underline{Z}_G - Z_0) \, ,$$

$$\Rightarrow \underline{a}_1 = \frac{\sqrt{Z_0} \cdot \underline{U}_0}{\underline{Z}_G + Z_0} + \underline{b}_1 \cdot \frac{\underline{Z}_G - Z_0}{\underline{Z}_G + Z_0} = \underline{a}_0 + \underline{b}_1 \cdot \underline{r}_G \cdot \tag{9/25}$$

$$\underline{r}_G = \frac{\underline{Z}_G - Z_0}{\underline{Z}_G + Z_0} \tag{9/26}$$

ist der Generatorreflexionsfaktor, den die Leitung in Richtung zum Generator „sieht".

$$\underline{a}_0 = \frac{\sqrt{Z_0}}{\underline{Z}_G + Z_0} \cdot \underline{U}_0 \tag{9/27}$$

beschreibt die Ersatzspannungsquelle ($\underline{U}_0$, $\underline{Z}_G$) und kann als Urwelle einer Ersatzwellenquelle definiert werden.

9.1 Ersatzwellenquelle

Für die in Bild 9.1-1a skizzierte Schaltung sollen die Wellengrößen einer Ersatzwellenquelle ermittelt werden. Die verlustlose Leitung besitzt wegen $l_{ges}/\lambda_L = 0{,}5$ keine Transformationseigenschaften, und es gilt:

$$\underline{a}_1 = \underline{b}_2 , \tag{9.1/1}$$

$$\underline{b}_1 = \underline{a}_2 . \tag{9.1/2}$$

Aus (9/21):

$$\underline{a}_2 = \underbrace{\underline{b}_2 \cdot \underline{r}_a = \underline{a}_1}_{\text{aus (9.1/1)}} \cdot \underline{r}_a . \tag{9.1/3}$$

Aus (9/25):

$$\underline{a}_1 = \underline{a}_0 + \underbrace{\underline{b}_1 \underline{r}_G = \underline{a}_0 + \underline{a}_2 \underline{r}_G}_{\text{aus (9.1/2)}} = \underline{a}_0 + \underbrace{\underline{r}_G \underline{r}_a \underline{a}_1}_{\text{aus (9.1/3)}} ,$$

$$\underline{a}_1 (1 - \underline{r}_G \underline{r}_a) = \underline{a}_0 \Rightarrow \underline{a}_1 = \frac{\underline{a}_0}{1 - \underline{r}_G \underline{r}_a} . \tag{9.1/4}$$

Bei der in Bild 9.1-1 b dargestellten Ersatzwellenquelle setzt sich nach (9.1/4) die normierte Welle $\underline{a}_1$ aus der Summe einer konstanten normierten Urwelle $\underline{a}_0$ und einer normierten Welle $\underline{r}_G \underline{b}_1$ zusammen; $\underline{r}_G \underline{b}_1$ entsteht durch Reflexion der hinlaufenden Welle $\underline{b}_1 = \underline{a}_2$ am inneren

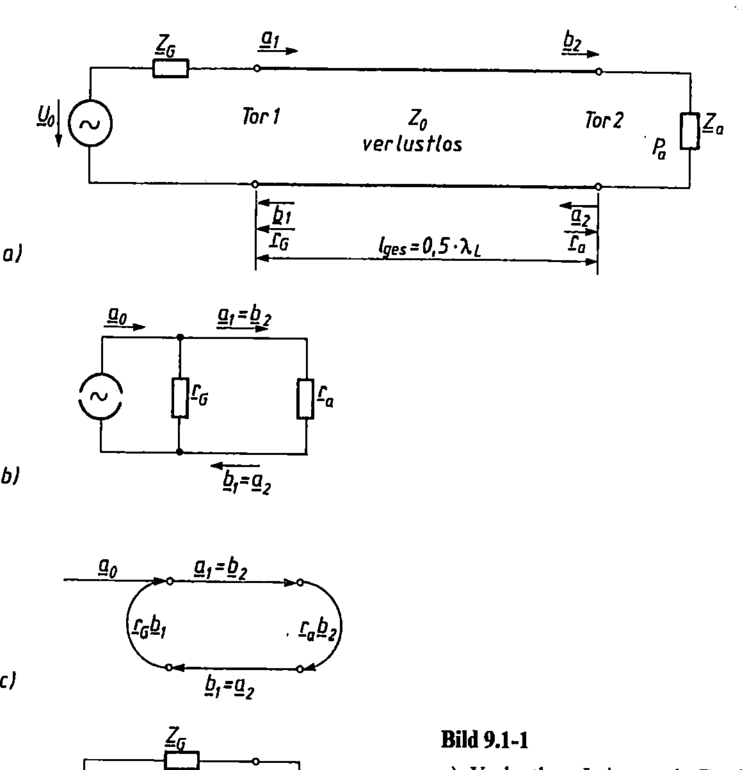

Bild 9.1-1

a) Verlustlose Leitung als Zweitor
b) Ersatzschaltung mit Ersatzwellenquelle
c) Wellenflußgraph
d) Ersatzschaltung für Leistungsanpassung

Reflexionsfaktor $\underline{r}_G$ der Quelle (Bild 9.1-1c). Die Wellengrößen $\underline{a}_0$, $\underline{r}_G$ und $\underline{r}_a$ in (9.1/4) berechnen sich mit

$$\left.\begin{aligned}
\underline{a}_0 &= \frac{\sqrt{Z_0}}{\underline{Z}_G + Z_0} \cdot \underline{U}_0 \quad &\text{(aus (9/27))}, \\[2ex]
\underline{r}_G &= \frac{\underline{Z}_G - Z_0}{\underline{Z}_G + Z_0} \quad &\text{(aus (9/26)) und} \\[2ex]
\underline{r}_a &= \frac{\underline{Z}_a - Z_0}{\underline{Z}_a + Z_0} \quad &\text{(analog zu (9/14))}.
\end{aligned}\right\} \tag{9.1/5}$$

Analog zu (9/3):

$$P_a = P_{h2}(1 - |\underline{r}_a|^2) = \underbrace{\frac{1}{2} \cdot \frac{|\underline{U}_{h2}|^2}{Z_0}}_{\text{analog zu (8.3/2)}} \cdot (1 - |\underline{r}_a|^2) = \frac{1}{2} \cdot \underbrace{|\underline{b}_2|^2}_{\text{aus (9/17)}} \cdot (1 - |\underline{r}_a|^2)$$

$$= \frac{1}{2} \cdot \underbrace{|\underline{a}_1|^2}_{\text{aus (9.1/1)}} \cdot (1 - |\underline{r}_a|^2) = \frac{1}{2} \cdot \underbrace{\frac{|\underline{a}_0|^2}{|1 - \underline{r}_G\underline{r}_a|^2}}_{\text{aus (9.1/4)}} \cdot (1 - |\underline{r}_a|^2). \tag{9.1/6}$$

Betrachtet man in Bild 9.1-1a den Sonderfall der Wellenanpassung ($\underline{r}_a = 0$) am Ausgang (Tor 2), dann erhält man aus (9.1/6):

$$P_a\big|_{\underline{r}_a = 0} = \tfrac{1}{2} \cdot |\underline{a}_0|^2 = \tfrac{1}{2} \cdot \underbrace{|\underline{a}_1|^2}_{\text{analog zu (9/5)}} = P_{h1}. \tag{9.1/7}$$
$$\phantom{P_a\big|_{\underline{r}_a = 0} = \tfrac{1}{2} \cdot} \underbrace{\phantom{|\underline{a}_0|^2}}_{\text{aus (9.1/4)}}$$

Die normierte Ur-, Anpassungs- oder Quellenwelle $\underline{a}_0$ der Ersatzwellenquelle ist bei Wellenanpassung ($\underline{r}_a = 0$) identisch mit der von der Quelle ablaufenden Welle $\underline{a}_1$, d. h. die Quellenleistung $0{,}5 \cdot |\underline{a}_0|^2$ entspricht der hinlaufenden Leistung P_{h1}.

Für den zweiten Sonderfall der Leistungsanpassung am Eingang (Tor 1) in Bild 9.1-1a ergibt sich die in Bild 9.1-1d dargestellte Ersatzschaltung.

$$\textit{Aus (9.1/5)} \Rightarrow \underline{r}_a = \frac{\underline{Z}_G^* - Z_0}{\underline{Z}_G^* + Z_0}, \tag{9.1/8}$$

$$\underline{r}_G = \frac{\underline{Z}_G - Z_0}{\underline{Z}_G + Z_0} \Rightarrow \underline{r}_G^* = \frac{\underline{Z}_G^* - Z_0}{\underline{Z}_G^* + Z_0} = \underbrace{\underline{r}_a}_{\text{aus (9.1/8)}} \Rightarrow \underline{r}_a = \underline{r}_G^* \tag{9.1/9}$$

(9.1/9) in (9.1/6):

$$P_{a,\text{max}} = \frac{|\underline{a}_0|^2}{2} \cdot \frac{(1 - |\underline{r}_G^*|^2)}{|1 - \underline{r}_G\underline{r}_G^*|^2} = \frac{|\underline{a}_0|^2}{2} \frac{(1 - |\underline{r}_G|^2)}{(1 - |\underline{r}_G|^2)^2} = \frac{|\underline{a}_0|^2}{2} \cdot \frac{1}{1 - |\underline{r}_G|^2}. \tag{9.1/10}$$

Für $|\underline{r}_G| = 1$ würde nach (9.1/10) $P_{a,\text{max}} = \infty$, d. h. die Schaltung würde schwingen (Oszillator).

9.2 Streuparameter

Bei hohen Frequenzen ist es nicht mehr möglich, Ströme und Spannungen zu messen, ohne den Feldverlauf zu stören, da die Abmessungen der Bauelemente in der Größenordnung der Wellenlänge liegen. Die Messung von $\underline{y}$-, $\underline{z}$- und $\underline{h}$-Parametern ist deshalb nur für Frequenzen kleiner als 50 MHz sinnvoll. Erforderlich sind zur Bestimmung dieser Parameter die Widerstandsmeßbedingungen „Null" und „Unendlich" am Ein- bzw. Ausgang. Da die Wellenlänge jedoch in der Größenordnung der abschließenden Leitungslänge liegt, wird z. B. nicht die Bedingung „Kurzschluß" gemessen, sondern ein unbekannter komplexer Widerstand. Eine leerlaufende Leitung z. B. wirkt als Antenne, so daß auch der Sonderfall „Leerlauf" direkt bei hohen Frequenzen nicht realisierbar ist (indirekt bei einer Frequenz durch $\lambda_L/4$-Transformation eines Kurzschlusses). Weiterhin kann ein Abschlußreflexionsfaktorbetrag von $|r_a| \approx 1$ (Leerlauf oder Kurzschluß) zum Oszillieren eines aktiven Zweitors führen. Eine Meßwertverfälschung durch Oszillation oder durch ungewollte Abschlußtransformation kann vermieden werden, wenn das Meßobjekt mit seiner charakteristischen Impedanz (z. B. Leitungswellenwiderstand einer TEM-Leitung) abgeschlossen wird. Die daraus gewonnenen Streuparameter können als einzige Parameter bei hohen Frequenzen (50 MHz bis etwa 100 GHz) eindeutig ermittelt werden. Da Ströme und Spannungen nicht mehr meßbar sind, müssen die Vorgänge auf den Zuleitungen zum Meßobjekt und im Innern durch elektromagnetische Wellen beschrieben werden. Mit den normierten Wellen in Kapitel 9 können wir Mehrtore wellenmäßig behandeln und die Wellengrößen auch mit den Strömen und Spannungen verknüpfen. Damit besteht auch ein Zusammenhang mit den y-, z- und h-Parametern. Eine Umrechnung von meßtechnisch ermittelten Streuparametern in die anderen Parameter ist jedoch nicht sinnvoll, da selbst bei kleinen Meßfehlern durch die Umrechnungsgleichungen erhebliche Folgefehler eintreten können. Diese Umwandlung in andere Parameter ist auch nicht erforderlich, denn nur mit der Theorie der Streuparameter lassen sich beliebige Mehrtore (n-Tore) entwickeln und berechnen.

9.2.1 Mehrtor (n-Tor)

Zwecks Aufstellung der Streumatrix eines beliebigen n-Tors betrachten wir Bild 9.2.1-1. Die dort skizzierten hin- und rücklaufenden normierten Wellen sind durch lineare Beziehungen miteinander verknüpft. Man erkennt aus Bild 9.2.1-1, daß z. B. eine auf das Tor 2 hinlaufende Welle $\underline{a}_2$ zu einem gewissen Teil reflektiert wird und damit zu der dort rücklaufenden Welle $\underline{b}_2$ beiträgt. Außerdem verteilt sich ein Teil der Welle $\underline{a}_2$ nach dem Durchlaufen des n-Tors auf die anderen rücklaufenden Wellen $\underline{b}_1$, $\underline{b}_3$, $\underline{b}_4 \dots \underline{b}_n$. Außer aus einem Anteil aus $\underline{a}_2$ setzt sich die am Tor 2 reflektierte Welle $\underline{b}_2$ aus Anteilen aller hinlaufenden Wellen zusammen. Für den allgemeinen Fall, daß an allen n Toren hinlaufende Wellen auftreten, erhält man das Gleichungssystem

$$\underline{b}_1 = \underline{S}_{11} \cdot \underline{a}_1 + \underline{S}_{12} \cdot \underline{a}_2 + \underline{S}_{13} \cdot \underline{a}_3 + \dots + \underline{S}_{1n} \cdot \underline{a}_n$$
$$\underline{b}_2 = \underline{S}_{21} \cdot \underline{a}_1 + \underline{S}_{22} \cdot \underline{a}_2 + \underline{S}_{23} \cdot \underline{a}_3 + \dots + \underline{S}_{2n} \cdot \underline{a}_n$$
$$\underline{b}_3 = \underline{S}_{31} \cdot \underline{a}_1 + \underline{S}_{32} \cdot \underline{a}_2 + \underline{S}_{33} \cdot \underline{a}_3 + \dots + \underline{S}_{3n} \cdot \underline{a}_n \tag{9.2.1/1}$$
$$\vdots \qquad \vdots \qquad \vdots \qquad \vdots \qquad \vdots$$
$$\underline{b}_n = \underline{S}_{n1} \cdot \underline{a}_1 + \underline{S}_{n2} \cdot \underline{a}_2 + \underline{S}_{n3} \cdot \underline{a}_3 + \dots + \underline{S}_{nn} \cdot \underline{a}_n \, ,$$

welches die reflektierten Wellen als Funktion der hinlaufenden darstellt. Für (9.2.1/1) läßt sich die Matrizenschreibweise

$$[\underline{b}] = \|\underline{S}\| \cdot [\underline{a}] \tag{9.2.1/2}$$

verwenden. $\|\underline{S}\|$ ist eine n-reihige quadratische Matrix der Ordnung n. $[\underline{b}]$ und $[\underline{a}]$ sind Spaltenvektoren von der Ordnung n. Der Buchstabe S der Streumatrix leitet sich dabei von dem Wort „scattering parameter" ab. Die einzelnen Matrixelemente der Streumatrix haben

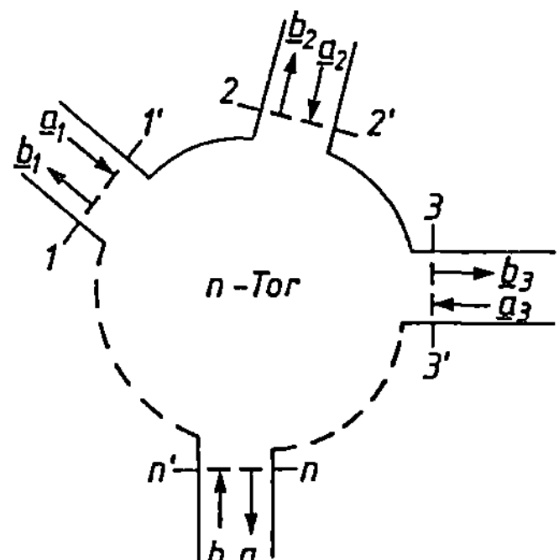

Bild 9.2.1-1
Normierte Wellen bei einem Mehrtor (n-Tor)

folgende physikalische Bedeutung: Wenn nur eine hinlaufende Welle existiert (d. h. alle $\underline{a}_\nu = 0$ bis auf ein $\underline{a}_i$), dann gilt:

$$\frac{\underline{b}_i}{\underline{a}_i} = \underline{S}_{ii}\bigg|_{\substack{a_\nu = 0 \\ \nu \neq i}} = \underline{r}_{ii} , \qquad (9.2.1/3)$$

$$\frac{\underline{b}_j}{\underline{a}_i} = \underline{S}_{ji}\bigg|_{\substack{a_\nu = 0 \\ \nu \neq i}} = \underline{t}_{ji} . \qquad (9.2.1/4)$$

Die Streuparameter $\underline{S}_{ii}$ sind Eingangsreflexionsfaktoren des i-ten Tores für die Randbedingung, daß alle anderen Tore keine hinlaufenden Wellen besitzen. Diese Randbedingung kann nur erfüllt werden, wenn keine weiteren Wellenquellen vorhanden sind und die anderen Tore reflexionsfrei abgeschlossen werden, so daß die $\underline{b}_\nu$ an externen Abschlüssen keine neuen $\underline{a}_\nu$ erzeugen können. Die Elemente $\underline{S}_{ji}$ sind Transmissionsfaktoren für die Wellenübertragung von Tor i nach Tor j. Als Merkregel gilt: Das Tor, in das die Welle zuerst einströmt, wird zuletzt genannt.

Ein verlustloses n-Tor kann keine Wirkleistung aufnehmen.

$$P_W = \sum_{i=1}^{n} \tfrac{1}{2} \cdot Re\{\underline{U}_i \cdot \underline{I}_i^*\} = 0 . \qquad (9.2.1/5)$$

Ersetzt man die Ströme und Spannungen in (9.2.1/5) durch die normierten Wellengrößen $\underline{a}_i$ und $\underline{b}_i$, so erhält man:

$$P_W = \frac{1}{2} \cdot \sum_{i=1}^{n} Re\left\{\underbrace{\sqrt{Z_{0i}} \cdot (\underline{a}_i + \underline{b}_i)}_{\text{aus (9/8)}} \cdot \underbrace{\left(\frac{\underline{a}_i - \underline{b}_i}{\sqrt{Z_{0i}}}\right)^*}_{\text{aus (9/9)}}\right\} = \frac{1}{2} \cdot \sum_{i=1}^{n} Re\{(\underline{a}_i + \underline{b}_i) \cdot (\underline{a}_i^* - \underline{b}_i^*)\}$$

$$= \frac{1}{2} \cdot \sum_{i=1}^{n} Re\{\underline{a}_i \cdot \underline{a}_i^* - \underline{b}_i \cdot \underline{b}_i^* + \underbrace{\underline{b}_i \cdot \underline{a}_i^* - \underline{a}_i \cdot \underline{b}_i^*}_{\underbrace{\underline{b}_i \cdot \underline{a}_i^* - (\underline{b}_i \cdot \underline{a}_i^*)^*}_{\underline{c} \; - \; \underline{c}^* \, = \, j2\,\text{Im}\,\{\underline{c}\} \Rightarrow \text{rein imaginär}}}\} = \frac{1}{2} \cdot \sum_{i=1}^{n} Re\{\underbrace{\underline{a}_i \cdot \underline{a}_i^*}_{|\underline{a}_i|^2} - \underbrace{\underline{b}_i \cdot \underline{b}_i^*}_{|\underline{b}_i|^2}\} = 0$$

$$(9.2.1/6)$$

Der Klammerinhalt in (9.2.1/6) ist rein reell, so daß auf die Operation „*Bilde den Realteil*" verzichtet werden kann.

$$P_W = \tfrac{1}{2} \cdot \sum_{i=1}^{n} \{\underline{a}_i \cdot \underline{a}_i^* - \underline{b}_i \cdot \underline{b}_i^*\} = \tfrac{1}{2} \cdot \{[\underline{a}]^T \cdot [\underline{a}]^* - [\underline{b}]^T \cdot [\underline{b}]^*\} = 0 \qquad (9.2.1/7)$$

$[\underline{a}]$ und $[\underline{b}]$ sind Spaltenvektoren, $[\underline{a}]^*$ und $[\underline{b}]^*$ die dazu konjugiert komplexen, während $[\underline{a}]^{\mathrm{T}}$ und $[\underline{b}]^{\mathrm{T}}$ transponierte Spaltenvektoren der Ordnung n darstellen sollen.

$$[\underline{a}]^{\mathrm{T}} \cdot [\underline{a}]^* - [\underline{b}]^{\mathrm{T}} \cdot [\underline{b}]^* = [\underline{a}]^{\mathrm{T}} \cdot [\underline{a}]^* - \underbrace{(\|\underline{S}\| \cdot [\underline{a}])^{\mathrm{T}}}_{\text{aus (9.2.1/2)}} \cdot \underbrace{(\|\underline{S}\| \cdot [\underline{a}])^*}_{(9.2.1/2)} = [\underline{a}]^{\mathrm{T}} \cdot [\underline{a}]^*$$

$$- [\underline{a}]^{\mathrm{T}} \cdot \|\underline{S}\|^{\mathrm{T}} \cdot \|\underline{S}\|^* \cdot [\underline{a}]^* = ([\underline{a}]^{\mathrm{T}} - [\underline{a}]^{\mathrm{T}} \cdot \|\underline{S}\|^{\mathrm{T}} \cdot \|\underline{S}\|^*) \cdot [\underline{a}]^*$$

$$= [\underline{a}]^{\mathrm{T}} \cdot (\|E\| - \|\underline{S}\|^{\mathrm{T}} \cdot \|\underline{S}\|^*) \cdot [\underline{a}]^* = 0 \tag{9.2.1/8}$$

$$\Rightarrow \|E\| - \|\underline{S}\|^{\mathrm{T}} \cdot \|\underline{S}\|^* = 0 \quad (\|E\| = \text{Einheitsmatrix}) \tag{9.2.1/9}$$

(9.2.1/9) ist die Definitionsgleichung einer unitären Matrix. Die Streumatrix eines verlustlosen n-Tors ist also unitär.

- **Übung 9.2.1/1:** Berechnen Sie die Unitaritätsbedingungen für ein verlustloses Viertor.

Als Beispiel für ein Drei- bzw. Viertor soll ein Zirkulator vorgestellt werden. Zirkulatoren sind passive, nichtreziproke Mehrtore (meistens mit 3 oder 4 Toren). Die Nichtreziprozität (Drehung der Welle) wird durch ein gyrotropes Material (Mikrowellenferrit in einem statischen

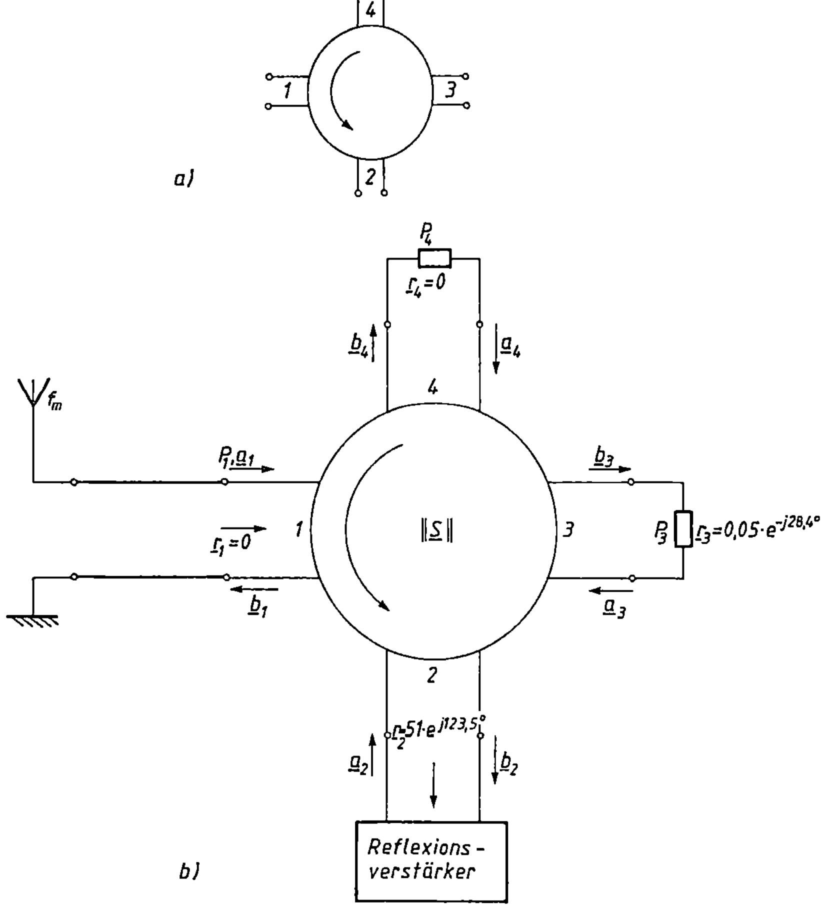

Bild 9.2.1-2 a) Schaltsymbol eines 4-Tor-Zirkulators
   b) Beschalteter 4-Tor-Zirkulator

Magnetfeld) realisiert. Für den in Bild 9.2.1-2a skizzierten idealen Zirkulator, mit der eingezeichneten Drehrichtung $1 \rightarrow 2 \rightarrow 3 \rightarrow 4$ und einer beliebigen Phasenverschiebung Ψ zwischen zwei Toren, ergibt sich folgende Streumatrix:

$$\|\underline{S}\| = \begin{bmatrix} 0 & 0 & 0 & e^{j\Psi} \\ e^{j\Psi} & 0 & 0 & 0 \\ 0 & e^{j\Psi} & 0 & 0 \\ 0 & 0 & e^{j\Psi} & 0 \end{bmatrix} . \tag{9.2.1/10}$$

■ **Übung 9.2.1/2:** Die in Bild 9.2.1-2b skizzierte Schaltung und die Streumatrix

$$\|\underline{S}\| = \begin{bmatrix} 0 & 0 & 0 & 0{,}95 \\ 0{,}95 & 0 & 0 & 0 \\ 0 & 0{,}95 & 0 & 0 \\ 0 & 0 & 0{,}95 & 0 \end{bmatrix}$$

des Zirkulators gelten bei der Mittenfrequenz f_m. Die von der Antenne kommende Leistung $P_1 = 1{,}5\,\text{nW}$ wird dem Tor 1 des Zirkulators zugeführt, am Tor 2 verstärkt und einem Verbraucher am Tor 3 angeboten. Durch geringfügige Fehlanpassung am Tor 3 läuft eine Welle zum Tor 4, wo sie vollständig absorbiert wird, so daß von der Antenne keine reflektierte Leistung abgestrahlt wird.

Berechnen Sie die Leistungen P_3 und P_4.

9.2.2 Zweitor

In Bild 9.2.2-1a hängt sowohl die rücklaufende normierte Welle $\underline{b}_1$ von $\underline{a}_1$ und $\underline{a}_2$ als auch die rücklaufende normierte Welle $\underline{b}_2$ von $\underline{a}_1$ und $\underline{a}_2$ ab. Die normierten Wellen sind über die Streuparameter $\underline{S}_{11}$, $\underline{S}_{12}$, $\underline{S}_{21}$ und $\underline{S}_{22}$ miteinander verknüpft:

$$\textit{Aus (9.2.1/1)} \quad \Rightarrow \left. \begin{array}{l} \underline{b}_1 = \underline{S}_{11} \cdot \underline{a}_1 + \underline{S}_{12} \cdot \underline{a}_2 \\ \underline{b}_2 = \underline{S}_{21} \cdot \underline{a}_1 + \underline{S}_{22} \cdot \underline{a}_2 \end{array} \right\} . \tag{9.2.2/1}$$

Die Streuparameter haben folgende physikalische Bedeutung:

Eigenreflexionsfaktor der Ebene 1 − 1'

$$\underline{S}_{11} = \left. \frac{\underline{b}_1}{\underline{a}_1} \right|_{a_2 = 0} , \tag{9.2.2/2}$$

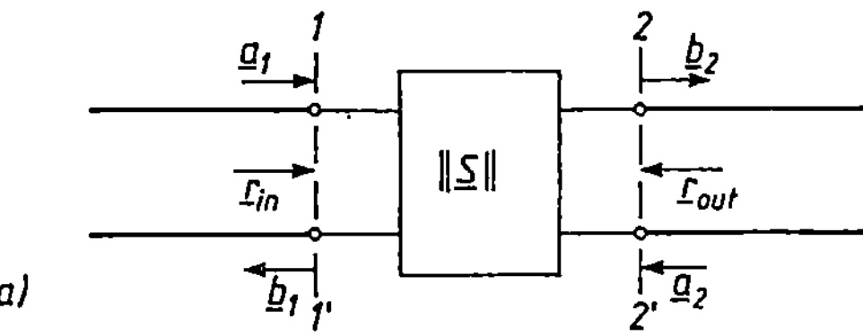

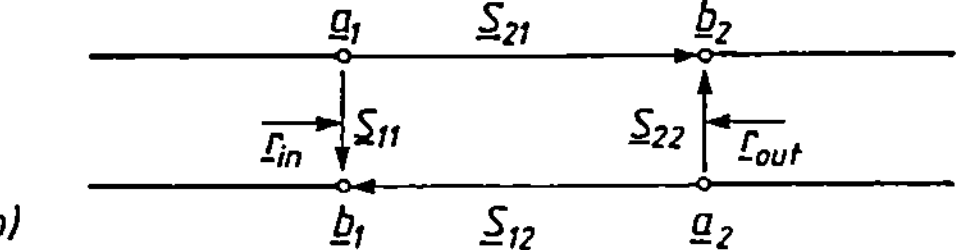

Bild 9.2.2-1

a) Unbeschaltetes Zweitor

b) Dazugehöriges Wellenflußdiagramm

Eigenübertragungsfaktor von der
Ebene 1 — 1' zur Ebene 2 — 2'

$$\underline{S}_{21} = \frac{\underline{b}_2}{\underline{a}_1}\bigg|_{a_2=0} ,$$

$$(9.2.2/3)$$

Eigenübertragungsfaktor von
der Ebene 2 — 2' zur Ebene 1 — 1'

$$\underline{S}_{12} = \frac{\underline{b}_1}{\underline{a}_2}\bigg|_{a_1=0} ,$$

$$(9.2.2/4)$$

Eigenreflexionsfaktor der
Ebene 2 — 2'

$$\underline{S}_{22} = \frac{\underline{b}_2}{\underline{a}_2}\bigg|_{a_1=0} .$$

$$(9.2.2/5)$$

$\underline{a}_2 = 0$ in (9.2.2/2) und (9.2.2/3) bedeutet, daß die Verbindungsleitung zwischen Zweitorausgang und Lastimpedanz reflexionsfrei abgeschlossen ist. Bei Speisung des Zweitors vom Ausgang her und reflexionsfreiem Abschluß der Eingangsleitung ($\underline{a}_1 = 0$) erhält man die anderen beiden Parameter $\underline{S}_{12}$ und $\underline{S}_{22}$. In (9.2.2/1) treten lineare Verknüpfungen zwischen mehreren Variablen auf. Derartige Gleichungen lassen sich auch mit Hilfe von Wellenflußdiagrammen darstellen (Bild 9.2.2-1 b). Dabei wird jeder Variablen $\underline{a}_1$, $\underline{a}_2$, $\underline{b}_1$ und $\underline{b}_2$ ein Knoten zugeordnet. Die die Variablen verbindenden $\underline{S}$-Parameter (Operatoren) nennt man Zweige. Das Wellenflußdiagramm des unbeschalteten Zweitors in Bild 9.2.2-1 b beschreibt gleichwertig das Gleichungssystem (9.2.2/1).

Die Streuparameter sind dimensionslose komplexe Größen von der Art eines Reflexions- oder eines Übertragungsfaktors. Die ein- und die ausgangsseitige Anschlußleitung dürfen verschiedene Wellenwiderstände besitzen (Bild 9.2.2-2a); die normierten Wellen am Zweitoreingang müssen dann auf Z_{01}, die am Ausgang auf Z_{02} normiert werden. Vorausgesetzt werden wieder reelle Wellenwiderstände. Da die Streuparameter auf die jeweiligen Wellenwiderstände bezogen werden, erhält man nur dann eine eindeutige Aussage über die zu beschreibende Schaltung (z. B. über die absoluten Größen der Schaltungselemente), wenn neben den Streuparametern auch die Wellenwiderstände der Anschlußleitungen gegeben sind, denn ohne Kenntnis der jeweiligen Wellenwiderstände geben die Streuparameter nur Aufschluß über das Reflexions- und Übertragungsverhalten des Zweitors.

Ist ein Zweitor, dessen Widerstandsparameter gegeben sind (Bild 9.2.2-2a), mit einer beliebigen Lastimpedanz $\underline{Z}_a$ abgeschlossen, so läßt sich seine Eingangsimpedanz $\underline{Z}_{in}$ in Abhängigkeit von der Lastimpedanz z. B. mit Hilfe der Widerstandsmatrix $\|\underline{z}\|$ berechnen. Bei Verwendung der Streuparameter spricht man nicht von der Abschlußimpedanz, sondern vom Reflexionsfaktor des Abschlusses und berechnet z. B. den Eingangsreflexionsfaktor r_{in} in Abhängigkeit vom Abschlußreflexionsfaktor r_a. Ist das Zweitor eingangsseitig mit der Generatorimpedanz $\underline{Z}_G$ der Quelle beschaltet, so entspricht dies einem Reflexionsfaktor r_G. Daraus läßt sich z. B. der Ausgangsreflexionsfaktor r_{out} berechnen. Die Zusammenhänge sind in Bild 9.2.2-2b dargestellt. Um zu dem vollständigen Wellenflußdiagramm für das beschaltete Zweitor zu gelangen, benutzt man die Überlegungen in Abschnitt 9.1. Eine Lastimpedanz $\underline{Z}_a$ kann als quellenloses Eintor aufgefaßt und durch die Wellengleichung (9.1/3) beschrieben werden. Im Wellenflußdiagramm

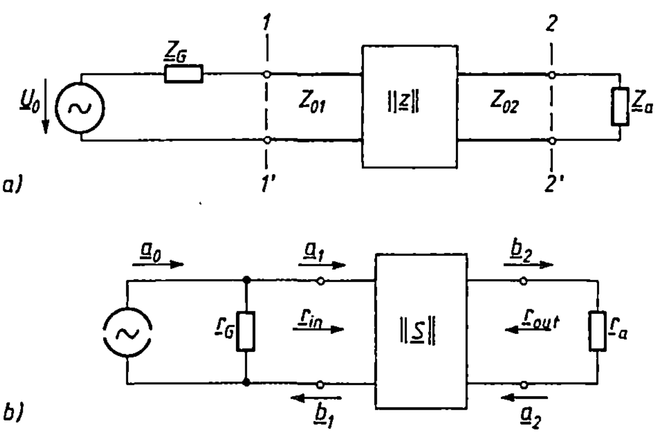

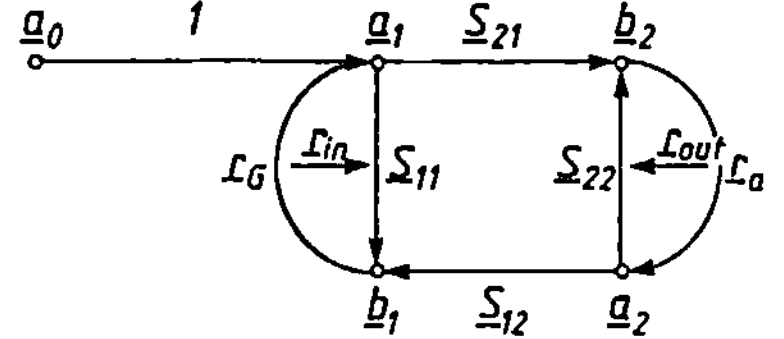

Bild 9.2.2-2

a) Beschaltetes Zweitor

b) Dazugehörige Ersatzschaltung mit normierten Wellen und Streuparametern

c) Dazugehöriges Wellenflußdiagramm

(Bild 9.2.2-2c) erscheint dann nach (9.1/5) für die Lastimpedanz $\underline{Z}_a$ der komplexe Lastreflexionsfaktor

$$\underline{r}_a = \frac{\underline{Z}_a - Z_{02}}{\underline{Z}_a + Z_{02}} \tag{9.2.2/6}$$

und für die Generatorimpedanz $\underline{Z}_G$ der komplexe Generatorreflexionsfaktor

$$\underline{r}_G = \frac{\underline{Z}_G - Z_{01}}{\underline{Z}_G + Z_{01}} \cdot \tag{9.2.2/7}$$

Bild 9.2.2-2b enthält eine Eintorquelle, deren mathematische Beschreibung in Kapitel 9.1 angegeben ist. Die normierte Urwelle berechnet sich analog zu (9.1/5).

$$\underline{a}_0 = \frac{\sqrt{Z_{01}}}{\underline{Z}_G + Z_{01}} \cdot \underline{U}_0 \cdot \tag{9.2.2/8}$$

Bei der linearen Wellenquelle ist die vom Eingangstor rücklaufende normierte Welle $\underline{a}_1$ die Summe aus einer konstanten normierten Urwelle $\underline{a}_0$ und einer normierten Welle $\underline{r}_G \cdot \underline{b}_1$, die durch Reflexion der hinlaufenden Welle $\underline{b}_1$ am Generatorreflexionsfaktor $\underline{r}_G$ der Wellenquelle entsteht. Die folgenden Gleichungen lassen sich direkt aus dem Wellenflußdiagramm in Bild 9.2.2-2c ablesen:

$$\underline{a}_1 = \underline{a}_0 + \underline{r}_G \cdot \underline{b}_1 \, , \tag{9.2.2/9}$$

$$\underline{b}_1 = \underline{S}_{11} \cdot \underline{a}_1 + \underline{S}_{12} \cdot \underline{a}_2 \, , \tag{9.2.2/10}$$

$$\underline{a}_2 = \underline{r}_a \cdot \underline{b}_2 \, , \tag{9.2.2/11}$$

$$\underline{b}_2 = \underline{S}_{21} \cdot \underline{a}_1 + \underline{S}_{22} \cdot \underline{a}_2 \, , \tag{9.2.2/12}$$

$$\underline{b}_2 = \underline{S}_{21} \cdot \underline{a}_1 + \underline{S}_{22} \cdot \underline{r}_a \cdot \underline{b}_2 \Rightarrow \underline{b}_2[1 - \underline{S}_{21} \cdot \underline{r}_a] = \underline{S}_{21} \cdot \underline{a}_1 \Rightarrow \underline{b}_2 = \frac{\underline{S}_{21} \cdot \underline{a}_1}{1 - \underline{S}_{22} \cdot \underline{r}_a}, \qquad (9.2.2/13)$$

aus (9.2.2/11)

$$\underline{b}_1 = \underline{S}_{11} \cdot \underline{a}_1 + \underline{S}_{12} \cdot \underline{r}_a \cdot \underline{b}_2 = \underline{S}_{11} \cdot \underline{a}_1 + \underline{S}_{12} \cdot \underline{r}_a \cdot \frac{\underline{S}_{21} \cdot \underline{a}_1}{1 - \underline{S}_{22} \cdot \underline{r}_a}, \qquad (9.2.2/14)$$

aus (9.2.2/11)   aus (9.2.2/13)

$$\underline{r}_{\text{in}} = \frac{\underline{b}_1}{\underline{a}_1} = \underline{S}_{11} + \frac{\underline{S}_{12} \cdot \underline{S}_{21} \cdot \underline{r}_a}{1 - \underline{S}_{22} \cdot \underline{r}_a} . \qquad (9.2.2/15)$$

aus (9.2.2/14)

Für die Berechnung des Ausgangsreflexionsfaktors $\underline{r}_{\text{out}}$ wird gedanklich eine Welle am Tor $2 - 2'$ eingespeist und der bisherige Generator am Eingang abgeschaltet ($\underline{a}_0 = 0$).

Aus (9.2.2/9) $\Rightarrow \underline{a}_1 = \underline{r}_G \cdot \underline{b}_1 .$ $\qquad (9.2.2/16)$

Aus (9.2.2/10) $\Rightarrow \underline{b}_1 = \underline{S}_{11} \cdot \underline{r}_G \cdot \underline{b}_1 + \underline{S}_{12} \cdot \underline{a}_2 \Rightarrow \underline{b}_1[1 - \underline{S}_{11} \cdot \underline{r}_G] = \underline{S}_{12} \cdot \underline{a}_2$

aus (9.2.2/16)

$$\Rightarrow \underline{b}_1 = \frac{\underline{S}_{12} \cdot \underline{a}_2}{1 - \underline{S}_{11} \cdot \underline{r}_G} . \qquad (9.2.2/17)$$

Aus (9.2.2/12) $\Rightarrow \underline{b}_2 = \underline{S}_{21} \cdot \underline{r}_G \cdot \underline{b}_1 + \underline{S}_{22} \cdot \underline{a}_2 = \underline{S}_{21} \cdot \underline{r}_G \cdot \frac{\underline{S}_{12} \cdot \underline{a}_2}{1 - \underline{S}_{11} \cdot \underline{r}_G} + \underline{S}_{22} \cdot \underline{a}_2 .$

aus (9.2.2/16)

$$(9.2.2/18)$$

$$\underline{r}_{\text{out}} = \frac{\underline{b}_2}{\underline{a}_2} = \underline{S}_{22} + \frac{\underline{S}_{12} \cdot \underline{S}_{21} \cdot \underline{r}_G}{1 - \underline{S}_{11} \cdot \underline{r}_G} \qquad (9.2.2/19)$$

aus (9.2.2/18)

Folgende Definitionen sind bei Zwei- bzw. n-Toren gebräuchlich:
Das n-Tor ist an der Ebene i

ideal angepaßt	$|\underline{S}_{ii}| = 0$,
passiv absorbierend	$|\underline{S}_{ii}| < 1$,
total reflektierend	$|\underline{S}_{ii}| = 1$,
aktiv reflektierend	$|\underline{S}_{ii}| > 1$.

Den Übertragungspfad von i nach j nennt man

unendlich dämpfend (entkoppelt)	$|\underline{S}_{ji}| = 0$,
verlustbehaftet übertragend (dämpfend)	$|\underline{S}_{ji}| < 1$,
verlustfrei übertragend	$|\underline{S}_{ji}| = 1$,
aktiv übertragend (verstärkend)	$|\underline{S}_{ji}| > 1$.

Umkehrbarkeit (Reziprozität)
Sind zwei Eigenübertragungsfaktoren mit vertauschten Indizes einander gleich (z. B. $\underline{S}_{12} = \underline{S}_{21}$), so nennt man diesen Übertragungsweg umkehrbar, reziprok oder übertragungssymmetrisch.

Gilt diese Bedingung für alle Übertragungswege des n-Tors, so nennt man das n-Tor übertragungssymmetrisch.

Anpassungssymmetrie
Bei einem anpassungssymmetrischen n-Tor sind alle Eigenreflexionsfaktoren gleich ($\underline{S}_{11} = \underline{S}_{22} = \underline{S}_{33} = \ldots \underline{S}_{nn}$). Sind alle Eigenreflexionsfaktoren Null, dann spricht man von einem allseitig angepaßten n-Tor.

Verlustfreiheit

$$P_W = \underbrace{\sum_{i=1}^{n} \frac{1}{2} \cdot Re\{\underline{U}_i\underline{I}_i^*\}}_{\text{aus (9.2.1/5)}} = \underbrace{\frac{1}{2} \cdot \sum_{i=1}^{n} \{\underline{a}_i \cdot \underline{a}_i^* - \underline{b}_i \cdot \underline{b}_i^*\}}_{\text{aus (9.2.1/7)}} = \sum_{i=1}^{n} \left\{ \frac{|\underline{a}_i|^2}{2} - \frac{|\underline{b}_i|^2}{2} \right\}$$

$$= \underbrace{\sum_{i=1}^{n} \{P_{hi} - P_{ri}\}}_{\text{analog zu (9/5) und (9/7)}} = 0 . \tag{9.2.2/20}$$

Passivität

$$\text{Aus } (9.2.2/20) \Rightarrow P_W = \sum_{i=1}^{n} P_{hi} - \sum_{i=1}^{n} P_{ri} > 0 . \tag{9.2.2/21}$$

Benutzt man (9.2.1/9)

$$\|\underline{E}\| - \|\underline{S}\|^T \cdot \|\underline{S}\|^* > 0 , \tag{9.2.2/22}$$

dann kann man aus den gemessenen Streuparametern ermitteln, ob ein n-Tor Passivität besitzt.

- **Beispiel 9.2.2/1:** Berechnen Sie die Streuparameter für das in Bild 9.2.2-3a skizzierte Zweitor (T-Schaltung).

Lösung:
Das Zweitor ist übertragungssymmetrisch $\Rightarrow \underline{S}_{12} = \underline{S}_{21}$.
Aus (9.2.2/3):

$$(1) \quad \underline{S}_{21} = \left. \frac{\underline{b}_2}{\underline{a}_1} \right|_{a_2=0} , \qquad \underline{a}_2 = 0 \Rightarrow \text{Abschluß mit } Z_0 .$$

Analog zu (9/11):

$$(2) \quad \underline{b}_2 = \frac{\underline{U}_2 - \underline{I}_2 \cdot Z_0}{2\sqrt{Z_0}} .$$

Analog zu (9/10):

$$(3) \quad \underline{a}_1 = \frac{\underline{U}_1 + \underline{I}_1 \cdot Z_0}{2\sqrt{Z_0}} .$$

(2) und (3) in (1):

$$(4) \quad \underline{S}_{21} = \frac{\underline{U}_2 - \underline{I}_2 \cdot Z_0}{\underline{U}_1 + \underline{I}_1 \cdot Z_0} .$$

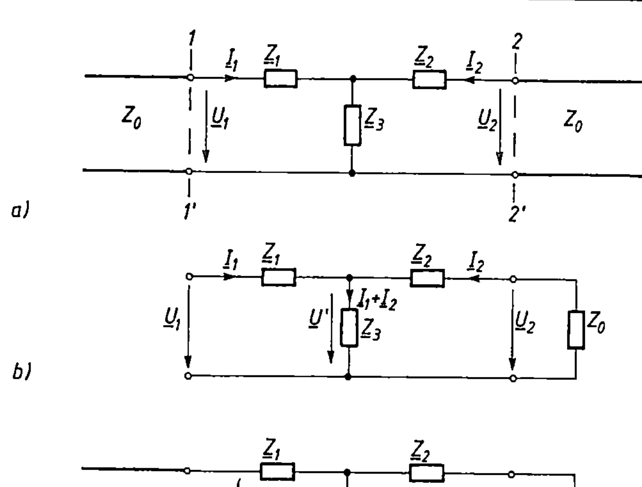

Bild 9.2.2-3

a) T-Schaltung
   Ersatzschaltbilder
   für die Berechnung von
b) $\underline{S}_{21}$
c) $\underline{S}_{11}$
d) $\underline{S}_{22}$

Aus Bild 9.2.2-3b:

$$(5)\quad \underline{U}_1 = \underline{I}_1 \cdot \left[\underline{Z}_1 + \frac{(Z_0 + \underline{Z}_2)\,\underline{Z}_3}{Z_0 + \underline{Z}_2 + \underline{Z}_3}\right] = \underline{I}_1 \cdot \left[\frac{\underline{Z}_1(Z_0 + \underline{Z}_2 + \underline{Z}_3) + \underline{Z}_3(Z_0 + \underline{Z}_2)}{Z_0 + \underline{Z}_2 + \underline{Z}_3}\right],$$

$$(6)\quad \underline{U}' = (\underline{I}_1 + \underline{I}_2)\,\underline{Z}_3 = -\underline{I}_2(\underline{Z}_2 + Z_0) \Rightarrow \underline{I}_1 = -\underline{I}_2 \cdot \frac{(Z_0 + \underline{Z}_2 + \underline{Z}_3)}{\underline{Z}_3}.$$

(6) in (5):

$$(7)\quad \underline{U}_1 = -\underline{I}_2 \cdot \left[\frac{\underline{Z}_1}{\underline{Z}_3} \cdot (Z_0 + \underline{Z}_2 + \underline{Z}_3) + Z_0 + \underline{Z}_2\right],$$

$$(8)\quad \underline{U}_2 = -\underline{I}_2 \cdot Z_0 .$$

(6) + (7) + (8) in (1):

$$\underline{S}_{12} = \underline{S}_{21} = \frac{-\underline{I}_2 Z_0 - \underline{I}_2 Z_0}{-\underline{I}_2\left[\dfrac{\underline{Z}_1}{\underline{Z}_3}(Z_0 + \underline{Z}_2 + \underline{Z}_3) + Z_0 + \underline{Z}_2\right] - \underline{I}_2 \cdot \dfrac{Z_0}{\underline{Z}_3}(Z_0 + \underline{Z}_2 + \underline{Z}_3)}$$

$$= \frac{2Z_0}{\dfrac{1}{\underline{Z}_3} \cdot [\underline{Z}_1 Z_0 + \underline{Z}_1\underline{Z}_2 + Z_0^2 + Z_0\underline{Z}_2] + \underline{Z}_1 + \underline{Z}_2 + 2Z_0}$$

Aus (9.2.2/15):

$$(9)\quad \underline{S}_{11} = \underline{r}_{\text{in}}\big|_{\underline{r}_a = 0} = \underbrace{\frac{\underline{Z}_a - Z_0}{\underline{Z}_a + Z_0}}_{\text{analog }(9/14)}\bigg|_{\text{Abschluß mit } Z_0}$$

Aus Bild 9.2.2-3c:

$$(10)\quad \underline{Z}_a = \underline{Z}_1 + \frac{(Z_0 + \underline{Z}_2)\,\underline{Z}_3}{Z_0 + \underline{Z}_2 + \underline{Z}_3} = \frac{\underline{Z}_1(Z_0 + \underline{Z}_2 + \underline{Z}_3) + (Z_0 + \underline{Z}_2)\,\underline{Z}_3}{Z_0 + \underline{Z}_2 + \underline{Z}_3}.$$

(10) in (9):

$$\underline{S}_{11} = \frac{\underline{Z}_1(Z_0 + \underline{Z}_2 + \underline{Z}_3) + (Z_0 + \underline{Z}_2)\,\underline{Z}_3 - Z_0(Z_0 + \underline{Z}_2 + \underline{Z}_3)}{\underline{Z}_1(Z_0 + \underline{Z}_2 + \underline{Z}_3) + (Z_0 + \underline{Z}_2)\,\underline{Z}_3 + Z_0(Z_0 + \underline{Z}_2 + \underline{Z}_3)}$$

$$= \frac{\underline{Z}_1 Z_0 + \underline{Z}_1\underline{Z}_2 - Z_0^2 - Z_0\underline{Z}_2 + \underline{Z}_3(\underline{Z}_1 + \underline{Z}_2)}{\underline{Z}_1 Z_0 + \underline{Z}_1\underline{Z}_2 + Z_0^2 + Z_0\underline{Z}_2 + \underline{Z}_3(\underline{Z}_1 + \underline{Z}_2 + 2Z_0)}.$$

Aus (9.2.2/19):

$$(11)\quad \underline{S}_{22} = \underline{r}_{\text{out}}\Big|_{r_G = 0} = \underbrace{\frac{\underline{Z}_G - Z_0}{\underline{Z}_G + Z_0}}_{\text{aalog (9/26)}}\Big|_{\text{Abschluß mit } Z_0}$$

Aus Bild 9.2.2-3d:

$$(12)\quad \underline{Z}_G = \underline{Z}_2 + \frac{(Z_0 + \underline{Z}_1)\,\underline{Z}_3}{Z_0 + \underline{Z}_1 + \underline{Z}_3} = \frac{\underline{Z}_2(Z_0 + \underline{Z}_1 + \underline{Z}_3) + (Z_0 + \underline{Z}_1)\,\underline{Z}_3}{Z_0 + \underline{Z}_1 + \underline{Z}_3}.$$

(12) in (11):

$$\underline{S}_{22} = \frac{\underline{Z}_2(Z_0 + \underline{Z}_1 + \underline{Z}_3) + (Z_0 + \underline{Z}_1)\,\underline{Z}_3 - Z_0(Z_0 + \underline{Z}_1 + \underline{Z}_3)}{\underline{Z}_2(Z_0 + \underline{Z}_1 + \underline{Z}_3) + (Z_0 + \underline{Z}_1)\,\underline{Z}_3 + Z_0(Z_0 + \underline{Z}_1 + \underline{Z}_3)}$$

$$= \frac{-\underline{Z}_1 Z_0 + \underline{Z}_1\underline{Z}_2 - Z_0^2 + Z_0\underline{Z}_2 + \underline{Z}_3(\underline{Z}_1 + \underline{Z}_2)}{\underline{Z}_1 Z_0 + \underline{Z}_1\underline{Z}_2 + Z_0^2 + Z_0\underline{Z}_2 + \underline{Z}_3(\underline{Z}_1 + \underline{Z}_2 + 2Z_0)}.$$

■ **Übung 9.2.2/1:** Ermitteln Sie die Streuparameter für die in Bild 9.2.2-4 dargestellte Π-Schaltung.

● **Beispiel 9.2.2/2:** Für die in Bild 9.2.2-5a skizzierte Leitung ist die Streumatrix gesucht.

Lösung:

Aus (9.2.2/2):

$$\underline{S}_{11} = \frac{\underline{b}_1}{\underline{a}_1}\Big|_{a_2 = 0}, \qquad a_2 = 0 \Rightarrow \text{Abschluß mit } Z_0\,.$$

Aus Bild 9.2.2-5b:

$$\underline{b}_1 = 0 \Rightarrow \underline{S}_{11} = 0\,.$$

Anpassungssymmetrie: $\underline{S}_{11} = \underline{S}_{22} = 0\,.$

Übertragungssymmetrie:

$$\underline{S}_{12} = \underline{S}_{21}\,.$$

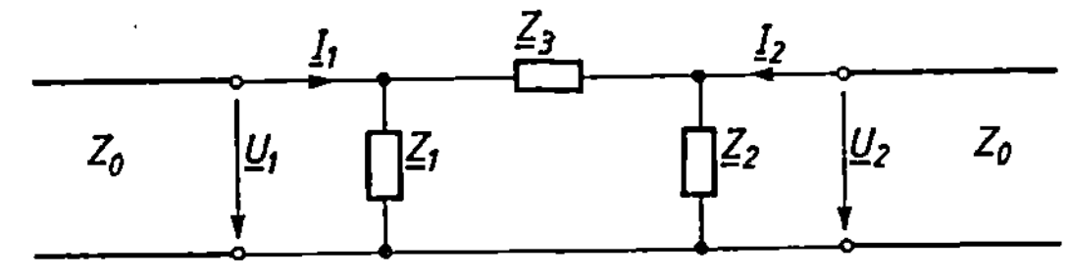

Bild 9.2.2-4
Π-Schaltung

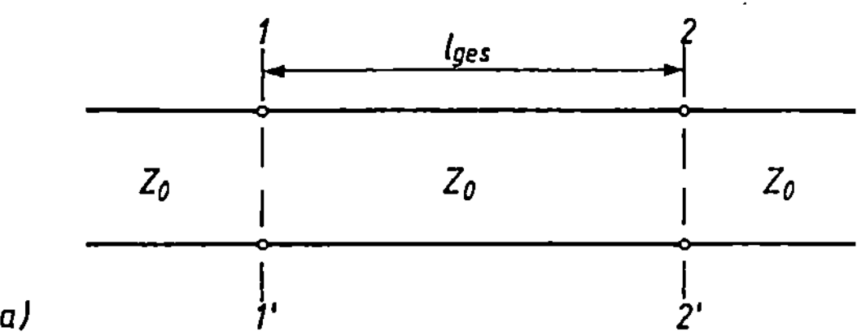

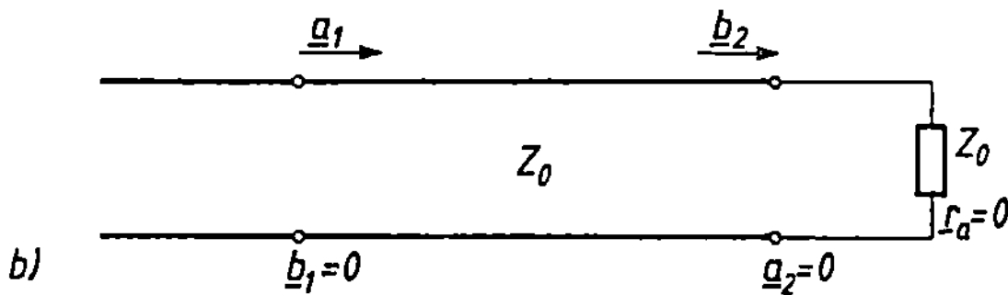

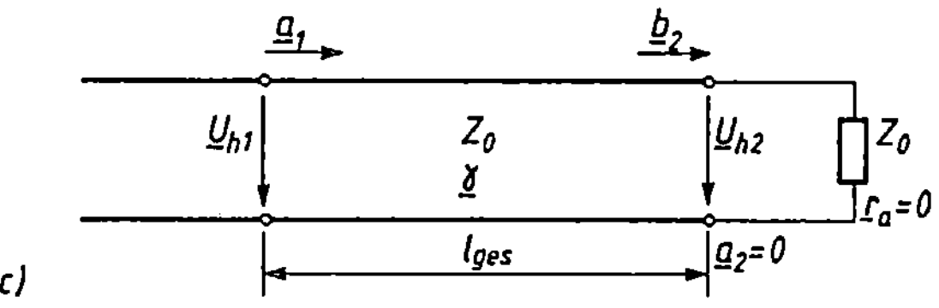

Bild 9.2.2-5
a) Leitung als Zweitor
Wellenersatzschaltbilder
für die Berechnung von
b) $\underline{S}_{11}$
c) $\underline{S}_{21}$

Aus (9.2.2/3):

$$\underline{S}_{21} = \frac{\underline{b}_2}{\underline{a}_1}\bigg|_{a_2=0}, \qquad \underline{a}_2 = 0 \Rightarrow \text{Abschluß mit } Z_0 \text{ (s. Bild 9.2.2-5c):}$$

Analog zu (9.4): $\underline{a}_1 = \dfrac{U_{h1}}{\sqrt{Z_0}}, \underline{b}_2 = \dfrac{U_{h2}}{\sqrt{Z_0}}$, da auch $\underline{b}_2$ eine hinlaufende normierte Welle darstellt.

$$\Rightarrow \underline{S}_{12} = \underline{S}_{21} = \frac{U_{h2}}{\sqrt{Z_0}} \cdot \frac{\sqrt{Z_0}}{U_{h1}} = \frac{U_{h2}}{\underbrace{U_{h2} \cdot e^{\gamma \cdot l_{ges}}}_{\text{analog zu (8.1/15)}}} = e^{-\gamma \cdot l_{ges}}$$

$$\Rightarrow \|\underline{S}\| = \begin{bmatrix} 0 & e^{-\gamma \cdot l_{ges}} \\ e^{-\gamma \cdot l_{ges}} & 0 \end{bmatrix}.$$

- **Übung 9.2.2/2:** Das in Bild 9.2.2-6 skizzierte Zweitor besteht aus zwei verlustlosen Leitungen ($Z_0 = 50\,\Omega$, $\beta = 2\pi/6\,\text{m}$, $l_1 = 3\,\text{m}$, $l_2 = 4{,}5\,\text{m}$) und einer Querkapazität von $C = 42{,}5\,\text{pF}$.

Wie groß sind die Streuparameter $\underline{S}_{11}$ und $\underline{S}_{22}$ dieses Zweitors bei der Frequenz $f = 50\,\text{MHz}$?

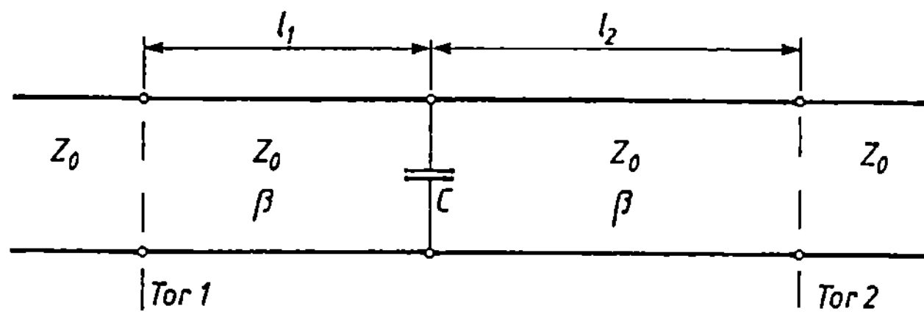

Bild 9.2.2-6 Verlustlose Leitung mit Querkapazität

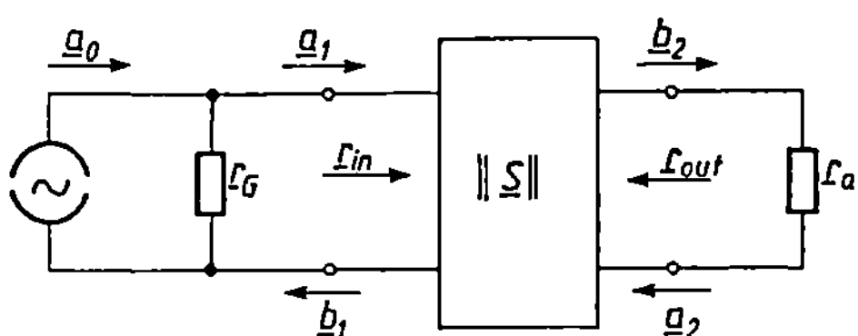

Bild 9.2.2-7
Beschaltetes Zweitor

- **Übung 9.2.2/3:** Gegeben ist die in Bild 9.2.2-7 skizzierte Wellenersatzschaltung ($\underline{r}_a = 0{,}35 \cdot e^{-j95°}$, $\underline{r}_G = 0{,}53 \cdot e^{j52°}$).

$$\|\underline{S}\| = \begin{bmatrix} 0{,}39 \cdot e^{j35°} & 0{,}118 \cdot e^{-j30°} \\ 1{,}69 \cdot e^{-j60°} & 0{,}20 \cdot e^{-j120°} \end{bmatrix}$$

a) Berechnen Sie die Reflexionsfaktoren $\underline{r}_{in}$ und $\underline{r}_{out}$.
b) Kontrollieren Sie, ob die gegebene Streumatrix $\|\underline{S}\|$ unitär ist.

- **Beispiel 9.2.2/3:** Eine Hohlleiter-E-Verzweigung läßt sich nach [67] mit der in Bild 9.2.2-8a dargestellten Ersatzschaltung beschreiben.
a) Ermitteln Sie die Streumatrix.
b) Überprüfen Sie, ob die in a) berechnete Streumatrix unitär ist.

Lösung:

a) *Analog zu Beispiel 9.2.2/1:*

$$(1) \quad \underline{S}'_{11} = \underline{r}'_{in,1}\Big|_{\underline{r}_a = 0} = \frac{\underline{Z}'_{a1} - Z_{01}}{\underline{Z}'_{a1} + Z_{01}}\bigg|_{\underline{r}_a = 0}$$

$\Rightarrow$ Tor 2' mit Z_{01}, Tor 3' mit Z_{02} abgeschlossen (s. Bild 9.2.2-8b) $\Rightarrow$

$$(2) \quad \underline{Z}'_{a1} = n^2 Z_{02} + Z_{01} + jX.$$

(2) in (1):

$$(3) \quad \underline{S}'_{11} = \frac{n^2 Z_{02} + Z_{01} + jX - Z_{01}}{n^2 Z_{02} + Z_{01} + jX + Z_{01}} = \frac{n^2 Z_{02} + jX}{n^2 Z_{02} + 2Z_{01} + jX} = \underbrace{\underline{S}'_{22}}_{\text{wegen Symmetrie}}.$$

$$(4) \quad \underline{S}'_{33} = \underline{r}'_{in,3}\Big|_{\underline{r}_a = 0} = \frac{\underline{Z}'_{a3} - Z_{02}}{\underline{Z}'_{a3} + Z_{02}}\bigg|_{\underline{r}_a = 0}$$

$\Rightarrow$ Die Tore 1' und 2' sind jeweils mit Z_{01} abgeschlossen (s. Bild 9.2.2-8c) $\Rightarrow$

$$(5) \quad \underline{Z}'_{a3} = \frac{1}{n^2} \cdot (2Z_{01} + jX).$$

(5) in (4):

$$(6) \quad \underline{S}'_{33} = \frac{\dfrac{1}{n^2} \cdot (2Z_{01} + jX) - Z_{02}}{\dfrac{1}{n^2} \cdot (2Z_{01} + jX) + Z_{02}} = \frac{2Z_{01} - n^2 Z_{02} + jX}{2Z_{01} + n^2 Z_{02} + jX},$$

$$(7) \quad \underline{S}'_{21} = \frac{\underline{b}'_2}{\underline{a}'_1}\bigg|_{\underline{a}'_2 = \underline{a}'_3 = 0} = \frac{\underline{U}'_2 - \underline{I}'_2 \cdot Z_{01}}{\underline{U}'_1 + \underline{I}'_1 \cdot Z_{01}}\bigg|_{\text{Bild 9.2.2-8d}},$$

$$(8) \quad \underline{I}'_2 = -\underline{I}'_1, \qquad \underline{U}'_2 = \underline{I}'_1 \cdot Z_{01}, \qquad \frac{\underline{I}'_1}{\underline{U}'_1} = \frac{1}{n^2 Z_{02} + Z_{01} + jX}.$$

(8) in (7):

$$\underline{S}'_{21} = \frac{\underline{I}'_1 Z_{01} - Z_{01}(-\underline{I}'_1)}{\underline{U}'_1\left[1 + Z_{01} \cdot \dfrac{\underline{I}'_1}{\underline{U}'_1}\right]} = \frac{\underline{I}'_1}{\underline{U}'_1} \cdot \frac{2Z_{01}}{1 + Z_{01} \cdot \dfrac{\underline{I}'_1}{\underline{U}'_1}}$$

$$(9) \quad = \frac{1}{n^2 Z_{02} + Z_{01} + jX} \cdot \frac{2Z_{01}}{1 + Z_{01} \cdot \dfrac{1}{n^2 Z_{02} + Z_{01} + jX}} = \frac{2Z_{01}}{n^2 Z_{02} + 2Z_{01} + jX} = \underbrace{\underline{S}'_{12}}_{\text{Übertragungssymmetrie}},$$

$$(10) \quad \underline{S}'_{31} = \frac{b'_3}{a'_1}\bigg|_{\underline{a}'_2 = \underline{a}'_3 = 0} = \frac{\dfrac{\underline{U}'_3 - \underline{I}'_3 Z_{02}}{2\sqrt{Z_{02}}}}{\dfrac{\underline{U}'_1 + \underline{I}'_1 Z_{01}}{2\sqrt{Z_{01}}}} = \frac{\underline{U}'_3 - \underline{I}'_3 Z_{02}}{\underline{U}'_1 + \underline{I}'_1 Z_{01}} \cdot \sqrt{\frac{Z_{01}}{Z_{02}}}\bigg|_{\text{Bild 9.2.2-8e}},$$

$$(11) \quad \underline{I}'_3 = -n\underline{I}'_1, \qquad \frac{\underline{I}'_1}{\underline{U}'_1} = \frac{1}{n^2 Z_{02} + Z_{01} + jX}, \qquad \frac{n\underline{U}'_3}{\underline{U}'_1} = \frac{n^2 Z_{02}}{n^2 Z_{02} + Z_{01} + jX},$$

$$\frac{\underline{I}'_1}{\underline{U}'_1} \cdot \frac{\underline{U}'_3}{\underline{U}'_3} = \frac{\underline{I}'_1}{\underline{U}'_3} \cdot \frac{\underline{U}'_3}{\underline{U}'_1} = \frac{1}{n^2 Z_{02} + Z_{01} + jX} \Rightarrow \frac{\underline{I}'_1}{\underline{U}'_3} = \frac{\underline{U}'_1}{\underline{U}'_3} \cdot \frac{1}{n^2 Z_{02} + Z_{01} + jX}$$

$$(12) \quad = \frac{n^2 Z_{02} + Z_{01} + jX}{nZ_{02}(n^2 Z_{02} + Z_{01} + jX)} = \frac{1}{nZ_{02}}.$$

(11) + (12) in (10):

$$\underline{S}'_{31} = \frac{\underline{U}'_3}{\underline{U}'_1} \cdot \frac{\left(1 + \dfrac{n\underline{I}'_1 Z_{02}}{\underline{U}'_3}\right) \cdot \sqrt{\dfrac{Z_{01}}{Z_{02}}}}{1 + \dfrac{\underline{I}'_1 Z_{01}}{\underline{U}'_1}} = \frac{nZ_{02}}{n^2 Z_{02} + Z_{01} + jX}$$

$$(13) \quad \cdot \frac{1 + \dfrac{nZ_{02} \cdot n}{n^2 Z_{02}}}{1 + \dfrac{Z_{01}}{n^2 Z_{02} + Z_{01} + jX}} \cdot \sqrt{\frac{Z_{01}}{Z_{02}}} = \frac{2nZ_{02}}{n^2 Z_{02} + 2Z_{01} + jX} \sqrt{\frac{Z_{01}}{Z_{02}}} = \underbrace{\underline{S}'_{13}}_{\text{Übertragungssymmetrie}},$$

$$(14) \quad \underline{S}'_{32} = \frac{b'_3}{a'_2}\bigg|_{\underline{a}'_1 = \underline{a}'_3 = 0} = \frac{\dfrac{\underline{U}'_3 - \underline{I}'_3 Z_{02}}{2\sqrt{Z_{02}}}}{\dfrac{\underline{U}'_2 + \underline{I}'_2 Z_{01}}{2\sqrt{Z_{01}}}} = \frac{\underline{U}'_3 - \underline{I}'_3 Z_{02}}{\underline{U}'_2 + \underline{I}'_2 Z_{01}} \sqrt{\frac{Z_{01}}{Z_{02}}}\bigg|_{\text{Bild 9.2.2-8f}}$$

$$\underline{I}'_3 = n\underline{I}'_2, \qquad \frac{\underline{I}'_2}{\underline{U}'_3} = -\frac{1}{nZ_{02}}, \qquad \frac{\underline{I}'_2}{\underline{U}'_2} = \frac{1}{n^2 Z_{02} + Z_{01} + jX},$$

$$(15) \qquad \frac{n\underline{U}'_3}{\underline{U}'_2} = -\frac{n^2 Z_{02}}{n^2 Z_{02} + Z_{01} + jX}$$

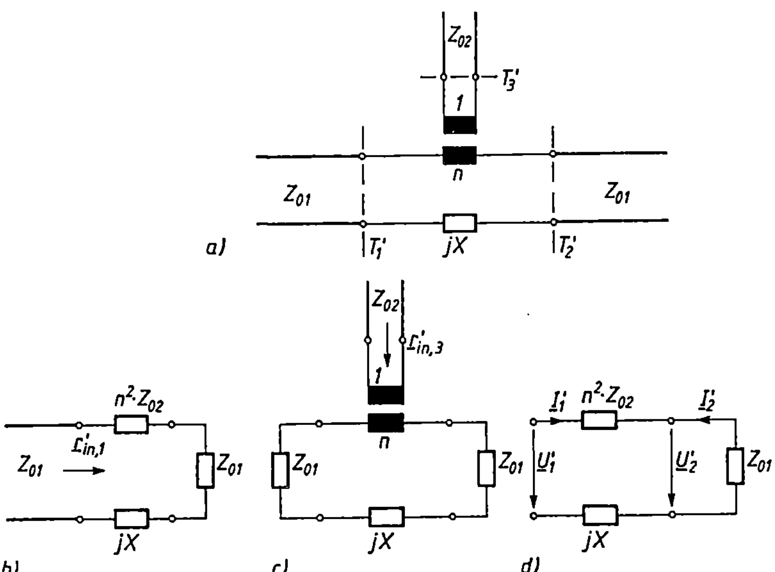

Bild 9.2.2-8   a) Dreitor (Hohlleiter-E-Verzweigung)
Ersatzschaltbilder für die Berechnung von

b) $\underline{S}'_{11}$
c) $\underline{S}'_{33}$
d) $\underline{S}'_{21}$
e) $\underline{S}'_{31}$
f) $\underline{S}'_{32}$

(15) in (14):

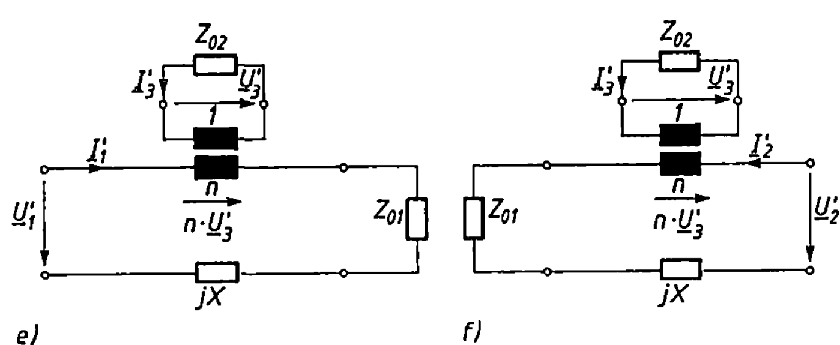

$$\underline{S}'_{32} = \frac{\underline{U}'_3\left(1 - \dfrac{n\underline{I}'_2 Z_{02}}{\underline{U}'_3}\right)}{\underline{U}'_2\left(1 + \dfrac{\underline{I}'_2 Z_{01}}{\underline{U}'_2}\right)} \cdot \sqrt{\frac{Z_{01}}{Z_{02}}} = \frac{-nZ_{02}}{n^2 Z_{02} + Z_{01} + jX}$$

$$(16) \qquad \cdot \frac{1 - nZ_{02}\left(-\dfrac{1}{nZ_{02}}\right)}{1 + \dfrac{Z_{01}}{n^2 Z_{02} + Z_{01} + jX}}\sqrt{\frac{Z_{01}}{Z_{02}}} = \frac{-2nZ_{02}}{n^2 Z_{02} + 2Z_{01} + jX}\sqrt{\frac{Z_{01}}{Z_{02}}} = \underbrace{\underline{S}'_{23}}_{\text{Symmetrie}},$$

$$(17)\quad \begin{bmatrix} \underline{b}'_1 \\ \underline{b}'_2 \\ \underline{b}'_3 \end{bmatrix} = \begin{bmatrix} \underline{S}'_{11} & \underline{S}'_{12} & \underline{S}'_{13} \\ \underline{S}'_{21} & \underline{S}'_{22} & \underline{S}'_{23} \\ \underline{S}'_{31} & \underline{S}'_{32} & \underline{S}'_{33} \end{bmatrix} \cdot \begin{bmatrix} \underline{a}'_1 \\ \underline{a}'_2 \\ \underline{a}'_3 \end{bmatrix}, \quad \text{mit:}$$

$$(18)\quad \underline{S}'_{11} = \underline{S}'_{22} = \frac{n^2 Z_{02} + jX}{n^2 Z_{02} + 2Z_{01} + jX},$$

$$(19)\quad \underline{S}'_{33} = \frac{2Z_{01} - n^2 Z_{02} + jX}{2Z_{01} + n^2 Z_{02} + jX},$$

$$(20)\quad \underline{S}'_{21} = \underline{S}'_{12} = \frac{2Z_{01}}{n^2 Z_{02} + 2Z_{01} + jX}$$

$$(21)\quad \underline{S}'_{31} = \underline{S}'_{13} = -\underline{S}'_{32} = -\underline{S}'_{23} = \frac{2n Z_{02}}{n^2 Z_{02} + 2Z_{01} + jX} \cdot \sqrt{\frac{Z_{01}}{Z_{02}}}$$

b) *Analog zu Übung 9.2.1/1 für n = 3*

$$(22)\quad \underline{C}'_{11} = \underline{S}'_{11} \cdot \underline{S}'^*_{11} + \underline{S}'_{21} \cdot \underline{S}'^*_{21} + \underline{S}'_{31} \cdot \underline{S}'^*_{31} = 1,$$

$$(23)\quad \underline{C}'_{12} = \underline{S}'_{11} \cdot \underline{S}'^*_{21} + \underline{S}'_{21} \cdot \underline{S}'^*_{11} + \underline{S}'_{31} \cdot (-\underline{S}'_{31})^* = 0,$$

$$(24)\quad \underline{C}'_{13} = \underline{S}'_{11} \cdot \underline{S}'^*_{31} + \underline{S}'_{21} \cdot (-\underline{S}'_{31})^* + \underline{S}'_{31} \cdot \underline{S}'^*_{33} = 0$$

$$\underline{C}'_{21} = \underline{S}'_{21} \cdot \underline{S}'^*_{11} + \underline{S}'_{11} \cdot \underline{S}'^*_{21} + (-\underline{S}'_{31}) \cdot \underline{S}'^*_{31} = 0 \Rightarrow \text{identisch mit (23)}$$

$$\underline{C}'_{22} = \underline{S}'_{21} \cdot \underline{S}'^*_{21} + \underline{S}'_{11} \cdot \underline{S}'^*_{11} + (-\underline{S}'_{31}) \cdot (-\underline{S}'_{31})^* = 0 \Rightarrow \text{identisch mit (22)}$$

$$\underline{C}'_{23} = \underline{S}'_{21} \cdot \underline{S}'^*_{31} + \underline{S}'_{11} \cdot (-\underline{S}'_{31})^* + (-\underline{S}'_{31}) \cdot \underline{S}'^*_{33} = 0 \Rightarrow \text{identisch mit (24)}$$

$$\underline{C}'_{31} = \underline{S}'_{31} \cdot \underline{S}'^*_{11} + (-\underline{S}'_{31}) \cdot \underline{S}'^*_{21} + \underline{S}'_{33} \cdot \underline{S}'^*_{31} = 0 \Rightarrow \text{identisch mit (24)}$$

$$\underline{C}'_{32} = \underline{S}'_{31} \cdot \underline{S}'^*_{21} + (-\underline{S}'_{31}) \cdot \underline{S}'^*_{11} + \underline{S}'_{33} \cdot (-\underline{S}'_{31})^* = 0 \Rightarrow \text{identisch mit (24)}$$

$$(25)\quad \underline{C}'_{33} = \underline{S}'_{31} \cdot \underline{S}'^*_{31} + (-\underline{S}'_{31}) \cdot (-\underline{S}'_{31})^* + \underline{S}'_{33} \cdot \underline{S}'^*_{33} = 1.$$

Setzt man die Gln. (18) − (21) in (22) − (25) ein, dann erkennt man, daß die berechneten Streuparameter die Unitaritätsgleichungen erfüllen. Damit kann man die Streuparameterberechnungen von komplizierten verlustlosen Schaltungen überprüfen.

■ **Übung 9.2.2/4:** Ein idealer Isolator (Einwegleitung) soll die Streumatrix $\|\underline{S}\| = \begin{bmatrix} 0 & 0 \\ e^{j\Psi} & 0 \end{bmatrix}$ besitzen.

Wie läßt sich ein solcher Isolator mit dem in Bild 9.2.1-2a skizzierten 4-Tor-Zirkulator aufbauen?

■ **Übung 9.2.2/5:** Für den in Bild 9.2.2-9 dargestellten idealen Übertrager sind die Streuparameter zu ermitteln.

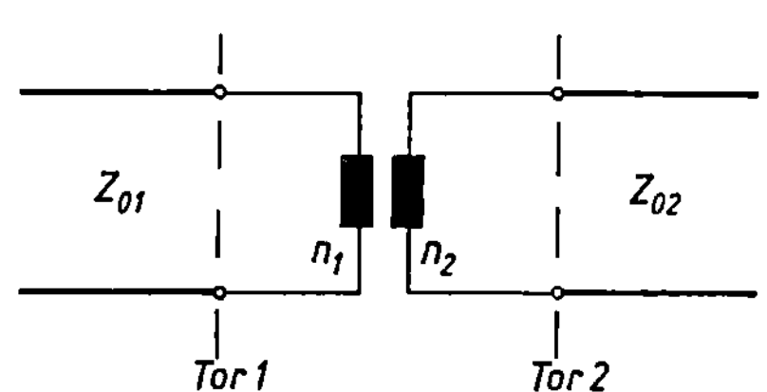

Bild 9.2.2-9
Idealer Übertrager als Zweitor

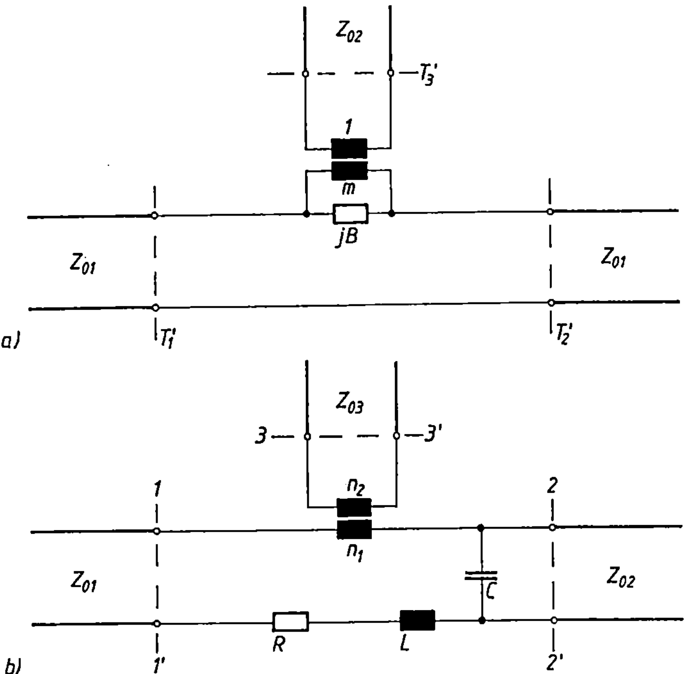

Bild 9.2.2.-10 a) Ersatzschaltung für eine Hohlleiter-E-Verzweigung
                    b) Verlustbehaftetes Dreitor

■ **Übung 9.2.2/6:** Eine Hohlleiter-E-Verzweigung läßt sich nach [67] auch noch mit der in Bild 9.2.2-10a dargestellten Ersatzschaltung beschreiben.
a) Ermitteln Sie die Streuparameter.
b) Kontrollieren Sie, ob die in a) berechnete Streumatrix unitär ist.

■ **Übung 9.2.2/7:** Berechnen Sie für das in Bild 9.2.2-10b skizzierte verlustbehaftete Dreitor den Streuparameter $\underline{S}_{31}$.

9.2.3 Verschieben von Bezugsebenen

Schaltet man einem durch die Streumatrix $\|\underline{S}'\|$ gegebenen Mehrtor Anschlußleitungen (auch Einwegleitungen mit $\underline{\gamma}_1 \neq \underline{\gamma}_2$ und $\underline{\gamma}_3 \neq \underline{\gamma}_4$ erlaubt) mit den Transformationslängen l_i und l_k vor (Bild 9.2.3-1), so entsteht formell ein neues Mehrtor mit der Streumatrix $\|\underline{S}\|$.

Aus (9.4):

$$\underline{a}_i = \frac{U_{hi}}{\sqrt{Z_{0i}}}, \qquad \underline{a}_i' = \frac{U_{hi}'}{\sqrt{Z_{0i}}}, \qquad \underline{a}_k' = \frac{U_{hk}'}{\sqrt{Z_{0k}}}, \qquad \underline{a}_k = \frac{U_{hk}}{\sqrt{Z_{0k}}}. \tag{9.2.3/1}$$

Aus (9/6):

$$\underline{b}_i = \frac{U_{ri}}{\sqrt{Z_{0i}}}, \qquad \underline{b}_i' = \frac{U_{ri}'}{\sqrt{Z_{0i}}}, \qquad \underline{b}_k' = \frac{U_{rk}'}{\sqrt{Z_{0k}}}, \qquad \underline{b}_k = \frac{U_{rk}}{\sqrt{Z_{0k}}}. \tag{9.2.3/2}$$

Aus (8.1/15) und (9.2.3/1) ergibt sich

$$\underline{a}_i = \underline{a}_i' \cdot e^{\underline{\gamma}_1 \cdot l_i}, \qquad \underline{a}_k = \underline{a}_k' \cdot e^{\underline{\gamma}_3 \cdot l_k}, \tag{9.2.3/3}$$

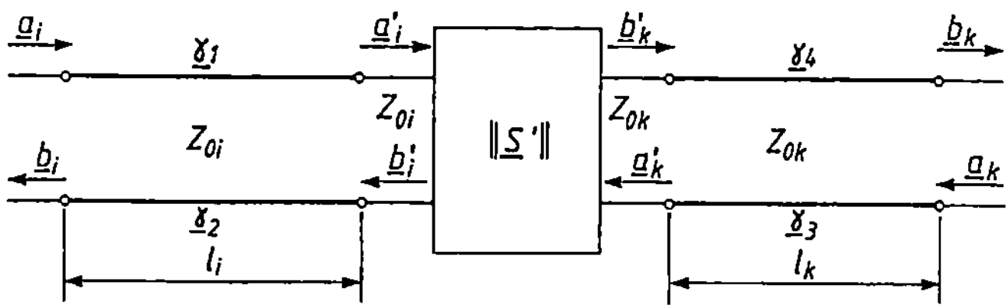

Bild 9.2.3-1 Verschieben von Bezugsebenen

während man mit (8.1/15) und (9.2.3/2)

$$\underline{b}_i = \underline{b}'_i \cdot e^{-\underline{\gamma}_2 \cdot l_i}, \qquad \underline{b}_k = \underline{b}'_k \cdot e^{-\underline{\gamma}_4 \cdot l_k} \quad \text{erhält}. \tag{9.2.3/4}$$

Aus (9.2.3/3) und (9.2.3/4) lassen sich die Streuparameter des neuen Gesamtmehrtors berechnen.

$$\underline{S}_{ii} = \left.\frac{\underline{b}_i}{\underline{a}_i}\right|_{\underline{a}_k=0} = \frac{\underline{b}'_i \cdot e^{-\underline{\gamma}_2 \cdot l_i}}{\underline{a}'_i \cdot e^{\underline{\gamma}_1 \cdot l_i}} = \underline{S}'_{ii} \cdot e^{-(\underline{\gamma}_1 + \underline{\gamma}_2)l_i} \tag{9.2.3/5}$$

$$\underline{S}_{ik} = \left.\frac{\underline{b}_i}{\underline{a}_k}\right|_{\underline{a}_i=0} = \frac{\underline{b}'_i \cdot e^{-\underline{\gamma}_2 \cdot l_i}}{\underline{a}'_k \cdot e^{\underline{\gamma}_3 \cdot l_k}} = \underline{S}'_{ik} \cdot e^{-(\underline{\gamma}_2 \cdot l_i + \underline{\gamma}_3 \cdot l_k)}, \tag{9.2.3/6}$$

$$\underline{S}_{ki} = \left.\frac{\underline{b}_k}{\underline{a}_i}\right|_{\underline{a}_k=0} = \frac{\underline{b}'_k \cdot e^{-\underline{\gamma}_4 \cdot l_k}}{\underline{a}'_i \cdot e^{\underline{\gamma}_1 \cdot l_i}} = \underline{S}'_{ki} \cdot e^{-(\underline{\gamma}_1 \cdot l_i + \underline{\gamma}_4 \cdot l_k)} \tag{9.2.3/7}$$

$$\underline{S}_{kk} = \left.\frac{\underline{b}_k}{\underline{a}_k}\right|_{\underline{a}_i=0} = \frac{\underline{b}'_k \cdot e^{-\underline{\gamma}_4 \cdot l_k}}{\underline{a}'_k \cdot e^{\underline{\gamma}_3 \cdot l_k}} = \underline{S}'_{kk} \cdot e^{-(\underline{\gamma}_3 + \underline{\gamma}_4)l_k}. \tag{9.2.3/8}$$

- **Beispiel 9.2.3/1:** Gegeben ist die in Bild 9.2.3-2 skizzierte Hohlleiter-E-Verzweigung. An den Ebenen T_1, T_2 und T_3 wurde die Streumatrix $\|\underline{S}\|$ meßtechnisch ermittelt. Für die Ebenen T'_1, T'_2 und T'_3 gelten die Ersatzschaltung und die Streumatrix $\|\underline{S}'\|$ des Beispiels 9.2.2/3.

Berechnen Sie die Elemente X und n der Ersatzschaltung in Bild 9.2.2-8a sowie die Transformationslängen c und c', wenn das Hohlleiterstück als verlustlos angenommen wird ($\underline{\gamma} = j\beta$).

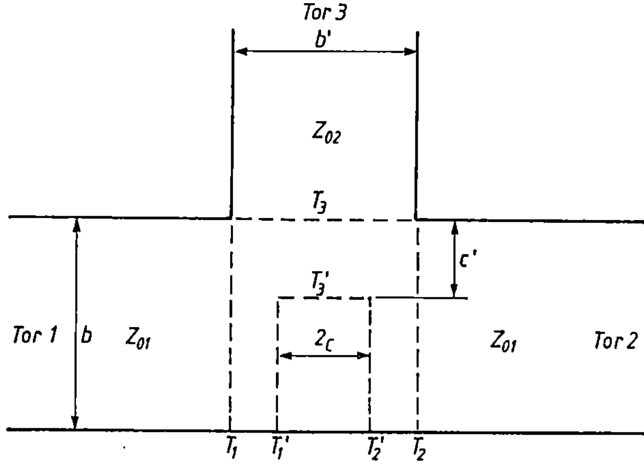

Bild 9.2.3-2 Hohlleiter-E-Verzweigung mit Bezugsebenen

Lösung:

Analog zu (9.2.3/5):

$$(1) \quad \underline{S}_{11} = \underline{S}'_{11} \cdot e^{-j2\beta\left(\frac{b' - 2c}{2}\right)}.$$

Analog zu (9.2.3/7):

$$(2) \quad \underline{S}'_{21} = \underline{S}'_{21} \cdot e^{-j2\beta\left(\frac{b' - 2c}{2}\right)}.$$

(1)/(2):

$$(3) \quad \frac{\underline{S}_{11}}{\underline{S}_{21}} = \frac{\underline{S}'_{11}}{\underline{S}'_{21}} = \underbrace{\frac{n^2 Z_{02} + jX}{n^2 Z_{02} + 2Z_{01} + jX} \cdot \frac{n^2 Z_{02} + 2Z_{01} + jX}{2Z_{01}}}_{\text{aus Beispiel 9.2.2/3}} = \frac{n^2 Z_{02} + jX}{2Z_{01}} \Rightarrow$$

$$(4) \quad n^2 Z_{02} + jX = 2Z_{01} \cdot \frac{\underline{S}_{11}}{\underline{S}_{21}}.$$

Realteil von (4): $\Rightarrow$

$$(5) \quad n = \sqrt{2 \cdot \frac{Z_{01}}{Z_{02}} \cdot Re\left\{\frac{\underline{S}_{11}}{\underline{S}_{21}}\right\}}.$$

Imaginärteil von (4): $\Rightarrow$

$$(6) \quad X = 2Z_{01} \cdot Im\left\{\frac{\underline{S}_{11}}{\underline{S}_{21}}\right\}.$$

$$\underline{S}'_{21} = \underbrace{\frac{2Z_{01}}{n^2 Z_{02} + 2Z_{01} + jX}}_{\text{aus Beispiel 9.2.2/3}} = \frac{1}{1 + \dfrac{n^2 Z_{02} + jX}{2Z_{01}}} = \underbrace{\frac{1}{1 + \dfrac{\underline{S}_{11}}{\underline{S}_{21}}}}_{\text{aus (3)}} = \frac{\underline{S}_{21}}{\underline{S}_{11} + \underline{S}_{21}} = \underbrace{\underline{S}_{21} \cdot e^{j2\beta\left(\frac{b'}{2} - c\right)}}_{\text{aus (2)}}$$

$$\Rightarrow e^{j2\beta\left(\frac{b'}{2} - c\right)} = \frac{1}{\underline{S}_{11} + \underline{S}_{21}}$$

$$2\beta\left(\frac{b'}{2} - c\right) = \arg\left\{\frac{1}{\underline{S}_{11} + \underline{S}_{21}}\right\} \Rightarrow$$

$$(7) \quad c = \frac{b'}{2} - \frac{\arg\left\{\dfrac{1}{\underline{S}_{11} + \underline{S}_{21}}\right\}}{2\beta}.$$

Analog zu (9.2.3/5):

$$(8) \quad \underline{S}_{33} = \underline{S}'_{33} \cdot e^{-j2\beta c'} = \underbrace{\frac{2Z_{01} - n^2 Z_{02} + jX}{2Z_{01} + n^2 Z_{02} + jX}}_{\text{aus Beispiel 9.2.2/3}} \cdot e^{-j2\beta c'}$$

(3) in (8):

$$\underline{S}_{33} = \frac{2Z_{01} - 2Z_{01}\left(\dfrac{\underline{S}_{11}}{\underline{S}_{21}}\right)^{*}}{2Z_{01} + 2Z_{01}\left(\dfrac{\underline{S}_{11}}{\underline{S}_{21}}\right)} \cdot e^{-j2\beta c'} = \frac{1 - \left(\dfrac{\underline{S}_{11}}{\underline{S}_{21}}\right)^{*}}{1 + \left(\dfrac{\underline{S}_{11}}{\underline{S}_{21}}\right)} \cdot e^{-j2\beta c'}$$

$$= \frac{\underline{S}_{21}}{\underline{S}_{21}^{*}} \cdot \frac{\underline{S}_{21}^{*} - \underline{S}_{11}^{*}}{\underline{S}_{21} + \underline{S}_{11}} \cdot e^{-j2\beta c'} \Rightarrow e^{j2\beta c'} = \frac{\underline{S}_{21}}{\underline{S}_{33} \cdot \underline{S}_{21}^{*}} \cdot \frac{\underline{S}_{21}^{*} - \underline{S}_{11}^{*}}{\underline{S}_{21} + \underline{S}_{11}} \Rightarrow$$

$$(9) \quad c' = \frac{1}{2\beta} \cdot \arg\left\{\frac{\underline{S}_{21}}{\underline{S}_{33} \cdot \underline{S}_{21}^{*}} \cdot \frac{\underline{S}_{21}^{*} - \underline{S}_{11}^{*}}{\underline{S}_{21} + \underline{S}_{11}}\right\}.$$

- **Übung 9.2.3/1:** Gegeben ist eine verlustlose Hohlleiter-E-Verzweigung (Bild 9.2.3-3a), die für die H_{10}-Welle (s. Kapitel 10.3) mit der Ersatzschaltung in Bild 9.2.3-3b beschrieben wird. Bei $f = 31\,\text{GHz}$ wurden an den Toren $1 - 1'$, $2 - 2'$ und $3 - 3'$ die Streuparameter $\underline{\tilde{S}}_{11} = 0{,}2460 \cdot e^{j149{,}19°}$, $\underline{\tilde{S}}_{21} = 0{,}7543 \cdot e^{j152{,}79°}$, $\underline{\tilde{S}}_{31} = 0{,}6087 \cdot e^{-j76{,}54°}$ und $\underline{\tilde{S}}_{33} = 0{,}5090 \cdot e^{j52{,}37°}$ ermittelt.

a) Berechnen Sie die Streumatrix $\|\underline{S}\|$ für die Ebenen T_1, T_2 und T_3 ($l_1 = 9\,\text{mm}$, $l_2 = 5\,\text{mm}$, $\beta = 0{,}4759 \cdot \dfrac{1}{\text{mm}}$, $b = 3{,}556\,\text{mm}$, $b' = 3{,}2\,\text{mm}$).

b) Wie groß sind die Transformationslängen $b'/2 - c$ und c'?

c) Ermitteln Sie die Ersatzschaltbildelemente n und $\dfrac{X}{Z_{01}}$ (beim Hohlleiter gilt: $Z_{01}/Z_{02} = b/b'$).

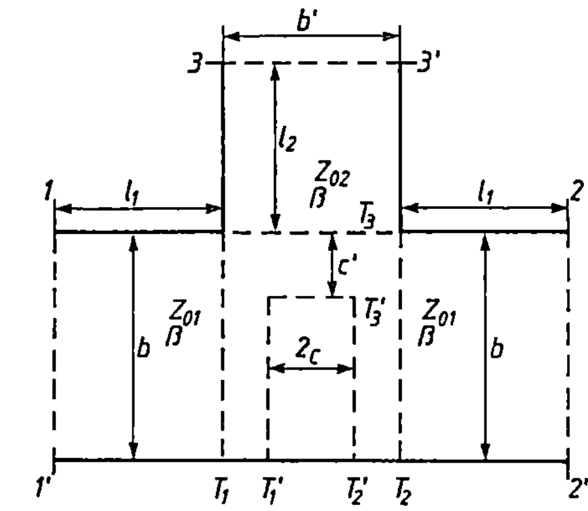

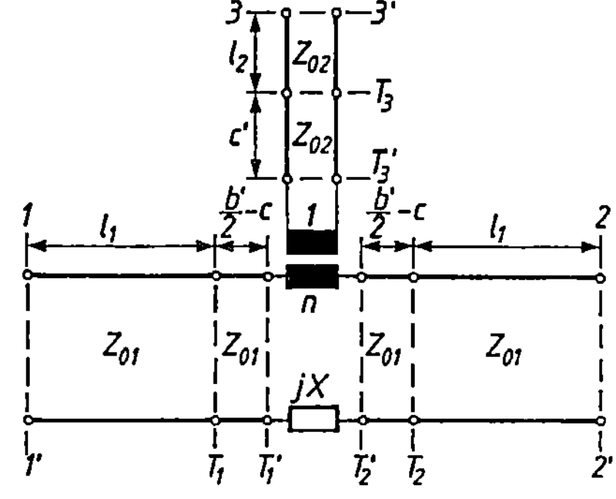

Bild 9.2.3-3
Verlustlose Hohlleiter-E-Verzweigung
a) Prinzipdarstellung
b) Ersatzschaltbild

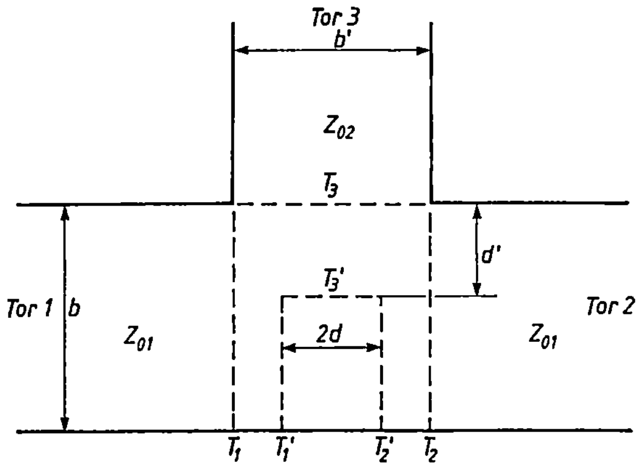

Bild 9.2.3-4
Hohlleiter-E-Verzweigung mit
Bezugsebenen

■ **Übung 9.2.3/2:** Bei der in Bild 9.2.3-4 skizzierten Hohlleiter-E-Verzweigung wurde für die Ebenen T_1, T_2 und T_3 die Streumatrix $\|\underline{S}\|$ meßtechnisch ermittelt. Für die Ebenen T'_1, T'_2 und T'_3 gelten die Ersatzschaltung und die Streumatrix $\|\underline{S}'\|$ der Übungsaufgabe 9.2.2/6.

Berechnen Sie die Elemente B und m der Ersatzschaltung in Bild 9.2.2-10a sowie die Transformationslängen d und d', wenn das Hohlleiterstück als verlustlos angenommen wird.

9.2.4 Streu-Transmissions-Parameter

Die Transferparameter (scattering transfer parameters) oder $\underline{T}$-Parameter werden vorrangig bei der Berechnung von seriell geschalteten Zweitoren verwendet. Bei der gebräuchlichen Definition

$$\begin{bmatrix} \underline{b}_1 \\ \underline{a}_1 \end{bmatrix} = \begin{bmatrix} \underline{T}_{11} & \underline{T}_{12} \\ \underline{T}_{21} & \underline{T}_{22} \end{bmatrix} \cdot \begin{bmatrix} \underline{a}_2 \\ \underline{b}_2 \end{bmatrix} \qquad (9.2.4/1)$$

sind die normierten Eingangswellen $\underline{b}_1$ und $\underline{a}_1$ die abhängigen Variablen und die normierten Ausgangswellen $\underline{a}_2$ und $\underline{b}_2$ die unabhängigen Variablen. Bei einer Kaskadenschaltung (z. B. zweistufiger Verstärker oder Verstärker mit Anpassungsnetzwerken) lassen sich aus den gemessenen Streuparametern der einzelnen Stufen jeweils die $\underline{T}$-Parameter berechnen. In Bild 9.2.4-1 z. B. läßt sich das erste Zweitor mit (9.2.4/1) beschreiben, während

$$\begin{bmatrix} \underline{b}'_1 \\ \underline{a}'_1 \end{bmatrix} = \begin{bmatrix} \underline{T}'_{11} & \underline{T}'_{12} \\ \underline{T}'_{21} & \underline{T}'_{22} \end{bmatrix} \cdot \begin{bmatrix} \underline{a}'_2 \\ \underline{b}'_2 \end{bmatrix}$$

das Übertragungsverhalten des zweiten Zweitors charakterisiert. Da die normierten Ausgangswellen des ersten Zweitors identisch sind mit den normierten Eingangswellen des zweiten Zweitors, kann man die beiden $\underline{T}$-Parametermatrizen multiplizieren.

$$\begin{bmatrix} \underline{a}_2 \\ \underline{b}_2 \end{bmatrix} = \begin{bmatrix} \underline{b}'_1 \\ \underline{a}'_1 \end{bmatrix} \Rightarrow \begin{bmatrix} \underline{b}_1 \\ \underline{a}_1 \end{bmatrix} = \begin{bmatrix} \underline{T}_{11} & \underline{T}_{12} \\ \underline{T}_{21} & \underline{T}_{22} \end{bmatrix} \cdot \begin{bmatrix} \underline{T}'_{11} & \underline{T}'_{12} \\ \underline{T}'_{21} & \underline{T}'_{22} \end{bmatrix} \cdot \begin{bmatrix} \underline{a}'_2 \\ \underline{b}'_2 \end{bmatrix} \cdot \qquad (9.2.4/2)$$

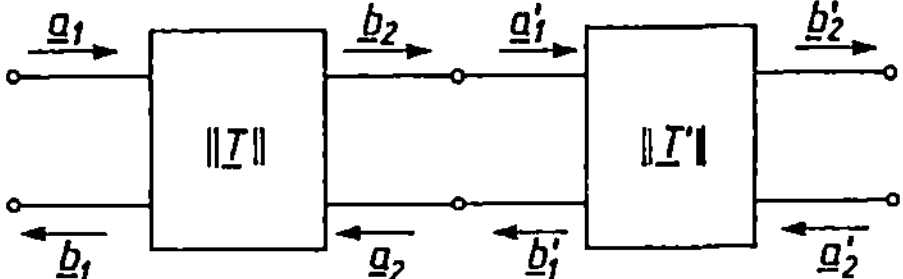

Bild 9.2.4-1
Serienschaltung zweier Zweitore

Man erhält damit ein Gleichungssystem für das gesamte Netzwerk, das natürlich auch aus beliebig vielen Einzelstufen bestehen kann. Liegt dieser Fall eines Netzwerkes aus n in Serie geschalteten Zweitoren vor, dann müssen n $\underline{T}$-Matrizen miteinander multipliziert werden.

- **Beispiel 9.2.4/1:** Leiten Sie die Umrechnungsformeln ($\underline{T}$- in $\underline{S}$-Parameter bzw. $\underline{S}$- in $\underline{T}$Parameter) für ein Zweitor ab.

Lösung:

Aus (9.2.2/1):

(1) $\underline{b}_1 = \underline{S}_{11} \cdot \underline{a}_1 + \underline{S}_{12} \cdot \underline{a}_2$,

(2) $\underline{b}_2 = \underline{S}_{21} \cdot \underline{a}_1 + \underline{S}_{22} \cdot \underline{a}_2$.

Aus (9.2.4/1):

(3) $\underline{b}_1 = \underline{T}_{11} \cdot \underline{a}_2 + \underline{T}_{12} \cdot \underline{b}_2$,

(4) $\underline{a}_1 = \underline{T}_{21} \cdot \underline{a}_2 + \underline{T}_{22} \cdot \underline{b}_2$.

Aus (1):

$$\underline{S}_{11} = \left.\frac{\underline{b}_1}{\underline{a}_1}\right|_{a_2=0} = \underbrace{\frac{\underline{T}_{12} \cdot \underline{b}_2}{\underline{T}_{22} \cdot \underline{b}_2}}_{\text{aus (3) und (4)}} = \frac{\underline{T}_{12}}{\underline{T}_{22}}.$$

Aus (4) für $\underline{a}_1 = 0$:

$$(5)\quad 0 = \underline{T}_{21} \cdot \underline{a}_2 + \underline{T}_{22} \cdot \underline{b}_2 \Rightarrow \frac{\underline{b}_2}{\underline{a}_2} = -\frac{\underline{T}_{21}}{\underline{T}_{22}}.$$

Aus (1):

$$\underline{S}_{12} = \left.\frac{\underline{b}_1}{\underline{a}_2}\right|_{a_1=0} = \underbrace{\underline{T}_{11} + \underline{T}_{12} \cdot \frac{\underline{b}_2}{\underline{a}_2}}_{\text{aus (3)}} = \underline{T}_{11} + \underline{T}_{12} \cdot \underbrace{\left(\frac{-\underline{T}_{21}}{\underline{T}_{22}}\right)}_{\text{aus (5)}}.$$

Aus (2):

$$\underline{S}_{21} = \left.\frac{\underline{b}_2}{\underline{a}_1}\right|_{a_2=0} = \underbrace{\frac{1}{\underline{T}_{22}}}_{\text{aus (4)}}, \qquad \underline{S}_{22} = \left.\frac{\underline{b}_2}{\underline{a}_2}\right|_{a_1=0} = \underbrace{\frac{-\underline{T}_{21}}{\underline{T}_{22}}}_{\text{aus (5)}} \Rightarrow$$

$$(6)\quad \begin{bmatrix} \underline{S}_{11} & \underline{S}_{12} \\ \underline{S}_{21} & \underline{S}_{22} \end{bmatrix} = \begin{bmatrix} \dfrac{\underline{T}_{12}}{\underline{T}_{22}} & \underline{T}_{11} - \dfrac{\underline{T}_{12} \cdot \underline{T}_{21}}{\underline{T}_{22}} \\[2ex] \dfrac{1}{\underline{T}_{22}} & -\dfrac{\underline{T}_{21}}{\underline{T}_{22}} \end{bmatrix}.$$

Aus (2) für $\underline{b}_2 = 0$:

$$(7)\quad 0 = \underline{S}_{21} \cdot \underline{a}_1 + \underline{S}_{22} \cdot \underline{a}_2 \Rightarrow \frac{\underline{a}_1}{\underline{a}_2} = -\frac{\underline{S}_{22}}{\underline{S}_{21}}.$$

Aus (3):

$$\underline{T}_{11} = \left.\frac{\underline{b}_1}{\underline{a}_2}\right|_{b_2=0} = \underbrace{\underline{S}_{11} \cdot \frac{\underline{a}_1}{\underline{a}_2} + \underline{S}_{12}}_{\text{aus (1)}} = \underline{S}_{11} \cdot \underbrace{\left(-\frac{\underline{S}_{22}}{\underline{S}_{21}}\right)}_{\text{aus (7)}} + \underline{S}_{12}.$$

Aus (3):

$$\underline{T}_{12} = \frac{\underline{b}_1}{\underline{b}_2}\bigg|_{\underline{a}_2=0} = \underbrace{\frac{\underline{S}_{11}\cdot\underline{a}_1}{\underline{S}_{21}\cdot\underline{a}_1}}_{\text{aus (1) und (2)}} = \frac{\underline{S}_{11}}{\underline{S}_{21}}.$$

Aus (4):

$$\underline{T}_{21} = \frac{\underline{a}_1}{\underline{a}_2}\bigg|_{\underline{b}_2=0} = \underbrace{-\frac{\underline{S}_{22}}{\underline{S}_{21}}}_{\text{aus (7)}}, \qquad \underline{T}_{22} = \frac{\underline{a}_1}{\underline{b}_2}\bigg|_{\underline{a}_2=0} = \underbrace{\frac{1}{\underline{S}_{21}}}_{\text{aus (2)}} \Rightarrow$$

$$(8)\quad \begin{bmatrix} \underline{T}_{11} & \underline{T}_{12} \\ \underline{T}_{21} & \underline{T}_{22} \end{bmatrix} = \begin{bmatrix} \underline{S}_{12} - \dfrac{\underline{S}_{11}\cdot\underline{S}_{22}}{\underline{S}_{21}} & \dfrac{\underline{S}_{11}}{\underline{S}_{21}} \\[3ex] -\dfrac{\underline{S}_{22}}{\underline{S}_{21}} & \dfrac{1}{\underline{S}_{21}} \end{bmatrix}.$$

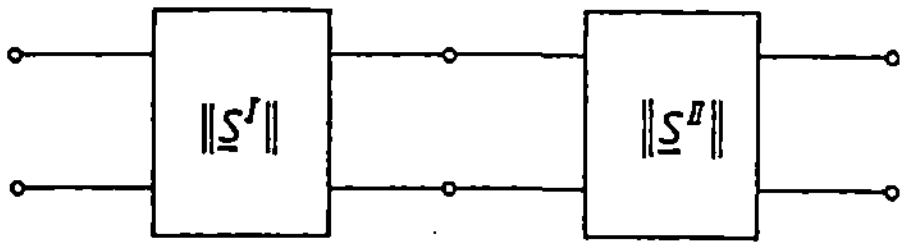

Bild 9.2.4-2
Kaskadenschaltung

■ **Übung 9.2.4/1:** Die in Bild 9.2.4-2 skizzierten Zweitore besitzen die folgenden Streumatrizen:

$$\|\underline{S}^{\mathrm{I}}\| = \begin{bmatrix} 0 & 0{,}6\cdot e^{j50^\circ} \\ 0{,}6\cdot e^{j50^\circ} & 0{,}2\cdot e^{j30^\circ} \end{bmatrix}, \qquad \|\underline{S}^{\mathrm{II}}\| = \begin{bmatrix} 0 & 0{,}1 \\ 0{,}97 & 0 \end{bmatrix}$$

a) Ermitteln Sie die $\underline{T}$-Parameter für jedes Zweitor.
b) Berechnen Sie die $\underline{T}$-Matrix der Gesamtschaltung.
c) Bestimmen Sie die Streumatrix der Gesamtschaltung.
d) Kontrollieren Sie, ob ihre in Teil c) ermittelte Streumatrix unitär ist.

9.3 Transformierte Ersatzwellenquelle

Die in Bild 9.3-1a dargestellte Wellenersatzschaltung soll für den Zweitorausgang mit der in Bild 9.3-1b skizzierten transformierten Ersatzwellenquelle beschrieben werden. Dafür müssen die Größen $\underline{r}_\mathrm{a}$, $\underline{a}_2$ und $\underline{b}_2$ in beiden Bildern übereinstimmen, und für den transformierten

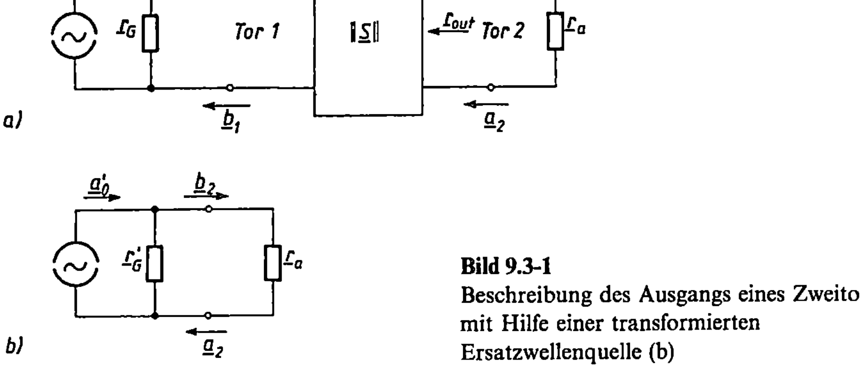

Bild 9.3-1
Beschreibung des Ausgangs eines Zweitors (a)
mit Hilfe einer transformierten
Ersatzwellenquelle (b)

Generatorreflexionsfaktor $\underline{r}_G'$ muß gelten:

$$\underline{r}_G' = \underline{r}_{\text{out}} = \underbrace{\underline{S}_{22} + \frac{\underline{S}_{12} \cdot \underline{S}_{21} \cdot \underline{r}_G}{1 - \underline{S}_{11} \cdot \underline{r}_G}}_{\text{aus (9.2.2/19)}} \cdot \tag{9.3/1}$$

Aus Bild 9.3-1 b: $\underline{b}_2 = \underline{a}_0' + \underline{r}_G' \cdot \underline{a}_2$,

$\Rightarrow$ *Anpassungswelle für* $\underline{r}_a = 0 \qquad \underline{a}_0' = \underline{b}_2|_{a_2=0} = \underbrace{\underline{S}_{21} \cdot \underline{a}_1}_{\text{aus (9.2.2/12)}}\big|_{a_2=0} \cdot \tag{9.3/2}$

Aus Bild 9.3-1 b: $\underline{a}_1|_{a_2=0} = \underline{a}_0 + \underline{r}_G \cdot \underline{b}_1|_{a_2=0} = \underline{a}_0 + \underline{r}_G \cdot \underbrace{\underline{S}_{11} \cdot \underline{a}_1}_{\text{aus (9.2.2/10)}}\big|_{a_2=0}$

$$\underline{a}_1|_{a_2=0} \, [1 - \underline{S}_{11} \cdot \underline{r}_G] = \underline{a}_0 \Rightarrow \underline{a}_1|_{a_2=0} = \frac{\underline{a}_0}{1 - \underline{S}_{11} \cdot \underline{r}_G} \cdot \tag{9.3/3}$$

Setzt man (9.3/3) in (9.3/2) ein, dann erhält man die normierte Urwelle $\underline{a}_0'$ der transformierten Ersatzwellenquelle.

$$\underline{a}_0' = \frac{\underline{S}_{21} \cdot \underline{a}_0}{1 - \underline{S}_{11} \cdot \underline{r}_G} \cdot \tag{9.3/4}$$

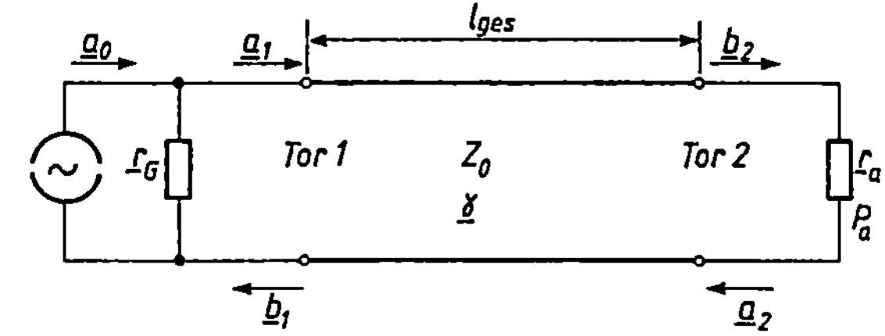

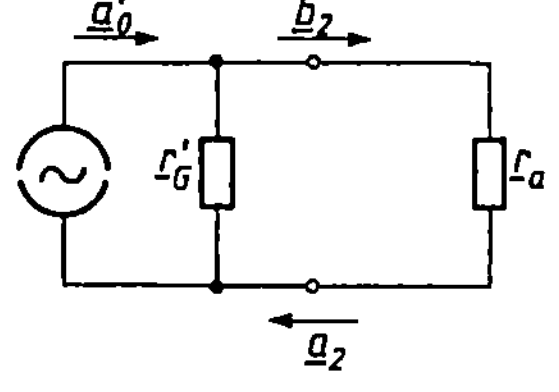

Bild 9.3-2
Beschreibung des Ausgangs (a, Tor 2)
mit Hilfe einer transformierten
Ersatzwellenquelle (b)

- **Beispiel 9.3/1:** a) Für den Ausgang der in Bild 9.3-2a skizzierten Leitung (Tor 2) sind die Größen der in Bild 9.3-2b dargestellten transformierten Ersatzwellenquelle zu ermitteln.
  b) Welche Leistung wird an die Last abgegeben?
  c) Berechnen Sie die verfügbare Leistung P_V' der transformierten Ersatzwellenquelle.

Lösung:

a) *Aus Beispiel 9.2.2/2:*

$$(1) \quad \|\underline{S}\| = \begin{bmatrix} 0 & e^{-\underline{\gamma} \cdot l_{ges}} \\ e^{-\underline{\gamma} \cdot l_{ges}} & 0 \end{bmatrix} \cdot$$

(1) in (9.3/4):

(2) $\underline{a}'_0 = e^{-\underline{\gamma}\cdot l_{ges}} \cdot \underline{a}_0$.

(1) in (9.3/1):

(3) $\underline{r}'_G = e^{-2\underline{\gamma}\cdot l_{ges}} \cdot \underline{r}_G$.

b) *Analog zu (9.1/6):*

$$P_a = \frac{|\underline{a}'_0|^2}{2} \cdot \frac{(1 - |\underline{r}_a|^2)}{|1 - \underline{r}'_G \cdot \underline{r}_a|^2} = \frac{1}{2} \cdot \underbrace{|e^{-\underline{\gamma}\cdot l_{ges}} \cdot \underline{a}_0|^2}_{\text{aus (2)}} \frac{(1 - |\underline{r}_a|^2)}{|1 - \underbrace{e^{-2\underline{\gamma}\cdot l_{ges}} \cdot \underline{r}_G}_{\text{aus (3)}} \cdot \underline{r}_a|^2}$$

$$(4) \qquad = \frac{|\underline{a}_0|^2}{2} \cdot e^{-2\alpha\cdot l_{ges}} \frac{(1 - |\underline{r}_a|^2)}{|1 - e^{-2\underline{\gamma}\cdot l_{ges}} \cdot \underline{r}_G \cdot \underline{r}_a|^2}$$

c) *Analog zu (9.1/10) mit $\underline{r}_a = \underline{r}'^*_G$:*

$$(5) \quad P_{a,max} = P'_v = \frac{|\underline{a}'_0|^2}{2} \cdot \frac{1}{1 - |\underline{r}'_G|^2}$$

(2) und (3) in (5):

$$(6) \quad P'_v = \frac{|\underline{a}_0|^2}{2} \cdot e^{-2\alpha\cdot l_{ges}} \frac{1}{1 - e^{-4\alpha\cdot l_{ges}} \cdot |\underline{r}_G|^2}$$

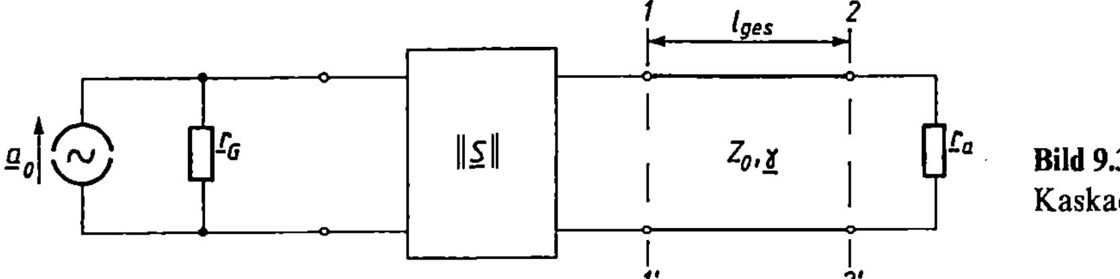

Bild 9.3-3
Kaskadenschaltung

■ **Übung 9.3/1:** Für die Schaltung in Bild 9.3-3 sind folgende Werte gegeben: $\underline{a}_0 = 1{,}5 \sqrt{W}$, $\underline{r}_G = 0{,}53 \cdot e^{j52°}$, $\underline{r}_a = 0{,}35 \cdot e^{-j95°}$,

$$\|\underline{S}\| = \begin{bmatrix} 0{,}39 \cdot e^{j35°} & 0{,}118 \cdot e^{-j30°} \\ 1{,}69 \cdot e^{-j60°} & 0{,}20 \cdot e^{-j120°} \end{bmatrix}$$

$$\underline{\gamma} = (0{,}13 + j8{,}5) \cdot \frac{1}{m},$$
$$Z_0 = 50\,\Omega,$$
$$l_{ges} = 40\,cm.$$

a) Ermitteln Sie die Größen einer transformierten Ersatzwellenquelle für die Klemmen 1 − 1′ und 2 − 2′.
b) Welche Leistung P_a wird an die Last ($\underline{r}_a$) abgegeben?

■ **Übung 9.3/2:** Die Schaltung in Bild 8.3.3-1c (Werte s. Übung 8.3.3/1) soll mit der in Bild 9.3-4 skizzierten Ersatzschaltung gleichwertig beschrieben werden.

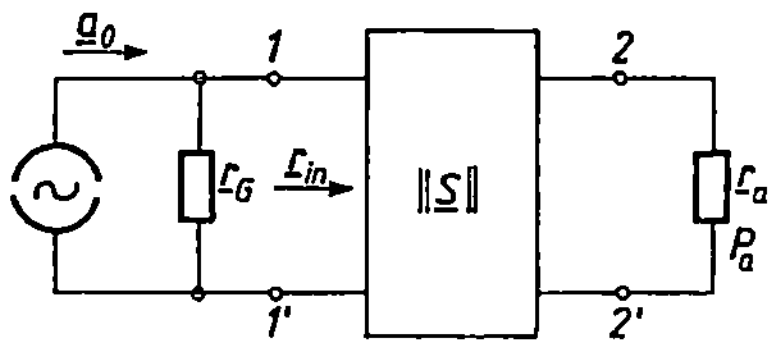

Bild 9.3-4
Wellenersatzschaltung für Bild 8.3.3-1c

a) Ermitteln Sie die Größen $\underline{a}_0$, $\underline{r}_G$, $\underline{r}_a$ und $\|\underline{S}\|$.
b) Berechnen Sie den Eingangsreflexionsfaktor $\underline{r}_{in}$.
c) Wie muß der Generatorreflexionsfaktor $\underline{r}_G$ gewählt werden, damit am Tor $2 - 2'$ Leistungsanpassung vorliegt?
d) Welche Leistung P_a wird der Last zugeführt, wenn der Generatorreflexionsfaktor $\underline{r}_G$ wie in Teil c) gewählt wird?

9.4 Leistungsverstärkungen

Die verfügbare Leistung P_V der Quelle in Bild 9.4-1a ist die maximale Leistung $P_{in,max}$, die der Generator abgeben bzw. das Zweitor aufnehmen kann, wenn zwischen Generator und Zweitoreingang Leistungsanpassung herrscht, d. h. $\underline{r}_{in} = \underline{r}_G^*$ gilt. Die verfügbare Leistung berechnet sich nach (9.1/10) mit

$$P_V = \frac{|\underline{a}_0|^2}{2} \cdot \frac{1}{1 - |\underline{r}_G|^2}\,, \tag{9.4/1}$$

während sich die verfügbare Leistung P'_V der transformierten Ersatzwellenquelle (Bild 9.4-1b) nach Gl. (5) in Beispiel 9.3/1 mit

$$P'_V = \frac{|\underline{a}'_0|^2}{2} \cdot \frac{1}{1 - |\underline{r}'_G|^2} \tag{9.4/2}$$

berechnen läßt. Setzt man in (9.4/2) die Gln. (9.3/1) und (9.3/4) ein, dann ergibt sich:

$$P'_V = \frac{|\underline{a}_0|^2}{2} \cdot \frac{|\underline{S}_{21}|^2}{|1 - \underline{S}_{11}\underline{r}_G|^2} \cdot \frac{1}{1 - \left|\underline{S}_{22} + \dfrac{\underline{S}_{12}\underline{S}_{21}\underline{r}_G}{1 - \underline{S}_{11}\underline{r}_G}\right|^2} = \frac{|\underline{a}_0|^2}{2} \cdot \frac{|\underline{S}_{21}|^2}{|1 - \underline{S}_{11}\underline{r}_G|^2}$$

$$\cdot \frac{1}{1 - \left|\dfrac{\underline{S}_{22} - \underline{r}_G(\underline{S}_{11}\underline{S}_{21} - \underline{S}_{12}\underline{S}_{21})}{1 - \underline{S}_{11}\underline{r}_G}\right|^2} = \frac{|\underline{a}_0|^2}{2} \cdot \frac{|\underline{S}_{21}|^2}{|1 - \underline{S}_{11}\underline{r}_G|^2}$$

$$\cdot \frac{1}{1 - \dfrac{|\underline{S}_{22} - \underline{r}_G\underline{\Delta}|^2}{|1 - \underline{S}_{11}\underline{r}_G|^2}} = \frac{|\underline{a}_0|^2}{2} \cdot \frac{|\underline{S}_{21}|^2}{|1 - \underline{S}_{11}\underline{r}_G|^2 - |\underline{S}_{22} - \underline{r}_G\underline{\Delta}|^2} \tag{9.4/3}$$

mit der Abkürzung

$$\underline{\Delta} = \det(\underline{S}) = \underline{S}_{11}\underline{S}_{22} - \underline{S}_{12}\underline{S}_{21}\,. \tag{9.4/4}$$

Mit (9.4/3) läßt sich die verfügbare Leistung P'_V der transformierten Quelle in Bild 9.4-1b berechnen. Diese maximal an Tor 2 zur Verfügung stehende Leistung $P'_V = P_{a,max}$ kann genutzt werden, wenn Leistungsanpassung zwischen Tor 2 und der Last herrscht, d. h. $\underline{r}'_G = \underline{r}_{out} = \underline{r}_a^*$ gilt.

Die vom Zweitor aufgenommene Leistung P_{in} berechnet sich analog zu (9.1/6).

$$P_{in} = \frac{|\underline{a}_0|^2}{2} \cdot \frac{1 - |\underline{r}_{in}|^2}{|1 - \underline{r}_G\underline{r}_{in}|^2}\,. \tag{9.4/5}$$

Setzt man (9.2.2/15) in (9.4/5) ein, dann erhält man:

$$P_{\text{in}} = \frac{|\underline{a}_0|^2}{2} \cdot \frac{1 - \left|\underline{S}_{11} + \dfrac{\underline{S}_{12}\underline{S}_{21}\underline{r}_{\text{a}}}{1 - \underline{S}_{22}\underline{r}_{\text{a}}}\right|^2}{\left|1 - \underline{r}_{\text{G}}\left(\underline{S}_{11} + \dfrac{\underline{S}_{12}\underline{S}_{21}\underline{r}_{\text{a}}}{1 - \underline{S}_{22}\underline{r}_{\text{a}}}\right)\right|^2}$$

$$= \frac{|\underline{a}_0|^2}{2} \cdot \frac{\dfrac{|1 - \underline{S}_{22}\underline{r}_{\text{a}}|^2 - |\underline{S}_{11} - \underline{r}_{\text{a}}(\underline{S}_{11}\underline{S}_{22} - \underline{S}_{12}\underline{S}_{21})|^2}{|1 - \underline{S}_{22}\underline{r}_{\text{a}}|^2}}{\dfrac{|1 - \underline{S}_{22}\underline{r}_{\text{a}} - \underline{r}_{\text{G}}[\underline{S}_{11} - \underline{r}_{\text{a}}(\underline{S}_{11}\underline{S}_{22} - \underline{S}_{12}\underline{S}_{21})]|^2}{|1 - \underline{S}_{22}\underline{r}_{\text{a}}|^2}}$$

$$= \frac{|\underline{a}_0|^2}{2} \cdot \frac{|1 - \underline{S}_{22}\underline{r}_{\text{a}}|^2 - |\underline{S}_{11} - \underline{r}_{\text{a}}\underline{\Delta}|^2}{|1 - \underline{S}_{22}\underline{r}_{\text{a}} - \underline{r}_{\text{G}}(\underline{S}_{11} - \underline{r}_{\text{a}}\underline{\Delta})|^2} \cdot \tag{9.4/6}$$

Die Leistung P_{in} in (9.4/6) ist die tatsächliche Leistung, die für beliebige Reflexionsverhältnisse. vom Zweitor aufgenommen wird. Ebenfalls für beliebige Reflexionsverhältnisse läßt sich analog zu (9.1/6) die von der Last aufgenommene Leistung P_{a} ermitteln.

$$P_{\text{a}} = \frac{|\underline{a}_0'|^2}{2} \cdot \frac{1 - |\underline{r}_{\text{a}}|^2}{|1 - \underline{r}_{\text{G}}'\underline{r}_{\text{a}}|^2} \cdot \tag{9.4/7}$$

Setzt man in (9.4/7) die Gln. (9.3/1) und (9.3/4) ein, dann ergibt sich:

$$P_{\text{a}} = \frac{|\underline{a}_0|^2}{2} \cdot \frac{|\underline{S}_{21}|^2}{|1 - \underline{S}_{11}\underline{r}_{\text{G}}|^2} \cdot \frac{1 - |\underline{r}_{\text{a}}|^2}{\left|1 - \underline{r}_{\text{a}}\left(\underline{S}_{22} + \dfrac{\underline{S}_{12}\underline{S}_{21}\underline{r}_{\text{G}}}{1 - \underline{S}_{11}\underline{r}_{\text{G}}}\right)\right|^2}$$

$$= \frac{|\underline{a}_0|^2}{2} \cdot \frac{|\underline{S}_{21}|^2}{|1 - \underline{S}_{11}\underline{r}_{\text{G}}|^2} \cdot \frac{1 - |\underline{r}_{\text{a}}|^2}{\dfrac{|1 - \underline{S}_{11}\underline{r}_{\text{G}} - \underline{r}_{\text{a}}[\underline{S}_{22} - \underline{r}_{\text{G}}(\underline{S}_{11}\underline{S}_{22} - \underline{S}_{12}\underline{S}_{21})]|^2}{|1 - \underline{S}_{11}\underline{r}_{\text{G}}|^2}}$$

$$= \frac{|\underline{a}_0|^2}{2} \cdot \frac{|\underline{S}_{21}|^2 \left(1 - |\underline{r}_{\text{a}}|^2\right)}{|1 - \underline{S}_{11}\underline{r}_{\text{G}} - \underline{r}_{\text{a}}(\underline{S}_{22} - \underline{r}_{\text{G}}\underline{\Delta})|^2} \cdot \tag{9.4/8}$$

Der effektive Leistungsgewinn *(effective power gain, G)*

$$L_{\text{eff}} = \frac{\text{von der Last aufgenommene Leistung}}{\text{vom Zweitor aufgenommene Leistung}} = \frac{P_{\text{a}}}{P_{\text{in}}} \tag{9.4/9}$$

ist die in der Praxis wirklich (effektiv) auftretende Leistungsverstärkung, d. h. die Größen P_{a} und P_{in} sind tatsächlich existierende Leistungen, während die Definitionen des Übertragungsgewinns *(transducer power gain, G_{T})*

$$L_{\ddot{\text{U}}} = \frac{\text{von der Last aufgenommene Leistung}}{\text{verfügbare Leistung der Quelle}} = \frac{P_{\text{a}}}{P_{\text{V}}} \tag{9.4/10}$$

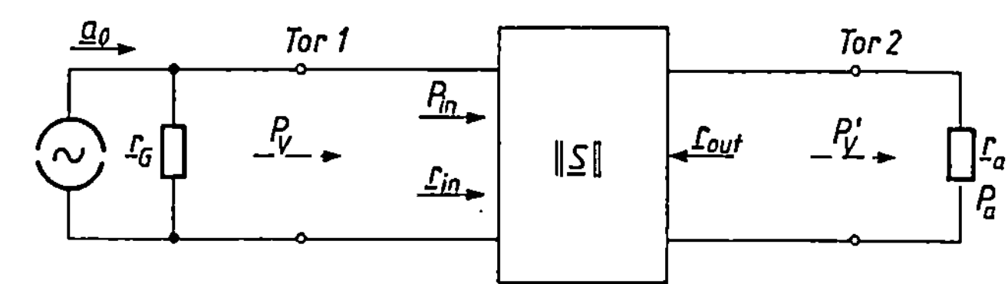

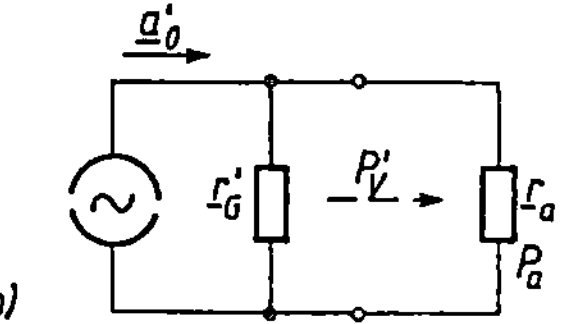

Bild 9.4-1
Wellenschaltung (a)
und ihre Ersatzschaltung (Tor 2)
für die Leistungsberechnung (b)

und des verfügbaren Leistungsgewinns *(available power gain, G_A)*

$$L_V = \frac{\text{verfügbare Leistung am Tor 2}}{\text{verfügbare Leistung der Quelle}} = \frac{P_V'}{P_V} \tag{9.4/11}$$

reine Rechengrößen darstellen. Setzt man (9.4/8) und (9.4/6) in (9.4/9), (9.4/8) und (9.4/1) in (9.4/10) sowie (9.4/3) und (9.4/1) in (9.4/11) ein, dann ergeben sich folgende Gleichungen:

$$L_{\text{eff}} = \frac{|\underline{S}_{21}|^2 \cdot (1 - |\underline{r}_a|^2)\,|1 - \underline{S}_{22}\underline{r}_a - \underline{r}_G(\underline{S}_{11} - \underline{r}_a\underline{\Delta})|^2}{|1 - \underline{S}_{11}\underline{r}_G - \underline{r}_a(\underline{S}_{22} - \underline{r}_G\underline{\Delta})|^2 \cdot [|1 - \underline{S}_{22}\underline{r}_a|^2 - |\underline{S}_{11} - \underline{r}_a\underline{\Delta}|^2]}$$

$$= \frac{|\underline{S}_{21}|^2\,(1 - |\underline{r}_a|^2)\,|\underline{C} - \underline{r}_G\underline{D}|^2}{|\underline{A} - \underline{r}_a\underline{B}|^2\,[|\underline{C}|^2 - |\underline{D}|^2]}\,, \tag{9.4/12}$$

$$L_{\ddot{U}} = \frac{|\underline{S}_{21}|^2 \cdot (1 - |\underline{r}_G|^2)\,(1 - |\underline{r}_a|^2)}{|1 - \underline{S}_{11}\underline{r}_G - \underline{r}_a(\underline{S}_{22} - \underline{r}_G\underline{\Delta})|^2} = \frac{|\underline{S}_{21}|^2\,(1 - |\underline{r}_G|^2)\,(1 - |\underline{r}_a|^2)}{|\underline{A} - \underline{r}_a\underline{B}|^2}\,, \tag{9.4/13}$$

$$L_V = \frac{|\underline{S}_{21}|^2\,(1 - |\underline{r}_G|^2)}{|1 - \underline{S}_{11}\underline{r}_G|^2 - |\underline{S}_{22} - \underline{r}_G\underline{\Delta}|^2} = \frac{|\underline{S}_{21}|^2\,(1 - |\underline{r}_G|^2)}{|\underline{A}|^2 - |\underline{B}|^2}\,, \tag{9.4/14}$$

mit den Abkürzungen

$$\left.\begin{aligned}
\underline{\Delta} &= \underline{S}_{11}\underline{S}_{22} - \underline{S}_{12}\underline{S}_{21}\,, \\
\underline{A} &= 1 - \underline{S}_{11}\underline{r}_G\,, \\
\underline{B} &= \underline{S}_{22} - \underline{r}_G\underline{\Delta}\,, \\
\underline{C} &= 1 - \underline{S}_{22}\underline{r}_a\,, \\
\underline{D} &= \underline{S}_{11} - \underline{r}_a\underline{\Delta}\,.
\end{aligned}\right\} \tag{9.4/15}$$

Die Leistungsverstärkungen $L_{\ddot{U}}$ und L_V werden vor allem bei Systemberechnungen benötigt (z. B. Rauschverhalten einer Empfangsstrecke). Für jede beliebige Schaltung kann das $L_{\ddot{U}}$ und L_V berechnet werden. Will man die bei $L_{\ddot{U}}$ zugrundeliegende Definition in der Praxis realisieren, so müßte man Leistungsanpassung zwischen Generator und Zweitoreingang erzeugen ($\underline{r}_G = \underline{r}_{in}^*$), damit die verfügbare (maximale) Leistung der Quelle an das Zweitor abgegeben wird. Diese Leistungsanpassung am Eingang kann man in der Praxis nicht immer realisieren, weil z. B. wegen Schwingungsunterdrückung oder Rauschanpassung des Zweitors ein bestimmter Generatorreflexionsfaktor $\underline{r}_G \neq \underline{r}_{in}^*$ vorgeschrieben ist. Trotzdem kann natürlich die Rechengröße $L_{\ddot{U}}$ auch für $\underline{r}_G \neq \underline{r}_{in}^*$ definiert werden.

Ebenso kann für $\underline{r}_G \neq \underline{r}_{in}^*$ und $\underline{r}_a \neq \underline{r}_{out}^*$ die Systemgröße L_V ermittelt werden. In der Praxis liegen die Verhältnisse der Definitionsgleichung (9.4/14) nur dann vor, wenn am Ein- und Ausgang des Zweitors Leistungsanpassung vorherrscht ($\underline{r}_G = \underline{r}_{in}^*$, $\underline{r}_a = \underline{r}_{out}^*$). Bei der Leistungsanpassungsrealisierung am Eingang treten die bei $L_{\ddot{U}}$ geschilderten Schwierigkeiten auf. Auf eine Ausgangsleistungsanpassung kann z. B. wegen einer notwendigen Schwingungsunterdrükkung oder einer Verzerrungsminimierung verzichtet werden. Das Schwingungsverhalten eines aktiven Zweitors hängt vom Generator- und Lastreflexionsfaktor ab. Das Rauschverhalten eines linearen Zweitors ist nur vom Generatorreflexionsfaktor abhängig, während sich Verzerrungen aufgrund der nichtlinearen Kennlinie nur mit einem optimalen Lastreflexionsfaktor minimieren lassen.

9.4.1 Generator und Last angepaßt

Generatoren und Lastwiderstände im Mikrowellenbereich lassen sich breitbandig nicht ohne einen kleinen Eigenreflexionsfaktor herstellen. Um näherungsweise ideale Verhältnisse zu erhalten, verwendet man Isolatoren (Richtungs- oder Einwegleiter, s. Übung 9.2.2/4), die in sehr guter Näherung $\underline{r}_G \approx 0$ und $\underline{r}_a \approx 0$ realisieren (Bild 9.4.1-1). Der Isolator besteht aus einem Werkstoff mit nichtreziprokem Verhalten (z. B. Ferrit); dadurch wird Energie nur in einer Richtung übertragen. In der Gegenrichtung wird die gesamte Energie im Isolator absorbiert.

Aus (9.4/12), (9.4/13) und (9.4/14) erhält man für $\underline{r}_G = \underline{r}_a = 0$:

$$L_{eff}\big|_{\underline{r}_G = \underline{r}_a = 0} = \frac{|\underline{S}_{21}|^2}{1 - |\underline{S}_{11}|^2}, \tag{9.4.1/1}$$

$$L_{\ddot{U}}\big|_{\underline{r}_G = \underline{r}_a = 0} = |\underline{S}_{21}|^2, \tag{9.4.1/2}$$

$$L_V\big|_{\underline{r}_G = 0} = \frac{|\underline{S}_{21}|^2}{1 - |\underline{S}_{22}|^2}. \tag{9.4.1/3}$$

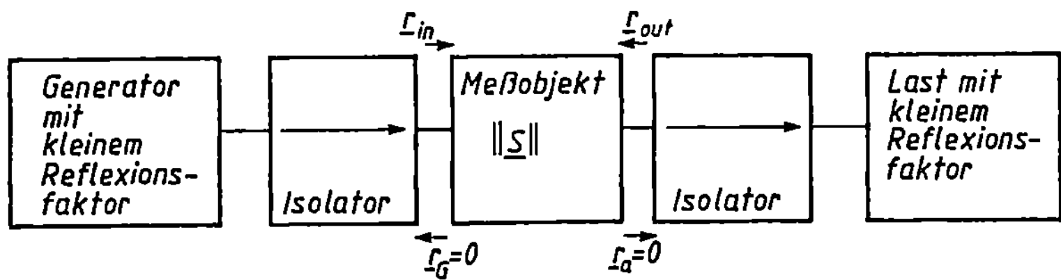

Bild 9.4.1-1   Meßobjekt mit Wellenanpassung am Ein- und Ausgang

- **Beispiel 9.4.1/1:** Gegeben ist die in Bild 9.4.1-2a skizzierte Schaltung.
  a) Berechnen Sie die Leistungen P_{h1}, P_{r1}, P_{in}, P_{h2} und P_a.
  b) Wie groß sind die verfügbaren Leistungen P_V und P_V'?
  c) Ermitteln Sie $L_{\ddot{U}}$, L_{eff} und L_V.
  d) Wie lassen sich $L_{\ddot{U}}$, L_{eff} und L_V meßtechnisch bestimmen?

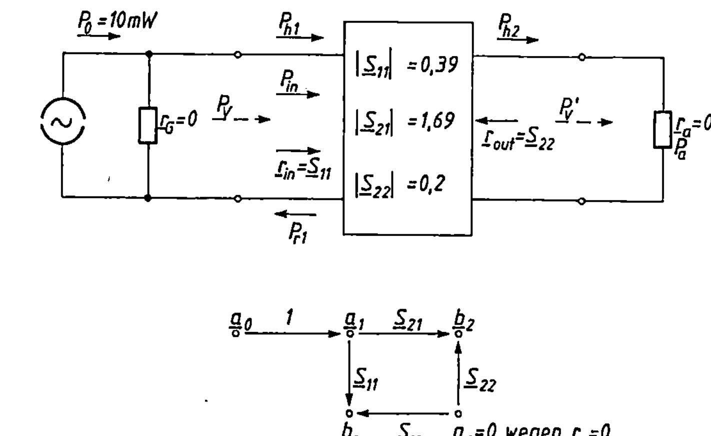

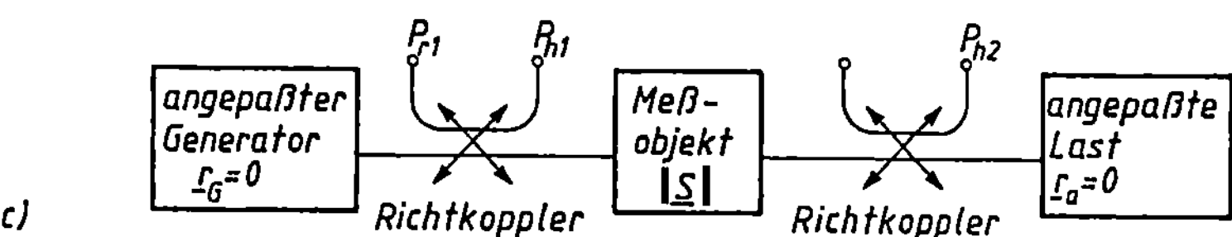

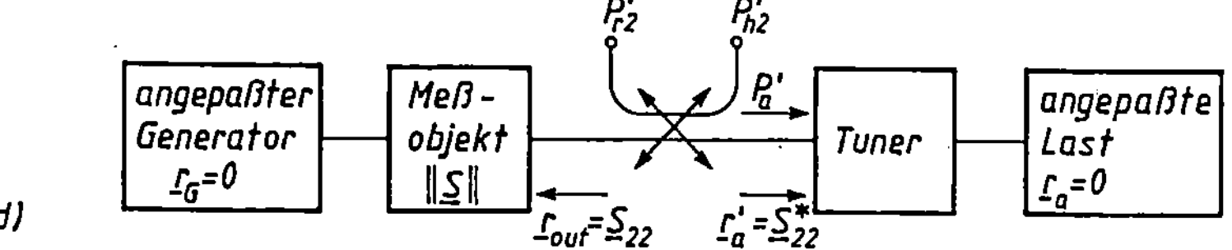

Bild 9.4.1-2 a) Zweitor mit Wellenanpassung am Ein- und Ausgang
b) Dazugehöriges Wellenflußdiagramm
c) Meßschaltung zur Bestimmung von $L_Ü$ und L_{eff}
d) Zusätzlich erforderlicher Meßaufbau für die L_V-Ermittlung

Lösung:

a) Bild 9.4.1-2b zeigt das dazugehörige Wellenflußdiagramm ⇒

(1) $\underline{a}_1 = \underline{a}_0$,

(2) $\underline{b}_1 = \underline{S}_{11} \cdot \underline{a}_1$,

(3) $\underline{b}_2 = \underline{S}_{21} \cdot \underline{a}_1$.

Analog zu (9/5):

$$P_{h1} = \frac{|\underline{a}_1|^2}{2} = \underbrace{\frac{|\underline{a}_0|^2}{2}}_{\text{aus (1)}} = P_0 = 10\,\text{mW} .$$

Analog zu (9/7):

$$P_{r1} = \frac{|\underline{b}_1|^2}{2} = \frac{1}{2} \cdot \underbrace{|\underline{S}_{11}|^2 \cdot |\underline{a}_1|^2}_{\text{aus (2)}} = 1{,}52\,\text{mW} .$$

Analog zu (9/3):

$$P_{in} = P_{h1} - P_{r1} = 8{,}48 \text{ mW}.$$

Analog zu (9/5):

$$P_{h2} = \frac{|\underline{b}_2|^2}{2} = \frac{1}{2} \cdot \underbrace{|\underline{S}_{21}|^2 \cdot |\underline{a}_1|^2}_{\text{aus (3)}} = 28{,}56 \text{ mW},$$

$$P_a = P_{h2}, \quad \text{da} \quad P_{r2} = 0.$$

b) *Aus (9.4/1):*

$$P_V|_{\underline{r}_G = 0} = \frac{|\underline{a}_0|^2}{2} = P_0 = 10 \text{ mW}.$$

Aus (9.4/3):

$$P_V'|_{\underline{r}_G = 0} = \frac{|\underline{a}_0|^2}{2} \cdot \frac{|\underline{S}_{21}|^2}{1 - |\underline{S}_{22}|^2} = 29{,}75 \text{ mW}.$$

c) *Aus (9.4.1/2):*

$$L_{\ddot{U}}|_{\underline{r}_G = \underline{r}_a = 0} = |\underline{S}_{21}|^2 = 2{,}86.$$

Aus (9.4.1/1):

$$L_{eff}|_{\underline{r}_G = \underline{r}_a = 0} = \frac{|\underline{S}_{21}|^2}{1 - |\underline{S}_{11}|^2} = 3{,}37.$$

Aus (9.4.1/3):

$$L_V|_{\underline{r}_G = 0} = \frac{|\underline{S}_{21}|^2}{1 - |\underline{S}_{22}|^2} = 2{,}98.$$

d) Eine getrennte Messung der hinlaufenden und reflektierten Leistung ist mit Hilfe eines Richtkopplers möglich. Jeder der in Bild 9.4.1-2c skizzierten Richtkoppler besteht aus einer Haupt- und einer Nebenleitung, die so miteinander gekoppelt sind, daß nur ein bestimmter Teil der auf der Hauptleitung laufenden Welle auf die Nebenleitung transformiert wird und sich dort nur in einer Richtung ausbreitet.

Mit dem ersten Koppler in Bild 9.4.1-2c lassen sich die Leistungen P_{r1} und P_{h1}, mit dem zweiten Richtkoppler die hinlaufende Leistung P_{h2} ermitteln.

$$(4) \quad P_V = P_{h1},$$

$$(5) \quad P_{in} = P_{h1} - P_{r1},$$

$$(6) \quad P_a = P_{h2}.$$

Aus (9.4/10):

$$L_{\ddot{U}} = \frac{P_a}{P_V} = \underbrace{\frac{P_{h2}}{P_{h1}}}_{\text{aus (4) und (6)}}.$$

Aus (9.4/9):

$$L_{eff} = \frac{P_a}{P_{in}} = \underbrace{\frac{P_{h2}}{P_{h1} - P_{r1}}}_{\text{aus (5) und (6)}}.$$

Aus (9.4/11):

$$(7) \quad L_{\mathrm{V}} = \frac{P'_{\mathrm{V}}}{P_{\mathrm{V}}} = \frac{P'_{\mathrm{V}}}{\underbrace{P_{\mathrm{h1}}}_{\text{aus (4)}}}.$$

Für die L_{V}-Berechnung in (7) wird die verfügbare Leistung P'_{V} am Tor 2 benötigt. Zur Bestimmung von P'_{V} dient die Meßschaltung in Bild 9.4.1-2d. Mit dem Tuner wird eine Leistungsanpassung am Ausgang realisiert ($\underline{r}'_{\mathrm{a}} = \underline{r}^*_{\mathrm{out}} = \underline{S}^*_{22}$).

$$(8) \quad \underline{P}'_{\mathrm{V}} = P'_{\mathrm{a}} = P'_{\mathrm{h2}} - P'_{\mathrm{r2}}.$$

(8) in (7):

$$L_{\mathrm{V}} = \frac{P'_{\mathrm{h2}} - P'_{\mathrm{r2}}}{P_{\mathrm{h1}}}.$$

Beweis für $P'_{\mathrm{V}} = P'_{\mathrm{a}}$: *Analog zu (9.4/8) mit $\underline{r}_{\mathrm{G}} = 0$ und $\underline{r}'_{\mathrm{a}} = \underline{S}^*_{22}$*

$$(9) \quad P'_{\mathrm{a}} = \frac{|\underline{a}_0|^2}{2} \cdot \frac{|\underline{S}_{21}|^2 \cdot (1 - |\underline{S}_{22}|^2)}{(1 - |\underline{S}_{22}|^2)^2} = \frac{|\underline{a}_0|^2}{2} \cdot \frac{|\underline{S}_{21}|^2}{1 - |\underline{S}_{22}|^2}.$$

Aus (9.4/3) für $\underline{r}_{\mathrm{G}} = 0$:

$$P'_{\mathrm{V}} = \frac{|\underline{a}_0|^2}{2} \cdot \frac{|\underline{S}_{21}|^2}{1 - |\underline{S}_{22}|^2} \Rightarrow \text{identisch mit (9)}.$$

9.4.2 Meßverfahren

Vorgegeben ist die in Bild 9.4.2-1 skizzierte Schaltung, für die die Leistungsverstärkungen L_{eff}, $L_{\ddot{\mathrm{U}}}$ und L_{V} meßtechnisch ermittelt werden sollen. Würde die Streumatrix $\|\underline{S}\|$ des Meßobjektes vorliegen, dann könnte man mit den Gln. (9.4/12), (9.4/13) und (9.4/14) die Leistungsverstärkungen berechnen. Die Messung der Reflexionsparameter $\underline{S}_{11}$ und $\underline{S}_{22}$ bzw. der Reflexionsfaktoren $\underline{r}_{\mathrm{G}}$, $\underline{r}_{\mathrm{in}}$, $\underline{r}_{\mathrm{out}}$ und $\underline{r}_{\mathrm{a}}$ bereitet in der Praxis keine Schwierigkeiten, während bei den Transmissionsparametern $\underline{S}_{12}$ und $\underline{S}_{21}$ vor allem bei der Phasenbestimmung ein größerer Meßaufwand zu bewältigen ist. Mit der Schaltung in Bild 9.4.2-1b lassen sich mit Hilfe von Richtkopplern die hin- und rücklaufenden Leistungen am Ein- und Ausgang messen.

$$P_{\mathrm{in}} = P_{\mathrm{h1}} - P_{\mathrm{r1}},$$

$$P_{\mathrm{a}} = P_{\mathrm{h2}} - P_{\mathrm{r2}}.$$

Daraus kann der effektive Leistungsgewinn nach (9.4/9) sofort ermittelt werden.

$$L_{\mathrm{eff}} = \frac{P_{\mathrm{a}}}{P_{\mathrm{in}}} = \frac{P_{\mathrm{h2}} - P_{\mathrm{r2}}}{P_{\mathrm{h1}} - P_{\mathrm{r1}}}.$$

Mit dem zweiten Meßaufbau in Bild 9.4.2-1c kann die verfügbare Leistung P_{V} des Generators gemessen werden. P_{V} tritt auf, wenn am Generator Leistungsanpassung ($\underline{r}_{\mathrm{G}} = \underline{r}^*_{\mathrm{in}}$) herrscht. Aus den Meßergebnissen der ersten und zweiten Messung kann dann nach (9.4/10) der Übertragungsgewinn berechnet werden.

$$L_{\ddot{\mathrm{U}}} = \frac{P_{\mathrm{a}}}{P_{\mathrm{V}}} = \frac{P_{\mathrm{h2}} - P_{\mathrm{r2}}}{P_{\mathrm{V}}}.$$

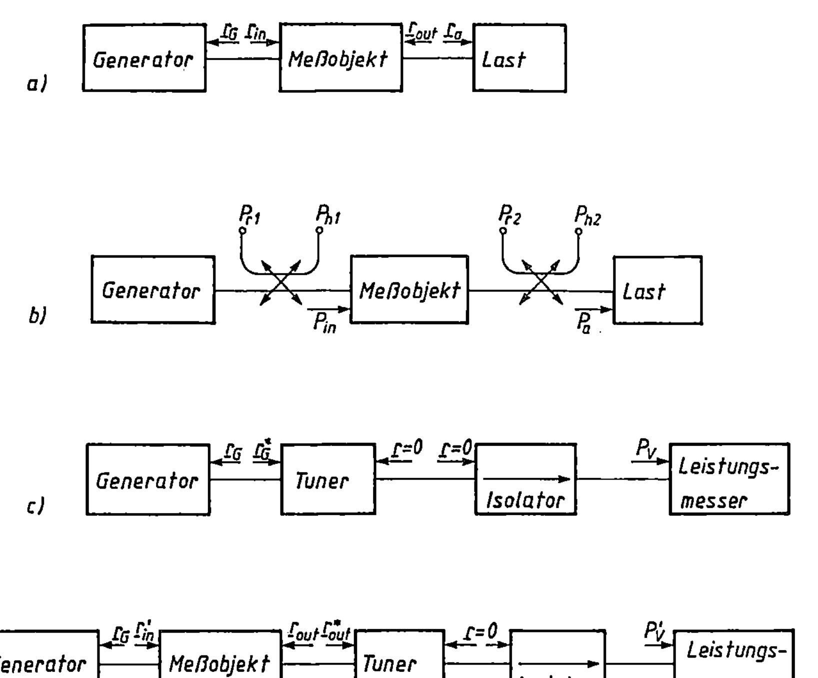

Bild 9.4.2-1   a) Zweitor mit beliebiger Ein- und Ausgangsbeschaltung
   b) Meßschaltung zur Bestimmung von L_{eff}
   c) Zusätzlich erforderlicher Meßaufbau für die L_{U}-Ermittlung
   d) Meßschaltung für die P'_{V}-Messung

Die dritte Meßschaltung in Bild 9.4.2-1 d realisiert Leistungsanpassung am Ausgang ($\underline{r}_{\mathrm{a}} = \underline{r}^{*}_{\mathrm{out}}$), so daß damit die verfügbare Leistung P'_{V} des Meßobjektes gemessen wird. Mit Hilfe der zweiten und dritten Messung errechnet sich dann der verfügbare Leistungsgewinn nach (9.4/11).

$$L_{\mathrm{V}} = \frac{P'_{\mathrm{V}}}{P_{\mathrm{V}}}.$$

9.4.3 Optimale Zweitorbeschaltung für das Leistungsverhalten

Eine optimale Zweitorbeschaltung für Bild 9.4.3-1 liegt vor, wenn die verfügbare (maximale) Leistung vom Zweitor aufgenommen wird ($P_{\mathrm{in}} = P_{\mathrm{V}}$) und die vom Zweitor am Ausgang zur Verfügung gestellte maximale Leistung vollständig von der Last absorbiert wird ($P_{\mathrm{a}} = P'_{\mathrm{V}}$).

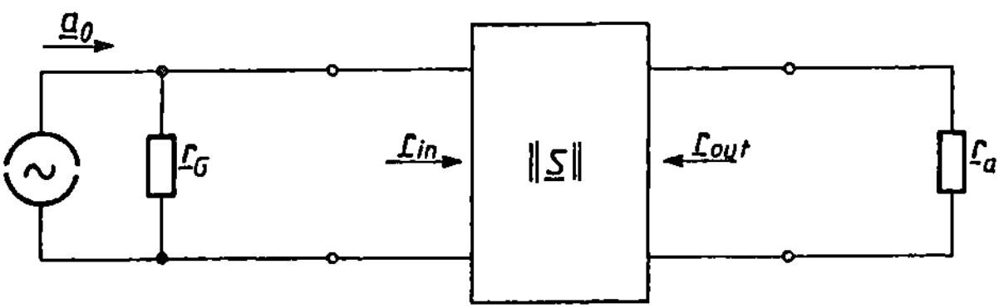

Bild 9.4.3-1   Prinzipieller Aufbau für die Berechnung einer optimalen Zweitorbeschaltung

Mit den Bedingungen $\underline{r}_G = \underline{r}_{in}^*$ und $\underline{r}_a = \underline{r}_{out}^*$ realisiert man gleichzeitig Leistungsanpassung am Ein- und Ausgang.

Für die Leistungsanpassung am Eingang gilt:

$$\underline{r}_G^* = \underline{r}_{in} = \underline{S}_{11} + \underbrace{\frac{\underline{S}_{12}\underline{S}_{21}\underline{r}_a}{1 - \underline{S}_{22}\underline{r}_a}}_{\text{aus (9.2.2/15)}} \Rightarrow (\underline{r}_G^* - \underline{S}_{11})(1 - \underline{S}_{22}\underline{r}_a) = \underline{S}_{12}\underline{S}_{21}\underline{r}_a,$$

$$\underline{r}_a[\underline{S}_{12}\underline{S}_{21} + \underline{S}_{22}(\underline{r}_G^* - \underline{S}_{11})] = \underline{r}_G^* - \underline{S}_{11} \Rightarrow \underline{r}_a = \frac{\underline{r}_G^* - \underline{S}_{11}}{\underline{S}_{12}\underline{S}_{21} + \underline{S}_{22}(\underline{r}_G^* - \underline{S}_{11})}. \qquad (9.4.3/1)$$

Für die Leistungsanpassung am Ausgang gilt:

$$\underline{r}_a = \underline{r}_{out}^* = \underline{S}_{22}^* + \underbrace{\frac{\underline{S}_{12}^*\underline{S}_{21}^*\underline{r}_G^*}{1 - \underline{S}_{11}^*\underline{r}_G^*}}_{\text{analog zu (9.2.2/19)}} = \underbrace{\frac{\underline{r}_G^* - \underline{S}_{11}}{\underline{S}_{12}\underline{S}_{21} + \underline{S}_{22}(\underline{r}_G^* - \underline{S}_{11})}}_{\text{aus (9.4.3/1)}},$$

$$(\underline{r}_G^* - \underline{S}_{11})(1 - \underline{S}_{11}^*\underline{r}_G^*) = [\underline{S}_{22}^*(1 - \underline{S}_{11}^*\underline{r}_G^*) + \underline{S}_{12}^*\underline{S}_{21}^*\underline{r}_G^*]\cdot[\underline{S}_{12}\underline{S}_{21} + \underline{S}_{22}(\underline{r}_G^* - \underline{S}_{11})],$$

$$\underline{r}_G^* - \underline{S}_{11}^*\underline{r}_G^{*2} - \underline{S}_{11} + |\underline{S}_{11}|^2\underline{r}_G^* = [\underline{S}_{22}^* - \underline{r}_G^*\underbrace{(\underline{S}_{11}^*\underline{S}_{22}^* - \underline{S}_{12}^*\underline{S}_{21}^*)}_{\underline{\Delta}^*}]$$

$$\cdot[\underline{S}_{22}\underline{r}_G^* - \underbrace{(\underline{S}_{11}\underline{S}_{22} - \underline{S}_{12}\underline{S}_{21})}_{\underline{\Delta}}],$$

$$\underline{r}_G^*(1 + |\underline{S}_{11}|^2) - \underline{S}_{11}^*\underline{r}_G^{*2} - \underline{S}_{11} = |\underline{S}_{22}|^2\underline{r}_G^* - \underline{S}_{22}^*\cdot\underline{\Delta} - \underline{r}_G^{*2}\cdot\underline{\Delta}^*\cdot\underline{S}_{22} + \underline{r}_G^*\cdot|\underline{\Delta}|^2,$$

$$\underline{r}_G^{*2}\underbrace{[\underline{S}_{11}^* - \underline{\Delta}^*\cdot\underline{S}_{22}]}_{\underline{E}_1^*} - \underline{r}_G^*\underbrace{[1 + |\underline{S}_{11}|^2 - |\underline{S}_{22}|^2 - |\underline{\Delta}|^2]}_{F_1} + \underbrace{\underline{S}_{11} - \underline{\Delta}\cdot\underline{S}_{22}^*}_{\underline{E}_1} = 0,$$

$$\underline{r}_G^{*2} - \underline{r}_G^*\cdot\frac{F_1}{\underline{E}_1^*} + \frac{\underline{E}_1}{\underline{E}_1^*} = 0 \Rightarrow \underline{r}_{G1,2}^* = \frac{F_1}{2\underline{E}_1^*} \pm \sqrt{\left(\frac{F_1}{2\underline{E}_1^*}\right)^2 - \frac{\underline{E}_1}{\underline{E}_1^*}}$$

$$= \frac{F_1}{2\underline{E}_1^*} \pm \sqrt{\frac{F_1^2}{4\underline{E}_1^{*2}} - \frac{\underline{E}_1}{\underline{E}_1^*}\cdot\frac{4\underline{E}_1^*}{4\underline{E}_1^*}} = \frac{F_1 \pm \sqrt{F_1^2 - 4|\underline{E}_1|^2}}{2\underline{E}_1^*}\cdot\frac{\underline{E}_1}{\underline{E}_1}$$

$$= \underline{E}_1\cdot\left[\frac{F_1 \pm \sqrt{F_1^2 - 4|\underline{E}_1|^2}}{2|\underline{E}_1|^2}\right],$$

$$\Rightarrow \underline{r}_{G1,2} = \underline{E}_1^*\left[\frac{F_1 \pm \sqrt{F_1^2 - 4|\underline{E}_1|^2}}{2|\underline{E}_1|^2}\right]. \qquad (9.4.3/2)$$

$F_1 < 0 \Rightarrow$ positives Vorzeichen in (9.4.3/2),

$F_1 > 0 \Rightarrow$ negatives Vorzeichen in (9.4.3/2)

mit den Abkürzungen $\left.\begin{aligned} F_1 &= 1 + |\underline{S}_{11}|^2 - |\underline{S}_{22}|^2 - |\underline{\Delta}|^2, \\ \underline{E}_1 &= \underline{S}_{11} - \underline{\Delta}\cdot\underline{S}_{22}^*. \end{aligned}\right\} \qquad (9.4.3/3)$

$$\underline{r}_a^* = \underline{r}_{\text{out}} = \underline{S}_{22} + \frac{\underline{S}_{12}\underline{S}_{21}\underline{r}_G}{1 - \underline{S}_{11}\underline{r}_G} \Rightarrow (\underline{r}_a^* - \underline{S}_{22})(1 - \underline{S}_{11}\underline{r}_G) = \underline{S}_{12}\underline{S}_{21}\underline{r}_G$$

$$\underline{r}_G[\underline{S}_{12}\underline{S}_{21} + \underline{S}_{11}(\underline{r}_a^* - \underline{S}_{22}^*)] = \underline{r}_a^* - \underline{S}_{22} \Rightarrow \underline{r}_G = \frac{\underline{r}_a^* - \underline{S}_{22}}{\underline{S}_{12}\underline{S}_{21} + \underline{S}_{11}(\underline{r}_a^* - \underline{S}_{22})} \qquad (9.4.3/4)$$

$$\underline{r}_G = \underline{r}_{\text{in}}^* = \underline{S}_{11}^* + \frac{\underline{S}_{12}^*\underline{S}_{21}^*\underline{r}_a^*}{1 - \underline{S}_{22}^*\underline{r}_a^*} = \underbrace{\frac{\underline{r}_a^* - \underline{S}_{22}}{\underline{S}_{12}\underline{S}_{21} + \underline{S}_{11}(\underline{r}_a^* - \underline{S}_{22})}}_{\text{aus } (9.4.3/4)}$$

$$(\underline{r}_a^* - \underline{S}_{22})(1 - \underline{S}_{22}^*\underline{r}_a^*) = [\underline{S}_{11}^*(1 - \underline{S}_{22}^*\underline{r}_a^*) + \underline{S}_{12}^*\underline{S}_{21}^*\underline{r}_a^*] \cdot [\underline{S}_{12}\underline{S}_{21} + \underline{S}_{11}(\underline{r}_a^* - \underline{S}_{22})]$$

$$\underline{r}_a^* - \underline{S}_{22}^*\underline{r}_a^{*2} - \underline{S}_{22} + |\underline{S}_{22}|^2\,\underline{r}_a^* = [\underline{S}_{11}^* - \underline{r}_a^* \cdot \underline{\Delta}^*] \cdot [\underline{S}_{11}\underline{r}_a^* - \underline{\Delta}]$$

$$\underline{r}_a^*(1 + |\underline{S}_{22}|^2) - \underline{S}_{22}^*\underline{r}_a^{*2} - \underline{S}_{22} = |\underline{S}_{11}|^2\,\underline{r}_a^* - \underline{S}_{11}^* \cdot \underline{\Delta} - \underline{r}_a^{*2} \cdot \underline{\Delta}^* \cdot \underline{S}_{11} + \underline{r}_a^* \cdot |\underline{\Delta}|^2$$

$$\underline{r}_a^{*2} \cdot \underbrace{[\underline{S}_{22}^* - \underline{\Delta}^* \cdot \underline{S}_{11}]}_{\underline{E}_2^*} - \underline{r}_a^* \cdot \underbrace{[1 + |\underline{S}_{22}|^2 - |\underline{S}_{11}|^2 - |\underline{\Delta}|^2]}_{F_2} + \underbrace{\underline{S}_{22} - \underline{\Delta} \cdot \underline{S}_{11}^*}_{\underline{E}_2} = 0$$

$$\underline{r}_a^{*2} - \underline{r}_a^* \cdot \frac{F_2}{\underline{E}_2^*} + \frac{\underline{E}_2}{\underline{E}_2^*} = 0 \Rightarrow \underline{r}_{a1,2}^* = \frac{F_2}{2\underline{E}_2^*} \pm \sqrt{\left(\frac{F_2}{2\underline{E}_2^*}\right)^2 - \frac{\underline{E}_2}{\underline{E}_2^*}}$$

$$= \frac{F_2}{2\underline{E}_2^*} \pm \sqrt{\frac{F_2^2}{4\underline{E}_2^{*2}} - \frac{\underline{E}_2}{\underline{E}_2^*} \cdot \frac{4\underline{E}_2^*}{4\underline{E}_2^*}} = \frac{F_2 \pm \sqrt{F_2^2 - 4\,|\underline{E}_2|^2}}{2\underline{E}_2^*} \cdot \frac{\underline{E}_2}{\underline{E}_2}$$

$$= \underline{E}_2\left[\frac{F_2 \pm \sqrt{F_2^2 - 4\,|\underline{E}_2|^2}}{2\,|\underline{E}_2|^2}\right] \Rightarrow \underline{r}_{a1,2} = \underline{E}_2^*\left[\frac{F_2 \pm \sqrt{F_2^2 - 4\,|\underline{E}_2|^2}}{2\,|\underline{E}_2|^2}\right].$$

$$(9.4.3/5)$$

$F_2 < 0 \Rightarrow$ Positives Vorzeichen in (9.4.3/5),

$F_2 > 0 \Rightarrow$ Negatives Vorzeichen in (9.4.3/5)

mit den Abkürzungen $\left.\begin{array}{l} F_2 = 1 + |\underline{S}_{22}|^2 - |\underline{S}_{11}|^2 - |\underline{\Delta}|^2, \\ \underline{E}_2 = \underline{S}_{22} - \underline{\Delta} \cdot \underline{S}_{11}^*. \end{array}\right\}$ $\qquad (9.4.3/6)$

Aus den gemessenen Streuparametern des Zweitors lassen sich mit den Gln. (9.4.3/2) und (9.4.3/5) die optimalen Reflexionsfaktoren $\underline{r}_G$ und $\underline{r}_a$ berechnen. Für diesen optimalen Anpassungsfall der gleichzeitigen Leistungsanpassung am Ein- und Ausgang des Zweitors $(\underline{r}_G = \underline{r}_{\text{in}}^*, \underline{r}_a = \underline{r}_{\text{out}}^*)$ ergeben sich folgende Leistungen und Leistungsverstärkungen.

Aus (9.4/3):

$$P_V' = \frac{|\underline{a}_0|^2}{2} \cdot \frac{|\underline{S}_{21}|^2}{|1 - \underline{S}_{11}\underline{r}_G|^2} \cdot \frac{1}{1 - \underbrace{\left|\underline{S}_{22} + \dfrac{\underline{S}_{12}\underline{S}_{21}\underline{r}_G}{1 - \underline{S}_{11}\underline{r}_G}\right|^2}_{\text{nach } (9.2.2/19)\ \underline{r}_{\text{out}} = \underline{r}_a^*}}$$

$$= \frac{|\underline{a}_0|^2}{2} \cdot \frac{|\underline{S}_{21}|^2}{|1 - \underline{S}_{11}\underline{r}_G|^2} \cdot \frac{1}{1 - |\underline{r}_a|^2} \qquad (9.4.3/7)$$

Aus (9.4/5):

$$P_{in} = \frac{|\underline{a}_0|^2}{2} \cdot \frac{1 - |\underline{r}_{in}|^2}{\underbrace{|1 - \underline{r}_G \underline{r}_{in}|^2}_{\underline{r}_{in}^*}} = \frac{|\underline{a}_0|^2}{2} \cdot \frac{1}{1 - |\underline{r}_G|^2} \tag{9.4.3/8}$$

Aus (9.4/8):

$$P_a = \frac{|\underline{a}_0|^2}{2} \cdot \frac{|\underline{S}_{21}|^2}{|1 - \underline{S}_{11}\underline{r}_G|^2} \cdot \frac{1 - |\underline{r}_a|^2}{\underbrace{\left|1 - \underline{r}_a\left(\underline{S}_{22} + \frac{\underline{S}_{12}\underline{S}_{21}\underline{r}_G}{1 - \underline{S}_{11}\underline{r}_G}\right)\right|^2}_{\text{nach (9.2.2/19)}\ \underline{r}_{out} = \underline{r}_a^*}} = \frac{|\underline{a}_0|^2}{2} \cdot \frac{|\underline{S}_{21}|^2}{|1 - \underline{S}_{11}\underline{r}_G|^2} \cdot \frac{1}{1 - |\underline{r}_a|^2} . \tag{9.4.3/9}$$

$P_{in} = P_V \quad \text{(s. (9.4/1) und (9.4.3/8))}$

$P_a = P'_V \quad \text{(s. (9.4.3/7) und (9.4.3/9))}$

$$\Rightarrow L_{\ddot{U}} = \underbrace{\frac{P_a}{P_V} = \frac{P'_V}{P_V}}_{\text{aus (9.4/10)}} = \underbrace{L_V = \frac{P_a}{P_{in}}}_{(9.4/11)} = \underbrace{L_{eff} = \frac{P'_V}{P_{in}}}_{(9.4/9)}$$

$$\Rightarrow L_V = L_{\ddot{U}} = L_{eff} = \frac{P'_V}{P_{in}} = \underbrace{\frac{|\underline{S}_{21}|^2}{|1 - \underline{S}_{11}\underline{r}_G|^2} \cdot \frac{1 - |\underline{r}_G|^2}{1 - |\underline{r}_a|^2}}_{\text{aus (9.4.3/7) und (9.4.3/8)}} . \tag{9.4.3/10}$$

Nur für den Fall der gleichzeitigen Leistungsanpassung am Ein- und Ausgang des Zweitors tritt $L_V = L_{\ddot{U}} = L_{eff}$ auf.

- **Beispiel 9.4.3/1:** Gegeben ist die in Bild 9.4.3-2a skizzierte Schaltung sowie die in Bild 9.4.3-2b dargestellte Wellenersatzschaltung.

a) Berechnen Sie für das Zweitor $\Big($homogene Leitung mit: $l_{ges} = 40\,\text{cm}$, $Z_0 = 50\,\Omega$, $\alpha = 0{,}13 \cdot \frac{1}{\text{m}}$, $\beta = 8{,}5 \cdot \frac{1}{\text{m}}\Big)$ die Streuparameter.

b) Ermitteln Sie die verfügbare Leistung P_V des Generators und die verfügbare Leistung P'_V des Zweitors sowie die eingezeichneten Leistungen P_{in}, P_a und die Leistungsverstärkungen $L_{\ddot{U}}$, L_{eff}, L_V für die Fälle

    b1) $\underline{Z}_G = 50\,\Omega$, $\underline{Z}_a = (30 + \text{j}70)\,\Omega$,   s. Beispiel 8.3.1/1,

    b2) $\underline{Z}_G = 20\,\Omega$, $\underline{Z}_a = (30 + \text{j}70)\,\Omega$,   s. Beispiel 8.3.2/1,

    b3) $\underline{Z}_G = (83{,}28 - \text{j}95{,}63)\,\Omega$, $\underline{Z}_a = 50\,\Omega$,   s. Übung 8.3.2/1,

    b4) $\underline{Z}_G = (83{,}28 - \text{j}95{,}63)\,\Omega$, $\underline{Z}_a = (30 + \text{j}70)\,\Omega$,   s. Beispiel 8.3.3/1.

c) Wie müssen $\underline{Z}_G$ und $\underline{Z}_a$ gewählt werden, damit die Leistung P_a maximal wird?

d) Berechnen Sie für die Beschaltung in c) die Größen P_V, P'_V, P_{in}, P_a, $L_{\ddot{U}}$, L_{eff} und L_V.

Lösung:

a) *Aus Beispiel 9.2.2/2:* $\underline{S}_{11} = \underline{S}_{22} = 0$, $\underline{S}_{12} = \underline{S}_{21} = e^{-\underline{\gamma} l_{ges}} = e^{-(\alpha + \text{j}\beta) l_{ges}} = e^{-\alpha l_{ges}} \cdot e^{-\text{j}\beta l_{ges}} \Rightarrow |\underline{S}_{21}|^2$
$= |e^{-\alpha l_{ges}}|^2 \cdot \underbrace{|e^{-\text{j}\beta l_{ges}}|^2}_{1} = (e^{-\alpha l_{ges}})^2 = e^{-2\alpha l_{ges}} = 0{,}9012$

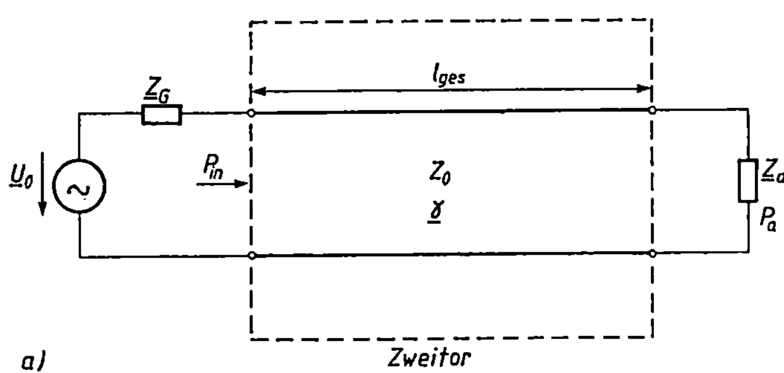

a) Zweitor

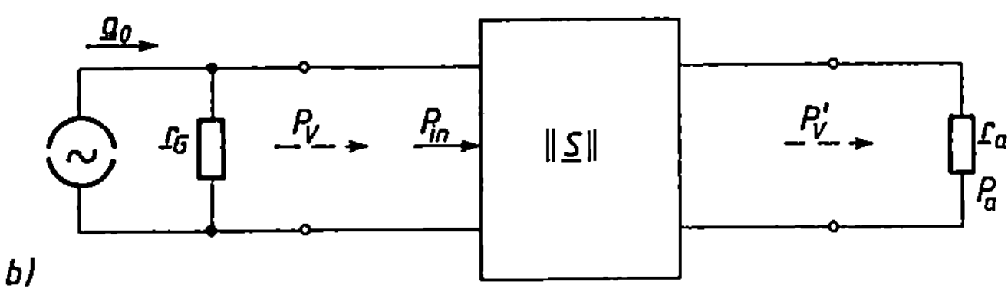

b)

Bild 9.4.3-2
Beschaltete verlustbehaftete
Leitung (a)
und dazugehörige
Wellenersatzschaltung (b)

b) Aus (9.1/5):

$$(1) \quad \underline{r}_a = \frac{\underline{Z}_a - Z_0}{\underline{Z}_a + Z_0},$$

$$(2) \quad \underline{r}_G = \frac{\underline{Z}_G - Z_0}{\underline{Z}_G + Z_0},$$

$$(3) \quad \frac{|\underline{a}_0|^2}{2} = \frac{|\underline{U}_0|^2}{2} \cdot \frac{Z_0}{|\underline{Z}_G + Z_0|^2}.$$

Aus (9.4/1):

$$(4) \quad P_V = \frac{|\underline{a}_0|^2}{2} \cdot \frac{1}{1 - |\underline{r}_G|^2}.$$

Aus (9.4/3):

$$(5) \quad P'_V = \frac{|\underline{a}_0|^2}{2} \cdot \frac{|\underline{S}_{21}|^2}{|1 - \underline{S}_{11}\underline{r}_G|^2 - |\underline{S}_{22} - \underline{r}_G\underline{\Delta}|^2}.$$

Aus (9.4/6):

$$(6) \quad P_{in} = \frac{|\underline{a}_0|^2}{2} \cdot \frac{|1 - \underline{S}_{22}\underline{r}_a|^2 - |\underline{S}_{11} - \underline{r}_a\underline{\Delta}|^2}{|1 - \underline{S}_{22}\underline{r}_a - \underline{r}_G(\underline{S}_{11} - \underline{r}_a\underline{\Delta})|^2}.$$

Aus (9.4.8):

$$(7) \quad P_a = \frac{|\underline{a}_0|^2}{2} \cdot \frac{|\underline{S}_{21}|^2 \cdot (1 - |\underline{r}_a|^2)}{|1 - \underline{S}_{11}\underline{r}_G - \underline{r}_a(\underline{S}_{22} - \underline{r}_G\underline{\Delta})|^2}.$$

Aus (9.4/13):

$$(8) \quad L_{\ddot{U}} = \frac{|\underline{S}_{21}|^2 (1 - |\underline{r}_G|^2) \cdot (1 - |\underline{r}_a|^2)}{|\underline{A} - \underline{r}_a\underline{B}|^2}.$$

Aus (9.4/12):

$$(9) \quad L_{\text{eff}} = \frac{|\underline{S}_{21}|^2 \, (1 - |\underline{r}_a|^2) \cdot |\underline{C} - \underline{r}_G \underline{D}|^2}{|\underline{A} - \underline{r}_a \underline{B}|^2 \, [|\underline{C}|^2 - |\underline{D}|^2]} \, .$$

Aus (9.4/14).

$$(10) \quad L_{\text{V}} = \frac{|\underline{S}_{21}|^2 \, (1 - |\underline{r}_G|^2)}{|\underline{A}|^2 - |\underline{B}|^2}$$

Aus (9.4/15) und Teil a):

$$(11) \quad \begin{cases} \underline{A} = \underline{S}_{11}\underline{S}_{22} - \underline{S}_{12}\underline{S}_{21} = -[\underline{S}_{21}]^2 = -0{,}9012 \\[4pt] \underline{A} = 1 - \underline{S}_{11}\underline{r}_G = 1 \\[4pt] \underline{B} = \underline{S}_{22} - \underline{r}_G\underline{A} = -\underline{r}_G \cdot (-[\underline{S}_{21}]^2) = 0{,}9012 \cdot \underline{r}_G \\[4pt] \underline{C} = 1 - \underline{S}_{22}\underline{r}_a = 1 \\[4pt] \underline{D} = \underline{S}_{11} - \underline{r}_a\underline{A} = -\underline{r}_a \cdot (-[\underline{S}_{21}]^2) = 0{,}9012 \cdot \underline{r}_a \end{cases}$$

b1) *Aus (1):* $\underline{r}_a = 0{,}685 \cdot e^{j64{,}76°}$

   (2): $\underline{r}_G = 0$,

   (3): $\dfrac{|\underline{a}_0|^2}{2} = 0{,}25 \, \text{W}$,

   (4): $P_{\text{V}} = \dfrac{|\underline{a}_0|^2}{2} = 0{,}25 \, \text{W}$,

   (5): $P'_{\text{V}} = \dfrac{|\underline{a}_0|^2}{2} \cdot |\underline{S}_{21}|^2 = 0{,}25 \, \text{W} \cdot 0{,}9012 = 0{,}2253 \, \text{W}$,

   (6): $P_{\text{in}} = \dfrac{|\underline{a}_0|^2}{2} \, [1 - |\underline{r}_a\underline{A}|^2] = 0{,}25 \, \text{W} \cdot [1 - 0{,}6173^2] = 154{,}73 \, \text{mW}$,

   (7): $P_a = \dfrac{|\underline{a}_0|^2}{2} \cdot |\underline{S}_{21}|^2 \, (1 - |\underline{r}_a|^2) = 119{,}58 \, \text{mW}$,

   (8) und (11): $L_{\text{Ü}} = |\underline{S}_{21}|^2 \, (1 - |\underline{r}_a|^2) = 0{,}9012 \cdot (1 - 0{,}685^2) = 0{,}4783$,

   (9) und (11): $L_{\text{eff}} = \dfrac{|\underline{S}_{21}|^2 \, (1 - |\underline{r}_a|^2)}{1 - |\underline{r}_a\underline{S}_{21}^2|^2} = 0{,}7729$,

   (10) und (11): $L_{\text{V}} = |\underline{S}_{21}|^2 = 0{,}9012$.

b2) *Aus (1), (2):* $\underline{r}_a = 0{,}685 \cdot e^{j64{,}76°}$, $\underline{r}_G = -0{,}4286$,

   (3), (4): $\dfrac{|\underline{a}_0|^2}{2} = 510{,}20 \, \text{mW}$, $P_{\text{V}} = \dfrac{|\underline{a}_0|^2}{2} \cdot \dfrac{1}{1 - |\underline{r}_G|^2} = 625{,}01 \, \text{mW}$,

   (5): $P'_{\text{V}} = \dfrac{|\underline{a}_0|^2}{2} \cdot \dfrac{|\underline{S}_{21}|^2}{1 - |\underline{r}_G\underline{S}_{21}^2|^2} = 540{,}42 \, \text{mW}$,

   (6): $P_{\text{in}} = \dfrac{|\underline{a}_0|^2}{2} \cdot \dfrac{1 - |\underline{r}_a\underline{S}_{21}^2|^2}{|1 - \underline{r}_G\underline{r}_a\underline{S}_{21}^2|^2} = 210{,}15 \, \text{mW}$,

   (7): $P_a = \dfrac{|\underline{a}_0|^2}{2} \cdot \dfrac{|\underline{S}_{21}|^2 \, (1 - |\underline{r}_a|^2)}{|1 - \underline{r}_a\underline{r}_G\underline{S}_{21}^2|^2} = 162{,}42 \, \text{mW}$,

$$(8) \ und \ (11): \quad L_{\ddot{U}} = \frac{|\underline{S}_{21}|^2 \, (1 - |\underline{r}_G|^2)(1 - |\underline{r}_a|^2)}{|1 - \underline{r}_a\underline{r}_G\underline{S}_{21}^2|^2} = 0,26 \,,$$

$$(9) \ und \ (11): \quad L_{\text{eff}} = \frac{|\underline{S}_{21}|^2 \, (1 - |\underline{r}_a|^2)}{1 - |\underline{r}_a\underline{S}_{21}^2|^2} = 0,7729 \,,$$

$$(10) \ und \ (11): \quad L_{V} = \frac{|\underline{S}_{21}|^2 \, (1 - |\underline{r}_G|^2)}{1 - |\underline{r}_G\underline{S}_{21}^2|^2} = 0,8646 \,,$$

b3) $\underline{r}_a = 0 \,, \qquad \underline{r}_G = 0,6173 \cdot e^{-j35,15^\circ} \,, \qquad \dfrac{|\underline{a}_0|^2}{2} = 92,91 \ \text{mW} \,,$

$$P_V = \frac{|\underline{a}_0|^2}{2} \cdot \frac{1}{1 - |\underline{r}_G|^2} = 150,11 \ \text{mW} \,, \qquad P_V' = \frac{|\underline{a}_0|^2}{2} \cdot \frac{|\underline{S}_{21}|^2}{1 - |\underline{r}_G\underline{S}_{21}^2|^2} = 121,26 \ \text{mW} \,,$$

$$P_{\text{in}} = \frac{|\underline{a}_0|^2}{2} = 92,91 \ \text{mW} \,,$$

$$P_a = \frac{|\underline{a}_0|^2}{2} \cdot |\underline{S}_{21}|^2 = 83,73 \ \text{mW} \,, \qquad L_{\ddot{U}} = |\underline{S}_{21}|^2 \, (1 - |\underline{r}_G|^2) = 0,5578 \,,$$

$$L_{\text{eff}} = |\underline{S}_{21}|^2 = 0,9012 \,, \qquad L_{V} = \frac{|\underline{S}_{21}|^2 \, (1 - |\underline{r}_G|^2)}{1 - |\underline{r}_G\underline{S}_{21}^2|^2} = 0,8078$$

b4) $\underline{r}_a = 0,685 \cdot e^{j64,76^\circ} \,, \qquad \underline{r}_G = 0,6173 \cdot e^{-j35,15^\circ} \,, \qquad \dfrac{|\underline{a}_0|^2}{2} = 92,91 \ \text{mW} \,,$

$$P_V = \frac{|\underline{a}_0|^2}{2} \cdot \frac{1}{1 - |\underline{r}_G|^2} = 150,11 \ \text{mW} \,, \qquad P_V' = \frac{|\underline{a}_0|^2}{2} \cdot \frac{|\underline{S}_{21}|^2}{1 - |\underline{r}_G\underline{S}_{21}^2|^2} = 121,26 \ \text{mW} \,,$$

$$P_{\text{in}} = \frac{|\underline{a}_0|^2}{2} \cdot \frac{1 - |\underline{r}_a\underline{S}_{21}^2|^2}{|1 - \underline{r}_G\underline{r}_a\underline{S}_{21}^2|^2} = 150,11 \ \text{mW} \,, \qquad P_a = \frac{|\underline{a}_0|^2}{2} \cdot \frac{|\underline{S}_{21}|^2 \, (1 - |\underline{r}_a|^2)}{|1 - \underline{r}_a\underline{r}_G\underline{S}_{21}^2|^2} = 116,04 \ \text{mW} \,,$$

$$L_{\ddot{U}} = \frac{|\underline{S}_{21}|^2 \, (1 - |\underline{r}_G|^2)(1 - |\underline{r}_a|^2)}{|1 - \underline{r}_a\underline{r}_G\underline{S}_{21}^2|^2} = 0,7729 \,, \qquad L_{\text{eff}} = \frac{|\underline{S}_{21}|^2 \, (1 - |\underline{r}_a|^2)}{1 - |\underline{r}_a\underline{S}_{21}^2|^2} = 0,7729 \,,$$

$$L_{V} = \frac{|\underline{S}_{21}|^2 \, (1 - |\underline{r}_G|^2)}{1 - |\underline{r}_G\underline{S}_{21}^2|^2} = 0,8078 \,.$$

c) *Aus (9.4.3/3):* $F_1 = 1 + |\underline{S}_{11}|^2 - |\underline{S}_{22}|^2 - |\underline{\Delta}|^2 = 1 - |\underline{S}_{21}^2|^2 = 0,1878 \,,$

$\underline{E}_1 = \underline{S}_{11} - \underline{\Delta} \cdot \underline{S}_{22}^* = 0$

$\Rightarrow$ *aus (9.4.3/2)* $\underline{r}_G = 0 \Rightarrow \underline{Z}_G = Z_0 = 50 \, \Omega \,.$

Aus (9.4.3/6): $\underline{E}_2 = \underline{S}_{22} - \underline{\Delta} \cdot \underline{S}_{11}^* = 0 \Rightarrow$ *aus (9.4.3/5)* $\underline{r}_a = 0 \Rightarrow \underline{Z}_a = Z_0 = 50 \, \Omega \,.$

d) *Aus (9.4/1) und (9.4.3/8):*

$$P_{\text{in}} = P_V = \frac{|\underline{a}_0|^2}{2} \cdot \frac{1}{1 - |\underline{r}_G|^2} = 250 \ \text{mW} \,.$$

Aus (9.4.3/7) und (9.4.3/9):

$$P_a = P_V' = \frac{|\underline{a}_0|^2}{2} \cdot \frac{|\underline{S}_{21}|^2}{|1 - \underline{S}_{11}\underline{r}_G|^2} \cdot \frac{1}{1 - |\underline{r}_a|^2} = 250 \ \text{mW} \cdot 0,9012 = 225,3 \ \text{mW} \,.$$

Aus (9.4.3/10):

$$L_V = L_{\ddot{U}} = L_{\text{eff}} = \frac{|\underline{S}_{21}|^2}{|1 - \underline{S}_{11}\underline{r}_G|^2} \cdot \frac{1 - |\underline{r}_G|^2}{1 - |\underline{r}_a|^2} = 0,9012 \,.$$

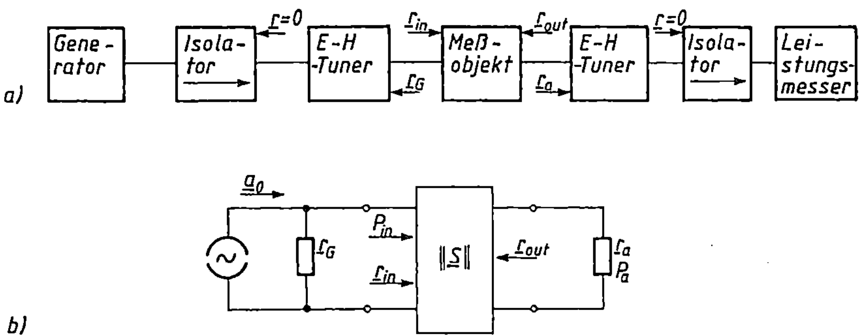

Bild 9.4.3-3 a) Prinzipieller Meßaufbau zur Untersuchung des Leistungs-, Schwing-, Rausch-
und Verzerrungsverhaltens

b) Dazugehörige Wellenersatzschaltung

- **Übung 9.4.3/1:** Für die Dimensionierung eines Mikrowellenverstärkers in Hohlleitertechnik wird ein
GaAs-FET-Chip (0,4 mm-Seitenlänge, 0,3 µm-Gatelänge) durch 17 µm-Bonddrähte mit einer Microstripleitung (s. Kapitel 11) verbunden. Die Microstripleitung wird mit Hohlleiter-Microstripübergängen
versehen und in ein Hohlleitergehäuse (Meßobjekt) eingebaut. Bei $f = 19\,\text{GHz}$ lassen sich für das
Meßobjekt folgende Streuparameter meßtechnisch ermitteln: $\underline{S}_{11} = 0,39 \cdot e^{j35°}$, $\underline{S}_{21} = 1,69 \cdot e^{-j60°}$,
$\underline{S}_{12} = 0,118 \cdot e^{-j30°}$, $\underline{S}_{22} = 0,20 \cdot e^{-j120°}$.

Das Leistungs-, Schwing-, Rausch- und Verzerrungsverhalten des Meßobjektes kann mit der in
Bild 9.4.3-3a skizzierten Meßschaltung untersucht werden. Mit den rechnergesteuerten E-H-Hohllei-
tertunern am Ein- und Ausgang des Meßzweitors lassen sich die Reflexionsfaktoren $0 \leq |\underline{r}_{G;a}| < 1$,
$0 \leq \arg\{\underline{r}_{G;a}\} \leq 2\pi$ realisieren [69]. Die Meßschaltung in Bild 9.4.3-3a kann durch das Wellenersatz-
schaltbild 9.4.3-3b beschrieben werden.

a) Berechnen Sie die verfügbare Leistung P_V des Generators $(|\underline{a}_0|^2/2 = 10\,\text{mW})$ und die verfügbare
Leistung P_V' des Zweitors sowie die in Bild 9.4.3-3b eingezeichneten Leistungen P_{in}, P_a und die
Leistungsverstärkungen $L_Ü$, L_{eff}, L_V für die Fälle

a1) $\underline{r}_G = 0,53 \cdot e^{j52°}$, $\qquad \underline{r}_a = 0,35 \cdot e^{-j95°}$,

a2) $\underline{r}_G = 0,53 \cdot e^{j52°}$, $\qquad \underline{r}_a = \underline{r}_{out}^*$ (Leistungsanpassung am Ausgang),

a3) $\underline{r}_G = \underline{r}_{in}^*$, $\qquad \underline{r}_a = 0,35 \cdot e^{-j95°}$ (Leistungsanpassung am Eingang),

a4) $\underline{r}_G = 0$, $\qquad \underline{r}_a = 0$ (Verstärker ohne Anpassungsnetzwerke am Ein- und Ausgang),

b) Wie müssen $\underline{r}_G$ und $\underline{r}_a$ für eine optimale Zweitorbeschaltung gewählt werden, damit die Leistungsverstärkung maximal wird?

c) Berechnen Sie für die in b) ermittelten Reflexionsfaktoren die in a) gesuchten Größen.

- **Übung 9.4.3/2:** Das in Bild 9.4.3-4 skizzierte beschaltete Zweitor besitzt die Streumatrix

$$\|\underline{S}\| = \begin{bmatrix} 0,47 \cdot e^{j53°} & 0,131 \cdot e^{-j19°} \\ 3,14 \cdot e^{j85°} & 0,17 \cdot e^{-j157°} \end{bmatrix}.$$

a) Wie müssen $\underline{r}_G$ und $\underline{r}_a$ für eine optimale Zweitorbeschaltung gewählt werden, damit die Leistungsverstärkung L_V maximal wird?

b) Wie groß sind für Fall a) die Leistungsverstärkungen L_V, L_{eff} und $L_Ü$?

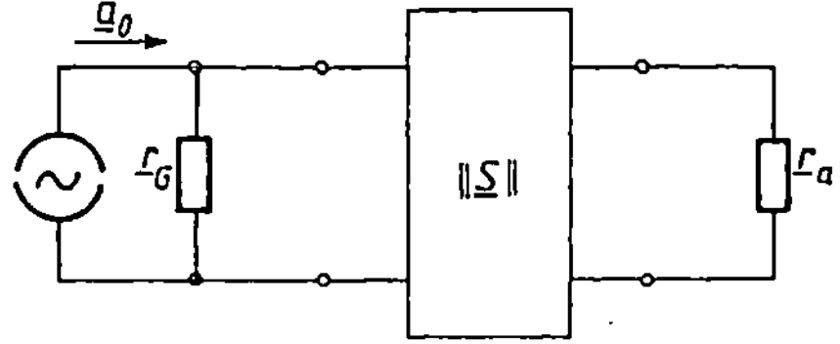

Bild 9.4.3-4
Leistungsanpassung am Ein- und Ausgang
des Zweitors

9.5 Verlustloses, reziprokes Zweitor

Kann man bei Hochfrequenzkomponenten die Verluste vernachlässigen, dann vereinfachen sich die Entwurfs- und Berechnungsverfahren. Ein versilberter E-H-Hohlleiterturner (s. Kapitel 10.3) läßt sich z. B. in guter Näherung als verlustloses ($\|E\| - \|\underline{S}\|^{T} \cdot \|\underline{S}\|^{*} = 0$), reziprokes ($\underline{S}_{12} = \underline{S}_{21}$) Zweitor betrachten. Für ein solches Zweitor erhält man aus Übung 9.2.1/1 für $n = 2$:

$$\underline{C}_{11} = \underline{S}_{11} \cdot \underline{S}_{11}^{*} + \underline{S}_{21} \cdot \underline{S}_{21}^{*} = 1 \Rightarrow |\underline{S}_{11}|^{2} + |\underline{S}_{21}|^{2} = 1 \,, \tag{9.5/1}$$

$$\left. \begin{array}{l} \underline{C}_{12} = \underline{S}_{11} \cdot \underline{S}_{12}^{*} + \underline{S}_{21} \cdot \underline{S}_{22}^{*} = 0 \\ \underline{C}_{21} = \underline{S}_{12} \cdot \underline{S}_{11}^{*} + \underline{S}_{22} \cdot \underline{S}_{21}^{*} = 0 \end{array} \right\} \Rightarrow \underline{S}_{11} \cdot \underline{S}_{21}^{*} + \underline{S}_{21} \cdot \underline{S}_{22}^{*} = 0 \,, \tag{9.5/2}$$

$$\underline{C}_{22} = \underline{S}_{12} \cdot \underline{S}_{12}^{*} + \underline{S}_{22} \cdot \underline{S}_{22}^{*} = 1 \Rightarrow |\underline{S}_{21}|^{2} + |\underline{S}_{22}|^{2} = 1 \,. \tag{9.5/3}$$

Aus (9.5/1) und (9.5/3) $\Rightarrow |\underline{S}_{11}| = |\underline{S}_{22}|$ $\hfill$ (9.5/4)

$$\Rightarrow |\underline{S}_{21}| = \sqrt{1 - |\underline{S}_{11}|^{2}} \,. \tag{9.5/5}$$

Aus (9.5/2) $\Rightarrow$

$$|\underline{S}_{11}| \cdot e^{j\Phi_{11}} \cdot |\underline{S}_{21}| \cdot e^{-j\Phi_{21}} + |\underline{S}_{21}| \cdot e^{j\Phi_{21}} \cdot |\underline{S}_{22}| \cdot e^{-j\Phi_{22}}$$

$$= |\underline{S}_{11}| \cdot e^{j\Phi_{11}} \cdot \underbrace{\sqrt{1 - |\underline{S}_{11}|^{2}}}_{\text{aus (9.5/5)}} \cdot e^{-j\Phi_{21}} + \underbrace{\sqrt{1 - |\underline{S}_{11}|^{2}}}_{\text{aus (9.5/5)}} \cdot e^{j\Phi_{21}} \cdot \underbrace{|\underline{S}_{11}|}_{\text{aus (9.5/4)}} \cdot e^{-j\Phi_{22}}$$

$$= |\underline{S}_{11}| \cdot \sqrt{1 - |\underline{S}_{11}|^{2}} \cdot [e^{j\Phi_{11}} \cdot e^{-j\Phi_{21}} + e^{j\Phi_{21}} \cdot e^{-j\Phi_{22}}] = 0$$

$$\Rightarrow \left[\frac{e^{j\Phi_{11}}}{e^{-j\Phi_{22}}} + \frac{e^{j\Phi_{21}}}{e^{-j\Phi_{21}}} \right] = 0$$

$$\Rightarrow e^{j(\Phi_{11} + \Phi_{22})} + e^{j2\Phi_{21}} = 0$$

$$e^{j(\Phi_{11} + \Phi_{22})} = -e^{-j2\Phi_{21}} = e^{j2\Phi_{21}} \cdot \underbrace{e^{\pm j\pi}}_{-1} = e^{j(2\Phi_{21} \pm \pi)}$$

$$\Rightarrow \Phi_{11} + \Phi_{22} = 2\Phi_{21} \pm \pi \Rightarrow \Phi_{21} = \tfrac{1}{2} \cdot (\pm\pi + \Phi_{11} + \Phi_{22}) \,. \tag{9.5/6}$$

- **Beispiel 9.5/1:** Gegeben ist der in Bild 9.5-1a skizzierte verlustlose, symmetrische Tuner ($\underline{S}_{11} = \underline{S}_{22}$, $\underline{S}_{12} = \underline{S}_{21}$), der den Lastreflexionsfaktor $\underline{r}_{a}$ an den Generator anpassen soll ($\underline{r}_{in} = \underline{r}_{G} = 0$). Ermitteln Sie dafür die Streuparameter des Tuners.

Lösung:

Aus (9.2.2/15) mit $\underline{S}_{11} = \underline{S}_{22}$ und $\underline{S}_{12} = \underline{S}_{21}$:

$$(1) \quad \underline{r}_{in} = \underline{S}_{22} + \frac{\underline{S}_{21}^{2} \underline{r}_{a}}{1 - \underline{S}_{22} \underline{r}_{a}} = \frac{\underline{S}_{22}(1 - \underline{S}_{22}\underline{r}_{a}) + \underline{S}_{21}^{2}\underline{r}_{a}}{1 - \underline{S}_{22}\underline{r}_{a}} = \frac{\underline{S}_{22} - \underline{r}_{a}(\underline{S}_{22}^{2} - \underline{S}_{21}^{2})}{1 - \underline{S}_{22}\underline{r}_{a}} \,.$$

Aus (9.5/6):

$$\arg\{\underline{S}_{21}\} = \tfrac{1}{2} \cdot (\pm\pi + 2\arg\{\underline{S}_{22}\})$$

$$(2) \quad \Rightarrow 2\arg\{\underline{S}_{21}\} - 2\arg\{\underline{S}_{22}\} = \pm\pi \,.$$

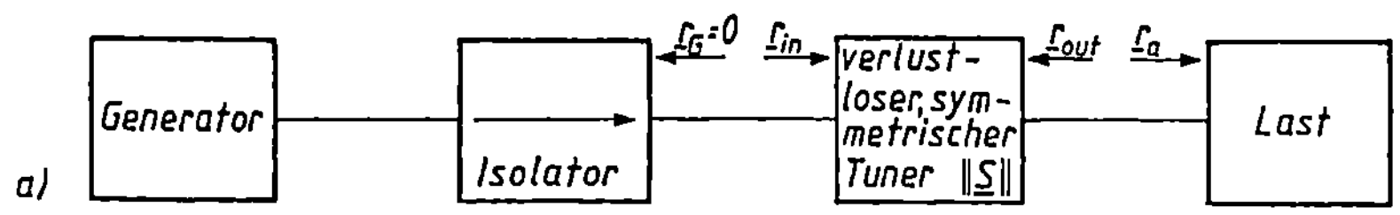

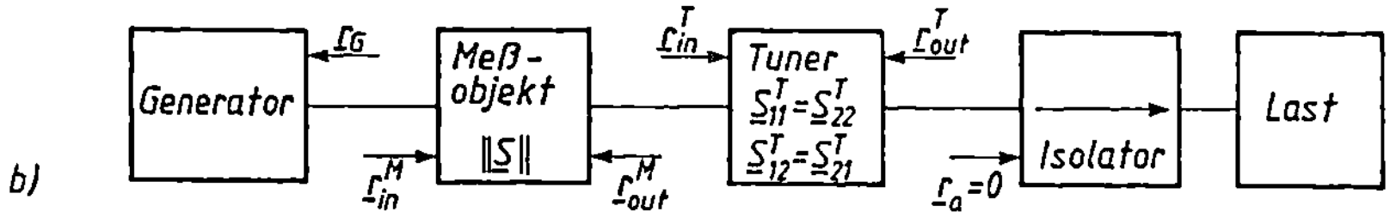

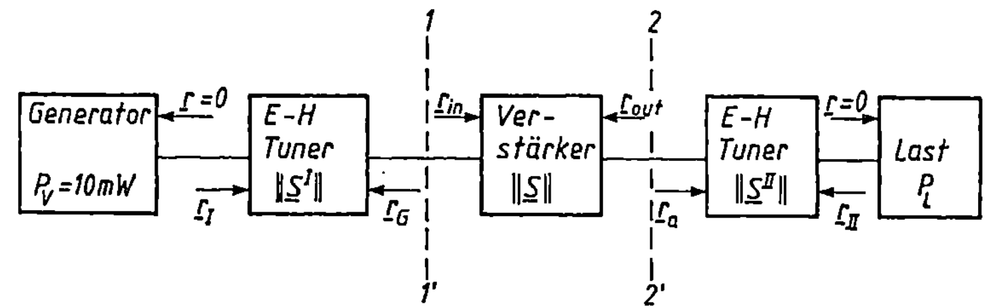

Bild 9.5-1 a) Leistungsanpassung am Ausgang ($\underline{r}_{out} = \underline{r}_a^*$) und gleichzeitige Wellen- und Leistungsanpassung ($\underline{r}_{in} = \underline{r}_G = 0$) am Eingang des Tuners

b) Leistungsanpassung am Meßobjektausgang

c) Ein- und Ausgangstuner für eine gleichzeitige Leistungsanpassung am Verstärkerein-und -ausgang

Zähler von (1):

$$|\underline{S}_{22}| \cdot e^{j\,arg\{\underline{S}_{22}\}} - \underline{r}_a \cdot [|\underline{S}_{22}|^2 \cdot e^{j\,2\,arg\{\underline{S}_{22}\}} - |\underline{S}_{21}|^2 \cdot e^{j\,2\,arg\{\underline{S}_{21}\}}]$$

$$= e^{j\,2\,arg\{\underline{S}_{22}\}} \cdot \{|\underline{S}_{22}| \cdot e^{-j\,arg\{\underline{S}_{22}\}} - \underline{r}_a[|\underline{S}_{22}|^2 - |\underline{S}_{21}|^2 \cdot e^{j(2\,arg\{\underline{S}_{21}\} - 2\,arg\{\underline{S}_{22}\})}]\}$$

$$(3) \quad = e^{j\,2\,arg\{\underline{S}_{22}\}} \cdot \{\underline{S}_{22}^* - \underline{r}_a\underbrace{[|\underline{S}_{22}|^2 + |\underline{S}_{21}|^2]}_{\text{aus } (9.5/3) \; 1}\} \cdot \qquad \underbrace{}_{\text{aus (2)} \; e^{\pm j\pi} = -1}$$

(3) in (1):

$$(4) \quad \underline{r}_{in} = e^{j\,2\,arg\{\underline{S}_{22}\}} \cdot \frac{\underline{S}_{22}^* - \underline{r}_a}{1 - \underline{S}_{22}\underline{r}_a} \Rightarrow$$

$$(5) \quad |\underline{r}_{in}| = \left|\frac{\underline{S}_{22}^* - \underline{r}_a}{1 - \underline{S}_{22}\underline{r}_a}\right|$$

$$\Rightarrow |\underline{r}_{in}| = 0 \quad \text{für} \quad \underline{S}_{22}^* = \underline{r}_a \Rightarrow \underline{S}_{11} = \underline{S}_{22} = \underline{r}_a^*.$$

Aus (9.5/5): $|\underline{S}_{21}| = |\underline{S}_{12}| = \sqrt{1 - |\underline{S}_{11}|^2}$.

Aus (2): $arg\{\underline{S}_{21}\} = arg\{\underline{S}_{22}\} \pm \dfrac{\pi}{2}$.

Der Winkel $arg\{\underline{S}_{21}\}$ ist nicht eindeutig zu bestimmen. In praktischen Berechnungen wird jedoch nur der Term $\underline{S}_{21}^2 = \underline{S}_{12}\underline{S}_{21}$ benötigt; damit entsteht wieder Eindeutigkeit.

Aus (9.2.2/19): $\underline{r}_{out} = \underline{S}_{22} = \underline{r}_a^* \Rightarrow$ Leistungsanpassung am Ausgang und wegen $\underline{r}_{in} = \underline{r}_G = 0$ gleichzeitig Wellen- und Leistungsanpassung am Eingang.

■ **Übung 9.5/1:** Das in Bild 9.5-1b skizzierte Meßobjekt besitzt bei $f = 19\,\text{GHz}$ die gemessenen Streuparameter $\underline{S}_{11}^{M} = 0{,}39 \cdot e^{j35°}$, $\underline{S}_{21}^{M} = 1.69 \cdot e^{-j60°}$, $\underline{S}_{12}^{M} = 0{,}118 \cdot e^{-j30°}$ und $\underline{S}_{21}^{M} = 0{,}21 \cdot e^{-j120°}$.

Für Rauschanpassung ist ein optimaler Generatorreflexionsfaktor $r_{G} = 0{,}53 \cdot e^{j52°}$ erforderlich. Der verlustlose, symmetrische Tuner soll das Meßobjekt an den Isolator anpassen ($\underline{r}_{out}^{T} = \underline{r}_{a} = 0$).

a) Welche Beziehung muß zwischen r_{out}^{M} und r_{in}^{T} herrschen?

b) Berechnen Sie die erforderlichen Streuparameter des Tuners.

■ **Übung 9.5/2:** Die verlustlosen, symmetrischen E-H-Tuner in Bild 9.5-1c werden für eine optimale Zweitorbeschaltung so eingestellt, daß die Leistungsverstärkung maximal wird. Der Verstärker besitzt die Streumatrix

$$\|\underline{S}\| = \begin{bmatrix} 0{,}34 \cdot e^{j47°} & 0{,}095 \cdot e^{-j55°} \\ 4{,}32 \cdot e^{j33°} & 0{,}24 \cdot e^{-j146°} \end{bmatrix}.$$

a) Berechnen Sie dafür $\underline{r}_{G}$ und $\underline{r}_{a}$.

b) Ermitteln Sie die Reflexionsfaktoren $\underline{r}_{I}$, $\underline{r}_{in}$, $\underline{r}_{out}$ und $\underline{r}_{II}$.

c) Berechnen Sie die Größen $|\underline{a}_{0}'|$ und $\underline{r}_{G}'$ einer transformierten Ersatzwellenquelle für die Ebenen $1 - 1'$ und $2 - 2'$.

d) Welche Leistung P_{L} wird von der Last aufgenommen?

10 Hohlleiter

10.1 Allgemeine Wellenleiter

Die Berechnung der Koaxialleitung mit dem TEM-Wellenmodell ist nur dann sinnvoll, wenn man die Abmessungen der Koaxialleitung nach (8/1) so dimensioniert, daß nur die TEM-Welle (Grundmode) und keine weiteren Wellen mit axialen Komponenten (E_{mn}- und H_{mn}-Wellen) ausbreitungsfähig sind. Die Koaxialleitung wirkt ab einer bestimmten Grenzfrequenz als Rundhohlleiter, d. h. man könnte bei einer Koaxialleitung den Innenleiter entfernen, und oberhalb der Grenzfrequenz wäre weiterhin eine Wellenübertragung möglich. Da diese Welle jetzt Feldkomponenten in Ausbreitungsrichtung besitzt, ist die Rundhohlleitertheorie viel aufwendiger als z. B. die TEM-Berechnung. Der große Vorteil des jetzt fehlenden Innenleiters ist die geringere Verlustleistung, die bei einer Übertragung „verlorengeht". Bei einer 60 Ω-Koaxialleitung z. B. fällt bei 100 MHz nur etwa 4% der zu übertragenden Leistung als Verlustleistung an, während bei 10 GHz schon mehr als die Hälfte auftritt. Die Längs-(Widerstandsdämpfung) teilt sich dabei wie etwa $3:1$ auf den Innen- und Außenleiter des Kabels auf [54]. Bei Frequenzen $f > 10$ GHz ist wegen der großen Verluste eine Übertragung mit einer Koaxialleitung über längere Strecken nicht mehr sinnvoll.

Wegen des fehlenden Innenleiters beim Hohlleiter entfällt diese Widerstandsdämpfung. Da der Hohlleiter meistens mit Luft oder Schutzgas gefüllt ist, also ein sehr verlustarmes Dielektrikum besitzt, ist auch die Querdämpfung gering. Weiterhin können mit Hohlleitern höhere Leistungen übertragen werden. Deshalb werden bei Frequenzen $f > 1$ GHz für die Übertragung großer Leistungen Hohlleiter verwendet. Da die Verluste des Rundhohlleiters mit wachsender Frequenz kleiner werden, gab es vor Jahren Überlegungen, Weitverkehrsübertragungsstrecken mit Rundhohlleitern aufzubauen. Dafür wurden auch schon einige Teststrecken eingerichtet. Der Siegeszug der billigeren und leistungsfähigeren Glasfaser hat dann den Rundhohlleiter verdrängt. Heute werden Rundhohlleiter meistens nur noch für Modenwandler (Polarisation bei Antennen) und hochwertige Filterschaltungen benötigt. Rechteckhohlleiter werden eingesetzt als verlustarme Verbindungsleitungen zwischen der Antenne und den Sendern bzw. Empfängern von Radarstationen und Richt- oder Satellitenfunkverbindungen. Weiterhin dienen sie zur Impedanzwandlung, Selektion und als Gehäuse für Streifenleitungen. Während bei den Lecherleitungen in Kapitel 8 bereits bei $f = 0$ (Gleichstrom) ein Energietransport stattfinden kann, ist dies beim Hohlleiter erst oberhalb einer bestimmten Grenzfrequenz, die von den Hohlleiterabmessungen abhängig ist, möglich. Der Hohlleiter besitzt also ein Hochpaßverhalten. Niedrige Grenzfrequenzen benötigen einen großen Querschnitt, so daß erst im GHz-Bereich ein kompakter Hohlleiteraufbau möglich wird.

Bei der Lecherleitungstheorie wurde vorausgesetzt, daß die magnetischen und elektrischen Feldgrößen in jedem Punkt des Leitungsquerschnitts mit der gleichen Phase schwingen. Phasenverschiebungen auf der Querebene kommen zustande, wenn die Wellenlänge in die Größenordnung der Leitungsquerausdehnung kommt. Dann entstehen im Gegensatz zur TEM-Welle Feldformen, die eine Feldstärkekomponente in Ausbreitungsrichtung der Welle besitzen (H-Welle bei magnetischer, E-Welle bei elektrischer Feldstärkekomponente). Man nennt eine H-Welle auch TE-(transversal-elektrische) Welle und eine E-Welle TM-(transversal-

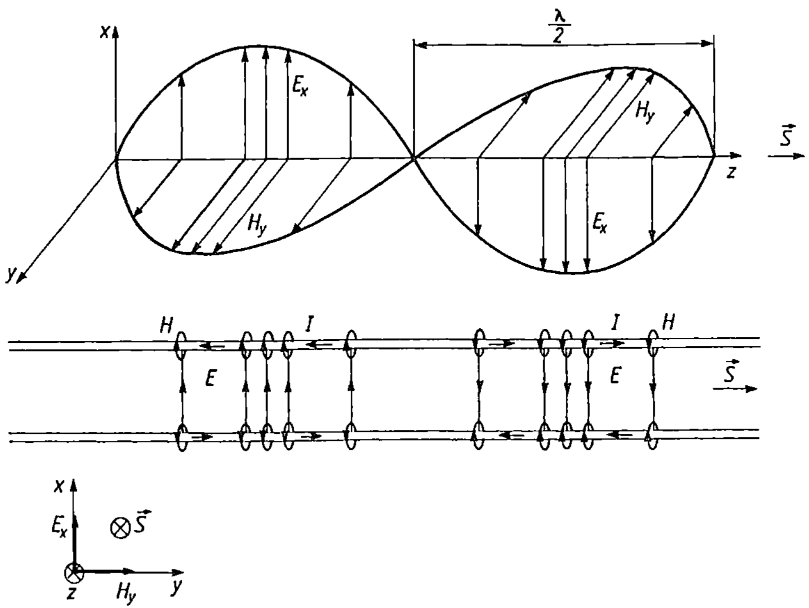

Bild 10.1-1 Momentanbild einer sich in z-Richtung ausbreitenden TEM-Welle

magnetische) Welle, weil das elektrische Feld der H-Welle und das magnetische Feld der E-Welle nur in Querrichtung (transversal) auftreten. Bei den TEM-(transversal-elektrisch-magnetische) Wellen existieren keine Feldstärkekomponenten in Ausbreitungsrichtung, d. h. die magnetischen und elektrischen Feldkomponenten sind nur in der Querrichtung vorhanden. Das Momentanbild einer TEM-Welle, die in z-Richtung läuft, ist in Bild 10.1-1 (nach [55]) skizziert. Die Welle breitet sich in Richtung des Poyntingschen Vektors

$$\vec{S} = \vec{E} \times \vec{H} \tag{10.1/1}$$

aus. Der Betrag des Poyntingschen Vektors hat die Bedeutung einer Leistungs- bzw. Strahlungsdichte. Er gibt an, welche Leistung bezogen auf die Flächeneinheit, am Ort der Feldkomponenten $\vec{E}$ und $\vec{H}$ im zeitlichen Mittel übertragen wird. Integriert man über die Fläche an diesem Ort, dann läßt sich mit

$$P = \tfrac{1}{2} \cdot \iint\limits_{A} \vec{S} \cdot \mathrm{d}\vec{A} \tag{10.1/2}$$

die mittlere übertragene Leistung berechnen [10, 12].

10.2 Entstehung der Rechteckhohlleiterwellen

Bild 10.2.-1 (aus [54]) zeigt die beiden prinzipiellen Anregungsmöglichkeiten von Rechteckhohl-leiterwellen. Ein Gleichstrom I erzeugt das in Bild 10.2-1a skizzierte statische Magnetfeld, während man ein statisches elektrisches Feld mit der Anordnung in Bild 10.2-1b erhält. Beide statischen Felder bewirken natürlich keine Wellenausbreitung. Auch ein langsam veränderliches elektrisches oder magnetisches Feld hat keinen Energietransport im Hohlleiter zur Folge, da die Felder in der z-Ausbreitungsrichtung exponentiell gedämpft werden. Die Änderungsge-schwindigkeit der Feldgrößen ist noch so gering, daß man die Verschiebungsstromdichte $\mathrm{d}\vec{D}/\mathrm{d}t$ vernachlässigen kann. Erst bei schnell veränderlichen Feldern kann eine elektromagnetische

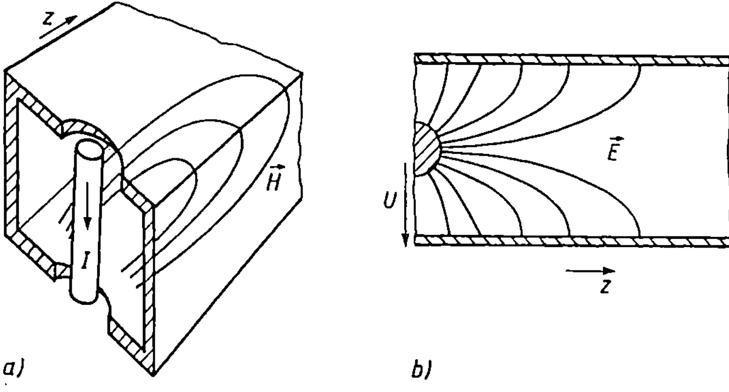

Bild 10.2-1   Statische Feldformen im Hohlleiter
  a) Angeregtes Magnetfeld
  b) Angeregtes elektrisches Feld

Welle angeregt werden, die sich ähnlich verhält wie die Lichtausbreitung. Mit einem zeitlich
ändernden magnetischen Feld tritt immer gleichzeitig ein elektrisches Feld auf, dessen Integral
der elektrischen Feldstärke längs eines geschlossenen Weges s der in diesem Umlauf induzierten
Spannung entspricht (Induktionsgesetz). Für A = konst. läßt sich das Induktionsgesetz in der
Integraldarstellung schreiben als

$$\oint_s \vec{E} \cdot \mathrm{d}\vec{s} = -\frac{\mathrm{d}}{\mathrm{d}t} \int\!\!\int_A \vec{B} \cdot \mathrm{d}\vec{A} . \tag{10.2/1}$$

Nach den Feldvorstellungen sind die Feldlinien eines zeitlich veränderlichen Magnetfeldes von
geschlossenen elektrischen Feldlinien umgeben (Wirbelfeld). Beim verallgemeinerten Durchflutungssatz

$$\oint_s \vec{H} \cdot \mathrm{d}\vec{s} = \int\!\!\int_A \left(\vec{J}_\mathrm{K} + \frac{\partial \vec{D}}{\partial t} \right) \cdot \mathrm{d}\vec{A} \tag{10.2/2}$$

ist $\vec{J}_\mathrm{K}$ die Konvektionsstromdichte (Feld- und Diffusionsstromdichte). Mit $\vec{J}_\mathrm{K} = 0$ im Nichtleiter und einer Dielektrizitätskonstanten ε = konst. ergibt sich mit $\vec{D} = \varepsilon \cdot \vec{E}$ aus (10.2/2):

$$\oint_s \vec{H} \cdot \mathrm{d}\vec{s} = \varepsilon \cdot \int\!\!\int_A \frac{\partial \vec{E}}{\partial t} \cdot \mathrm{d}\vec{A} \tag{10.2/3}$$

Bei den elektromagnetischen Wellen im nichtleitenden Raum ist der Magnetfeldwirbel nicht
mit einem Leitungsstrom verkoppelt, sondern mit einem Verschiebungsstrom. Eine Wellenausbreitung im Hohlleiter ist erst oberhalb einer bestimmten Grenzfrequenz möglich. Bevor wir
die Gln. (10.2/1) und (10.2/3) mathematisch auswerten, soll die Wellenausbreitung im Rechteckhohlleiter erst einmal anschaulich erklärt werden.

Eine elektromagnetische Welle wird an einer gut leitenden Ebene reflektiert, ähnlich wie ein
Lichtstrahl von einem Spiegel. Dabei gilt: *Einfallswinkel gleich Ausfallswinkel.* Die Wellenausbreitung in einem Rechteckhohlleiter läßt sich durch Spiegelung einer ebenen Welle an ideal
leitenden Seitenwänden beschreiben, wie dies in Bild 10.2-2 (nach [12] und [54]) skizziert ist.

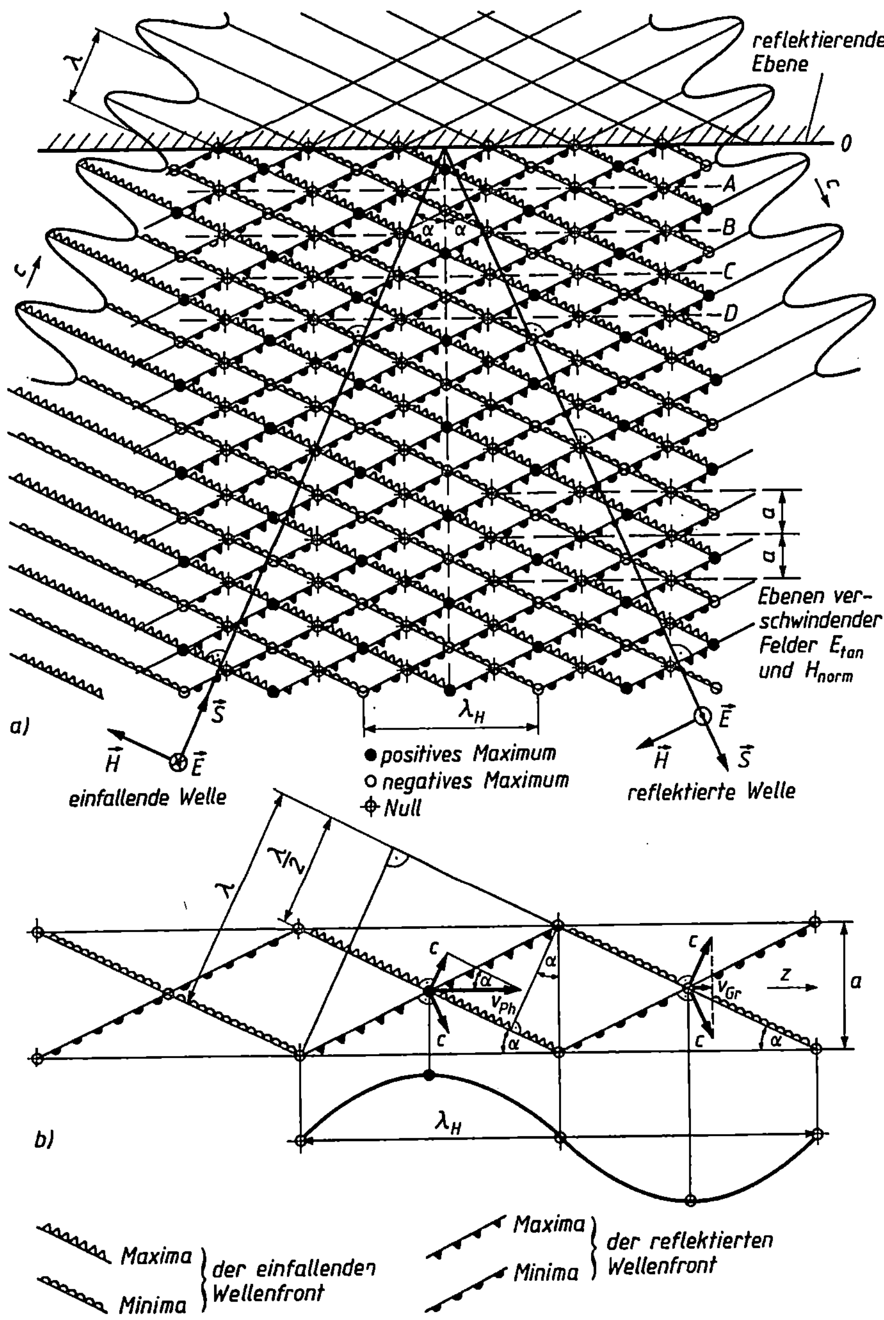

Bild 10.2-2 a) Reflexion einer ebenen Welle
b) Mehrfachreflexionen der ebenen Welle zwischen zwei Hohlleiterwänden

Eine ebene Welle mit dem E-Vektor parallel zu den Seitenwänden des Hohlleiters trifft in Bild 10.2-2a mit dem Einfallswinkel α auf eine reflektierende Ebene. Der Poyntingvektor $\vec{S}$ beschreibt die Ausbreitungsrichtung der einfallenden und reflektierten Welle. Senkrecht zu der Ausbreitungsrichtung der Welle sind die Maxima und Minima der einfallenden und reflektierten Wellenfronten dargestellt. Beide Wellenfronten bewegen sich mit Lichtgeschwindigkeit; die

Wellenlänge $\lambda = c/f$ der ebenen Welle entspricht der im freien Raum. Man erkennt an Bild 10.2-2a, daß sich die Wellenfronten überlagern. Treffen gleiche Schwingungszustände zusammen, dann verdoppeln sich die Feldstärken:

- $\bullet \;\hat{=}\;$ positives Maximum
- $\circ \;\hat{=}\;$ negatives Maximum

Punkte, wo sich die Maxima und Minima der Feldstärken aufheben, sind mit $\oplus$ charakterisiert. Diese Punkte verschwindender resultierender Feldstärken, bei denen entgegengesetzte Extremwerte auftreten, sind aber nicht die einzigen Orte, wo sich die beiden Teilfelder zu Null addieren. Die reflektierende Ebene in Bild 10.2-2a sowie die Ebenen A, B, C, D und beliebig viele im Abstand $n \cdot a$ ($n = 1, 2, 3 \ldots$) parallel verlaufende Ebenen sind Orte, an denen sowohl die Tangentialkomponenten E_{tan} als auch die Normalkomponenten H_{norm} verschwinden. An diesen Orten könnte man ein unendlich gut leitendes Blech einschieben; zwischen Blech und reflektierender Ebene hätte man weiterhin das ungestörte Feld. An dem ideal leitenden Blech kann kein Spannungsabfall auftreten, also ist $E_{\mathrm{tan}} = 0$. Weiterhin treten wegen des starken Skineffekts nur an der Blechoberfläche Ströme auf, deren magnetische Feldlinien sich aber nur parallel zur Fläche ausbreiten, d. h. $H_{\mathrm{norm}} = 0$. Damit ist es möglich, daß sich die ebene Welle im Zick-Zack-Kurs zwischen den beiden leitenden Wänden ausbreiten kann. Diese beiden leitenden Wände könnten z. B. die Seitenwände eines Rechteckhohlleiters darstellen. Zwischen der reflektierenden Ebene in Bild 10.2-2a und der Ebene A findet man als kürzesten Abstand für ein weiteres leitendes Blech die Länge a.

Bild 10.2-2b zeigt zwei leitende Wände mit dem Abstand a, zwischen denen sich durch Spiegelung eine resultierende Welle fortpflanzt, deren Ausbreitungsrichtung z parallel zu den leitenden Wänden liegt. Durch die Zick-Zack-Bewegung ist die Hohlleiterwellenlänge λ_{H} der in z-Richtung laufenden Welle natürlich größer als die Freiraumwellenlänge λ der ebenen Welle.

10.3 Grundwelle

Für den einfachsten Wellentyp im Rechteckhohlleiter (Grund- oder H_{10}-Welle) kann man die Hohlleiterwellenlänge λ_{H} ermitteln, wenn man für Bild 10.2-2b folgende Winkelfunktionen aufstellt:

Kleines rechtwinkliges Dreieck $\Rightarrow$

$$\cos(\alpha) = \frac{\lambda/2}{a}, \tag{10.3/1}$$

Großes rechtwinkliges Dreieck $\Rightarrow$

$$\sin(\alpha) = \frac{\lambda}{\lambda_{\mathrm{H}}} \cdot \tag{10.3/2}$$

Setzt man (10.3/1) und (10.3/2) in $\sin^2(\alpha) + \cos^2(\alpha) = 1$ ein, dann ergibt sich:

$$\left(\frac{\lambda}{\lambda_{\mathrm{H}}}\right)^2 + \left(\frac{\lambda}{2a}\right)^2 = 1 \Rightarrow \lambda_{\mathrm{H}} = \frac{\lambda}{\sqrt{1 - \left(\frac{\lambda}{2a}\right)^2}}. \tag{10.3/3}$$

Mit der Phasengeschwindigkeit $v_{\mathrm{Ph}} = \dfrac{\omega}{\beta}$ (aus Gl. (10) des Beispiels 8.1/1) breitet sich die Welle

(mit der Hohlleiterwellenlänge λ_{H}) in z-Richtung aus.

$$v_{\mathrm{Ph}} = \underbrace{\frac{\omega}{\beta} = \frac{2\pi f}{\dfrac{2\pi}{\lambda_{\mathrm{H}}}} = f \cdot \lambda_{\mathrm{H}}}_{\substack{\text{analog zu Gl. (9)}\\ \text{in Beispiel 8.1/1}}} = \frac{c}{\lambda} \cdot \lambda_{\mathrm{H}} = c \cdot \underbrace{\frac{1}{\sqrt{1 - \left(\dfrac{\lambda}{2a}\right)^2}}}_{\text{aus (10.3/3)}} \cdot \tag{10.3/4}$$

Man erkennt aus Bild 10.2-2b, daß die Phasengeschwindigkeit v_{Ph}, mit der sich das Feldbild in z-Richtung bewegt, größer ist als die Lichtgeschwindigkeit c. Die elektromagnetische Energie breitet sich dagegen in der z-Richtung langsamer als im freien Raum (Lichtgeschwindigkeit) aus, da die z-Bewegung durch den Zick-Zack-Verlauf der mit Lichtgeschwindigkeit laufenden ebenen Welle entstanden ist. Der Wirkleistungstransport geschieht mit der Gruppen- oder Energiegeschwindigkeit

$$v_{\mathrm{Gr}} = \frac{\mathrm{d}\omega}{\mathrm{d}\beta}, \tag{10.3/5}$$

mit der z. B. eine Wellengruppe (Impulse) die Entfernung zwischen Sender und Empfänger durchläuft. Man spricht von einer dispersiven Leitung, wenn die Phasen- und Gruppengeschwindigkeit unterschiedlich sind. Ist die Gruppengeschwindigkeit v_{Gr} in einem betrachteten Frequenzband (erforderlich z. B. für die Übertragung einer modulierten Schwingung) nicht konstant, dann wird jede Spektrallinie des Signals mit einer anderen Geschwindigkeit übertragen, d. h. die einzelnen Spektrallinien des nach Fourier zerlegten Eingangssignals kommen zu unterschiedlichen Zeiten am Empfänger an und addieren sich zu Impulsformen, die wenig Ähnlichkeit mit den am Generator eingespeisten Impulsen besitzen. Diese lineare Signalverzerrung kann in analogen Systemen rückgängig gemacht werden. Bei digitaler Übertragung können die einzelnen Impulse durch die Dispersion so verschliffen werden, daß sie ineinander übergehen, so daß ein Empfänger nicht mehr das ursprüngliche Impulsmuster erkennen kann. Dies führt dann zu einer Begrenzung des Produktes aus Bitrate und Leitungsentfernung.

- **Beispiel 10.3/1:** a) Berechnen Sie die Gruppen- oder Energiegeschwindigkeit v_{Gr} einer H_{10}-Welle im Rechteckhohlleiter.
  b) Welcher Zusammenhang besteht zwischen v_{Ph} und v_{Gr}?

Lösung:

a) *Aus (10.3/5):*

$$(1) \quad \frac{1}{v_{\mathrm{Gr}}} = \frac{\mathrm{d}\beta}{\mathrm{d}\omega} = \frac{\mathrm{d}\beta}{\mathrm{d}(2\pi f)} = \frac{1}{c} \cdot \frac{\mathrm{d}\beta}{\mathrm{d}\left(\dfrac{2\pi}{\lambda}\right)} = \frac{1}{c} \cdot \frac{\mathrm{d}\beta}{\mathrm{d}\xi},$$

mit der Abkürzung $\xi = \dfrac{2\pi}{\lambda}$

$$(2) \quad \beta = \frac{2\pi}{\lambda_{\mathrm{H}}} = \underbrace{2\pi \cdot \frac{1}{\lambda} \cdot \sqrt{1 - \left(\frac{\lambda}{2a}\right)^2}}_{\text{aus (10.3/3)}} = \frac{2\pi}{\lambda} \cdot \sqrt{1 - \left(\frac{\lambda}{2\pi} \cdot \frac{\pi}{a}\right)^2} = \xi \cdot \sqrt{1 - \left(\frac{1}{\xi} \cdot \frac{\pi}{a}\right)^2},$$

$$\frac{d\beta}{d\xi} = \sqrt{1 - \left(\frac{1}{\xi}\cdot\frac{\pi}{a}\right)^2} + \frac{1}{2\cdot\sqrt{1 - \left(\frac{1}{\xi}\cdot\frac{\pi}{a}\right)^2}} \cdot \left(-2\cdot\frac{1}{\xi}\cdot\frac{\pi}{a}\right)\cdot\left(-\frac{1}{\xi^2}\cdot\frac{\pi}{a}\right)\cdot\xi$$

$$(3) \quad = \sqrt{1 - \left(\frac{1}{\xi}\cdot\frac{\pi}{a}\right)^2} + \frac{\left(\frac{1}{\xi}\cdot\frac{\pi}{a}\right)^2}{\sqrt{1 - \left(\frac{1}{\xi}\cdot\frac{\pi}{a}\right)^2}} = \frac{1 - \left(\frac{1}{\xi}\cdot\frac{\pi}{a}\right)^2 + \left(\frac{1}{\xi}\cdot\frac{\pi}{a}\right)^2}{\sqrt{1 - \left(\frac{1}{\xi}\cdot\frac{\pi}{a}\right)^2}} = \frac{1}{\sqrt{1 - \left(\frac{1}{\xi}\cdot\frac{\pi}{a}\right)^2}},$$

(3) in (1):

$$(4) \quad v_{Gr} = c\cdot\sqrt{1 - \left(\frac{\lambda}{2a}\right)^2}\,.$$

b) *Aus (10.3/4):*

$$(5) \quad v_{Ph} = \frac{c}{\sqrt{1 - \left(\frac{\lambda}{2a}\right)^2}} \Rightarrow v_{Ph}\cdot v_{Gr} = c^2\,.$$

Die Berechnungen in Beispiel 10.3/1 gelten für einen „leeren" Hohlleiter ($\varepsilon_r = 1$). Betrachten wir noch einmal Bild 10.2-2b:

$$\sin(\alpha) = \frac{c}{v_{Ph}} \Rightarrow v_{Ph} = \frac{c}{\sin(\alpha)} = \underbrace{\frac{c^2}{v_{Gr}}}_{} \Rightarrow v_{Gr} = c\cdot\sin(\alpha)\,. \tag{10.3/6}$$

aus Gl. (5) des Beispiels 10.3/1

Die Gruppengeschwindigkeit v_{Gr} ist verantwortlich für den Wirkleistungstransport im Hohlleiter. Für $\alpha = 0$ in (10.3/6) ist $v_{Gr} = 0$, und deshalb kann keine Wirkleistung mehr übertragen werden. Nach unserem Modell in Bild 10.2-2a würde die einfallende Welle senkrecht auf die reflektierende Ebene treffen. Eine Wellenausbreitung in z-Richtung mit Wirkleistungstransport ist für diesen Grenzfall $\alpha = 0$, der bei einer endlichen Wellenlänge auftritt, nicht möglich. Setzt man $\alpha = 0$ in (10.3/1) ein, dann ergibt sich die Grenz- oder Cutoff-Wellenlänge λ_c.

$$\cos(0) = \frac{\lambda_c/2}{a} \Rightarrow \lambda_c = 2a\,, \tag{10.3/7}$$

$$\Rightarrow f_c = \frac{c}{\lambda_c} = \frac{c}{2a}\,. \tag{10.3/8}$$

Unterhalb der aus (10.3/7) abgeleiteten Grenz- oder Cutoff-Frequenz f_c (auch kritische Frequenz genannt) kann keine Wellenausbreitung im Hohlleiter mehr stattfinden (Hochpaßverhalten).

Die Integraldarstellung der beiden Maxwellschen Gleichungen in (10.2/1) und (10.2/3) ist für eine Feldberechnung nicht geeignet. Um die Flächenintegrale auf den beiden rechten Seiten der Maxwellschen Gleichungen zu eliminieren, müssen wir zweimal differenzieren. Diese zweimalige Differentiation gilt natürlich auch für die beiden Ringintegrale der linken Seiten. Die Schwierigkeit ist jetzt, daß wir Vektoren differenzieren müssen. Die zweimalige Differentiation der linken Seite in (10.2/1) liefert eine Operation rot $(\vec{E})$, die die Mathematiker Rotation nennen [1, 34, 70]. Die Rechenvorschrift für diese Vektordifferentiation ist in (A43) beschrieben. Mit Hilfe dieses Rotors erhalten wir aus (10.2/1)

$$\text{rot}\,(\vec{E}) = -\frac{d\vec{B}}{dt} = -\mu \cdot \frac{d\vec{H}}{dt} \qquad (10.3/9)$$

und aus (10.2/3)

$$\text{rot}\,(\vec{H}) = \frac{d\vec{D}}{dt} = \varepsilon \cdot \frac{d\vec{E}}{dt}, \qquad (10.3/10)$$

wenn wir ε und μ als Konstanten betrachten. Um den Namen Rotation zu verstehen, stellen wir uns einen gleichmäßig fließenden Bach ohne Wirbel vor. Ein Korken würde mit konstanter Geschwindigkeit bewegt werden, ohne sich zu drehen (ohne Rotation). Eine Drehung und damit eine Rotation des Korkens tritt auf, wenn man den Korken z. B. in der Badewanne schwimmen läßt und den Wasserabfluß öffnet, so daß ein Wirbel entsteht. Die gleichen Gesetzmäßigkeiten findet man in der Elektrotechnik. Bei einem stationären Strömungsfeld (Gleichstrom) ist $\oint_s \vec{E} \cdot d\vec{s} = 0$ oder rot $(\vec{E}) = 0$, während man für das magnetische Wirbelfeld

$$\oint_s \vec{H} \cdot d\vec{s} = \iint_A \vec{J} \cdot d\vec{A} \text{ oder rot } (\vec{H}) = \vec{J} \text{ erhält.}$$

Betrachten wir, wie in Kapitel 8.1, nur den eingeschwungenen Zustand $\left(\dfrac{d}{dt} \to j\omega\right)$, dann dürfen wir in (10.3/9) und (10.3/10) mit den komplexen Vektoren $\underline{\vec{H}}$ und $\underline{\vec{E}}$ rechnen.

$$\text{rot}\,(\underline{\vec{E}}) = -j\omega\mu \cdot \underline{\vec{H}}, \qquad (10.3/11)$$

$$\text{rot}\,(\underline{\vec{H}}) = j\omega\varepsilon \cdot \underline{\vec{E}}. \qquad (10.3/12)$$

Mit (A43) erhalten wir daraus die Komponentendarstellung:

$$\left(\frac{\partial \underline{E}_z}{\partial y} - \frac{\partial \underline{E}_y}{\partial z}\right) \vec{e}_x + \left(\frac{\partial \underline{E}_x}{\partial z} - \frac{\partial \underline{E}_z}{\partial x}\right) \vec{e}_y + \left(\frac{\partial \underline{E}_y}{\partial x} - \frac{\partial \underline{E}_x}{\partial y}\right) \vec{e}_z$$

$$= -j\omega\mu[\underline{H}_x \cdot \vec{e}_x + \underline{H}_y \cdot \vec{e}_y + \underline{H}_z \cdot \vec{e}_z], \qquad (10.3/13)$$

$$\left(\frac{\partial \underline{H}_z}{\partial y} - \frac{\partial \underline{H}_y}{\partial z}\right) \vec{e}_x + \left(\frac{\partial \underline{H}_x}{\partial z} - \frac{\partial \underline{H}_z}{\partial x}\right) \vec{e}_y + \left(\frac{\partial \underline{H}_y}{\partial x} - \frac{\partial \underline{H}_x}{\partial y}\right) \vec{e}_z$$

$$= j\omega\varepsilon[\underline{E}_x \cdot \vec{e}_x + \underline{E}_y \cdot \vec{e}_y + \underline{E}_z \cdot \vec{e}_z]. \qquad (10.3/14)$$

Für einen homogenen und quellenfreien Rechteckhohlleiter lassen sich mit den Gln. (10.3/13) und (10.3/14) sämtliche Wellenformen berechnen; man erhält eine zweifache unendliche Zahl von Lösungen bzw. Eigenwellen. Jede Eigenwelle besitzt eine individuelle Feldverteilung und ist in der Lage, Energie zu transportieren. Diese Eigenwellen existieren unabhängig voneinander und können nur an Störstellen (z. B. Abstimmschrauben) des Hohlleiters miteinander in Wechselwirkung treten und Energie austauschen. In der Praxis möchte man nur mit einer Eigenwelle arbeiten, damit der Hohlleiter wie in Kapitel 8 als Leitung mit nur einer Eigenwelle behandelt werden kann. Aus der unendlichen Anzahl der Eigenwellen hat man die Eigenwelle mit der niedrigsten Grenzfrequenz f_c nach (10.3/8) ausgewählt. Diese besondere Eigenwelle heißt Grundwelle und wird als erste bei steigender Frequenz ausbreitungsfähig. Die Grundwelle ist über einen gewissen Frequenzbereich (eine Oktave) allein ausbreitungsfähig. Bei den

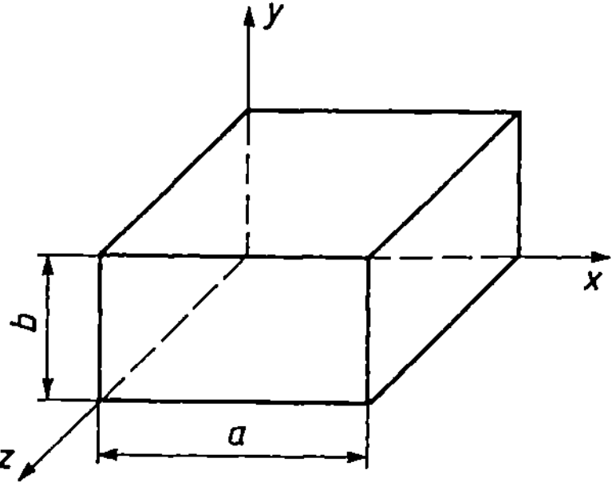

Bild 10.3-1
Gewähltes Koordinatensystem für die Berechnung
der H_{10}-Welle

H-Wellen ist die H_{01}- oder H_{10}-Welle im Rechteckhohlleiter die Grundwelle, je nachdem, ob a oder b größer ist (s. Bild 10.3-1). Meistens wählt man a größer als b, und die H_{10}-Welle ist damit die Grundwelle. Bei der H_{10}-Welle sind die leitenden Ebenen (z. B. 0 und A) in Bild 10.2-2b so gewählt, daß zwischen ihnen das elektrische Feld gerade einmal ein Maximum durchläuft. In der z- und x-Richtung (s. Koordinatensystem in Bild 10.3-1) hat es keine Komponenten ($\underline{E}_x = \underline{E}_z = 0$). Das dazugehörige magnetische Feld hat in z-Richtung eine Komponente $\underline{H}_z$, weshalb man den Ausdruck „H-Welle" benutzt; außerdem existiert eine x-Komponente $\underline{H}_x$, aber keine magnetische Feldkomponente in y-Richtung ($\underline{H}_y = 0$). Für die H_{10}-Welle müssen also nur die Komponenten $\underline{E}_y$, $\underline{H}_x$ und $\underline{H}_z$ in (10.3/13) und (10.3/14) berücksichtigt werden. Man erhält:

$$\frac{\partial \underline{H}_z}{\partial y} \cdot \vec{e}_x = 0 \Rightarrow \frac{\partial \underline{H}_z}{\partial y} = 0\,, \tag{10.3/15}$$

$$\left(\frac{\partial \underline{H}_x}{\partial z} - \frac{\partial \underline{H}_z}{\partial x}\right)\vec{e}_y = j\omega\varepsilon\underline{E}_y \cdot \vec{e}_y \Rightarrow \frac{\partial \underline{H}_x}{\partial z} - \frac{\partial \underline{H}_z}{\partial x} = j\omega\varepsilon\underline{E}_y\,, \tag{10.3/16}$$

$$-\frac{\partial \underline{H}_x}{\partial y} \cdot \vec{e}_z = 0 \Rightarrow \frac{\partial \underline{H}_x}{\partial y} = 0\,, \tag{10.3/17}$$

$$-\frac{\partial \underline{E}_y}{\partial z} \cdot \vec{e}_x = -j\omega\mu\underline{H}_x \cdot \vec{e}_x \Rightarrow \frac{\partial \underline{E}_y}{\partial z} = j\omega\mu\underline{H}_x\,, \tag{10.3/18}$$

$$\frac{\partial \underline{E}_y}{\partial x} \cdot \vec{e}_z = -j\omega\mu\underline{H}_z \cdot \vec{e}_z \Rightarrow \frac{\partial \underline{E}_y}{\partial x} = -j\omega\mu\underline{H}_z\,. \tag{10.3/19}$$

Für unseren Rechteckhohlleiter in Bild 10.3-1 sind die metallischen Begrenzungen Koordinatenflächen. Die Berechnung soll für ideal leitende Hohlleiterwände durchgeführt werden.

$$\underline{E}_{\text{tan}} = 0 \Rightarrow \underline{E}_y(x = 0) = \underline{E}_y(x = a) = 0\,, \tag{10.3/20}$$

$$\underline{H}_{\text{norm}} = 0 \Rightarrow \underline{H}_x(x = 0) = \underline{H}_x(x = a) = 0\,. \tag{10.3/21}$$

Man muß nun eine Lösungsfunktion $\underline{E}_y(x, z)$ für die Gln. (10.3/15) bis (10.3/21) suchen. Für die transversale Abhängigkeit (x-Richtung) erfüllt die $\sin\left(\dfrac{\pi x}{a}\right)$-Funktion direkt die erste Randbedingung (10.3/20) und indirekt über (10.3/18) die zweite Randbedingung (10.3/21), wenn man für den z-abhängigen Teil des Produktansatzes (mit der Kenntnis der Leitungswellenableitung in (8.1/8)) eine Exponentialfunktion ansetzt, und zwar für die Ausbreitung in positiver z-Richtung $\mathrm{e}^{-\mathrm{j}\underline{\gamma}z}$ bzw. für die Ausbreitung in negativer z-Richtung $\mathrm{e}^{\mathrm{j}\underline{\gamma}z}$.

$$\underline{E}_y(x, z) = \pm \tilde{\underline{E}}_y \cdot \sin\left(\frac{\pi x}{a}\right) \cdot \mathrm{e}^{\mp \mathrm{j}\underline{\gamma}z} . \tag{10.3/22}$$

je nach Anregungs-
richtung (Bild 10.2-1b)

$\left\{\begin{array}{l} - \;\hat{=}\; \text{Welle in positiver } z\text{-Richtung} \\ + \;\hat{=}\; \text{Welle in negativer } z\text{-Richtung} \end{array}\right.$

(10.3/22) in (10.3/18):

$$\frac{\partial \underline{E}_y}{\partial z} = \pm \tilde{\underline{E}}_y \cdot \sin\left(\frac{\pi x}{a}\right) \cdot (\mp \mathrm{j}\underline{\gamma}) \cdot \mathrm{e}^{\mp \mathrm{j}\underline{\gamma}z} = \mathrm{j}\omega\mu\underline{H}_x$$

$$\Rightarrow \underline{H}_x = \frac{-\underline{\gamma}}{\omega\mu} \cdot \tilde{\underline{E}}_y \cdot \sin\left(\frac{\pi x}{a}\right) \cdot \mathrm{e}^{\mp \mathrm{j}\underline{\gamma}z} , \tag{10.3/23}$$

$$\Rightarrow \frac{\partial \underline{H}_x}{\partial z} = \frac{\pm \mathrm{j}\underline{\gamma}^2}{\omega\mu} \cdot \tilde{\underline{E}}_y \cdot \sin\left(\frac{\pi x}{a}\right) \cdot \mathrm{e}^{\mp \mathrm{j}\underline{\gamma}z} . \tag{10.3/24}$$

(10.3/22) in (10.3/19):

$$\frac{\partial \underline{E}_y}{\partial x} = \pm \tilde{\underline{E}}_y \cdot \frac{\pi}{a} \cdot \cos\left(\frac{\pi x}{a}\right) \cdot \mathrm{e}^{\mp \mathrm{j}\underline{\gamma}z} = -\mathrm{j}\omega\mu\underline{H}_z$$

$$\Rightarrow \underline{H}_z = \frac{\pm \mathrm{j}}{\omega\mu} \cdot \frac{\pi}{a} \cdot \tilde{\underline{E}}_y \cdot \cos\left(\frac{\pi x}{a}\right) \cdot \mathrm{e}^{\mp \mathrm{j}\underline{\gamma}z} . \tag{10.3/25}$$

$$\Rightarrow \frac{\partial \underline{H}_z}{\partial x} = \frac{\mp \mathrm{j}}{\omega\mu} \cdot \left(\frac{\pi}{a}\right)^2 \cdot \tilde{\underline{E}}_y \cdot \sin\left(\frac{\pi x}{a}\right) \cdot \mathrm{e}^{\mp \mathrm{j}\underline{\gamma}z} . \tag{10.3/26}$$

Setzt man (10.3/22), (10.3/24) und (10.3/26) in (10.3/16) ein, dann erhält man die Ausbreitungskonstante $\underline{\gamma}$ der H_{10}-Welle.

$$\left[\frac{\pm \underline{\gamma}^2}{\omega\mu} \pm \frac{\mathrm{j}}{\omega\mu} \cdot \left(\frac{\pi}{a}\right)^2\right] \cdot \tilde{\underline{E}}_y \cdot \sin\left(\frac{\pi x}{a}\right) \cdot \mathrm{e}^{\mp \mathrm{j}\underline{\gamma}z} = \pm \mathrm{j}\omega\varepsilon \cdot \tilde{\underline{E}}_y \cdot \sin\left(\frac{\pi x}{a}\right) \cdot \mathrm{e}^{\mp \mathrm{j}\underline{\gamma}z}$$

$$\Rightarrow \frac{\underline{\gamma}^2}{\omega\mu} + \frac{1}{\omega\mu} \cdot \left(\frac{\pi}{a}\right)^2 = \omega\varepsilon \Rightarrow \underline{\gamma}^2 = -\left(\frac{\pi}{a}\right)^2 + \omega^2\varepsilon\mu = -\left(\frac{2\pi}{\lambda_c}\right)^2$$

$$+ (2\pi)^2 \cdot f^2 \cdot \underbrace{\varepsilon_0 \cdot \mu_0}_{\frac{1}{c^2}} \cdot \underbrace{\varepsilon_r \cdot \mu_r}_{1} = (2\pi)^2 \cdot \left[\frac{\varepsilon_r}{\lambda^2} - \frac{1}{\lambda_c^2}\right]$$

$$\Rightarrow \underline{\gamma} = 2\pi \cdot \sqrt{\frac{\varepsilon_r}{\lambda^2} - \frac{1}{\lambda_c^2}} = 2\pi \cdot \sqrt{\frac{1}{\lambda_{\varepsilon_r}^2} - \frac{1}{\lambda_c^2}} , \tag{10.3/27}$$

mit

$$\lambda_{\varepsilon_r} = \frac{\lambda}{\sqrt{\varepsilon_r}} = \frac{c}{f \cdot \sqrt{\varepsilon_r}} . \tag{10.3/28}$$

Bei einem Hohlleiter ohne Dielektrikum ist $\varepsilon_r = 1$. Die Ausbreitungskonstante γ kann rein imaginär sein oder reell, je nach Größe von f. Für $f > f_c$ $\left(\dfrac{1}{\lambda_{\varepsilon_r}} > \dfrac{1}{\lambda_c}\right)$ liegt eine verlustfreie (ideale Hohlleiterwände vorausgesetzt) Wellenübertragung vor.

$$\gamma = \beta = +2\pi \cdot \sqrt{\frac{1}{\lambda_{\varepsilon_r}^2} - \frac{1}{\lambda_c^2}} = \frac{+2\pi}{\lambda_{\varepsilon_r}} \cdot \sqrt{1 - \left(\frac{\lambda_{\varepsilon_r}}{\lambda_c}\right)^2} \,. \tag{10.3/29}$$

Dagegen ist die Welle aperiodisch gedämpft für $f < f_c$ $\left(\dfrac{1}{\lambda_{\varepsilon_r}} < \dfrac{1}{\lambda_c}\right)$.

$$\gamma = -j\alpha = -j2\pi \cdot \sqrt{\frac{1}{\lambda_c^2} - \frac{1}{\lambda_{\varepsilon_r}^2}}$$

$$\Rightarrow \alpha = +2\pi \cdot \sqrt{\frac{1}{\lambda_c^2} - \frac{1}{\lambda_{\varepsilon_r}^2}} = \frac{2\pi}{\lambda_c} \cdot \sqrt{1 - \left(\frac{\lambda_c}{\lambda_{\varepsilon_r}}\right)^2} \,. \tag{10.3/30}$$

Die Wellenlänge $\lambda_{H,\varepsilon_r}$ im dielektrisch belasteten Hohlleiter berechnet sich mit:

$$\lambda_{H,\varepsilon_r} = \frac{2\pi}{\beta} = \underbrace{\frac{1}{\sqrt{\dfrac{1}{\lambda_{\varepsilon_r}^2} - \dfrac{1}{\lambda_c^2}}}}_{\text{aus (10.3/29)}} = \frac{\lambda_{\varepsilon_r}}{\sqrt{1 - \left(\dfrac{\lambda_{\varepsilon_r}}{\lambda_c}\right)^2}} = \frac{\lambda}{\sqrt{\varepsilon_r} \cdot \sqrt{1 - \left(\dfrac{\lambda}{\sqrt{\varepsilon_r} \cdot 2a}\right)^2}} \,. \tag{10.3/31}$$

Nun ist es auch möglich, eine Grenz- oder Cutoff-Wellenlänge $\lambda_{c,\varepsilon_r}$ für einen Hohlleiter mit Dielektrikum zu definieren. Für den „leeren" Hohlleiter erhielten wir nach (10.3/7) $\lambda_c = 2a$. Setzen wir in (10.3/3) $\lambda \overset{!}{=} \lambda_c = 2a$ ein, dann erhalten wir $\lambda_H = \infty$. Fordern wir auch in (10.3/31) $\lambda_{H,\varepsilon_r} \overset{!}{=} \infty$, dann ist dies erfüllt mit $\lambda \overset{!}{=} \lambda_{c,\varepsilon_r} = \sqrt{\varepsilon_r} \cdot 2a$.

$\Rightarrow$ Wenn ein mit Luft gefüllter Hohlleiter die Grenzwellenlänge $\lambda_c = 2a$ besitzt, so hat der gleiche Hohlleiter mit vollständigem Dielektrikum die Grenzwellenlänge

$$\lambda_{c,\varepsilon_r} = \sqrt{\varepsilon_r} \cdot 2a = \sqrt{\varepsilon_r} \cdot \lambda_c \tag{10.3/32}$$

und die Grenz- oder Cutoff-Frequenz

$$f_{c,\varepsilon_r} = \frac{c}{\lambda_{c,\varepsilon_r}} = \frac{c}{\sqrt{\varepsilon_r} \cdot 2a} = \underbrace{\frac{1}{\sqrt{\varepsilon_r}} \cdot f_c}_{\text{aus (10.3/8)}} \,. \tag{10.3/33}$$

Durch das Einbringen eines Dielektrikums ändern sich die Phasengeschwindigkeit v_{Ph,ε_r} und natürlich auch die Gruppengeschwindigkeit v_{Gr,ε_r}.

- **Beispiel 10.3/2:** a) Berechnen Sie die Phasen- und Gruppengeschwindigkeit einer H_{10}-Welle im dielektrisch belasteten Hohlleiter.
  b) Welcher Zusammenhang besteht zwischen v_{Ph,ε_r} und v_{Gr,ε_r}?

Lösung:

a) *Ableitung von* $v_{\text{Ph},\varepsilon_r}$ *analog zu* (10.3/4):

$$v_{\text{Ph},\varepsilon_r} = \frac{\omega}{\beta} = \frac{2\pi f}{\underbrace{\frac{2\pi}{\lambda_{\text{H},\varepsilon_r}}}} = f \cdot \lambda_{\text{H},\varepsilon_r} = \frac{c}{\lambda} \cdot \lambda_{\text{H},\varepsilon_r} = \underbrace{\frac{c}{\lambda_{\varepsilon_r} \cdot \sqrt{\varepsilon_r}}}_{\text{aus (10.3/28)}} \cdot \underbrace{\frac{\lambda_{\varepsilon_r}}{\sqrt{1 - \left(\dfrac{\lambda_{\varepsilon_r}}{\lambda_c}\right)^2}}}_{\text{aus (10.3/31)}}$$

$$(1) \qquad = \frac{1}{\sqrt{\varepsilon_r}} \cdot \frac{c}{\sqrt{1 - \left(\dfrac{\lambda_{\varepsilon_r}}{\lambda_c}\right)^2}} = \frac{1}{\sqrt{\varepsilon_r}} \cdot \frac{c}{\sqrt{1 - \underbrace{\left(\dfrac{f_{c,\varepsilon_r}}{f}\right)^2}_{\text{aus (10.3/28) und (10.3/33)}}}} \cdot$$

Analog zu Beispiel 10.3/1:

$$(2) \quad \frac{1}{v_{\text{Gr},\varepsilon_r}} = \frac{d\beta}{d\omega} = \frac{d\beta}{d(2\pi f)} = \frac{1}{c} \cdot \frac{d\beta}{d\left(\dfrac{2\pi}{\lambda}\right)} = \frac{\sqrt{\varepsilon_r}}{c} \cdot \frac{d\beta}{\underbrace{d\left(\dfrac{2\pi}{\lambda_{\varepsilon_r}}\right)}_{\text{aus (10.3/28)}}} = \frac{\sqrt{\varepsilon_r}}{c} \cdot \frac{d\beta}{d\xi},$$

mit der Abkürzung $\xi = \dfrac{2\pi}{\lambda_{\varepsilon_r}}$.

Aus (10.3/29):

$$\beta = \frac{2\pi}{\lambda_{\varepsilon_r}} \cdot \sqrt{1 - \left(\frac{\lambda_{\varepsilon_r}}{\lambda_c}\right)^2} = \frac{2\pi}{\lambda_{\varepsilon_r}} \cdot \sqrt{1 - \left(\frac{\lambda_{\varepsilon_r}}{2\pi} \cdot \frac{2\pi}{\lambda_c}\right)^2} = \xi \cdot \sqrt{1 - \left(\frac{1}{\xi} \cdot \frac{2\pi}{\lambda_c}\right)^2} \Rightarrow$$

$$(3) \quad \frac{d\beta}{d\xi} = \frac{1}{\underbrace{\sqrt{1 - \left(\dfrac{1}{\xi} \cdot \dfrac{2\pi}{\lambda_c}\right)^2}}_{\text{analog zu Beispiel 10.3/1, Gl. (3)}}} = \frac{1}{\sqrt{1 - \left(\dfrac{\lambda_{\varepsilon_r}}{\lambda_c}\right)^2}},$$

(3) in (2):

$$(4) \quad v_{\text{Gr},\varepsilon_r} = \frac{c}{\sqrt{\varepsilon_r}} \cdot \sqrt{1 - \left(\frac{\lambda_{\varepsilon_r}}{\lambda_c}\right)^2} = \frac{c}{\sqrt{\varepsilon_r}} \cdot \sqrt{1 - \left(\frac{f_{c,\varepsilon_r}}{f}\right)^2} \cdot$$

b) *Aus (1) und (4):*

$$(5) \quad v_{\text{Ph},\varepsilon_r} \cdot v_{\text{Gr},\varepsilon_r} = \frac{c^2}{\varepsilon_r^2} \cdot$$

■ **Übung 10.3/1:** Ein Rechteckhohlleiter hat die Abmessungen $a = 5\,\text{cm}$ und $b = 2\,\text{cm}$. Es soll eine H_{10}-Welle angeregt werden.

a) Wo liegt die Grenzfrequenz f_c?

b) Wie groß ist die Wellenlänge im Hohlleiter bei $f = 4\,\text{GHz}$?

c) Wie groß wäre die Wellenlänge bei $f = 4\,\text{GHz}$ im gegebenen Hohlleiter, wenn dieser mit Teflon ($\varepsilon_r = 2{,}1$) gefüllt wäre?

d) Berechnen Sie die Phasen- und Gruppengeschwindigkeit für $f_1 = 3\,\text{GHz}$ und $f_2 = 4\,\text{GHz}$.

Die untere Grenzfrequenz des H_{10}-Übertragungsbereiches wird durch die Breite a des Hohlleiters festgelegt. Rechteckhohlleiter, die nur die Grundwelle zur Energieübertragung benutzen, müssen darum mit steigender Frequenz immer kleinere Querschnitte erhalten. Einige Daten von Rechteckhohlleitertypen (nach IEC 153-2) sind in der Tabelle 10.3-1 für $\varepsilon_r = 1$ angegeben.

Tabelle 10.3-1

Hohlleiter-bezeichnung	Band	Frequenzbereich der H_{10}-Welle	Grenz-frequenz	Hohlleiter-innenmaße	
		f/GHz	f_c/GHz	a/mm	b/mm
R100	X	$8,2-12,5$	6,56	22,860	10,160
R140	P	$11,9-18,0$	9,49	15,799	7,899
R220	K	$17,9-26,7$	14,06	10,668	4,318
R320	R	$26,4-40,0$	21,09	7,112	3,556
R500	F	$39,2-59,6$	31,41	4,775	2,388

Außer der Ausbreitungskonstanten wird für die Charakterisierung einer Leitung noch der Wellenwiderstand gebraucht. Bei den Leitungen mit Lecher- oder TEM-Wellen konnte der Leitungswellenwiderstand aus der Spannung zwischen den Leitern und dem Strom durch einen Leiter definiert werden (s. (8.1/14)).

Bei den Hohlleitern, die ja eine Feldkomponente in Ausbreitungsrichtung haben, ist dies nicht möglich. Für den Hohlleiter üblich ist die Definition eines Feldwellenwiderstandes $(\mu = \mu_0)$

$$Z_{\mathrm{F},\varepsilon_r} = \left|\frac{\underline{E}_y}{\underline{H}_x}\right| . \tag{10.3/34}$$

Setzen wir für $\mu = \mu_0$ ($\mu_r = 1$) die Gln. (10.3/22) und (10.3/23) in (10.3/34) ein, dann ergibt sich:

$$Z_{\mathrm{F},\varepsilon_r} = \frac{\underline{\tilde{E}}_y \cdot \sin\left(\dfrac{\pi x}{a}\right) \cdot \mathrm{e}^{\mp j\underline{\gamma}z}}{\dfrac{\underline{\gamma}}{\omega\mu_0} \cdot \underline{\tilde{E}}_y \cdot \sin\left(\dfrac{\pi x}{a}\right) \cdot \mathrm{e}^{\mp j\underline{\gamma}z}} = \frac{\omega\mu_0}{\underline{\gamma}} = 2\pi f\mu_0 \underbrace{\frac{\lambda_{\varepsilon_r}}{2\pi \cdot \sqrt{1-\left(\dfrac{\lambda_{\varepsilon_r}}{\lambda_c}\right)^2}}}_{\text{aus } (10.3/29)}$$

$$= f\mu_0 \cdot \underbrace{\frac{c}{f \cdot \sqrt{\varepsilon_r}}}_{\text{aus } (10.3/28)} \frac{1}{\sqrt{1-\left(\dfrac{\lambda_{\varepsilon_r}}{\lambda_c}\right)^2}} = \mu_0 \cdot \underbrace{\frac{1}{\sqrt{\varepsilon_0\mu_0}}}_{c} \frac{1}{\sqrt{\varepsilon_r} \cdot \sqrt{1-\left(\dfrac{\lambda_{\varepsilon_r}}{\lambda_c}\right)^2}}$$

$$= \sqrt{\frac{\mu_0}{\varepsilon_0}} \cdot \frac{1}{\sqrt{\varepsilon_r} \cdot \sqrt{1-\left(\dfrac{\lambda_{\varepsilon_r}}{\lambda_c}\right)^2}} = Z_0 \underbrace{\frac{1}{\sqrt{\varepsilon_r} \cdot \sqrt{1-\left(\dfrac{\lambda_{\varepsilon_r}}{\lambda_c}\right)^2}}}_{\text{aus } (12.2.3/5)} . \tag{10.3/35}$$

Im Feldwellenwiderstand $Z_{\mathrm{F},\varepsilon_r}$ für die H_{10}-Welle des Hohlleiters ist nach (10.3/35) der Feldwellenwiderstand $Z_0 = \sqrt{\dfrac{\mu_0}{\varepsilon_0}} = 120\,\pi\Omega = 376{,}82\,\Omega \approx 377\,\Omega$ des freien Raumes enthalten. Für den luftgefüllten Hohlleiter mit $\varepsilon_r = 1$ ergibt sich der Feldwellenwiderstand

$$Z_{\mathrm{F}} = \frac{Z_0}{\sqrt{1 - \left(\dfrac{\lambda}{\lambda_c}\right)^2}} = \underbrace{Z_0 \cdot \frac{\lambda_{\mathrm{H}}}{\lambda}}_{\text{aus } (10.3/3)} \approx 377\,\Omega \cdot \frac{\lambda_{\mathrm{H}}}{\lambda}\,. \tag{10.3/36}$$

Die Feldgleichungen (10.3/22), (10.3/23) und (10.3/25) beschreiben die Zeit- und die Ortsabhängigkeit der H_{10}-Welle. Wenn wir die komplexen Zeiger für eine konstante Zeit auf die reelle Achse projizieren, dann erhalten wir mit $\mathrm{Re}\left\{e^{\mp j\underline{\gamma}z}\right\} = \cos(\underline{\gamma}z)$:

$$E_y(x, z) = \pm \tilde{E}_y \cdot \sin\left(\frac{\pi x}{a}\right) \cdot \cos(\underline{\gamma}z)\,, \tag{10.3/37}$$

$$H_x(x, z) = \frac{-\underline{\gamma}}{\omega\mu} \cdot \tilde{E}_y \cdot \sin\left(\frac{\pi x}{a}\right) \cdot \cos(\underline{\gamma}z)\,. \tag{10.3/38}$$

Bei der Gl. (10.3/25) ist zuerst die Umformung $\pm j = e^{\pm j \cdot \frac{\pi}{2}}$ erforderlich.

$$\underline{H}_z = \frac{\pi}{\omega\mu a} \cdot \underline{\tilde{E}}_y \cdot \cos\left(\frac{\pi x}{a}\right) \cdot e^{\pm j\left(-\underline{\gamma}z + \frac{\pi}{2}\right)} \Rightarrow$$

$$H_z = \frac{\pi}{\omega\mu a} \cdot \tilde{E}_y \cdot \cos\left(\frac{\pi x}{a}\right) \cdot \cos\left(\mp \underline{\gamma}z \pm \frac{\pi}{2}\right) = \frac{\pi}{\omega\mu a} \cdot \tilde{E}_y \cdot \cos\left(\frac{\pi x}{a}\right) \cdot \sin(\underline{\gamma}z)\,. \tag{10.3/39}$$

Für die Anwendung der drei Gl. (10.3/37) bis (10.3/39) gilt folgendes „Kochrezept":

$$\left.\begin{array}{lll} \text{Positive } z\text{-Richtung:} & z > 0\,, & +\tilde{E}_y \\[4pt] \text{Negative } z\text{-Richtung:} & z < 0\,, & -\tilde{E}_y \\[4pt] \text{Anregung in } +y\text{-Richtung: } \tilde{E}_y > 0\,, & & \\[4pt] \text{Anregung in } -y\text{-Richtung: } \tilde{E}_y < 0\,. & & \end{array}\right\} \tag{10.3/40}$$

- **Beispiel 10.3/3:** Skizzieren Sie eine in positiver z-Richtung sich ausbreitende H_{10}-Welle ($\vec{E}_y$, $\vec{H}_x$, $\vec{H}_z$, $\vec{S}$, Wandströme) im Rechteckhohlleiter, wenn die Welle an der Stelle $z = 0$ mit einer elektrischen Feldstärke E_y in positiver y-Richtung angeregt wird.

Lösung:

Aus (10.3/29):

$$\underline{\gamma}z = \beta z = \frac{2\pi}{\lambda_{\mathrm{H}}} \cdot z\,.$$

Aus (10.3/37):

$$E_y(x, z) = +\tilde{E}_y \cdot \sin\left(\frac{\pi x}{a}\right) \cdot \cos\left(\frac{2\pi}{\lambda_{\mathrm{H}}} \cdot z\right)\,.$$

Aus (10.3/38):

$$H_x(x, z) = \frac{-\gamma}{\omega\mu} \cdot \tilde{E}_y \cdot \sin\left(\frac{\pi x}{a}\right) \cdot \cos\left(\frac{2\pi}{\lambda_H} \cdot z\right).$$

Aus (10.3/39):

$$H_z(x, z) = \frac{\pi}{\omega\mu a} \cdot \tilde{E}_y \cdot \cos\left(\frac{\pi x}{a}\right) \cdot \sin\left(\frac{2\pi}{\lambda_H} \cdot z\right).$$

Tabelle 10.3-2

$\dfrac{z}{\lambda_H}$	$\dfrac{x}{a}$	$\dfrac{E_y(x,z)}{\tilde{E}_y}$	$\dfrac{H_x(x,z) \cdot \omega\mu}{\gamma \cdot \tilde{E}_y}$	$\dfrac{H_z(x,z) \cdot \omega\mu a}{\pi \cdot \tilde{E}_y}$
0	1/4	0,707	$-0,707$	0
0	1/2	1	-1	0
0	3/4	0,707	$-0,707$	0
1/4	1/4	0	0	0,707
1/4	1/2	0	0	0
1/4	3/4	0	0	$-0,707$
1/2	1/4	$-0,707$	0,707	0
1/2	1/2	-1	1	0
1/2	3/4	$-0,707$	0,707	0
3/4	1/4	0	0	$-0,707$
3/4	1/2	0	0	0
3/4	3/4	0	0	0,707
1	1/4	0,707	$-0,707$	0
1	1/2	1	-1	0
1	3/4	0,707	$-0,707$	0

Mit den wenigen Werten der Tabelle 10.3-2 läßt sich schon das Feldbild grob skizzieren. Die prinzipielle Feldverteilung für die H_{10}-Welle im Rechteckhohlleiter zeigt Bild 10.3-2. Man erkennt an der qualitativen Darstellung, daß das E-Feld in der Hohlleitermitte bei $x = a/2$ sein Maximum besitzt. Die Ursache für das Vorhandensein von magnetischen Feldlinien, in Ebenen parallel zur Deckel- bzw. Bodenfläche des Hohlleiters, müssen Verschiebungsströme sein, die auf den inneren Hohlleitermetallflächen als Leiter-

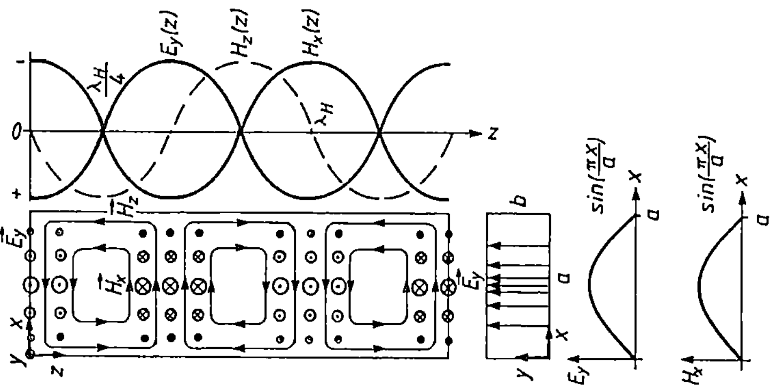

Bild 10.3-2 Prinzipieller Feldverlauf für eine sich in z-Richtung ausbreitende H_{10}-Welle

(Wand-)Ströme weiterfließen. Um den Verschiebungsstrom bilden sich magnetische Feldlinien aus (Korkenzieherregel). Schon beim Kondensator, durch dessen Dielektrikum man sich einen Verschiebungsstrom als Fortsetzung des Leiterstromes denken kann, haben wir diesen Effekt kenenngelernt. Der Verschiebungsstrom ist eine Modellvorstellung für ein sich änderndes elektrisches Feld, das z. B. beim Kondensator von einem magnetischen Feld umwirbelt wird. Dieses magnetische Feld läßt sich z. B. bei einem luftgefüllten Plattenkondensator mit einer Magnetnadel feststellen. Obwohl zwischen den Platten (Dielektrikum) kein Elektronenstrom fließen kann (Tunneleffekt bei sehr geringem Plattenabstand ausgenommen), möchte man das von dem ändernden elektrischen Feld herrührende Magnetfeld durch einen fiktiven Strom beschreiben, den man Verschiebungsstrom nennt. Damit hat man beim Kondensator wieder formal einen geschlossenen Stromkreis geschaffen. Mit Hilfe dieser Verschiebungsströme lassen sich auch im Hohlleiter geschlossene Stromkreise erzeugen. In Bild 10.3-3 sind einige Wandströme prinzipiell dargestellt. Die Wandströme beginnen im mittleren Bereich der Deckel- oder Bodenfläche und fließen entweder über die Seitenwände zum mittleren Bereich der Boden- oder Deckelfläche (Querstromkreis) oder von der Quelle bis zur Senke im Deckel- und Bodenbereich (Längsstromkreis). Die Stromkreise werden geschlossen mit den nicht eingezeichneten Verschiebungsströmen, die gedanklich durch das Dielektrikum (z. B. Luft) zwischen Deckel- und Bodenfläche strömen. In Wirklichkeit strömt nichts; nur das elektromagnetische Feld der Welle induziert in den Hohlleiterinnenwänden Wandströme, die wegen des starken Skineffektes eine geringe Eindringtiefe besitzen, so daß eine Versilberung von einigen μm in der Praxis ausreicht, die Leitfähigkeit $\varkappa$ beträchtlich zu erhöhen. Im Gegensatz zum Kondensator tritt beim Hohlleiter neben der zeitlichen Phasenverschiebung auch noch eine räumliche Phasenverschiebung zwischen E-Feld und Verschiebungsstrom auf.

- **Übung 10.3/2:** Skizzieren Sie eine in negativer z-Richtung sich ausbreitende H_{10}-Welle ($\vec{E}_y$, $\vec{H}_x$, $\vec{H}_z$, Wandströme) im Rechteckhohlleiter, wenn die Welle an der Stelle $z = 0$ mit einer elektrischen Feldstärke $\vec{E}_y$ in negativer y-Richtung angeregt wird.

Nur mit den Kenntnissen des Feldverlaufs der H_{10}-Welle (s. die Bilder 10.3-2, 10.3-3 und L-54) kann man in der Praxis schon viele Grundstrukturen von Hohlleiterschaltungen entwerfen bzw. die Wirkungsweise verstehen. Bild 10.3-4a zeigt eine Hohlleiter-E-Verzweigung. Die Durchnumerierung der Tore wurde so gewählt wie bei der Ersatzschaltung in Bild 9.2.2-8. In Bild 10.3-4b ist der prinzipielle Feldverlauf der elektrischen Feldstärke für eine am Tor 3 eingespeiste H_{10}-Welle skizziert. Man erkennt sofort an der qualitativen Handskizze, daß zwischen den Ausgangstoren 1 und 2 eine Feldumkehr stattfindet. Diesen Sachverhalt lieferte schon unsere Streumatrixberechnung ($\underline{S}'_{31} = -\underline{S}'_{32}$) in Beispiel 9.2.2/3. Mathematisch lassen sich die Streuparameter für die Ebenen T_1, T_2 und T_3 mit einem Feldentwicklungsverfahren [71] ermitteln. Durch Rückrechnung analog zu Beispiel 9.2.3/1 erhält man dann die Streumatrix für die Ebenen T'_1, T'_2 und T'_3 in Bild 9.2.3-3a, aus der sich die konzentrierten Elemente des Ersatzschaltbildes 9.2.3-3b berechnen lassen (s. Beispiel 9.2.3/1).

Filtereigenschaften lassen sich erreichen, wenn bei einer E-Verzweigung der nach oben abgehende Hohlleiter (Tor 3) mit einem Kurzschluß abgeschlossen wird, der sich in der Ebene des durchgehenden Hohlleiters (Tor 1 – Tor 2) transformiert und dadurch ein Bandsperrverhalten bewirkt. Durch eine Kettenschaltung mehrerer E-Verzweigungen lassen sich die Filtereigenschaften verbessern. Die in Bild 10.3-4c skizzierte Bandsperre (nach [72]) besteht aus einem durchgehenden Hohlleiter und aus 4 Stichleitungen, deren Anzahl den Ordnungsgrad des Filters (Butterworth- oder Chebyshev-Verhalten) bestimmt. Bei Vorgabe der Mittelfrequenz, der Bandbreite und der Abmessungen a und b des Normhohlleiters liefert ein Computerprogramm [73] die in Bild 10.3-4c eingezeichneten Längen und Hohlleiterhöhen.

Wird bei einer E-Verzweigung ein Tor der Verzweigung an einer bestimmten Stelle mit einem Kurzschluß abgeschlossen, dann ist es nach [74] möglich, über die restlichen beiden Tore der Verzweigung ca. 95% der z. B. am Tor 3 eingespeisten Leistung einem angepaßten Verbraucher

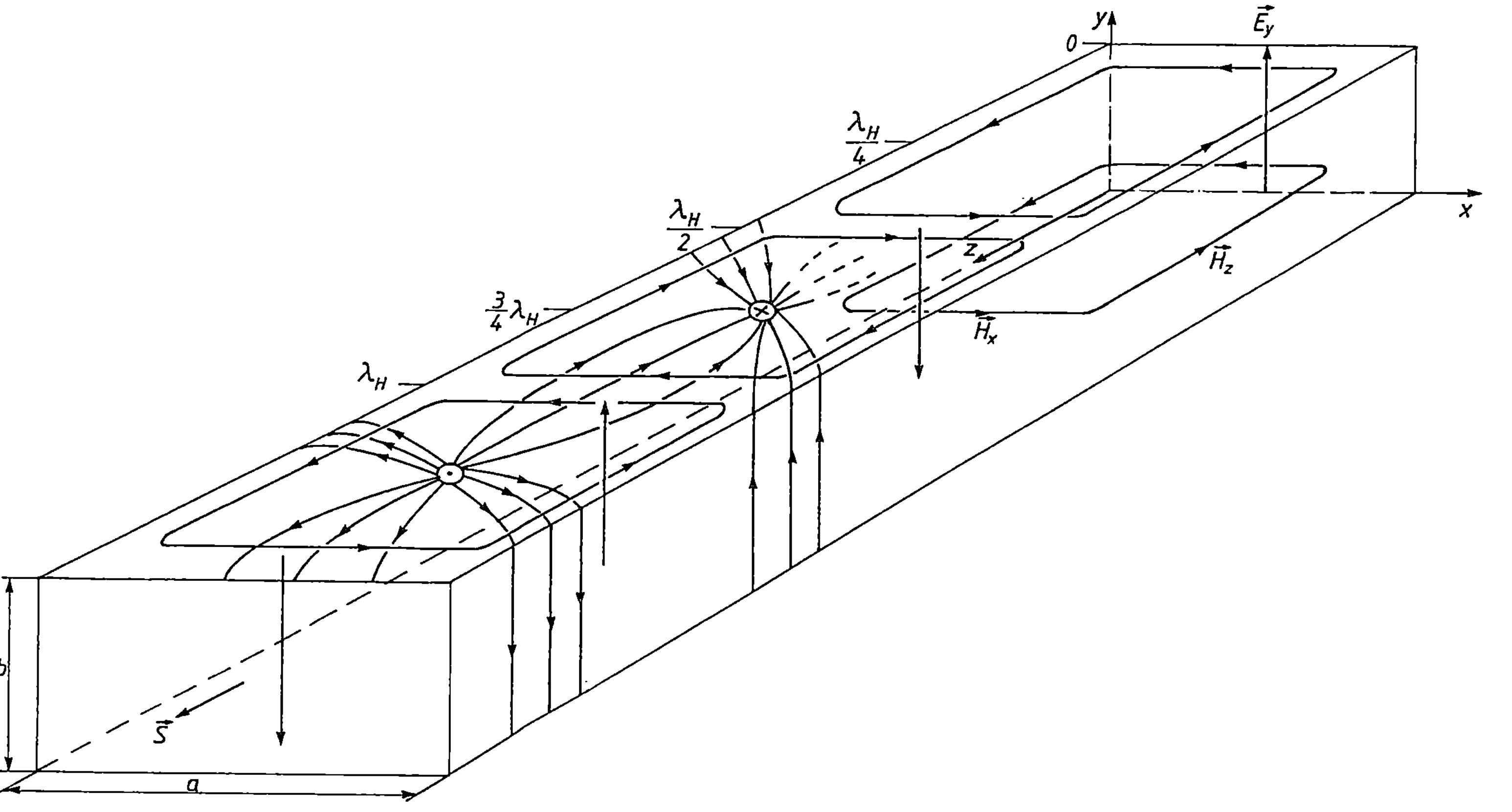

Bild 10.3-3 Prinzipieller Verlauf einiger Wandströme bei der H_{10}-Welle

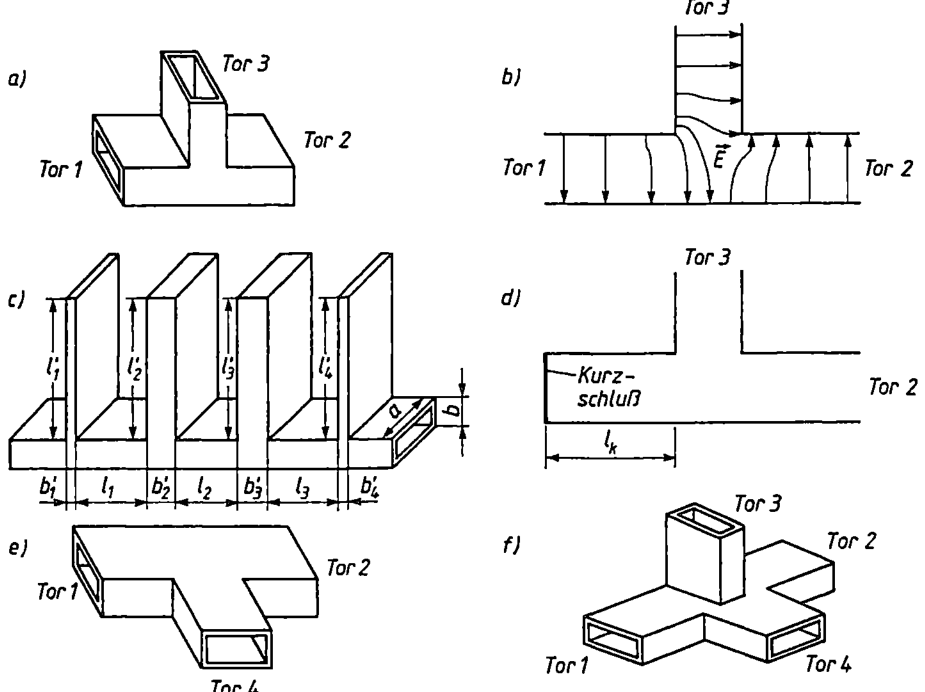

Bild 10.3-4 a) Hohlleiter-E-Verzweigung
                  b) Prinzipieller Feldverlauf der elektrischen Feldstärke für eine am Tor 3 eingespeiste H_{10}-Welle
                  c) Bandsperrfilter mit vier Stichleitungen
                  d) Kurzgeschlossene Hohlleiter-E-Verzweigung
                  e) Hohlleiter-H-Verzweigung
                  f) E-H-Verzweigung (Magisches T)

am Tor 1 zuzuführen. Mit der Länge l_k in Bild 10.3-4d kann das erforderliche Kurzschlußverhalten, das z. B. auch mit einer Filterschaltung nach Bild 10.3-4c realisiert werden kann, eingestellt werden. Wellenmäßig wirkt der Kurzschluß am Tor 1 als Reflektor, der das in Bild 10.3-4b zum Tor 1 laufende E-Feld reflektiert und dabei in der Phase um 180° dreht (weil an einem Kurzschluß $E_{\text{tan}} = 0$), so daß es sich phasenrichtig dem nach Tor 2 laufenden E-Feld überlagern kann.

Eine weitere Hohlleiterverzweigungsmöglichkeit ist die in Bild 10.3-4e dargestellte H-Ebenen-Verzweigung. Genauso wie bei der E-Ebenen-Verzweigung findet auch hier eine Leistungsaufteilung statt. Eine in Tor 4 eingespeiste H_{10}-Wellenleistung verteilt sich gleichmäßig auf die Ausgangstore 1 und 2. Bei der H-Ebenen-Verzweigung tritt keine Phasenumkehr beim E-Feld auf.

Schaltet man nun eine E- und H-Ebenen-Verzweigung zusammen (Bild 10.3-4f), dann erhält man eine Hohlleiter-Doppel-T-Schaltung (E-H-Verzweigung). Die Eigenschaften der E- und H-Verzweigung bleiben dabei erhalten, d. h. eine am Tor 3 eingespeiste Leistung teilt sich weiterhin gleichmäßig auf die Tore 1 und 2 auf, während bei einer am Tor 4 zugeführten Leistung das gleiche Aufteilungsverhalten auftritt. Eine am Tor 3 angeregte H_{10}-Welle kann aber direkt (nur indirekt z. B. über die mit einem Kurzschluß abgeschlossenen Tore 1 und/oder 2) keine H_{10}-Welle im Arm 4 erregen und umgekehrt, so daß der E- und H-Arm (Tor 3

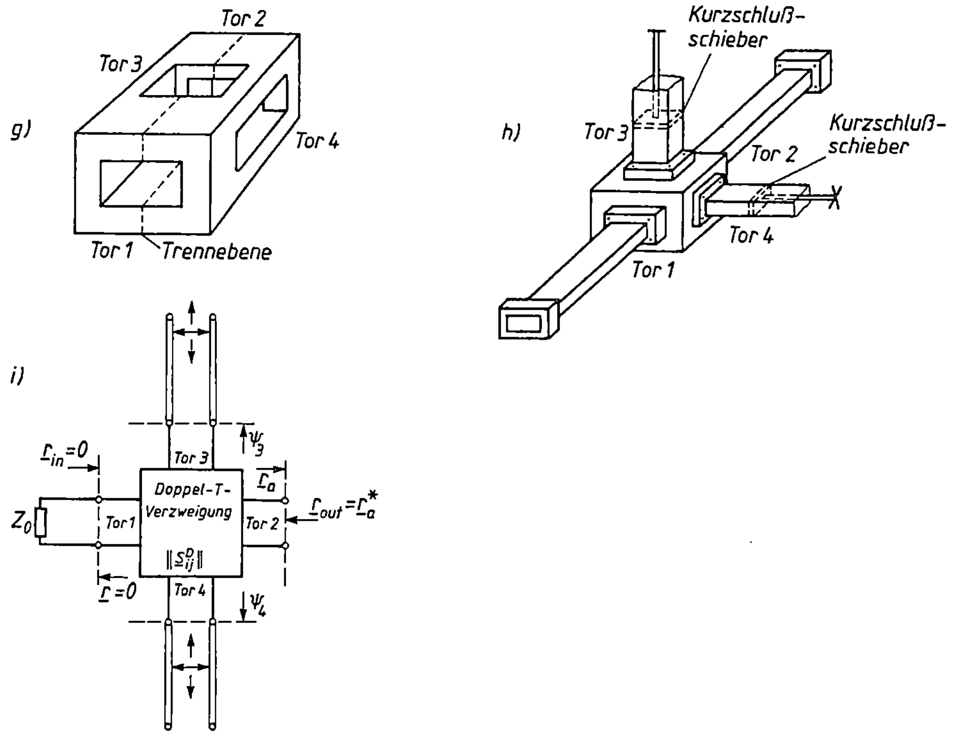

Bild 10.3-4 g) Prinzipieller Aufbau des Doppel-T-Transformators
h) E-H-Tuner
i) Ersatzschaltbild des $E-H$-Tuners

und 4) voneinander entkoppelt sind. Werden die Tore der Hohlleiter-Doppel-T-Schaltung mit dem Wellenwiderstand (reflexionsfrei) abgeschlossen, dann nennt man die Anordnung „Magisches T"; die Streumatrix und die wichtigsten Eigenschaften sind in [75] angegeben. Die Berechnung der E-H-Verzweigung (Viertor, s. Übung 9.2.1/1) wird überschaubar, wenn man eine unitäre Streumatrix benutzen darf, d. h. die in der Praxis auftretenden Verluste müssen so klein sein, daß man sie vernachlässigen kann. Dies ist möglich, wenn man die E-H-Verzweigung (Doppel-T-Transformator) nach Bild 10.3-4g aufbaut [76]. Das dargestellte Hohlleiterviertor zeichnet sich dadurch aus, daß durch die Wahl der Trennfläche an einer Stelle, an der keine Wandströme der ausbreitungsfähigen H_{10}-Welle geschnitten werden (s. Bild 10.3-3), kaum Verluste auftreten. Messungen der Streuparameter des versilberten Doppel-T-Anpassungstransformators ergeben, daß man im Rahmen der Meßgenauigkeit von einer unitären Streumatrix sprechen darf. Das Hohlleitertor 4 wird wegen der geforderten geringen Verluste (keine zweite Trennebene) mit runden Ecken realisiert; außerdem können dann die zwei zu verschraubenden Einzelteile in billiger Frästechnik hergestellt werden. Nach Bild 10.3-2 ist das E_y- und H_x-Feld $\left(\sim\sin\left(\dfrac{\pi x}{a}\right)\right)$ in der Nähe von $x=0$ und $x=a$ klein, so daß die Rundungen keine Rolle spielen, was Meßergebnisse auch bestätigen.

Ein Doppel-T-Anpassungstransformator mit Kurzschlußschiebern in den E- und H-Armen wird in der angelsächsischen Literatur als E-H-Tuner bezeichnet (Bild 10.3-4h). In [77] wird für einen verlustlosen, symmetrischen E-H-Tuner ein analytischer Zusammenhang zwischen den Positionen der Kurzschlußschieber und dem Lastreflexionsfaktor angegeben. Die Ersatzschaltung des Tuners ist in Bild 10.3-4i skizziert. Eine verlustlose, symmetrische Doppel-T-Verzweigung mit der Streumatrix $\|\underline{S}^{\mathrm{D}}_{ij}\|$ ist an den Toren 3 und 4 mit zwei verlustlosen Leitungen beschaltet. Die Leitungen können an jeder beliebigen Stelle ideal kurzgeschlossen werden, so daß alle Reflexionsfaktorwinkel Ψ_3 und Ψ_4 im Bereich $0 \le \Psi_{3,4} \le 2\pi$ realisierbar sind. Eines der beiden Tore des durchgehenden Hohlleiters wird reflexionsfrei abgeschlossen (Z_0 an Tor 1, s. die Bilder 9.4.3-3a und 9.5-1). Der Tuner soll eine Transformation von $\underline{r} = 0$ auf $\underline{r}_{\mathrm{out}}$ ausführen. Wegen der geforderten Verlustfreiheit ist damit eine Rücktransformation von $\underline{r}_a = \underline{r}^*_{\mathrm{out}}$ auf $\underline{r}_{\mathrm{in}} = 0$ verbunden (s. Beispiel 9.5/1). Werden für die Tore 3 und 4 nichtberührende Kurzschluß-schieber verwendet, deren Einstellung über Schrittmotoren erfolgt, dann läßt sich dieser „E-H-Tuner" von einem Meßplatzcomputer automatisch ansteuern. Einsatzmöglichkeiten findet der E-H-Tuner als Anpaßelement in der Verfahrenstechnik (schlecht wärmeleitende aber elektrisch verlustbehaftete Materialien werden durch Bestrahlung mit HF-Energie erwärmt [78, 79]), bei Antennen (Anpassung für verschiedene Mittenfrequenzen an den Sender) oder bei rechnergesteuerten Meßplätzen [80]. Als variable Impedanz kann er für Mischerschaltungen [30], Großsignalverstärker [4, 81], Oszillatoren [82] oder rechnergesteuerte Meßplätze [80] eingesetzt werden. Mit Hilfe der Ausgleichsrechnung (s. Kapitel 1.1.1) erhöht man die Genauigkeit bei Mikro- und Millimetermessungen [6], wenn der E-H-Tuner durch ein Suchprogramm für eine vorgegebene analytische Funktion die Meßwerte ermittelt [5].

Mit Kenntnis der Wandstromverteilung in Bild 10.3-3 lassen sich nicht nur optimale Trenn-ebenen, wie in Bild 10.3-4g, festlegen, sondern auch gezielt Koppelstrukturen entwerfen. Mit den Koppelschlitzen $K1$ und $K5$ in Bild 10.3-5, die in Richtung der Wandströme verlaufen, läßt sich im Idealfall keine Energie aus dem Hohlleiter auskoppeln. Geeignet wären diese Schlitze zum Einfügen von dünnen Dämpfungsfolien (variable Dämpfungsglieder) oder Sonden. Mit den Koppelschlitzen $K2$, $K3$ und $K4$ wird der Wandstromverlauf gestört, d. h. ein Teil des elektromagnetischen Feldes des Hohlleiters wird abgestrahlt. Eine starke Wandstrom-störung tritt ebenfalls mit dem Koppelschlitz $K7$ auf. Mit dem Neigungswinkel des schrägen Koppelschlitzes $K6$ läßt sich kontinuierlich der Kopplungsfaktor verändern (keine Kopplung bei $K5$ und maximale Kopplung bei $K7$). So ist es möglich, gezielt Energie abzustrahlen; der Hohlleiter wirkt als Antenne. Eine wichtige Anwendungsmöglichkeit ist der Richtkoppler (Bild 10.3-6a). Die schon in den Bildern 9.4.1-2c, d und 9.4.2-1b eingezeichneten Richtkoppler können die hinlaufenden und reflektierten Leistungen getrennt messen. Das in Bild 10.3-6a skizzierte Ersatzschaltbild eines 4-Tor-Richtkopplers besteht aus einer Haupt- und einer Nebenleitung, die so miteinander gekoppelt sind, daß nur ein bestimmter Teil der auf der Hauptleitung laufenden Welle auf die Nebenleitung transformiert wird und sich dort nur in

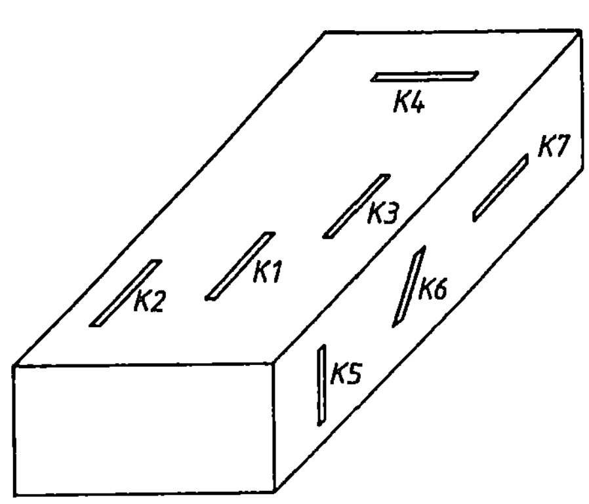

Bild 10.3-5
Auskoppelschlitze im Rechteckhohlleiter

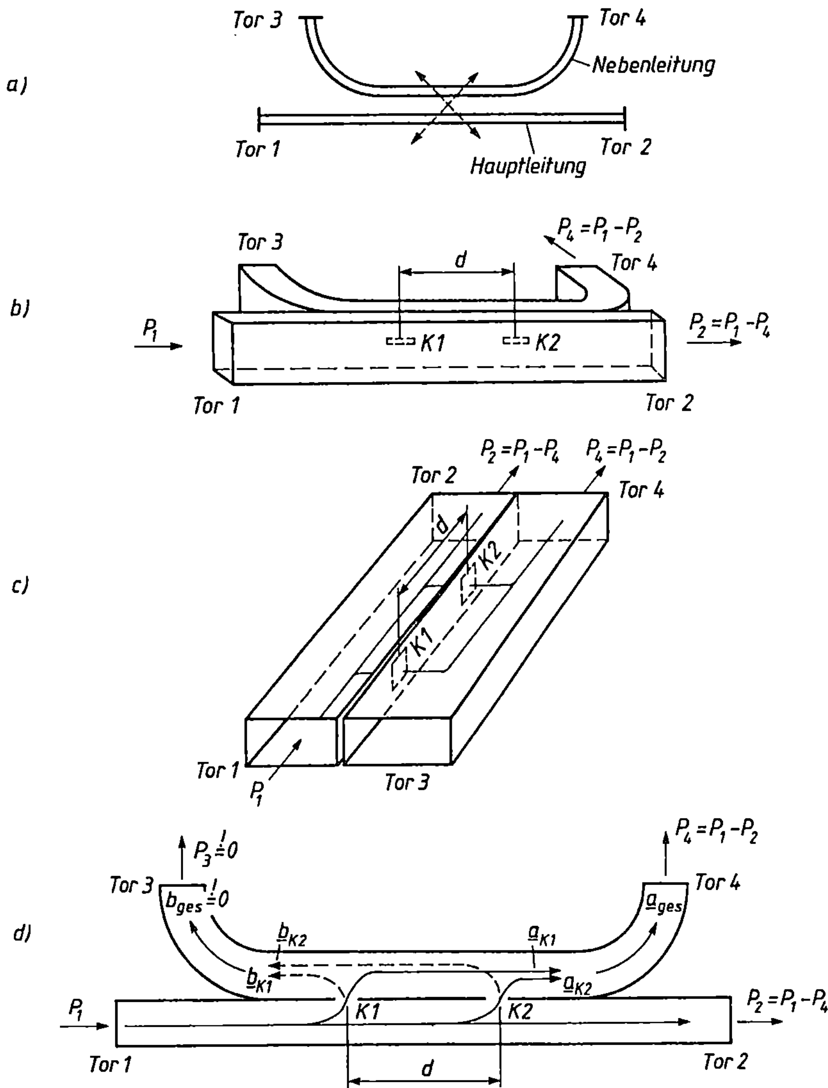

Bild 10.3-6   Verlustloser Richtkoppler

  a) Ersatzschaltbild

  b) Zwei-Schlitzkoppler mit schmalen Koppelschlitzen

  c) Zwei-Schlitzkoppler mit breiten Koppelschlitzen

  d) Normierte Wellen

einer Richtung ausbreitet. Eine Schmalbandrealisierung eines Richtkopplers ist prinzipiell mit zwei Koppelöffnungen möglich. Die Koppelöffnungen können aus schmalen Koppelschlitzen wie in Bild 10.3-6b (nach [83]), aus breiten Schlitzen wie in Bild 10.3-6c (nach [54]), aus Löchern, Ellipsen, Kreuzschlitzen usw. bestehen. Für einen verlustlosen Vorwärtswellenkoppler sind in Bild 10.3-6d (nach [84]) die normierten Wellen eingezeichnet. Der größte Teil der in Tor 1 eingespeisten Leistung P_1 erreicht z. B. bei einem 10 oder 20 dB-Koppler als Leistung P_2 das Tor 2. Die restliche Leistung $P_4 = P_1 - P_2$ wird über die beiden gleichen Koppelöffnungen $K1$ und $K2$ in den benachbarten Hohlleiter übertragen. Durch die Wandstromstörung wird an jedem Koppelschlitz eine Welle angeregt, die sich im Nebenhohlleiter gleichmäßig in beide Richtungen ausbreitet. Die beiden nach rechts laufenden normierten Wellen $\underline{a}_{K1}$ und $\underline{a}_{K2}$ haben unabhängig von der Länge d die gleichen Weglängen, so daß sie sich phasenrichtig am Tor 4 zu $\underline{a}_{ges} = \underline{a}_{K1} + \underline{a}_{K2} = 2 \cdot \underline{a}_{K1}$ (wegen $\underline{a}_{K1} = \underline{a}_{K2}$) addieren.

- **Beispiel 10.3/4:** Wie groß muß in Bild 10.3-6d der Koppelabstand d gewählt werden, damit am Tor 3 die Forderung $P_3 \overset{!}{=} 0$ erfüllt wird?

Lösung:

Verlustlose H_{10}-Wellenausbreitung $\Rightarrow \beta = \dfrac{2\pi}{\lambda_H}$

$\underline{b}_{K2}$ muß einen um $2d$ längeren Weg zurücklegen als $\underline{b}_{K1} \Rightarrow \underline{b}_{K2} = \underline{b}_{K1} \cdot e^{-j2\beta \cdot 2d}$ (analog zu Beispiel 9.2.2/2 und Gl. (8.1/15))

$$\underline{b}_{ges} = \underline{b}_{K1} + \underline{b}_{K2} = \underline{b}_{K1} \cdot [1 + e^{j2\beta \cdot 2d}] = \underline{b}_{K1} \cdot e^{-j\beta d} \cdot \underbrace{[e^{j\beta d} + e^{j\beta d}]}_{2 \cdot \cos(\beta d)},$$

$$\underline{b}_{ges} = 2\underline{b}_{K1} \cdot e^{-j\beta d} \cdot \cos(\beta d),$$

$$P_3 \overset{!}{=} 0 \Rightarrow \underbrace{\frac{|\underline{b}_{ges}|^2}{2}}_{\text{analog zu (9/7)}} = 0 \Rightarrow \underline{b}_{ges} = 0 \quad \text{für} \quad \cos(\beta d) = 0 \Rightarrow \beta d = \frac{\pi}{2}$$

$$\Rightarrow d = \frac{\pi}{2\beta} = \frac{\pi}{2 \cdot \dfrac{2\pi}{\lambda_H}} = \frac{\lambda_H}{4}.$$

Das Tor 3 ist vom Tor 1 entkoppelt, wenn $d = \lambda_H/4$ gewählt wird, d. h. die beiden normierten Wellen $\underline{b}_{K1}$ und $\underline{b}_{K2}$ in Bild 10.3-6d setzen sich infolge des Umweges der Welle $\underline{b}_{K2}$ von $2d = 2 \cdot \lambda_H/4 = \lambda_H/2$ mit einer Phasenverschiebung von 180° zusammen und löschen sich deshalb aus. Die Ableitung ($d = \lambda_H/4$) gilt exakt nur für eine Frequenz. Möchte man eine größere Bandbreite erzielen, dann muß die Anzahl der Koppelöffnungen vergrößert werden. Die Berechnung dieser Mehrlochrichtkoppler [85, 86] erfolgt mit Hilfe von Computerprogrammen.

Nach dem gleichen Prinzip der $\dfrac{\lambda_H}{2}$-Wegedifferenz zwecks Auslöschung zweier Wellen arbeitet der Kreuzkoppler (Bild 10.3-7a), bei dem der Nebenhohlleiter quer auf dem Haupthohlleiter liegt. Verbunden sind die beiden Hohlleiter über zwei Koppelöffnungen K1 und K2, die um $\lambda_H/4$ versetzt angeordnet sind. Dadurch erreicht eine am Tor 1 eingespeiste H_{10}-Welle das Tor 4 mit zwei gleichphasigen Wellenfronten (Bild 10.3-7b), während durch die Gegenphasigkeit am Tor 3 (Bild 10.3-7c) die Auslöschung erfolgt; das Tor 1 ist wieder vom Tor 3 entkoppelt. Feldtheoretische Überlegungen ergeben, daß mit den Kreuzschlitzen in Bild 10.3-7d die H_x- und die H_z-Komponente des H_{10}-Feldes etwa gleich stark gekoppelt werden, während die Schlitze das E_y-Feld nur schwach koppeln. Damit erhält man einen sehr kompakten und billigen Breitbandrichtkoppler.

Auch bei einem weiteren wichtigen Anwendungsfall der Hohlleitertechnik läßt sich aus dem prinzipiellen E-Feldbild sofort das qualitative Ersatzschaltbild gewinnen. Ein Hohlleiter der konstanten Breite a wird an der Stelle T in der Höhe von b auf b' reduziert (Bild 10.3-8a). Dadurch konzentrieren sich die E-Feldlinien an der Sprungstelle. Diese Konzentration läßt

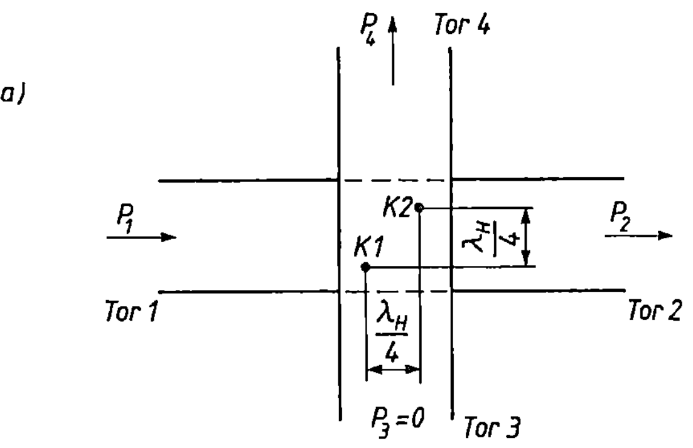

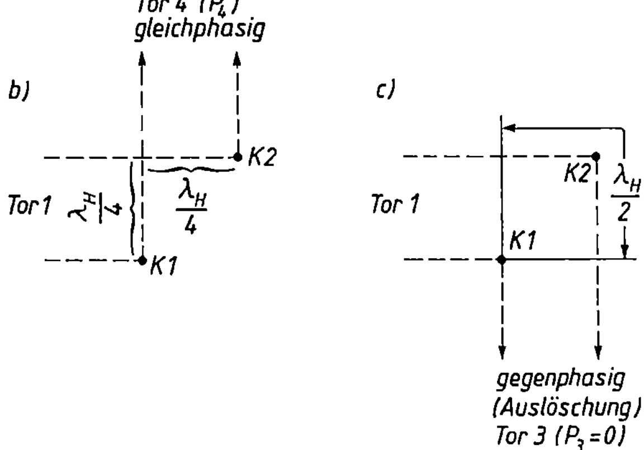

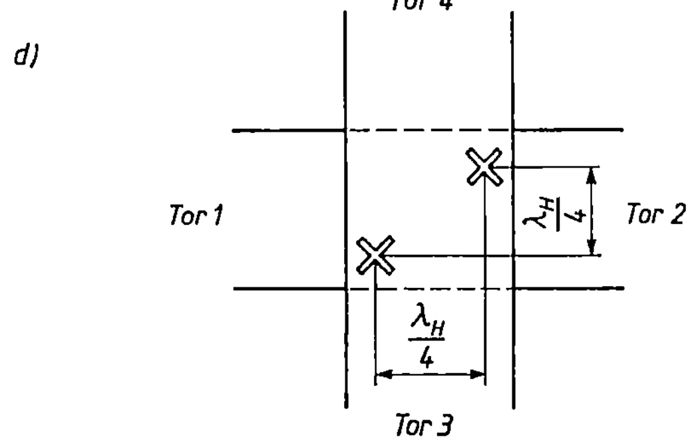

Bild 10.3-7

Kreuzkoppler

a) Löcher als Koppelelemente
b) Wellenfahrplan (Tor 1 bis Tor 4)
c) Wellenfahrplan (Tor 1 bis Tor 3)
d) Kreuzschlitze als Koppelelemente

sich durch eine Kapazität im Ersatzschaltbild 10.3-8b (nach [67]) beschreiben. Man erkennt aus (10.3/3), daß die Hohlleiterwellenlänge λ_H nicht von der Hohlleiterhöhe abhängt; deshalb bleibt λ_H konstant. Auch der Feldwellenwiderstand Z_F nach (10.3/36) ist unabhängig von der Hohlleiterhöhe. Da die Leistungsdichte P/A im reduzierten Hohlleiter ($A = a \cdot b'$) größer ist als im ursprünglichen Hohlleiter ($A = a \cdot b$), lassen sich bei niedrigen Hohlleiterhöhen niederohmige Halbleiterelemente einfacher an den Hohlleiter anpassen. Dieser Sachverhalt wird durch den konstanten Feldwellenwiderstand des Hohlleiters nicht beschrieben. Bei vielen praktischen Berechnungen wird der Hohlleiterwellenwiderstand nicht benötigt. Jedoch bei Übergängen (Hohlleiter auf TEM-Leitungen) und dem Einbau von Halbleiterbauelementen (Dioden, FET's) ist es zweckmäßig, einen Hohlleiterleitungswellenwiderstand Z_{0H} zu definieren.

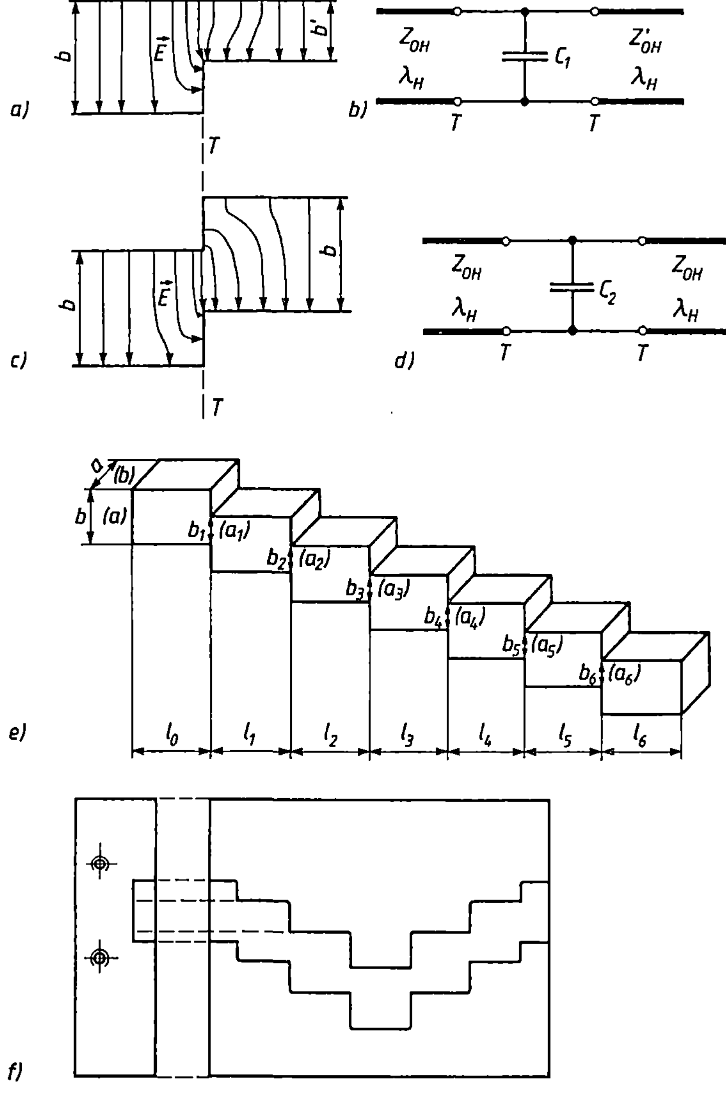

Bild 10.3-8   Hohlleitersprung

a) Prinzipieller E-Feldverlauf
b) Ersatzschaltbild
   Hohlleiter-E-Versatz
c) Prinzipieller E-Feldverlauf
d) Ersatzschaltung
e) Prinzipieller Aufbau eines $E(H)$-Ebenen-Bandpasses
f) Praktischer Aufbau eines Bandpasses

Die Definition stellt nur eine grobe Näherung der Praxis dar, da auf Grund der Feldkomponente H_z in Ausbreitungsrichtung kein eindeutiger Leitungswellenwiderstand für die H_{10}-Welle zu definieren ist. In [87] werden die drei Leitungswellenwiderstände

$$Z_{0H}(\underline{U}, \underline{I}) = 592\,\Omega \cdot \frac{b}{a} \cdot \frac{\lambda_H}{\lambda}, \tag{10.3/41}$$

$$Z_{0H}(P, \underline{U}) = 754\,\Omega \cdot \frac{b}{a} \cdot \frac{\lambda_H}{\lambda}, \qquad\qquad (10.3/42)$$

$$Z_{0H}(P, \underline{I}) = 465\,\Omega \cdot \frac{b}{a} \cdot \frac{\lambda_H}{\lambda}, \qquad\qquad (10.3/43)$$

aus den Größen Spannung, Strom und Leistung abgeleitet, die sich im Zahlenwert erheblich unterscheiden. Praktische Messungen [88] führten auf

$$\overline{Z_{0H}} = \sqrt{Z_{0H}(\underline{U}, \underline{I}) \cdot Z_{0H}(P, \underline{U})} = 668\,\Omega \cdot \frac{b}{a} \cdot \frac{\lambda_H}{\lambda}. \qquad\qquad (10.3/44)$$

Die Gln. (10.3/41) bis (10.3/44) zeigen, daß durch eine Reduzierung der Hohlleiterhöhe b der sogenannte Leitungswellenwiderstand Z_{0H} der H_{10}-Welle verkleinert wird, während der Feldwellenwiderstand unabhängig von der Hohlleiterhöhe ist. Mit niedrigen Hohlleiterhöhen und damit kleinen Leitungswellenwiderständen Z_{0H} lassen sich niederohmige Halbleiterbauelemente einfacher an den Hohlleiter anpassen. Wird der Hohlleiter in der Höhe sehr stark reduziert und das Halbleiterelement in der Mitte $x = a/2$ des Hohlleiters eingebaut, wo das E_y-Feld am stärksten ist (s. Bild 10.3-2), dann liegt die maximale Spannung am Element, und auch der Großteil der transportierten Leistung im Hohlleiter wird dem Halbleiterelement zur Verfügung gestellt, so daß der Leitungswellenwiderstand $Z_{0H}(P, \underline{U})$ in (10.3/42) diesen Sachverhalt am besten beschreibt. Messungen bestätigen diese Überlegungen.

Werden Berechnungen von Hohlleiterstrukturen mit unterschiedlichen Hohlleiterhöhen durchgeführt (z. B. Stufentransformatoren), dann spielt es keine Rolle, welchen der vier Leitungswellenwiderstände Z_{0H} man wählt, denn für die Berechnung eines Sprungs (Bild 10.3-8b) wird nur der Quotient

$$\frac{Z'_{0H}}{Z_{0H}} = \frac{b'}{b} \qquad\qquad (10.3/45)$$

benötigt, d. h. nur die Hohlleiterhöhen bestimmen das Leitungswellenwiderstandsverhältnis. Bei der Konzipierung von Stufentransformatoren tritt die Sprungkapazität C_1 in Bild 10.3-8b als Störgröße auf, die die Rechnung verkompliziert. Bei bestimmten Filterschaltungen ist man dagegen auf eine Sprungkapazität oder -induktivität angewiesen. Störend ist hierbei die Wellenwiderstandstransformation. Deshalb wird z. B. der in Bild 10.3-8c skizzierte E-Versatz gewählt, der durch die E-Feldkonzentration wieder eine Sprungkapazität C_2 (Bild 10.3-8d) liefert, aber links und rechts von der Sprungstelle T die gleichen Leitungswellenwiderstände Z_{0H} besitzt, da a und b nicht geändert werden. Prinzipiell können Hohlleiterfilter aufgebaut werden durch Blenden, Resonatoren oder Diskontinuitäten (z. B. E-Versatz in Bild 10.3-8c) im Hohlleiter [89−101]. Mit Hilfe von [67] ist es möglich, diese Hohlleiteranordnungen mit guter Näherung durch diskrete Elemente und Leitungslängen zu beschreiben. Bei der Auswahl der Filter spielt neben dem elektrischen Verhalten auch die mechanische Realisierung eine wichtige Rolle. Durch komplizierte Löt- und Abstimmverfahren treten bei der Gruppe der Sandwich-Filter große Fertigungskosten auf. Da die Abgleichkosten eines Filters einen erheblichen Anteil der Gesamtkosten ausmachen, ist es wünschenswert, auf Abstimmelemente verzichten zu können. Weiterhin hat man ohne Abstimmschrauben den Vorteil, daß die Verluste des Filters kleiner sind, weil jedes Abstimmelement zusätzliche Moden anregt, die zwar exponentiell schnell abklingen, aber Energie dem Feld entziehen. Den prinzipiellen Aufbau von $E(H)$-Ebenen-

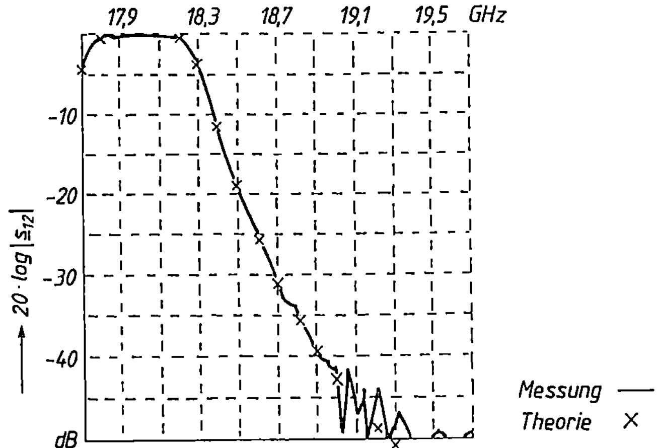

Bild 10.3-9   Einfügungsdämpfung eines Bandpasses

Bandpässen zeigt Bild 10.3-8e (aus [72]). Eine E-Ebenenversetzung (Bild 10.3-8c) liefert im Ersatzschaltbild eine Parallelkapazität (Bild 10.3-8d), während ein H-Ebenenversatz durch eine Parallelinduktivität mit zwei zusätzlichen elektrischen Längen beschrieben werden kann [67]. Mit Hilfe eines Feldentwicklungsverfahrens [100] ist es möglich, das Ersatzschaltbild eines E- bzw. H-Ebenenversatzes im Rechteckhohlleiter so genau zu berechnen, daß daraus durch Anwendung der bekannten Filtertheorie Bandpaßfilter entworfen werden können, die bei der heute üblichen Präzisionsfertigung keine Abstimmöglichkeiten benötigen. Die Anordnung von Bild 10.3-8 läßt sich für den praktischen Gebrauch so verändern, daß die Treppen in einer Richtung nicht nur abfallen, sondern je zur Hälfte abfallen und ansteigen, damit die beiden Anschlußflansche in einer Ebene liegen. Die Filterstruktur kann direkt halbschalig in einen Messingblock gefräst werden. Die bei der Herstellung in Kauf zu nehmenden Radien ($r = 1$ mm) spielen keine Rolle (s. runde Ecken in Bild 10.3-4g). Ein Filter besteht aus zwei Teilen, der Halbschale mit der Filterstruktur und einer Abdeckplatte. Die beiden Teile werden getrennt mit 5 µm versilbert und durch Schrauben zusammengepreßt. Die Maßgenauigkeit der Filter sollte im K- und R-Band ($17,9-40,0$ GHz) $\pm$ 0,01 mm betragen, denn sonst tritt eine Systemverschiebung der Übertragungsfunktion längs der Frequenzachse auf. Bild 10.3-9 zeigt die Einfügungsdämpfung eines Bandpasses. Im Durchgangsbereich erreicht man Werte von $a_D < 0,5$ dB, während Sperrdämpfungen von $a_{SP} > 60$ dB zu erzielen sind. Wegen der Dynamikgrenze des Meßplatzes konnten nur Sperrdämpfungen bis $a_{SP} = 50$ dB gemessen werden.

■ **Übung 10.3/3:** Ein in der Höhe reduzierter Rechteckhohlleiter besitzt die Innenabmessungen $a = 7{,}112$ mm und $b = 0{,}3$ mm. Es soll die H_{10}-Welle angeregt werden.

a) Für welchen Frequenzbereich ist der Hohlleiter geeignet?

b) Eine PIN-Diode wird in der Mitte des Hohlleiters eingebaut. Berechnen Sie für $f = 1{,}5 \cdot f_c$ die Größe des Leitungswellenwiderstandes Z_{0H}, der diesen Sachverhalt am besten beschreibt.

c) Die in den kurzgeschlossenen, verlustlosen Hohlleiter eingebaute PIN-Diode wird als idealer Schalter betrachtet (Bild 10.3-10a). Wie groß muß die Länge l_P gewählt werden, damit bei $f = 1{,}5 \cdot f_c$ die Phasenverschiebung $\Delta\Phi = \Phi_1 - \Phi_2 = \arg\{\underline{r}_1\} - \arg\{\underline{r}_2\} = 120°$ beträgt?

■ **Übung 10.3/4:** Ein verlustloser R220-Hohlleiter mit der Höhe $b^{II} = 4{,}318$ mm und dem Leitungswellenwiderstand Z_{0H}^{II} wird an der skizzierten Stelle T (Bild 10.3-10b) mit einem verlustlosen R220-Hohlleiter der reduzierten Höhe $b^I < b^{II}$ zusammengeschaltet. Eine Sprungskapazität soll nicht be-

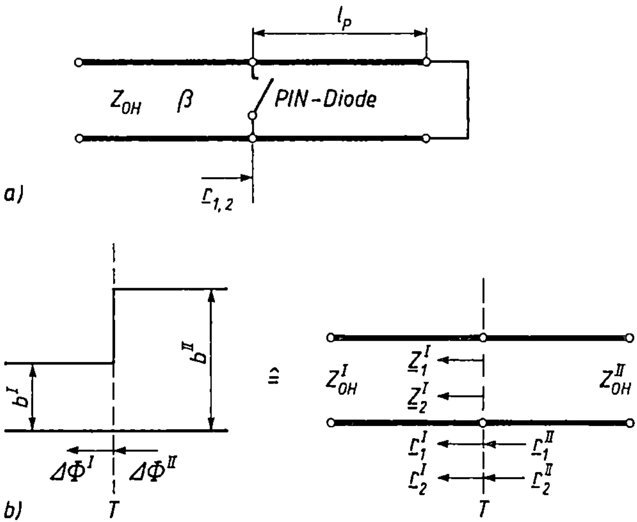

Bild 10.3-10   a) Phasenumtastung mit einer idealen PIN-Diode im Hohlleiter

b) Transformation von $\Delta\Phi^I = \dfrac{\pi}{2}$ auf $\Delta\Phi^{II} = \pm\pi$ mit Hilfe eines idealen Hohlleitersprungs

rücksichtigt werden. Mit Hilfe einer idealen PIN-Diode läßt sich $\Delta\Phi^I = \arg\{\underline{r}_2^I\} - \arg\{\underline{r}_1^I\} = \dfrac{\pi}{2}$ und $|\underline{r}_1^I| = |\underline{r}_2^I| = 1$ realisieren.

Wie müssen $\arg\{\underline{r}_1^I\}$, $\arg\{\underline{r}_2^I\}$ und b^I gewählt werden, damit $\Delta\Phi^{II} = \arg\{\underline{r}_2^{II}\} - \arg\{\underline{r}_1^{II}\} = \pm\pi$ gilt?

- **Beispiel 10.3/5:** Bild 10.3-11a zeigt die Prinzipschaltung eines 4-PSK(Phase Shift Keying)-Modulators (s. Kapitel 3.4.1). Wegen des geringen Leistungsbedarfs bei der Übertragung ist die Phasenumtastung besonders für den Satellitenfunk geeignet. Möglich ist eine zwei-, vier-, acht- usw. stufige Phasenumtastung. Je größer die Stufenzahl, desto geringer ist der Bandbreitenbedarf; nachteilig sind die Anforderungen an die Modulations- und Demodulationsschaltungen, die mit wachsender Anzahl der Phasenwinkel immer komplizierter und damit teurer werden. Einen Kompromiß zwischen Frequenzbandbedarf und Geräteaufwand stellt der 4-PSK-Modulator dar [102−104].

Ein 2-Phasenumschalter kann prinzipiell mit einem Transmissions- oder Reflexionsumschalter (mit Zirkulator oder Koppler) aufgebaut werden. Bild 10.3-11a zeigt das Prinzip eines Reflexionsumschalters mit Zirkulator. Der Oszillator, der auf eine zwischen 18 und 20 GHz liegende Frequenz einstellbar ist, liefert dem Tor 1 des Zirkulators eine Leistung P_1. Die H_{10}-Leistungswelle wird am Tor 2 des Zirkulators dem 90°-Phasenumschalter angeboten, der die Welle entweder mit 0° oder 90° reflektiert. Eine weitere Reflexion findet am Tor 3 statt (0° oder 180°), so daß die Parabolantenne am Tor 4 eine elektromagnetische Welle mit den vier möglichen Phasenzuständen 0°, 90°, 180° oder 270° abstrahlen kann.

Entwickeln Sie für den in Bild 10-3-11a skizzierten 4-PSK-Direktmodulator die beiden Hohlleiter-Reflexionsphasenumschalter (90° und 180°), wenn als Schaltelemente gehäuste PIN-Dioden verwendet werden sollen.

Lösung:

Bild 10.3-11b zeigt den prinzipiellen Aufbau einer PIN-Diode [105]. Die Ersatzschaltung einer gehäusten PIN-Diode ist in Bild 10.3-11c ($C_P \,\hat{=}\,$ Gehäusekapazität, $C_j \,\hat{=}\,$ Sperrschichtkapazität, $R_j \,\hat{=}\,$ Sperrschichtwiderstand, $L_P \,\hat{=}\,$ Induktivität der Bonddrähte im Gehäuse) dargestellt. Die Wirkungsweise (Sperr- und Durchlaßverhalten) einer typischen K-Band-PIN-Diode bei der Mittenfrequenz $f_M = 19$ GHz läßt

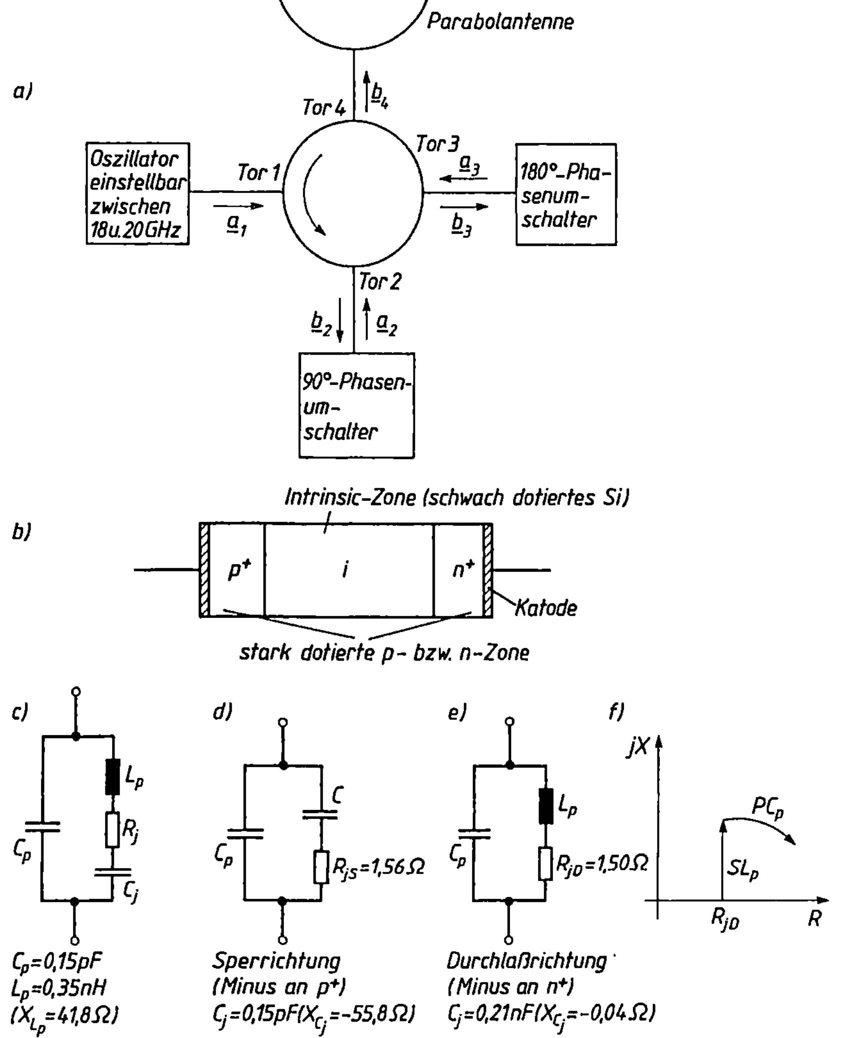

Bild 10.3-11   a) Prinzipschaltung eines 4-PSK-Direktmodulators

                   b) Aufbau einer PIN-Diode

                   c) Ersatzschaltung der PIN-Diode (typische Werte einer K-Band-PIN-Diode bei $f_M = 19\,\text{GHz}$)

                   d) Ersatzschaltbild für das Sperrverhalten ($f_M = 19\,\text{GHz}$)

                   e) Ersatzschaltbild für das Durchlaßverhalten ($f_M = 19\,\text{GHz}$)

                   f) Qualitative Transformationen (Durchlaß) im Kreisdiagramm

sich mit den Bildern 10.3-11 d und e beschreiben. Man erkennt an der qualitativen Kreisdiagramm-darstellung (s. Kapitel 7.3) in Bild 10.3-11 f, daß die Gehäusekapazität C_P im Durchlaßbereich den Realteil der Diodenimpedanz $\underline{Z}_D$ und damit auch wegen $P_D = \frac{1}{2} \cdot |\underline{I}|^2 \cdot Re\{\underline{Z}_D\}$ die Diodenverlustleistung P_D vergrößert. Abhilfe verschaffen Chip-Dioden zum Einbonden, die meistens in Streifenleitungsschaltungen eingesetzt werden. Gehäuste Dioden mit Gewinde haben neben dem einfachen Befestigen im Hohlleiter den weiteren Vorteil, daß sie die entstehende Verlustwärme besser abführen können. Bei der Auswahl einer geeigneten PIN-Diode sollte man folgende Kriterien beachten: Der Impedanzunterschied zwischen Sperr- und Durchlaßbereich sollte so groß wie möglich sein, während kleine Werte bei R_j und C_P günstig sind.

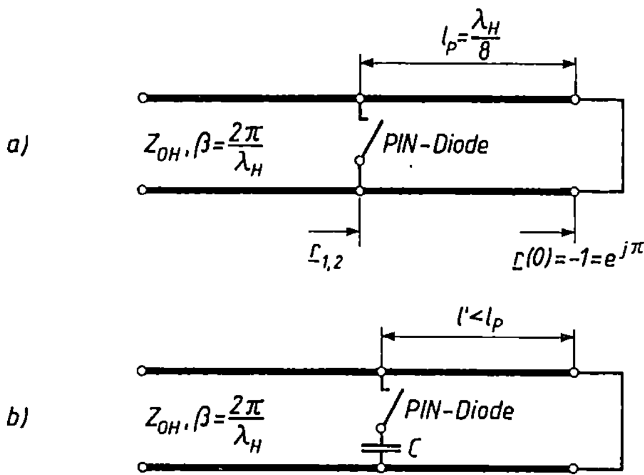

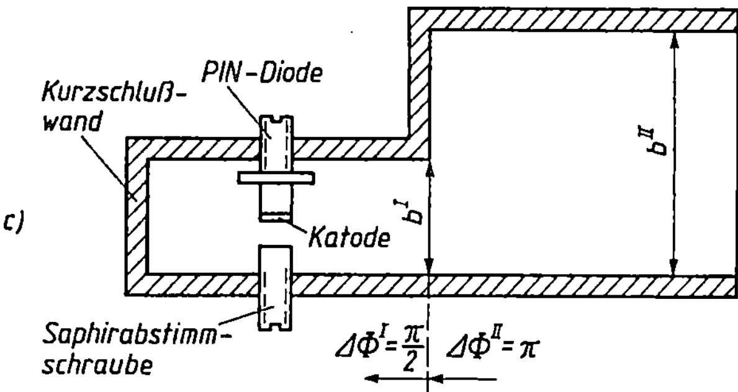

Bild 10.3-12

a) 90°-Phasenumtastung mit einer idealen PIN-Diode im Hohlleiter

b) 90°-Breitbandphasenumschalter

c) 180°-Phasenumschalter für $f_M = 19$ GHz

Beim ersten Entwurf des Phasenumtasters wird die PIN-Diode als idealer Schalter betrachtet. Bei der Mittenfrequenz $f_M = 19$ GHz soll die Länge l_P in Bild 10.3-12a exakt um 90° transformieren. Mit $\lambda = 15{,}79$ mm und $\lambda_H = 23{,}48$ mm ergibt sich damit eine Transformationslänge von $l_P = \lambda_H/8 = 2{,}935$ mm (s. Kapitel 8.4.3). Die Berechnung der idealisierten Ersatzschaltung in Bild 10.3-12a erfolgt analog zur Übung 10.3/3:

Schalter geschlossen: arg $\{\underline{r}_1\} = \Phi_1 = 180°$

Schalter offen: arg $\{\underline{r}_2\} = \Phi_2$ (bei $f_M = 19$ GHz ist $\Phi_2 = 90°$)

$$\underline{r}_2 = \underline{r}(0) \cdot e^{-j2\beta l_P} = e^{j\pi} \cdot e^{-j2\beta l_P} = e^{j(\pi - 2\beta l_P)},$$

$$(1) \quad \arg\{\underline{r}_2\} = \Phi_2 = \pi - 2 \cdot \frac{2\pi}{\lambda_H} \cdot l_P \;\hat{=}\; 180° \left(1 - \frac{11{,}74\text{ mm}}{\lambda_H}\right).$$

Die Auswertung von Gl. (1) zeigt Tabelle 10.3-3.

Tabelle 10.3-3

f/GHz	Φ_2	$\Delta\Phi = \Phi_1 - \Phi_2$
18,0	100,84°	79,16°
18,5	95,31°	84,69°
19,0	90,00°	90,00°
19,5	84,83°	95,17°
20,0	79,81°	100,19°

Man erkennt, daß selbst mit der idealisierten Schaltung in Bild 10.3-12a kein Breitbandverhalten ($\Delta\Phi = 90°$ für $18-20\,\text{GHz}$) zu realisieren ist, obwohl das reale Verhalten der PIN-Diode (s. die Bilder 10.3-11d und e) schon sehr stark idealisiert wurde (PIN-Diode als Schalter). Ein Breitbandverhalten für unsere idealisierte Schaltung läßt sich erreichen, wenn man in Serie zur PIN-Diode eine Kapazität schaltet. Computerberechnungen zeigen, daß selbst mit den realen Ersatzschaltbildern 10.3-11d und e Breitbandverhalten möglich ist. Je nach Wahl der Länge l' in Bild 10.3-12b ist dies bis etwa $\Delta\Phi = 130°$ durchführbar, d. h. ein breitbandiger ($18-20\,\text{GHz}$) 90°-Phasenumschalter ist realisierbar, während der für Bild 10.3-11a auch noch benötigte 180°-Phasenumschalter nach diesem Prinzip nicht funktionieren kann. Deshalb ist es sinnvoll, aus einem 90°-Phasenumschalter mit Hilfe eines Stufentransformators einen 180°-Phasenumschalter zu entwickeln. Man erhält das geforderte Breitbandverhalten, wenn schon mit einem Hohlleiterhöhensprung die geforderte 90°- auf 180°-Transformation bei der Mittenfrequenz $f_M = 19\,\text{GHz}$ erreichbar ist (s. Übung 10.3/4). Damit liegt die reduzierte Höhe $b^{I} = 1{,}789\,\text{mm}$ (aus Übung 10.3/4) unseres R220-Hohlleiters ($a = 10.668\,\text{mm}$, $b^{II} = 4{,}318\,\text{mm}$, s. Bild 10.3-12c) fest. Aus (10.3/41) bis (10.3/44) erkennt man, daß niedrige Hohlleiterhöhen kleine Leitungswellenwiderstände Z_{OH} verursachen, d. h. unsere niederohmige PIN-Diode wird besser an den Hohlleiter angepaßt. Weiterhin sollte die PIN-Diode in der Mitte des Hohlleiters ($x = a/2$) eingebaut werden, weil hier das E_y-Feld am stärksten und damit die Wirkung der Diode am größten ist.

Eine einstellbare Kapazität C kann dadurch erzeugt werden, daß zwischen Katode der PIN-Diode und einer gegenüberliegenden Saphirabstimmschraube ein Luftspalt herrscht. Durch das Verdrehen der Abstimmschraube läßt sich der Kapazitätswert variieren. Saphir zeigt ein wesentlich besseres Breitbandabstimmverhalten gegenüber sonst verwendeten Metallabstimmstiften, an denen leicht unerwünschte Resonanzen auftreten können. Da hier die Diodenimpedanz durch die Abstimmschraube direkt in der Dodenebene kompensiert wird, und dadurch eine Frequenzabhängigkeit durch Leitungstransformationen vermieden wird, ist die Anordnung sehr breitbandig. Bild 10.3-13 zeigt einen Längsschnitt durch die Breitseite und einen Längsschnitt A-A durch die Schmalseite des 90°-Phasenumschalters (aus [106]). Der 90°-Phasenumschalter besteht aus einem einseitig kurzgeschlossenen

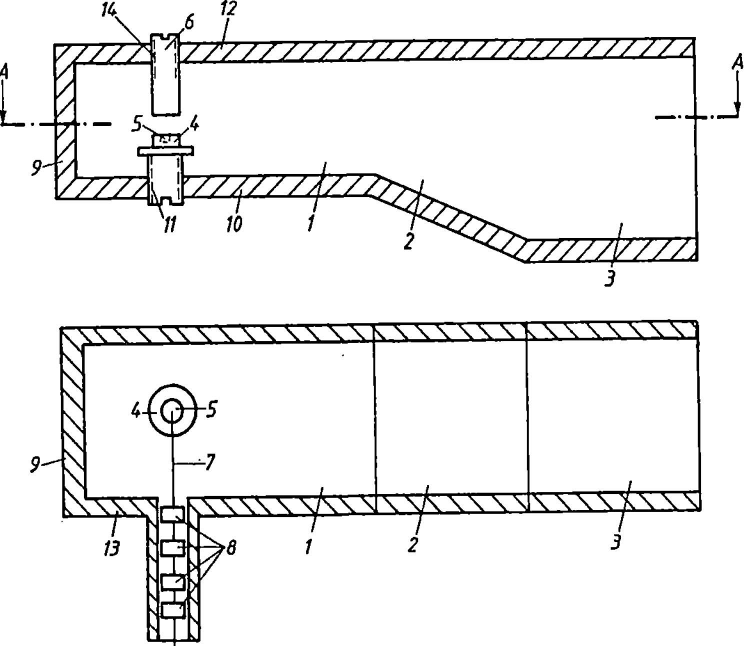

Bild 10.3-13   90°-Phasenumschalter

(9), höhenreduzierten Hohlleiter (1), an dessen offenem Ende sich ein Hohlleiterabschnitt (2) mit linearer Querschnittserweiterung anschließt, der auf einen R220-Hohlleiter (3) übergeht. Über den R220-Hohlleiter (3) wird dem höhenreduzierten Hohlleiter (1) eine H_{10}-Welle zugeführt, die darin reflektiert wird und mit einer bestimmten Phasenverschiebung wieder durch den Hohlleiter (3) zurückläuft. In dem höhenreduzierten Hohlleiter (1) befindet sich die in einem Gehäuse (4) untergebrachte PIN-Diode (5). Das Gehäuse (4) ragt durch eine Hohlleiterwand der Breitseite (10) in den höhenreduzierten Hohlleiter (1) hinein und ist in der Hohlleiterwand schraubbar (11) gehalten. Direkt gegenüber der PIN-Diode befindet sich ein verstellbarer Abstimmstift (6) aus Saphir, der mit seinem Gewinde (14) direkt in die Hohlleiterwand (12) geschraubt wird. Die PIN-Diode ist durch ihr Gewinde (11) mit dem Hohlleiter verschraubt und dadurch an der Anode mit dem Hohlleiter galvanisch verbunden. Die Katode erhält Kontakt durch einen dünnen Draht (7), der das Hohlleiterfeld kaum stört. Die Länge des Drahtes (7) beträgt etwa ein Viertel der Betriebswellenlänge λ auf einer Koaxialleitung, so daß der (von einem an den Draht angeschlossenen Tiefpaß (8) erzeugte) Kurzschluß in einen Leerlauf (an der PIN-Diode) transformiert wird. Durch das Kurzschlußverhalten des vierstufigen Tiefpaßfilters (8) erscheint die durchbohrte Hohlleiterwand (13) wieder geschlossen. Prinzipiell kann das Tiefpaßfilter (Choke) wie in Bild 8.3-2a aufgebaut und mit dem Ersatzschaltbild 8.3-2b berechnet werden. Damit ist ein Gleichstromweg für die Versorgungsspannung und zum Ansteuern der PIN-Diode mit den abgerundeten Digitalimpulsen geschaffen worden.

Für den Entwurf des 180°-Phasenumschalters mißt man bei allen Frequenzen (18−20 GHz) die Ausgangsreflexionsfaktoren des 90°-Phasenumschalters und rechnet sie in die Diodenebene zurück (Bild 10.3-14a). Daraus läßt sich die in Bild 10.3-14a eingezeichnete Impedanz $\underline{Z}_D(f)$ (Diode plus Abstimmschraube) ermitteln. Bild 10.3-14b ist das Leitungsersatzschaltbild für die in Bild 10.3-14a allein ausbreitungsfähige H_{10}-Welle. Einem Computerprogramm gibt man als Randbedingungen die Größen l_K, b^I, $\underline{Z}_D(f)$ und b^{II} vor. Die Zielfunktion im Bereich 18 bis 20 GHz ist $\Delta\Phi = \pm\pi$ mit einer kleinen vorgegebenen Fehlerschranke (z. B. $\pm 2°$). Als Variablen stehen die Längen l_1, l_2, l_3 sowie die Höhen b_2, b_3 des Stufentransformators zur Verfügung. Abhängig von den jeweils gewählten Hohlleiterhöhen sind die Sprungkapazitäten (s. Bild 10.3-8a) C_1, C_2 und C_3. Für einen Hohlleitersprung (Bild 10.3-14c) berechnet sich nach [67] die normierte Sprungsuszeptanz mit:

$$(2)\quad \frac{B}{Y_{0H}} = \frac{2b}{\lambda_H} \cdot \left[\ln\left\{ \frac{1-a^2}{4\alpha} \cdot \left(\frac{1+\alpha}{1-\alpha}\right)^{0,5\left(\alpha+\frac{1}{\alpha}\right)} \right\} + 2 \cdot \frac{A + A' + 2C}{A \cdot A' - C^2} \right.$$

$$\left. + \left(\frac{b}{4\lambda_H}\right)^2 \cdot \left(\frac{1-\alpha}{1+\alpha}\right)^{4\alpha} \cdot \left(\frac{5\alpha^2 - 1}{1-\alpha^2} + \frac{4}{3} \cdot \frac{\alpha^2 C}{A}\right)^2 \right].$$

Mit den Abkürzungen:

$$(3)\quad \begin{cases} \alpha = \dfrac{b'}{b} = \dfrac{Y_{0H}}{Y'_{0H}}, \qquad C = \left(\dfrac{4\alpha}{1-\alpha^2}\right)^2, \\[2em] A = \left(\dfrac{1+\alpha}{1-\alpha}\right)^{2\alpha} \cdot \dfrac{1 + \sqrt{1 - \left(\dfrac{b}{\lambda_H}\right)^2}}{1 - \sqrt{1 - \left(\dfrac{b}{\lambda_H}\right)^2}} - \dfrac{1 + 3\alpha^2}{1-\alpha^2}, \\[3em] A' = \left(\dfrac{1+\alpha}{1-\alpha}\right)^{2/\alpha} \cdot \dfrac{1 + \sqrt{1 - \left(\dfrac{b'}{\lambda_H}\right)^2}}{1 - \sqrt{1 - \left(\dfrac{b'}{\lambda_H}\right)^2}} + \dfrac{3 + \alpha^2}{1-\alpha^2}. \end{cases}$$

Bei einfachen Computerprogrammen muß man sich die Anzahl der Stufen des Transformators selbst vorgeben. Je größer die Bandbreite bzw. je kleiner die Fehlerschranke ist, desto mehr Hohlleitersprünge

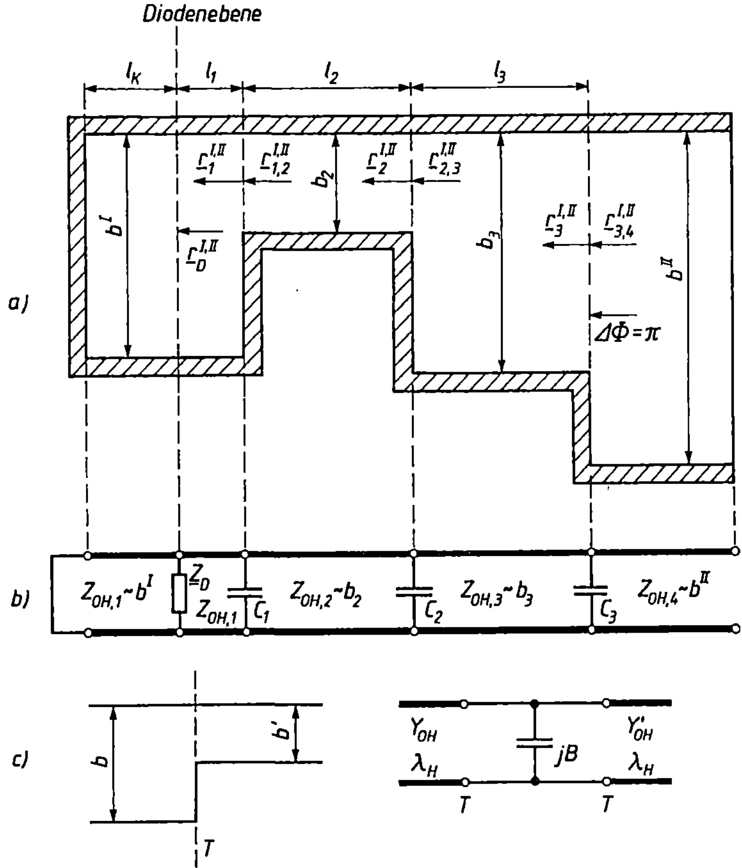

Bild 10.3-14 a) 180°-Breitbandphasenumschalter
                 b) Ersatzschaltbild
                 c) Hohlleitersprung und Ersatzschaltbild nach [67]

muß der Stufentransformator besitzen. Anspruchsvolle Optimierungsprogramme finden selbst die minimale Stufenzahl zur Erfüllung einer sinnvollen Zielfunktion.

- **Übung 10.3/5:** Für den in Bild 10.3-14c skizzierten Hohlleitersprung sind die Höhen $b = 4{,}318$ mm und $b' = 1{,}789$ mm gegeben.

  Ermitteln Sie für die Frequenzen 18, 18,5, 19, 19,5 und 20 GHz die Werte der normierten Suszeptanz B/Y_{OH}.

Zur Beschreibung der Wandstromverluste bei der H_{10}-Welle definiert man einen Dämpfungskoeffizienten (auch Dämpfungsfaktor genannt) $\alpha_{H_{10}}$, für dessen Ermittlung man die Feldverteilung im Hohlleiter neu berechnen muß. Bei großen Verlusten ist diese Berechnung sehr aufwendig und führt weit über den Rahmen dieses Buches hinaus. Bei kleinen Verlusten (Versilberung) erhält man aber fast die gleiche Feldverteilung wie im idealen Fall und kann dann mit einer Störungsrechnung den Dämpfungsfaktor ermitteln. Man rechnet dazu aus den idealen Feldverteilungen den Strombelag in den Hohlleiterinnenwänden aus. Dann ermittelt man die Verlustleistung pro Längeneinheit in Ausbreitungsrichtung. Dies wird ins Verhältnis zur transportierten Leistung gesetzt; die transportierte Leistung erhält man aus der axialen

Komponente des Poyntingvektors für den idealen Fall. Für die Grundwelle des Rechteck-hohlleiters ergibt sich auf diese Weise die Dämpfungskonstante

$$\alpha_{H_{10}} = \sqrt{\frac{2\omega\varepsilon}{\varkappa}} \; \frac{a + b \cdot \left(\dfrac{f_c}{f}\right)^2}{a \cdot b \cdot \sqrt{1 - \left(\dfrac{f_c}{f}\right)^2}}\,, \tag{10.3/46}$$

die durch Messungen sehr gut bestätigt wird.

Die auf diese Weise beschriebene und berechenbare H_{10}-Grundwelle kann nun entsprechend der Kapitel 8 und 9 behandelt werden, d. h. es können Operationen im Smithdiagramm oder mit Streumatrizen durchgeführt werden.

- **Übung 10.3/6:** Ein mit Teflon ($\varepsilon_r = 2{,}1$) gefüllter Rechteckhohlleiter besitzt die Innenabmessungen $a = 8{,}636$ mm und $b = 4{,}318$ mm.
  a) Berechnen Sie die Cutoff-Frequenz.
  b) Ermitteln Sie die Phasen- und Gruppengeschwindigkeit bei $f = 15$ GHz.
  c) Wie groß ist die Dämpfungskonstante bei $f = 13$ GHz, wenn der Hohlleiter aus Kupfer gefertigt ist ($\varrho = 0{,}0175\ \Omega\,\text{mm}^2/\text{m}$)?
  d) Berechnen Sie den Feldwellenwiderstand bei $f = 15$ GHz.
- **Beispiel 10.3/6:** Die in Bild 10.3-15 skizzierte Diode besteht aus der Keramikschicht Tb und den beiden Metallteilen Ta und Tc. Damit die gehäuste Diode leichter eingebaut werden kann, wurde vom Hersteller an die Metallschicht Tc der Metallstempel Td-Te angeschweißt. Dadurch entstand eine starke Exzentrizität zwischen den Metallanschlüssen Ta und Td-Te. An eine zu entwickelnde Diodenhalterung im Hohlleiter müssen deshalb folgende Forderungen gestellt werden:
  a) Ausgleich der Längenunterschiede zwischen verschiedenen Dioden
  b) Kompensation der Exzentrizität
  c) Geringe Feldstörung im Hohlleiter
  d) Leichtes Auswechseln der Dioden
  e) Zuführung einer Diodenvorspannung

  Entwickeln Sie eine geeignete Diodenhalterung.

Lösung:

Zwecks Unterdückung zusätzlicher Leitungstransformationen sollte sich nur die Keramikschicht Tb im Hohlleiterfeld befinden. Deshalb wird die Hohlleiterhöhe auf die Höhe der Keramikschicht Tb

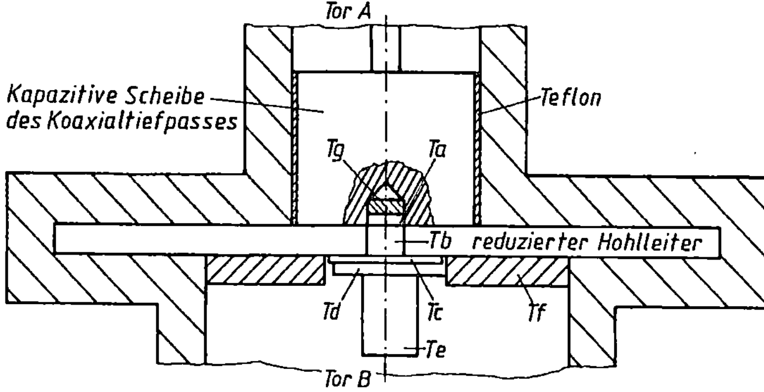

Bild 10.3-15 Prinzipieller Einbau einer gehäusten Diode im Hohlleiter

reduziert. Diese Maßnahme hat den weiteren Vorteil, daß die meistens niederohmigen Dioden besser an den Hohlleiter angepaßt werden, weil niedrige Hohlleiterhöhen kleine Leitungswellenwiderstände Z_{OH} erzeugen (s. Gln. (10.3/41) bis (10.3/44)). Weiterhin sollte die Diode in der Mitte des Hohlleiters ($x = a/2$) eingebaut werden, weil hier das E_y-Feld am stärksten und damit die Ankopplung der Diode am größten ist. Für die Diodenhalterung kann am koaxialen Anschlußflansch des Tores B eine Hülse mit Innengewinde befestigt werden, die als Zentrierhalter dient. In diese Hülse läßt sich nun die eigentliche Diodenzange einschrauben. Die Diode wird mit dem Metallstempel Te in eine geschlitzte Scheibe eingesetzt, die sich wegen ihrer konischen Ausführung mit Hilfe eines eingeschraubten Dorns öffnen und schließen läßt. Die Schlitze in der Scheibe würden das Feldbild des Hohlleiters stören. Deshalb wird eine gemäß Bild 10.3-15 versilberte Abdeckkappe Tf auf die Scheibe gesetzt, die mit dem reduzierten Hohlleiter abschließt. Zentriert wird die Diode mit dem Metallteil Ta, das sich in die Bohrung der Tiefpaßscheibe einfädelt, wenn die Diodenzange in die Hülse geschraubt wird. Durch das Kurzschlußverhalten des Koaxialtiefpasses erscheint die durchbohrte Hohlleiterwand wieder geschlossen. Prinzipiell kann das Tiefpaßfilter (Choke) wie in Bild 8.3-2a aufgebaut und mit dem Ersatzschaltbild 8.3-2b berechnet werden. Damit ist ein Gleichstromweg für die Diodenvorspannung geschaffen worden. Die Exzentrizität zwischen dem Metallteil Ta und dem Stempel Te wird durch die Federwirkung der geschlitzten Scheibe ausgeglichen. Mit der Dicke des versilberten Plättchens Tg lassen sich Längenänderungen der Teile Ta und Tb so ausgleichen, daß sich nur die Keramikschicht Tb im Hohlleiter befindet.

10.4 Kontinuierlicher Hohlleiterübergang

Für den 90°-Phasenumschalter in Bild 10.3-13 benötigten wir einen Übergang von der reduzierten Hohlleiterhöhe b^I auf die Normhohlleiterhöhe b^{II} unseres R220-Hohlleiters. Halbleiterbauelemente werden wegen der besseren Feldanpassung meistens in Hohlleitern mit reduzierten Höhen eingebaut (s. Bild 10.3-15). Übergänge zu den Normhohlleitern sind möglich mit Stufentransformatoren (Bild 10.3-14a) oder mit kontinuierlichen Hohlleiterübergängen (Taper). Die kontinuierliche Transformation soll mit einer verlustlosen, inhomogenen Leitung durchgeführt werden, deren Leitungswellenwiderstand $Z_{OH}(z)$ eine Funktion der Ortskoordinate z ist. Da bei der H_{10}-Hohlleiterwellenausbreitung eine Feldkomponente in Ausbreitungsrichtung z existiert, die eine exakte Leitungswellenwiderstandsdefinition Z_{OH} unmöglich macht, ist dieser TEM-Wellenansatz nur eine Näherung, die jedoch bei Beachtung der eingeführten Voraussetzungen brauchbare Ergebnisse liefert. Beim Hohlleiter ist die Phasenkonstante β konstant, wenn die Hohlleiterbreite a konstant bleibt und nur die Hohlleiterhöhe b „getapert" wird. (s. (10.3/31)).

Für eine verlustlose ($R' = 0$, $G' = 0$) Lecher-Leitung ergeben sich aus (8.1/3), (8.1/4), (8.4/1) und (8.4/2):

$$\frac{d\underline{U}}{dz} = -j\omega L'\underline{I}\,, \tag{10.4/1}$$

$$\frac{d\underline{I}}{dz} = -j\omega C'\underline{U}\,, \tag{10.4/2}$$

$$\underline{\gamma} = j\beta = j\omega\sqrt{L'C'}\,, \tag{10.4/3}$$

$$Z_{OH} = \sqrt{\frac{L'}{C'}}\,, \tag{10.4/4}$$

wenn wir für Z_0 in (8.4/2) den Hohlleiterleitungswellenwiderstand Z_{0H} einführen. Setzt man

$$\omega L' = \omega L' \cdot \frac{\sqrt{L'C'}}{\sqrt{L'C'}} = \omega \sqrt{L'C'} \cdot \sqrt{\frac{L'}{C'}} = \underbrace{\beta}_{\text{aus (10.4/3)}} \cdot \underbrace{Z_{0H}}_{\text{(10.4/4)}} \quad \text{in (10.4/1 und}$$

$$\omega C' = \omega C' \cdot \frac{\sqrt{L'C'}}{\sqrt{L'C'}} = \omega \sqrt{L'C'} \cdot \sqrt{\frac{C'}{L'}} = \underbrace{\beta}_{\text{aus (10.4/3)}} \cdot \underbrace{\frac{1}{Z_{0H}}}_{\text{(10.4/4)}} \quad \text{in (10.4/2 ein, dann}$$

erhält man:
$$\frac{\mathrm{d}\underline{U}}{\mathrm{d}z} = -\mathrm{j}\beta Z_{0H}\underline{I}, \tag{10.4/5}$$

$$\frac{\mathrm{d}\underline{I}}{\mathrm{d}z} = -\mathrm{j} \cdot \frac{\beta}{Z_{0H}} \cdot \underline{U}. \tag{10.4/6}$$

Da für unsere inhomogene Leitung

$$\left.\begin{array}{c} L' = L'(z) \\ C' = C'(z) \end{array}\right\} Z_{0H} = Z_{0H}(z) \quad \text{gilt,}$$

lassen sich die Gln. (10.4/5) und (10-4/6) folgendermaßen darstellen:

$$\frac{\mathrm{d}\underline{U}(z)}{\mathrm{d}z} = -\mathrm{j}\beta \cdot Z_{0H}(z) \cdot \underline{I}(z), \tag{10.4/7}$$

$$\frac{\mathrm{d}\underline{I}(z)}{\mathrm{d}z} = \frac{-\mathrm{j}\beta}{Z_{0H}(z)} \cdot \underline{U}(z). \tag{10.4/8}$$

Die Impedanz $\underline{Z}(z)$ der Leitung am Orte z berechnet sich analog zu (8.4.1/4) mit

$$\underline{Z}(z) = \frac{\underline{U}(z)}{\underline{I}(z)} = Z_{0H}(z) \cdot \frac{1 + \underline{r}(z)}{1 - \underline{r}(z)}, \tag{10.4/9}$$

wobei $\underline{r}(z)$ der Reflexionsfaktor an der Stelle z ist. Differenziert man (10.4/9) und setzt in das Ergebnis (10.4/7), (10.4/8) und wiederum (10.4/9) ein, dann ergibt sich:

$$\frac{1}{\underline{I}(z)} \cdot \frac{\mathrm{d}\underline{U}(z)}{\mathrm{d}z} - \frac{\underline{U}(z)}{\underline{I}^2(z)} \cdot \frac{\mathrm{d}\underline{I}(z)}{\mathrm{d}z} = \frac{1 + \underline{r}(z)}{1 - \underline{r}(z)} \cdot \frac{\mathrm{d}Z_{0H}(z)}{\mathrm{d}z}$$

$$+ Z_{0H}(z) \cdot \frac{(1 - \underline{r}(z)) \cdot \dfrac{\mathrm{d}\underline{r}(z)}{\mathrm{d}z} - (1 + \underline{r}(z)) \cdot \left(-\dfrac{\mathrm{d}\underline{r}(z)}{\mathrm{d}z}\right)}{(1 - \underline{r}(z))^2}$$

$$\Rightarrow \frac{1}{\underline{I}(z)}[-\mathrm{j}\beta \cdot Z_{0H}(z) \cdot \underline{I}(z)] - \underbrace{\frac{\underline{U}(z)}{\underline{I}^2(z)} \cdot \left[\frac{-\mathrm{j}\beta}{Z_{0H}(z)} \cdot \underline{U}(z)\right]}_{\frac{-\mathrm{j}\beta}{Z_{0H}(z)} \cdot \left(\frac{\underline{U}(z)}{\underline{I}(z)}\right)^2 = \frac{-\mathrm{j}\beta \cdot Z_{0H}^2(z)}{Z_{0H}(z)} \cdot \left[\frac{1 + \underline{r}(z)}{1 - \underline{r}(z)}\right]^2} = \frac{1 + \underline{r}(z)}{1 - \underline{r}(z)} \cdot \frac{\mathrm{d}Z_{0H}(z)}{\mathrm{d}z}$$

$$+ \frac{Z_{\mathrm{OH}}(z)}{(1 - \underline{r}(z))^2} \cdot 2 \cdot \frac{\mathrm{d}\underline{r}(z)}{\mathrm{d}z} \Rightarrow -\mathrm{j}\beta Z_{\mathrm{OH}}(z) + \mathrm{j}\beta \cdot Z_{\mathrm{OH}}(z) \cdot \left[\frac{1 + \underline{r}(z)}{1 - \underline{r}(z)}\right]^2$$

$$= \frac{1 + \underline{r}(z)}{1 - \underline{r}(z)} \cdot \frac{\mathrm{d}Z_{\mathrm{OH}}(z)}{\mathrm{d}z} + \frac{Z_{\mathrm{OH}}(z)}{(1 - \underline{r}(z))^2} \cdot 2 \cdot \frac{\mathrm{d}\underline{r}(z)}{\mathrm{d}z} . \tag{10.4/10}$$

Multipliziert man alle Terme in (10.4/10) mit $(1 - \underline{r}(z))^2$, dann kann man schreiben:

$$-\mathrm{j}\beta \cdot Z_{\mathrm{OH}}(z) \underbrace{[(1 - \underline{r}(z))^2 - (1 + \underline{r}(z))^2]}_{-4\underline{r}(z)} = (1 - \underline{r}^2(z)) \cdot \frac{\mathrm{d}Z_{\mathrm{OH}}(z)}{\mathrm{d}z} + Z_{\mathrm{OH}}(z) \cdot 2 \cdot \frac{\mathrm{d}\underline{r}(z)}{\mathrm{d}z}$$

$$\Rightarrow \mathrm{j}\beta \cdot 2\underline{r}(z) = \frac{1 - \underline{r}^2(z)}{2Z_{\mathrm{OH}}(z)} \cdot \frac{\mathrm{d}Z_{\mathrm{OH}}(z)}{\mathrm{d}z} + \frac{\mathrm{d}\underline{r}(z)}{\mathrm{d}z} \Rightarrow \frac{\mathrm{d}\underline{r}(z)}{\mathrm{d}z} - \mathrm{j}2\beta \cdot \underline{r}(z)$$

$$+ (1 - \underline{r}^2(z)) \cdot \underbrace{\frac{1}{2Z_{\mathrm{OH}}(z)} \cdot \frac{\mathrm{d}Z_{\mathrm{OH}}(z)}{\mathrm{d}z}}_{} = 0 .$$

$$\underbrace{\frac{1}{2} \cdot \frac{\frac{1}{Z_{\mathrm{OH}}(z)}}{Z_{\mathrm{OH}(z=0)}} \cdot \frac{1}{Z_{\mathrm{OH}(z=0)}} \cdot \frac{\mathrm{d}Z_{\mathrm{OH}}(z)}{\mathrm{d}z} = \frac{1}{2} \cdot \frac{\mathrm{d}}{\mathrm{d}z}\left(\ln\left(\frac{Z_{\mathrm{OH}}(z)}{Z_{\mathrm{OH}(z=0)}}\right)\right)}$$

Wird der Wellenwiderstand $Z_{\mathrm{OH}}(z)$ auf den Eingangswellenwiderstand $Z_{\mathrm{OH}}(z = 0)$ der Transformationsleitung (Bild 10.4-1) bezogen, dann erhält man mit der Abkürzung

$$h(z) = \frac{1}{2} \cdot \frac{\mathrm{d}}{\mathrm{d}z}\left(\ln\left(\frac{Z_{\mathrm{OH}}(z)}{Z_{\mathrm{OH}}(z = 0)}\right)\right) \tag{10.4/11}$$

die nichtlineare Differentialgleichung

$$\frac{\mathrm{d}\underline{r}(z)}{\mathrm{d}z} - \mathrm{j}2\beta \cdot \underline{r}(z) + (1 - \underline{r}^2(z)) \cdot h(z) = 0 . \tag{10.4/12}$$

Der Ausdruck $h(z)$ wird in der Literatur als Reflexionsfunktion bezeichnet. Um die nichtlineare Dgl. (10.4/12) geschlossen lösen zu können, wird die Näherung $|\underline{r}(z)|^2 \ll 1$ eingeführt. Diese Näherung ist auch in der Praxis gerechtfertigt, denn es wird ja ein Taper angestrebt mit einem vernachlässigbaren Eigenreflexionsfaktor $\underline{r}(z)$.

$$\frac{\mathrm{d}\underline{r}(z)}{\mathrm{d}z} - \mathrm{j}2\beta \cdot \underline{r}(z) + h(z) = 0 . \tag{10.4/13}$$

Als Lösungsfunktion für (10.4/13 findet man

$$\underline{r}(z) = \mathrm{e}^{\mathrm{j}2\beta z} \cdot \left[K - \int\limits_{z=0}^{z} h(z) \cdot \mathrm{e}^{-\mathrm{j}2\beta z} \cdot \mathrm{d}z\right], \tag{10.4/14}$$

wobei K eine beliebige Konstante ist.

Beweis:

$$\frac{\mathrm{d}\underline{r}(z)}{\mathrm{d}z} = \mathrm{j}2\beta \cdot \mathrm{e}^{\mathrm{j}2\beta z}\left[K - \int\limits_{z=0}^{z} h(z) \cdot \mathrm{e}^{-\mathrm{j}2\beta z} \cdot \mathrm{d}z\right] - h(z) \cdot \underbrace{\mathrm{e}^{-\mathrm{j}2\beta z} \cdot \mathrm{e}^{\mathrm{j}2\beta z}}_{\mathrm{e}^{\mathrm{j}0} = 1} . \tag{10.4/15}$$

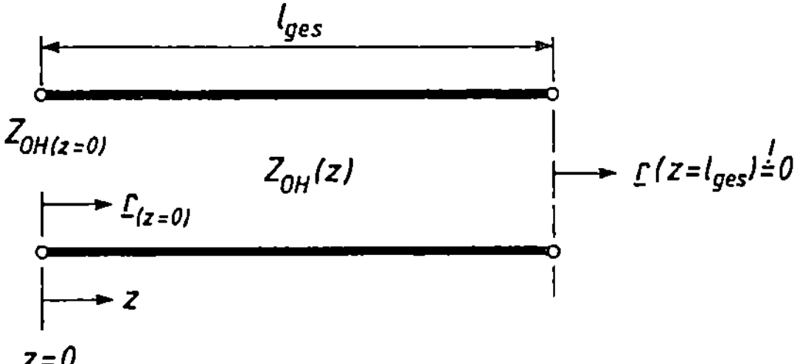

Bild 10.4-1
Kontinuierlicher Hohlleiterübergang
(Taper)

Setzen wir (10.4/14) und (10.4/15) in (10.4/13) ein, dann wird (10.4/13) erfüllt, d. h. (10.4/14) ist die Lösungsfunktion.

Zur Bestimmung der Konstanten K in (10.4/14) benutzen wir als Randbedingung, daß die inhomogene Leitung am Leitungsende $z = l_{ges}$ reflexionsfrei abgeschlossen ist (Bild 10.4-1).

$$\underline{r}(z = l_{ges}) \overset{!}{=} 0 = e^{j2\beta l_{ges}} \cdot \left[K - \int_0^{l_{ges}} h(z) \cdot e^{-j2\beta z} \cdot dz \right]$$

$$\Rightarrow K = \int_0^{l_{ges}} h(z) \cdot e^{-j2\beta z} \cdot dz \,. \tag{10.4/16}$$

Gl. (10.4/14) ist für die Praxis uninteressant, da der ortsabhängige Reflexionsfaktor $\underline{r}(z)$ nicht für beliebiges z gemessen werden kann; nur am Anfang bzw. Ende des Tapers ist eine Messung möglich. Deshalb wird z. B. der Taper am Ende reflexionsfrei (Sumpf) abgeschlossen und der Eingangsreflexionsfaktor $\underline{r}(z = 0)$ gemessen. Angestrebt wird ein Übergang mit $\underline{r}(z = 0) \to 0$. Theoretisch erhält man $\underline{r}(z = 0)$ aus (10.4/14) für $z = 0$, wenn man K aus (10.4/16) einsetzt.

$$\underline{r}(z = 0) = K = \int_0^{l_{ges}} h(z) \cdot e^{-j2\beta z} \cdot dz \,. \tag{10.4/17}$$

Die Aufgabe besteht nun darin, eine geeignete Reflexionsfunktion $h(z)$ zu finden, die, in (10.4/17) eingesetzt, einen minimalen Reflexionsfaktor $\underline{r}(z = 0)$ ergibt. Wird in der Praxis versucht, mit diesem einfachen Modell einen Hohlleitertaper zu entwickeln, dann ist es wichtig, die Voraussetzungen und Näherungen zu betrachten, die eingeführt werden mußten, um auf eine geschlossene Lösung zu kommen. Als Modell wurde eine Leitung mit TEM-Wellenausbreitung gewählt. Betrachtet man die Dämpfungskonstante $\alpha_{H_{10}}$ der H_{10}-Welle in (10.3/46) bei einer festen Frequenz, dann gilt

$$\alpha_{H_{10}} = \frac{\sqrt{\dfrac{2\omega\varepsilon}{\varkappa}}}{\sqrt{1 - \left(\dfrac{f_c}{f}\right)^2}} \left[\frac{a}{a \cdot b} + \frac{b \left(\dfrac{f_c}{f}\right)^2}{a \cdot b} \right] = K_1 \left[\frac{1}{b} + K_2 \right], \tag{10.4/18}$$

wobei K_1 und K_2 Konstanten sind, die die Frequenz, die Hohlleiterbreite und Materialeigenschaften enthalten. Man erkennt aus (10.4/18), daß mit abnehmender Hohlleiterhöhe b die Verluste stark ansteigen, was im Widerspruch steht zur vorausgesetzten Verlustfreiheit der Leitung. In der nichtlinearen Dgl. wurde der Term $r^2(z)$ vernachlässigt, um eine lineare Dgl. zu erhalten. Dieses bedeutet in der praktischen Realisierung, daß die relative Änderung des Wellenwiderstandes nicht zu groß sein darf oder z/λ_H nicht zu klein. Weiterhin muß vorausgesetzt werden, daß die Anregung höherer Moden durch die kontinuierliche Wellenwiderstandstransformation vernachlässigt werden kann.

- **Beispiel 10.4/1:** Eine gehäuste Varaktordiode wird in einen reduzierten Hohlleiter der Höhe $b' = 0{,}3$ mm eingebaut (Bild 10.3-15). Es soll eine Signalfrequenz $f_S = 34$ GHz mit einer Pumpfrequenz $f_P = 31$ GHz auf eine Zwischenfrequenz $f_{ZF} = 3$ GHz heruntergemischt werden; die Spiegelfrequenz beträgt dabei $f_{SP} = 28$ GHZ.
  - a) Entwickeln Sie dafür einen geeigneten Taper, der den reduzierten Hohlleiter mit einem Normhohlleiter verbindet.
  - b) Wie muß der in Bild 10.3-15 eingezeichnete Koaxialtiefpaß aufgebaut sein?

Lösung:

a) Geforderte Hohlleiterfrequenzen $f_S = 34$ GHz, $f_P = 31$ GHz und $f_{SP} = 28$ GHz $\Rightarrow$ aus Tabelle 10.3-1: R-Band (26,4 – 40,0 GHz) mit R320-Hohlleiter ($a = 7{,}112$ mm, $b = 3{,}556$ mm) $\Rightarrow$ Gesucht ist ein Hohlleiterübergang, der bei den Frequenzen 28 GHz, 31 GHz und 34 GHz den reduzierten Hohlleiter ($b' = 0{,}3$ mm) annähernd reflexionsfrei mit dem Normhohlleiter ($b = 3{,}556$ mm) verbindet. Aus den Veröffentlichungen [84, 107 – 111] wurde die Funktion

$$(1) \quad \frac{Z_{0H}(z)}{Z_{0H}(z=0)} = \left[\frac{Z_{0H}(z=l_{ges})}{Z_{0H}(z=0)}\right]^{\frac{z}{l_{ges}}\left[1 - \frac{\sin\left(2\pi \cdot \frac{z}{l_{ges}}\right)}{2\pi \cdot \frac{z}{l_{ges}}}\right]}$$

ausgewählt. (1) in (10.4/11) eingesetzt ergibt:

$$h(z) = \frac{1}{2} \cdot \frac{\mathrm{d}}{\mathrm{d}z}\left[\frac{z}{l_{ges}} \cdot \left[1 - \frac{\sin\left(2\pi \cdot \frac{z}{l_{ges}}\right)}{2\pi \cdot \frac{z}{l_{ges}}}\right] \cdot \ln\left(\frac{Z_{0H}(z=l_{ges})}{Z_{0H}(z=0)}\right)\right]$$

$$= \frac{1}{2} \cdot \ln\left(\frac{Z_{0H}(z=l_{ges})}{Z_{0H}(z=0)}\right) \cdot \underbrace{\frac{\mathrm{d}}{\mathrm{d}z}\left[\frac{z}{l_{ges}} - \frac{\sin\left(2\pi \cdot \frac{z}{l_{ges}}\right)}{2\pi}\right]}_{\frac{1}{l_{ges}}\cdot\left[1 - \cos\left(2\pi \cdot \frac{z}{l_{ges}}\right)\right] = \frac{2}{l_{ges}} \cdot \sin^2\left(\pi \cdot \frac{z}{l_{ges}}\right)}$$

$$(2) \quad = \frac{1}{l_{ges}} \cdot \ln\left(\frac{Z_{0H}(z=l_{ges})}{Z_{0H}(z=0)}\right) \cdot \sin^2\left(\pi \cdot \frac{z}{l_{ges}}\right).$$

Mit (2) in (10.4/17) erhält man den Reflexionsfaktor

$$(3) \quad \underline{r}(z=0) = \frac{1}{l_{ges}} \cdot \ln\left(\frac{Z_{0H}(z=l_{ges})}{Z_{0H}(z=0)}\right) \cdot \int\limits_0^{l_{ges}} \sin^2\left(\pi \cdot \frac{z}{l_{ges}}\right) \cdot e^{-j2\beta z} \cdot \mathrm{d}z$$

am Taperanfang. Als Lösung ergibt sich nach [1]

$$\underline{r}(z=0) = \frac{1}{l_{ges}} \cdot \ln\left(\frac{Z_{0H}(z=l_{ges})}{Z_{0H}(z=0)}\right) \cdot \frac{\sin(\beta l_{ges}) \cdot e^{-j\beta l_{ges}}}{2\beta\left[1 - \left(\frac{\beta l_{ges}}{\pi}\right)^2\right]}$$

$$(4) \quad = \frac{1}{2} \cdot \ln\left(\frac{Z_{0H}(z=l_{ges})}{Z_{0H}(z=0)}\right) \cdot \frac{1}{1 - \left(\frac{2l_{ges}}{\lambda_H}\right)^2} \cdot \frac{\sin\left(2\pi \cdot \frac{l_{ges}}{\lambda_H}\right)}{2\pi \cdot \frac{l_{ges}}{\lambda_H}} \cdot e^{-j2\pi \cdot \frac{l_{ges}}{\lambda_H}},$$

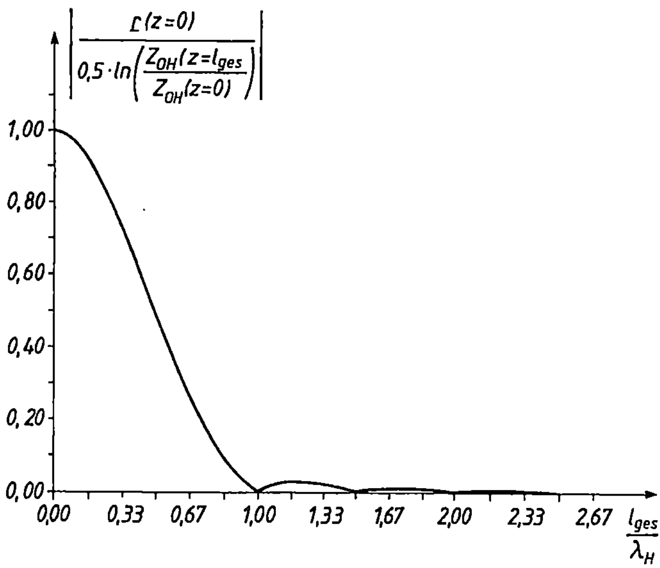

Bild 10.4-2 Normierter Betragsverlauf des Taper-Reflexionsfaktors

wenn wir $\beta = 2\pi/\lambda_H$ einsetzen. Bild 10.4-2 zeigt den normierten Betragsverlauf der Gl. (4). Die Länge l_{ges} des Tapers wird so gewählt, daß die drei Hohlleiterfrequenzen f_S, f_P und f_{SP} in der Nähe einer Nullstelle der Funktion $|\underline{r}(z = 0)|$ liegen. Im Gegensatz zur ersten Nullstelle besitzen die weiteren Nullstellen breitere Minima und in ihrer Umgebung flachere Anstiegswinkel. Deshalb wird die erste Nullstelle bei $l_{ges}/\lambda_H = 1{,}0$ nicht gewählt, da auf Grund der vielen Vernachlässigungen und Herstellungstoleranzen es unwahrscheinlich ist, daß der praktische Verlauf exakt mit $|\underline{r}(z = 0)|$ übereinstimmt. Mit einer Länge $l_{ges} = 25$ mm erhält man folgende l_{ges}/λ_H-Werte für die drei Frequenzen:

f	l_{ges}/λ_H
f_{SP}	1,5347
f_P	1,8933
f_S	2,2223

Die Anwendung von (10.3/45) auf (1) liefert:

$$(5) \quad b(z) = b(z = 0) \cdot \left[\frac{b(z = l_{ges})}{b(z = 0)}\right]^{\frac{z}{l_{ges}}} \cdot \left[1 - \frac{\sin\left(2\pi \cdot \frac{z}{l_{ges}}\right)}{2\pi \cdot \frac{z}{l_{ges}}}\right].$$

Damit kann der Taper realisiert werden. Die beidseitige Taperfunktion $b(z)$ wird in einem Stück gefräst. Hierzu werden im Abstand von 0,01 mm die Werte der Funktion $b(z)$ als Treppe vorgefräst und dann geschliffen. Die Hohlleiteranordnung (Bild 10.4-3) besteht dann aus vier Messingteilen, die nur durch (Schrauben-)Druck zusammengehalten werden. Eine saubere und spaltenfreie Oberfläche wird erzielt, wenn alle Einzelteile eine $5-6$ µm dicke Silberschicht erhalten.

b) Der koaxiale Tiefpaß kann mit dem Ersatzschaltbild 8.3-2b berechnet werden. Die Choke-Struktur in Bild 10.4-4 realisiert im $28-34$ GHz-Band ein Sperrverhalten von $|a_{sp}| \approx 100$ dB und bei $f_{ZF} = 3$ GHz ein Durchlaßverhalten von $|a_d| < 0{,}5$ dB. Die 0,8 mm-Bohrung der ersten Tiefpaßscheibe dient zur Aufnahme des Varaktordiodenteils Ta (s. Bild 10.3-15).

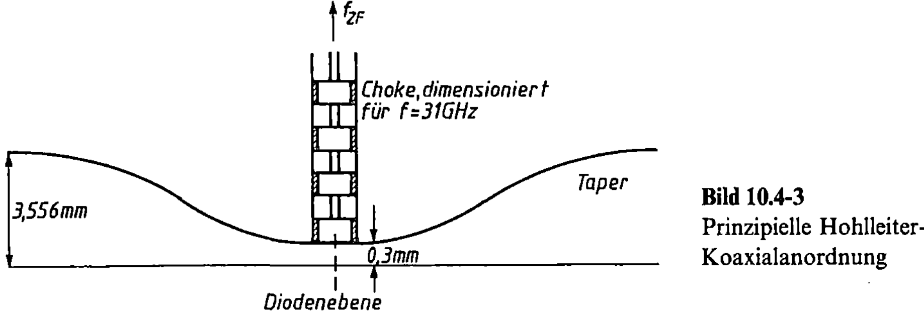

Bild 10.4-3
Prinzipielle Hohlleiter-
Koaxialanordnung

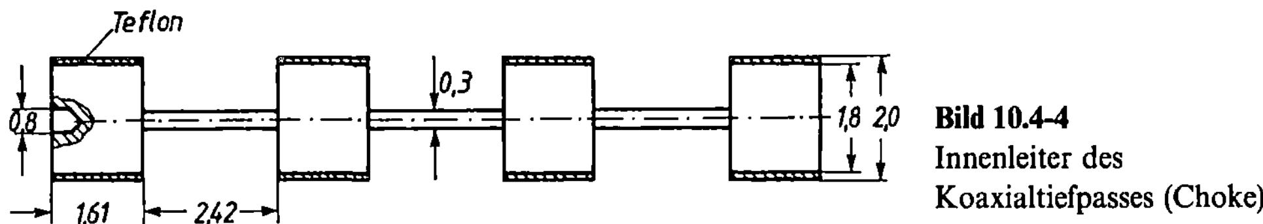

Bild 10.4-4
Innenleiter des
Koaxialtiefpasses (Choke)

- **Übung 10.4/1:** Ein R900-Rechteckhohlleiter für das Frequenzband $73,8 - 112,0$ GHz besitzt die Innenabmessungen $a = 2,540$ mm und $b = 1,270$ mm. Es soll die H_{10}-Welle angeregt werden.

  a) Wo liegt die kritische Frequenz, wenn der Hohlleiter mit Teflon ($\varepsilon_r = 2,1$) gefüllt wird?

  b) Durch einen Taper wird die Hohlleiterhöhe auf $b' = 0,2$ mm reduziert. Um wieviel Prozent ist der Leitungswellenwiderstand kleiner geworden?

- **Übung 10.4/2:** Ein Rechteckhohlleiter der Breite $a = 10,668$ mm und der Höhe $b(z = l_{\text{ges}}) = 4,318$ mm wird mit Hilfe der Funktion

$$b(z) = b(z = 0) \cdot \left[\frac{b(z = l_{\text{ges}})}{b(z = 0)} \right]^{\frac{z}{l_{\text{ges}}}} \cdot \left[1 - \frac{\sin\left(2\pi \cdot \frac{z}{l_{\text{ges}}} \right)}{2\pi \cdot \frac{z}{l_{\text{ges}}}} \right]$$

auf die reduzierte Höhe $b(z = 0) = 0,5$ mm getapert.

  a) Welche minimale Länge $l_{\text{ges, min}}$ kann der Taper besitzen, wenn er bei $f = 25$ GHz keinen Eigenreflexionsfaktor aufweisen soll?

  b) Welche Höhe besitzt der Taper an der Stelle $\dfrac{z}{l_{\text{ges}}} = 0,75$?

  c) Der Taper mit der elektrischen Länge von $9,5$ mm wird an der Stelle $z = l_{\text{ges}}$ reflexionsfrei abgeschlossen. Wie groß ist der Reflexionsfaktor bei $f = 20$ GHz an der Stelle $z = 0$?

- **Beispiel 10.4/2:** Eine gehäuste Varaktordiode ($\varnothing = 0,8$ mm) wird in einen reduzierten R-Band-Hohlleiter der Höhe $b' = 0,3$ mm eingebaut (Bild 10.3-15). Der reduzierte Hohlleiter ist durch einen Taper mit einem Normhohlleiter der Höhe $b = 3,556$ mm verbunden (Bild 10.4-3). Varaktordioden werden meistens im Sperrgebiet verwendet, da hier nur der Bahnwiderstand R_j auftritt und nicht zusätzlich der differentielle Widerstand der leitenden Diode. Bild 2.1.2-9a beschreibt näherungsweise eine im Sperrgebiet benutzte Varaktordiode, wenn die aktive Diodenhöhe (0,3 mm) kleiner als die Hohlleiterwellenlänge λ_H ist.

Entwerfen Sie ein Meßverfahren zur Ermittlung der Elemente R_j, L_P, C_P der Ersatzschaltung sowie der Größen $C_j(0)$, U_D und n der Kapazitätskennlinie (Gl. (2.1.2/1)).

Lösung:

Da die Hohlleiterhöhe b' auf die Keramikhöhe des verwendeten Varaktors reduziert ist, kann auf einen „Post" und dessen kompliziertes Ersatzschaltbild nach [112] verzichtet werden. Bei der Auswahl eines geeigneten Diodenmeßverfahrens sollte darauf geachtet werden, daß die Diodenmessungen bei der Frequenz und in dem Diodenhalter ausgeführt werden können, die später auch im Betriebsfall vorliegen, um Frequenz- und Diodenhaltereinflüsse auszuschließen. Deshalb sollte auf Diodenmeßverfahren verzichtet werden, die bei tiefen Frequenzen oder mit einem speziellen Aufbau (Resonator, „Post" [113]) durchgeführt werden müssen. Einige Verfahren berechnen aus dem gemessenen Reflexionsfaktorverlauf die Elemente der Diodenersatzschaltung, indem ein umfangreiches Gleichungssystem gelöst oder die Größe der Elemente so lange variiert werden muß, bis der gemessene mit dem berechneten Verlauf übereinstimmt. Diese Verfahren sind mit einem großen Fehler behaftet, besonders bei der Bestimmung des Bahnwiderstandes R_j. Zur Berechnung der Grenzfrequenz eignet sich das in [114] beschriebene Verfahren, bei dem aber auch die Halterverluste stark eingehen, weil es sich um ein Reflexionsverfahren handelt. Für Varaktordioden, die bei ihrer Serienresonanzfrequenz gemessen werden können, eignet sich am besten das Transmissionsverfahren [115]. In der Nähe der Serienresonanzfrequenz f_{Res} wird die Diode durch einen Serienschwingkreis beschrieben. Die Elemente L_P und R_j werden als konstant, die Sperrschichtkapazität $C_j(U)$ nur als Funktion der angelegten Gleichspannung angenommen. Die Gehäusekapazität kann in der Nähe der Serienresonanzfrequenz vernachlässigt werden $(R_j \ll 1/\omega C_P)$, d. h. R_j bestimmt das Verhalten der Parallelschaltung. Wird die Varaktordiode in einen beidseitig angepaßten Hohlleiter eingebaut, dann gilt näherungsweise das Ersatzschaltbild 10.4-5a, wenn die Diode

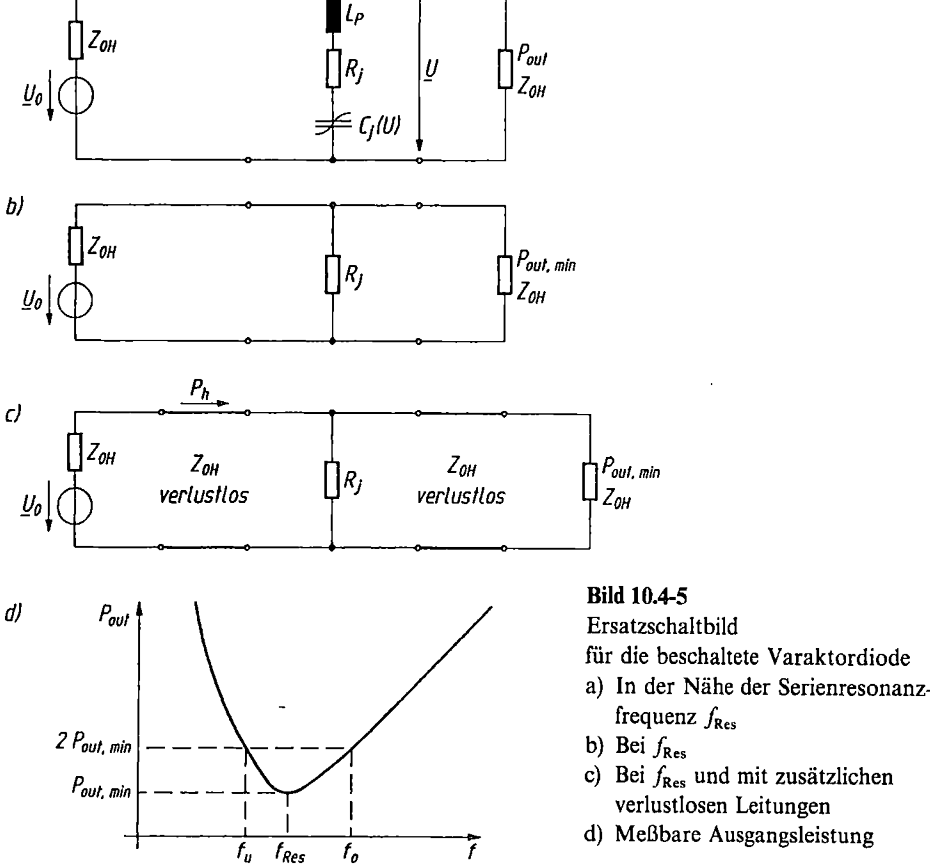

Bild 10.4-5

Ersatzschaltbild

für die beschaltete Varaktordiode

a) In der Nähe der Serienresonanzfrequenz f_{Res}

b) Bei f_{Res}

c) Bei f_{Res} und mit zusätzlichen
verlustlosen Leitungen

d) Meßbare Ausgangsleistung

in der Nähe ihrer Serienresonanzfrequenz betrieben wird. Für Resonanz erhält man das Bild 10.4-5b. Für den vorliegenden Fall des Einbaus der Diode, mit dem kleinen Durchmesser von 0,8 mm in den $a = 7{,}112$ mm breiten und $b' = 0{,}3$ mm hohen Hohlleiter ($b' \ll \lambda_H/4$), eignet sich der in (10.3/42) definierte Hohlleiterleitungswellenwiderstand

$$(1) \quad Z_{\mathrm{OH}}(P, \underline{U}) = 754\Omega \cdot \frac{b'}{a} \cdot \frac{\lambda_H}{\lambda},$$

d. h. die Wellenwiderstände Z_{OH} in den Bildern 10.4-5a und b lassen sich mit (1) berechnen. Für Bild 10.4-5a ergibt sich:

$$\underline{Z}_D = R_j + \left(j\omega L_P - \frac{1}{\omega C_j}\right), \qquad \underline{Z}_{\mathrm{ges}} = \frac{\underline{Z}_D \cdot Z_{\mathrm{OH}}}{\underline{Z}_D + Z_{\mathrm{OH}}},$$

$$\underline{U} = \frac{\underline{Z}_{\mathrm{ges}}}{Z_{\mathrm{OH}} + \underline{Z}_{\mathrm{ges}}} \cdot \underline{U}_0 = \frac{\underline{Z}_D \cdot Z_{\mathrm{OH}}}{Z_{\mathrm{OH}} \cdot (\underline{Z}_D + Z_{\mathrm{OH}}) + \underline{Z}_D \cdot Z_{\mathrm{OH}}} \cdot \underline{U}_0 = \frac{R_j + j\left(\omega L_P - \frac{1}{\omega C_j}\right)}{2R_j + Z_{\mathrm{OH}} + j2 \cdot \left(\omega L_P - \frac{1}{\omega C_j}\right)} \cdot \underline{U}_0,$$

$$(2) \quad P_{\mathrm{out}} = \frac{1}{2} \cdot \frac{|\underline{U}|^2}{Z_{\mathrm{OH}}} = \frac{1}{2} \frac{|\underline{U}_0|^2}{Z_{\mathrm{OH}}} \cdot \frac{R_j^2 + \left(\omega L_P - \frac{1}{\omega C_j}\right)^2}{(2R_j + Z_{\mathrm{OH}})^2 + 4\left(\omega L_P - \frac{1}{\omega C_j}\right)^2}.$$

Die minimale Ausgangsleistung $P_{\mathrm{out, min}}$ erhält man bei der Serienresonanzfrequenz f_{Res} $\left(\omega_{\mathrm{Res}} L_P = \dfrac{1}{\omega_{\mathrm{Res}} C_j}\right)$.

$$(3) \quad P_{\mathrm{out, min}} = \frac{1}{2} \frac{|\underline{U}_0|^2}{Z_{\mathrm{OH}}} \cdot \frac{R_j^2}{(2R_j + Z_{\mathrm{OH}})^2}.$$

$P_{\mathrm{out,min}}$ läßt sich am Ausgang der auf Resonanz abgestimmten Schaltung messen (Bild 10.4-5b). Mit zwei eingefügten Leitungsstücken (Bild 10.4-5c) können wir die bei Serienresonanz betriebene Varaktordiode in Beziehung setzen zur hinlaufenden Leistung P_h, die nach (8.3.1/6) identisch ist mit der verfügbaren Leistung

$$(4) \quad P_V = P_h = \frac{1}{8} \cdot \frac{|\underline{U}_0|^2}{Z_{\mathrm{OH}}}$$

der Quelle.

$$(5) \quad \frac{P_h}{P_{\mathrm{out, min}}} = \frac{\dfrac{1}{8} \cdot \dfrac{|\underline{U}_0|^2}{Z_{\mathrm{OH}}}}{\dfrac{1}{2} \cdot \dfrac{|\underline{U}_0|^2}{Z_{\mathrm{OH}}} \cdot \dfrac{R_j^2}{(2R_j + Z_{\mathrm{OH}})^2}} = \frac{(2R_j + Z_{\mathrm{OH}})^2}{4R_j^2} \overset{!}{=} T,$$

$$(6) \quad 2R_j + Z_{\mathrm{OH}} = 2R_j \cdot \sqrt{T} \Rightarrow R_j = \frac{Z_{\mathrm{OH}}}{2(\sqrt{T} - 1)}.$$

Mit Hilfe des Leistungsverhältnisses $T = P_h/P_{\mathrm{out, min}}$ läßt sich der Bahnwiderstand R_j der Diode berechnen. Zur Bestimmung von L_P und C_j benötigen wir außer der Resonanzfrequenz f_{Res} noch die beiden 3 dB-Grenzfrequenzen f_u und f_o (Bild 10.4-5d). Bei diesen Grenzfrequenzen ist

$$(7) \quad P_{\mathrm{out}} = 2P_{\mathrm{out, min}} \cdot$$

Setzen wir (2) und (3) in (7) ein, dann ergibt sich:

$$\frac{1}{2} \cdot \frac{|\underline{U}_0|^2}{Z_{\mathrm{OH}}} \cdot \frac{R_j^2 + \left(\omega L_P - \dfrac{1}{\omega C_j}\right)^2}{(2R_j + Z_{\mathrm{OH}})^2 + 4\left(\omega L_P - \dfrac{1}{\omega C_j}\right)^2} = 2 \cdot \frac{1}{2} \cdot \frac{|\underline{U}_0|^2}{Z_{\mathrm{OH}}} \cdot \underbrace{\frac{R_j^2}{(2R_j + Z_{\mathrm{OH}})^2}}_{\text{aus (5)} \ \frac{1}{4T}},$$

$$R_j^2 + \left(\omega L_P - \frac{1}{\omega C_j}\right)^2 = \frac{1}{2T}\underbrace{\left[(2R_j + Z_{\mathrm{OH}})^2 + 4\left(\omega L_P - \frac{1}{\omega C_j}\right)^2\right]}_{\text{aus (5)} \ 4R_j^2 T} = 2 \cdot \left[R_j^2 + \frac{\left(\omega L_P - \dfrac{1}{\omega C_j}\right)^2}{T}\right]$$

$$\Rightarrow \left(\omega L_P - \frac{1}{\omega C_j}\right)^2 \left(1 - \frac{2}{T}\right) = R_j^2 \,.$$

Daraus folgt für ω_0 bzw. ω_u:

$$(8) \quad \omega_0 L_P - \frac{1}{\omega_0 C_j} = \frac{+R_j}{\sqrt{1 - \dfrac{2}{T}}} \quad \text{für} \quad \omega_0 L_P > \frac{1}{\omega_0 C_j}\,,$$

$$(9) \quad \omega_u L_P - \frac{1}{\omega_u C_j} = \frac{-R_j}{\sqrt{1 - \dfrac{2}{T}}} \quad \text{für} \quad \omega_u L_P < \frac{1}{\omega_u C_j}\,,$$

$$(10) \quad \frac{\omega_0}{\omega_u} \cdot L_P - \frac{1}{\omega_0 \omega_u C_j} = \frac{+R_j}{\omega_u \cdot \sqrt{1 - \dfrac{2}{T}}}\,,$$

$$(11) \quad \frac{\omega_u}{\omega_0} \cdot L_P - \frac{1}{\omega_0 \omega_u C_j} = \frac{-R_j}{\omega_0 \cdot \sqrt{1 - \dfrac{2}{T}}}\,.$$

Subtrahiert man (11) von (10), dann wird die Unbekannte C_j eliminiert.

$$L_P\left(\frac{\omega_0}{\omega_u} - \frac{\omega_u}{\omega_0}\right) = \frac{R_j}{\sqrt{1 - \dfrac{2}{T}}} \cdot \left[\frac{1}{\omega_u} + \frac{1}{\omega_0}\right] = \frac{R_j}{\sqrt{1 - \dfrac{2}{T}}} \cdot \left[\frac{\omega_0 + \omega_u}{\omega_u \cdot \omega_0}\right]\,,$$

$$(12) \quad L_P = \frac{1}{\omega_0 - \omega_u} \cdot \frac{R_j}{\sqrt{1 - \dfrac{2}{T}}}\,.$$

Analog zur Ableitung von L_P könnte man auch aus den Gln. (8) und (9) C_j ermitteln, indem man L_P eliminiert. Der schnellere Weg geht jedoch über die Resonanzbeziehung $\omega_{\mathrm{Res}} L_P = \dfrac{1}{\omega_{\mathrm{Res}} C_j}$, da L_P (aus (12)) schon bekannt ist $\Rightarrow$

$$(13) \quad C_j = \frac{1}{\omega_{\mathrm{Res}}^2 L_P}\,.$$

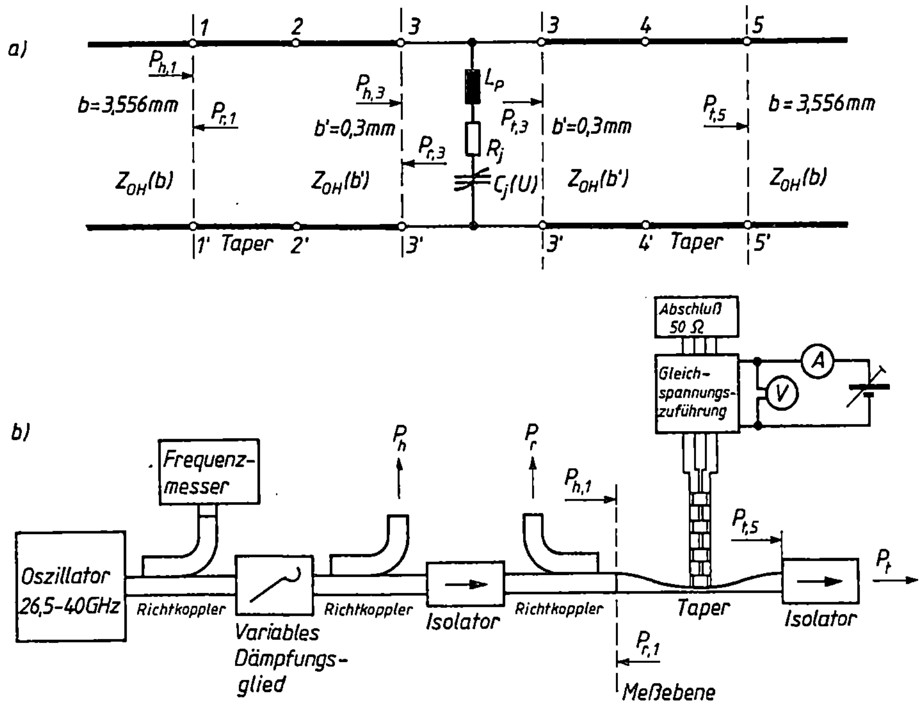

Bild 10.4-6 a) Ersatzschaltbild der eingebauten Varaktordiode
b) Meßaufbau

Bild 10.4-6a zeigt die Ersatzschaltung für den Meßaufbau in Bild 10.4-3. Die Ebenen $1-1'$ und $5-5'$ sind für eine Messung zugänglich. Die hinlaufende Welle mit dem Leistungsinhalt $P_{h,1}$ wird durch die erste Taperhälfte $(1-2)$ und das 0,3 mm hohe Hohlleiterstück $(2-3)$ um den Faktor D auf den Wert $P_{h,3}$ bedämpft. Der Eigenreflexionsfaktor des Tapers kann dabei vernachlässigt werden. Durch den Serienschwingkreis in der Ebene $3-3'$ wird der Anteil $P_{r,3}$ der einfallenden Leistung $P_{h,3}$ reflektiert, während die transformierte Leistung $P_{t,3}$, wieder um den Faktor D bedämpft, am reflexionsfrei abgeschlossenen Tor (Ebene $5-5'$) als $P_{t,5}$ gemessen werden kann.

$$(14) \quad P_{h,3} = D \cdot P_{h,1},$$

$$(15) \quad P_{t,5} = D \cdot P_{t,3} \Rightarrow P_{t,3} = \frac{P_{t,5}}{D}.$$

Bei der folgenden Berechnung werden die an der Störstelle $3-3'$ angeregten höheren Hohlleitermoden, die wegen der Hohlleiterabmessungen nicht ausbreitungsfähig sind und deshalb exponentiell abklingen, vernachlässigt. Für den Resonanzfall $f = f_{Res}$ wird die minimale Ausgangsleistung $P_{t,5,min}$ gemessen. Mit den Gln. (5), (6), (14) und (15) lassen sich das Leistungsverhältnis T und der Bahnwiderstand R_j berechnen.

$$(16) \quad T = \frac{P_h}{P_{out,min}} = \frac{P_{h,3}}{P_{t,3,min}} = D^2 \cdot \frac{P_{h,1}}{P_{t,5,min}},$$

$$(17) \quad R_j = \frac{Z_{OH}(b')}{2(\sqrt{T}-1)}.$$

Der für die Diodenmessung benötigte Meßaufbau ist in Bild 10.4-6b skizziert. Die eingezeichnete Meßebene wird für den gesamten Frequenzbereich 26,5–40,0 GHz kalibriert, so daß aus einer P_h- und

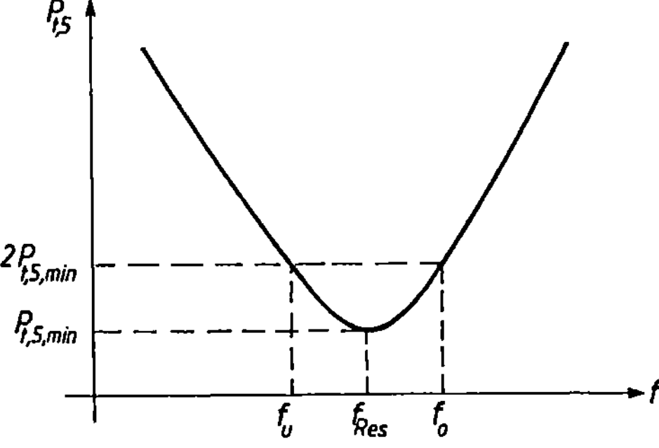

Bild 10.4-7
Leistungsverlauf mit den 3 dB-Frequenzen f_u und f_o

P_r-Leistungsmessung exakt die Leistungen $P_{h,1}$ und $P_{r,1}$ in der Meßebene berechnet (Meßplatzcomputer) werden können. Ebenfalls wird eine Kalibrierung für die Leistungen $P_{t,5}$ und P_t durchgeführt.

Hat man den Resonanzfall f_{Res} gefunden $(P_{t,5,min})$, dann variiert man die Frequenz bis zu den Frequenzen f_u und f_o in Bild 10.4-7, wo die doppelte Ausgangsleistung $(2P_{t,5,min})$ auftritt. Damit lassen sich L_P und C_j nach (12) und (13) berechnen. Mit Kenntnis der konstanten Induktivität L_P kann das Meßverfahren abgeändert werden, um schnell den Kennlinienverlauf $C_j(U)$ zu erhalten. Für verschiedene Vorspannungen wird die Serienresonanzfrequenz $f_{Res}(U)$ gemessen $(P_{t,5,min}(U))$ und aus der Resonanzbeziehung (13) der Wert der Sperrschichtkapazität für die eingestellte Vorspannung ermittelt.

$$(18) \quad C_j(U) = \frac{1}{\omega_{Res}^2(U) \cdot L_P}.$$

Variiert man U_D und n in (2.1.2/1) mit Hilfe eines Computerprogrammes so lange, bis der theoretische mit dem gemessenen $C_j(U)$-Verlauf aus (18) übereinstimmt, dann können nach Kenntnis der Größen U_D, n und $C_j(0)$ die $C_j(U)$-Kennlinie mit (2.1.2/1) analytisch beschrieben und damit z. B. die Fourierkoeffizienten für eine Mischeranordnung berechnet werden.

Die Gehäusekapazität C_P kann nur mit einer Reflexionsmessung (Betrag und Phase) bestimmt werden. Dazu wird die Meßebene in Bild 10.4-6 mit einem Reflexionsmeßplatz verbunden. Das andere Tor des Tapers wird wieder reflexionsfrei abgeschlossen, so daß parallel zur Diode der Widerstand $Z_{0H}(b')$ liegt (Bild 10.4-8). Die elektrische Länge des Tapers l_T kann dadurch bestimmt werden, daß der ungestörte Taper (ohne Diodeneinbau) am Ausgang (Ebene $5-5'$ in Bild 10.4-6a) mit einer Kurzschlußplatte abgeschlossen und die Phase am Eingang (Ebene $1-1'$ in Bild 10.4-6a) gemessen wird. Mit dem Dämpfungsfaktor D und der elektrischen Länge $l_T/2$ einer Taperhälfte läßt sich dann der Reflexionsfaktor $r_{3-3'}$ in der Ebene $3-3'$ des Bildes 10.4-8 berechnen. Die Messungen sollten weit entfernt von der Resonanzfrequenz f_{Res} durchgeführt werden, damit der Einfluß von C_P wirksam wird, denn in der Nähe der Resonanzfrequenz bestimmt der kleine Bahnwiderstand $(R_j \approx 2\Omega)$ das Verhalten der Parallelschaltung. Weiterhin ist es günstig, mehrere Reflexionsmessungen bei verschiedenen Frequenzen durch-

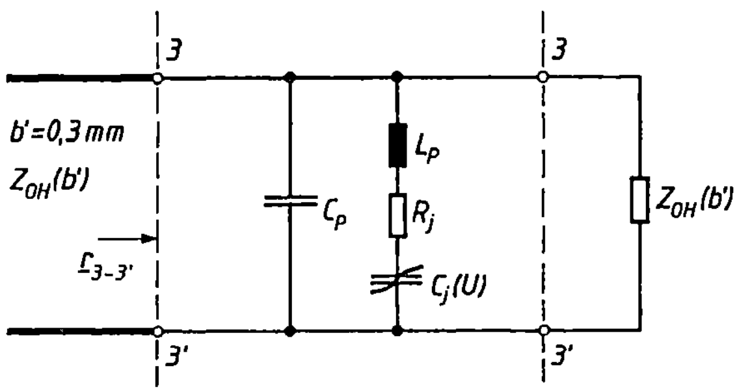

Bild 10.4-8
Ersatzschaltbild zur Berechnung der Gehäusekapazität C_P

zuführen, um durch eine Mittelwertbildung die größeren Meßfehler des Reflexionsverfahrens zu verkleinern. Mit Kenntnis von $r_{3-3'}$ in Bild 10.4-8 läßt sich C_P folgendermaßen berechnen:

$$\underline{Y}_{ges} = j\omega C_P + \frac{1}{Z_{OH}(b')} + \frac{1}{R_j + j\left(\omega L_P - \dfrac{1}{\omega C_j}\right)}$$

Analog zu (8.2/6):

$$\underline{r}_{3-3'} = \frac{\underline{Z}_{ges} - Z_{OH}(b')}{\underline{Z}_{ges} + Z_{OH}(b')} = \frac{\dfrac{1}{\underline{Y}_{ges}} - Z_{OH}(b')}{\dfrac{1}{\underline{Y}_{ges}} + Z_{OH}(b')} = \frac{1 - \underline{Y}_{ges} \cdot Z_{OH}(b')}{1 + \underline{Y}_{ges} \cdot Z_{OH}(b')}$$

$$= \frac{1 - j\omega C_P Z_{OH}(b') - 1 - \dfrac{Z_{OH}(b')}{R_j + j\left(\omega L_P - \dfrac{1}{\omega C_j}\right)}}{1 + j\omega C_P Z_{OH}(b') + 1 + \dfrac{Z_{OH}(b')}{R_j + j\left(\omega L_P - \dfrac{1}{\omega C_j}\right)}}$$

$$\underline{r}_{3-3'}\left[2 + j\omega C_P Z_{OH}(b') + \frac{Z_{OH}(b')}{R_j + j\left(\omega L_P - \dfrac{1}{\omega C_j}\right)}\right] = -j\omega C_P Z_{OH}(b') - \frac{Z_{OH}(b')}{R_j + j\left(\omega L_P - \dfrac{1}{\omega C_j}\right)}$$

$$j\omega C_P Z_{OH}(b')\,[1 + \underline{r}_{3-3'}] = \frac{-Z_{OH}(b')}{R_j + j\left(\omega L_P - \dfrac{1}{\omega C_j}\right)} \cdot [1 + \underline{r}_{3-3'}] - 2 \cdot \underline{r}_{3-3'}$$

$$(19)\quad C_P = -\frac{1}{j\omega Z_{OH}(b')} \cdot \left[\frac{Z_{OH}(b')}{R_j + j\left(\omega L_P - \dfrac{1}{\omega C_j}\right)} - 2 \cdot \frac{\underline{r}_{3-3'}}{1 + \underline{r}_{3-3'}}\right]$$

Ein zusätzlicher Imaginärteil für C_P in (19), der auf Grund der Meßfehler entsteht, gibt Aufschluß über die Genauigkeit der Messung.

■ **Übung 10.4/3:** Ein Rechteckhohlleiter der Breite $a = 10{,}668$ mm und der Höhe $b = 4{,}318$ mm wird auf die reduzierte Höhe $b' = 0{,}5$ mm getapert. Die hinlaufende Leistung beträgt bei allen Messungen $P_{h,1} = 100\,\mu\text{W}$ (Bild 10.4-9a). Ohne eingebaute Varaktordiode wird im Frequenzbereich von $22\,\text{GHz} \le f \le 23\,\text{GHz}$ eine Ausgangsleistung $P_{t,r} = 91\,\mu\text{W}$ gemessen. Anschließend wird die Varaktordiode an der Stelle b' eingebaut und gemessen (Bild 10.4-9b).
a) Für welches Frequenzband ist der Hohlleiter geeignet?
b) Ermitteln Sie die Größen L_P, R_j und C_j der Diode.
c) Berechnen Sie $\hat{u}_{C_j}$ (Bild 10.4-9c) bei $f = 22{,}4\,\text{GHz}$.

● **Beispiel 10.4/3:** Eine Signalfrequenz $f_S = 34\,\text{GHz}$ soll mit Hilfe einer Pumpfrequenz $f_P = 31\,\text{GHz}$ und einer Varaktordiode auf die Zwischenfrequenz $f_{ZF} = 3\,\text{GHz}$ heruntergemischt werden. Die Spiegelfrequenz beträgt dabei $f_{SP} = 28\,\text{GHz}$ (s. Übung 2.1.2/3). Die Ersatzschaltung für den Abwärtsmischer ist in Bild 2.1.2-10 skizziert. Mit Hilfe einer Hohlleiter-Koaxialstruktur soll ein Meßaufbau für den Schmalbandfall realisiert werden. An den Meßaufbau wird die Forderung gestellt, damit jeden beliebigen Betriebsfall untersuchen zu können.
Entwickeln Sie einen geeigneten Schaltungsaufbau.

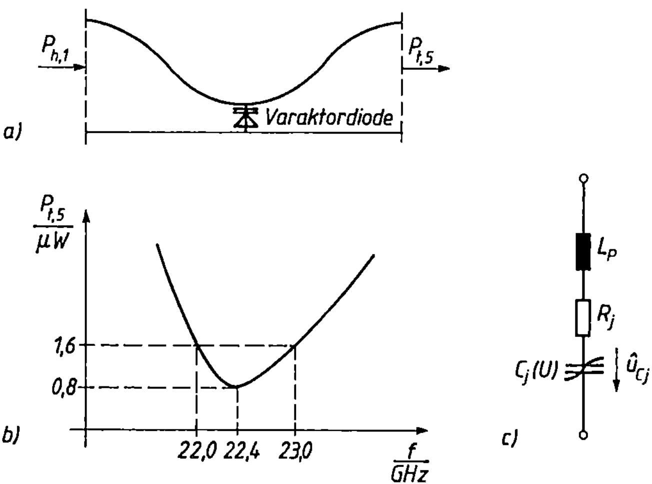

Bild 10.4-9 Messung einer Varaktordiode

    a) Prinzipieller Meßaufbau

    b) Gemessene Ausgangsleistung

    c) Diodenersatzschaltbild

Lösung:

Das Prinzip des Meßaufbaus ist in Bild 10.4-10 (nach [116]) skizziert. Die Schaltung besitzt drei Hohlleitertore (f_S, f_P, f_{SP}) und ein Koaxialtor (f_{ZF}). Die nicht eingezeichnete Diode in der Diodenebene des Tapers (s. Beispiel 10.4/1) wird wie in Bild 10.3-15 eingebaut. Das koaxiale Filter 4 nach Bild 10.4-4 dient als Sperrfilter für die Hohlleiterfrequenzen f_S, f_P und f_{SP}. Der Außendurchmesser der Koaxialleitung beträgt im Filtergebiet $d_{a,1} = 2,0$ mm und vergrößert sich hinter dem Filter 4 auf $d_{a,2} = 3,8$ mm (s. (8/1)), um die Möglichkeit zu erhalten, die Koaxialleitung zu schlitzen und eine verschiebbare Parallelkapazität zu verwirklichen. Die beiden Innenleiterdurchmesser $d_{i,1} = 0,87$ mm und $d_{i,2} = 1,65$ mm zwischen Filter 4 und dem f_{ZF}-Tor werden nach Gl. (11) in Beispiel 8.1/2 so gewählt, daß der Wellenwiderstand der Koaxialleitung $Z_0 = 50\,\Omega$ beträgt, um Anpassung an die Meßgeräte zu gewährleisten. Für die f_{ZF}-Frequenz kann nach [12] die Feldstörung an der Stelle des Außen- und Innenleitersprungs vernachlässigt werden, wenn für die gegebenen Abmessungen eine Versetzungslänge

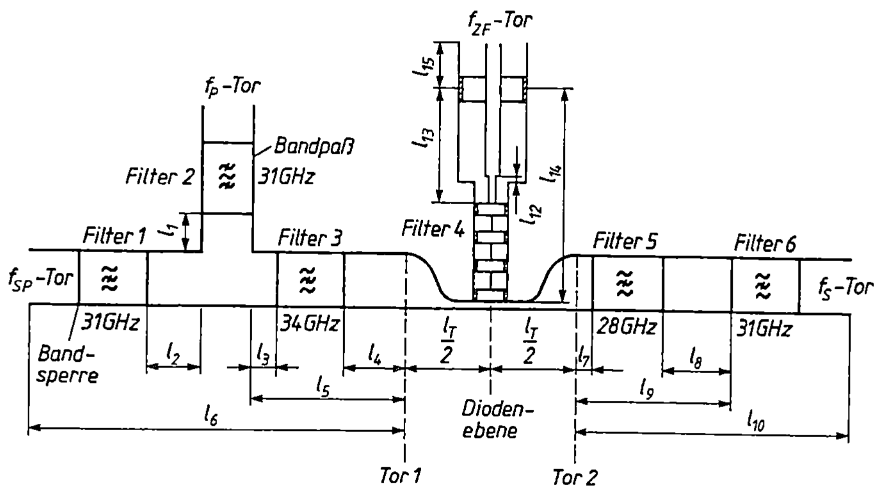

Bild 10.4-10 Abwärtsmischer in Hohlleiter-Koaxialleitungstechnik

$l_{12} = 0,36$ mm gewählt wird. Die Längen l_{13}, l_{14} und l_{15} beschreiben den Abstand der verschiebbaren Parallelkapazität zu dem Filter 4, der koaxialen Diodenebene und dem f_{ZF}-Tor. Da der Hohlleiter Hochpaßverhalten aufweist, ist es nicht erforderlich, für die f_{ZF}-Frequenz Hohlleiterfilter vorzusehen, weil eine Wellenausbreitung nicht möglich ist.

Für die Hohlleiterfrequenzen f_S, f_P und f_{SP} ist eine Reflexionsmessung an den Taper-Toren I und II möglich. Die Signalfrequenz f_S ist in Bild 10.4-10 zwischen dem Filter 3 (Bandsperre für f_S, s. Bild 10.3-4c) und dem f_S-Tor ausbreitungsfähig. Mit der Länge l_4 kann die Phase des Reflexionsfaktors für die Frequenz f_S variiert werden, so daß z. B. die Gesamttransformationslänge $l_4 + l_T/2$ so gewählt werden kann, daß Leerlaufverhalten in der Diodenebene des Bildes 10.4-10 vorliegt. Damit ist der Reflexionsfaktor in der Diodenebene, transformiert über die Länge $l_T/2 + l_{10}$, nur vom eingestellten Reflexionsfaktor am f_S-Tor abhängig.

Die Spiegelfrequenz f_{SP} ist zwischen dem Filter 5 (Bandsperre für f_{SP}) und dem f_{SP}-Tor ausbreitungsfähig. Bei der f_{SP}-Frequenz kann mit der Länge l_7 der Reflexionsfaktorwinkel am Tor II variiert werden. Wird auch hier die Länge $l_7 + l_T/2$ so gewählt, daß Leerlaufverhalten in der Diodenebene vorliegt, dann kann über die Länge $l_T/2 + l_6$ mit einem E-H-Tuner (s. Bild 10.3-4h) jeder beliebige Reflexionsfaktor in die Diodenebene transformiert werden. Der Betrag des Reflexionsfaktors ist nach oben begrenzt durch die auftretenden Verluste. Das Filter 2 (Bandpaß für f_P, s. Bild 10.3-8f) hat die Aufgabe, über die Länge l_1 einen Kurzschluß für die Spiegelfrequenz f_{SP} an die Verzweigungsstelle zu transformieren, damit für f_{SP} die E-Verzweigung als durchgehender Hohlleiter angesehen werden kann.

Die Pumpeinkopplung am f_P-Tor wird über eine E-Hohlleiterverzweigung (s. Bild 10.3-4b) vorgenommen. Das Filter 1 (Bandsperre für f_P) dient als Reflektor (s. Bild 10.3-4d) für die Pumpeinkopplung. Nach [74] ist es möglich, über eine E-Verzweigung 95% der eingespeisten Leistung einem angepaßten Verbraucher zuzuführen. Dafür muß ein Tor der Verzweigung an einer bestimmten Stelle mit einem Kurzschluß abgeschlossen werden. Mit der Länge l_2 kann das erforderliche Kurzschlußverhalten eingestellt werden. Die Variation der Länge l_3 bewirkt für die Pumpfrequenz f_P eine Gesamttransformation $l_5 + l_T/2$ von der E-Verzweigung bis zur Diodenebene. Die E-Verzweigung kann mit dem Feldentwicklungsverfahren [117] analytisch untersucht werden, so daß es möglich ist, den Reflexions- und Transmissionsfaktor zu berechnen. Mit der Länge l_8 kann die Phase des Pumpreflexionsfaktors eingestellt werden. Die Länge $l_9 + l_T/2$ bewirkt eine Transformation des Leerlaufs am Filter 6 (Bandsperre für f_P) in jeden beliebigen Winkel in der Diodenebene, während der Reflexionsfaktorbetrag von den Verlusten zwischen dem Filter 6 und der Diodenebene abhängig ist. Für die Variation der Hohlleiterlängen können verschiedene Hohlleiterplättchen zwischen 0,1 mm und 0,5 mm verwendet werden. Die Hohlleiterstruktur (Rechteck) und die Flanschöffnungen werden mit einem Stempel gestanzt und danach das Plättchen galvanisch versilbert.

Mit dem universellen Meßaufbau in Bild 10.4-10 kann bei jeder der vier Frequenzen unabhängig voneinander eine für das optimale Mischverhalten erforderliche Impedanz in die Diodenebene transformiert werden. Damit ist es möglich, das Signal-, Schwing- und Rauschverhalten [118] einer Mischerschaltung zu untersuchen.

11 Streifenleitungen [10, 12, 62, 83]

Die wichtigsten Vorteile der in Kap. 10 vorgestellten Hohlleiterschaltungen sind die geringen Leitungsdämpfungen und die großen übertragbaren Leistungen. Weiterhin realisiert der Hohlleiter, wie auch die Koaxialleitung, eine sehr große Entkopplung benachbarter Schaltungsstrukturen. Nachteilig sind das große Volumen und Gewicht derartiger Schaltungen. Streifenleitungen (planare Wellenleiter) bestehen aus dünnen metallischen Leiterbahnen und Belägen auf einem nichtleitenden Substrat (z. B. Aluminiumoxid, Quarzglas). Mit Hilfe der Fotoätztechnik, der Dünn- oder Dickfilmtechnik lassen sich Streifenleitungen herstellen, die gute und reproduzierbare elektrische Eigenschaften besitzen, klein sind (einfache Miniaturisierbarkeit) und in großen Stückzahlen billig herzustellen sind. Damit ist es z. B. möglich, elektronisch schwenkbare, phasengesteuerte Radarantennen herzustellen, die aus Tausenden von Streifenleitungen (Strahlerelementen mit Phasenschiebern) bestehen [119]. Bei der in Bild 11-1a skizzierten offenen Schlitzleitung (Slotline) ist das dielektrische Substrat (ε_r) nur auf einer Seite metallisiert. Zwischen den beiden Leitern L1 und L2 existiert im Luft- und Substratbereich ein inhomogenes elektrisches Feld, das von einem Magnetfeld umwirbelt wird. Damit sich eine Feldkonzentration im Schlitzbereich einstellt, muß die Schlitzleitung bei höheren Frequenzen betrieben werden. Die effektive Permittivitätszahl $\varepsilon_{r,\,eff}$ und der Wellenwiderstand lassen sich nach dem Verfahren [120] berechnen. Kurzschlüsse, Serienverzweigungen und hohe Wellenwiderstände (Filter) können mit Schlitzleitungen einfach realisiert werden. Weiterhin bereitet es keine großen Schwierigkeiten, Halbleiterchips einzubonden. Strahlungsverluste können vermieden werden, wenn die Schlitzleitung in einen Hohlleiter eingebaut wird (Bild 11-1b). Der Einbau erfolgt in der Mitte des Rechteckhohlleiters, weil hier das elektrische Feld am stärksten ist (s. Bild 10.3-2). Die Trennebene der beiden Hohlleiterteile wird, wie in Bild 10.3-4g, in die Mitte gelegt, um eine Störung des Wandstromverlaufs und damit Verluste zu vermeiden. Ein breitbandiger reflexionsarmer Übergang (Taper) vom Rechteckhohlleiter auf die Schlitzleitung ist möglich, wenn man die Schlitzbreite kontinuierlich bis auf die Hohlleiterhöhe b vergrößert. Vergleicht man geschirmte Schlitzleitungen (Finleitungen) mit „leeren" Rechteckhohlleitern, dann besitzen Finleitungen größere Bandbreiten (Vorteil) und höhere Leitungsverluste (Nachteil).

Die in Bild 11-1b skizzierte unilaterale Finleitung ist nur auf einer Seite metallisiert. Zwischen den Leitern L1 und L2 können Halbleiterbauelemente befestigt werden. Um diesen Bauelementen eine Versorgungsspannung zuführen zu können, kann der galvanische Kontakt zwischen der Substratmetallisierung und dem Hohlleiter durch eine dünne Isolierschicht unterbrochen werden. Die Wechselspannungsverbindung zwischen Substrat und Hohlleiter kann dann kapazitiv erfolgen. Realisiert man diese galvanische Trennung bei der bilateralen Finleitung in Bild 11-1c, dann kann man Halbleiterbauelementen, die auf beiden Seiten des Substrats befestigt sind, getrennte Versorgungsspannungen anbieten. Bei großen Schlitzbreiten treten hohe Wellenwiderstände auf. Die z. B. bei Stufentransformatoren auch benötigten kleinen Wellenwiderstände lassen sich mit der in Bild 11-1d skizzierten antipodalen Finleitung erzeugen, wenn man die auf beiden Seiten angebrachten Metallisierungsbereiche überlappen läßt. Mit [121, 122] lassen sich die Übertragungseigenschaften von Finleitungen ermitteln. Selbst Leitungsstrukturen mit mehren Schlitzen und Streifen können mit Computern berechnet

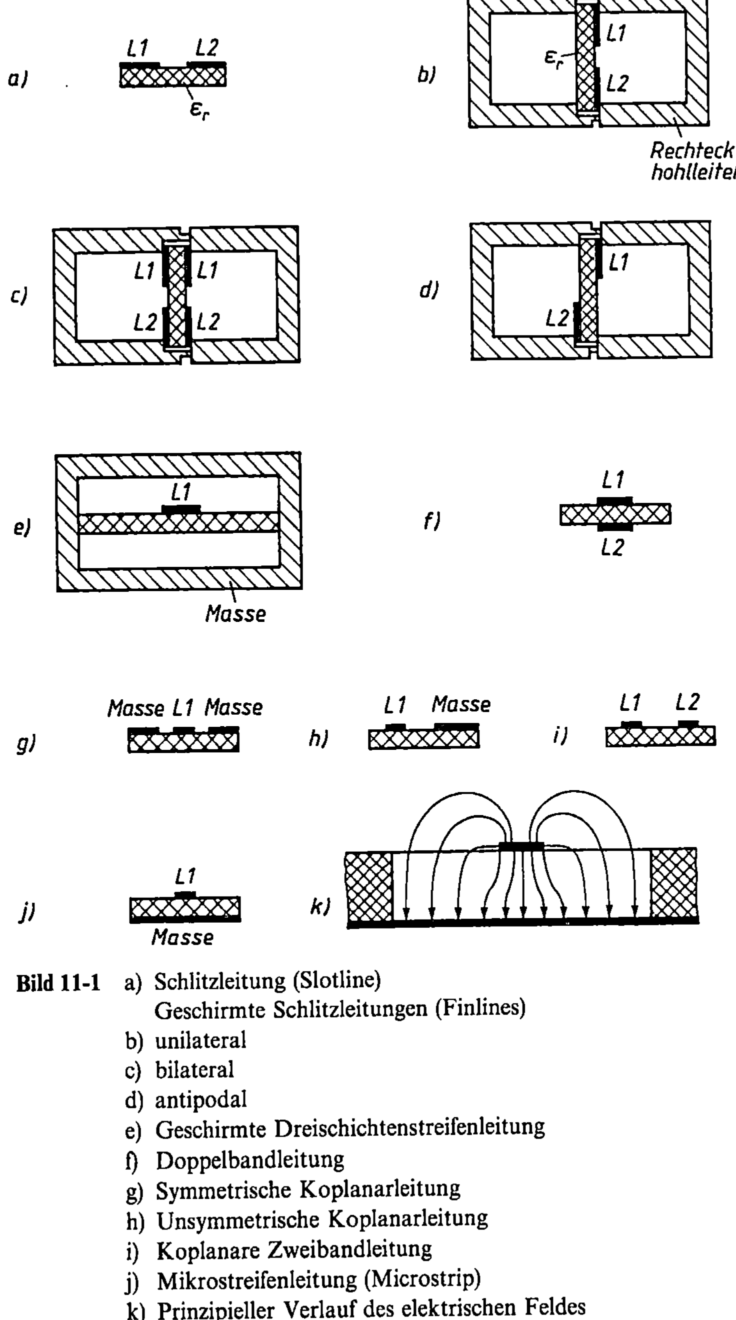

Bild 11-1   a) Schlitzleitung (Slotline)
                           Geschirmte Schlitzleitungen (Finlines)
                        b) unilateral
                        c) bilateral
                        d) antipodal
                        e) Geschirmte Dreischichtenstreifenleitung
                        f) Doppelbandleitung
                        g) Symmetrische Koplanarleitung
                        h) Unsymmetrische Koplanarleitung
                        i) Koplanare Zweibandleitung
                        j) Mikrostreifenleitung (Microstrip)
                        k) Prinzipieller Verlauf des elektrischen Feldes

werden [123, 124]. Damit ist es möglich, Ein- und Gegentaktmischer, Taper, Filter, Detektoren, Oszillatoren, PIN-Diodenschalter und -dämpfungsglieder, Leistungsteiler, Richtkoppler, Isolatoren und Zirkulatoren in Fin-Leitungstechnik aufzubauen [125 – 131].

Auch in horizontaler Richtung ist ein Streifenleitereinbau in einen Hohlleiter möglich. Bild 11-1e zeigt eine geschirmte Dreischichtenstreifenleitung (*Suspended substrate line*, unilateral). Baut man die in Bild 11-1f skizzierte Doppelbandleitung wie die Dreischichtenstreifenleitung in einen Hohlleiter ein, dann spricht man von einer bilateralen *Suspended substrate line*. Wegen Schwierigkeiten bei der Schaltungsherstellung (Masseverbindungen, Einbau von Chips) werden diese Streifenleitungen nur selten benutzt (meistens nur in Verbindung mit anderen Streifenleitungsstrukturen).

Bild 11-1g zeigt eine symmetrische Koplanarleitung, Bild 11-1h eine unsymmetrische Koplanarleitung und Bild 11-1i eine koplanare Zweibandleitung. Wie schon bei der Schlitzleitung haben die koplanaren Leitungen den Vorteil, daß bei der Herstellung nur eine Substratseite metallisiert und geätzt werden muß. Weiterhin können wie bei der Schlitzleitung Kurzschlüsse, hochohmige Wellenwiderstände und der Einbau von Halbleiterelementen einfach realisiert werden. Benutzt man Koplanarleitungen aus Ferritmaterial und läßt statische Magnetfelder senkrecht auf die Leiterebenen einwirken, dann lassen sich damit Isolatoren und Zirkulatoren herstellen.

Die am meisten benutzte Streifenleitung bei den integrierten Mikrowellenschaltungen ist die in Bild 11-1j dargestellte Mikrostreifenleitung (Microstrip). Mit dieser offenen, erdunsymmetrischen Streifenleitung lassen sich leerlaufende Leitungen, Parallelverzweigungen und serielle Bauelemente (integrierte Widerstände und Kapazitäten) ohne große Schwierigkeiten erzeugen. Die prinzipielle Feldverteilung des elektrischen Feldes ist in Bild 11-1k skizziert. Die meisten Feldlinien und damit der überwiegende Teil der transportierten Leistung verlaufen im Substrat, wenn ein Substratmaterial mit hohem ε_r gewählt wird. Je größer ε_r, desto mehr konzentriert sich das E-Feld im Innern des Dielektrikums. Meistens werden Aluminiumoxidsubstrate (Al_2O_3) mit $9 \leq \varepsilon_r \leq 10$ verwendet. Da es sich bei der Microstripleitung um eine Anordnung mit galvanisch getrennten Leitern handelt, existiert keine untere Cutoff-Frequenz ($f_c = 0$). Bei tiefen Frequenzen kann man die axialen Feldkomponenten vernachlässigen, so daß man näherungsweise mit einem transversalen Feldansatz arbeiten darf. Man spricht dann von einer Quasi-TEM-Welle. Diese Näherung ist etwa bis zu Frequenzen von 5 GHz zulässig. Bei wesentlich höheren Frequenzen müssen die Längskomponenten der elektrischen und magnetischen Feldstärken bei der Berechnung berücksichtigt werden. Dies ist nur mit aufwendigen numerischen Feldberechnungsmethoden möglich. Die Leitungsdämpfung bei der Microstripleitung entsteht hauptsächlich durch die Verluste in den metallischen Leitern und im Dielektrikum. Strahlungsverluste der offenen Microstripleitung lassen sich durch geeignete Gehäuse so weit verkleinern, daß man sie gegenüber den anderen Anteilen vernachlässigen darf. Die Dämpfung von Microstripleitungen liegt in der Größenordnung von dB/dm, während beim Hohlleiter dB/km auftritt. Daraus erkennt man, daß Microstripleitungen nicht als Übertragungsleitungen für längere Strecken geeignet sind.

- **Beispiel 11/1**: Auf Grund der kleinen Gatelängen ist man heute in der Lage, Verstärker bis in das Millimeterwellengebiet mit FET's zu realisieren. Mit einem 0,25 μm-FET wurden in [132] Verstärker bis 40 GHz untersucht. Die Verstärker von Satellitenbodenstationen lassen sich bei 21 GHz mit FET's aufbauen [133]. Damit erspart man sich die teuren parametrischen Vorverstärker, da mit gekühlten FET-Verstärkern die gleichen Rauschtemperaturen erreicht werden [134].

  Entwerfen Sie die Schaltungsstruktur für einen zweistufigen FET-Schmalband-Verstärker (Mittenfrequenz $f_M = 20$ GHz).

  Lösung:

  Das Layout der planaren Schaltung (Microstripschaltung auf einem 1″ × 1″ großen Al_2O_3-Keramiksubstrat) ist in Bild 11-2a dargestellt. Das Prinzip der Antennenübergänge wird aus [135] übernommen. Die in Bild 11-2a dargestellten Microstripantennen *28* und *30* realisieren mit den nicht skizzierten Finleitungs-Anpassungstransformatoren der Substratrückseite einen verlustarmen Hohlleiter-Microstripübergang für den Ein- und Ausgang des Verstärkers. Von den Antennenübergängen *28* und *30* führen die Leitungen *27* und *29* zu den Anpaßnetzwerken *23* und *22*. Die Streuparameter der FET's

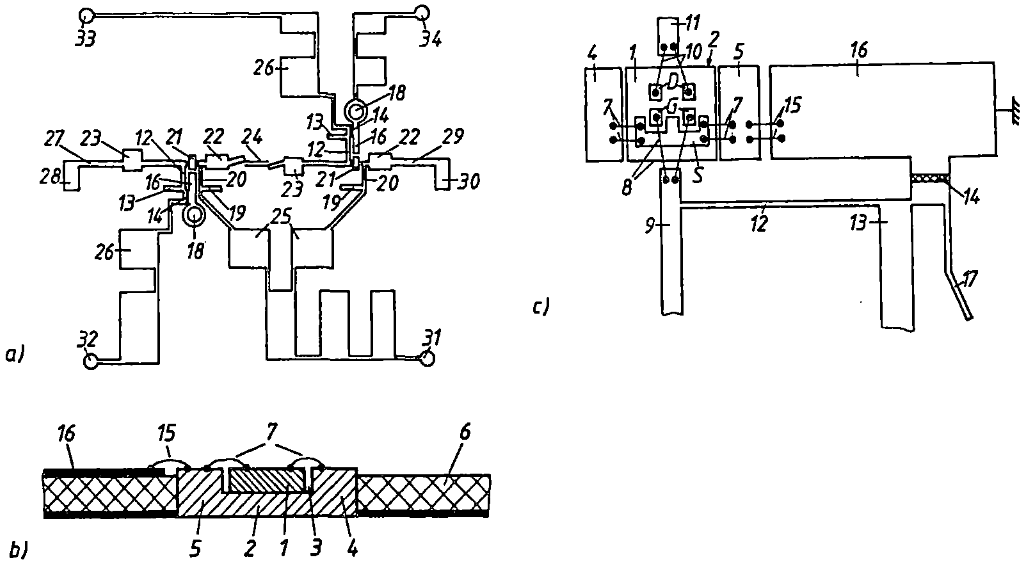

Bild 11-2 a) Layout des zweistufigen Microstripverstärkers
   Prinzipieller Einbau eines FET-Chips
b) Querschnitt
c) Nicht maßstäblich gezeichnete Draufsicht

können mit speziellen Testschaltungen gemessen werden, bei denen für die Messung der Eigenreflexions-faktoren ($\underline{S}_{11}$, $\underline{S}_{22}$) Absorber aus Tantal-Nitrid integriert sind. Mit einem Optimierungsprogramm [136] lassen sich aus den Streuparametern die Anpaßnetzwerke 22 und 23 berechnen. Dabei wird berücksichtigt, daß leerlaufende Stichleitungen Streufelder besitzen, die eine künstliche Leitungsverlängerung ergeben. Weiterhin liegt die Referenzebene nicht in der Mitte oder am Rand der Leitung 27 bzw. 29, sondern ist abhängig von den Wellenwiderständen der beiden Leitungen (durchgehende Leitung 27 bzw. 29 und die nach oben und unten abgehenden leerlaufenden Leitungen 22 bzw. 23).

Die Gategleichspannung für den Eingangstransistor wird an Punkt 32, die Gategleichspannung für den Ausgangstransistor an Punkt 33 zugeführt. Die für beide Transistoren gemeinsame Drainspannung liegt an Punkt 31, die gemeinsame Masse an Punkt 34 (Verbindung über die Nieten 18 und die metallisierte Substratrückseite). Sämtliche Gleichstromanschlußpunkte befinden sich im feldfreien Teil des Gehäuses (dielektrisch belasteter Hohlraumresonator). Die aus Leitungen mit hohen und niedrigen Wellenwider-ständen (25, 26) gebildete Choke-Struktur (s. Bild 10.4-4) dient als Sperrfilter für hochfrequente Schwingungen. Die Leitungen 12 (19) und 13 (20) haben bei der Mittenfrequenz $f_\mathrm{M} = 20\,\mathrm{GHz}$ eine Länge von $\lambda_\mathrm{eff}/4$ und transformieren den Leerlauf der Leitungen 13 (19) in einen Leerlauf an den Verbindungsstellen der Leitungen 12 und 9 (bzw. 11). Damit erreicht man eine ausreichende Entkopplung der Nutzbandleitungen 9 und 11. Gleichzeitig wird mit Hilfe der Leitungen 12 am Eingang jedes FET's das Gate über einen integrierten Widerstand 14 (Tantal-Nitrid-Schicht) mit der Masse 18 (eingelöteter Niet) und dem Sourceanschluß des FET's verbunden. Die niederohmigen Leitungen 16 transformieren bei der Mittenfrequenz $f_\mathrm{M} = 20\,\mathrm{GHz}$ von den Kurzschlußebenen der Nieten 18 zusätzliche Kurzschlüsse in die Sourceebenen der FET's. Durch diesen Aufbau (12, 14, 16, 18) kann erreicht werden, daß die Schwingneigung der FET's bei den gewählten Arbeitspunkten inner- und außerhalb des Nutzbandes unterdrückt wird [137]. Die Antennenübergänge 28 und 30 sind für den R220-Hohlleiter ($a = 10{,}668\,\mathrm{mm}$, $b = 4{,}318\,\mathrm{mm}$) ausgelegt, der eine H_{10}-Übertragung bis 26,7 GHz zuläßt. Bei 14,06 GHz hat dieser Hohlleiter seine Cutoff-Frequenz f_c (s. Tabelle 10.3-1). Unterhalb von f_c übertragen die Antennenüber-gänge 28 und 30 die reaktive Hohlleiterimpedanz. Da kaum Verluste auftreten, werden Reflexionsfaktor-beträge in der Größenordnung von 1 an die Ein- und Ausgangstransistoren transformiert. Stabilitätsbe-rechnungen [136] mit den gemessenen Streuparametern zeigen, daß es breitbandig ($0 < f_\mathrm{Schwing} < f_\mathrm{c}$)

durch geeignete Wahl der Leitungslängen von *9* und *11* nicht möglich ist, die Schaltung in einen stabilen Zustand zu bringen. Nur durch die Verbindung der Gateleitung *12* und der Sourceleitung *16* mittels eines integrierten Widerstandes *14* (Gegenkopplung) kann das Problem gelöst werden. Diese Maßnahme zur Schwingungsunterdrückung bedämpft nicht zusätzlich das Nutzband, da die Leitungsstruktur *12—13* schon für die Gatespannungszuführung benötigt wird.

An den Stellen *21* wurde das Substrat ähnlich wie in [138] durchbohrt (Ultraschall), damit der in Bild 11-2b skizzierte FET-Metallträger *2* (vergoldetes Messing) eingesetzt werden kann. Der Metallträger wird von der Rückseite der Microstripschaltung durch die Rechteckbohrung geschoben und danach die Grundfläche des Metallträgers mit der Substratrückseite verlötet. Die Höhen der Stege *4* und *5* des Metallträgers *2* werden so gewählt, daß sie im eingelöteten Zustand auf gleicher Höhe mit den Microstripleitungen liegen. Der prinzipielle Einbau eines nicht maßstäblich gezeichneten FET-Chips ist in Bild 11-2c dargestellt. Der FET-Chip *1* ist in einer in den Metallträger eingefrästen Vertiefung *3* eingeklebt, die so gewählt ist, daß die Bondflächen des FET-Chips *1* auf gleicher Höhe mit den Oberflächen der Stege *4* und *5* in Bild 11-2b liegen. Die Kontaktierung der Sourceelektrode *S* des FET's mit Masse erfolgt auf kürzestem Wege mittels der Bonddrähte *7*, die auf die Stege *4* und *5* des Metallträgers aufgebondet werden. Im vorliegenden Ausführungsbeispiel führen vier Bonddrähte von der Sourceelektrode zu den Stegen des Metallträgers, da durch die Vielzahl der Bonddrähte die Induktivität der Masseverbindung verkleinert wird, wozu auch die Großflächigkeit des Metallträgers beiträgt. Die Gateelektrode *G* ist über die Bonddrähte *8* mit der Leiterbahn *9* (für das Eingangssignal) und die Drainelektrode *D* über die Bonddrähte *10* mit der Leiterbahn *11* (für das Ausgangssignal) kontaktiert. Damit die Bonddrähte möglichst kurz gehalten werden können, um somit parasitäre Reaktanzen in der Schaltung zu vermindern, liegen die Oberflächen der Leiterbahnen (*9*, *11* und *16*), der Stege (*4* und *5* des Metallträgers *2*) und des FET-Chips *1* auf gleichem Niveau. Signale mit Frequenzen außerhalb des Nutzbandes gelangen über die Rückkopplungsleitung *12* und dem integrierten Widerstand *14* an Masse. Dabei führen zwei parallele Wege vom Ende der Rückkopplungsleitung zur Masse, was sich für die Breitbandschwingungsbedämpfung des Verstärkers als sehr vorteilhaft erweist. Zu diesem Zweck wird der Steg *5* des Metallträgers über die Bonddrähte *15* mit der niederohmigen Leitung *16* verbunden, die am Ende kurzgeschossen ist und bei Mittenfrequenz ($\lambda_{\text{eff}}/2$) einen Kurzschluß in die Ebene der Sourceelektrode *S* transformiert.

Der Drainanschluß des Eingangstransistors ist durch den Fingerkoppler *24* gleichstrommäßig vom Gate des Ausgangstransistors getrennt. Das Substrat hat keine galvanische Verbindung mit dem Gehäuse. Das Gehäuseunterteil wird in der Mitte durch einen Steg getrennt; damit wird die Entkopplung zwischen Ein- und Ausgang einer Dünnschichtschaltung erhöht. Der Gehäusedeckel besitzt 4 Bohrungen mit anschließendem Gewinde, worin eine Aufnahme für einen vergoldeten Kontaktstift geschraubt ist. Die Kontaktstiftaufnahme läßt sich in der Höhe verstellen, so daß die 4 Kontaktstifte einen optimalen Druck auf die Kontaktstellen *31—34* des Substrates ausüben können. Damit der Kontaktstift von dem Gehäuse galvanisch getrennt bleibt, besteht die Aufnahme aus einem Isolationsmaterial. Eine Feder sorgt zum einen für den nötigen Druck des Kontaktstiftes auf die Kontaktstelle des Substrates und ist zum anderen für die elektrische Verbindung zuständig. Das Gehäuse realisiert beim Zusammenschrauben der beiden Gehäusehälften automatisch die Gleich- und Wechselstromzuführung. Die Hohlleiter-Microstrip-Übergänge eignen sich für mehrstufige Schaltungen, da sich jedes $1'' \times 1''$-Substrat separat in einem modenfreien Teilgehäuse befindet und eine elektromagnetische Beeinflussung über den Verbindungshohlleiter nur für $f > f_c$ möglich ist. Durch Hintereinanderschaltung mehrerer Substrate kann sehr einfach ein *n*-stufiger ($n = 4, 6, 8, ...$) Verstärker aufgebaut werden, da jeder zweistufige Verstärker für sich einzeln optimiert und gemessen werden kann. Verbindet man die verschiedenen Substrate über ein kurzes Hohlleiterstück mittels der Antennenübergänge, dann bleibt die Stabilität jedes zweistufigen Verstärkers und damit der Gesamtschaltung erhalten; außerdem tritt keine unberechenbare Beeinflussung (höhere Moden, parasitäre Kopplungen) durch Nachbarstufen auf.

12 Antennen

12.1 Einleitung

Technische Antennen sind bis heute einer geschlossenen mathematischen Behandlung nur in Einzelfällen zugänglich. Daher eignet sich der nachfolgende Abschnitt besonders gut, auf den Einsatz von Näherungsverfahren hinzuweisen. Gerade in den Kapiteln 12.2 bis 12.6 soll gezeigt werden, wie man vom Gedanken des nicht realisierbaren Hertzschen Dipols ausgeht und zunächst zu groben Abschätzungen gelangt. Diese werden an bestehenden Theorien — hier der Leitungstheorie — weiter verfeinert. Der Anwender kann erkennen, daß allzu genaue Näherungen oder Berechnungen einer Größe wie z. B. der freien Raumausbreitung dann ihren Sinn verlieren, wenn diese idealisierten Voraussetzungen durch die realen Umweltverhältnisse (Ausbreitung der elektromagnetischen Welle auf der Erde) stark beeinflußt werden. Im Kapitel 12.7 wird gezeigt, wie die aus der Filterberechnung stammende lineare Vierpoltheorie auf Sende- und Empfangsstrecken direkt übertragen werden kann. Das Kapitel 12.8 erläutert anhand einfachster geometrischer Überlegungen und Näherungen den richtungsabhängigen Sende- und Empfangsbetrieb, wobei das Kapitel 12.9 darauf hinweist, daß die Antennen nicht Selbstzweck sind, sondern zusammen mit anderen Geräten arbeiten. Der verbindende Anschluß muß deshalb möglichst störungsarm erfolgen. In Kapitel 12.10 werden spezielle Antennentypen behandelt. Als exemplarisches Beispiel für eine geschlossen berechenbare Antenne wird zwar der Konus-Dipol aufgeführt, aber zugleich auf die sinnvollen Grenzen numerischer Lösungsverfahren hingewiesen. Das Kapitel 12.11 zeigt nun die Erweiterung von Dipol- auf Flächenantennen. Schrittweise soll die Annäherung von nicht realisierbaren Gedankenansätzen (Linienfläche konstanter Strombelegung) an reale Möglichkeiten (Hornstrahler) beschrieben werden. Schließlich werden optische Betrachtungsweisen zu Hilfe gezogen, um das Verhalten von Parabol- und Doppelspiegel-Antennen zu beschreiben. Von dem am Nachweis elektromagnetischer Strahlung weniger Interessierten kann das Kapitel 12.2.1 übersprungen werden, zumal sich die einzelnen Schritte unter Anwendung der Vektorrechnung einer guten Anschaulichkeit entziehen.

Bei den Formelzeichen wurde versucht, sich weitgehend an die Normen DIN 1304 (Allgemeine Formelzeichen), 1324 (Elektromagnetisches Feld), 1344 (Elektrische Nachrichtentechnik), 5483 (Zeitabhängige Größen) zu halten. In Abweichung hiervon werden der Strahlungswiderstand R_s und die abgestrahlte Leistung P_s genannt. Dies ist einprägsamer, schließt Verwechslungen aus und entspricht der Schreibweise in zahlreichen Veröffentlichungen. Bei der Formelschreibweise kann meist mit Beträgen gerechnet werden, da ein Verwechseln mit Gleichsignalen ausgeschlossen ist. In all jenen Fällen, in denen Phasenbeziehungen von Bedeutung sind, wurde die übliche komplexe Schreibweise berücksichtigt.

Schließlich sei noch auf Schaltzeichen entsprechend DIN 40700 hingewiesen. All das, was im Nachfolgenden detailliert behandelt und mit Ersatzschaltbildern beschrieben wird, kann als Schaltzeichen zusammengefaßt werden:

Y Antenne, allgemein	Y Empfangsantenne	⑂ Rahmen-Antenne
Y Sendeantenne	⊤⊤ Dipol-Antenne	⊂ Parabolantenne

12.2 Hertzscher Dipol

Elektromagnetische Strahlung läßt sich durch ein nicht realisierbares Gedankenexperiment, dem Hertzschen Dipol, rechnerisch nachweisen (Bild 12.2-1).

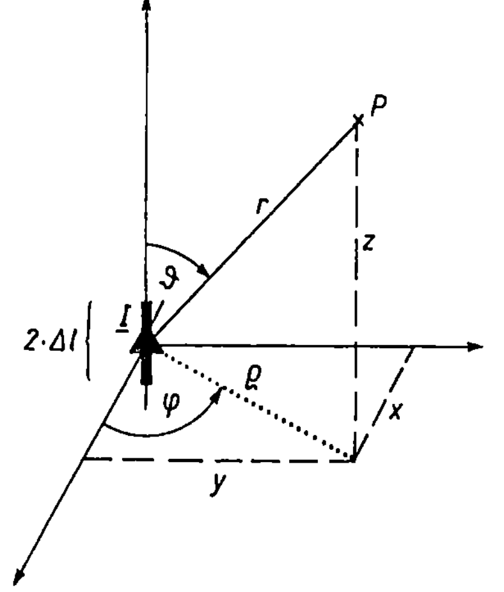

Bild 12.2-1
Hertzscher Dipol im Koordinatenursprung
Die Lage des Beobachtungspunktes P kann durch
kartesische (x, y, z), Zylinder- (ϱ, φ, z) und
Kugel-Koordinaten (r, ϑ, φ) beschrieben werden.

Längs eines Leitungsstückchens der Länge $2 \cdot \Delta l$ fließe ein Wechselstrom $i = \hat{\imath} \sin(\omega t)$. In der komplexen Schreibweise sei dieser Strom mit

$$\underline{I} = \hat{\imath} \cdot e^{j\omega t} \tag{12.2/1}$$

bezeichnet. Dieser Strom habe an jeder Stelle der Leitung zum Zeitpunkt t denselben Wert. Deshalb muß die Leitungslänge sehr klein gegenüber der elektrischen Wellenlänge λ des Stromes sein.

$$2 \cdot \Delta l \ll \lambda. \tag{12.2/2}$$

Gesucht sind nun die magnetische Feldstärke $\vec{\underline{H}}$ und die elektrische Feldstärke $\vec{\underline{E}}$, die der Strom in einem Punkt P erzeugt, der im Abstand r vom Leitungsstück entfernt liegt.

Das Kapitel 12.2.1 soll den gedanklichen Weg, der zu den Feldstärkegleichungen führt, aufzeigen. Die detaillierten Lösungsschritte können in zahlreichen Veröffentlichungen (z. B. [139], [51]) nachvollzogen werden.

12.2.1 Lösungsweg der Maxwellschen Gleichungen

Ausgehend von den Hypothesen der Elektrotechnik, also den Maxwellschen Gleichungen, sollen die elektromagnetischen Feldstärken ermittelt werden. Folglich werden Durchflutungssatz und Induktionsgesetz angewendet.

Da die Existenz eines elektrischen und magnetischen Feldes im Punkt P gleichbedeutend mit Energietransport zum Punkte P ist, kann die Ausbreitung nur mit endlicher Geschwindigkeit erfolgen. Im Punkt P werden die Feldstärken demnach zeitlich versetzt also später auftreten als der verursachende Strom im Leitungsstück $2 \cdot \Delta l$.

Für die Berechnung ist weiter zu berücksichtigen, daß das magnetische Wechselfeld in unmittelbarer Umgebung des stromführenden Leiters seinerseits entsprechend dem Induktionsgesetz ein elektrisches Wechselfeld beinhaltet. Letzteres ist aber gleichbedeutend mit dem *Verschiebungsstrom*. Sein magnetisches Feld überlagert sich nun der „primären" Felstärke. Das magnetische Feld im Punkt P stellt somit die aus dem Verschiebungsstrom und aus dem

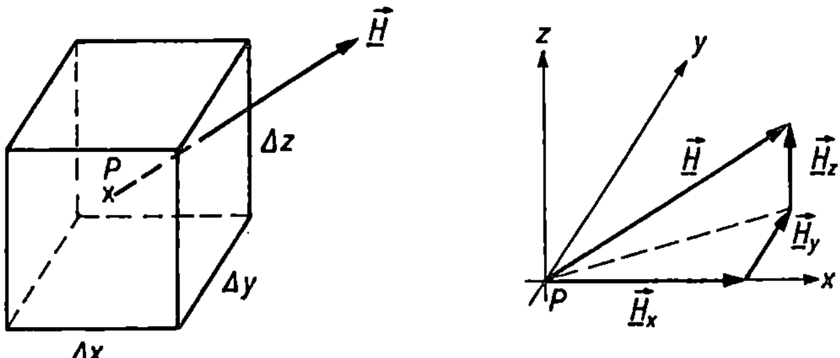

Bild 12.2.1-1   Kartesische Komponenten der magnetischen Feldstärke $\vec{H}$ im Punkt P zur Ermittlung des Flusses Φ durch den Raumwürfel (Δx, Δy, Δz)

Leitungsstrom resultierende Feldstärke dar. Betrachtet man einen infiniten Raumwürfel um den Punkt P gemäß Bild 12.2.1-1, so kann der beliebig verlaufende magnetische Feldstärkevektor $\vec{H}$ in die Koordinatenanteile $\vec{H}_x$, $\vec{H}_y$, $\vec{H}_z$ zerlegt werden.

$$\vec{H} = \vec{H}_x + \vec{H}_y + \vec{H}_z \,. \tag{12.2.1/1}$$

Dies gilt auch für die magnetische Induktion

$$\vec{B} = \mu \cdot \vec{H} \,, \tag{12.2.1/2}$$

wobei μ im betrachteten Raum konstant sei.

$$\vec{B} = \vec{B}_x + \vec{B}_y + \vec{B}_z \,. \tag{12.2.1/3}$$

Da der in den Raumwürfel eindringende magnetische Fluß Φ auch vollständig wieder heraustreten muß, gilt

$$\oint_A \vec{B} \cdot d\vec{A} = 0 \,. \tag{12.2.1/4}$$

Hierbei ist A die geschlossene Oberfläche des Würfels und $d\vec{A}$ ihre differentielle Flächennormale. Um die Verhältnisse allein im Punkt P zu beschreiben, erfolgt als Grenzübergang eine Verminderung des Volumens $V \rightarrow dV \rightarrow 0$. Man erhält so die Flußänderung pro Volumenelement.

$$\lim_{V \rightarrow 0} \frac{1}{V} \oint_A \vec{B} \cdot d\vec{A} = 0 \,. \tag{12.2.1/5}$$

Den linken Ausdruck dieser Gleichung bezeichnet man in der Vektorrechnung als *Divergenz* und schreibt ihn in Kurzform

$$\mathrm{div}\, \vec{B} \,.$$

Die Rechnung liefert in kartesischen Koordinaten

$$\mathrm{div}\, \vec{B} = \frac{\partial B_x}{\partial x} + \frac{\partial B_y}{\partial y} + \frac{\partial B_z}{\partial z} = 0 \tag{12.2.1/6}$$

und da $\mu = $ konst. ist, gilt auch für die magnetische Feldstärke

$$\mathrm{div}\, \vec{H} = 0 \,. \tag{12.2.1/7}$$

Hierdurch wird die Quellenfreiheit des magnetischen Feldes beschrieben.

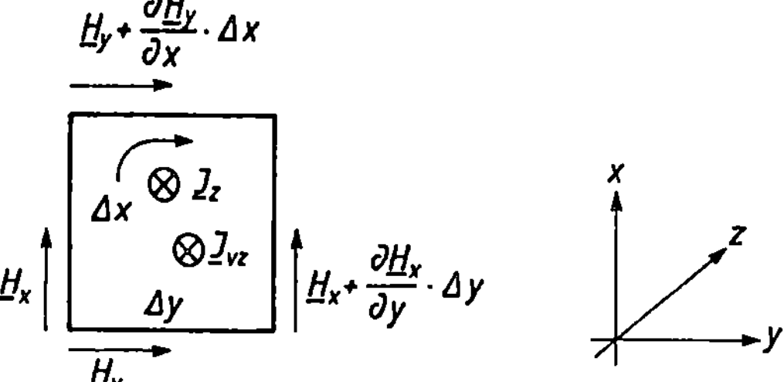

Bild 12.2.1-2
Anwendung des Durchflutungssatzes auf die Würfelfläche $\Delta x \cdot \Delta y$. Die Stromdichten $\underline{J}_z$, $\underline{J}_{vz}$ treten in die Fläche ein ($\otimes$).

Es soll nun der Durchflutungssatz auf eine Würfelfläche mit den Kantenlängen Δx, Δy angewandt werden.

$$\Theta = \oint_s \underline{\vec{H}}\, \mathrm{d}\vec{s}. \tag{12.2.1/8}$$

Längs der Umrandung s dieser Fläche treten die in Bild 12.2.1-2 gezeichneten magnetischen Feldstärken auf. Die Fläche selbst wird von der Leitungsstromdichte $\vec{J}_z$ und der Verschiebungsstromdichte $\underline{\vec{J}}_{vz}$ durchsetzt. Mit

$$\underline{\vec{E}}_z = \vec{E}_z \cdot \mathrm{e}^{\mathrm{j}\omega t} \tag{12.2.1/9}$$

wird

$$\underline{\vec{J}}_{vz} = \varepsilon\,\frac{\mathrm{d}\underline{\vec{E}}_z}{\mathrm{d}t} = \mathrm{j}\omega\varepsilon\underline{\vec{E}}_z. \tag{12.2.1/10}$$

Für den *Durchflutungsansatz* gilt

$$\underline{H}_x \cdot \Delta x + H_y \cdot \Delta y + \frac{\partial \underline{H}_y}{\partial x}\Delta x \cdot \Delta y - H_x \cdot \Delta x - \frac{\partial \underline{H}_x}{\partial y}\Delta y \cdot \Delta x - \underline{H}_y \cdot \Delta y = (\underline{J}_z + \underline{J}_{vz})\,\Delta x \cdot \Delta y,$$

$$\frac{\partial \underline{H}_y}{\partial x} - \frac{\partial \underline{H}_x}{\partial y} = \underline{J}_z + \underline{J}_{vz}. \tag{12.2.1/11}$$

Der linke Teil dieser Gleichung wird in der Vektorrechnung als Betrag der Rotation von $\underline{\vec{H}}$ in Richtung z bezeichnet und abgekürzt mit

$$\mathrm{rot}_z\underline{\vec{H}} = \underline{J}_z + \underline{J}_{vz}. \tag{12.2.1/12}$$

Für alle infiniten Flächen des Würfels wird der Durchflutungssatz zusammengefaßt zu

$$\mathrm{rot}\,\underline{\vec{H}} = \underline{\vec{J}} + \underline{\vec{J}}_v = \underline{\vec{J}} + \mathrm{j}\omega\varepsilon\underline{\vec{E}}. \tag{12.2.1/13}$$

Wendet man nun das *Induktionsgesetz*

$$\oint_s \underline{\vec{E}}\, \mathrm{d}\vec{s} = -\frac{\mathrm{d}\Phi}{\mathrm{d}t} \tag{12.2.1/14}$$

auf dieselbe Würfelfläche gemäß Bild 12.2.1-3 an, so gilt in Analogie zum Durchflutungssatz, wie vorher gezeigt,

$$\frac{\partial \underline{E}_y}{\partial x} - \frac{\partial \underline{E}_x}{\partial y} = -\frac{\mathrm{d}\underline{B}_z}{\mathrm{d}t}, \tag{12.2.1/15}$$

$$\mathrm{rot}_z\underline{\vec{E}} = -\frac{\mathrm{d}\underline{B}_z}{\mathrm{d}t} = -\mu\frac{\mathrm{d}\underline{H}_z}{\mathrm{d}t} \tag{12.2.1/16}$$

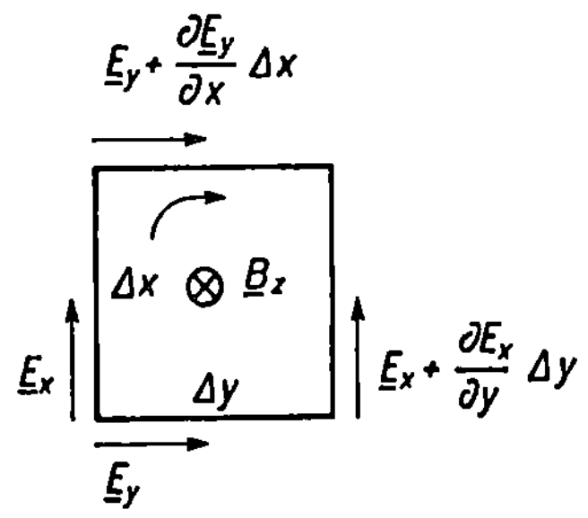

Bild 12.2.1-3
Anwendung des Induktionsgesetzes auf die Würfelfläche $\Delta x \cdot \Delta y$.
Die Induktion $\underline{B}_z$ tritt in die Fläche ein ($\otimes$).

und allgemein

$$\operatorname{rot} \vec{\underline{E}} = -\mu \frac{\mathrm{d}\vec{\underline{H}}}{\mathrm{d}t}. \tag{12.2.1/17}$$

Da die Ableitung rot allein nach den Raumkoordinaten erfolgt, muß das Zeitverhalten von $\vec{\underline{E}}$ und $\vec{H}$ identisch sein. Mit

$$\vec{\underline{E}} = \vec{E} \cdot e^{j\omega t} \quad \text{wird auch} \quad \vec{\underline{H}} = \vec{H} \cdot e^{j\omega t},$$

also

$$\operatorname{rot} \vec{\underline{E}} = -j\omega\mu\vec{\underline{H}}. \tag{12.2.1/18}$$

Mit den Gleichungen 12.2.1/13 und 12.2.1/18 existieren zwei Gleichungen mit den unbekannten Feldstärken $\vec{\underline{E}}$ und $\vec{\underline{H}}$. Das Ersetzen der einen Unbekannten $\vec{\underline{E}}$ durch $\vec{\underline{H}}$ wird erschwert, da die elektrische Feldstärke nur in einer differentiellen Form als rot $\vec{\underline{E}}$ auftritt. Man unterzieht daher Gleichung 12.2.1/13 einer erneuten Rotation und erhält

$$\operatorname{rot} \operatorname{rot} \vec{\underline{H}} = \operatorname{rot} \vec{\underline{J}} + j\omega\varepsilon \operatorname{rot} \vec{\underline{E}}. \tag{12.2.1/19}$$

Jetzt verwendet man Gleichung 12.2.1/18 und erhält

$$\operatorname{rot} \operatorname{rot} \vec{\underline{H}} = \operatorname{rot} \vec{\underline{J}} - j^2\omega^2\varepsilon\mu\vec{\underline{H}}. \tag{12.2.1/20}$$

Für die magnetische Feldstärke hat man somit eine inhomogene Differentialgleichung 2. Ordnung erhalten:

$$\operatorname{rot} \operatorname{rot} \vec{\underline{H}} - \omega^2\varepsilon\mu\vec{\underline{H}} = \operatorname{rot} \vec{\underline{J}}. \tag{12.2.1/21}$$

Die direkte Lösung wird verhindert, da der inhomogene Teil der Differentialgleichung selbst in differentieller Form (rot $\vec{\underline{J}}$) auftritt. Zur Vereinfachung der Differentialgleichung wählt man

$$\vec{\underline{H}} = \operatorname{rot} \vec{\underline{A}}_m, \tag{12.2.1/22}$$

wobei $\vec{\underline{A}}_m$, das sogenannte *magnetische Vektorpotential*, zunächst nur als mathematischer Hilfsvektor betrachtet wird, der natürlich den physikalischen Gegebenheiten entsprechen muß. Allgemein gilt das mathematische Gesetz

$$\operatorname{div} \operatorname{rot} \equiv 0$$

und da die Physik für das vorliegende Problem div $\vec{\underline{H}} = 0$ fordert, ist der Ansatz

$$\operatorname{div} \vec{\underline{H}} = \operatorname{div} \operatorname{rot} \vec{\underline{A}}_m = 0 \tag{12.2.1/23}$$

zulässig. Man erhält so eine vereinfachte Differentialgleichung allerdings erst für das Vektorpotential $\vec{\underline{A}}_m$.

$$\mathrm{rot}\,\mathrm{rot}\,\mathrm{rot}\,\vec{\underline{A}}_m - \omega^2\varepsilon\mu\,\mathrm{rot}\,\vec{\underline{A}}_m = \mathrm{rot}\,\vec{\underline{J}},$$

$$\mathrm{rot}\,\mathrm{rot}\,\vec{\underline{A}}_m - \omega^2\varepsilon\mu\cdot\vec{\underline{A}}_m = \vec{\underline{J}}.$$

Wie die Vektorrechnung zeigt, gilt $\mathrm{rot}\,\mathrm{rot}\,\vec{\underline{A}}_m = \mathrm{grad}\,\mathrm{div}\,\vec{\underline{A}}_m - \triangle\vec{\underline{A}}_m$. Hierbei ist $\triangle$ der Laplace-Operator, der in kartesischen Koordinaten die zweifache Ableitung nach den Raumkoordinaten bedeutet

$$\triangle = \frac{\partial^2}{\partial x^2} + \frac{\partial^2}{\partial y^2} + \frac{\partial^2}{\partial z^2}.$$

Wählt man $\mathrm{div}\,\vec{\underline{A}}_m = 0$, so erhält man

$$\triangle\vec{\underline{A}}_m + \omega^2\varepsilon\mu\vec{\underline{A}}_m = -\vec{\underline{J}}. \tag{12.2.1/24}$$

Lösungen für Differentialgleichungen dieser Form sind aus der Berechnung des elektrischen Potentials im elektro-statischen Feld bereits bekannt. Daher hat der Ausdruck $\vec{\underline{A}}_m$ auch seinen Namen *Vektorpotential* erhalten.

Eine Lösung dieser Differentialgleichung erfüllt auch die Bedingung, daß im Koordinatenursprung unseres Systems das in z-Richtung stromdurchflossene Leitungsstückchen der Länge $2\cdot\Delta l$ liegt. In Zylinderkoordinaten (ϱ, φ, z) erhält man [139]

$$\vec{\underline{A}}_m \equiv \vec{\underline{A}}_{mz} = \frac{\underline{I}}{2\pi r}\,\Delta\vec{l}\cdot e^{-j\beta r} \tag{12.2.1/25}$$

mit

$$r = \sqrt{\varrho^2 + z^2} \quad \text{und} \quad \beta = \frac{2\pi}{\lambda}.$$

Es existiert nur ein Vektorpotential in Richtung z, also in Richtung des Stromes. Das Vektorpotential tritt im Aufpunkt P, der $r \gg 2\cdot\Delta l$ vom stromführenden Leiter entfernt ist, um den Winkel βr verzögert (retardiert) auf. Man bezeichnet daher $\vec{\underline{A}}_m$ auch als *retardiertes magnetisches Vektorpotential.*

Vom Vektorpotential $\vec{\underline{A}}_{mz}$ gelangt man nach Gleichung 12.2.1/22 direkt zur gesuchten magnetischen Feldstärke. Am leichtesten ist die Rechnung, wenn man $\vec{\underline{A}}_{mz}$ in Kugelkoordinaten (r, ϑ, φ) zerlegt:

$$\vec{\underline{A}}_{mz} = \vec{\underline{A}}_{mr} - \vec{\underline{A}}_{m\vartheta} \tag{12.2.1/26}$$

mit

$$\underline{A}_{mr} = \underline{A}_{mz}\cdot\cos\vartheta \quad \text{und} \quad \underline{A}_{m\vartheta} = -\underline{A}_{mz}\cdot\sin\vartheta.$$

In diesem Fall existiert allein

$$\mathrm{rot}_\varphi\,\vec{\underline{A}}_m = \underline{H}_\varphi \tag{12.2.1/27}$$

wobei sich für die magnetische Feldstärke ergibt

$$\underline{H}_\varphi = \frac{1}{r}\left[\frac{\partial(r\cdot\underline{A}_{m\vartheta})}{\partial r} - \frac{\partial\underline{A}_{mr}}{\partial\vartheta}\right] \tag{12.2.1/28}$$

und da im Punkt P keine Leitungsstromdichte existiert ($\vec{J}_{(P)} = 0$), erhält man die elektrische Feldstärke aus Gleichung 12.2.1/13

$$\text{rot } \vec{\underline{H}}_{\varphi(P)} = j\omega\varepsilon\vec{\underline{E}}_{(P)}$$

$$\vec{\underline{E}}_{(P)} = -j\frac{1}{\omega\varepsilon}\text{rot }\vec{\underline{H}}_{\varphi(P)} \,. \tag{12.2.1/29}$$

Dies ist entsprechend den Regeln der Vektoroperation rot in Kugelkoordinaten auszuführen.

12.2.2 Feldgleichungen

Faßt man die Ergebnisse gemäß Kapitel 12.2.1 für den Hertzschen Dipol zusammen, so erhält man die Feldstärken $\vec{\underline{E}}$ und $\vec{\underline{H}}$ für den freien Raum ($\mu = \mu_0$, $\varepsilon = \varepsilon_0$)

$$\underline{H}_\varphi = j \quad \cdot \quad \underline{I}\,\frac{\Delta l}{\lambda}\sin\vartheta \cdot e^{-j\beta r}\left(\frac{1}{r} - j\frac{1}{\beta r^2}\right) \tag{12.2.2/1}$$

$$\underline{E}_\vartheta = j\,\sqrt{\frac{\mu_0}{\varepsilon_0}}\,\underline{I}\,\frac{\Delta l}{\lambda}\sin\vartheta \cdot e^{-j\beta r}\left(\frac{1}{r} - j\frac{1}{\beta r^2} - \frac{1}{\beta^2 r^3}\right) \tag{12.2.2/2}$$

$$\underline{E}_r = j\,\sqrt{\frac{\mu_0}{\varepsilon_0}}\,\underline{I}\,\frac{\Delta l}{\lambda}\cos\vartheta \cdot e^{-j\beta r}\left(-j\frac{2}{\beta r^2} - \frac{2}{\beta^2 r^3}\right) \,. \tag{12.2.2/3}$$

Den prinzipiellen Zusammenhang veranschaulicht Bild 12.2.2-1.

Aus den Feldgleichungen kann festgestellt werden:

- Es existiert nur eine magnetische Feldstärke $\vec{\underline{H}}_\varphi$, rotationssymmetrisch um die Stromachse.
- Die elektrische Feldstärke läßt sich in zwei Komponenten $\vec{\underline{E}}_\vartheta$ und $\vec{\underline{E}}_r$ zerlegen. Diese stehen senkrecht zueinander und zu $\vec{\underline{H}}_\varphi$.
- $\vec{\underline{E}}$ verläuft zu $\vec{\underline{H}}$ zum Teil gleichphasig (gestrichelt in den Feldgleichungen), zum Teil um 90° zeitlich zueinander phasenverschoben (punktiert in den Feldgleichungen).

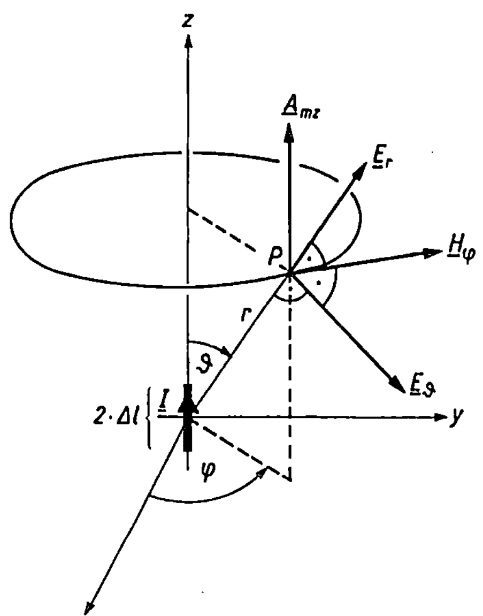

Bild 12.2.2-1
Das magnetische Vektorpotential $\underline{A}_{mz}$ verläuft parallel zur Stromachse des Hertzschen Dipols. Die drei existierenden Feldstärkekomponenten $\underline{E}_r$, $\underline{E}_\vartheta$, $\underline{H}_\varphi$ stehen zueinander senkrecht.

— Der gleichphasige Anteil von $\vec{E}$ und $\vec{H}$ bedeutet aber Wirkleistungsdichte [51]. Den zeitlichen Mittelwert der Leistungsdichte kann man mit einem Vektor $\vec{S}$ *(Poyntingscher Vektor)* beschreiben. Der Vorteil ist, daß die Richtung des Leistungstransportes hierdurch festgelegt wird.

$$\vec{S} = \tfrac{1}{2}\,(\vec{E} \times \vec{H}^*)\,. \tag{12.2.2/4}$$

Da alle Feldstärken im vorliegenden Fall senkrecht zueinander stehen, gilt

$$S_r = \tfrac{1}{2}\,\underline{E}_\vartheta \cdot \underline{H}_\varphi^*\,. \tag{12.2.2/5}$$

Es wird Energie senkrecht zur Ebene $\vec{E}_\vartheta$, $\vec{H}_\varphi$, also in Richtung r, transportiert. Demnach wandert diese Energie vom Dipol weg, frei in den Raum, ohne durch irgendwelche Leitungen geführt zu werden. *Der Dipol strahlt.*

— Für große Entfernungen r vom Dipol können die Feldstärkeanteile mit $1/r^2$ und $1/r^3$ vernachlässigt werden. Dieses Gebiet heißt *Fernfeld.* Im Fernfeld existieren praktisch nur $\vec{H}_\varphi$ und $\underline{E}_\vartheta$. Sie verlaufen gleichphasig und stehen senkrecht aufeinander. Im Fernfeld existiert praktisch nur Strahlung.

— In unmittelbarer Umgebung des Dipols, wenn also

$$\frac{1}{\beta r^2}\,;\qquad \frac{1}{\beta^2 r^3} \gg \frac{1}{r}$$

sind, überwiegen die Blindkomponenten. Dieses Gebiet heißt *Nahfeld.*

— Technisch von Bedeutung ist meist das Fernfeld. Dort nehmen die Feldstärken nur mit $1/r$ ab.

— Aus den Feldgleichungen erkennt man ferner: Die Strahlung wird umso stärker, je größer der Strom $\underline{I}$ im Dipol, je länger der Dipol $(2 \cdot \Delta l)$ und je kleiner die Wellenlänge λ, d. h. je größer die Frequenz f des Erregerstromes, sind.

12.2.3 Feldwellenwiderstand des freien Raumes

Im Fernfeld existieren nur die gleichphasigen Feldstärken $\vec{E}_\vartheta$ und $\vec{H}_\varphi$. Daher kann die weitere Betrachtung mit den Beträgen durchgeführt werden. Auch kann die gemeinsame Phasenverschiebung beider Größen gegenüber dem verursachenden Strom unberücksichtigt bleiben. Ferner wird $\Delta l = l$ gesetzt. Aus den Feldgleichungen 12.2.2/1 bis /3 folgt damit

$$I = |\underline{I} \cdot e^{-j\beta r}|\,, \tag{12.2.3/1}$$

$$H_\varphi = I \cdot \frac{l}{\lambda} \cdot \frac{1}{r} \cdot \sin\vartheta\,, \tag{12.2.3/2}$$

$$E_\vartheta = \sqrt{\frac{\mu_0}{\varepsilon_0}} \cdot I \cdot \frac{l}{\lambda} \cdot \frac{1}{r} \cdot \sin\vartheta\,. \tag{12.2.3/3}$$

Man beachte in obigen Formeln, daß bei einer Gesamtdipollänge von $2l$ in den Ausdrücken nur l erscheint. Dies leuchtet ein, wenn der Dipol als Leitung der Länge l aufgefaßt wird, wobei die eine Dipolhälfte den Hinleiter, die andere den Rückleiter darstellt. (Nähere Erläuterungen folgen im Kapitel 12.4.)

Bildet man nun das Verhältnis beider Feldstärken, so ergibt sich für die Einheit

$$\frac{[E_\vartheta]}{[H_\varphi]} = \frac{V/m}{A/m} = \frac{V}{A} = \Omega\,.$$

Dies ist die Einheit eines Widerstandes. Die Größe wird deshalb als *Feldwellenwiderstand des freien Raumes* Z_0 bezeichnet und ist definiert

$$Z_0 = \frac{E_\vartheta}{H_\varphi}. \qquad (12.2.3/4)$$

Wie man aus den Gleichungen 12.2.3/2 und /3 unmittelbar erkennt, ergibt sich

$$Z_0 = \sqrt{\frac{\mu_0}{\varepsilon_0}} = 120\,\pi\,\Omega \approx 377\,\Omega \qquad (12.2.3/5)$$

mit

$$\mu_0 = 4\pi \cdot 10^{-7}\,\frac{H}{m} \quad \text{und} \quad \varepsilon_0 = \frac{1}{4\pi \cdot 9} \cdot 10^{-9}\,\frac{F}{m}.$$

Daher genügt es, die elektrische Feldstärke an einer Stelle des Raumes zu kennen, um die dort herrschende magnetische Feldstärke zu berechnen. Wegen dieser Beziehung ist praktisch nur eine der beiden Feldgleichungen von Bedeutung. Hierbei wird die Gleichung der elektrischen Feldstärke bevorzugt, da diese leichter zu messen ist.

- **Beispiel 12.2.3/1**: Es wird die elektrische Feldstärke im Fernfeld eines UKW-Senders mit $E = 1{,}8\,\text{mV/m}$ gemessen. Wie groß ist an derselben Stelle die magnetische Feldstärke H?

Lösung:

$$\text{Aus } 12.2.3/4 \quad H = \frac{E}{Z_0} = \frac{1{,}8 \cdot 10^{-3}\,V}{120\pi\,\Omega m} = 4{,}8\mu\,\frac{A}{m}.$$

12.3 Kenngrößen von Antennen

12.3.1 Strahlungsleistung

Der im Kapitel 12.2 behandelte Hertzsche Dipol kann als Elementar-Dipol bezeichnet werden. Da Leitungsstrom nicht abrupt längs einer Leitung entstehen und verschwinden kann, ist eine Realisierung des Elementar-Dipols nur näherungsweise möglich. Hierbei muß die Leitungslänge $l \ll \lambda$ sein. Ein Generator erzeugt den Strom. Praktisch erfolgt dies durch die Senderendstufe. An den Leitungsenden sind Metallplatten mit ausreichend großer Kapazität anzubringen, so daß der Strom längs der geometrischen Länge l_g des Dipols konstant bleibt. Bild 12.3.1-1. Solche Dipol-Antennen werden auch in der Praxis eingesetzt. Die Leistungsdichte wird durch den Poyntingschen Vektor beschrieben (siehe Kap. 10.1)

$$\vec{S} = \underline{\vec{E}}_{\text{eff}} \times \underline{\vec{H}}^*_{\text{eff}} = \tfrac{1}{2}\,(\underline{\vec{E}} \times \underline{\vec{H}}^*). \qquad (12.3.1/1)$$

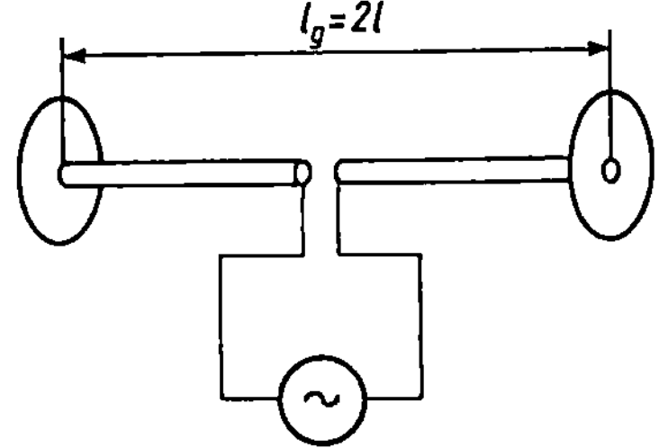

Bild 12.3.1-1
Als Platten ausgebildete Endkapazitäten bewirken eine
etwa konstante Stromamplitude längs des Dipols.

Im vorliegenden Fall des Fernfeldes ist die abgestrahlte Leistungsdichte

$$|\vec{S}| = S_r = \tfrac{1}{2} E_\vartheta \cdot H_\varphi \,. \tag{12.3.1/2}$$

Durch Einsetzen der Gleichungen 12.2.3/2 und /3 erhält man

$$S_r = \frac{1}{2} Z_0 \cdot I^2 \left(\frac{l}{\lambda}\right)^2 \frac{1}{r^2} \sin^2 \vartheta$$

wobei sich für die Einheit ergibt:

$$[S_r] = \Omega A^2 \frac{1}{m^2} = \frac{W}{m^2} \,. \tag{12.3.1/3}$$

Die gesamte Strahlungsleistung P_s, die der Dipol abgibt, erhält man durch Integration der Leistungsdichte über eine den Dipol völlig umschließende Hülle (A).

$$P_s = \oint_A \vec{S} \cdot d\vec{A} \,. \tag{12.3.1/4}$$

Die Lösung dieses Integrals ist in Kugelkoordinaten einfach auszuführen, da der Vektor der Leistungsdichte senkrecht durch die Kugeloberfläche tritt, falls das Dipolzentrum sich im Kugelmittelpunkt befindet. Der differentielle Flächenvektor $d\vec{A}$ steht ebenfalls senkrecht auf der Kugelfläche und zeigt deshalb in dieselbe Richtung wie $\vec{S}_r$. Damit wird aus dem vektoriellen Integral ein skalares (Bild 12.3.1-2).

$$P_s = \oint_A S_r \cdot dA \,. \tag{12.3.1/5}$$

Wegen des um die z-Achse rotationssymmetrischen Verlaufes der Leistungsdichte kann als Flächenelement dA ein ringförmiger Kugelausschnitt angenommen werden.

$$dA = 2\pi\varrho r \cdot d\vartheta \,.$$

Mit

$$\varrho = r \cdot \sin \vartheta$$

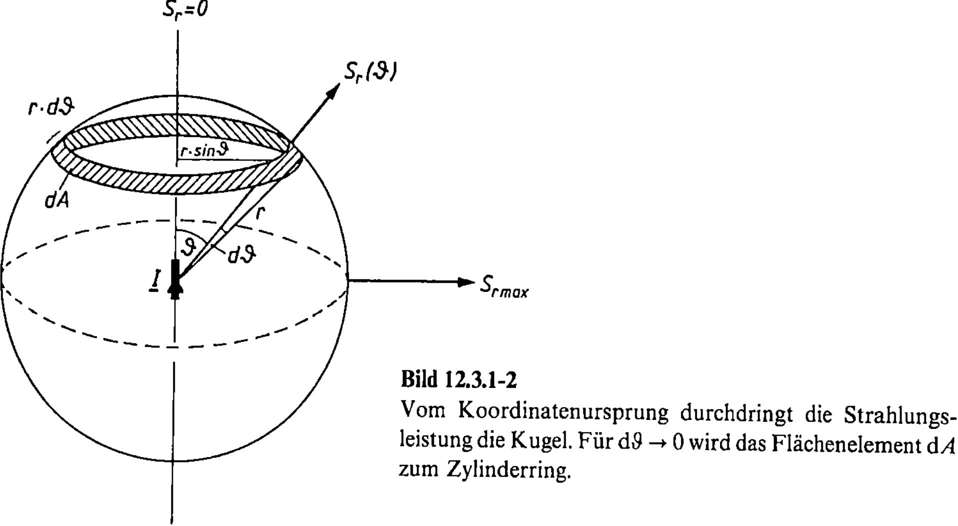

Bild 12.3.1-2
Vom Koordinatenursprung durchdringt die Strahlungsleistung die Kugel. Für $d\vartheta \to 0$ wird das Flächenelement dA zum Zylinderring.

wird

$$dA = 2\pi r^2 \cdot \sin \vartheta \cdot d\vartheta$$

und damit die Strahlungsleistung

$$P_s = \int\limits_0^\pi \frac{1}{2} Z_0 \left(\frac{l}{\lambda}\right)^2 \left(\frac{I}{r}\right)^2 \sin^2 \vartheta \cdot 2\pi r^2 \cdot \sin \vartheta \cdot d\vartheta \,.$$

Zu beachten ist, daß die Integration über $d\vartheta$ nur vom Winkel 0 bis π erfolgt. Durch das ringförmige Flächenelement dA wird bereits die Kugeloberfläche vollständig erfaßt.

Da die Strahlungsleistung durch die obere Kugelhälfte genauso groß wie durch die untere ist, ergibt sich unter Zusammenfassung der einzelnen Ausdrücke

$$P_s = \pi Z_0 \left(\frac{l}{\lambda}\right)^2 \cdot I^2 \cdot 2 \cdot \int\limits_0^{\pi/2} \sin^3 \vartheta \cdot d\vartheta \,. \tag{12.3.1/6}$$

Das Integral selbst liefert in den vorgegebenen Grenzen den Wert 2/3, wie z. B. in [141] nachzulesen ist.

Damit ist die abgestrahlte Leistung eines mit konstantem Wechselstrom belegten Dipols

$$P_s = Z_0 \left(\frac{l}{\lambda}\right)^2 \cdot I^2 \cdot 2\pi \frac{2}{3} \,. \tag{12.3.1/7}$$

Drückt man die Dipollänge l durch die geometrische Dipollänge l_g aus

$$l_g = 2l \,, \tag{12.3.1/8}$$

so wird mit $Z_0 = 120\,\pi\Omega$

$$P_s = 160\,\pi^2\Omega \left(\frac{l_g}{2\lambda}\right)^2 \cdot I^2 \,, \tag{12.3.1/9}$$

$$P_s \approx 400\,\Omega \left(\frac{l_g}{\lambda}\right)^2 \cdot I^2 \,. \tag{12.3.1/10}$$

- **Beispiel 12.3.1/1:** Auf der gesamten geometrischen Länge $l_g = 1000\,\text{mm}$ des skizzierten Dipols (Bild 12.3.1-1) fließe ein konstanter Wechselstrom mit dem zeitlichen Verlauf

$$i = 5\,\text{A} \cdot \sin(\omega t) \,.$$

Die Betriebsfrequenz liege im KW-Bereich und sei $f = 30\,\text{MHz}$. Welche Leistung strahlt der Dipol ab?

Lösung:
Aus

$$\lambda = \frac{c_0}{f} = \frac{3 \cdot 10^8\,\text{m}}{3 \cdot 10^7\,\text{s}^{-1}\,\text{s}} = 10\,\text{m} \,, \qquad l_g = 1000\,\text{mm} = 1\,\text{m} \,,$$

$$P_s = 400\,\Omega \left(\frac{1\,\text{m}}{10\,\text{m}}\right)^2 \cdot (5\,\text{A})^2 = 100\,\text{W} \,.$$

12.3.2 Strahlungswiderstand

Elektrotechnisches Verhalten wird für den Ingenieur in Stromkreisen und Schaltbildern beschrieben. Es ist daher sinnvoll für die Abstrahlung einer Antenne, auf bekannte Begriffe zurückzugreifen.

So kann man sich die in Wirklichkeit abgestrahlte Leistung P_s auch in einem Ersatzwiderstand, durch den der Effektivwert des Antennenstromes I_{eff} fließt, umgesetzt vorstellen.

Dieser Ersatzwiderstand heißt *Strahlungswiderstand R_s*. Er sitzt im Antennenspeisepunkt des Ersatzschaltbildes. In einer anderen häufig verwendeten Definition befindet sich der Strahlungswiderstand an der Stelle des maximalen Stromes auf der Antenne. Auf diese Unterschiede wird noch in Kapitel 12.4.3 näher eingegangen.

Beim vorliegenden Elementar-Dipol sind beide Definitionen identisch. Es gilt

$$P_s = \tfrac{1}{2} I^2 \cdot R_s = I_{eff}^2 \cdot R_s \, . \tag{12.3.2/1}$$

Durch Vergleich mit Gleichung 12.3.1/9 ergibt sich der Strahlungswiderstand zu

$$R_s = 800 \, \Omega \left(\frac{l_g}{\lambda}\right)^2 . \tag{12.3.2/2}$$

- **Beispiel 12.3.2/1:** Der Strahlungswiderstand des Dipols nach Beispiel 12.3.1/1 wird demnach

$(l_g = 2 \cdot l = 1\,\text{m}, \ \lambda = 10\,\text{m})$:

$$R_s = 800 \, \Omega \left(\frac{1\,\text{m}}{10\,\text{m}}\right)^2 = 8 \, \Omega.$$

12.3.3 Richtcharakteristik

Antennen sind keine isotropen Strahler, d. h. sie strahlen nicht kugelförmig gleich stark in alle Richtungen.

Bereits der Hertzsche Dipol besitzt eine bevorzugte Strahlungsrichtung (gestrichelter Term), wie man aus den Gleichungen 12.2.3/2 und /3 für die Feldstärken erkennt.

$$H_\varphi = I \frac{l}{\lambda} \cdot \frac{1}{r} \cdot \underline{\sin \vartheta}\,, \tag{12.3.3/1}$$

$$E_\vartheta = Z_0 \cdot I \frac{l}{\lambda} \cdot \frac{1}{r} \cdot \underline{\sin \vartheta}\,. \tag{12.3.3/2}$$

Da mit dem Feldwellenwiderstand Z_0 ein einfacher Zusammenhang zwischen E_ϑ und H_φ besteht, wird die Richtcharakteristik immer für die elektrische Feldstärke dargestellt. So ergibt sich für den Hertzschen Dipol als Richtcharakteristik *(directivity)* ein Toroid mit der Stromrichtung des Dipols als Mittelachse. Bild 12.3.3-1 zeigt dies in räumlicher Darstellung.

Für die praktische Handhabung ist diese Darstellung ungeeignet. Hier verwendet man typische Schnitte durch die Richtcharakteristik z. B. $\vartheta = 90°$, $\varphi = 0°$ bei $r = $ konst.

Es entstehen so zwei Darstellungsebenen, die als *Richtdiagramm* bezeichnet werden. Früher diente die Erde als Bezugssystem. Man legte ein Vertikal- und ein Horizontal-Diagramm fest. Flugzeuge und Satelliten stellten diese Definition in Frage. Heute bezeichnet man die beiden Richtdiagramme als *E*- und *H*-Diagramm (Diagramme der *E*- und der *H*-Ebene).

Dargestellt wird jedesmal die räumliche Abhängigkeit der *elektrischen* Feldstärke!

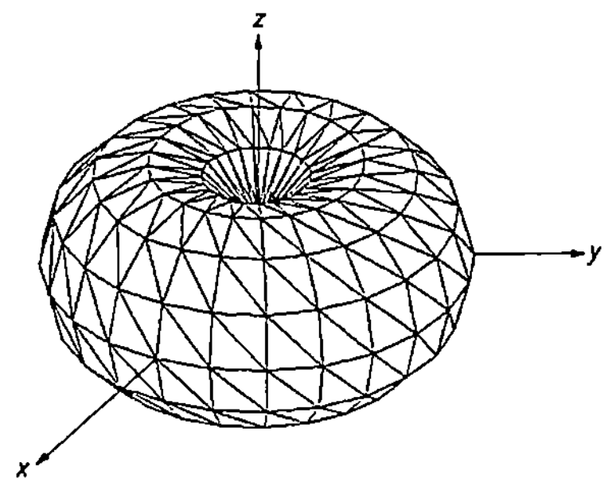

Bild 12.3.3-1
Die dreidimensionale Darstellung der Richtcharakteristik
des Hertzschen Dipols bildet ein Toroid ($E_\vartheta = f(\vartheta, \varphi)$).
Der Dipol befindet sich auf der z-Achse im Koordinatenursprung.

Erfolgt der Schnitt durch die Richtcharakteristik in der Ebene, in der die elektrische Feldstärke schwingt, so liegt ein E-Diagramm vor.

Erfolgt der Schnitt durch die Richtcharakteristik in der Ebene, in der die magnetische Feldstärke schwingt, so liegt ein H-Diagramm vor.

Aufgetragen wird immer der Betrag der elektrischen Feldstärke über dem Winkel ϑ oder φ.

Bezeichnet man allgemein den Verlauf der elektrischen Feldstärke mit

$$E = E_0 \cdot f(\vartheta) \cdot h(\varphi), \qquad\qquad (12.3.3/3)$$

so ist die Richtcharakteristik C definiert als

$$C = \left| \frac{E}{E_0} \right| = |f(\vartheta) \cdot h(\varphi)| . \qquad\qquad (12.3.3/4)$$

Für den Hertzschen Dipol ergibt sich mit

$$E = Z_0 \cdot \frac{l}{\lambda} \cdot \frac{I}{r} \cdot \sin \vartheta, \qquad\qquad (12.2.3/3)$$

$$E_0 = Z_0 \cdot \frac{l}{\lambda} \cdot \frac{I}{r}, \qquad\qquad (12.3.3/5)$$

$$f(\vartheta) = \sin \vartheta, \qquad\qquad (12.3.3/6)$$

$$h(\varphi) = 1 \qquad\qquad (12.3.3/7)$$

als Richtcharakteristik

$$C_{\text{Hz}} = |\sin \vartheta| . \qquad\qquad (12.3.3/8)$$

Die Koordinatensysteme bieten zwei Darstellungen an:

Darstellung in Polarkoordinaten
Richtdiagramm des Hertzschen Dipols.

E-Diagramm: $C_{\text{Hz}}|_{\varphi = \text{konst}} = |\sin \vartheta|$.   Bild 12.3.3-2a

Der Hertzsche Dipol strahlt nicht in Richtung der Dipolachse. Er strahlt am stärksten senkrecht zur Dipolachse.

H-Diagramm: $C_{\text{Hz}}|_{\vartheta = \text{konst}} = a \cdot 1$ mit $a = |\sin \vartheta|$.   Bild 12.3.3-2b

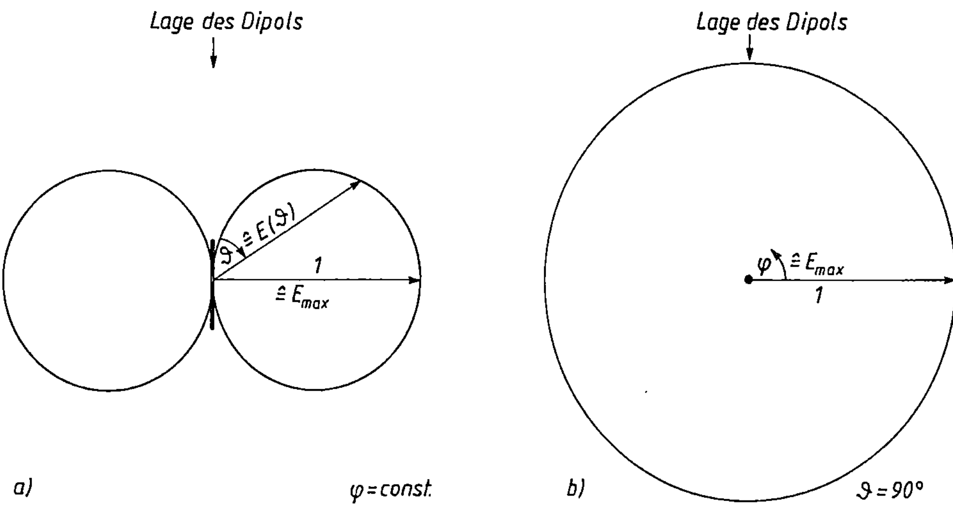

Bild 12.3.3-2   a) E-Diagramm ($E = f(\vartheta)$ bei $\varphi =$ konst.) des Hertzschen Dipols in Polarkoordinaten
b) H-Diagramm ($E = f(\varphi)$ bei $\vartheta =$ konst.) des Hertzschen Dipols in Polarkoordinaten

Demnach ist der Hertzsche Dipol ein Rundstrahler, rotationssymmetrisch um die Dipolachse. Die Richtcharakteristik des Hertzschen Dipols ist vom Winkel φ unabhängig.

Darstellung in karthesischen Koordinaten
Hierbei wird direkt über dem jeweiligen Winkel ϑ oder φ der *normierte Betrag der Feldstärke* angegeben, wobei der nicht dargestellte Winkel als Parameter gilt.

Diese Darstellung ist zweckmäßig, wenn das interessierende Richtdiagramm auf wenige Winkelgrade begrenzt ist.

Richtdiagramm des Hertzschen Dipols Bild 12.3.3-3a und -3b.

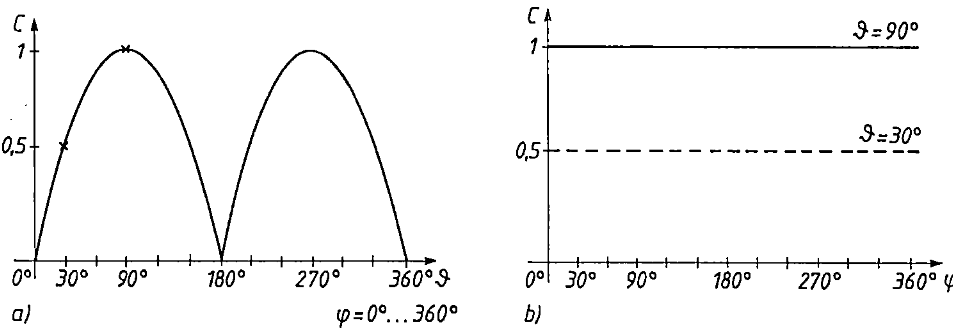

Bild 12.3.3-3   Darstellung des Richtdiagrammes eines Hertzschen Dipols in kartesische Koordinaten
a) E-Diagramm, b) H-Diagramm

12.3.4 Polarisation

Die Ebene, in der der elektrische Feldstärkevektor schwingt, heißt *Polarisationsebene*. Das ungestörte Feld eines einzelnen Dipols besitzt immer eine *lineare Polarisation*. Ein senkrechter Dipol hat hierbei eine *vertikale Polarisation*, siehe Bild 12.3.4-1a. Ein waagrechter Dipol hat eine *horizontale Polarisation*, siehe Bild 12.3.4-1b.

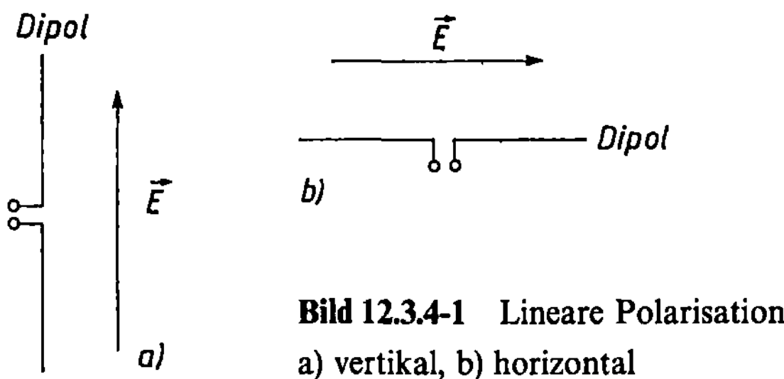

Bild 12.3.4-1   Lineare Polarisation

a) vertikal, b) horizontal

Elliptische und *zirkulare Polarisation* liegen vor, wenn der elektrische Feldstärkevektor im Verlauf einer Periode seine Richtung um 360° dreht. Dies sei an nachfolgendem Kreuzdipol erläutert (Bild 12.3.4-2a).

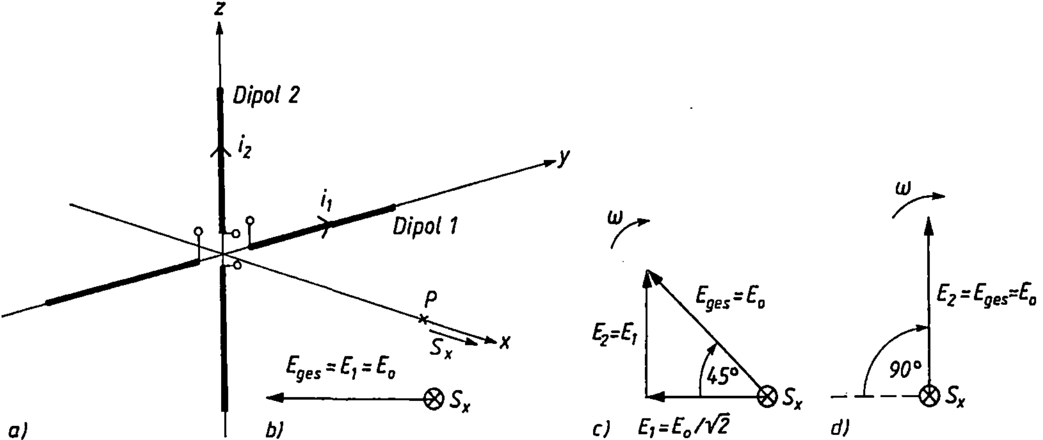

Bild 12.3.4-2   a) Zur Schwingungsebene der elektrischen Feldstärken bei Blick in Ausbreitungsrichtung (S_x), b) zur Zeit $t = 0$, c) $t = T/8$, d) $t = T/4$. Die Feldstärke dreht sich im Uhrzeigersinn (rechtsdrehend).

Zwei Dipole seien räumlich um 90° versetzt. Der Strom in Dipol 1 verlaufe nach $i_1 = \hat{i}\cos(\omega t)$. Der Strom in Dipol 2 eile um 90° nach, also $i_2 = \hat{i}\sin(\omega t)$. Der Laufzeitunterschied von den Dipolen bis zum Meßpunkt P im Fernfeld sei unberücksichtigt. Der Aufpunkt befinde sich direkt auf der x-Achse. Zum Zeitpunkt $t = 0$ ist der Strom in Dipol 2 $i_2 = 0$. Es strahlt allein Dipol 1 horizontal (Bild 12.3.4-2b). Zum Zeitpunkt $t = T/8$ (T = Periodendauer) sind die Ströme in beiden Dipolen gleich groß, da $\sin 45° = \cos 45° = 0{,}707$ ist. Beide Feldstärkenanteile addieren sich vektoriell im Fernfeld zu E_{ges}. Die Gesamtfeldstärke E_{ges} hat ihre Polarisationsrichtung um 45° gedreht. Der Betrag von E_{ges} ist unverändert (Bild 12.3.4-2c). Zum Zeitpunkt $t = T/4$ ist der Dipolstrom $i_1 = 0$. Es strahlt allein Dipol 2. Die Polarisationsebene ist in diesem Moment vertikal (Bild 12.3.4-2d).

Nach einer Periodendauer hat sich der Feldstärkevektor einmal im Kreis um die Ausbreitungsachse gedreht: zirkulare Polarisation. Dieses Verhalten soll durch Bild 12.3.4-3 veranschaulicht werden. Die Spitze des Feldstärkevektors beschreibt hierbei eine Schraubenlinie.

Haben z. B. die Ströme i_1 und i_2 nicht die gleichen Amplituden, so entsteht eine elliptische Polarisation.

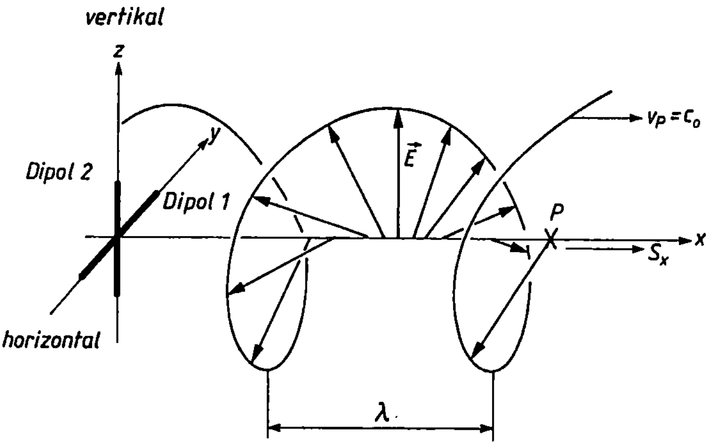

Bild 12.3.4-3 Verlauf der elektrischen Feldstärke bei rechtsdrehender zirkularen Polarisation in Richtung x

In dem vorher erläuterten Beispiel dreht sich der Feldstärkevektor im Punkt P, wenn man in Ausbreitungsrichtung der Strahlung schaut, im Uhrzeigersinn: *rechtsdrehende zirkulare Polarisation*. Man erhält *linksdrehende zirkulare Polarisation*, wenn der Strom in Dipol 2 $i_2 = -\hat{\imath}\sin(\omega t)$ bei $i_1 = \hat{\imath}\cos(\omega t)$ verläuft, also zeitlich um 90° gegenüber i_1 voreilt.

In entgegengesetzter Richtung polarisierte Wellen sind gegeneinander entkoppelt, selbst wenn beide auf derselben Frequenz schwingen. Dies nutzt man in der Satelliten-Funktechnik aus. Als *kreuzpolarisiert* bezeichnet man eine Welle, die zeitgleich aber räumlich um 90° gedreht zur Hauptpolarisationsebene auftritt. Kreuzpolarisation ist meist störend.

12.4. Dünne Linear-Antenne

12.4.1. Technischer Dipol

Der Hertzsche Dipol geht von zwei Annahmen aus, die sich einer Realisierung entziehen:
1. eine elementare Dipollänge $l \to \Delta l \to \mathrm{d}l$,
2. ein räumlich konstanter Wechselstrom i längs des ganzen Dipols.

Bei technischen Dipolen kann deren endliche Länge $2 \cdot l$ als Reihenschaltung Hertzscher Dipole betrachtet werden. Der konstante Strombelag läßt sich nur näherungsweise realisieren. Allerdings stellt eine leerlaufende Paralleldrahtleitung eine grobe Näherung dieser Annahme dar. Hierbei erzeugt ein Generator in einer leerlaufenden Leitung einen Konvektionsstrom, der sich kontinuierlich vermindert, um am Leitungsende den Wert 0 zu erreichen. Vom Leitungsende her betrachtet, bildet sich eine sinusförmige stehende Stromwelle aus

$$i_L = \hat{\imath} \cdot \sin(\beta(l - z)) \cdot \cos(\omega t),$$

näheres ist in Kapitel 8.2 behandelt.

Die Strahlung dieser Leitung wird sehr gering sein (Bild 12.4.1-1a). Durch die entgegengesetzt fließenden Ströme im Hinleiter 1 und im Rückleiter 2 heben sich die magnetischen Felder in größerer Entfernung r weitgehend auf.

$$H_{ges} \approx H_① - H_②.$$

Biegt man aber Hin- und Rückleiter soweit auseinander, daß sie in einer Linie stehen (Linear-Antenne), so fließen Hin- und Rückstrom räumlich in dieselbe Richtung (Bild 12.4.1-1b).

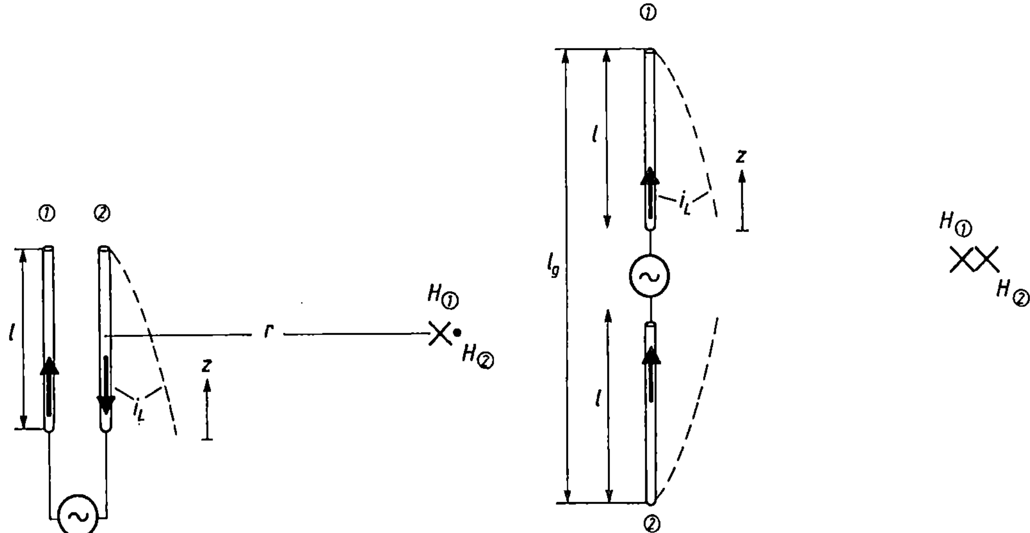

Bild 12.4.1-1 a) Die Strahlung der Paralleldrahtleitung ist gering, da sich die Feldstärken $H_①$, $H_②$ der entgegengesetzt fließenden Ströme aufheben.
b) Bei auseinandergebogenen Hin- und Rückleitern addieren sich die Feldstärken.

Jetzt addieren sich die Felder von Hin- und Rückleiter.

$$H_{\text{ges}} \approx H_① + H_② .$$

Folgt man der üblichen Absprache, so bleibt die Leitungslänge l für Hin- und Rückleiter erhalten. Die Gesamtlänge des Dipols, also die geometrische Länge l_g, wird damit doppelt so groß ($l_g = 2l$, Gleichung 12.3.1/8).

Dies ist der Grund, weshalb in den Kapiteln 12.2 und 12.3 bereits mit Dipollängen von $2 \cdot \Delta l$ gerechnet wurde.

12.4.2 Wirksame Antennenlänge

Will man mit den relativ einfachen Feldgleichungen des Hertzschen Dipols die Feldstärke eines technischen Dipols berechnen, so kann nicht die tatsächliche Dipollänge als Wert eingesetzt werden. Der Strom längs des technischen Dipols ist nicht konstant. In ganz grober, einfacher Näherung wird mit einer *wirksamen Antennenlänge* (effektiven Antennenlänge) l_e gerechnet, die von einem räumlich konstanten Wechselstrom durchflossen ist. Als Strom wird hierbei der Antennenspeisestrom I_s, der den Dipol versorgt, angenommen.

$$\underline{I}_s = \hat{\imath}_s \cdot e^{j\omega t}, \qquad I_s = |\underline{I}_s| .$$

Das in den Hertzschen Feldgleichungen auftretende Strom-Längen-Produkt soll denselben Wert für den technischen Dipol ergeben.

Die schraffierte Fläche des linken Dipols in Bild 12.4.2-1 soll der Fläche des Ersatzdipols rechts entsprechen. Der speisende Generator ist hier wie auch in den folgenden Bildern nicht eingezeichnet.

$$l_e \cdot I_s = \int_{-l}^{+l} I \cdot dz , \qquad\qquad (12.4.2/1)$$

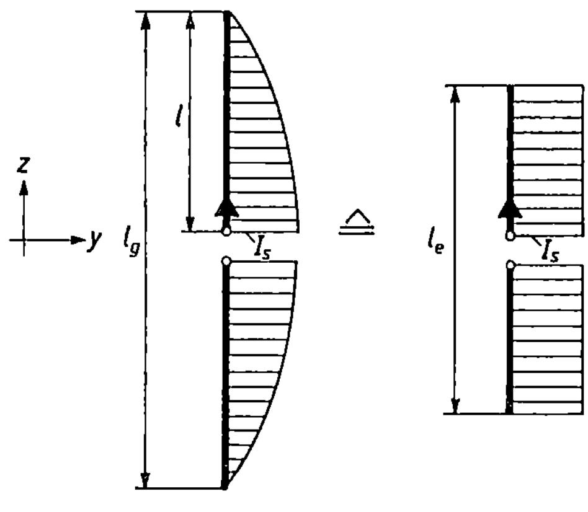

Bild 12.4.2-1
Zur Definition der wirksamen Antennenlänge l_e müssen sich die schraffierten Flächen des Dipols (links) und des Ersatzdipols (rechts) bei gleichem Speisestrom I_s entsprechen.

$$l_e = \frac{1}{I_s} \int_{-l}^{+l} I \cdot dz \, . \tag{12.4.2/2}$$

Da der Stromverlauf in der oberen Dipolhälfte identisch dem in der unteren Hälfte ist, kann der doppelte Wert der oberen Fläche ermittelt werden.

Mit $I_s = I_{max} \cdot \sin(\beta l)$ und $I = I_{max} \cdot \sin(\beta(l - z))$ wird

$$l_e = \frac{1}{\sin(\beta l)} \, 2 \int_0^l \sin(\beta(l - z)) \cdot dz \, ,$$

$$l_e = \frac{2(1 - \cos(\beta l))}{\beta \cdot \sin(\beta l)} \, ,$$

$$l_e = \frac{\lambda(1 - \cos(\beta l))}{\pi \cdot \sin(\beta l)} \, . \tag{12.4.2/3}$$

- **Beispiel 12.4.2/1:** Ermitteln Sie die wirksame Länge l_e für einen Dipol, dessen Länge $l \ll \lambda/4$ ist (Bild 12.4.2-2a).

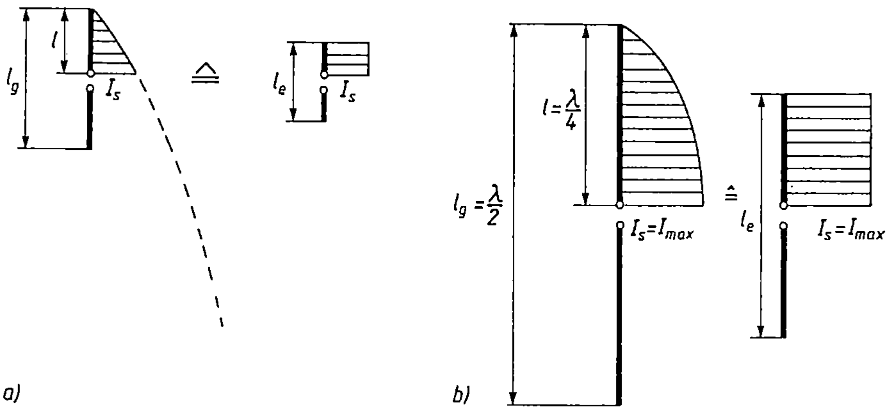

Bild 12.4.2-2 Die wirksame Länge eines Dipols bei
a) $l \ll \lambda/4$ ist $l_e \approx l_g/2$,   b) $l = \lambda/4$ ist $l_e = 2l_g/\pi$

Lösung:
Da der Anstieg des sinusförmigen Stromverlaufes um den Nulldurchgang etwa linear ist, erkennt man unmittelbar: Dreiecksfläche = Rechtecksfläche.

$$l_e \approx \frac{l_g}{2} = l \, .$$

● **Beispiel 12.4.2/2:** Für einen Dipol der Länge $l = \lambda/4$ ist die wirksame Länge l_e zu ermitteln. Dies ist ein sehr häufig eingesetzter Dipoltyp. Wegen seiner geometrischen Länge $l_g = \lambda/2$ wird er als $\lambda/2$-Dipol bezeichnet, Bild 12.4.2-2b.

Lösung:
Es gilt

$$I = I_{max} \sin \left(\beta(l - z) \right) \, .$$

Mit $I_s = I_{max}$ und $\beta = 2\pi/\lambda$ wird nach Gleichung 12.4.2/3

$$l_e = \frac{\lambda \left(1 - \cos \left(\dfrac{2\pi}{\lambda} \cdot \dfrac{\lambda}{4} \right) \right)}{\pi \cdot \sin \left(\dfrac{2\pi}{\lambda} \cdot \dfrac{\lambda}{4} \right)} = \frac{\lambda(1 - 0)}{\pi \cdot 1} = \frac{\lambda}{\pi} \, .$$

Stellt man dieses Ergebnis auf die geometrische Dipollänge l_g um, so wird mit $2l_g = \lambda$

$$l_e = \frac{2}{\pi} l_g \, . \tag{12.4.2/4}$$

Etwa 2/3 der geometrischen Länge l_g ist beim $\lambda/2$-Dipol wirksam.

Mit dem Einführen der wirksamen Länge lassen sich die Feldgleichungen für den technischen Dipol näherungsweise schreiben:

$$E_{\vartheta D} \approx Z_0 \cdot I_s \cdot \frac{l_e}{2\lambda} \cdot \frac{1}{r} \cdot \sin \vartheta \, . \tag{12.4.2/5}$$

Man beachte die geometrische Länge beim Hertzschen Dipol $l_g \equiv l_e \equiv 2l|_{Hz}$, so daß in den Feldgleichungen l durch $l_e/2$ ersetzt wird. Für den Strahlungswiderstand eines Dipols R_{sD} gilt damit nach Gleichung 12.3.2/2

$$R_{sD} \approx 800 \, \Omega \left(\frac{l_e}{\lambda} \right)^2 \, . \tag{12.4.2/6}$$

Die abgestrahlte Leistung ist

$$P_{sD} \approx 800 \, \Omega \left(\frac{l_e}{\lambda} \right)^2 \left(\frac{I_s}{\sqrt{2}} \right)^2 = \frac{1}{2} R_{sD} \cdot I_s^2 \, . \tag{12.4.2/7}$$

Diese groben Näherungen können nur für Dipollängen $l \leq \lambda/4$ angewendet werden. Bei längeren Dipolen ändert sich die Richtcharakteristik so erheblich, daß obige Näherungen ihren Sinn verlieren. Genaueres wird im nachfolgenden Kapitel behandelt.

● **Beispiel 12.4.2/3:** Berechnen Sie Strahlungsleistung und Strahlungswiderstand eines $\lambda/2$-Dipols R_{sd}, der mit $I_s = 2A$ gespeist wird.

Lösung:

$$l_e = \frac{\lambda}{\pi}, \qquad R_{sd} \approx 800\,\Omega \left(\frac{\lambda}{\pi\lambda}\right)^2 \approx 80\,\Omega.$$

Die genauere Rechnung in Kapitel 12.4.3 liefert $R_{sd} = 73{,}2\,\Omega$.

$$P_{sd} \approx \tfrac{1}{2}\,80\,\Omega\,(2\,\text{A})^2 = 160\,\text{W}.$$

12.4.3 Richtcharakteristik von Dipolen

Die Erweiterung der Feldgleichungen des Hertzschen Dipols auf den technischen Dipol (Kapitel 12.4.2) ist eine Näherung. Die Laufzeiten der Feldstärken von den einzelnen Punkten längs des Dipols bis zum Empfangspunkt sind beim technischen Dipol unterschiedlich lang. Hierdurch sind die einzelnen Feldstärkeanteile im Aufpunkt zueinander phasenverschoben. Dies soll in der nachfolgenden Überlegung berücksichtigt werden.

Zunächst wird wieder genähert: Die Stromverteilung verlaufe von den Dipolenden her sinusförmig. Diese Annahme kann nicht exakt sein, da längs des Dipols Leistung abgestrahlt wird. Das wirkt ähnlich einer leerlaufenden Leitung, die mit Verlusten behaftet ist. Trotzdem kann mit obiger Näherung gerechnet werden, denn die Blindleistung um den Dipol überwiegt bei weitem die abgestrahlte Leistung.

Man geht bei der Berechnung davon aus, daß der technische Dipol eine Reihenschaltung von Hertzschen Dipolen der Länge $\Delta z \to dz$ darstellt. Die Feldstärken dieser Elementardipole werden nun vektoriell addiert (integriert).

Bei einer beliebigen Dipollänge l ist die Änderung des Stromverlaufs vom Hin- zum Rückleiter im Speisepunkt nicht stetig (Bild 12.4.3-1). Es werden deshalb die Feldstärkeanteile jeder Dipolhälfte getrennt ermittelt und dann die Gesamtsumme gebildet. Um im selben Koordinatensystem zu bleiben, wird der Koordinatenursprung in den Dipolspeisepunkt gelegt. Für den hinfließenden Strom (obere Dipolhälfte) gilt dann

$$I_h = I_{max} \sin\left(\beta(l - z)\right) \quad \text{für} \quad z = 0 \ldots l$$

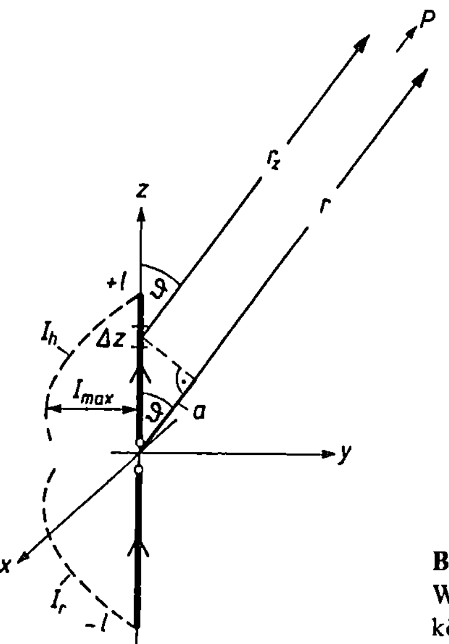

Bild 12.4.3-1

Wegen der großen Entfernung zum Empfangspunkt P können die Strahlen von den einzelnen Antennenabschnitten Δz parallel zueinander angenommen werden.

und für den rückfließenden Strom (untere Dipolhälfte)

$$I_r = I_{max} \sin\left(\beta(l + z)\right) \quad \text{für} \quad z = 0 \ldots -l$$

Folgende Näherungen können mit ausreichender Genauigkeit vorausgesetzt werden:

1. Die Strahlung von den einzelnen Dipolpunkten läuft parallel zueinander; denn der Empfangspunkt befindet sich weit entfernt vom Dipol und die Dipollänge l ist klein gegen diese Entfernung r.

2. Mit derselben Annahme $r \gg l$ können die Beträge der einzelnen Feldstärkeanteile gleichgesetzt werden:

$$r_{z=0} \approx r(z) . \qquad\qquad (12.4.3/1)$$

Aber: Die geringe Wegdifferenz

$$a = z \cdot \cos\vartheta \qquad\qquad (12.4.3/2)$$

muß für den Phasenverlauf zwingend berücksichtigt werden; denn sie liegt in der Größenordnung der Dipollänge l und damit auch in der der Wellenlänge.

Für das vom Strom durchflossene Dipolstückchen $\Delta z \rightarrow dz$ kann nun die Feldgleichung des Hertzschen Dipols angesetzt werden. Hierdurch wird die magnetische Feldstärke dH verursacht. Bei einer geometrischen Länge des Hertzschen Dipols von $l_g = 2l$ tritt in den Feldgleichungen nur die Länge l, also die Hälfte, auf. Analog muß bei einer Gesamtlänge des Elementardipols von dz in der Feldgleichung der Ausdruck $dz/2$ eingesetzt werden.

$$dH_\varphi(z) = \frac{I}{r} \cdot \frac{dz}{2} \cdot \frac{1}{\lambda} \cdot \sin\vartheta \cdot e^{j\psi} . \qquad\qquad (12.4.3/3)$$

Der Winkel ψ ist hierbei die Phasenverschiebung, um die der Feldstärkeanteil aus der Stelle z gegenüber dem vom Koordinatenursprung voreilt.

$$\psi = \beta a = \beta z \cos\vartheta . \qquad\qquad (12.4.3/4)$$

Wegen des um die z-Achse rotationssymmetrischen Verhaltens eines Dipols tritt keine Abhängigkeit vom Winkel φ auf!

Der elementare magnetische Feldstärkeanteil der oberen Dipolhälfte ist demnach

$$dH_{\varphi h}(z) = \frac{I_{max}}{2\lambda r} \sin\vartheta \cdot \sin\left(\beta(l - z)\right) \cdot e^{j\beta z \cos\vartheta} \, dz$$

und damit

$$H_{\varphi h} = \frac{I_{max}}{2\lambda r} \sin\vartheta \int_0^l \sin\left(\beta(l - z)\right) \cdot e^{j\beta z \cos\vartheta} \, dz . \qquad\qquad (12.4.3/5)$$

Die Lösung des Integrals ist [141]

$$H_{\varphi h} = \frac{I_{max}}{2\lambda r\beta \cdot \sin\vartheta} \left[e^{j\beta l \cos\vartheta} - j\cos\vartheta \cdot \sin(\beta l) - \cos(\beta l)\right] . \qquad (12.4.3/6)$$

Stellt man die analoge Berechnung für die untere Dipolhälfte an, so braucht der dort nacheilende Winkel ψ nicht zusätzlich eingeführt werden. Er ergibt sich zwangsläufig durch das jetzt negative z.

$$dH_{\varphi r}(z) = \frac{I_{max}}{2\lambda r} \sin \vartheta \cdot \sin (\beta(l + z))\, e^{j\beta z \cos \vartheta}\, dz\,,$$

$$H_{\varphi r} = \frac{I_{max}}{2\lambda r} \sin \vartheta \int_{-1}^{0} \sin (\beta(l + z)) \cdot e^{j\beta z \cos \vartheta}\, dz\,, \tag{12.4.3/7}$$

$$H_{\varphi r} = \frac{I_{max}}{2\lambda r \beta \cdot \sin \vartheta} [e^{-j\beta l \cos \vartheta} + j \cos \vartheta \cdot \sin (\beta l) - \cos (\beta l)]\,. \tag{12.4.3/8}$$

Die Gesamtfeldstärke am Beobachtungspunkt P wird somit

$$H_{\varphi} = H_{\varphi h} + H_{\varphi r}\,. \tag{12.4.3/9}$$

Berücksichtigt man, daß $e^{j\beta l \cos \vartheta} + e^{-j\beta l \cos \vartheta} = 2 \cdot \cos (\beta l \cos \vartheta)$ und $\beta = 2\pi/\lambda$ ist, so wird

$$H_{\varphi} = \frac{I_{max} \cdot \lambda}{2\lambda r 2\pi \cdot \sin \vartheta} (2 \cos (\beta l \cos \vartheta) - 2 \cos (\beta l))\,,$$

$$H_{\varphi} = \frac{I_{max}}{2\pi r} \cdot \frac{\cos (\beta l \cdot \cos \vartheta) - \cos (\beta l)}{\sin \vartheta}\,. \tag{12.4.3/10}$$

Hierbei ist I_{max} der Scheitelwert des sinusförmigen Stromes längs des Dipols. Dieser Wert tritt aber bei Dipollängen $l < \lambda/4$ überhaupt nicht auf (Bild 12.4.3-2a) und bei Dipollängen $l > \lambda/4$ liegt der Wert längs des Dipols (Bild 12.4.3-2b). Daher ist es sinnvoll, diesen Scheitelwert aus dem Speisestrom zu berechnen.

(Bei Dipollängen $l \approx n\,\dfrac{\lambda}{2}$ mit ganzzahligem n ist dieses Verfahren nicht zulässig. Wegen der abgestrahlten Leistung kann der Strom nur an den Dipolenden 0 werden, aber niemals im Speisepunkt oder längs des Dipols.)

$$I_s = I_{max} \cdot \sin (\beta l) \Rightarrow I_{max} = \frac{I_s}{\sin (\beta l)}\,, \tag{12.4.3/11}$$

$$H_{\varphi} = \frac{I_s}{\sin (\beta l) \cdot 2\pi r} \cdot \frac{\cos (\beta l \cdot \cos \vartheta) - \cos (\beta l)}{\sin \vartheta}\,. \tag{12.4.3/12}$$

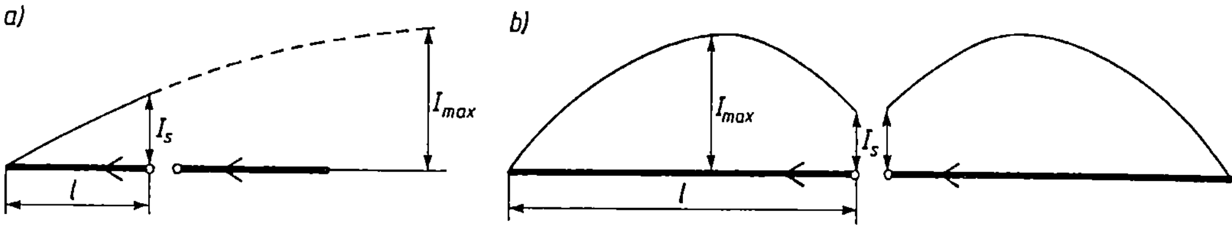

Bild 12.4.3-2 Der Stromscheitelwert bei sinusförmiger Verteilung tritt für Dipollängen a) $l < \lambda/4$ nicht auf, b) $l \geq \lambda/4$ liegt er längs des Dipols.

- **Beispiel 12.4.371:** Ermitteln Sie die Richtcharakteristik eines $\lambda/2$-Dipols.

Lösung:

Mit $E_\vartheta = 120\,\pi\Omega \cdot H_\varphi$, $l = \lambda/4$ und $I_s = I_{max}$ erhält man für die elektrische Feldstärke des $\lambda/2$-Dipols

$$E_{\vartheta d} = 120\,\pi\Omega \frac{I_s}{2\pi r \cdot \sin\left(\dfrac{\pi}{2}\right)} \cdot \frac{\cos\left(\dfrac{\pi}{2} \cdot \cos\vartheta\right) - \cos\left(\dfrac{\pi}{2}\right)}{\sin\vartheta},$$

$$E_{\vartheta d} = 60\,\Omega \frac{I_s}{r} \cdot \frac{\cos\left(\dfrac{\pi}{2} \cdot \cos\vartheta\right)}{\sin\vartheta}. \tag{12.4.3/13}$$

Mit der Abkürzung

$$E_0 = 60\,\Omega \frac{I_s}{r} \tag{12.4.3/14}$$

wird die Richtcharakteristik des $\lambda/2$-Dipols C_d:

$$C_d = \left|\frac{E_{\vartheta d}}{E_0}\right| = \left|\frac{\cos\left(\dfrac{\pi}{2} \cdot \cos\vartheta\right)}{\sin\vartheta}\right|. \tag{12.4.3/15}$$

In diese Formel werden nun einzelne Werte für ϑ eingesetzt und nachfolgende Tabelle ermittelt. Wegen der Symmetrie der Gleichung 12.4.3/15 kann der Winkelbereich auf $\vartheta = 0 \dots 90°$ begrenzt werden.

$\vartheta/°$	0	5	10	15	20	25	30	35	40	45	50	55	60	65	70	75	80	85	90
C_d	0	0,07	0,14	0,21	0,28	0,35	0,42	0,49	0,56	0,63	0,69	0,76	0,82	0,87	0,91	0,95	0,98	0,99	1
C_{Hz}	0	0,09	0,17	0,26	0,34	0,42	0,5	0,57	0,64	0,71	0,77	0,82	0,87	0,91	0,94	0,97	0,98	0,99	1

Das vollständige Richtdiagramm (E-Diagramm) ist in Bild 12.4.3-3 dargestellt. Im selben Bild befindet sich das E-Diagramm des Hertzschen Dipols (Gleichung 12.2.3/8). Man erkennt, anstelle der groben Näherung gemäß Kapitel 12.3.2 ist die Bündelung des $\lambda/2$-Dipols in Richtung ϑ etwas stärker als die des Hertzschen Dipols.

- **Übung 12.4.3/1:** Ermitteln Sie die Richtcharakteristik eines λ-Dipols C_λ ($l = \lambda/2$) und zeichnen Sie das E-Diagramm.

Als abgestrahlte Leistung nach dieser besseren Näherung erhält man in Analogie zum Verfahren in Kapitel 12.3.1

$$P_s = 120\,\pi\Omega \left(\frac{I_{max}}{2\pi r \sqrt{2}}\right)^2 \cdot 2 \int_0^{\pi/2} \left(\frac{\cos(\beta l \cdot \cos\vartheta) - \cos(\beta l)}{\sin\vartheta}\right)^2 \cdot 2\pi r^2 \cdot \sin\vartheta\, d\vartheta,$$

$$P_s = 120\,\Omega \left(\frac{I_{max}}{\sqrt{2}}\right)^2 \int_0^{\pi/2} \frac{(\cos(\beta l \cdot \cos\vartheta) - \cos(\beta l))^2}{\sin\vartheta}\, d\vartheta$$

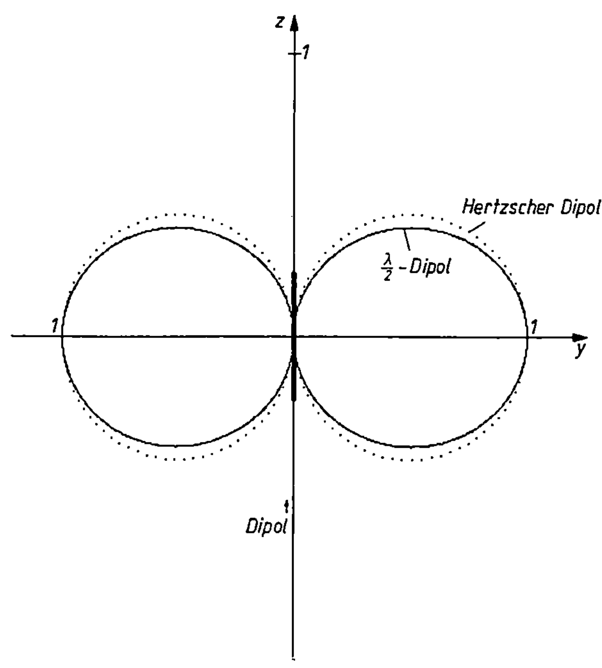

Bild 12.4.3-3
E-Diagramm des $\lambda/2$-Dipols.
Zum Vergleich ist das des Hertzschen Dipols punktiert
eingezeichnet.

und für die Strahlungswiderstände der Dipole bezogen auf den Stromscheitelwert:

$$R_s = 120\,\Omega \int\limits_0^{\pi/2} \frac{(\cos(\beta l \cdot \cos\vartheta) - \cos(\beta l))^2}{\sin\vartheta}\, d\vartheta .$$

Die Lösung dieses Integrals ist bereits für den $\lambda/2$-Dipol aufwendig und wird hier nicht weiter verfolgt. Es soll nur das allgemeine Ergebnis nach [142], [143] angegeben werden

$$R_s = 60\,\Omega\,\{(1 + \cos(2\beta l))\,[E + \ln(2\beta l) - Ci(2\beta l)] - \sin(2\beta l)\,[Si(2\beta l) - \tfrac{1}{2}\,Si(4\beta l)]$$

$$- \tfrac{1}{2}\cos(2\beta l)\,[E + \ln(4\beta l) - Ci(4\beta l)]\}$$

$$(12.4.3/16)$$

mit der Eulerkonstanten $E = 0,577$

dem Integralsinus $Si(x) = \dfrac{x}{1!\,1} - \dfrac{x^3}{3!\,3} + \dfrac{x^5}{5!\,5} - \ldots$

dem Integralcosinus $Ci(x) = \dfrac{x^2}{2!\,2} - \dfrac{x^4}{4!\,4} + \dfrac{x^6}{6!\,6} - \ldots$

Die letzten beiden Funktionen sind tabelliert (A44, A45).

● **Beispiel 12.4.3/2:** Ermitteln Sie den Strahlungswiderstand eines $\lambda/2$-Dipols.

Lösung:

Mit $l = \lambda/4$ wird $2\beta l = 2\,\dfrac{2\pi}{\lambda}\,\dfrac{\lambda}{4} = \pi$ und damit nach 12.4.3/16

$$R_{sd} = 60\,\Omega\,\{(1 + \cos\pi)\,[\ldots] - \sin\pi[\ldots] - \tfrac{1}{2}\cdot\cos\pi\,[E + \ln(2\pi) - Ci(2\pi)]\}$$

$$R_{sd} = 30\,\Omega\,\{0,577 + 1,84 - (-0,02)\} = 73,2\,\Omega .$$

Die Abweichung von der Näherungsgleichung ist also kleiner 10%. Deshalb verwendet man zweckmäßig für Dipollängen $l \le \lambda/4$ die Näherungsgleichung 12.3.2/2.

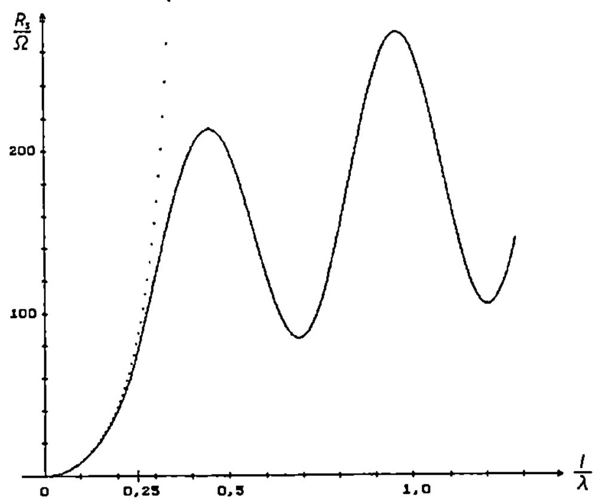

Bild 12.4.3-4
Verlauf des Strahlungswiderstandes
$R_s = f(l/\lambda)$ entsprechend der korrigierten Gleichung 12.4.3/16 und nach der groben Näherung Gleichung 12.3.2/2 (...)

Der Verlauf des Strahlungswiderstandes in Abhängigkeit vom Verhältnis der Wellenlänge nach Gleichung 12.4.3/16 und zum Vergleich nach Formel 12.3.2/2 ist in Bild 12.4.3-4 aufgetragen. Man beachte, daß der Strahlungswiderstand nach diesen Gleichungen immer an der Stelle des Strommaximums I_{max} auf dem Dipol definiert ist.

Für die Anwendung sind auch die in Bild 12.4.3-4 zu entnehmenden Werte nur Richtgrößen. Meist kann der Antennendurchmesser d nicht gegenüber der Antennenlänge l vernachlässigt werden. Hierdurch tritt eine Abweichung von der vorausgesetzten sinusförmigen Stromverteilung längs des Dipols auf. Dies führt zu einer Veränderung des Strahlungswiderstandes ([51], [142]). Für den $\lambda/2$-Dipol ist diese Änderung entsprechend dem Schlankheitsgrad l/d des Dipols in Bild 12.4.3-5 zu finden. Praktisch liegen demnach die Strahlungswiderstände von $\lambda/2$-Dipolen bei $R_{sd} = 60 \ldots 65\,\Omega$.

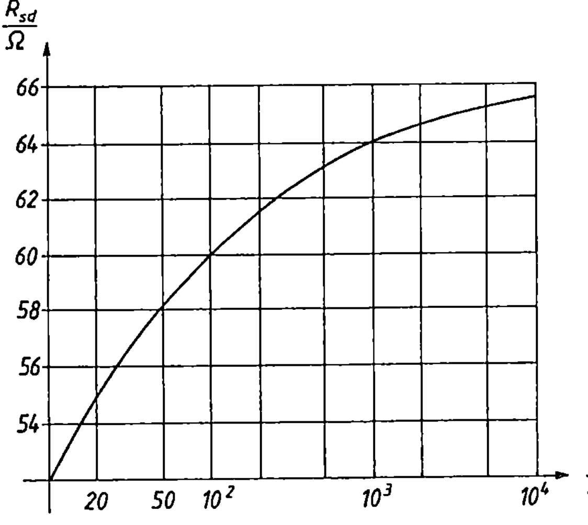

12.4.3-5
Abhängigkeit des Strahlungswiderstandes R_{sd} vom Schlankheitsgrad $s = l/d$ eines $\lambda/2$-Dipols (nach [144])

■ **Übung 12.4.3/2:** Berechnen Sie den Strahlungswiderstand eines λ-Dipols.

■ **Übung 12.4.3/3:** Berechnen Sie den Strahlungswiderstand eines $l = 3 \cdot \lambda/8$ langen Dipols.

12.4.4 Wirkungsgrad

Neben der Abstrahlung von Leistung, die im Strahlungswiderstand erfaßt wird, treten bei Antennen unerwünschte Verluste auf. So besteht bereits der Dipol aus Materialien (Aluminium, Bronze, Kupfer), deren Widerstände berücksichtigt werden müssen. Hinzu kommen Polarisationsverluste, die bei Antennenvereisung auftreten. Um Letzteres zu vermeiden, werden Dipole häufig in Kunststoffmanschetten gekleidet. Die in benachbarten Metallteilen induzierten Ströme erzeugen weitere Verluste. Hierzu gehören auch Abspannverluste der Spannseile und Erdverluste bei schlechter Bodenleitfähigkeit, wie sie bei Monopolen auftreten. Näheres in Kapitel 12.5.2.

Die hierdurch verursachte Verlustleistung P_v wird im Verlustwiderstand R_v, durch den der Speisestrom I_s fließt, erfaßt. Hat man auch den Strahlungswiderstand auf den Antennenspeisestrom bezogen, so läßt sich der Wirkungsgrad der Antenne berechnen. Der Wirkungsgrad η ist definiert als Verhältnis der abgestrahlten Leistung P_s zur zugeführten Leistung P_A.

$$\eta = \frac{P_s}{P_A} = \frac{P_s}{P_s + P_v} = \frac{I_{s\,eff}^2 \cdot R_s}{I_{s\,eff}^2 \cdot R_s + I_{s\,eff}^2 \cdot R_v}, \qquad (12.4.4/1)$$

$$\eta = \frac{R_s}{R_s + R_v}. \qquad (12.4.4/2)$$

Praktisch können die Verlustwiderstände klein gehalten werden ($R_v < 10\,\Omega$). Die Wirkungsgrade heutiger Antennen liegen bei $\eta = 0{,}6 \ldots < 1$, wobei meist Wirkungsgrade um 90% auftreten. Der Verlustwiderstand entzieht sich einer genauen Berechnung. Er wird meßtechnisch aus der zugeführten und der abgestrahlten Leistung erfaßt. Letztere läßt sich z. B. über den Strahlungswiderstand oder durch Feldstärkemessung im ungestörten Fernfeld bei bekannter Richtcharakteristik bestimmen.

12.4.5 Ersatzschaltbild

Es ist sinnvoll, keine neuen Schaltelemente für Antennen einzuführen, sondern auf die einfachen bereits bestehenden Bauelemente (R, L, C) zurückzugreifen. So entsteht ein Ersatzschaltbild, das sich definitionsgemäß an den Anschlußklemmen — bezogen auf Antennen am Speisepunkt — genauso verhält, wie die tatsächliche Schaltung, die Baugruppe.

Als einfaches Modell der Antenne verwendet man die verlustlose, leerlaufende Leitung. Von dieser Vorstellung wurde bereits in den vorhergehenden Kapiteln ausgegangen.

Die Abstrahlung wird hierbei im Strahlungswiderstand R_s und die Verluste werden im Verlustwiderstand R_v erfaßt.

Für Dipollängen $l \leq \lambda/4$ ist der Speisestrom identisch mit dem räumlichen Strommaximum, so daß die Widerstände R_s und R_v direkt im Speisepunkt als Serienschaltung vorstellbar sind. Daran schließt sich die „leerlaufende Leitung" entsprechend der Dipollänge l als Reaktanz an. Für die Eingangsimpedanz der leerlaufenden Leitung gilt gemäß Gleichungen 8.4.1/1 − /4

$$\underline{Z}_{L\,eer} = -jZ_D \cot(\beta l).$$

Hierbei ist Z_D der Wellenwiderstand dieser speziellen Leiteranordnung (Dipol). Wegen der sich mit der Dipollänge ändernden Kapazitäts- und Induktivitätsbelägen kann nur ein mittlerer Wellenwiderstand des Dipols angegeben werden: [143]

$$Z_D \approx 120\,\Omega \cdot \ln\left(1{,}15\frac{l}{d}\right) \qquad (12.4.5/1)$$

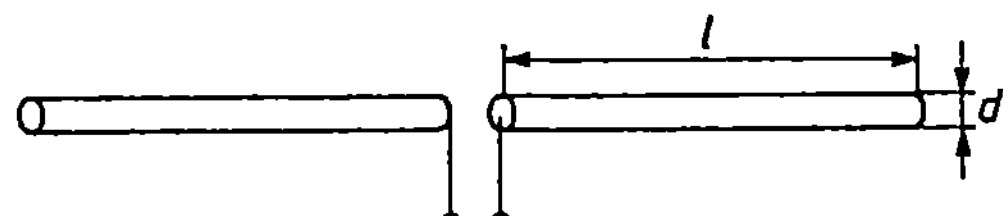

Bild 12.4.5-1
Abmessungen des zylindrischen Dipols

oder

$$Z_D \approx 120\,\Omega \left(\ln \frac{2l}{d} - 0{,}55 \right). \qquad\qquad (12.4.5/2)$$

Für $\dfrac{l}{d} \geq 10$ liefern beide Formeln gleiche Werte. Man beachte, daß in der Literatur sowohl

l/d [146] als auch $2l/d$ [147] als Schlankheitsgrad bezeichnet werden. Hierbei ist entsprechend Bild 12.4.5-1 der Dipoldurchmesser d.

In Bild 12.4.5-2 ist das sich hieraus ergebende Ersatzschaltbild des Dipols dargestellt.

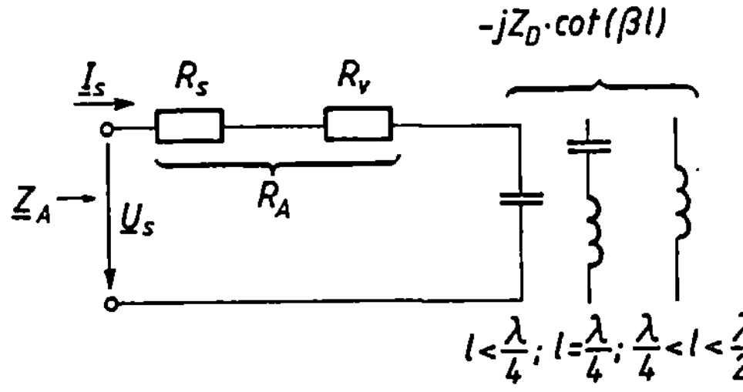

Bild 12.4.5-2
Ersatzschaltbild einer Antenne.
Der Dipol als leerlaufende Leitung
liefert entsprechend seiner Länge l
wechselnde Reaktanzen.

Für Dipollängen $l \leq \lambda/4$ wirkt diese „leerlaufende Leitung" kapazitiv. Sie entspricht bei $l = \lambda/4$ einem Reihenschwingkreis in Resonanz und verhält sich für $\lambda/4 < l < \lambda/2$ induktiv. Die Eingangsimpedanz des Dipols $\underline{Z}_A$ ist somit

$$\underline{Z}_A = R_s + R_v - jZ_D \cot(\beta l) = R_A + jX_A. \qquad\qquad (12.4.5/3)$$

Meist werden die ohmschen Anteile im Antennenwiderstand R_A zusammengefaßt.

- **Beispiel 12.4.5/1:** Ein Dipol der Länge $l = 750\,\text{mm}$ habe einen Durchmesser $d = 10\,\text{mm}$. Der Dipol werde mit einem Strom $I_s = 0{,}5\,\text{A}$ bei einer Betriebsfrequenz von $f = 75\,\text{MHz}$ gespeist. Der Verlustwiderstand sei $R_v = 1\,\Omega$.
  1. Ermitteln Sie die Werte der einzelnen Elemente im Ersatzschaltbild.
  2. Wie groß sind Wirkungsgrad und abgestrahlte Leistung?
  3. Wie groß sind die Spannungen zwischen den Dipolenden und am Speisepunkt?

Lösung:

$$1:\ \lambda = \frac{c_0}{f} = \frac{3 \cdot 10^8\,\text{ms}}{75 \cdot 10^6\,\text{s}} = 4\,\text{m}\,;\qquad \frac{l}{\lambda} = \frac{0{,}75\,\text{m}}{4\,\text{m}} = 0{,}19$$

Nach Gl. 12.4.5/1:

$$Z_D = 120\,\Omega \ln\left(\left(1{,}15\,\frac{750}{10}\right) \right) = 535\,\Omega \quad \textit{(Wellenwiderstand)}$$

$$X_A = -535\,\Omega \cot(2\pi \cdot 0{,}19) = -212\,\Omega \quad \textit{(Reaktanz)}$$

Nach Gl. 12.4.2/3:

$$l_e = \frac{4\,\text{m}\,(1 - \cos(2\pi \cdot 0{,}19))}{\pi \cdot \sin(2\pi \cdot 0{,}19)} = 86{,}6\,\text{cm} \quad \textit{(wirksame Länge)}$$

Nach Gl. 12.4.2/6:

$$R_s = 800\,\Omega \left(\frac{86{,}6\ \text{cm}}{400\ \text{cm}}\right)^2 = 37{,}5\,\Omega \quad \textit{(Strahlungswiderstand)}$$

2: Nach Gl. 12.4.2/7:

$$P_s = \frac{0{,}5^2}{2}\,37{,}5\ \text{A}^2\Omega = 4{,}7\ \text{W} \quad \textit{(Strahlungsleistung)}$$

Nach Gl. 12.4.4/2:

$$\eta = \frac{37{,}5\,\Omega}{37{,}5\,\Omega + 1\,\Omega} = 0{,}97 \quad \textit{(Wirkungsgrad)}$$

3: Nach Gl. 12.4.3/11:

$$I_{\max} = \frac{0{,}5\ \text{A}}{\sin(2\pi \cdot 0{,}19)} = 0{,}54\ \text{A} \quad \textit{(Stromscheitelwert)}$$

$$U_{\max} = 535 \cdot 0{,}54\ \Omega\text{A} = 289\ \text{V} \quad \textit{(Spannungsscheitelwert)}$$

Dies ist die Spannung zwischen den Dipolenden.

$$\underline{U}_s = 0{,}5\ \text{A}\,(37{,}5\,\Omega + 1\,\Omega - \text{j}212\,\Omega) = 107{,}5\ \text{V}^{\underline{/-80°}}.$$

Die Speisespannung $\underline{U}_s$ eilt um 80° dem Speisestrom $\underline{I}_s$ nach.

Für den häufig eingesetzten $\lambda/2$-Dipol liefert das Ersatzschaltbild einen rein ohmschen Anteil. Es wird

$$X_A = -Z_D \cot\left(\frac{2\pi}{\lambda}\,\frac{\lambda}{4}\right) = 0\,.$$

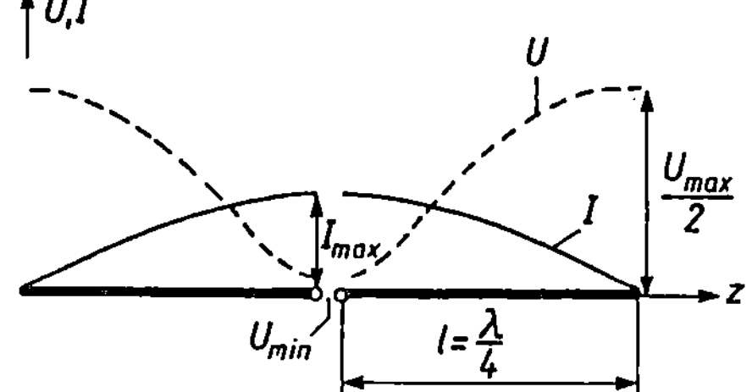

Bild 12.4.5-3
Strom- und Spannungsverteilung
auf einem $\lambda/2$-Dipol

Damit liegt entsprechend der Leitungstheorie Serienresonanz vor. Im Speisepunkt befindet sich ein Strommaximum und ein Spannungsminimum. Diesen Betrieb bezeichnet man als *Stromspeisung*. Der Strom- und Spannungsverlauf auf dem Dipol ist in Bild 12.4.5-3 dargestellt. In Abweichung von der verlustlosen leerlaufenden Leitung darf auch nicht näherungsweise die Spannung im Speisepunkt verschwinden, denn die abgestrahlte Leistung muß zugeführt werden. Dies bedingt, daß immer $U_{\min} > 0$ ist. Damit liegen ähnliche Verhältnisse wie bei einer extrem fehlangepaßten Leitung vor. Es kann direkt das Spannungsstehwellenverhältnis *VSWR* eingeführt werden

$$VSWR = \frac{U_{\max}}{U_{\min}} = \frac{Z_D}{R_s}\,. \tag{12.4.5/4}$$

Der Verlustwiderstand ist hierbei vernachlässigt.

Für Dipollängen $\lambda/2 > l > \lambda/4$ liegt der Stromscheitelwert an der Stelle $z_{\max}$ auf dem Dipol (Bild 12.4.5-4a). An dieser Stelle ist nach Gleichung 12.4.3/16 der Strahlungswiderstand

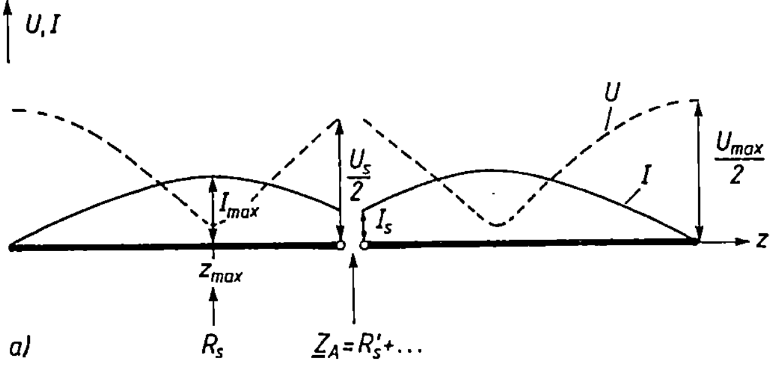

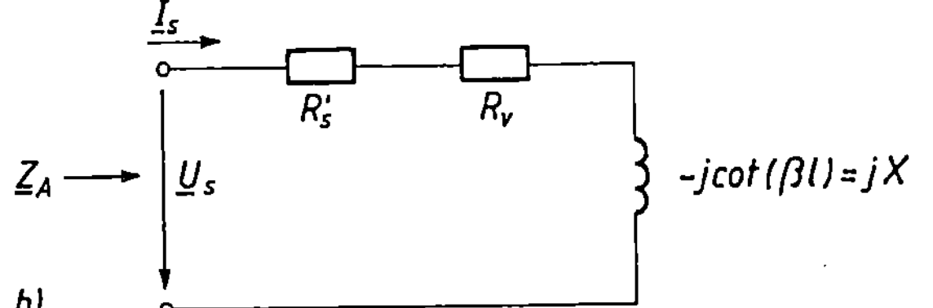

Bild 12.4.5-4

a) Strom- und Spannungsverteilung auf einem Dipol $\lambda/4 < l < \lambda/2$

b) dazugehöriges Ersatzschaltbild

definiert. Für das Ersatzschaltbild wird aber ein äquivalenter Strahlungswiderstand R'_s im Speisepunkt benötigt. Dem identischen Leistungsumsatz entsprechend gilt dann

$$P_s = \tfrac{1}{2} I_{max}^2 \cdot R_s = \tfrac{1}{2} I_s^2 \cdot R'_s \,. \tag{12.4.5/5}$$

Mit $I_s = I_{max} \sin (\beta l)$ wird der äquivalente Strahlungswiderstand

$$R'_s = \frac{R_s}{\sin^2 (\beta l)} \,. \tag{12.4.5/6}$$

Da $\cot (\beta l)$ für $\pi/2 < \beta l < \pi$ negative Werte liefert, erhält man für den Dipol eine induktive Eingangsimpedanz (Bild 12.4.5-4b). Für den ebenfalls häufig eingesetzten λ-Dipol versagt die Umrechnung des Strahlungswiderstandes nach obiger Gleichung. Die in Bild 12.4.5-5a dargestellte Strom- und Spannungsverteilung auf dem λ-Dipol zeigt im Speisepunkt zwar ein Stromminimum und ein Spannungsmaximum, aber die abgestrahlte Leistung verlangt einen Speisestrom $I_s > 0$. Der Spannungsverlauf kann in der Umgebung des Speisepunktes als cosinusförmig angenommen werden. Entsprechend der Leitungstheorie liegt Parallelresonanz vor. Dieser Betrieb wird als *Spannungsspeisung* der Antenne bezeichnet.

Der Strahlungswiderstand im Speisepunkt $R'_{s\lambda}$ läßt sich wieder durch das Gleichsetzen der Strahlungsleistung im Speisepunkt und im Stromscheitelwert ermitteln.

$$P_s = \frac{1}{2} \frac{U_{max}^2}{R'_{s\lambda}} = \frac{1}{2} I_{max}^2 \cdot R_{s\lambda} \,, \tag{12.4.5/7}$$

$$R'_{s\lambda} = \frac{U_{max}^2}{I_{max}^2 \cdot R_{s\lambda}} \,. \tag{12.4.5/8}$$

Nach der Leitungstheorie Gleichung 8.4.1/13 gilt für den Wellenwiderstand $Z_D = U_{max}/I_{max}$ und damit für

$$R'_{s\lambda} = \frac{Z_D^2}{R_{s\lambda}} \,. \tag{12.4.5/9}$$

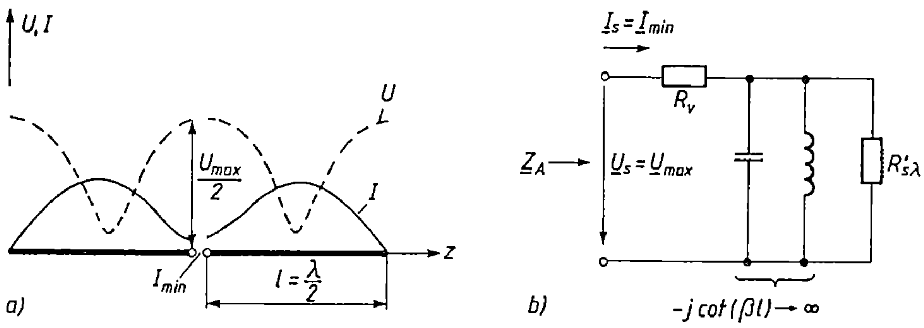

Bild 12.4.5-5 a) Strom- und Spannungsverteilung auf einem λ-Dipol
b) dazugehöriges Ersatzschaltbild

Da nach Formel 12.4.5/7 der Spannungsscheitelwert an $R'_{s\lambda}$ vorausgesetzt wurde, ist dieser Widerstand parallel zum Schwingkreis zu schalten (Bild 12.4.5-5b).

Damit kann die Eingangsimpedanz $\underline{Z}_A$ eines Dipols beschrieben werden. Die Eingangsimpedanz wird für Dipollängen

$$l < \lambda/4 \quad \text{ohmsch und kapazitiv,}$$
$$l = \lambda/4 \quad \text{ohmsch } (R_{sd}),$$
$$\lambda/4 < l < \lambda/2 \quad \text{ohmsch und induktiv,}$$
$$l = \lambda/2 \quad \text{ohmsch } (R'_{s\lambda}).$$

In Bild 12.4.5-6 ist die Ortskurve der Eingangsimpedanz von Dipolen als Funktion ihrer Länge dargestellt.

Während der Strahlungswiderstand des $\lambda/2$-Dipols R_{sd} nicht vom Wellenwiderstand abhängt, bestimmt der Wellenwiderstand den äquivalenten Strahlungswiderstand des λ-Dipols $R'_{s\lambda}$. Je kleiner der Wellenwiderstand, umso mehr nähert sich $R'_{s\lambda}$ dem Wert R_{sd}. Wird demnach ein Dipol konstanter Länge mit unterschiedlichen Frequenzen betrieben, so ändern sich die Eingangsimpedanzen bei kleinem Wellenwiderstand weniger als bei großem. Breitbandige Dipole müssen kleinen Wellenwiderstand besitzen.

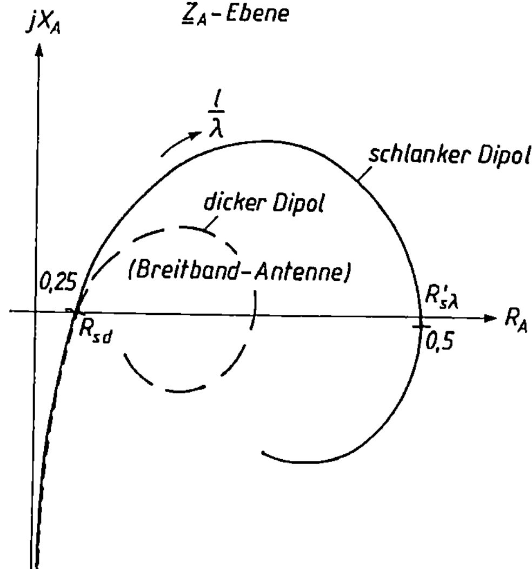

Bild 12.4.5-6
Eingangsimpedanzen eines schlanken und eines dicken Dipols

Die Gleichung 12.4.5/1 zeigt, daß durch die Wahl des Dipoldurchmessers der Wellenwiderstand zu beeinflussen ist.

$$Z_D = 120\,\Omega \ln\left(1{,}15\,\frac{l}{d}\right).$$

Der Schlankheitsgrad $s = l/d$ bestimmt die Bandbreite des Dipols. Dicke Antennen sind breitbandig!

An dieser Stelle kann der Begriff der Schwingkreisgüte auf die Antenne übertragen werden. Als Antennengüte erhält man für den $\lambda/2$-Dipol

$$Q = \frac{X}{R_R} = \frac{Z_D}{R_{sd}} \qquad\qquad (12.4.5/10)$$

für den λ-Dipol

$$Q = \frac{R_p}{X} = \frac{R'_{s\lambda}}{Z_D} = \frac{Z_D}{R_{s\lambda}}. \qquad\qquad (12.4.5/11)$$

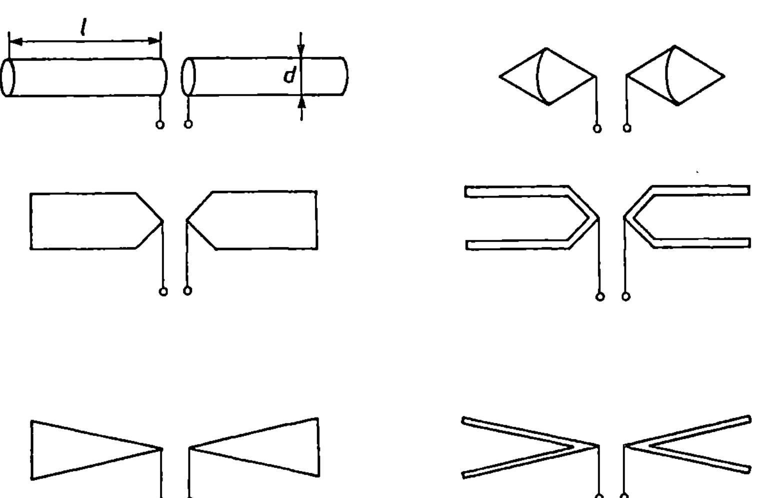

Bild 12.4.5-7   Unterschiedliche Ausführungen von Breitbanddipolen

Praktische Ausführungen sind in Bild 12.4.5-7 skizziert. Bei gerichteter Strahlung — Einzelheiten folgen in Kapitel 12.8 — können anstelle der zylindrischen Ausführung preisgünstige Flächendipole oder gespreizte Stäbe, wie z. B. für Fernsehempfangsantennen, verwendet werden. Auch konusförmige Ausführungen (Kapitel 12.10.2) gehören zu den Breitbandantennen. Als Folge des nicht vernachlässigbaren Antennendurchmessers stellen die Stirnflächen der Dipolenden End- oder Dachkapazitäten dar. Damit fließt ein Teil des Dipolstromes auf die Stirnflächen. Die Stromverteilung auf dem Dipol entspricht dem Verlauf nach Bild 12.4.5-8. Die mechanische Dipollänge l' muß gegenüber der elektrischen Länge l verkürzt werden. Ein $\lambda/2$-Dipol ist also etwas kürzer als $\lambda/2$. In Bild 12.4.5-9 sind die erforderlichen Verkürzungen für den $\lambda/2$- und λ-Dipol in Abhängigkeit vom Schlankheitsgrad s dargestellt.

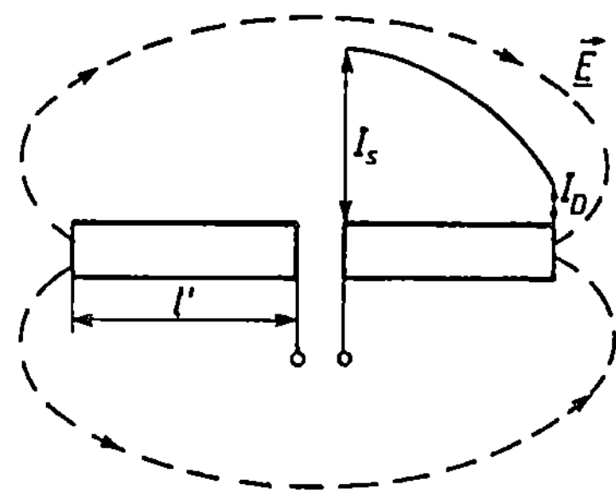

Bild 12.4.5-8
Stromverlauf längs eines dicken Dipols.
Die Stirnflächen wirken als Endkapazität.

● **Beispiel 12.4.5/2:** Ein $\lambda/2$-Dipol soll bei $f = 200\,\text{MHz}$ eine Güte $Q = 6$ besitzen. Berechnen Sie die zylindrischen Dipolabmessungen.

Lösung:

Mit $R_s = 73{,}2\,\Omega$ folgt aus Gleichung 12.4.5/9:

$$Z_D = Q \cdot R_s = 6 \cdot 73{,}2\,\Omega = 439\,\Omega ,$$

$$\lambda = \frac{3 \cdot 10^8\,\text{ms}}{200 \cdot 10^6\,\text{m}} = 1{,}5\,\text{m} , \qquad l = \frac{\lambda}{4} = 375\,\text{mm} .$$

Durch Umstellen von Gleichung 12.4.5/1

$$Z_D = 120\,\Omega \ln\left(1{,}15\,\frac{l}{d}\right) \quad \text{erhält man:}$$

$$d = 1{,}15 \cdot l \cdot e^{-\frac{Z_D}{120\,\Omega}} = 1{,}15 \cdot 375\,\text{mm}\; e^{-\frac{439\,\Omega}{120\,\Omega}} = 11\,\text{mm} \quad \textit{(Durchmesser)}$$

$$\frac{l}{d} = \frac{\lambda}{4d} = \frac{375\,\text{mm}}{11\,\text{mm}} = 34{,}1 \quad \textit{(Schlankheitsgrad)}.$$

Aus Bild 12.4.5-9 wird als Verkürzung $l/l' = 0{,}915$ entnommen.

$$l' = 0{,}915 \cdot l = 0{,}915 \cdot 375\,\text{mm} = 343\,\text{mm} \quad \textit{(mechanische Länge)}.$$

Die hier behandelte Methode liefert zwar ausreichende Genauigkeit für Dipollängen $l \leq \lambda/4$, kann bei längeren Dipolen nur als gröbere Näherung angesehen werden. Das grundsätzliche Verhalten wird aber richtig beschrieben.

Ein gut handhabbares Verfahren für Dipollängen $l > \lambda/4$ setzt an die Stelle des Stromscheitelwertes den Strahlungswiderstand als Abschluß (Bild 12.4.5-10). Es wird dann die Eingangsimpedanz der hier angeschlossenen, verlustfreien Leitung der Länge l_s ermittelt.

$$l_s = l - \lambda/4 . \tag{12.4.5/12}$$

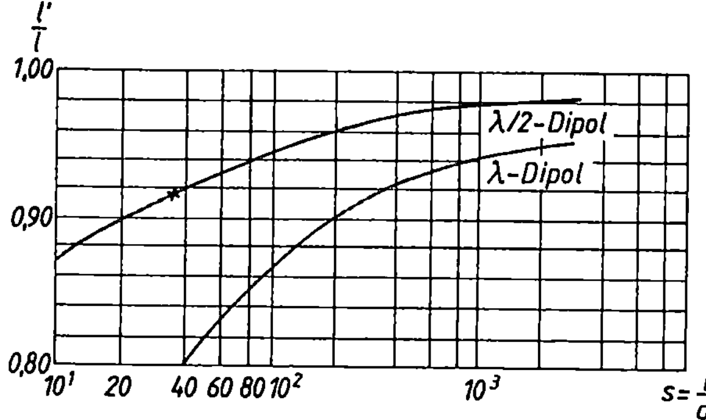

Bild 12.4.5-9 Verkürzungsfaktor von λ- und $\lambda/2$-Dipolen aufgrund des Schlankheitsgrades $s = l/d$ (nach [144])

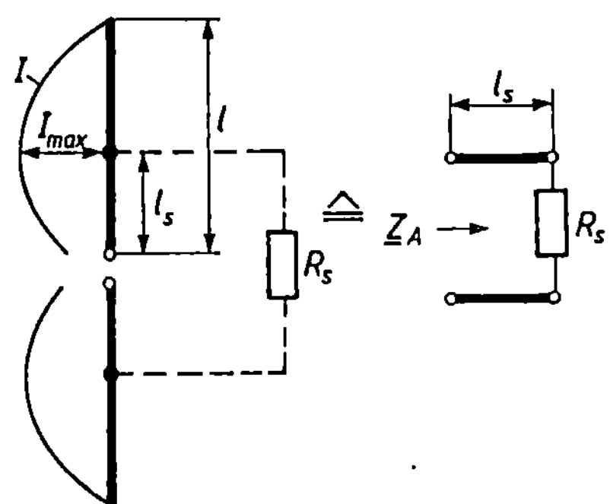

Bild 12.4.5-10
Zur näherungsweisen Ermittlung der Antennen-
eingangsimpedanz wird mit einer verlustlosen
Ersatzleitung der Länge l_s gerechnet, die mit dem
Strahlungswiderstand R_s abgeschlossen ist.

Nach der Leitungstheorie Kapitel 8.4.1 gilt für die Eingangsimpedanz dieser Leitung

$$\underline{Z}_A = Z_D \frac{1 + \underline{r} \cdot e^{-j2\beta l_s}}{1 - \underline{r} \cdot e^{-j2\beta l_s}}.$$
(12.4.5/13)

Hierbei ist der Reflexionsfaktor $\underline{r}$ reell.

$$r = \frac{R_s - Z_D}{R_s + Z_D}.$$
(12.4.5/14)

Z_D wird nach Gleichung 12.4.5/1 und R_s nach Gleichung 12.4.3/16 berechnet.

● **Beispiel 12.4.5/3:** Für einen zylindrischen Dipol der Länge $l = 3\lambda/8$ und dem Schlankheitsgrad $s = l/d = 20$ ist nach obigem Verfahren die Eingangsimpedanz zu berechnen. Der Strahlungswiderstand dieses Dipols wurde in Übung 12.4.3/3 zu $R_s = 186\,\Omega$ ermittelt.

Lösung:

Aus 12.4.5/1 folgt:

$Z_D = 120\,\Omega \ln(1{,}15 \cdot 20) = 376\,\Omega$ *(Wellenwiderstand)*

Nach Gl. 12.4.5/14:

$$r = \frac{186\,\Omega - 376\,\Omega}{186\,\Omega + 376\,\Omega} = -0{,}34 \quad (Reflexionsfaktor)$$

$$l_s = \left(\frac{3}{8} - \frac{1}{4}\right)\lambda = \frac{\lambda}{8}, \qquad 2\beta l_s = 2 \cdot \frac{2\pi}{\lambda} \cdot \frac{\lambda}{8} = \frac{\pi}{2}.$$

Nach Gl. 12.4.5/13:

$$\underline{Z}_A = 376\,\Omega \frac{1 - 0{,}34 \cdot e^{-j\frac{\pi}{2}}}{1 + 0{,}34 \cdot e^{-j\frac{\pi}{2}}} \quad (Eingangsimpedanz)$$

$$\underline{Z}_A = 376\,\Omega\,\underline{/37{,}8^\circ} = (298 + j229)\,\Omega.$$

Berechnet man die kontinuierliche Abstrahlung längs des Dipols durch eine verlustbehaftete leerlaufende Leitung, so erhält man eine bessere Näherung. Diese liefert Ergebnisse, die besonders für den Realteil sehr gut sind. Eine eventuell an den Dipolenden vorhandene

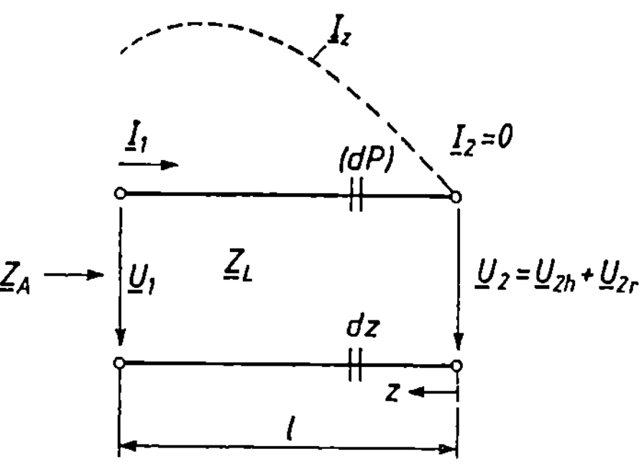

Bild 12.4.5-11
Eine bessere Näherung zur Ermittlung der Dipolimpedanz liefert die Annahme einer verlustbehafteten, leerlaufenden Leitung.

Endkapazität kann in eine entsprechende Änderung der Dipollänge umgerechnet werden. Eine leerlaufende, verlustbehaftete Leitung nach Bild 12.4.5-11 wird allgemein beschrieben

$$\underline{U}_1 = \underline{U}_{2h}(e^{\gamma l} + \underline{r} \cdot e^{-\gamma l}), \tag{12.4.5/15}$$

$$\underline{I}_1 = \frac{\underline{U}_{2h}}{\underline{Z}_L}(e^{\gamma l} - \underline{r} \cdot e^{-\gamma l}) \tag{12.4.5/16}$$

mit

$$\gamma = \alpha + j\beta \quad \text{und} \quad \underline{r} = \frac{\underline{Z}_2 - \underline{Z}_L}{\underline{Z}_2 + \underline{Z}_L}.$$

Die Abkürzungen bedeuten: $\underline{U}_{2h}$ = hinlaufende Spannungswelle am Leitungsende, γ = Ausbreitungskonstante, α = Dämpfungskonstante, β = Phasenkonstante, $\underline{r}$ = Reflexionsfaktor, $\underline{Z}_L$ = Wellenwiderstand.

Beim vorausgesetzten Leerlauf ist der Reflexionsfaktor $r = 1$. Die Eingangsimpedanz der leerlaufenden Leitung ergibt sich zu

$$\underline{Z}_A = \frac{\underline{U}_1}{\underline{I}_1} = \underline{Z}_L \frac{e^{\gamma l} + e^{-\gamma l}}{e^{\gamma l} - e^{-\gamma l}}, \tag{12.4.5/17}$$

$$\underline{Z}_A = \underline{Z}_L \frac{1 + e^{-2\gamma l}}{1 - e^{-2\gamma l}}. \tag{12.4.5/18}$$

Setzt man geringe Wirkleistung im Vergleich zur Blindleistung voraus und vernachlässigt den Ableitungsbelag G', so wird die Dämpfungskonstante (R' = Widerstandsbelag)

$$\alpha = \frac{R'}{2}\sqrt{\frac{C'}{L'}} + \frac{G'}{2}\sqrt{\frac{L'}{C'}} \approx \frac{R'}{2}\sqrt{\frac{C'}{L'}} = \frac{R'}{2Z_D}. \tag{12.4.5/19}$$

Damit wird in einem infiniten Leiterelement die Wirkleistung dP umgesetzt

$$dP = \tfrac{1}{2}(I_{\max} \cdot \sin(\beta z))^2 R' \, dz \tag{12.4.5/20}$$

und auf der gesamten leerlaufenden Leitung

$$P = \frac{1}{2}I_{\max}^2 \cdot R' \int_0^l \sin^2(\beta z)\, dz = \frac{R' \cdot I_{\max}^2}{4}\left(l - \frac{\sin(2\beta l)}{2\beta}\right).$$

Diese Leistung muß der Strahlungsleistung des Dipols entsprechen.

$$P_s = \frac{1}{2} I_{max}^2 \cdot R_s = \frac{R' \cdot I_{max}^2}{4} \left(l - \frac{\sin (2\beta l)}{2\beta} \right),$$

$$R' = \frac{2 \cdot R_s}{l - \dfrac{\sin (2\beta l)}{2\beta}}. \tag{12.4.5/21}$$

R' eingesetzt in Gleichung 12.4.5/19:

$$\alpha = \frac{R_s}{\left(l - \dfrac{\sin (2\beta l)}{2\beta} \right) Z_D}. \tag{12.4.5/22}$$

Für jede Dipollänge ist dieser Wert zu berechnen. Mit denselben Voraussetzungen erhält man als komplexen Wellenwiderstand

$$\underline{Z}_L = \sqrt{\frac{R' + j\omega L'}{G' + j\omega C'}} \approx \sqrt{\frac{R' + j\omega L'}{j\omega C'}} = Z_D \sqrt{1 - j\frac{R'}{\omega L'}} \tag{12.4.5/23}$$

mit

$$\frac{R'}{\omega L'} = \frac{R'}{2\pi f L'} = \frac{R'\lambda}{2\pi v_p L'} = \frac{R'}{\beta \cdot Z_D} = 2\frac{\alpha}{\beta} \tag{12.4.5/24}$$

und $2\dfrac{\alpha}{\beta} \ll 1$ wird schließlich

$$\underline{Z}_L = Z_D \left(1 - j\frac{\alpha}{\beta} \right). \tag{12.4.5/25}$$

Hierbei sind Z_D der Wellenwiderstand des verlustlosen Dipols nach Formel 12.4.5/1 und v_p die Phasengeschwindigkeit.

- **Beispiel 12.4.5/4:** Berechnen Sie die Eingangsimpedanz eines λ-Dipols mit der Näherung als verlustbehaftete leerlaufende Leitung. Der Schlankheitsgrad des Dipols sei $s = l/d = 350$. Der Strahlungswiderstand entsprechend Übung 12.4.3/2 ist $R_s = 200\,\Omega$.

Lösung:

Aus 12.4.5/1:

$$Z_D = 120\,\Omega \ln (1,15 \cdot 350) = 720\,\Omega \quad \textit{(Wellenwiderstand)}.$$

Aus 12.4.5/22:

$$\alpha = \frac{200}{720 \left[\dfrac{\lambda}{2} - \dfrac{\lambda \cdot \sin \left(2\dfrac{2\pi}{\lambda} \cdot \dfrac{\lambda}{2} \right)}{4\pi} \right]} \quad \textit{(Dämpfungskonstante)}$$

$$\alpha = \frac{0{,}56}{\lambda}.$$

Aus 12.4.5/25:

$$\underline{Z}_L = 720\,\Omega \left[1 - j\frac{0{,}56}{\lambda\dfrac{2\pi}{\lambda}} \right] = 723\,\Omega^{\angle -5°} \quad \textit{(Wellenwiderstand)}.$$

Aus 12.4.5/18:

$$\underline{Z}_A = 723\,\Omega^{\angle -5°} \frac{1 + e^{-2\cdot 0{,}56}\, e^{-j2\frac{2\pi}{\lambda}\cdot\frac{\lambda}{2}}}{1 - e^{-2\cdot 0{,}56}\, e^{-j2\frac{2\pi}{\lambda}\cdot\frac{\lambda}{2}}} = 723\,\Omega^{\angle -5°}\cdot\frac{1{,}33}{0{,}67}$$

$$\underline{Z}_A = 1427\,\Omega^{\angle -5°} = (1422 - j124)\,\Omega \quad \textit{(Eingangsimpedanz)}.$$

- **Übung 12.4.5/1:** Für einen zylindrischen Dipol der Länge $l = 3\lambda/8$ und dem Schlankheitsgrad $s = l/d = 20$ ist die Eingangsimpedanz mit der Näherung der verlustbehafteten, leerlaufenden Leitung zu ermitteln. Entsprechend Übung 12.4.3/3 ist $R_s = 186\,\Omega$.

Wie das letzte Beispiel zeigt, versagt auch diese Näherung in der Umgebung von Spannungs- und Stromknoten für den Blindanteil. So müssen die mechanischen Längen schon wegen der Endkapazitäten verkürzt werden. Ein Dipol der Länge $l = \lambda/4$ zeigt induktives Verhalten. Die Näherung als verlustbehaftete Leitung liefert aber fälschlicherweise kapazitives Verhalten. Generell kann mit abnehmendem Schlankheitsgrad $s = l/d < 10$ die Leitungstheorie nicht mehr angewendet werden. Hier muß das aufwendige Verfahren, wie es erstmals von Hallén vorgeschlagen wurde, Einsatz finden. Das Verfahren kann in [139] oder [142] nachvollzogen werden.

Berücksichtigt man, daß die Abstrahlung bereits eine Abhängigkeit von der geometrischen Form des Antennenanschlusses an das speisende Kabel zeigt, daß die Ausbreitung elektromagnetischer Wellen auf der Erde Dämpfung, Reflexion und Streuung unterliegt, so bringen aufwendige Berechnungen der Antennenimpedanz keinen praktischen Nutzen. Die hier angegebenen Näherungen sind meist ausreichend genau.

12.5 Monopole

Die Realisierung von Dipolen im Lang-, Mittel- und Kurzwellenbereich stößt auf mechanische Grenzen. So müßte ein rundstrahlender $\lambda/2$-Dipol z. B. für $f = 1\,\text{MHz}$ ($\lambda = 300\,\text{m}$) eine Höhe von 150 m besitzen. Steht allerdings eine leitende, grenzenlos ausgedehnte Ebene zur Verfügung, so läßt sich eine Dipolhälfte einsparen, ohne daß sich die Strahlungsverhältnisse in der einen Raumhälfte gegenüber dem Dipol verändern. Anwendung findet dieses Verhalten bei Fahrzeug-, Groundplane- und geerdeten Antennen.

12.5.1 Eigenschaften

Die elektromagnetische Feldverteilung eines Dipols ist senkrecht zu seiner Achse in der Ebene des Speisepunktes spiegelsymmetrisch. Diese Ebene kann leitend ausgeführt werden. Die obere Raumhälfte kann getrennt betrachtet werden wie in Bild 12.5.1-1 skizziert. Mit Hilfe der Bildladungstheorie läßt sich dieser „halbe Dipol" also der *Monopol* berechnen. Er wird im oberen Raum die gleichen Eigenschaften wie ein Dipol besitzen.

Von der speisenden Leitung wird der „Hinleiter" an den Monopol geführt. Der „Rückleiter" ist mit der leitenden Ebene verbunden. Sie wird auch als Gegengewicht bezeichnet. Der Weg längs einer elektrischen Feldlinie des Monopols läuft im Vergleich zum Dipol über die halbe

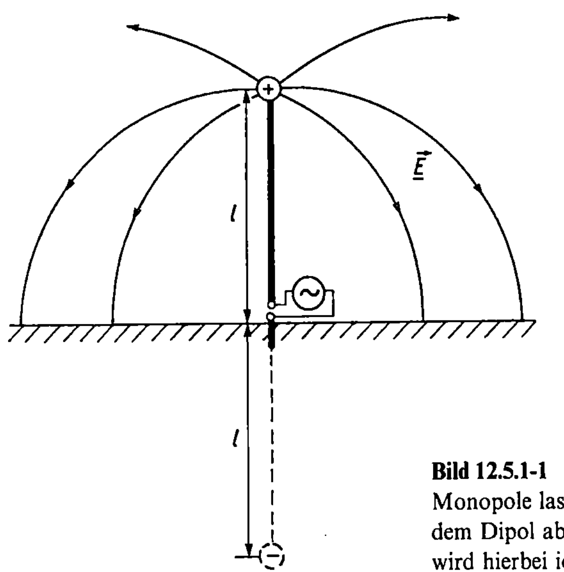

Bild 12.5.1-1
Monopole lassen sich mit der Bildladungstheorie aus
dem Dipol ableiten. Die Symmetrieebene des Dipols
wird hierbei ideal leitend vorausgesetzt.

Strecke. Werden in beide Antennen gleichgroße Ströme eingespeist, so ist für den Monopol
nur die halbe Speisespannung erforderlich. Der Monopol erfüllt die obere Raumhälfte mit
Strahlung. Die Gleichungen des Dipols 12.4.2/5, /6, /7 sind sinngemäß auf den Monopol
übertragbar.

Für die Strahlungsleistung eines dünnen Monopols P_{sM} gilt im Vergleich zur Strahlungsleistung
des Dipols P_{sD}, der mit gleichem Strom versorgt wird,

$$P_{sM} = \tfrac{1}{2} P_{sD} \, . \tag{12.5.1/1}$$

Entsprechend der wirksamen Länge läßt sich dem Monopol eine *wirksame Höhe* h_e zuordnen.
Sie muß gemäß der Definition nach Gleichung 12.4.2/2 halb so groß wie die wirksame Länge l_e
des Dipols sein.

$$h_e = \tfrac{1}{2} l_e \, . \tag{12.5.1/2}$$

Die Feldstärke im Fernfeld bleibt unverändert, wobei der Winkel ϑ auf $0 \leq \vartheta \leq \pi/2$ festgelegt
ist. Für einen Monopol der Länge $l \ll \lambda/4$ gilt somit

$$E_\vartheta = 120\,\pi\Omega\,I_s \frac{h_e}{\lambda} \cdot \frac{1}{r} \cdot \sin \vartheta \, . \tag{12.5.1/3}$$

Der Feldstärkeverlauf verändert sich mit wachsender Monopollänge entsprechend Gleichung 12.4.3/10 und wird für $l = \lambda/4$ zu

$$E_{\vartheta\lambda/4} = 120\,\pi\Omega\,I_s \frac{h_e}{\lambda} \cdot \frac{1}{r} \cdot \frac{\cos\left(\dfrac{\pi}{2}\cos \vartheta\right)}{\sin \vartheta} \, . \tag{12.5.1/4}$$

Die Richtcharakteristik des Monopols gleicht in der oberen Raumhälfte der des Dipols
(Bild 12.5.1-2).

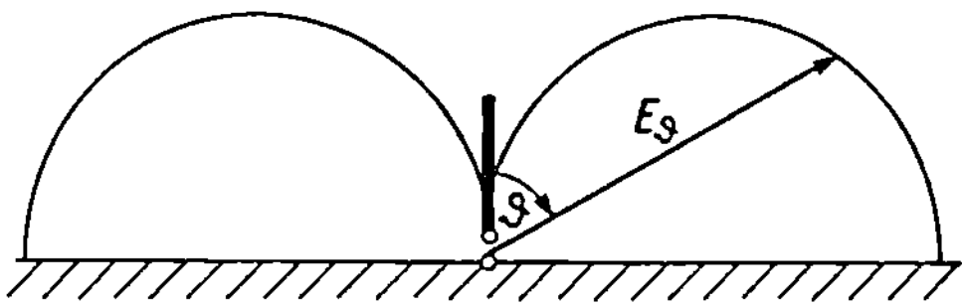

Bild 12.5.1-2
E-Diagramm eines Hertzschen Monopols
über ideal leitender Platte

Durch Umstellen der Gleichungen 12.5.1/1, /2 und 12.4.2/7 erhält man

$$P_{sM} = \frac{1}{2}\, 800\,\Omega \left(\frac{2h_e}{\lambda}\right)^2 \left(\frac{I_s}{\sqrt{2}}\right)^2 ,$$

$$P_{sM} = 1600\,\Omega \left(\frac{h_e}{\lambda}\right)^2 \left(\frac{I_s}{\sqrt{2}}\right)^2 . \tag{12.5.1/5}$$

Für den Strahlungswiderstand des Monpols gilt somit

$$R_{sM} = 1600\,\Omega \left(\frac{h_e}{\lambda}\right)^2 . \tag{12.5.1/6}$$

Er ist halb so groß wie der des Dipols gleicher Länge l.

$$R_{sM} = \tfrac{1}{2}\, R_{sD} . \tag{12.5.1/7}$$

Für den $\lambda/4$-Monopol wird der Strahlungswiderstand nach Gleichung 12.5.1/6

$$R_{sm} = 1600\,\Omega \left[\frac{\dfrac{2}{\pi}\cdot\dfrac{\lambda}{4}}{\lambda}\right]^2 = 40\,\Omega .$$

Die genaue Rechnung, die die Abweichung der Richtcharakteristik vom Hertzschen Dipol berücksichtigt, liefert

$$R_{sm} = 36{,}2\,\Omega ,$$

entsprechend Gleichung 12.4.3/16 unter Berücksichtigung von Gleichung 12.5.1/7. Der Wellenwiderstand des Monopols Z_M ergibt sich sinngemäß zu

$$Z_M \approx 60\,\Omega \ln\left(1{,}15\,\frac{l}{d}\right) . \tag{12.5.1/8}$$

Im Mittel- und Langwellenbereich werden Monopole meist nicht als massive Zylinder ausgeführt. Man verwendet besser eine reusenförmige Anordnung einzelner Drähte (Bild 12.5.1-3). Dies erfolgt aus Gründen der Statik, des Gewichts, des Winddrucks und natürlich der Kosten. Für eine solche Antenne muß in die Formel des Wellenwiderstandes der Durchmesser d durch einen äquivalenten Durchmesser $d_ä$ ersetzt werden. Nach [151] läßt sich dieser berechnen zu

$$d_ä \approx d \sqrt[n]{\frac{n \cdot D}{d}} . \tag{12.5.1/9}$$

Hierbei bedeutet n die Anzahl der Reusendrähte und D der Durchmesser des einzelnen Reusendrahtes.

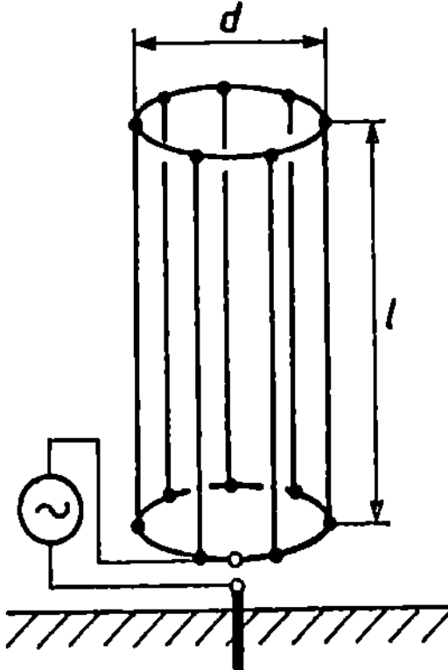

Bild 12.5.1-3
Reusenmonopol

● **Beispiel 12.5.1/1:** Eine Monopol-Antenne der Länge $l = 75$ m bestehe aus einer Drahtreuse mit einem Durchmesser $d = 200$ mm. Die Drahtreuse selbst ist aus 5 Einzelstäben mit einem Durchmesser $D = 20$ mm zusammengesetzt. Der Verlustwiderstand beträgt $R_v = 2,5\,\Omega$. Die Antenne soll bei $f = 400$ kHz eine Leistung von $P_s = 10$ kW abstrahlen.

1. Welchen Wirkungsgrad hat der Monopol?
2. Ermitteln Sie mit Hilfe des Ersatzschaltbildes die Fußpunktimpedanz des Monopols.
3. Wie groß müssen Speisestrom und Speisespannung sein?

Lösung:

$$1:\ \lambda = \frac{3 \cdot 10^8\ \text{ms}}{400 \cdot 10^3\ \text{s}} = 750\ \text{m}\,, \qquad \frac{l}{\lambda} = \frac{75\ \text{m}}{750\ \text{m}} = 0{,}1\,.$$

Da $l \ll \lambda$ ist, wird die wirksame Höhe

$$h_e = \frac{75\ \text{m}}{2} = 37{,}5\ \text{m}\,.$$

Aus 12.5.1/6 folgt:

$$R_{sM} = 1600\,\Omega \left(\frac{37{,}5\ \text{m}}{750\ \text{m}}\right)^2 = 4\,\Omega \quad (Strahlungswiderstand).$$

Nach 12.4.4/2:

$$\eta = \frac{4\,\Omega}{(4 + 2{,}5)\,\Omega} = 0{,}62 \quad (Wirkungsgrad).$$

2: siehe Bild 12.5.1-3:

Nach 12.5.1/9:

$$d_{\ddot{a}} = 20\ \text{cm} \sqrt[5]{\frac{5 \cdot 2\ \text{cm}}{20\ \text{cm}}} = 17{,}4\ \text{cm} \quad (\ddot{a}quiv.\ Durchmesser).$$

Nach 12.5.1/8:

$$Z_M = 60\,\Omega \ln\left(1{,}15\,\frac{75\ \text{m}}{17{,}4\ \text{cm}}\right) = 372\,\Omega \quad (Wellenwiderstand).$$

Nach 12.4.5/3:

$$\underline{Z}_B = -j372\,\Omega \cot(2\pi \cdot 0{,}1) = -j512\,\Omega \quad (Reaktanz).$$

Nach 12.4.5/3:

$\underline{Z}_A = 4\,\Omega + 2,5\,\Omega - j512\,\Omega$ *(Fußpunktimpedanz)*.

$\underline{Z}_A = (6,5 - j512)\,\Omega = 512\,\Omega \underline{/-89°}$

3:

$$I_s = \sqrt{\frac{2P_s}{R_s}} = \sqrt{\frac{2 \cdot 10\,\text{kW}}{4\,\Omega}} = 70,7\,\text{A} = \underline{I}_s \quad \text{(Speisestrom)}$$

$$\underline{U}_s = \underline{I}_s \cdot \underline{Z}_A = 70,7 \cdot 512 \underline{/-89°}\,\text{A}\Omega = 36,7\,\text{kV}\underline{/-89°}! \quad \text{(Speisespannung)}.$$

Es lohnen sich also Überlegungen, wie solche Spannungen vermindert und der Wirkungsgrad verbessert werden können. (Weiteres in den Kapiteln 12.5.3 und 12.9.1.)

- **Übung 12.5.1/1:** Eine geerdete Vertikalantenne für $f = 500\,\text{kHz}$ sei $l = 100\,\text{m}$ hoch. Wie groß sind Speisestrom und -spannung sowie der Wirkungsgrad, wenn $50\,\text{kW}$ abgestrahlt werden sollen. Der Antennendurchmesser sei $d = 1\,\text{m}$ und $R_v = 3,5\,\Omega$.

Die theoretische Annahme einer ideal leitenden Ebene als elektrischer Spiegel kann nur näherungsweise realisiert werden. Als Gegengewicht von Monopolen dienen die Karosserien von Fahrzeugen, ausgespannte metallische Netze, metallische Stäbe, der Erdboden und die als Bezugsmasse dienende Kupferkaschierung in Sende- und Empfangsgeräten.

12.5.2. Geerdete Vertikalantenne

Geerdete Vertikalantennen kamen in der Funktechnik als erstes zum Einsatz. Mit Funkensendern waren Lang- und Mittelwellen ($\lambda > 300\,\text{m}$) zu realisieren. Wegen der gewünschten Rundstrahlung kamen nur Vertikalantennen in Frage. Begünstigt wurde dies noch durch die in diesem Frequenzbereich spiegelnden Eigenschaften des Erdbodens. Als einfacher Antennentyp fand die im Fußpunkt gespeiste Vertikalantenne nach Bild 12.5.1-1 ihren Einsatz.

Allerdings stellt die Erde nur mit erheblicher Einschränkung einen elektrischen Leiter dar. Außerdem unterliegt ihre Leitfähigkeit erheblichen Schwankungen. So ist der spezifische Leitwert von Meerwasser $\varkappa_{\text{Meer}} \approx 1\,\text{S/m}$, der von trockner Erde $\varkappa_E < 10^{-4}\,\text{S/m}$.

Eine Abschätzung des Verhaltens elektromagnetischer Wellen im Erdboden liefert die Betrachtung einer TEM-Welle in einem Medium. Es existieren z. B. nur $\underline{H}_x$ und $\underline{E}_z$, die in y-Richtung in das Medium eindringen entsprechend Bild 12.5.2-1. Die Berechnung des Skineffektes geht von der gleichen Fragestellung aus. Die Anwendung von Durchflutungssatz und Induktionsgesetz führt zu einer Differentialgleichung 2. Ordnung

$$\frac{\partial^2 \underline{E}_z}{\partial y^2} + (\omega^2\mu\varepsilon - j\omega\mu\varkappa)\,\underline{E}_z = 0. \tag{12.5.2/1}$$

Mit der Wellenzahl $\underline{\gamma}^2 = -(\omega^2\mu\varepsilon - j\omega\mu\varkappa)$ erhält man eine Lösung

$$\underline{E}_z = \underline{E}_0 \cdot e^{-\underline{\gamma}y}. \tag{12.5.2/2}$$

Für $\mu = \mu_0$, $\varepsilon = \varepsilon_r \cdot \varepsilon_0$ wird die Wellenzahl (Ausbreitungskonstante) zu:

$$\underline{\gamma} = j\frac{\omega}{c_0}\sqrt{\varepsilon_r\left(1 - j\underbrace{\frac{\varkappa}{\omega \cdot \varepsilon}}_{a}\right)}. \tag{12.5.2/3}$$

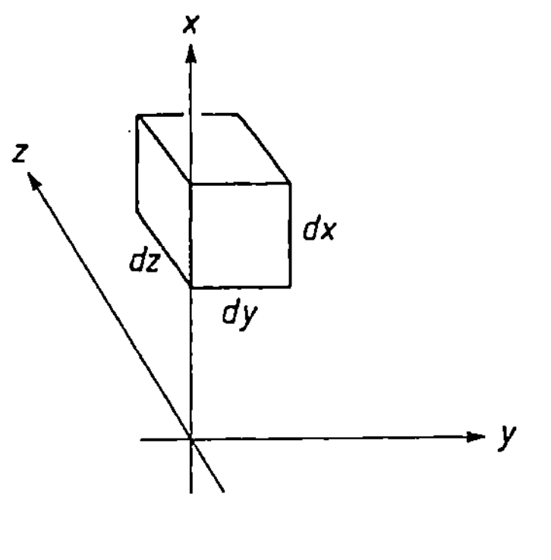

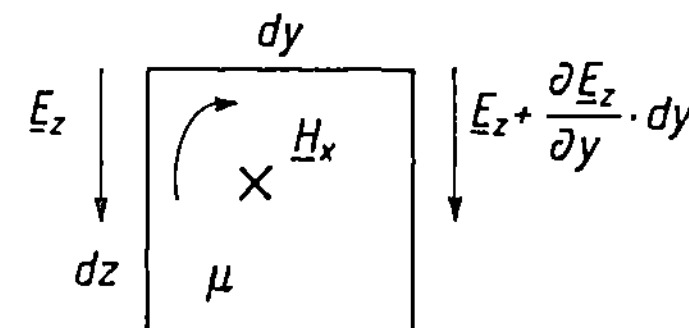

Bild 12.5.2-1
Zur Ableitung der Wellenzahl $\underline{k}$

Der Ausdruck a beschreibt das leitende Verhalten des Mediums:

$$a \ll 1 \qquad \underline{\gamma} \approx j\beta \approx j\,\frac{\omega}{v_\mathrm{p}}$$

bedeutet eine allein nacheilende Phase aufgrund der Phasengeschwindigkeit $v_\mathrm{p} = c_0/\sqrt{\varepsilon_\mathrm{r}}$. Das Medium ist ein Nichtleiter, ein Isolator.

$$a \gg 1 \qquad \underline{\gamma} = \alpha + j\beta \approx (1 + j)\,\sqrt{\frac{\mu_0 \cdot \omega \cdot \varkappa}{2}}$$

bedeutet leitendes Medium. Es treten sowohl Phasenverschiebung als auch Dämpfung der Welle in Ausbreitungsrichtung auf.

In Bild 12.5.2-2 ist $a = f(f)$ für verschiedene Medien dargestellt. Man erkennt, daß für Frequenzen $f > 100\,\mathrm{MHz}$ der Erdboden auch nicht näherungsweise als Leiter angesehen werden kann.

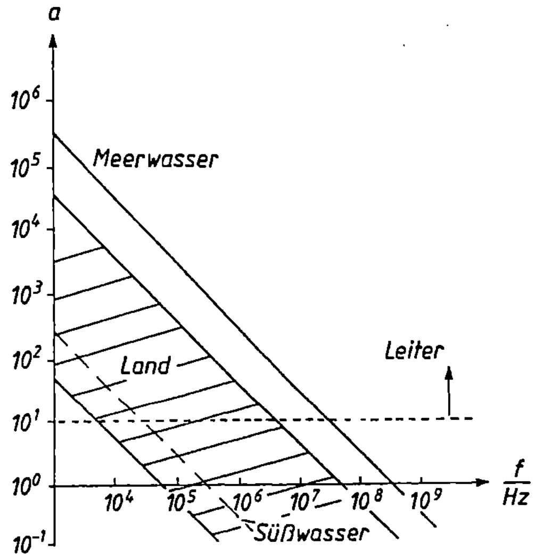

Bild 12.5.2-2
Die Leitfähigkeit der „spiegelnden" Ebene hängt von der Frequenz ab.

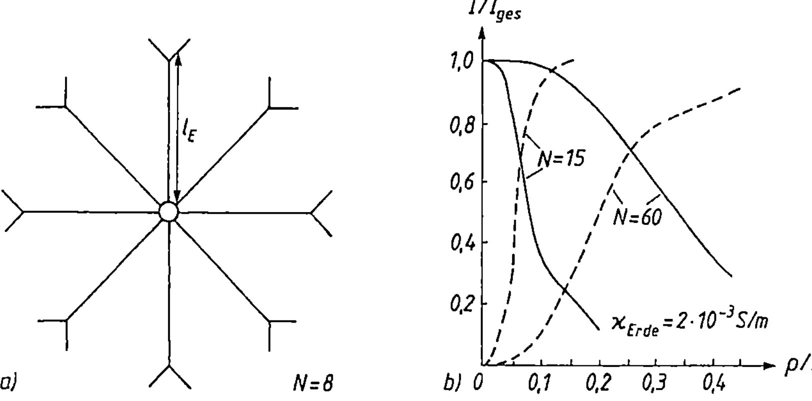

Bild 12.5.2-3 a) Strahlenförmiges Erdernetz (N = Erderzahl), b) Stromaufteilung des Strahlenerders, normiert auf den Gesamtstrom in der Entfernung ϱ längs der Erde (——— Erderstrom, — — — Erdstrom) (nach [148])

Antennen, die die Erde als Spiegelebene verwenden sind deshalb nur im Lang-, Mittel- und Kurzwellenbereich sinnvoll. Die Erdung eines Speisekabelanschlusses am Fußpunkt der Vertikalantenne führt den gesamten Antennenspeisestrom in die Erde. Wegen der ungünstigen Leitfähigkeit des Erdbodens und der großen Erdstromdichte in unmittelbarer Umgebung des Erderpunktes kommt es zu erheblichen Erdverlusten. Dies vermindert den Wirkungsgrad der Antenne.

Deshalb bildet man den Erder als strahlenförmiges Erdernetz um den Antennenfußpunkt aus, wie in Bild 12.5.2-3a skizziert. Man verlegt Kupferdrähte oder verzinkte Eisenbänder in einer Tiefe von 30 ... 50 cm. Bei mobilen Anlagen wird das Erdernetz auf dem Erdboden verlegt und die Enden der Erderdrähte mit Heringen geerdet.

Durch das Erdernetz wird auch die Richtcharakteristik den idealen Bedingungen angenähert.

Der Großteil des Antennenstromes folgt zunächst den Erderdrähten, um dann kontinuierlich in den Erdstrom als Konvektions- und Verschiebungsstrom überzugehen. In Bild 12.5.2-3b ist als Beispiel eine Stromverteilung aufgetragen.

Eine Erhöhung der Erderzahl ist nur sinnvoll, wenn zugleich die Erderlänge vergrößert wird, was nochmals die Kosten erhöht. In Bild 12.5.2-4 ist die Wirtschaftlichkeitsgrenze dargestellt. Hieraus lassen sich sinnvolle Erderlängen l_E und Erderzahlen N ermitteln.

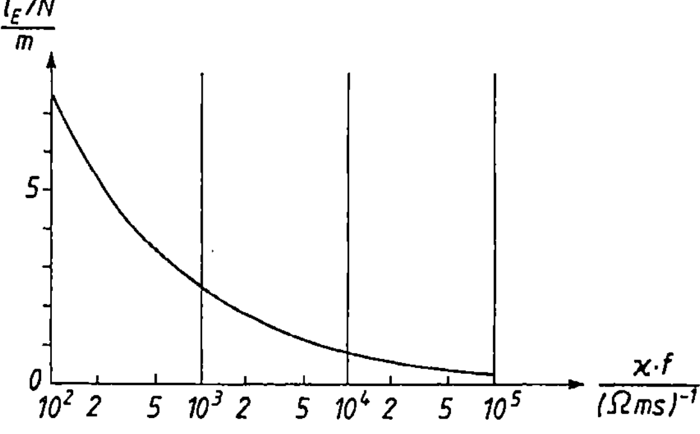

Bild 12.5.2-4
Wirtschaftlicher Grenzwert für Strahlenerder
$l_E/N = f(\varkappa \cdot f)$,
Erderlänge l_E, Erderzahl N
(nach [147])

• **Beispiel 12.5.2/1:** Für eine Kurzwellen-Antenne f = 10 MHz wird bei einer Bodenleitfähigkeit von $\varkappa = 3 \cdot 10^{-3}$ S/m und einer beabsichtigten Erderzahl N = 30 die Erderlänge l_E gesucht.

Lösung:

$$f \cdot \varkappa = 10 \cdot 10^6 \cdot 3 \cdot 10^{-3} \frac{S}{ms} = 3 \cdot 10^4 \frac{S}{ms}.$$

Abgelesen aus Bild 12.5.2-4:

$$\frac{l_E}{N} \approx 0{,}5 \text{ m} .$$

Die gesuchte Erderlänge ist

$$l_E = 0{,}5 \cdot 30 \text{ m} = 15 \text{ m} .$$

Das entspricht etwa $\lambda/2$, in diesem Bereich löst sich die elektromagnetische Welle von der Antenne ab.

Aus Stabilitätsgründen müssen Antennen häufig abgespannt werden. Bei Verwendung von Metallseilen entstehen in den Abspannungen durch induzierte Ströme zusätzliche Verluste. Die Abspannseile wirken als parasitäre Strahler, die die Richtcharakteristik der Antenne verändern. Als Gegenmaßnahme werden die Abspannseile (Pardunen) in Längen $<\lambda/10$ unterteilt. Die einzelnen Pardunenabschnitte werden durch Isolatoren miteinander verbunden. Wegen der erforderlichen Spannungsfestigkeit werden mehrere Isolatoren in Serie geschaltet. Für Pardunen verwendet man schlechtleitende Legierungen.

12.5.3 Spitzenbelastete Antenne

Für die abgestrahlte Leistung ist die wirksame Länge (Höhe) der Antenne entscheidend. Wie in Kapitel 12.4.2 erläutert, kann bei Antennenlängen $l \ll \lambda/4$ nur die halbe mechanische Länge elektrisch wirksam werden. Dies macht sich besonders bei Lang- und Mittelwellen nachteilig bemerkbar. Die abgestrahlte Leistung ist im Vergleich zu Antennenlängen $l \approx \lambda/4$ bei gleichem Speisestrom geringer und die Eingangsimpedanz besitzt Blindanteile, die eine hohe Speisespannung erfordern. Abhilfe bringt hierfür die *mechanische Abstimmung*.

Mit relativ geringem Aufwand kann das an einer optimalen Antennenlänge von $l = \lambda/4$ fehlende Antennenstück parallel zur Erde gespannt werden. Das Prinzip einschließlich der Stromverteilung ist in Bild 12.5.3-1 dargestellt.

Der parallel zur Erde verlaufende Leitungsabschnitt gleicht mit seinem Spiegelbild einer Paralleldrahtleitung, strahlt also nur wenig. Die Strombelegung auf der Vertikalantenne hat sich vergrößert. Dies verbessert die Abstrahlung. Die Speisespannung ist abgesunken. Dies entlastet die Spannungsfestigkeit der Einspeisung.

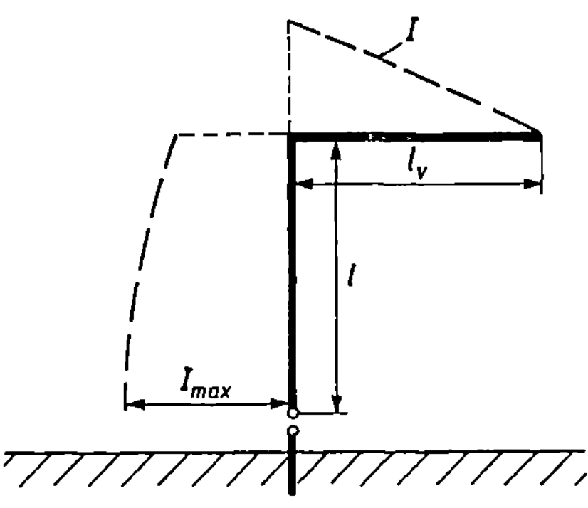

Bild 12.5.3-1
Stromverteilung der *L*-Antenne

Setzt man sinusförmigen Stromverlauf vom Leitungsende bis zum Antennenspeisepunkt voraus, so berechnet sich die wirksame Antennenhöhe bei einer Antennenverlängerung um l_v zu

$$h_c = \frac{\int\limits_{l_v}^{l+l_v} I_{max} \cdot \sin(\beta z)\,dz}{I_{max} \cdot \sin(\beta(l_v + l))} = \frac{\cos(\beta l_v) - \cos(\beta(l_v + l))}{\beta \cdot \sin(\beta(l_v + l))}. \tag{12.5.3/1}$$

Hieraus lassen sich alle weiteren Größen berechnen.

Da die Verlängerung $l_v < \lambda/4$ ist, wirkt die leerlaufende Leitung an der Antennenspitze kapazitiv. Demnach kann die Antenné auch durch anders geformte Kapazitäten *spitzenbelastet* werden. Solche Ausführungen können massive Metallplatten wie in Bild 12.3.1-1 sein oder strahlenförmig aufgesetzte Dachkapazitäten. Bei Abspannung der Verlängerungsleitung nach Bild 12.5.3-2a spricht man von einer *L*-Antenne, nach Bild 12.5.3-2b von einer *T*-Antenne. Im Langwellenbereich können die Dachkapazitäten als Rechteckreuse (Bild 12.5.3-2c) oder als Dreieckreuse (Bild 12.5.3-2d) ausgeführt werden. Die Dachkapazität muß zur weiteren Berechnung in eine entsprechende Leitungsverlängerung umgerechnet werden.

$$\underline{Z}_v = -jZ_M \cot(\beta l_v) = -jX_v, \tag{12.5.3/2}$$

$$l_v = \frac{1}{\beta} \operatorname{arccot}\left(\frac{X_v}{Z_M}\right). \tag{12.5.3/3}$$

Soll die Abweichung der Richtcharakteristik vom Hertzschen Dipol berücksichtigt werden, so wird in Analogie zu Gleichungen 12.4.3/5 und /7 anstelle l der Ausdruck $(l + l_v)$ gesetzt und ebenfalls für $H_{\varphi h}$ zwischen l und 0 bzw. für $H_{\varphi r}$ zwischen 0 und $-l$ integriert. Dies liefert den Ausdruck für die Richtcharakteristik der spitzenbelasteten Antenne

$$C = \frac{\cos(\beta l_v) \cdot \cos(\beta l \cdot \cos\vartheta) - \cos\vartheta \cdot \sin(\beta l_v) \cdot \sin(\beta l \cdot \cos\vartheta) - \cos(\beta(l + l_v))}{\sin\vartheta}. \tag{12.5.3/4}$$

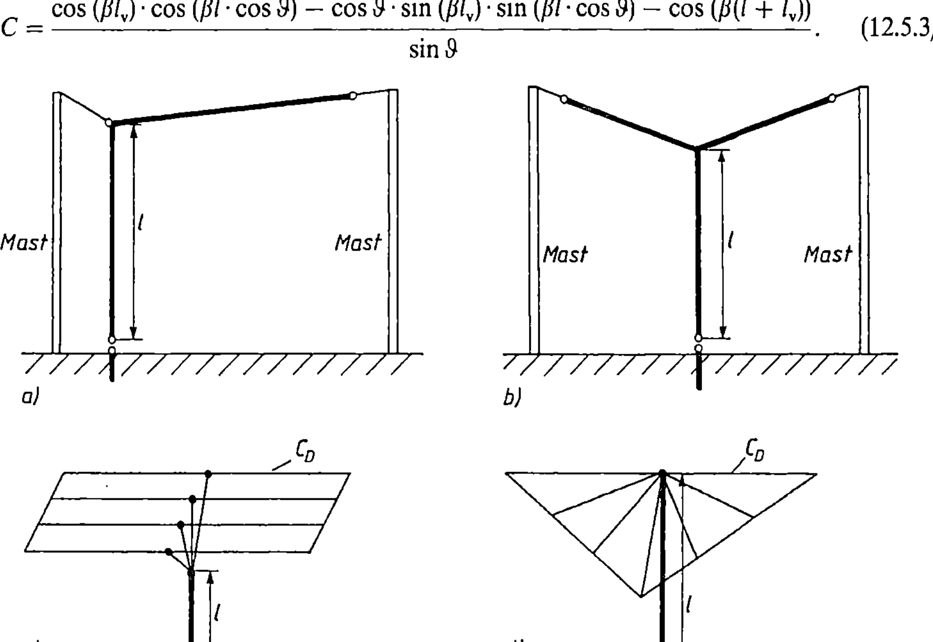

Bild 12.5.3-2 Beispiele spitzenbelasteter Antennen a) *L*-Antenne, b) *T*-Antenne, c) Dachkapazität als Rechteckreuse, d) Dachkapazität als Dreieckreuse

Häufig wird anstelle des Winkels ϑ der Erhebungswinkel α (Komplementwinkel zu ϑ) angegeben, so daß gilt

$$\alpha = 90° - \vartheta, \qquad \sin\alpha = \cos\vartheta, \qquad \cos\alpha = \sin\vartheta.$$

- **Beispiel 12.5.3/1:** Eine geerdete Vertikalantenne für $f = 500\ \text{kHz}$ ist $l = 100\ \text{m}$ hoch. Sie ist mit einer Dachkapazität von $C_D = 0,5\ \text{nF}$ belastet. Der Antennendurchmesser beträgt $d = 1\ \text{m}$ und der Verlustwiderstand $R_v = 3,5\ \Omega$. Wie groß sind Speisestrom, Speisespannung und Wirkungsgrad, wenn 50 kW abgestrahlt werden? Vergleichen Sie die Ergebnisse mit Übung 12.5.1/1.

Lösung:

Aus 12.5.1/8 folgt:

$$Z_M = 60\ \Omega\ \ln\left(1,15\ \frac{100\ \text{m}}{1\ \text{m}}\right) = 285\ \Omega$$

und

$$X_v = \frac{1}{\omega C_D} = \frac{1\ \text{Vs}}{2\pi \cdot 500 \cdot 10^3 \cdot 0,5 \cdot 10^{-9}\ \text{As}} = 637\ \Omega.$$

Nach 12.5.3/3:

$$l_v = \frac{600\ \text{m}}{2\pi}\ \text{arccot}\left(\frac{637\ \Omega}{285\ \Omega}\right) = 40,2\ \text{m}.$$

Nach 12.5.3/1:

$$h'_e = \frac{600\ \text{m}\left[\cos\left(\dfrac{2\pi \cdot 40,2\ \text{m}}{600\ \text{m}}\right) - \cos\left(\dfrac{2\pi \cdot 140,2\ \text{m}}{600\ \text{m}}\right)\right]}{2\pi \cdot \sin\left(\dfrac{2\pi \cdot 140,2\ \text{m}}{600\ \text{m}}\right)} = 77,8\ \text{m}.$$

Nach 12.5.1/6:

$$R'_s = 1600\ \Omega\left(\frac{77,8\ \text{m}}{600\ \text{m}}\right)^2 = 26,9\ \Omega.$$

Nach 12.4.4/2:

$$\eta' = \frac{26,9\ \Omega}{26,9\ \Omega + 3,5\ \Omega} = 0,88,$$

$$I'_s = \sqrt{\frac{50\ \text{kW}}{26,9\ \Omega}} = 43,1\ \text{A}.$$

Nach 12.4.5/3:

$$\underline{Z}'_A = 26,9\ \Omega + 3,5\ \Omega - \text{j}285\ \Omega\ \cot\left(\frac{2\pi \cdot 140,2\ \text{m}}{600\ \text{m}}\right),$$

$$\underline{Z}'_A = (30,4 - \text{j}29,4)\ \Omega = 42,3\ \Omega\ \underline{/-44°},$$

$$\underline{U}'_s = 42,3 \cdot 43,1\ \Omega\text{A}\ \underline{/-44°} = 1,8\ \text{kV}\ \underline{/-44°}.$$

Im Vergleich zu Übung 12.5.1/1 hat sich der Wirkungsgrad etwa um 10% verbessert. Der Speisestrom ist von 60,9 A auf 43,1 A und die Speisespannung von 10 kV auf 1,8 kV abgesunken. Die Verhältnisse sind durch die Dachkapazität wesentlich günstiger geworden.

12.5.4 Ausbreitung über Erde

Die Ausführungen technischer Antennen werden durch den Verwendungszweck und das Ausbreitungsverhalten elektromagnetischer Wellen bestimmt. Der nachfolgende Abschnitt hat nicht zur Aufgabe, Gesetzmäßigkeiten, Erscheinung und Berechnung der Ausbreitung elektromagnetischer Wellen zu behandeln, sondern soll durch einen prinzipiellen Überblick die Verwendung bestimmter Frequenzbereiche und Richtcharakteristiken verständlich machen.

Erst die Wellen von Frequenzen über 100 MHz besitzen quasioptisches Verhalten. Sie breiten sich geradlinig aus. Zwischen Sende- und Empfangsantenne muß in etwa Sichtkontakt bestehen. Bei allen Frequenzen $f < 100\,\text{MHz}$ sind die Ausbreitungsverhältnisse komplizierter. Hier beeinflussen sowohl die Krümmung der Erde, die Erdverluste, die Atmosphäre und die Ionosphäre die Ausbreitung der elektromagnetischen Wellen.

Die mit wachsender Höhe abnehmende Dichte des Mediums „Luft" und damit des Brechungsindexes krümmt die mit geringem Erhebungswinkel abgestrahlte Welle wieder zur Erde hin. Hierdurch wird die Reichweite über die optische Sicht verlängert.

Die in der Ionosphäre vorhandenen Elektronen werden durch die auftreffenden Wellen zur Sekundärstrahlung auf gleicher Frequenz f angeregt. Dies verringert den wirksamen Brechungsindex n bei vernachlässigter Dämpfung ([51], [143]).

$$n = \sqrt{\varepsilon_r} = \sqrt{1 - \left(\frac{f_p}{f}\right)^2} \,. \qquad (12.5.4/1)$$

Hierbei ist f_p die Plasmafrequenz

$$f_P = \frac{e}{2\pi} \sqrt{\frac{N}{\varepsilon_0 \cdot m_0}} \qquad (12.5.4/2)$$

mit der Ladung $e = 1{,}6 \cdot 10^{-19}\,\text{As}$, der Masse $m_0 = 9{,}11 \cdot 10^{-28}\,\text{g}$ eines Elektrons und der Elektronendichte N.

Es erfolgt also eine Brechung, die umso stärker wirkt, je niedriger die Sendefrequenz f ist. Dies kann bis zur Strahlumkehr führen, so daß in der Ionosphäre in einer Höhe von 100 ... 400 km elektromagnetische Wellen gespiegelt werden. Hierbei verändert sich meist die Polarisationsebene der Strahlung. Durch die Sonneneinstrahlung verändert die ionosphärische Schicht mit den Tages- und Jahreszeiten ihre Lage und ihr Verhalten. Bild 12.5.4-1 zeigt den

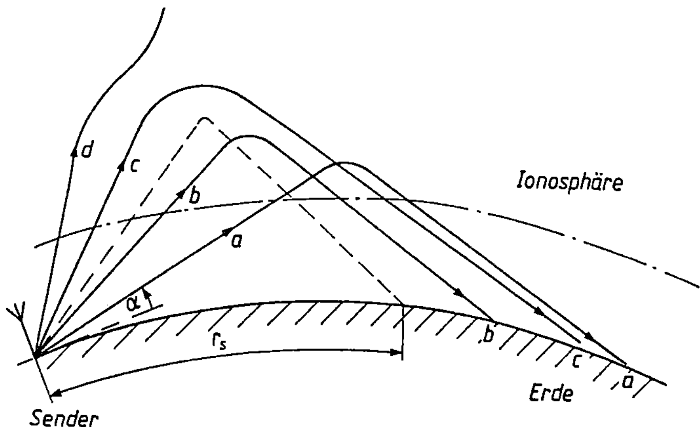

Bild 12.5.4-1   Die Reichweite der Raumwelle ist abhängig vom Abstrahlwinkel.

Verlauf einer solchen Ausbreitung. Bei kleinem Abstrahlwinkel werden zunächst große Entfernungen überbrückt (a), die mit wachsendem Erhebungswinkel kürzer werden (b). Mit weiter anwachsendem Erhebungswinkel wird jedoch die Reichweite wieder größer (c), da die Strahlung in das Gebiet maximaler Elektronendichte N gelangt. Mit noch weiter anwachsendem Erhebungswinkel α erfolgt keine Reflexion zur Erde mehr (d). Der obere Grenzwinkel ist überschritten. Alle Wellen, die durch Reflexion in der Ionosphäre den Empfänger erreichen, bezeichnet man als *Raumwellen*. Die kürzeste hierbei überbrückbare Entfernung ist die *Sprungentfernung* r_s.

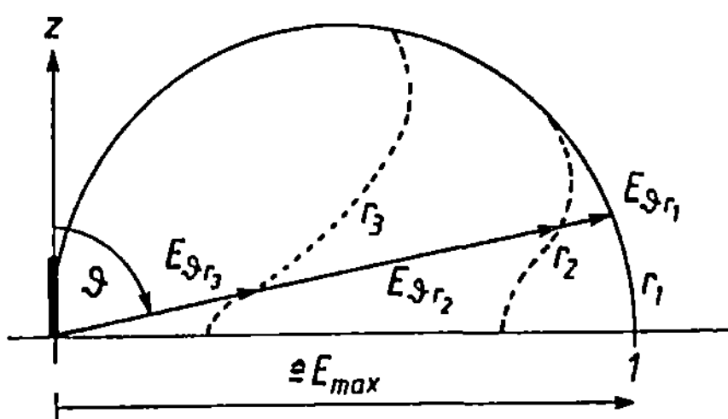

Bild 12.5.4-2
E-Diagramm des Monopols über Erde
für Entfernungen $r_1 < r_2 < r_3$

Die Welle, die längs der Erde direkt von der Sendeantenne den Empfänger erreicht, heißt *Bodenwelle*. Durch Beugung an der Erde folgen diese Wellen der Erdkrümmung, wobei die Feldstärken immer mehr gedämpft werden. Das Richtdiagramm besitzt dadurch auch eine Abhängigkeit von der Antennenentfernung r (Bild 12.5.4-2).

Für den Empfang auf der Erde sind damit zwei Grenzfälle möglich.

Tote Zone
Die Bodenwelle reicht mit einer noch nutzbaren Feldstärke bis zur Entfernung r_1 (Bild 12.5.4-3). Die Sprungentfernung beträgt r_s. Damit entsteht zwischen r_1 und r_s eine tote Zone, in der kein Empfang des Senders möglich ist.

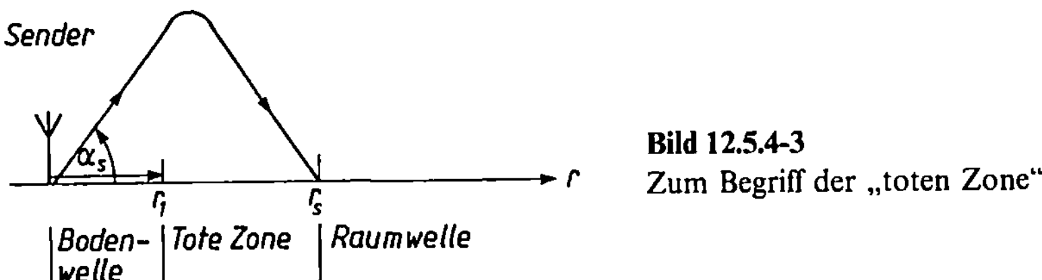

Bild 12.5.4-3
Zum Begriff der „toten Zone"

Schwund
Die Sprungentfernung von r_s ist kleiner als die Reichweite der Bodenwelle r_1. Am Empfangsort überlagern sich die Feldstärken der Raum- und Bodenwelle vektoriell. Durch diese Interferenz kann es zur Auslöschung der resultierenden Feldstärke zwischen r_1 und r_s kommen. Man bezeichnet dies als Schwund. Bei Mittelwellen kann Schwund in einer Entfernung von 50 ... 200 km vom Sender auftreten. Im allgemeinen versucht man Schwunderscheinungen zu vermeiden und toleriert tote Zonen. Solche Antennen bezeichnet man als schwundmindernde Antennen. Um nicht in den Bereich des Sprungwinkels α_s zu gelangen, müssen diese Antennen relativ flach abstrahlen.

● **Beispiel 12.5.4/1:** Berechnen Sie näherungsweise die Richtcharakteristik einer geerdeten Antenne der Länge $l = 5\lambda/8$ und skizzieren Sie das E-Diagramm. Der Erdboden sei als idealleitend angenommen.

Lösung:

Aus 12.4.3/12 folgt:

$$E_\vartheta = 120\,\pi\Omega\,\frac{I_\mathrm{s}}{\sin\left(\dfrac{2\pi}{\lambda}\cdot\dfrac{5\lambda}{8}\right)\cdot 2\pi r}\cdot\frac{\cos\left(\dfrac{2\pi}{\lambda}\cdot\dfrac{5\lambda}{8}\cdot\cos\vartheta\right)-\cos\left(\dfrac{2\pi}{\lambda}\cdot\dfrac{5\lambda}{8}\right)}{\sin\vartheta},$$

$$E_\vartheta = \frac{60\,\Omega}{r}\,I_\mathrm{s}\,\frac{1}{\sin\left(\dfrac{5}{4}\pi\right)}\,\frac{\cos\left(\dfrac{5}{4}\pi\cdot\cos\vartheta\right)-\cos\left(\dfrac{5}{4}\pi\right)}{\sin\vartheta} = -E_0\cdot 1{,}41\,\frac{\cos\left(\dfrac{5}{4}\pi\cdot\cos\vartheta\right)+0{,}71}{\sin\vartheta},$$

$$C_{5\lambda/8} = \left|\frac{E_\vartheta}{E_0}\right| = \left|-1{,}41\,\frac{\cos\left(\dfrac{5}{4}\pi\cdot\cos\vartheta\right)+0{,}71}{\sin\vartheta}\right|.$$

Das E-Diagramm ist in Bild 12.5.4-4 dargestellt.

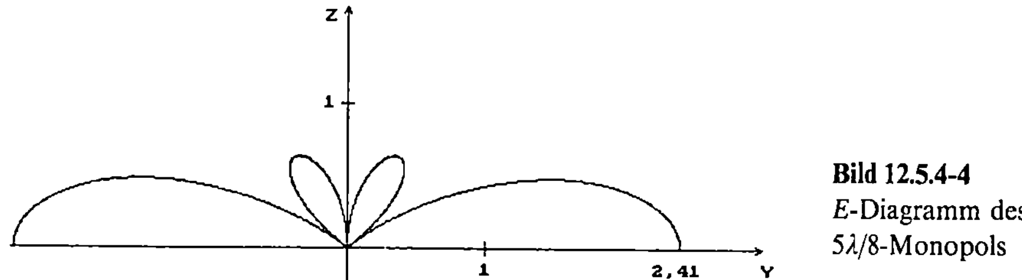

Bild 12.5.4-4
E-Diagramm des
$5\lambda/8$-Monopols

Besonders gute Flachstrahler sind Antennen der Länge $l \approx 5\lambda/8$, wenn in der Nähe des oberen Strombauches Induktivitäten, die witterungsbeständig untergebracht sind, angeordnet werden ([146], [148]).

Bodenreflexion

Als weiteren Einfluß auf die Strahlungsausbreitung und damit auf die Feldstärke am Empfangsort ist die Reflexion der Strahlung an der Erdoberfläche zu berücksichtigen. So wird entsprechend den optischen Gesetzen ein Teil der Feldstärke an der Erde reflektiert und ein Teil wandert gebrochen in den Erdboden.

Anhand von Bild 12.5.4-5 soll das Verhalten näher betrachtet werden. Eine Sendeantenne befinde sich im Abstand h_S von der Erde entfernt. Der Empfangspunkt sei h_E von der Erde entfernt. Die Entfernung zwischen beiden betrage $d \gg h_\mathrm{S}$, h_E. Die Empfangsfeldstärke $\vec{E}_\mathrm{E}$ im Punkte P_E setzt sich aus der vektoriellen Summe der Feldstärke auf dem direkten Weg $\underline{\vec{E}}_\mathrm{dir}$ und der am Boden reflektierten Feldstärke $\underline{\vec{E}}_\mathrm{ref}$ zusammen.

$$\underline{\vec{E}}_\mathrm{E} = \underline{\vec{E}}_\mathrm{dir} + \underline{\vec{E}}_\mathrm{ref}\,. \tag{12.5.4/3}$$

Die reflektierte Feldstärke entsteht am Reflexionspunkt P und ist von der Leitfähigkeit und der Dielektrizitätskonstanten des Erdbodens abhängig. Bezeichnet man die zum Erdboden hinlaufende Feldstärke mit $\underline{E}_\mathrm{h}$, so gilt im Punkt P

$$\underline{E}_{\mathrm{ref}\,(P)} = \underline{r}\cdot\underline{E}_{\mathrm{h}\,(P)}\,. \tag{12.5.4/4}$$

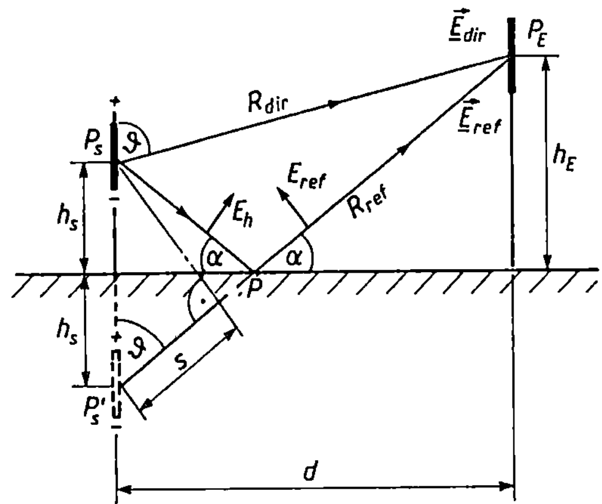

Bild 12.5.4-5
Zur Ableitung des Höhenfaktors. Für
$d \gg h_\mathrm{S}$, h_E verlaufen R_dir und R_ref etwa
parallel zueinander ($\alpha \approx 90° - \vartheta$).

Der Reflexionsfaktor $\underline{r}$ läßt sich aus den Fresnelschen Gleichungen der Optik ([147], [148], [149]) berechnen. Er hängt von der Lage der elektrischen Feldstärke zur Einfallsebene ab. (Die Einfallsebene ist die Ebene, in der der Vektor $\vec{S}_\mathrm{r}$ der Leistungsdichte und die Flächennormale im Punkte P liegen.) Schwingt die elektrische Feldstärke der TEM-Welle in der Einfallsebene, so gilt für den Reflexionsfaktor $\underline{r}_\parallel$

$$\underline{r}_\parallel = \frac{\underline{\varepsilon}_\mathrm{r} \cdot \sin \alpha - \sqrt{\underline{\varepsilon}_\mathrm{r} - \cos^2 \alpha}}{\underline{\varepsilon}_\mathrm{r} \cdot \sin \alpha + \sqrt{\underline{\varepsilon}_\mathrm{r} - \cos^2 \alpha}} \; . \tag{12.5.4/5}$$

Schwingt die elektrische Feldstärke senkrecht zur Einfallsebene, so gilt für den Reflexionsfaktor $\underline{r}_\perp$

$$\underline{r}_\perp = \frac{\sin \alpha - \sqrt{\underline{\varepsilon}_\mathrm{r} - \cos^2 \alpha}}{\sin \alpha + \sqrt{\underline{\varepsilon}_\mathrm{r} - \cos^2 \alpha}} \; . \tag{12.5.4/6}$$

Hierbei sind α der Erhebungswinkel und $\underline{\varepsilon}_\mathrm{r}$ entsprechend Gleichung 12.5.2/3 der Inhalt des Wurzelausdrucks

$$\underline{\varepsilon}_\mathrm{r} = \varepsilon_\mathrm{r}\left(1 - \mathrm{j}\,\frac{\varkappa}{\omega\varepsilon}\right) = \varepsilon_\mathrm{r} - \mathrm{j}\,\frac{\varkappa}{\omega\varepsilon_0} \; . \tag{12.5.4/7}$$

Es soll exemplarisch eine vertikal polarisierte Dipolanordnung entsprechend Bild 12.5.4-5 untersucht werden. Wegen der Rundstrahlung dieser Antenne in Richtung φ liegen leicht überschaubare Verhältnisse vor. Die elektrische Feldstärke schwingt in der Einfallsebene, so daß allein $\underline{r}_\parallel$ interessiert. Für ideal leitenden Boden ($\varkappa \to \infty$) läuft auch $\underline{\varepsilon}_\mathrm{r} \to \infty$ und damit wird nach Gleichung 12.5.4/5

$$\underline{r}_\parallel = \left. \frac{\dfrac{\underline{\varepsilon}_\mathrm{r}}{\underline{\varepsilon}_\mathrm{r}} \cdot \sin \alpha - \dfrac{\sqrt{\underline{\varepsilon}_\mathrm{r} - \cos^2 \alpha}}{\underline{\varepsilon}_\mathrm{r}}}{\dfrac{\underline{\varepsilon}_\mathrm{r}}{\underline{\varepsilon}_\mathrm{r}} \cdot \sin \alpha + \dfrac{\sqrt{\underline{\varepsilon}_\mathrm{r} - \cos^2 \alpha}}{\underline{\varepsilon}_\mathrm{r}}} \right|_{\underline{\varepsilon}_\mathrm{r} \to \infty} = +1 \; .$$

Am weitentfernten Empfangspunkt P_E fallen sowohl der direkte als auch der reflektierte Strahl praktisch parallel unter dem Erhebungswinkel (Elevation) $\alpha \approx 90° - \vartheta$ ein. Wegen $\underline{r}_\parallel = 1$ sind die Beträge beider Feldstärkenanteile gleich groß

$$|\underline{E}_\mathrm{dir}| \approx |\underline{E}_\mathrm{ref}| \approx E \; . \tag{12.5.4/8}$$

Allerdings hat der reflektierte Strahl einen längeren Weg zurückzulegen und ist hierdurch gegenüber $\underline{E}_{\mathrm{dir}}$ nacheilend phasenverschoben. Aus Bild 12.5.4-5 läßt sich die Wegdifferenz s

$$s = 2 \cdot h_{\mathrm{S}} \cdot \cos \vartheta \tag{12.5.4/9}$$

und damit der Winkel ψ bestimmen

$$\psi = \beta \cdot s \,. \tag{12.5.4/10}$$

Die Wegdifferenz s erhält man ebenfalls aus $R_{\mathrm{ref}} = \overline{P'_{\mathrm{S}}P_{\mathrm{E}}}$, $R_{\mathrm{dir}} = \overline{P_{\mathrm{S}}P_{\mathrm{E}}}$

$$s = |R_{\mathrm{ref}} - R_{\mathrm{dir}}| \,, \tag{12.5.4/11}$$

$R_{\mathrm{dir}}^2 = d^2 + (h_{\mathrm{E}} - h_{\mathrm{S}})^2$, falls $h_{\mathrm{E}} > h_{\mathrm{S}}$ ist,

$$R_{\mathrm{dir}} = d \sqrt{1 + \frac{(h_{\mathrm{E}} - h_{\mathrm{S}})^2}{d^2}} \tag{12.5.4/12}$$

und analog

$$R_{\mathrm{ref}} = d \sqrt{1 + \frac{(h_{\mathrm{E}} + h_{\mathrm{S}})^2}{d^2}} \,. \tag{12.5.4/13}$$

Beachtet man, daß $d \gg h_{\mathrm{E}} + h_{\mathrm{S}}$ ist, so läßt sich nähern

$$s \approx d \left[\left(1 + \frac{(h_{\mathrm{E}} + h_{\mathrm{S}})^2}{2d^2} \right) - \left(1 + \frac{(h_{\mathrm{E}} - h_{\mathrm{S}})^2}{2d^2} \right) \right],$$

$$s \approx \frac{d \cdot 4 h_{\mathrm{S}} \cdot h_{\mathrm{E}}}{2d^2} = \frac{2 \cdot h_{\mathrm{S}} \cdot h_{\mathrm{E}}}{d} \,. \tag{12.5.4/14}$$

Damit errechnet sich die Gesamtfeldstärke nach Bild 12.5.4-6

$$|E_{\mathrm{E}}| = 2 \left| E \cdot \cos \left(\frac{\psi}{2} \right) \right|, \tag{12.5.4/15}$$

$$F_{\mathrm{h}} = \left| \frac{E_{\mathrm{E}}}{E} \right| \approx 2 \cdot \left| \cos \left(\frac{\beta \cdot s}{2} \right) \right|,$$

$$F_{\mathrm{h}} \approx 2 \left| \cos \left(\beta \frac{h_{\mathrm{S}} \cdot h_{\mathrm{E}}}{d} \right) \right|. \tag{12.5.4/16}$$

Dieser Ausdruck wird als *Höhenfaktor* der Antenne bezeichnet. Besonders bei KW- und UKW-Antennen ist er zu berücksichtigen. Wegen der gewünschten großen optischen Sichtweiten werden Antennen auf hohe Masten und Türme montiert. Die genaue Berechnung berücksichtigt die Richtcharakteristik und die Dämpfung des reflektierten Strahls aufgrund realer Bodenverhältnisse. Entsprechend der Formel 12.5.4/4 liefert dies ungleiche Amplituden für E_{dir} und E_{ref}.

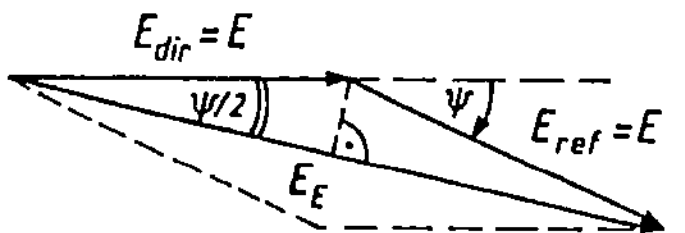

Bild 12.5.4-6
Zeigerdiagramm zur Ermittlung der resultierenden Feldstärke E_{E}

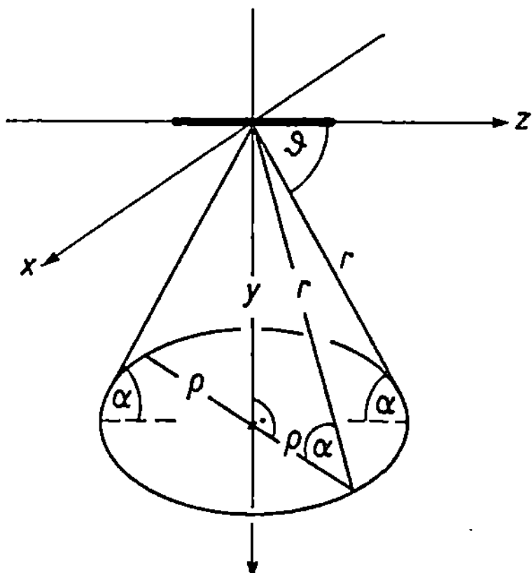

Bild 12.5.4-7
Für konstanten Einfallwinkel α entsteht bei der
Entfernung r ein Kreis mit dem Radius ϱ als
Kegelschnitt, $\sin \alpha = y/r$.

Bei *horizontaler* Polarisation liegt keine Rundstrahlung vor. Der Einfallswinkel α ist eine
Funktion der Winkel ϑ und φ. Aus Bild 12.5.4-7 erhält man unter Berücksichtigung der
Umrechnung von Kugel- in kartesische Koordinaten ($x = r \cdot \sin \vartheta \cos \varphi$, $y = r \cdot \sin \vartheta \sin \varphi$,
$z = r \cdot \cos \vartheta$)

$$\sin \alpha = \frac{y}{r} = \frac{r \cdot \sin \vartheta \cdot \sin \varphi}{r}, \qquad (12.5.4/17)$$

$$\sin \alpha = \sin \vartheta \sin \varphi, \qquad (12.5.4/18)$$

$$\cos \alpha = \sqrt{1 - \sin^2 \vartheta \sin^2 \varphi}. \qquad (12.5.4/19)$$

Die einfallende elektrische Feldstärke $\vec{E}_\vartheta$ muß erst in ihre Komponenten in der Einfallsebene $\vec{E}_\parallel$ und senkrecht hierzu $\vec{E}_\perp$ zerlegt werden; denn jeder Anteil wird nach den Gleichungen 12.5.4/5 und /6 unterschiedlich reflektiert. Es wird $\vec{E}_{ref}$ bereits als Summe zweier
Feldstärken ermittelt. Ihr Verhältnis zueinander entspricht nicht mehr dem der einfallenden
Komponenten. Damit verändert sich durch die Reflexion die Polarisationsebene. Bild 12.5.4-8
stellt die Zerlegung von $\vec{E}_\vartheta$ im Reflexionspunkt dar.

$$\vec{E}_{\vartheta(P)} = \vec{E}_\parallel + \vec{E}_\perp. \qquad (12.5.4/20)$$

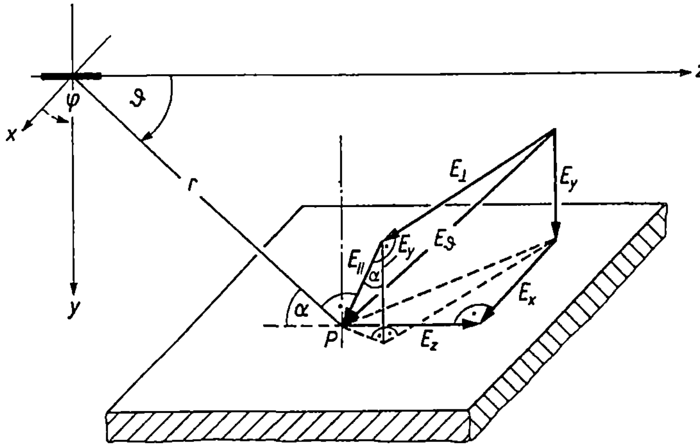

Bild 12.5.4-8   Lage der kartesischen Komponenten von E_ϑ und der Komponenten $E_\parallel$, $E_\perp$ bezogen
auf die Einfallsebene, die sich aus E_y ableiten lassen

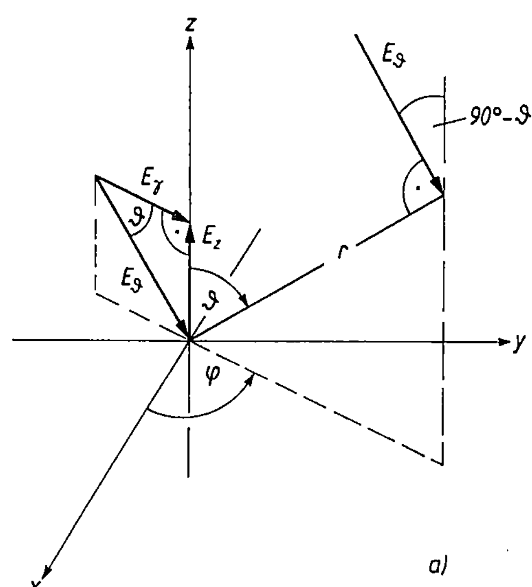
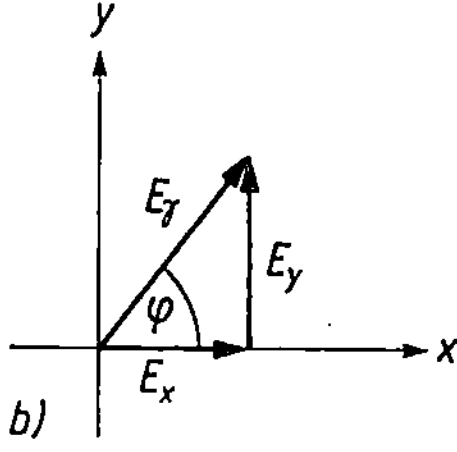

Bild 12.5.4-9
Zerlegung von E_ϑ in kartesische Komponenten,
a) liefert E_z und E_γ, letzteres läßt sich nach
b) in E_x und E_y aufspalten

Mit dem Erhebungswinkel α lassen sich direkt aus der Feldstärkenkomponente $\vec{E}_y$ die gesuchten Größen berechnen, wobei E_y aus Bild 12.5.4-9 ermittelt wird.

$$E_{\parallel} = \frac{E_y}{\cos\alpha} = \frac{E_\vartheta \cdot \cos\vartheta \cdot \sin\varphi}{\sqrt{1 - \sin^2\vartheta \cdot \sin^2\varphi}} \, . \tag{12.5.4/21}$$

Hieraus erhält man die in der Praxis meist zutreffende Näherung

$$E_{\parallel}\big|_{\alpha \ll} \approx E_y = E_\vartheta \cdot \cos\vartheta \cdot \sin\varphi \, . \tag{12.5.4/22}$$

Damit gilt für die Feldstärke $E_\perp$

$$E_\perp = \sqrt{E_\vartheta^2 - E_{\parallel}^2} \, , \tag{12.5.4/23}$$

$$E_\perp = E_\vartheta \sqrt{1 - \frac{\cos^2\vartheta \cdot \sin^2\varphi}{1 - \sin^2\vartheta \cdot \sin^2\varphi}} = E_\vartheta \sqrt{\frac{1 - \sin^2\varphi}{1 - \sin^2\vartheta \cdot \sin^2\varphi}} \, ,$$

$$E_\perp = E_\vartheta \frac{\cos\varphi}{\sqrt{1 - \sin^2\vartheta \cdot \sin^2\varphi}} = E_\vartheta \frac{\cos\varphi}{\cos\alpha} \tag{12.5.4/24}$$

und für die Näherung

$$E_\perp\big|_{\alpha \ll} \approx E_\vartheta \cdot \cos\varphi \, . \tag{12.5.4/25}$$

In vielen Fällen setzt man ideal leitenden Boden voraus und kann dann mit Hilfe der Spiegelladung — dies ist bereits in Bild 12.5.4-5 angedeutet — analog zur Spiegelantenne (Kapitel 12.8.4) die Verhältnisse abschätzen.

- **Beispiel 12.5.4/2**: Ermitteln Sie den Höhenfaktor F_h, wenn sich die Sendeantenne in einer Höhe $h_S = 50$ m und die Empfangsantenne in $h_E = 10$ m befinden. Die Entfernung zwischen beiden beträgt $d = 20$ km. Die Betriebsfrequenz sei $f = 100$ MHz und der Boden idealleitend. Die Polarisation sei vertikal.

Lösung:

$$F_h \approx 2 \left| \cos\left(\frac{2\pi}{3 \text{ m}} \cdot \frac{50 \text{ m} \cdot 10 \text{ m}}{20 \cdot 10^3 \text{ m}} \right) \right| = 2 \, .$$

Das Doppelte gegenüber der Freiraumausbreitung wird am Empfangsort gemessen werden.

- **Beispiel 12.5.4/3:** Ermitteln Sie die Empfangsfeldstärke entsprechend Beispiel 12.5.4/2. Anstelle des ideal leitenden Bodens soll mit $\varepsilon_r = 10$, $\varkappa = 5 \cdot 10^{-4}$ S/m (Wiesenboden) gerechnet werden.

Lösung:

Aus 12.5.4/7 folgt:

$$\underline{\varepsilon}_r = 10 - j\,\frac{5 \cdot 10^{-4}\,\text{As Vm}}{2 \cdot \pi \cdot 100 \cdot 10^6 \cdot 8{,}86 \cdot 10^{-12}\,\text{Vm As}}\,,$$

$$\underline{\varepsilon}_r = 10 - j0{,}09 \approx 10\,.$$

Mit $\alpha = 90° - \vartheta$ wird

$$\cos \alpha = \sin \vartheta \approx \tan \vartheta = \frac{h_S - h_E}{d}\,,$$

$$\cos \alpha \approx \frac{50\,\text{m} - 10\,\text{m}}{20 \cdot 10^3\,\text{m}} = 0{,}002\,;\qquad \sin \alpha = \cos \vartheta \approx 1\,.$$

Aus 12.5.4/5 folgt:

$$\underline{r}_{\parallel} = \frac{10 \cdot 1 - \sqrt{10 - (2 \cdot 10^{-3})^2}}{10 \cdot 1 + \sqrt{10 - (2 \cdot 10^{-3})^2}} = \frac{6{,}84}{13{,}16} = 0{,}52\,.$$

$$\underline{r}_{\parallel} = r_{\parallel}\,\underline{/\varphi_r} = 0{,}52\,\underline{/0}\,.$$

Die Phasenverschiebung ψ wird damit zu

$$\psi = -\beta \cdot s + \varphi_r = -\frac{2\pi}{3\,\text{m}} \cdot \frac{50 \cdot 10\,\text{m}^2}{20 \cdot 10^3\,\text{m}} + 0\,,$$

$$\psi = -0{,}05\,;\qquad \psi° = -2{,}86°\cdot\,.$$

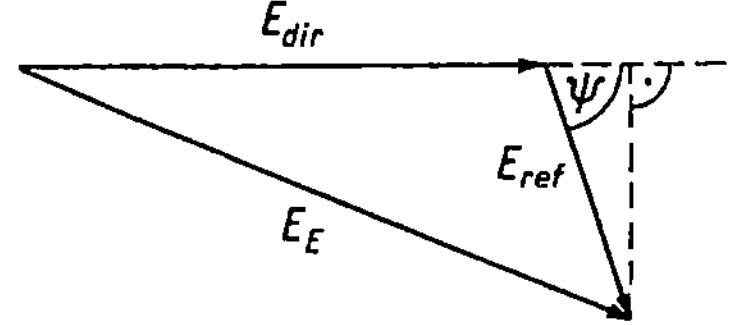

Bild 12.5.4-10
Zeigerdiagramm zur Ermittlung der resultierenden Feldstärke, wenn $|E_{\text{ref}}| < |E_{\text{dir}}|$ ist

Als Empfangsfeldstärke nach Bild 12.5.4-10 erhält man somit

$$E_E = \sqrt{(E_{\text{dir}} + E_{\text{ref}} \cdot \cos \psi)^2 + (E_{\text{ref}} \cdot \sin \psi)^2}\,,$$

$$E_E = E_{\text{dir}}\sqrt{(1 + r_{\parallel} \cdot \cos \psi)^2 + (r_{\parallel} \cdot \sin \psi)^2}\,,$$

$$\left|\frac{E_E}{E_{\text{div}}}\right| = \sqrt{(1 + 0{,}52 \cos (-2{,}86°)^2 + (0{,}52 \sin (-2{,}86°)^2} = 1{,}52\,.$$

Nur etwa 75% der Feldstärke gegenüber idealen Verhältnissen treten jetzt am Empfänger auf.

12.6 Magnetischer Dipol

Als magnetischen Dipol bezeichnet man eine Anordnung, deren magnetischer Feldverlauf dem elektrischen Feldverlauf des Hertzschen Dipols entspricht. Die Ableitung der Feldgleichungen kann durch die Feldüberlagerung von zwei Einzelstrahlern ([145], [148]) oder ausgehend vom Vektorpotential des magnetischen Elementarstrahlers ([139], [142]) erfolgen.

12.6.1 Rahmen-Antenne

In der x/y-Ebene nach Bild 12.6.1-1a befinde sich eine kleiner Rahmen der Fläche A mit N Windungen. Er soll von einem Wechselstrom konstanter Amplitude durchflossen sein. Damit letzte Forderung näherungsweise erfüllt wird, ist die Leitungslänge sehr klein gegenüber der Wellenlänge zu wählen.

$$N \cdot s \ll \lambda, \qquad s = \text{Rahmenumfang}. \tag{12.6.1/1}$$

Anderenfalls bildet die unterschiedliche Strombelegung viele Keulen in der Richtcharakteristik aus.

Der Rahmen kann beliebig geformt sein. Rechteck- und Kreisrahmen werden bevorzugt. In Bild 12.6.1-1b ist ein Schnitt dieser Anordnung durch die y/z-Ebene gezeigt. Die magnetische Feldverteilung ist skizziert. Man bezeichnet den Vektor der Rahmenfläche als *Rahmenachse.* Die Rahmenachse steht also senkrecht zur Rahmenfläche. Im Vergleich zum Hertzschen Dipol mit seinen Feldstärkeanteilen $\vec{E}_\vartheta$, $\vec{E}_r$, $\vec{H}_\varphi$ (TM-Welle, *transversalmagnetisch*) existieren beim magnetischen Dipol die Feldstärkeanteile $\vec{H}_\vartheta$, $\vec{H}_r$, $\vec{E}_\varphi$ (TE-Welle, *transversalelektrisch*). Im Fernfeld sind beim selben Bezugssystem elektrische und magnetische Feldstärken vertauscht. Das magnetische Fernfeld der Rahmen-Antenne wird beschrieben durch

$$H_\vartheta = \frac{\pi N A I}{\lambda^2 r} \sin \vartheta . \tag{12.6.1/2}$$

Die elektrische Feldstärke errechnet sich zu

$$E_\varphi = Z_0 \cdot H_\vartheta . \tag{12.6.1/3}$$

Hierbei ist $Z_0 = 120\pi\,\Omega$ wieder der Feldwellenwiderstand. Die Leistungsdichte ist (Bild 12.6.1-1c)

$$S_r = \frac{1}{2} E_\varphi \cdot H_\vartheta = Z_0 \left(\frac{\pi N A I}{\lambda^2 r \sqrt{2}} \right)^2 \sin^2 \vartheta \tag{12.6.1/4}$$

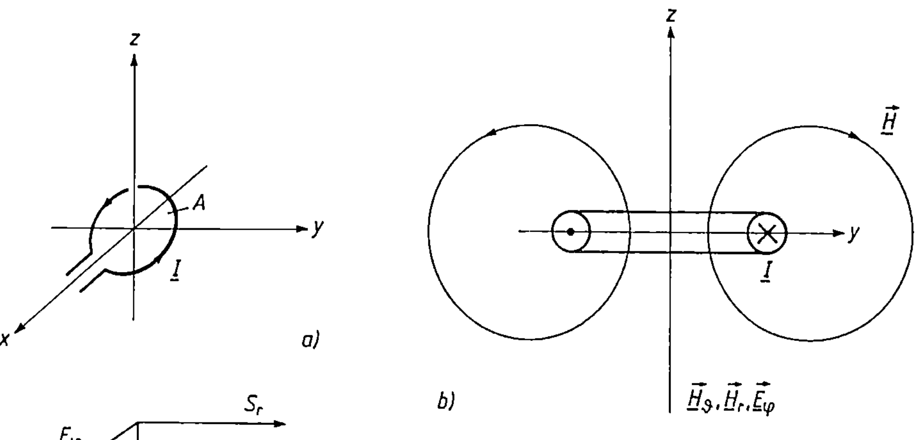

Bild 12.6.1-1
Rahmenantenne a) die Lage im Koordinatensystem (x/y-Ebene)
b) der Verlauf des magnetischen Nahfeldes
c) die Fernfeldkomponenten E_ϑ, H_φ und
der Poyntingsche Vektor S_r

und die abgestrahlte Leistung wird entsprechend Kapitel 12.3.1 in Analogie zu den Gleichungen 12.3.1/5, /6, /7 zu:

$$P_s = \int_0^\pi Z_0 \left(\frac{\pi N A I}{\lambda^2 r \sqrt{2}}\right)^2 \cdot \sin^2 \vartheta \cdot 2\pi r^2 \cdot \sin \vartheta \, d\vartheta \,, \tag{12.6.1/5}$$

$$P_s = 31\,000 \,\Omega \left(\frac{NA}{\lambda^2}\right)^2 \left(\frac{I}{\sqrt{2}}\right)^2 \,. \tag{12.6.1/6}$$

Der Strahlungswiderstand der Rahmen-Antenne R_{sR} ist dann

$$R_{sR} = 31 \cdot 10^3 \,\Omega \frac{(NA)^2}{\lambda^4} \,. \tag{12.6.1/7}$$

- **Beispiel 12.6.1/1:** Ermitteln Sie den Strahlungswiderstand einer Rahmen-Antenne für die Betriebsfrequenz $f = 3\,\text{MHz}$. Die Rahmenfläche sei $A = 1\,\text{m}^2$, die Windungszahl $N = 5$.

Lösung:

$$\lambda = \frac{3 \cdot 10^8 \,\text{ms}}{3 \cdot 10^6 \,\text{s}} = 100\,\text{m} \quad (\textit{Wellenlänge})$$

$$R_{sR} = 31 \cdot 10^3 \frac{(5 \cdot 1)^2}{100^4} \,\Omega = 7{,}8\,\text{m}\Omega \,.$$

Die Strahlungswiderstände von Rahmen-Antennen erreichen Werte von $R_{sR} < 0{,}1\,\Omega$. Hierdurch verursachen die Kupferwicklungen so schlechte Wirkungsgrade, daß die Rahmen-Antenne nur als Empfangsantenne eingesetzt wird.

Soll das Fernfeld eines elektrischen Dipols ($\vec{E}_z \equiv \vec{E}_F$, $\vec{H}_x \equiv \vec{H}_F$) empfangen werden, so muß der Rahmen in der y/z-Ebene angeordnet sein, um optimalen Empfang zu ermöglichen (Bild 12.6.1-2). Ein Positionieren des Empfangsrahmens in der x/y-Ebene wäre wirkungslos. Auch ein Drehen des Rahmens um die z-Achse bewirkt, daß die von der magnetischen Empfangsfeldstärke durchsetzte Fläche A' kleiner wird.

$$A' = A \cdot \sin \vartheta \cdot \cos \varphi \,. \tag{12.6.1/8}$$

Die im Rahmen induzierte Leerlaufspannung läßt sich aus den quasistationären Bedingungen bei kleiner Rahmenfläche berechnen. Bei bekannter elektrischer Feldstärke $\underline{E}_F$ am Empfangsort wird der Wert der magnetischen Feldstärke $\underline{H}_F$ bei Luft als Medium ($\mu_r \approx 1$)

$$\underline{H}_F = \frac{\underline{E}_F}{Z_0} = \underline{E}_F \sqrt{\frac{\varepsilon_0}{\mu_0}}$$

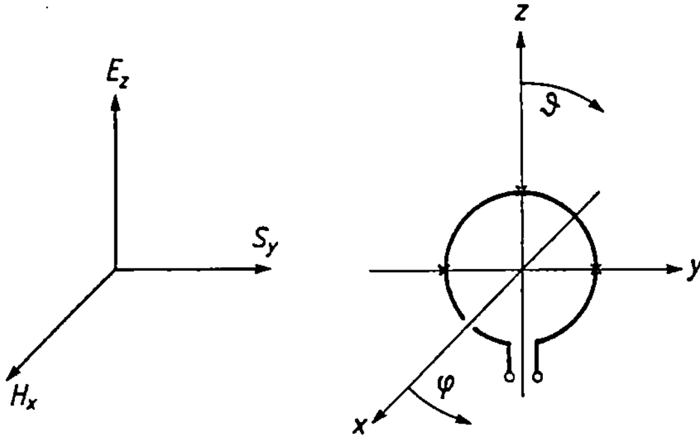

Bild 12.6.1-2
Optimale Ausrichtung des Empfangsrahmens zur einfallenden TEM-Welle

und damit die magnetische Induktion $\underline{\vec{B}}_F$

$$\underline{\vec{B}}_F = \mu_0 \underline{\vec{H}}_F \tag{12.6.1/9}$$

sowie der magnetische Fluß $\underline{\Phi}$

$$\underline{\Phi} = \underline{\vec{B}}_F \cdot \vec{A} = \underline{B}_F \cdot A' \tag{12.6.1/10}$$

und schließlich die induzierte Spannung durch den sinusförmigen Verlauf der elektrischen Feldstärke $\underline{E}_F = E_F \cdot e^{j\omega t}$

$$\underline{U}_i = -N \frac{d\left(E_F \cdot e^{j\omega t} \sqrt{\dfrac{\varepsilon_0}{\mu_0}} \, \mu_0 A \cdot \sin \vartheta \cdot \cos \varphi \right)}{dt}, \tag{12.6.1/11}$$

$$\underline{U}_i = -jN\omega \sqrt{\varepsilon_0 \mu_0} \, A \cdot \sin \vartheta \cdot \cos \varphi \cdot \underline{E}_F .$$

Mit $\omega = 2\pi \dfrac{c_0}{\lambda} = \dfrac{2\pi}{\sqrt{\varepsilon_0 \mu_0} \, \lambda}$ vereinfacht sich die Gleichung zu

$$\underline{U}_i = -j \frac{2\pi N A}{\lambda} \cdot \sin \vartheta \cdot \cos \varphi \cdot \underline{E}_F . \tag{12.6.1/12}$$

12.6.2 Ferritantenne, Peilrahmen

Ferritantenne

Die Abmessungen der Rahmen-Antenne können erheblich vermindert werden, wenn der Rahmen um einen Ferritstab gewickelt wird. Der Rahmen wird zur Spule. Einsatz findet diese Antenne besonders im LW-, MW- und KW-Bereich. Die Spule stellt hierbei zugleich die Induktivität des ersten Schwingkreises im Empfänger dar. Mit der relativen Permeabilität $\mu_r \gg 1$ des Ferritstabes wird die empfangene Leerlaufspannung

$$\underline{U}_i = -j \frac{2\pi N A \mu_r}{\lambda} \cdot \sin \vartheta \cdot \cos \varphi \cdot \underline{E}_F .$$

Für optimale räumliche Ausrichtung erhält man als Spannungsbetrag

$$U_i = \frac{2\pi N A \mu_r}{\lambda} E_F . \tag{12.6.2/1}$$

Da für einen elektrischen Mono- oder Dipol die Leerlaufspannung nach Gleichung 12.7.2/6

$$\underline{U}_i = l_e \cdot \underline{E}_F$$

ermittelt wird, bezeichnet man in Analogie hierzu als *wirksame Länge des Rahmens*

$$l_{cR} = \frac{2\pi N A \mu_r}{\lambda} . \tag{12.6.2/2}$$

Eine anschauliche Deutung kann nicht gegeben werden. Die wirksame Länge einer Rahmen-Antenne ist eine reine Rechengröße.

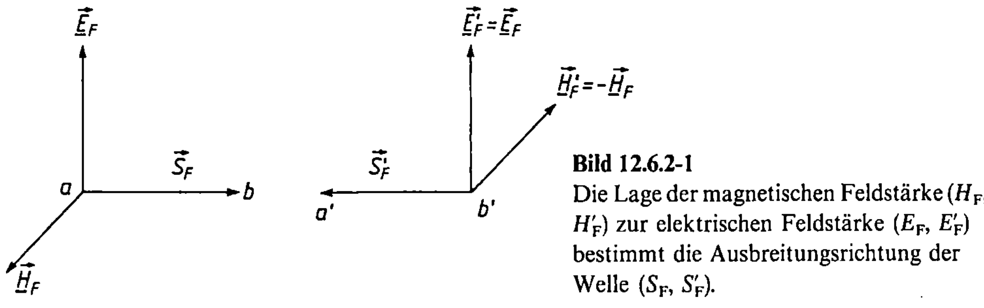

Bild 12.6.2-1
Die Lage der magnetischen Feldstärke (H_F, H'_F) zur elektrischen Feldstärke (E_F, E'_F) bestimmt die Ausbreitungsrichtung der Welle (S_F, S'_F).

Peilrahmen

Die Rahmen-Antenne wechselt die Polarität ihrer Leerlaufspannung, wenn die Einfallrichtung des Senders um 180° gedreht wird, wie in Bild 12.6.2-1 erläutert. Bei gleicher elektrischer Feldstärke $\vec{E}_F$ ist die magnetische Feldstärke $\vec{H}_F$ positiv, wenn die Strahlung von a nach b wandert. $\vec{H}_F$ wird aber negativ, wenn sich die Strahlung von b' nach a' bewegt. Dieses Verhalten nutzt man zum Aufbau einer einfachen *Peilantenne* aus. Hierzu wird in Reihe mit der elektrisch abgeschirmten Rahmen-Antenne ein Monopol (Bild 12.6.2-2a) geschaltet. Liefert die Stab-antenne mit ihrer Rundcharakteristik in Richtung φ durch geeignete Wahl der Stablänge die gleiche Leerlaufspannung, so entsteht durch phasenkorrigierte Addition der Spannungen des Rahmens und des Stabes ein richtungsabhängiger kardioider Verlauf der Klemmspannung mit dem Winkel φ (Bild 12.6.2-2b). Man beachte, daß in Bild 12.6.2-2b Spannungen und nicht die elektrische Feldstärke als Funktion des Winkels φ aufgetragen sind.

Für optimalen Empfang aus y-Richtung ist die Rahmenachse der Peilantenne auf den Winkel $\varphi = 0°$, $\vartheta = 90°$ eingestellt.

$$\underline{U}_{\text{stab}} = l_{\text{cStab}} \cdot \underline{E}_F \, . \tag{12.6.2/3}$$

Da das Spannungsminimum leichter zu detektieren ist als das Maximum, erfolgt in der Praxis die Ausrichtung des Peilrahmens nach dem Spannungsminimum.

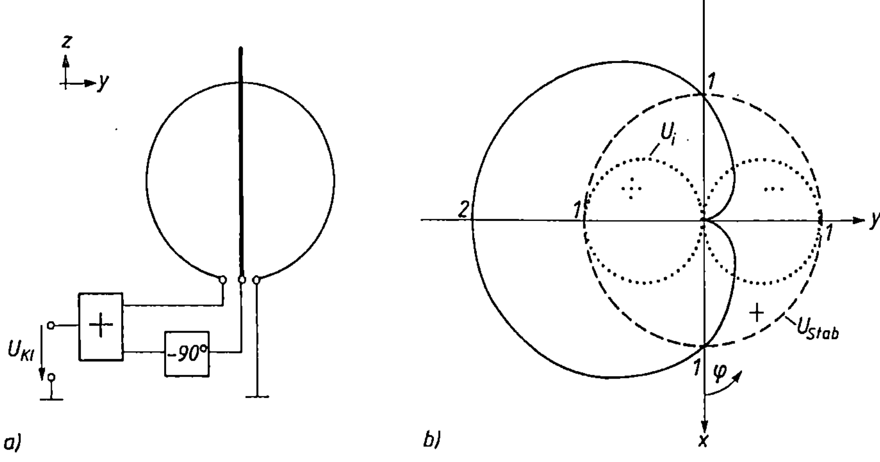

Bild 12.6.2-2 a) Aufbau des Peilrahmens, b) Die richtungsabhängige Empfangsspannung ergibt sich aus der Addition der Spannungen von Rahmen- (············) und Stabantenne (– – – –), entsprechend ihren Richtdiagrammen.

12.7 Empfangsantenne

Die Betrachtungen und die Berechnungen in den vorhergehenden Abschnitten setzten meist Sendeantennen voraus. In diesem Kapitel soll nun dargestellt werden, daß inhaltlich zwischen Sende- und Empfangsantenne kein Unterschied besteht. Da sich die Verhältnisse an Sendeantennen besser aufzeigen lassen, werden meist die Antenneneigenschaften an Sendeantennen erläutert.

12.7.1 Umkehrsatz

Die Empfangsantenne hat zur Aufgabe einen Teil der elektromagnetischen Strahlung einer Sendeantenne aufzunehmen und diese Leistung dem Empfänger zuzuführen. Sie wandelt eine Freiraumwelle in eine leitungsgeführte Welle um. Folglich ist die Empfangsantenne mit der Sendeantenne strahlungsgekoppelt.

Durch dieses Verhalten können Informationen drahtlos längs großer Strecken übertragen werden. Die Anordnung Sender-Sendeantenne-Übertragungsstrecke-Empfangsantenne-Empfänger kann als beschalteter Vierpol aufgefaßt werden, wie in Bild 12.7.1-1 skizziert. Hierbei sind die Generatorimpedanz $\underline{Z}_{i1}$ und die Eingangsimpedanz des Empfängers $\underline{Z}_{i2}$. Setzt man voraus, daß auf der Übertragungsstrecke ε_r, μ_r und $\varkappa$ konstant sind, so stellen sich zwischen Spannung, Strom, elektrischer und magnetischer Feldstärke lineare Zusammenhänge ein.

Es liegt ein *linearer Vierpol* vor, der beschrieben werden kann.

$$\underline{U}_1 = (\underline{Z}_{i1} + \underline{Z}_{11})\underline{I}_1 + \underline{Z}_{12}\cdot\underline{I}_2\,, \tag{12.7.1/1}$$

$$0 = \underline{Z}_{21}\cdot\underline{I}_1 + (\underline{Z}_{i2} + \underline{Z}_{22})\underline{I}_2\,. \tag{12.7.1/2}$$

Hierbei bedeuten

$\underline{Z}_{11}$ = Eingangsimpedanz der Antenne 1 (A1), wenn Antenne 2 (A2) leerläuft ($\underline{I}_2 = 0$),
$\underline{Z}_{22}$ = Eingangsimpedanz der Antenne 2, wenn Antenne 1 leerläuft ($\underline{I}_1 = 0$).

Durch $\underline{Z}_{12}$ und $\underline{Z}_{21}$ wird die Strahlungskopplung zwischen beiden Antennen erfaßt. Da die Übertragungsstrecke von Antenne 1 zu Antenne 2 sich genauso wie ihre Umkehrung verhält, gilt für die Koppelimpedanzen

$$\underline{Z}_{12} = \underline{Z}_{21}\,. \tag{12.7.1/3}$$

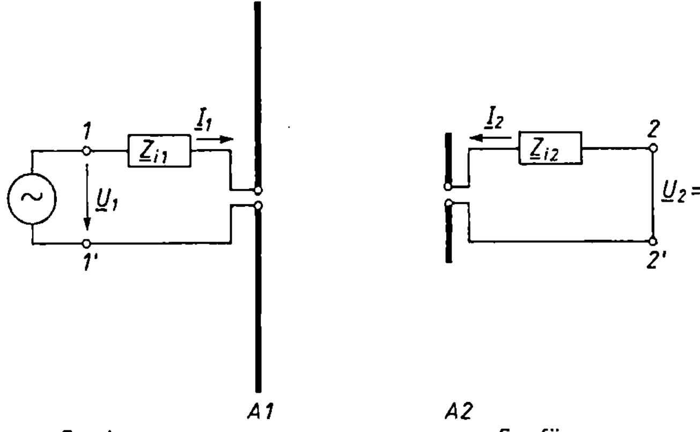

Bild 12.7.1-1
Sende-Empfangsstrecke
als linearer Vierpol

Mit den Abkürzungen

$$\underline{Z}_1 = \underline{Z}_{i1} + \underline{Z}_{11} \quad \text{und} \quad \underline{Z}_2 = \underline{Z}_{i2} + \underline{Z}_{22}$$

werden die Vierpolgleichungen zu

$$\underline{U}_1 = \underline{Z}_1 \cdot \underline{I}_1 + \underline{Z}_{21} \cdot \underline{I}_2, \tag{12.7.1/4}$$

$$0 = \underline{Z}_{21} \cdot \underline{I}_1 + \underline{Z}_2 \cdot \underline{I}_2. \tag{12.7.1/5}$$

Aus Gleichung 12.7.1/5 folgt

$$\underline{I}_1 = - \frac{\underline{Z}_2}{\underline{Z}_{21}} \underline{I}_2. \tag{12.7.1/6}$$

Setzt man Gleichung 12.7.1/6 in 12.7.1/4 ein, so ergibt sich

$$\underline{U}_1 = - \frac{\underline{Z}_1 \cdot \underline{Z}_2}{\underline{Z}_{21}} \underline{I}_2 + \underline{Z}_{21} \cdot \underline{I}_2.$$

Dies liefert den formalen Zusammenhang zwischen treibender Generatorspannung in der Sendeantenne und dem Empfangsstrom.

$$\frac{\underline{U}_1}{\underline{I}_2} = \frac{\underline{Z}_{21}^2 - \underline{Z}_1 \cdot \underline{Z}_2}{\underline{Z}_{21}}. \tag{12.7.1/7}$$

Jetzt kann man die Verhältnisse umkehren. Die treibende Generatorspannung wirkt auf Antenne 2 und es wird der Empfangsstrom in Antenne 1 ermittelt (Bild 12.7.1-2). Die Impedanzen bleiben unverändert! Spannungen und Ströme bei diesen vertauschten Bedingungen sind zur Unterscheidung vom vorhergehenden Fall mit dem zusätzlichen Index v versehen. Es gilt

$$0 = \underline{Z}_1 \cdot \underline{I}_{1v} + \underline{Z}_{21} \cdot \underline{I}_{2v}, \tag{12.7.1/8}$$

$$\underline{U}_{2v} = \underline{Z}_{21} \cdot \underline{I}_{1v} + \underline{Z}_2 \cdot \underline{I}_{2v}. \tag{12.7.1/9}$$

Aus Gleichung 12.7.1/8 folgt

$$\underline{I}_{2v} = - \frac{\underline{Z}_1}{\underline{Z}_{21}} \underline{I}_{1v}. \tag{12.7.1/10}$$

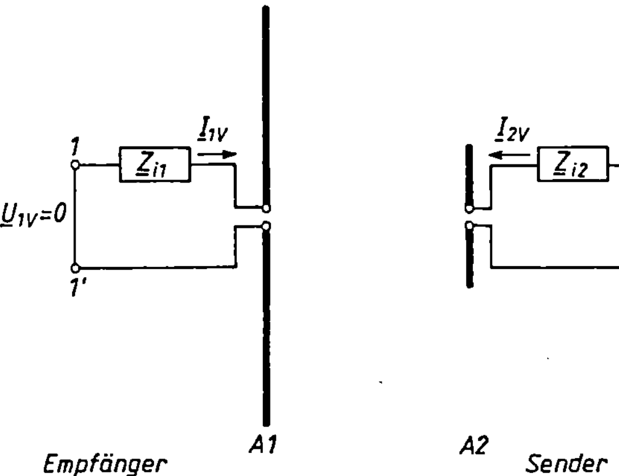

Bild 12.7.1-2
Zum Umkehrsatz

Diesen Ausdruck setzt man wieder in Gleichung 12.7.1/9 ein und erhält erneut den Zusammenhang zwischen treibender Generatorspannung der Sendeantenne 2 und dem Empfangsstrom

$$\frac{\underline{U}_{2v}}{\underline{I}_{1v}} = \frac{\underline{Z}_{21}^2 - \underline{Z}_1 \cdot \underline{Z}_2}{\underline{Z}_{21}} \cdot \qquad (12.7.1/11)$$

Die rechte Seite dieses Ausdruckes ist identisch mit dem von Gleichung 12.7.1/7. Damit lautet der Umkehrsatz

$$\frac{\underline{U}_1}{\underline{I}_2} = \frac{\underline{U}_{2v}}{\underline{I}_{1v}} \qquad (12.7.1/12)$$

oder

$$\underline{U}_1 \cdot \underline{I}_{1v} = \underline{U}_{2v} \cdot \underline{I}_2 \cdot \qquad (12.7.1/13)$$

Für den Fall gleicher Spannungen in beiden Fällen ($\underline{U}_1 \equiv \underline{U}_{2v}$) werden auch die Empfangsströme gleich.

Demnach läßt sich das Ergebnis des Umkehrsatzes beschreiben: Der Empfangsstrom bleibt unverändert, unabhängig davon, ob Antenne 1 Sendeantenne und Antenne 2 Empfangsantenne ist oder umgekehrt. Sende- und Empfangsantenne sind austauschbar. Es besteht kein grundsätzlicher Unterschied zwischen Sende- und Empfangsantenne. Sind die Kennwerte einer Sendeantenne bekannt, so sind dies die Kennwerte bei Empfangsbetrieb.

12.7.2 Empfangsprinzip

Die in Kapitel 12.7.1 eingeführten Vierpolimpedanzen sollen nun ermittelt werden. Hierzu wird die Abhängigkeit des Empfangsstromes $\underline{I}_2$ vom Speisestrom der Sendeantenne $\underline{I}_1$ gesucht.

Die elektrische Feldstärke am Empfangsort $\underline{E}_F$ ist als Funktion des Speisestromes der Sendeantenne bekannt.

Bei einem $\lambda/2$-Dipol im ungestörten Fernfeld ist z. B. nach 12.4.3/13 und 12.2.2/2

$$\underline{E}_F \equiv \underline{E}_{\vartheta s} = j60\,\Omega\,\frac{\underline{I}_s}{r}\,e^{-j\beta r}\,\frac{\cos\left(\dfrac{\pi}{2}\cdot\cos\vartheta_s\right)}{\sin\vartheta_s} \cdot$$

Hierbei soll der Index s bei $E_{\vartheta s}$ und ϑ_s auf die Sendeantenne hinweisen. Der Empfangsdipol sei optimal ausgerichtet, so daß die einfallende elektrische Feldstärke $\underline{E}_F$ parallel zum Dipol verläuft, wie in Bild 12.7.2-1 gezeichnet.

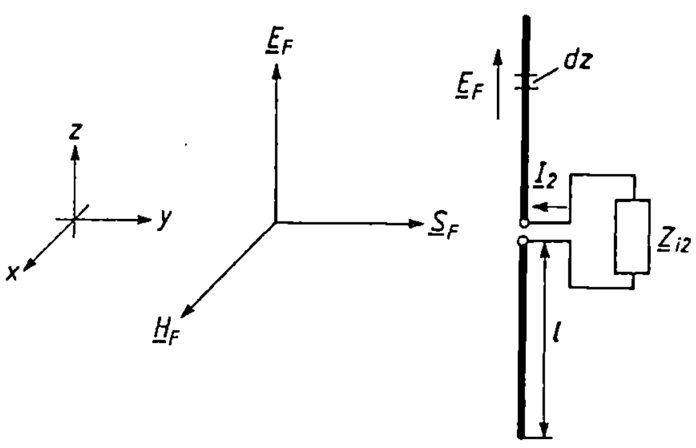

Bild 12.7.2-1
Zur Ableitung der Empfangsspannung

Die Feldstärke $\underline{E}_F$ verursacht im Dipolabschnitt der Länge dz einen Spannungsanteil $d\underline{U}_l$, der seinerseits den Stromanteil $d\underline{I}_2$ zum Empfangsstrom $\underline{I}_2$ beiträgt.

$$d\underline{U}_l = \underline{E}_F \cdot dz \, . \tag{12.7.2/1}$$

Denkt man sich jetzt den Sender abgeschaltet ($\underline{E}_F = 0$) aber in Reihe mit der Eingangsimpedanz des Empfängers eine Spannungsquelle $\underline{U}_{2v}$, die den Strom in Antenne 2 unverändert läßt ($\underline{I}_2 = \underline{I}_{2v}$), so fließt an der Stelle z der Antenne 2 der Strom

$$\underline{I}_z = \underline{I}_{\max} \cdot \sin\left(\beta(l - z)\right) , \quad \text{mit} \quad \underline{I}_{\max} = \frac{\underline{I}_2}{\sin\left(\beta l\right)} ,$$

$$\underline{I}_z = \frac{\underline{I}_2}{\sin\left(\beta l\right)} \sin\left(\beta(l - z)\right) . \tag{12.7.2/2}$$

Nach dem Umkehrsatz gilt dann

$$\underline{E}_F \cdot dz \, \frac{\underline{I}_2 \cdot \sin\left(\beta(l - z)\right)}{\sin\left(\beta l\right)} = \underline{U}_{2v} \cdot d\underline{I}_2 \, . \tag{12.7.2/3}$$

Die Integration über die ganze Dipolausdehnung $2l$ liefert

$$\frac{\underline{E}_F \cdot \underline{I}_2 \cdot 2}{\sin\left(\beta l\right)} \int_0^l \sin\left(\beta(l - z)\right) dz = \underline{U}_{2v} \int_{-l}^{+l} d\underline{I}_2 \, . \tag{12.7.2/4}$$

Im allgemeinen ist der Stromverlauf bei Übergang von der einen auf die andere Dipolhälfte unstetig, so daß nicht von $-l$ bis $+l$ integriert werden kann. Das Integral aller Stromanteile über die Dipolausdehnung $2l$ ist aber der Speisestrom $\underline{I}_2$. Damit wird Gleichung 12.7.2/4 zu

$$\left. \frac{\underline{E}_F \cdot \underline{I}_2 \cdot 2 \cdot \cos\left(\beta(l - z)\right)}{\beta \cdot \sin\left(\beta l\right)} \right|_0^l = \underline{U}_{2v} \cdot \underline{I}_2 \, ,$$

$$\underline{U}_{2v} = \underline{E}_F \, \frac{\lambda(1 - \cos\left(\beta l\right))}{\pi \cdot \sin\left(\beta l\right)} \, . \tag{12.7.2/5}$$

Der Vergleich mit Formel 12.4.2/3 läßt erkennen, daß der Bruch die *wirksame Länge* darstellt. Die Spannung $\underline{U}_{2v}$ muß aber genauso groß wie die Leerlaufspannung der Antenne sein. Damit gilt für die Leerlaufspannung eines Empfangsdipols

$$\underline{U}_{2lD} = \underline{E}_F \cdot l_e \tag{12.7.2/6}$$

und analog für einen Monopol

$$\underline{U}_{2lM} = \underline{E}_F \cdot h_e \, . \tag{12.7.2/7}$$

Nachdem die Leerlaufspannung der Empfangsantenne ermittelt ist, läßt sich der Empfangsstrom $\underline{I}_2$ bestimmen. An den äußeren Dipolenden muß der Empfangsstrom der Antenne verschwinden. Da die Dipollänge in der Größenordnung der Wellenlänge liegt, verteilt sich der Strom etwa sinusförmig gemäß Bild 12.7.2-2. Hierin unterscheidet sich die Empfangsantenne praktisch nicht von der Sendeantenne. Damit strahlt die Empfangsantenne entsprechend ihrem Strahlungswiderstand einen Teil der empfangenen Leistung ab. Zusätzlich zu dem Verlustwiderstand R_{vE} und der Reaktanz X_A der Empfangsantenne ist der Strahlungswiderstand R_{sE}

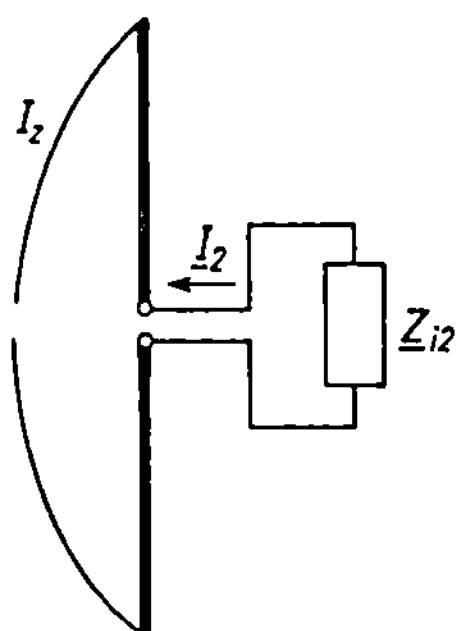

Bild 12.7.2-2
Näherungsweise Stromverteilung auf dem Empfangsdipol

zu berücksichtigen. Aus dem detaillierten Ersatzschaltbild einer Empfangsantenne, wie in Bild 12.7.2-3, erhält man den gesuchten Empfangsstrom

$$I_2 = -\frac{U_{21}}{Z_A + Z_{i2}} \cdot$$

(12.7.2/8)

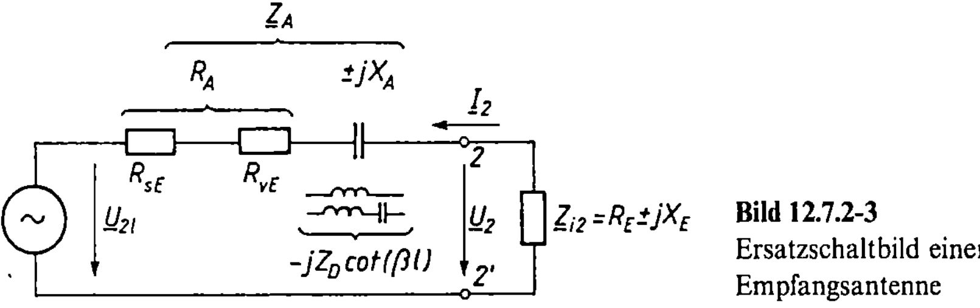

Bild 12.7.2-3
Ersatzschaltbild einer
Empfangsantenne

Es seien sowohl die Sende- als auch die Empfangsantenne $\lambda/2$-Dipole ($\vartheta_s = 90°$). Bei idealen Ausbreitungsbedingungen ist der Zusammenhang zwischen dem Strom der Sendeantenne und dem Empfangsstrom nach 12.7.2/8, /6 und 12.2.2/2

$$\underline{I}_2 = -j\frac{l_e \cdot 60\,\Omega \cdot \underline{I}_1}{(\underline{Z}_A + \underline{Z}_{i2})\,r}\, e^{-j\beta r},$$

(12.7.2/9)

$$\underline{I}_1 = -\frac{\underline{Z}_A + \underline{Z}_{i2}}{j\dfrac{l_e}{r}\,60\,\Omega\, e^{-j\beta r}} \cdot \underline{I}_2 \cdot$$

(12.7.2/10)

Der Vergleich mit Gleichung 12.7.1/6 liefert

$$\underline{Z}_2 = \underline{Z}_A + \underline{Z}_{i2} = \underline{Z}_{22} + \underline{Z}_{i2}\,,$$

also

$$\underline{Z}_{22} = \underline{Z}_A$$

(12.7.2/11)

und für den $\lambda/2$-Dipol

$$\underline{Z}_{21} = \underline{Z}_{12} = j\frac{l_e}{r}\,60\,\Omega \cdot e^{-j\beta r} = \frac{60\,\Omega}{\pi}\,\frac{\lambda}{r}\, e^{-j(\beta r - \pi/2)} \cdot$$

(12.7.2/12)

Richtcharakteristik der Empfangsantenne
Direkt aus dem Umkehrsatz folgt, daß die Empfangsantenne dieselbe Richtcharakteristik wie bei ihrem Einsatz als Sendeantenne besitzt. Betreibt man die Empfangs-, Sendeanordnung in

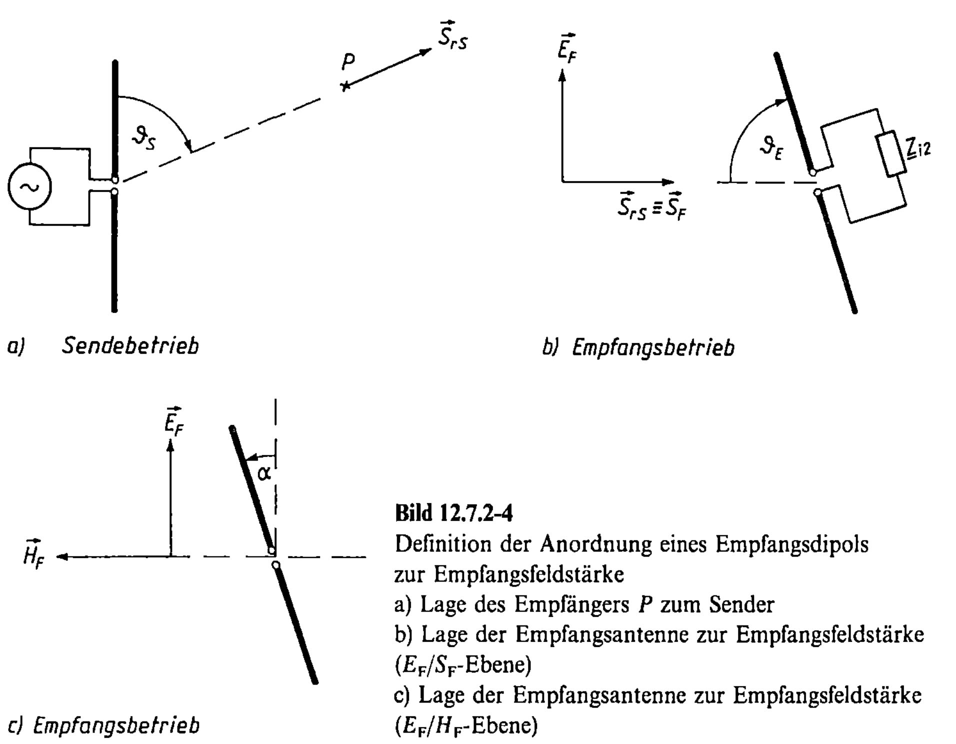

Bild 12.7.2-4
Definition der Anordnung eines Empfangsdipols
zur Empfangsfeldstärke
a) Lage des Empfängers P zum Sender
b) Lage der Empfangsantenne zur Empfangsfeldstärke
(E_F/S_F-Ebene)
c) Lage der Empfangsantenne zur Empfangsfeldstärke
(E_F/H_F-Ebene)

umgekehrter Richtung, so ist die neue Empfangsfeldstärke bei Antenne 1 (Bild 12.7.1-2) direkt von der Richtcharakteristik der Antenne 2 abhängig. Bei Sendebetrieb einer Antenne wird der Winkel ϑ_S von der Dipolachse zur Richtung der Leistungsdichte $\vec{S}_{rS}$ zum Empfangspunkt P gezählt (Bild 12.7.2-4a). In Analogie hierzu wird der Winkel ϑ_E bei Empfangsbetrieb von der Richtung der einfallenden Leistungsdichte $\vec{S}_F$ zur Dipolachse gezählt, wobei die Empfangsantenne in der $\vec{E}_F/\vec{S}_F$-Ebene (Bild 12.7.2-4b) liegt. Ist die Empfangsantenne aus dieser Ebene um den Winkel α gekippt (Bild 12.7.2-4c), so verringert sich die Leerlaufspannung zu

$$\underline{U}_{21} = \underline{E}_F \cdot l_c \cdot \sin\vartheta_E \cdot \cos\alpha \cdot C(\vartheta_S, \varphi_S) \,. \tag{12.7.2/13}$$

12.7.3 Wirksame Antennenfläche

Der Empfangsstrom nach Bild 12.7.2-3 setzt im Empfänger die Wirkleistung P_E um

$$P_E = \tfrac{1}{2} \cdot I_2^2 \cdot R_E \,, \tag{12.7.3/1}$$

$$P_E = \frac{U_{21}^2 \cdot R_E}{2[(R_A + R_E)^2 + (X_A + X_E)^2]} \,. \tag{12.7.3/2}$$

Die dem Empfänger zugeführte Wirkleistung wird optimal im Falle der Anpassung

$$\underline{Z}_A = \underline{Z}_{i2}^* \,. \tag{12.7.3/4}$$

Um möglichst viel Leistung dem Empfänger zuzuführen, muß neben der Abstimmung $X_A = -X_E$ die Empfängereingangsimpedanz auf den Wert des Antennenwiderstandes transformiert werden $R_A = R_E$. Vernachlässigt man die Antennenverluste, so erhält man

$$R_A \approx R_{sE} \approx R_E \tag{12.7.3/5}$$

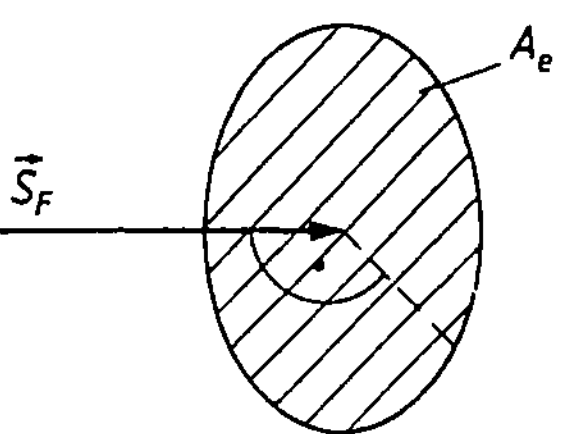

Bild 12.7.3-1
Zum Begriff der „wirksamen Antennenfläche" A_e

und für die optimale Empfangsleistung

$$P_{E\,opt} = \frac{U_{21}^2 \cdot R_{sE}}{2 \cdot 4 \cdot R_{sE}^2} = \frac{U_{21}^2}{8 \cdot R_{sE}}, \qquad (12.7.3/6)$$

$$P_{E\,opt} = \frac{l_c^2}{8R_{sE}} E_F^2. \qquad (12.7.3/7)$$

Diese Leistung entspricht aber der Leistung, die senkrecht durch die Fläche A_e aufgrund der dort herrschenden Leistungsdichte S_F tritt (Bild 12.7.3-1). Man bezeichnet diese Fläche als *wirksame Antennenfläche* (effektive Antennenfläche) A_c

$$P_{E\,opt} = |\vec{S}_F \cdot \vec{A}_c| = \frac{E_F^2}{2Z_0} A_c. \qquad (12.7.3/8)$$

Durch Vergleich zwischen den Gleichungen 12.7.3/7 und /8 erhält man

$$\frac{E_F^2}{2Z_0} A_c = \frac{l_c^2}{8R_{sE}} E_F^2. \qquad (12.7.3/9)$$

Die wirksame Antennenfläche eines Dipols wird somit

$$A_c = \frac{l_c^2 \cdot Z_0}{4 \cdot R_{sE}}. \qquad (12.7.3/10)$$

Für einen kurzen Dipol der Länge $l < \lambda/4$ kann man als Näherung die Gleichungen des Hertzschen Dipols verwenden. Mit Formel 12.4.2/6 erhält man

$$A_c \approx \frac{l_c^2 \cdot Z_0}{4 \cdot 80 \cdot \pi^2 \left(\dfrac{l_c}{\lambda}\right)^2 \Omega} = \frac{120\pi\Omega\lambda^2}{320\pi^2\Omega},$$

$$A_c \approx \frac{3\lambda^2}{8\pi} = 0{,}119\lambda^2. \qquad (12.7.3/11)$$

Demnach wird unabhängig von der Antennenlänge immer dieselbe Leistung empfangen; vorausgesetzt ist aber Anpassung!

Da mit abnehmender Antennenlänge der Strahlungswiderstand R_{sE} immer kleiner wird, macht sich der Verlustwiderstand R_{vE} sehr nachteilig bemerkbar. Zusätzlich ist es praktisch nicht möglich, die Empfängereingangsimpedanz extrem niederohmsch auszuführen.

- **Beispiel 12.7.3/1:** Berechnen Sie die wirksame Antennenfläche eines $\lambda/2$-Dipols für $f = 300$ MHz.

Lösung.

$$\lambda = \frac{c_0}{f} = \frac{300 \cdot 10^6 \text{ m/s}}{300 \cdot 10^6 \text{ s}} = 1 \text{ m} \qquad \textit{(Wellenlänge)}.$$

Aus 12.4.2/4 folgt:

$$l_e = \frac{2}{\pi}\frac{\lambda}{2} = \frac{\lambda}{\pi} \quad (\textit{wirksame Länge}) .$$

Nach 12.7.3/10:

$$A_e = \frac{120\pi\Omega\lambda^2}{\pi^2 \cdot 4 \cdot 73,2\ \Omega} = 0,13\lambda^2 = 0,13\ \mathrm{m}^2 \quad (\textit{wirksame Fläche}) .$$

Dies entspricht einer Kreisfläche von 40 cm Durchmesser.

Durch den Strom in der Empfangsantenne strahlt diese einen Teil der aus dem Fremdfeld empfangenen Leistung wieder ab. Im Gegensatz zum gerichteten Energietransport des Fremdfeldes strahlt der Empfangsdipol durch seine Richtcharakteristik rundum. Dies bezeichnet man als Streuung. Die Überlagerung der Streufeldstärke mit der Fremdfeldstärke führt zu einer völligen Veränderung des Feldstärkeverlaufes in der Umgebung der Empfangsantenne. Ermittelt man die resultierenden Feldstärken und bildet hieraus die Leistungsdichte

$$\vec{S} = \tfrac{1}{2}\underline{\vec{E}} \times \underline{\vec{H}}^* ,$$

so kann man am Verlauf der Leistungsdichtelinien den Energietransport in die Empfangsantenne erkennen. In Bild 12.7.3-2a ist im Vertikalschnitt direkt der Weg der Leistungsdichte vom ungestörten Feld bis zu einem Empfangsdipol skizziert. Hinter der Empfangsantenne tritt eine verminderte Leistungsdichte auf. Das Feld in der Umgebung der Empfangsantenne wird geschwächt. In Bild 12.7.3-2b ist in einer perspektivischen Darstellung die Grenzhülle skizziert, unter der alle Leistungsdichteanteile zur Empfangsantenne gelangen. Hier wird der Begriff der wirksamen Antennenfläche A_e als Querschnitt im ungestörten Fernfeld sehr anschaulich. Es ist die Fläche, durch die alle Leistungsdichtevektoren senkrecht treten, um im weiteren Verlauf die Empfangsantenne zu erreichen.

Die gestreute Leistung der Empfangsantenne läßt sich berechnen zu

$$P_{\text{streu}} = \frac{U_{21}^2 \cdot R_{sE}}{2[(R_A + R_E)^2 + (X_A + X_E)^2]} . \tag{12.7.3/12}$$

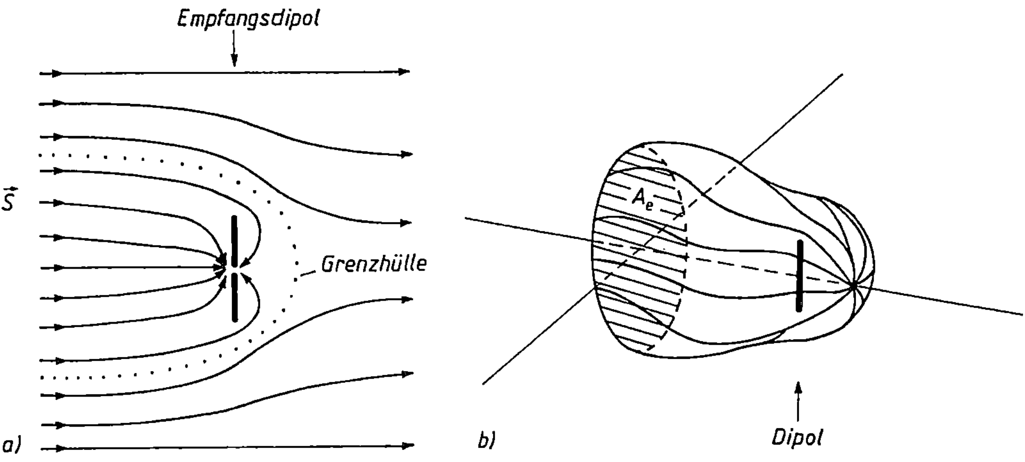

Bild 12.7.3-2   a) Verlauf der Strahlungsdichte in der Umgebung des Empfangsdipols
b) Alle Anteile der Strahlungsdichte, die in die Hüllglocke durch die wirksame Antennenfläche eintreten, erreichen die Empfangsantenne.

Diese Leistung wird optimal für

1. Abstimmung $\qquad X_A = -X_E$,
2. Empfänger kurzgeschlossen $\quad R_E \approx 0$.

Vernachlässigt man die Verluste durch R_{vE}, so wird

$$P_{\text{streu opt}} = \frac{U_{21}^2 \cdot R_{sE}}{2 \cdot R_{sE}^2} = \frac{U_{21}^2}{2 \cdot R_{sE}} \cdot \qquad (12.7.3/13)$$

Dies ist z. B. die Streuleistung eines $\lambda/2$-langen Metallstabes in einem Strahlungsfeld. Bei parasitären Antennen (Kapitel 12.8.4) wendet man dieses Verhalten an. Ist die Empfangsantenne angepaßt abgeschlossen, so wird die gestreute Leistung

$$P_{\text{streu P}} = \frac{U_{21}^2 \cdot R_{sE}}{2(R_{sE} + R_{sE})^2} = \frac{U_{21}^2}{8 R_{sE}} \cdot \qquad (12.7.3/14)$$

Die Empfangsantenne streut bei Anpassung ebensoviel Leistung in den Raum zurück, wie sie dem Empfänger zuführt.

12.8 Richtantennen

Richtantennen bündeln die Strahlung in bevorzugte Richtungen. Hierdurch vergrößert sich die Reichweite einer Antenne bei unveränderter Energiezufuhr. Das Signal/Störgeräuschverhältnis verbessert sich, da Störquellen durch die Richtcharakteristik auszublenden sind. Der Einfluß von Reflexionen an Hindernissen und dem Erdboden kann vermieden und die Flächenüberlappung mehrerer gleichfrequenter Sender unterdrückt werden. Ein begrenzter Informationsschutz ist gewährleistet. Peilung und Ortung z. B. in der Flugsicherung werden ermöglicht.

Die Richtwirkung kommt durch Interferenz der Feldstärken verschiedener Strahlerquellen zustande. Einfluß auf die Richtwirkung haben:

1. Die Anzahl der Strahler,
2. die Anordnung der Strahler,
3. die Stromamplituden der einzelnen Strahler,
4. die Phasenverschiebung der Strahlerströme.

Wegen der Vielzahl der erforderlichen Einzelstrahler bieten die VHF-, UHF-, SHF- und EHF-Bereiche besonders günstige Richtfunkmöglichkeiten. In den VLF-, LF-, MF- und HF-Bereichen entstehen dagegen erhebliche Kosten.

In den nachfolgenden Abschnitten wird zwar das Richtverhalten anhand von Dipolanordnungen behandelt, grundsätzlich gelten diese Überlegungen aber für jede Form des Einzelstrahlers.

12.8.1 Antennenzeile

Mehrere Dipole, parallel angeordnet entsprechend Bild 12.8.1-1, nennt man eine *Dipolzeile*.

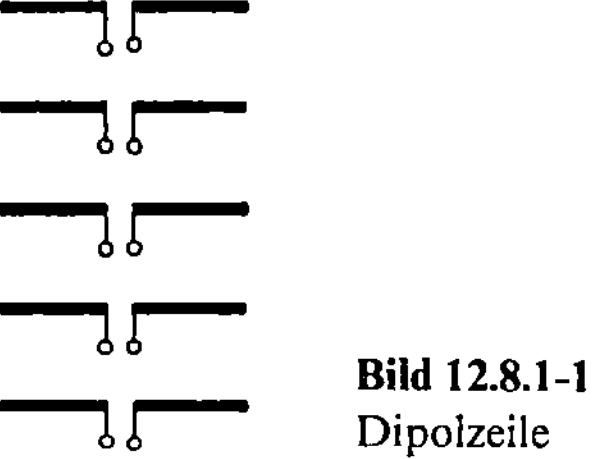

Bild 12.8.1-1
Dipolzeile

Einfluß der Strahleranzahl. Vor der allgemeinen Ableitung soll an einem Beispiel das Prinzip erläutert werden.

- **Beispiel 12.8.1/1:** Es seien zwei $\lambda/2$-Dipole im Abstand $a = \lambda/2$ gegeben und gleichphasig mit gleichgroßen Strömen erregt. Gesucht ist die resultierende Feldstärke E_{ges} im Fernfeld, wobei der Winkel $\vartheta = 90°$ angenommen wird.

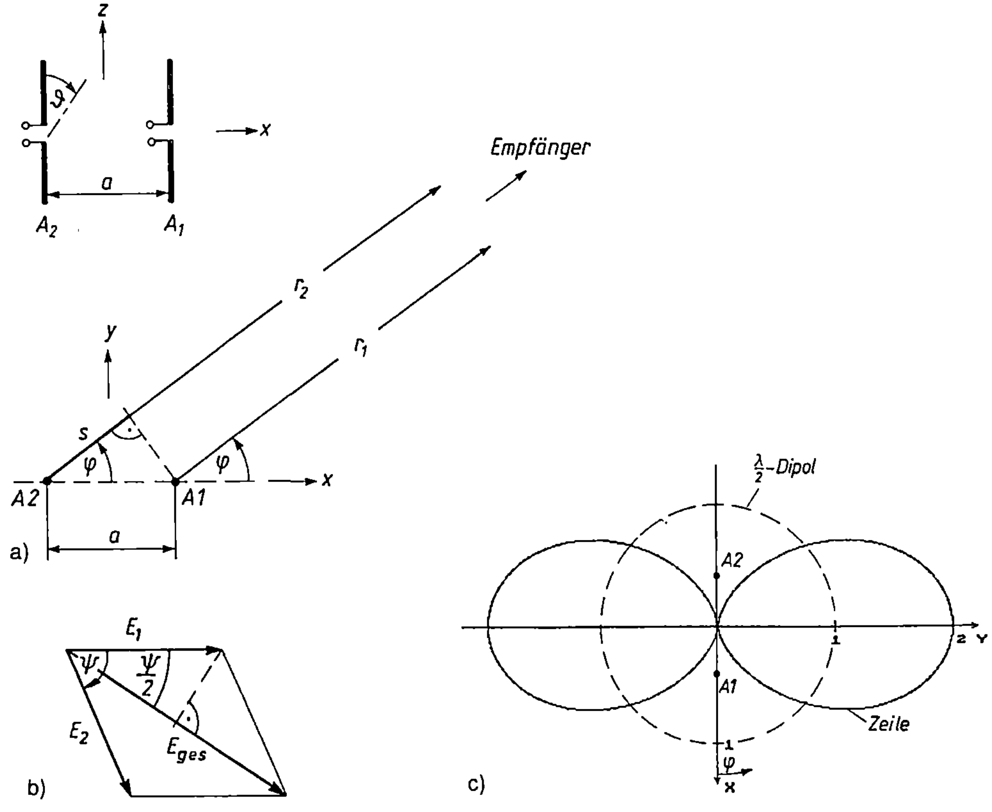

Bild 12.8.1-2 Zur Berechnung einer Dipolzeile aus zwei Antennen (A1, A2)
a) Anordnung der Dipole
b) Zeigerdiagramm der E-Komponenten $|E_1| = |E_2| = |E_0|$
c) H-Diagramm der Zeile
Im Vergleich zum $\lambda/2$-Dipol (— — —)

Lösung:

Für einen weitentfernten Empfänger fallen die Wellen von beiden Antennen (Bild 12.8.1-2a) unter demselben Winkel φ ein. Dies bedeutet in guter Näherung parallele Strahlung. Beim Empfänger addieren sich die Feldstärkeanteile beider Antennen A1, A2 vektoriell.
Da bei großer Entfernung

$$r_1 \approx r_2 \approx r \qquad\qquad (12.8.1/1)$$

sind, kann mit gleichgroßen Feldstärkeamplituden gerechnet werden

$$|\underline{E}_1| \approx |\underline{E}_2| \approx |\underline{E}_0|, \qquad\qquad (12.8.1/2)$$

mit der Feldstärke des Einzelstrahlers $E_E = E_0 \cdot C_d = E_0$

$$E_0 = 60\,\Omega\,\frac{I}{r}\,,$$

gemäß 12.4.3/14.

Die Feldstärke von Antenne A2 hat eine um das Wegstück s größere Strecke zurückzulegen. Für den Betrag der Feldstärke ist dies unerheblich $s \ll r$; aber für die Phasenlage der Feldstärken zueinander muß diese Wegdifferenz berücksichtigt werden. Sie liegt in der Größenordnung der Wellenlänge. Die Feldstärke von Antenne A2 eilt demnach um den Winkel ψ gegenüber der von Antenne A1 nach. Für den Winkel ψ gilt

$$\psi = \beta s = \beta a \cos\varphi = \frac{2\pi}{\lambda}\cdot\frac{\lambda}{2}\cos\varphi = \pi\cos\varphi\,. \tag{12.8.1/3}$$

Die Gesamtfeldstärke wird dann

$$|\underline{E}_{ges}| = |\underline{E}_1 + \underline{E}_2|\,. \tag{12.8.1/4}$$

Aus dem Zeigerdiagramm nach Bild 12.8.1-2b erkennt man den Zusammenhang

$$E_{ges} = 2\cdot E_0 \cdot \cos\left(\frac{\psi}{2}\right)\,. \tag{12.8.1/5}$$

Als *Gruppencharakteristik* $G(\vartheta, \varphi)$ ist definiert

$$G(\vartheta, \varphi) = \left|\frac{\underline{E}_{ges}}{\underline{E}_E}\right|\,. \tag{12.8.1/6}$$

Für die vorliegende Aufgabe wird

$$G(\vartheta = 90°, \varphi) = \left|\frac{E_{ges}}{E_0}\right| = \left|2\cdot\cos\left(\frac{\pi}{2}\cos\varphi\right)\right|\,. \tag{12.8.1/7}$$

Durch punktweises Berechnen $G = f(\varphi)$ bestimmt man das Richtdiagramm. Meist werden hierbei nur die Beträge von G aufgetragen. Im gegebenen Beispiel erhält man Bild 12.8.1-2c. Dies ist das H-Diagramm der 2-Elementen, vertikalen Dipolanordnung. Im Vergleich zum ebenfalls eingezeichneten H-Diagramm des Einzelstrahlers ($\lambda/2$-Dipol) ist die Bündelung durch die Zeile in Richtung φ deutlich zu erkennen.

Es soll nun eine Zeile berechnet werden, die aus n Einzelstrahlern besteht. Die Empfangsfeldstärke E_F am weit entfernten Empfangspunkt sei bei Einzelstrahlung

$$E_E = E_0 \cdot C_E\,, \tag{12.8.1/8}$$

wobei C_E die Richtcharakteristik des Einzelstrahlers darstellt. Jeder Einzelstrahler sei im Abstand a vom anderen angeordnet und gleichphasig mit gleichgroßen Strömen erregt. Aus Bild 12.8.1-3 erkennt man, daß bei einer Wegdifferenz s zwischen zwei benachbarten Strahlen der Wegunterschied zum Empfangspunkt zwischen dem ersten und dem n-ten Strahler $(n-1)\,s$ wird. Da $s \ll r$ ist, läßt sich wieder nähern

$$r \approx r_1 \approx r_2 \approx \ldots \approx r_n. \tag{12.8.1/9}$$

Daraus folgt

$$|\underline{E}_1| \approx |\underline{E}_2| \approx \ldots \approx |\underline{E}_n|\,. \tag{12.8.1/10}$$

Jeder Einzelstrahler liefert am Empfangspunkt einen Feldstärkeanteil, der sich zu den anderen vektoriell addiert. Allein im Phasenverlauf ist der Wegunterschied zu berücksichtigen

$$\underline{E}_{ges} = \underline{E}_1 + \underline{E}_2 + \ldots + \underline{E}_n\,. \tag{12.8.1/11}$$

Setzt man

$$\underline{E}_1 = \underline{E}_E = \underline{E}_0\cdot C_E\,, \tag{12.8.1/12}$$

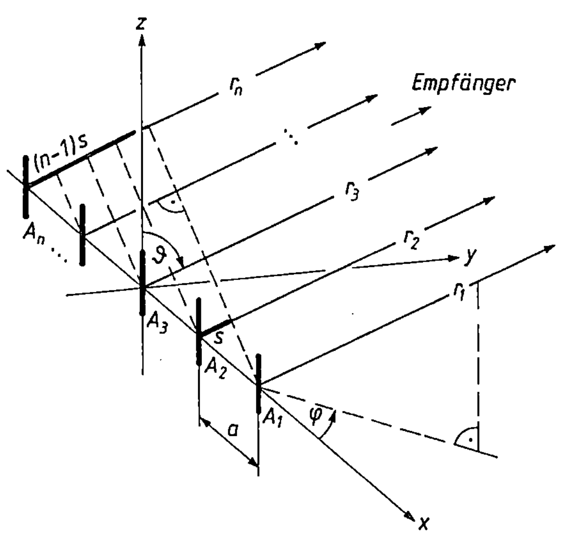

Bild 12.8.1-3
Zur Berechnung der Antennenzeile

so wird

$$\underline{E}_2 = \underline{E}_0 \cdot C_E \cdot e^{-j\beta s} \qquad\qquad (12.8.1/13)$$

und

$$\underline{E}_n = \underline{E}_0 \cdot C_E \cdot e^{-j\beta(n-1)s} . \qquad\qquad (12.8.1/14)$$

Als Gesamtfeldstärke am Empfangsort erhält man

$$\underline{E}_{ges} = \underline{E}_0 \cdot C_E \cdot [1 + e^{-j\beta s} + \ldots + e^{-j\beta(n-1)}] . \qquad\qquad (12.8.1/15)$$

Erweitert man diese Gleichung mit $(1 - e^{-j\beta s})$, so folgt

$$\underline{E}_{ges} \cdot (1 - e^{-j\beta s}) = \underline{E}_0 \cdot C_E \cdot [1 - e^{-jn\beta s}] , \qquad\qquad (12.8.1/16)$$

$$\frac{\underline{E}_{ges}}{\underline{E}_0 \cdot C_E} = \frac{1 - e^{-jn\beta s}}{1 - e^{-j\beta s}} . \qquad\qquad (12.8.1/17)$$

Als Gruppencharakteristik G_{Zeile} bezeichnet man den Betrag dieses Quotienten

$$G_{Zeile} = \left| \frac{\underline{E}_{ges}}{\underline{E}_0 \cdot C_E} \right| = \left| \frac{1 - e^{-jn\beta s}}{1 - e^{-j\beta s}} \right| . \qquad\qquad (12.8.1/18)$$

Entsprechend der Betragsbildung komplexer Größen

$$|\underline{A}| = \sqrt{\underline{A} \cdot \underline{A}^*} ,$$

wobei $\underline{A}^*$ der konjugiert komplexe Wert zu $\underline{A}$ ist, erhält man

$$G_{Zeile} = \sqrt{\frac{(1 - e^{-jn\beta s})(1 - e^{jn\beta s})}{(1 - e^{-j\beta s})(1 - e^{j\beta s})}} = \sqrt{\frac{(2 - (e^{jn\beta s} + e^{-jn\beta s}))}{(2 - (e^{j\beta s} + e^{-j\beta s}))}} ,$$

$$G_{Zeile} = \sqrt{\frac{1 - \cos(n\beta s)}{1 - \cos(\beta s)}} \qquad\qquad (12.8.1/19)$$

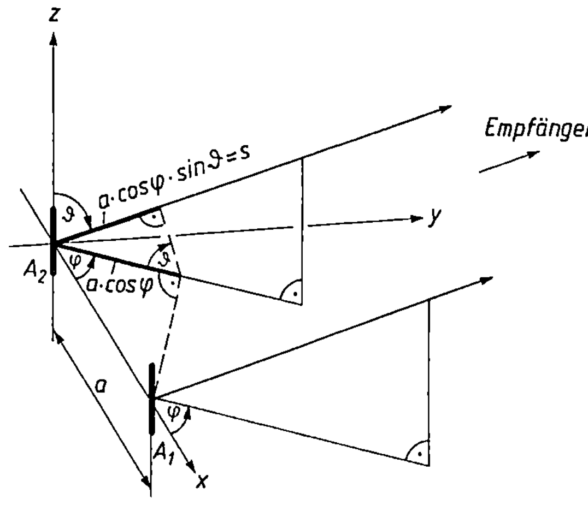

Bild 12.8.1-4
Zur Ableitung der Wegdifferenz s
zum Empfangsort zwischen zwei
benachbarten Antennen

und hieraus schließlich

$$G_{\text{Zeile}} = \left| \frac{\sin\left(\dfrac{n\beta s}{2}\right)}{\sin\left(\dfrac{\beta s}{2}\right)} \right| . \tag{12.8.1/20}$$

Zur Bestimmung der Wegdifferenz s diene Bild 12.8.1-4. Es müssen sowohl der Winkel φ als auch ϑ berücksichtigt werden. Man erkennt unmittelbar, daß zwei benachbarte Strahlen sich um die Strecke

$$s = (a \cdot \cos\varphi) \cdot \sin\vartheta \tag{12.8.1/21}$$

unterscheiden. Damit ist die Richtcharakteristik einer Zeile aus n Strahlern

$$G_{\text{Zeile}} = \left| \frac{\sin\left(\dfrac{n\pi a}{\lambda} \cdot \cos\varphi \cdot \sin\vartheta\right)}{\sin\left(\dfrac{\pi a}{\lambda} \cdot \cos\varphi \cdot \sin\vartheta\right)} \right| . \tag{12.8.1/22}$$

Für die Gesamtcharakteristik gilt

$$C_{\text{ges}} = \left| \frac{\underline{E}_{\text{ges}}}{\underline{E}_0} \right| = C_{\text{E}} \cdot G_{\text{Zeile}} . \tag{12.8.1/23}$$

Die Gesamtcharakteristik ist das Produkt der Einzel- mit der Zeilencharakteristik.

- **Beispiel 12.8.3/2:** Es seien fünf $\lambda/2$-Dipole im Abstand $a = \lambda/2$ bei gleichphasiger Erregung gegeben. Gesucht ist die Gruppencharakteristik für $\vartheta = 90°$.

Lösung:

$n = 5$; $a = \lambda/2$; $\sin 90° = 1$,   nach Gleichung 12.8.1/22 folgt:

$$G_{\text{Zeile}} = \left| \frac{\sin\left(\dfrac{5\pi\lambda}{2\lambda} \cdot \cos\varphi\right)}{\sin\left(\dfrac{\pi\lambda}{2\lambda} \cdot \cos\varphi\right)} \right| = \left| \frac{\sin\left(5 \cdot \dfrac{\pi}{2} \cdot \cos\varphi\right)}{\sin\left(\dfrac{\pi}{2} \cdot \cos\varphi\right)} \right| .$$

Diese Funktion hat ihre Nullstellen bei

$$\sin\left(5 \cdot \frac{\pi}{2} \cdot \cos\varphi\right) = 0 \,,$$

also

$$5 \cdot \frac{\pi}{2} \cdot \cos\varphi = \pm k\pi \,,$$

$$\cos\varphi = \pm k \cdot \tfrac{2}{5} \,.$$

Hierbei kann $k = 1, 2$ sein; denn für $k > 2$ existiert kein $\cos\varphi$. Zu beachten ist, daß für $k = 0$ Zähler und Nenner 0 werden. Die Lösung kann mit Hilfe des Satzes von L'Hospital erfolgen. Im vorliegenden Fall ist die Lösung einfach, da gilt

$$\sin\alpha\big|_{\alpha\to 0} \approx \alpha \,,$$

also für $\varphi \to 90°$

$$G_{(90°;\,90°)} = \left|\frac{\sin\left(5 \cdot \dfrac{\pi}{2} \cdot \cos\varphi\right)}{\sin\left(\dfrac{\pi}{2} \cdot \cos\varphi\right)}\right| = \left|\frac{5 \cdot \dfrac{\pi}{2} \cdot \cos\varphi}{\dfrac{\pi}{2} \cdot \cos\varphi}\right| = 5 \,.$$

Die Nullstellen ergeben sich bei $p = 1, 2$

$$k = 1: \qquad \cos\varphi_{1p} = 0{,}4 \,, \qquad \varphi_{1p} = 66{,}5°; \ 293{,}5° \,,$$
$$\cos\varphi_{2p} = -0{,}4 \,, \qquad \varphi_{2p} = 113{,}5°; \ 246{,}5° \,.$$
$$k = 2: \qquad \cos\varphi_{3p} = 0{,}8 \,, \qquad \varphi_{3p} = 37°; \ 323° \,,$$
$$\cos\varphi_{4p} = -0{,}8 \,, \qquad \varphi_{4p} = 143°; \ 217° \,.$$

Die weiteren Werte lassen sich numerisch ermitteln.

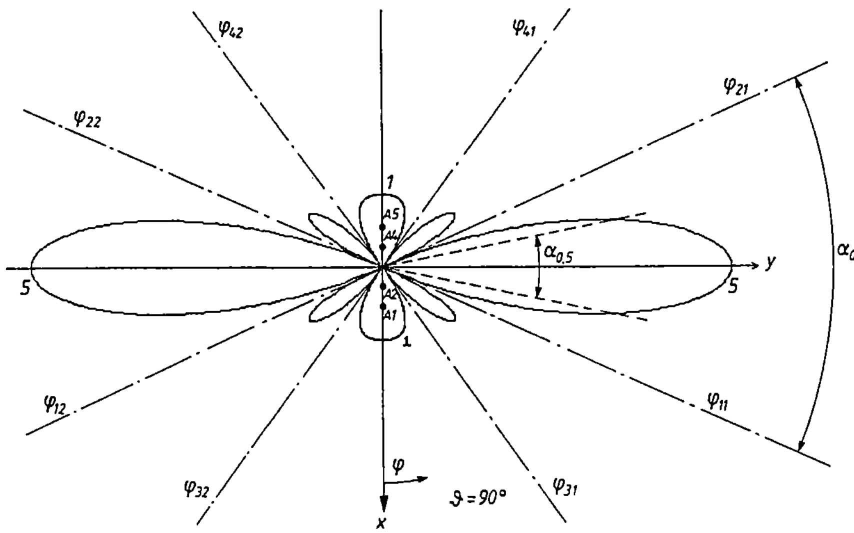

Bild 12.8.1-5 H-Diagramm einer Antennenzeile aus 5 Dipolen im Abstand $a = \lambda/2$

Das H-Diagramm der 5-Elementen Dipolanordnung (Bild 12.8.1-5) zeigt eine keulenförmige Ausbildung. Die Maximalfeldstärke in Hauptstrahlungsrichtung ist fünfmal so groß wie die des rundstrahlenden $\lambda/2$-Dipols. Man bezeichnet den Hauptstrahlungsbereich als *Hauptkeule*

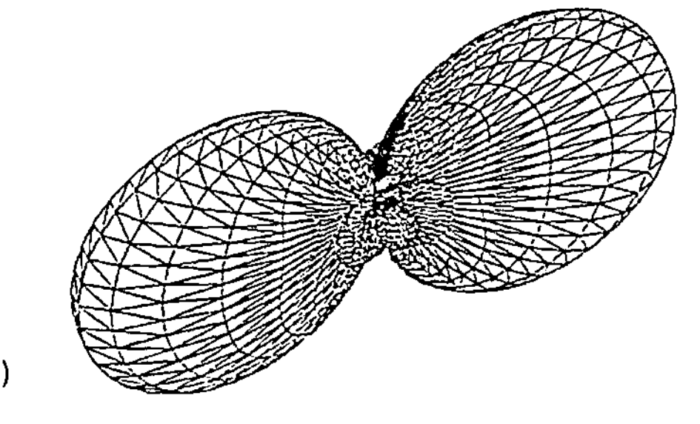

a)

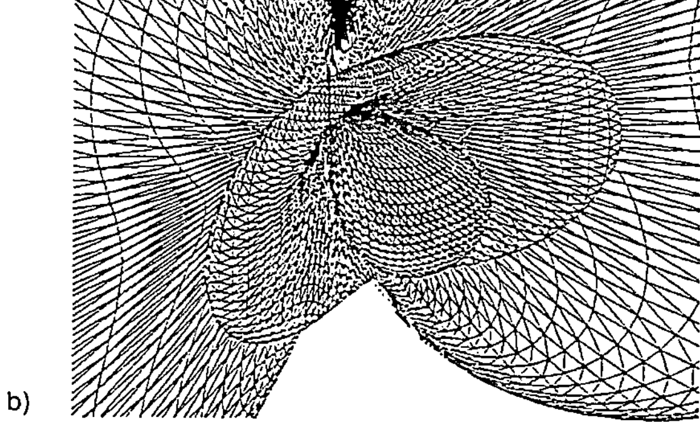

b)

Bild 12.8.1-6
Dreidimensionale Abbildung
einer 5-Elementen-Zeile
a) Gesamtcharakteristik
$a = \lambda/2$,
b) Detail der „Nebenkeulen",
die zum Teil schalenförmig
ausgebildet sind und nur im
Schnitt als Keule erscheinen

im Unterschied zu den Randstrahlungen, den *Nebenkeulen*. Die 3-dimensionale Darstellung in Bild 12.8.1-6 zeigt sowohl keulen- als auch schalenförmige Ausbildung der Richtcharakteristik.

Ein Maß für die *Bündelungsschärfe* einer Antennengruppe sind

1. die *Nullwertsbreite* α_0. Dies ist der Winkel zwischen den Nullstellen der Hauptkeule (Bild 12.8.1-5).

2. die *Halbwertsbreite* $\alpha_{0,5}$. Zwischen diesem Winkel sinkt die Strahlungsdichte von ihrem Maximum auf die Hälfte ab. Da das Richtdiagramm dem elektrischen Feldstärkeverlauf entspricht, liegt dort der Wert um 3 dB $\cong 1/\sqrt{2}$ unter E_{max}.

- **Übung 12.8.1/1:** Ermitteln Sie das Richtdiagramm für $\vartheta = 90°$ einer 3-Elementen Dipolanordnung. Die $\lambda/2$-Dipole sind in gleichem Abstand $a = \lambda/2$ zueinander angeordnet und gleichphasig von gleichgroßen Strömen erregt.

- **Übung 12.8.1/2:** Wie Übung 12.8.1/1 nur mit einer 6-Elementen Dipolanordnung.

Einfluß der Strahlerabstände

Um den Einfluß der Strahlerabstände nach Gleichung 12.8.1/22 aufzuzeigen, wird das Beispiel 12.8.1-2 so verändert, daß $a = \lambda/3$ als Abstand zwischen den Dipolen gewählt wird. Die Richtcharakteristik für $\vartheta = 90°$ ergibt sich zu

$$G_{\text{Zeile}} = \left| \frac{\sin\left(\dfrac{5\pi\lambda}{3\lambda} \cdot \cos\varphi\right)}{\sin\left(\dfrac{\pi\lambda}{3\lambda} \cdot \cos\varphi\right)} \right| = \left| \frac{\sin\left(\dfrac{5}{3} \cdot \pi \cdot \cos\varphi\right)}{\sin\left(\dfrac{\pi}{3} \cdot \cos\varphi\right)} \right| .$$

Das Ergebnis ist in Bild 12.8.1-7 dargestellt. Punktiert wurde zum Vergleich das Richtdiagramm für den Abstand $a = \lambda/2$ nach Beispiel 12.8.1-2 eingetragen.

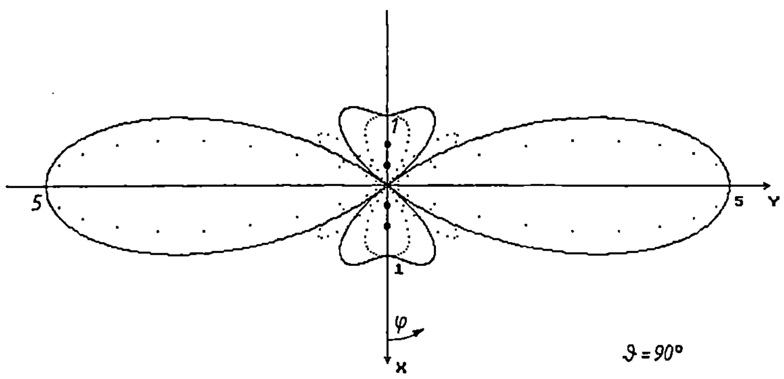

Bild 12.8.1-7 H-Diagramm einer Antennenzeile aus 5 Dipolen im Abstand $a = \lambda/3$ (....... $a = \lambda/2$)

Durch Verringerung des Dipolabstandes a vergrößert sich die Halbwertsbreite, die Nebenkeulen verschleifen sich miteinander.

Einfluß unterschiedlicher Stromamplituden

Es sollen nun in die n Einzelstrahler Ströme unterschiedlicher Amplitude eingeprägt werden. Die Phasenlage aller Ströme sei dieselbe. Jeder einzelne Strahler liefert am Empfangsort einen Feldstärkeanteil, dessen Amplitude unterschiedlich ist. Die Gesamtfeldstärke ist wieder die vektorielle Summe der Einzelfeldstärken

$$\underline{E}_{ges} = \underline{E}_1 + \underline{E}_2 + \dots + \underline{E}_n \, . \qquad (12.8.1/24)$$

Führt man die Phasenverschiebung, die durch die Wegdifferenz verursacht wird, getrennt auf, so erhält man in komplexer Schreibweise

$$\underline{E}_{ges} = \underline{E}_1' + \underline{E}_2' \cdot e^{-j\psi} + \dots + \underline{E}_n' \cdot e^{-j(n-1)\psi} \, . \qquad (12.8.1/25)$$

Wieder ist $\psi = \beta s$ und s der Wegunterschied zwischen zwei benachbarten Strahlern. Mit den Abkürzungen

$$\underline{v} = e^{-j\psi} \qquad (12.8.1/26)$$

und

$$b_m = \frac{\underline{E}_m'}{\underline{E}_n'} \quad \text{mit} \quad m = 1 \dots n \qquad (12.8.1/27)$$

erhält man das übersichtliche Polynom

$$\underline{E}_{ges} = \underline{E}_n'(b_1 + b_2 \cdot \underline{v} + \dots + b_n \cdot \underline{v}^{(n-1)}) \, . \qquad (12.8.1/28)$$

Die Wirkung solch unterschiedlicher Stromaufteilung läßt sich leicht erkennen, wenn die Stromkoeffizienten b_m einer Binomialverteilung entsprechen.

n	*Koeffizient* b_i			
1	1	b_2		
2	1	1	b_3	
3	1	2	1	b_4
4	1	3	3	1

.
.
.

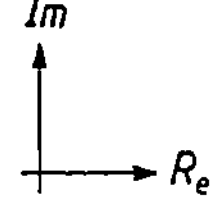

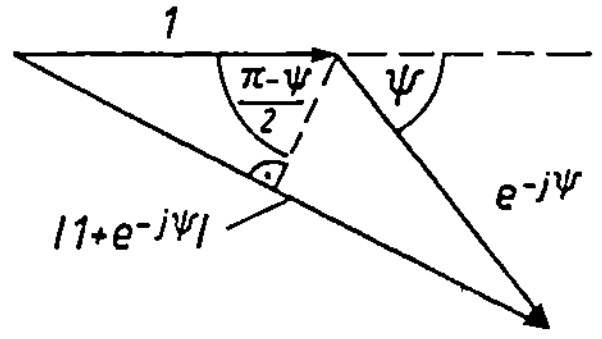

Bild 12.8.1-8
Zur Ableitung der Richtcharakteristik bei binominaler
Stromverteilung

Hierdurch wird

$$\underline{E}_{\text{ges}} = \underline{E}'_{\text{n}}(\underline{v} + 1)^{(n-1)} = \underline{E}'_{\text{n}}(1 + e^{-j\psi})^{(n-1)} \tag{12.8.1/29}$$

und für die Gruppencharakteristik gilt

$$\left|\frac{\underline{E}_{\text{ges}}}{\underline{E}'_{\text{n}}}\right| = |(1 + e^{-j\psi})^{(n-1)}| = |1 + e^{-j\psi}|^{(n-1)}. \tag{12.8.1/30}$$

Dieser Betrag läßt sich leicht aus einer geometrischen Überlegung gemäß Bild 12.8.1-8 ermitteln.
Die Basis der Potenz in Gleichung 12.8.1/30 ergibt sich zu

$$|1 + e^{-j\psi}| = \left|2 \cdot \sin\left(\frac{\pi - \psi}{2}\right)\right| = \left|2\cos\left(\frac{\psi}{2}\right)\right|. \tag{12.8.1/31}$$

Damit ist die gesuchte Richtcharakteristik

$$\left|\frac{\underline{E}_{\text{ges}}}{\underline{E}'_{\text{n}}}\right| = 2^{(n-1)} \cdot \left|\cos\left(\frac{\psi}{2}\right)\right|^{(n-1)}. \tag{12.8.1/32}$$

Mit $\psi = \beta s = \dfrac{2\pi}{\lambda} a \cdot \cos\varphi \cdot \sin\vartheta$ wird

$$G_{\text{Zeile}} = \left|\frac{\underline{E}_{\text{ges}}}{\underline{E}'_{\text{n}}}\right| = 2^{(n-1)} \cdot \left|\cos\left(\frac{\pi}{\lambda} a \cdot \cos\varphi \cdot \sin\vartheta\right)\right|^{(n-1)}. \tag{12.8.1/33}$$

In Bild 12.8.1-9 ist das H-Diagramm der Gruppe für drei $\lambda/2$-Dipole im Abstand $a = \lambda/2$
dargestellt. Der Strom verteilt sich hierbei zu $I_1 = I_3$ und $I_2 = 2I_1$.

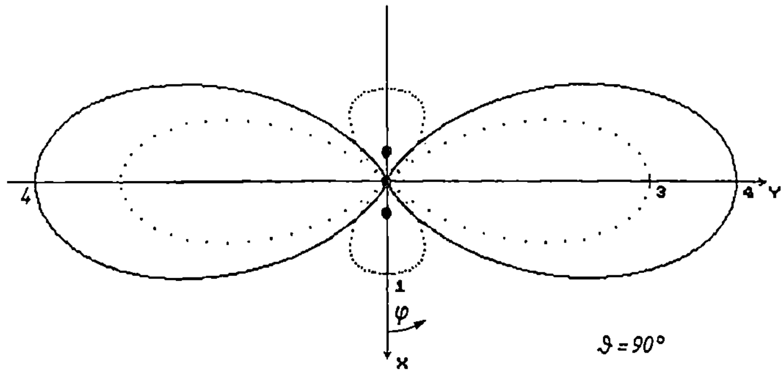

Bild 12.8.1-9 H-Diagramm einer 3-Elementen-Dipolzeile mit Binominalverteilung. Das H-Diagramm dergleichen Anordnung bei identischen Strömen ($I_1 = I_2 = I_3$) ist punktiert eingezeichnet.

Einfluß unterschiedlicher Phasenlage

Wie sich eine ungleiche Phasenlage der einzelnen Antennenströme auf das Richtdiagramm auswirkt, wird in Abschnitt 12.8.4 behandelt.

12.8.2 Antennenspalte, Antennenwand

Antennenspalte

Die Anordnung mehrerer Dipole in einer Reihe bezeichnet man als Dipolspalte (Bild 12.8.2-1).

Es seien m Einzelstrahler mit dem jeweiligen Feldstärkeverlauf nach Gleichung 12.8.1/8 gegeben. Jeder Dipol sei mit Strömen gleicher Phase und Amplitude gespeist. In Analogie zur Antennenzeile erfolgt unter denselben Näherungen

$$r \approx r_1 \approx r_2 \approx \ldots \approx r_\mathrm{m}\,, \qquad |\underline{E}_0| \approx |\underline{E}_1| \approx |\underline{E}_2| \approx \ldots \approx |\underline{E}_\mathrm{m}| \quad \text{und} \quad s \ll r$$

die Berechnung der Spalte. Die für den Phasenverlauf zu berücksichtigende Wegdifferenz zwischen benachbarten Strahlen zum weit entfernten Empfangspunkt ist hierbei

$$s = b \cdot \cos \vartheta\,. \tag{12.8.2/1}$$

Als Ergebnis erhält man für die Gruppencharakteristik der Strahlerspalte

$$G_\mathrm{Spalte} = \left| \frac{\sin\left(\dfrac{m\beta s}{2}\right)}{\sin\left(\dfrac{\beta s}{2}\right)} \right|\,, \tag{12.8.2/2}$$

$$G_\mathrm{Spalte} = \left| \frac{\underline{E}_\mathrm{ges}}{\underline{E}_\mathrm{E}} \right| = \left| \frac{\sin\left(\dfrac{m\pi b \cdot \cos \vartheta}{\lambda}\right)}{\sin\left(\dfrac{\pi b \cdot \cos \vartheta}{\lambda}\right)} \right|\,. \tag{12.8.2/3}$$

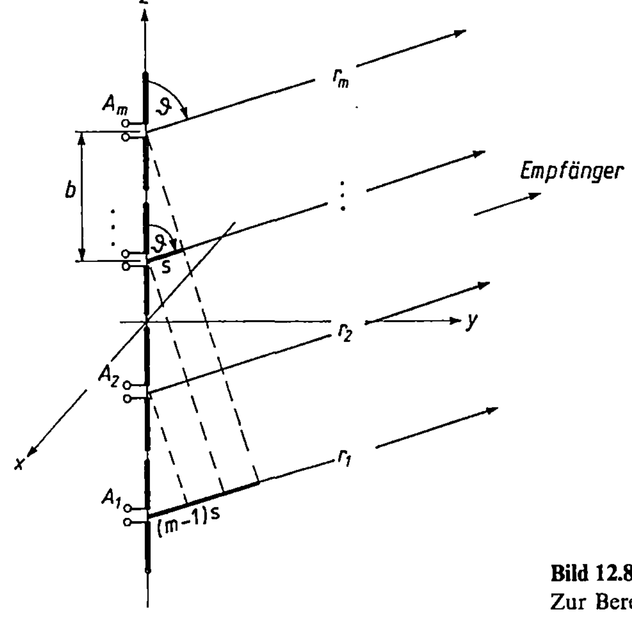

Bild 12.8.2-1
Zur Berechnung der Antennenspalte

Eine Abhängigkeit vom Winkel φ tritt nicht auf. Die Gesamtcharakteristik ist dann

$$\left|\frac{\underline{E}_{\text{ges}}}{\underline{E}_0}\right| = C_{\text{E}} \cdot G_{\text{Spalte}} \,. \tag{12.8.2/4}$$

Die Gesamtcharakteristik ist das Produkt der Einzel- mit der Spaltencharakteristik.

- **Beispiel 12.8.2/1:** Die Gesamtfeldstärke am Empfangspunkt in der Entfernung r einer Spalte aus 4 $\lambda/2$-Dipolen ist zu bestimmen. Jeder Dipol werde mit gleichgroßen, gleichphasigen Strömen erregt. Es ist das E-Diagramm ($\varphi = 0$) darzustellen. Der Mittelpunktsabstand sei $b = \lambda/2$.

Lösung:

Die Richtcharakteristik des Einzelstrahlers ist ebenfalls vom Winkel φ unabhängig, so daß sich mit den Formeln 12.8.2/3, 12.4.3/15 ergibt:

$$E_{\text{ges}} = E_0 \cdot C_{\text{E}} \cdot G_{\text{Spalte}} \,,$$

$$E_{\text{ges}} = 60\,\Omega\,\frac{I}{r} \cdot \frac{\cos\left(\dfrac{\pi}{2}\cdot\cos\vartheta\right)}{\sin\vartheta} \cdot \frac{\sin\left(\dfrac{4\pi\lambda}{2\lambda}\cdot\cos\vartheta\right)}{\sin\left(\dfrac{\pi\lambda}{2\lambda}\cdot\cos\vartheta\right)} \,,$$

$$E_{\text{ges}} = 60\,\Omega\,\frac{I}{r} \cdot \frac{\cos\left(\dfrac{\pi}{2}\cdot\cos\vartheta\right)}{\sin\vartheta} \cdot \frac{\sin(2\pi\cdot\cos\vartheta)}{\sin\left(\dfrac{\pi}{2}\cdot\cos\vartheta\right)} \,.$$

Das Einzelelement bündelt bereits in Richtung ϑ, daher ist die Bündelung einer Spalte in Richtung ϑ stärker als die einer Zeile bei derselben Strahlerzahl in Richtung φ

$$C_{\text{ges}} = C_{\text{E}} \cdot G_{\text{Spalte}} = \left|\frac{\cos\left(\dfrac{\pi}{2}\cdot\cos\vartheta\right)}{\sin\vartheta} \cdot \frac{\sin(2\pi\cdot\cos\vartheta)}{\sin\left(\dfrac{\pi}{2}\cdot\cos\vartheta\right)}\right| \,.$$

Für $\vartheta = 0$ liefern Zähler und Nenner der Einzelcharakteristik C_{E} den Wert 0, deshalb wird nach L'Hospital

$$\lim_{x \to b}\frac{f(x)}{g(x)} = \lim_{x \to b}\frac{f'(x)}{g'(x)} \,,$$

hier für die Winkel $\vartheta_{1p} = 0°,\ 180°$ mit $p = 1, 2$

$$C_{\text{E}}\big|_{\vartheta_{1p}} = \left|\frac{\cos\left(\dfrac{\pi}{2}\cdot\cos\vartheta\right)}{\sin\vartheta}\right|_{\vartheta_{1p}} = \left|\frac{\dfrac{d\cos\left(\dfrac{\pi}{2}\cdot\cos\vartheta\right)}{d\vartheta}}{\dfrac{d\sin\vartheta}{d\vartheta}}\right|_{\vartheta_{1p}} = 0 \,.$$

Weitere Nullstellen bestimmt der Zähler der Spaltencharakteristik:

$$\sin(2\pi\cdot\cos\vartheta) = 0 \,,$$

$$2\pi\cdot\cos\vartheta = \pm k\pi \,, \quad \text{für}\quad k = 1 \,,$$

$$\cos\vartheta_{2p} = 0{,}5 \,, \quad\quad \text{für}\quad \vartheta_{2p} = 60°;\ 300° \,,$$

$$\cos\vartheta_{3p} = -0{,}5 \,, \quad\quad \text{für}\quad \vartheta_{3p} = 120°;\ 240° \,.$$

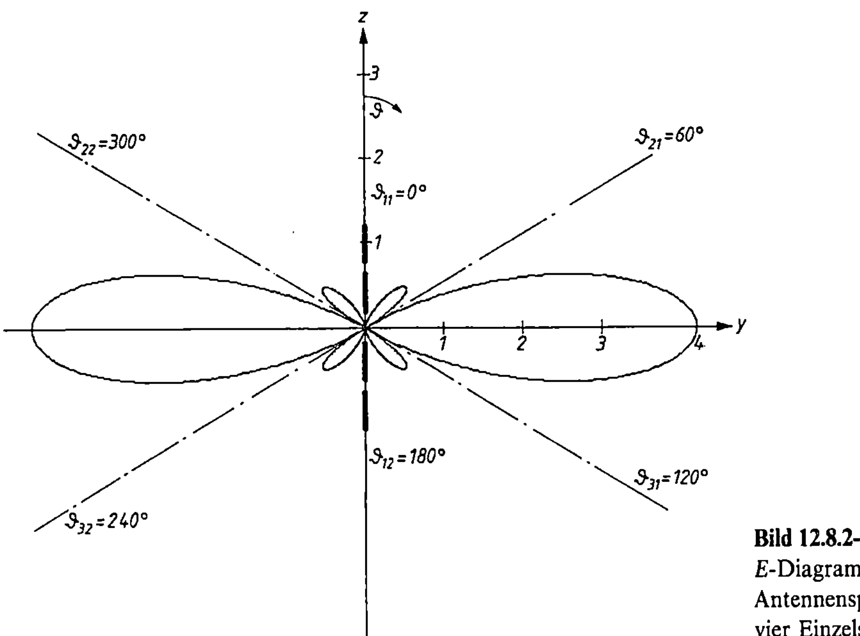

Bild 12.8.2-2
E-Diagramm einer
Antennenspalte aus
vier Einzelstrahlern

Bei $k = 0$ werden sowohl Zähler als auch Nenner 0, so daß man den Grenzwert ermittelt. $\vartheta_{4\mathrm{p}} = 90°; 270°$:

$$G_{\mathrm{Gruppe}}\Big|_{\vartheta_{4\mathrm{p}}} = \left|\frac{\sin (2\pi \cdot \cos \vartheta)}{\sin \left(\dfrac{\pi}{2} \cdot \cos \vartheta\right)}\right|_{\vartheta_{4\mathrm{p}}} = \left|\frac{2\pi \cdot \cos \vartheta}{\dfrac{\pi}{2} \cdot \cos \vartheta}\right|_{\vartheta_{4\mathrm{p}}} = 4 \,.$$

Weitere Werte erhält man durch Einsetzen von Winkelgrößen. Das Richtdiagramm ist in Bild 12.8.2-2 dargestellt.

Antennenwand

Ordnet man die Einzelstrahler in Strahlerzeilen und Strahlerspalten an, so entsteht die Antennenwand, wie in Bild 12.8.2-3 skizziert. Strahlerwände bündeln sowohl in Richtung ϑ als auch in Richtung φ. Man ermittelt die Richtcharakteristik der Gesamtanordnung, in

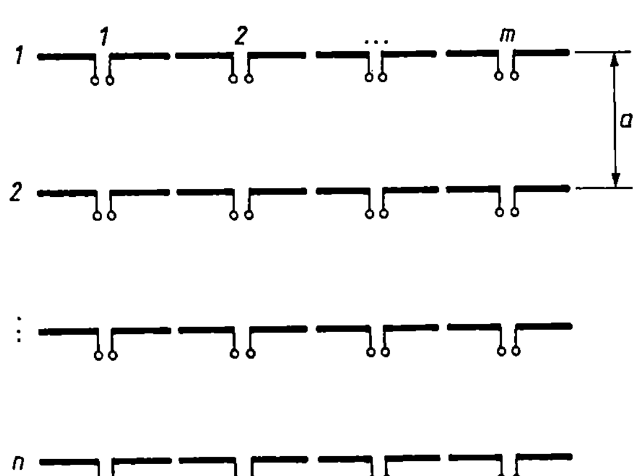

Bild 12.8.2-3
Antennenwand aus $n \cdot m$ Einzelstrahlern (horizontale Polarisation)

dem man die aus m Einzelstrahlern bestehende Spalte als neuen Grundstrahler der n-Elementen Zeile betrachtet. Hieraus folgt unmittelbar für die Feldstärke im Empfangspunkt der Entfernung r

$$E_{\text{Wand}} = E_0 \cdot C_E \cdot \frac{\sin\left(\dfrac{n\pi a \cdot \cos\varphi \cdot \sin\vartheta}{\lambda}\right)}{\sin\left(\dfrac{\pi a \cdot \cos\varphi \cdot \sin\vartheta}{\lambda}\right)} \cdot \frac{\sin\left(\dfrac{m\pi b \cdot \cos\vartheta}{\lambda}\right)}{\sin\left(\dfrac{\pi b \cdot \cos\vartheta}{\lambda}\right)} \cdot \qquad (12.8.2/5)$$

In dieser Gleichung sind die Mittelpunktsabstände benachbarter Dipole in einer Zeile a, die Mittelpunktsabstände benachbarter Dipole in einer Spalte b, die Spaltenzahl n und die Zeilenzahl m.

Das multiplikative Gesetz zur Bildung der Gesamtcharakteristik wird deutlich erkennbar:

Charakteristik des Einzelstrahlers multipliziert mit der Zeilencharakteristik multipliziert mit der Spaltencharakteristik.

Die Maximalfeldstärke liegt in Richtung $\varphi = 90°$; $\vartheta = 90°$ und hat bei $\lambda/2$-Dipolen den Wert

$$E_{\text{Wand max}} = \frac{I \cdot 60\,\Omega}{r} \cdot m \cdot n \,. \qquad (12.8.2/6)$$

- **Beispiel 12.8.2/1:** Ermitteln Sie die elektrische Feldstärke im ungestörten Fernfeld einer Dipolwand, die aus $m = 5$, $n = 6$ $\lambda/2$-Dipolen im jeweiligen Abstand $a = b = \lambda/2$ besteht.

Lösung:

$$E_{\text{Wand}} = \frac{I \cdot 60\,\Omega}{r} \cdot \frac{\cos\left(\dfrac{\pi}{2}\cos\vartheta\right)}{\sin\vartheta} \cdot \frac{\sin(3\pi \cdot \cos\varphi \cdot \sin\vartheta)}{\sin\left(\dfrac{\pi}{2}\cdot\cos\varphi\cdot\sin\vartheta\right)} \cdot \frac{\sin\left(5\dfrac{\pi}{2}\cdot\cos\vartheta\right)}{\sin\left(\dfrac{\pi}{2}\cdot\cos\vartheta\right)} \cdot$$

Jeder einzelne Dipol einer Zeile, Spalte oder Wand befindet sich im Strahlungsfeld der anderen Dipole. Er wird deshalb bereits einen „Empfangs"-Strom führen, auch wenn er nicht an eine treibende Quelle angeschlossen ist. Die Dipole sind untereinander strahlungsgekoppelt. Damit weichen ihre Strahlungswiderstände von dem des ungestörten Einzelstrahlers ab. Der Strahlungswiderstand des Einzelstrahlers wird abhängig von seinem geometrischen Platz in der Dipolwand. In Bild 12.8.2-4 sind die errechneten Strahlungswiderstände einer 6×6 $\lambda/2$-Dipole

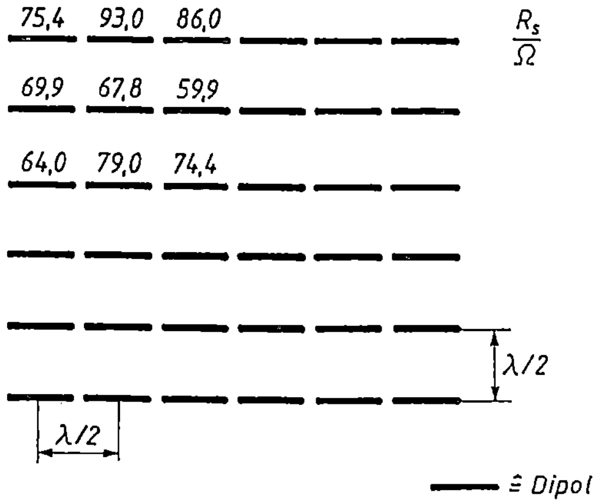

Bild 12.8.2-4
Strahlungswiderstände der Einzelstrahler innerhalb einer Antennenwand aufgrund der Strahlungskopplung (nach [143])

umfassende Wand wiedergegeben. Meist wird auf die umfangreiche Berechnung solcher gekoppelter Strahlungswiderstände verzichtet und diese meßtechnisch z. B. über Stehwellenverhältnisse (VSWR-Messung) ermittelt.

Bei der Berechnung der Strahlungscharakteristik werden genau definierte Ströme vorausgesetzt, in vielen Fällen gleichgroße Ströme. Deshalb müssen die Einzelstrahler über Transformatoren an die Speisespannung angeschlossen werden.

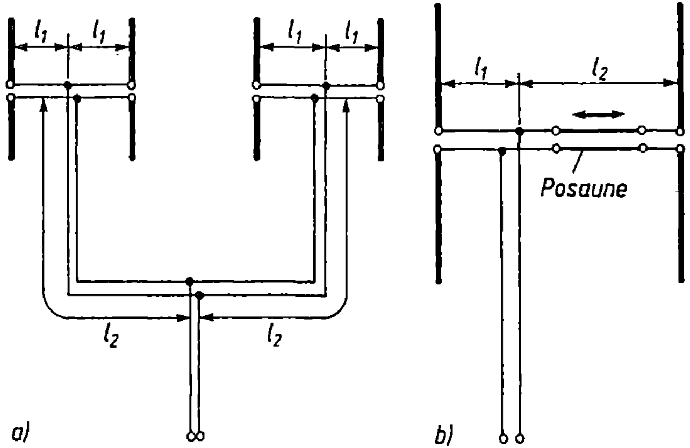

Bild 12.8.2-5
a) Führung der Speiseleitung bei gleichphasigem Antennenstrom
b) Durch ungleich lange Leitungsführung zu den Einzelstrahlern lassen sich phasenverschobene Speiseströme einstellen.

Die abgestrahlten Leistungen der Einzelstrahler unterscheiden sich demnach untereinander. Um eine gleichphasige Versorgung sicherzustellen, müssen die Leitungszuführungen zu jedem Strahler gleichlang sein. Hier sind Verteilungen nach Bild 12.8.2-5a anzuwenden. Gewünschte Phasenverschiebungen sind durch Umwegleitungen einzustellen (Bild 12.8.2-5b).

12.8.3 Richtfaktor, Gewinn

Die Antennenkennwerte Richtfaktor und Gewinn beschreiben, um wieviel besser eine Antenne in einer Vorzugsrichtung sendet oder empfängt als eine verlustlose Bezugsantenne. Als Bezugsantenne können der Kugelstrahler, der Hertzsche Dipol oder der $\lambda/2$-Dipol dienen. Sowohl Kugelstrahler (isotroper Strahler) als auch Hertzscher Dipol sind nicht realisierbar. Deshalb müssen die hierauf bezogenen Größen rechnerisch ermittelt werden.

Richtfaktor

Der Richtfaktor D *(directivity)* beschreibt, um wieviel größer die ausgestrahlte Leistungsdichte $S_{A\,max}$ in Richtung des Maximums der Hauptkeule ist im Vergleich zur ausgestrahlten Leistungdichte der Bezugsantenne S_B in deren Vorzugsrichtung, wobei beiden Antennen die gleiche Leistung zugeführt wird und der Fernfeldabstand r von beiden Antennen identisch ist (Bild 12.8.3-1)

$$D = \frac{S_{A\,max}}{S_B}. \tag{12.8.3/1}$$

Die Leistungsdichte kann durch die Feldstärken im Fernfeld beschrieben werden

$$D = \frac{2 \cdot E_{A\,max} \cdot H_{A\,max}}{2 \cdot E_B \cdot H_B} = \frac{E_{A\,max} \cdot E_{A\,max} \cdot Z_0}{E_B \cdot E_B \cdot Z_0},$$

$$D = \frac{E_{A\,max}^2}{E_B^2}. \tag{12.8.3/2}$$

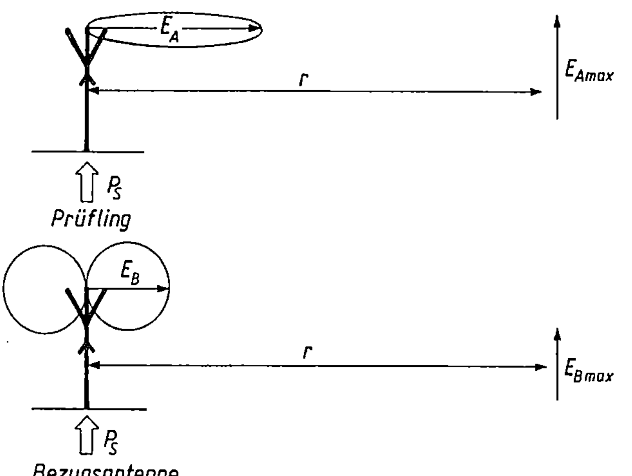

Bild 12.8.3-1
Zur Definition
des Richtfaktors D

Erfolgt die Angabe des Richtfaktors in dB, so gilt für das Richtmaß D'

$$\frac{D'}{\mathrm{dB}} = 10 \lg \left(\frac{E_{A\,max}}{E_B}\right)^2 = 20 \lg \left(\frac{E_{A\,max}}{E_B}\right).$$

(12.8.3/3)

- **Beispiel 12.8.3/1:** Ermitteln Sie den Richtfaktor des Hertzschen Dipols bezogen auf den Kugelstrahler $D_{i(Hz)}$.

Lösung:

Beim isotropen Strahler ist die Leistungsdichte S_i

$$S_i = \frac{P_{\cdot s}}{4\pi r^2},$$

(12.8.3/4)

wenn P_s die zugeführte Leistung darstellt.

Die maximale Leistungsdichte strahlt der Hertzsche Dipol bei $\vartheta = 90°$ ab

$$E_{Hz} = Z_0 \frac{l}{\lambda} \frac{1}{r} I.$$

(12.3.3/5)

Mit Gl. 12.3.2/1 und /2:

$$I = \sqrt{\frac{2P_s}{R_s}} = \sqrt{\frac{2P_s\lambda^2}{80\pi^2\Omega l_g^2}}$$

wird

$$S_{Hz} = \frac{E_{Hz}^2}{2Z_0} = \frac{(120)^2\pi^2\Omega^2 l^2 2 P_s \lambda^2}{2 \cdot 120\pi\Omega\lambda^2 r^2 80\pi^2\Omega(2l)^2} = \frac{3P_s}{8\pi r^2}$$

und damit

$$D_{i(Hz)} = \frac{S_{Hz}}{S_i} = \frac{3P_s 4\pi r^2}{8\pi r^2 P_s} = 1,5.$$

(12.8.3/5)

- **Übung 12.8.3/1:** Ermitteln Sie den Richtfaktor des $\lambda/2$-Dipols bezogen auf den Kugelstrahler.

- **Übung 12.8.3/2:** Ermitteln Sie den Richtfaktor des $\lambda/2$-Dipols bezogen auf den Hertzschen Dipol.

Zusammenfassend erhält man als Beziehung zwischen den Richtfaktoren der einzelnen Bezugsantennen

$$D_i = 1{,}5 \cdot D_{Hz} = 1{,}64 \cdot D_d \,, \tag{12.8.3/6}$$

$$D_{Hz} = 1{,}1 \cdot D_d \,, \tag{12.8.3/7}$$

mit den Indices für isotropen Strahler = i, Hertzschen Dipol = Hz und $\lambda/2$-Dipol = d.

Die rechnerische Ermittlung des Richtfaktors setzt die genaue Kenntnis der Strahlungswiderstände voraus. Wegen der Strahlungskopplung in Antennenzeilen, -spalten und -wänden wird dieses Verfahren sehr aufwendig.

Die Richtcharakteristik der Empfangsantenne ist identisch mit der Richtcharakteristik derselben Antenne bei Sendebetrieb. Der Wert des Richtfaktors bleibt unverändert. Für Empfangsbetrieb stellt der Richtfaktor das Verhältnis der empfangenen Leistung bei optimaler Ausrichtung der Empfangsantenne zur empfangenen Leistung der Bezugsantenne dar, wobei die Fremdfeldstärke am Empfangsort E_F in beiden Fällen gleich ist und Anpassung vorliegt.

Gewinn

Der Gewinn einer Antenne berücksichtigt zum Richtfaktor noch den Wirkungsgrad. Die abgestrahlte Leistung P_s einer Sendeantenne vermindert sich um die Verlustleistung P_v gegenüber der zugeführten Leistung P_0. Mit dem Wirkungsgrad der Sendeantenne η_S erhält man den Zusammenhang

$$P_s = \eta_S \cdot P_0 \,. \tag{12.8.3/8}$$

Damit ist die Leistungsdichte am Empfangsort ebenfalls kleiner als bei verlustloser Antenne

$$S'_{A\,max} = \eta_S \cdot S_{A\,max} \,. \tag{12.8.3/9}$$

Die immer verlustlos angenommene Bezugsantenne strahlt die Leistungsdichte S_B ab. Damit gilt für den Gewinn einer Sendeantenne, wenn ihr Richtfaktor D_S ist

$$G_S = \eta_S \frac{S_{A\,max}}{S_B} = \eta_S \cdot D_S \,. \tag{12.8.3/10}$$

Häufig erfolgt diese Angabe in dB. Bezieht man hierbei auf den isotropen Strahler, so gilt für das *Gewinnmaß* g

$$\frac{g}{dB_i} = 10 \lg (\eta \cdot D_i) \,. \tag{12.8.3/11}$$

Das elektromagnetische Feld um eine Empfangsantenne unterscheidet sich vom Feld bei Sendebetrieb. Streng genommen unterscheiden sich daher die Stromverläufe auf der Empfangsantenne von denen der Sendeantenne und damit auch ihre Verluste. Die hierdurch verursachten Unterschiede im Wirkungsgrad der Empfangsantenne η_E und der Sendeantenne η_S können aber meist vernachlässigt werden.

Wird dem Empfänger die Wirkleistung P_E zugeführt und beträgt die Verlustleistung der Empfangsantenne P_{vE}, so definiert man den Wirkungsgrad der Empfangsantenne η_E als

$$\eta_E = \frac{P_E}{P_E + P_{vE}} \,. \tag{12.8.3/12}$$

Meßtechnisch läßt sich der Gewinn bei optimaler Ausrichtung der Sendeantenne ermitteln zu

$$G_S = \frac{\text{Strahlungsdichte der Prüfantenne im Fernfeld}}{\text{Strahlungsdichte der Bezugsantenne}}, \qquad (12.8.3/13)$$

bei gleicher zugeführter Leistung.

Für eine optimal ausgerichtete Empfangsantenne bestimmt man den Gewinn mit dem analogen Meßverfahren

$$G_E = \frac{\text{zugeführte Empfängerleistung der Prüfantenne}}{\text{zugeführte Empfängerleistung der Bezugsantenne}}, \qquad (12.8.3/14)$$

bei gleicher Empfangsfeldstärke und Anpassung.

Als Bezugsantennen werden $\lambda/2$-Dipole eingesetzt. Die Verluste können hierbei unberücksichtigt bleiben.

Der in Kapitel 12.7.3 eingeführte Kennwert der wirksamen Antennenfläche A_e läßt sich auf jeden Antennentyp erweitern. Setzt man wieder optimale Ausrichtung der Empfangsantenne zur einfallenden Fremdfeldstärke voraus, so besteht ein einfacher Zusammenhang zwischen Gewinn und wirksamer Antennenfläche. Vernachlässigt man die Verluste, so werden Gewinn und Richtfaktor gleich

$$D \approx G.$$

Für den Gewinn der Empfangsantenne $G_{i(E)}$ bei Bezug auf den isotropen Strahler gilt

$$G_{i(E)} = \frac{P_E}{P_i}. \qquad (12.8.3/15)$$

Die Empfangsleistung der Antenne ist dem Produkt aus Gewinn und Empfangsleistung des isotropen Strahlers P_i bei Anpassung gleich

$$P_E = G_{i(E)} \cdot P_i. \qquad (12.8.3/16)$$

Bezieht man die Empfangsleistung der Antenne auf den Hertzschen Dipol, so wird

$$P_E = G_{i(E)} \frac{P_i}{P_{Hz}} P_{Hz}, \qquad (12.8.3/17)$$

wobei nach Gleichung 12.8.3/5 und 12.8.3/14 gilt:

$$G_{i(Hz)} = \frac{P_{Hz}}{P_i}. \qquad (12.8.3/18)$$

Die Empfangsleistung eines Hertzschen Dipols P_{Hz} läßt sich nach Gleichung 12.7.3/8 mit der wirksamen Antennenfläche des Hertzschen Dipols A_{Hz} und der Leistungsdichte S_F am Empfangsort verknüpfen

$$P_E = \frac{G_{i(E)}}{G_{i(Hz)}} \cdot P_{Hz} = \frac{G_{i(E)}}{G_{i(Hz)}} S_F \cdot A_{Hz}. \qquad (12.8.3/19)$$

Setzt man nun die Empfangsleistung P_E als Produkt derselben Leistungsdichte S_F und der gesuchten wirksamen Antennenfläche A_e an, so gilt

$$P_E = S_F \cdot A_e = G_{i(E)} \frac{A_{Hz}}{G_{i(Hz)}} S_F \, , \qquad (12.8.3/20)$$

$$A_e = G_{i(E)} \frac{A_{Hz}}{G_{i(Hz)}} \, . \qquad (12.8.3/21)$$

Da sowohl der Gewinn als auch die wirksame Antennenfläche des Hertzschen Dipols bekannt sind (12.8.3/5 und 12.7.3/11)

$$\frac{A_{Hz}}{G_{i(Hz)}} \approx \frac{3\lambda^2}{8\pi \cdot 1,5} = \frac{\lambda^2}{4\pi} \, , \qquad (12.8.3/22)$$

erhält man den allgemeinen Zusammenhang zwischen wirksamer Antennenfläche A_e und Gewinn $G_{i(E)}$

$$A_e = \frac{\lambda^2}{4\pi} G_{i(E)} \, . \qquad (12.8.3/23)$$

Mit den Begriffen der wirksamen Antennenfläche und des Gewinns lassen sich die Verhältnisse auf einer Richtfunkstrecke beschreiben. Sende- und Empfangsantenne seien r voneinander entfernt. Der Sendeantenne werde die Leistung P_s zugeführt. Beide Antennen sollen optimal ausgerichtet sein und ihre Verluste vernachlässigt werden. Gesucht ist die Empfangsleistung bei Anpassung des Empfängers Bild 12.8.3-2

$$P_E = f(P_s) = ? \, .$$

Die Leistungsdichte am Empfangsort S_F läßt sich über den Gewinn der Sendeantenne $G_{i(S)}$ und der Leistungsdichte S_i des isotropen Strahlers nach 12.8.3/1 und 12.8.3/4 bestimmen zu

$$S_F = S_i \cdot G_{i(S)} = \frac{P_s}{4\pi r^2} G_{i(S)} \, . \qquad (12.8.3/24)$$

Damit wird dem Empfänger mit der wirksamen Atennenfläche A_e gemäß Gleichung 12.7.3/8 die Leistung P_E zugeführt

$$P_E = S_F \cdot A_e \, .$$

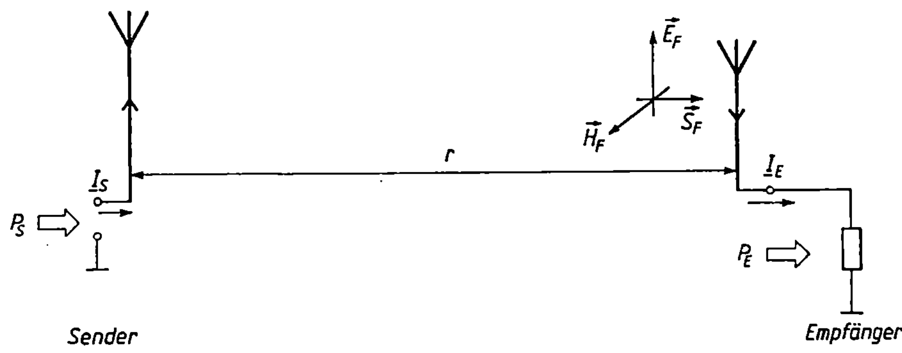

Bild 12.8.3-2   Zur Definition der Streckendämpfung

Da die wirksame Fläche durch den Gewinn der Empfangsantenne $G_{i(E)}$ ausgedrückt werden kann, erhält man

$$P_E = \frac{{}^{`}P_s}{4\pi r^2}\, G_{i(S)}\, \frac{\lambda^2}{4\pi}\, G_{i(E)} \,, \tag{12.8.3/25}$$

$$P_E = \left(\frac{\lambda}{4\pi r}\right)^2 \cdot G_{i(S)} \cdot G_{i(E)} \cdot P_s \,. \tag{12.8.3/26}$$

Das Verhältnis der beiden Leistungen bezeichnet man als *Streckendämpfung*. Erfolgt die Angabe in dB, so gilt für das *Streckendämpfungsmaß* a (Funkfelddämpfungsmaß):

$$\frac{a}{\text{dB}} = 10\lg\left(\frac{P_s}{P_E}\right) . \tag{12.8.3/27}$$

Mit Gleichung 12.8.3/26 erhält man

$$\frac{a}{\text{dB}_i} = 10\lg\left[\left(\frac{4\pi r}{\lambda}\right)^2 \frac{1}{G_{i(S)} \cdot G_{i(E)}}\right], \tag{12.8.3/28}$$

$$\frac{a}{\text{dB}_i} = 20\lg\left(\frac{4\pi r}{\lambda}\right) - 10\log\left(G_{i(S)} \cdot G_{i(E)}\right) . \tag{12.8.3/29}$$

Den ersten Ausdruck der letzten Gleichung bezeichnet man als *Freiraum-Dämpfungsmaß* a_0

$$\frac{a_0}{\text{dB}} = 20\lg\left(\frac{4\pi r}{\lambda}\right) . \tag{12.8.3/30}$$

Der zweite Ausdruck stellt die bekannten Gewinnmaße der Antennen nach Gleichung 12.8.3/11 dar

$$\frac{a}{\text{dB}_i} = a_0 - g_{i(S)} - g_{i(E)} . \tag{12.8.3/31}$$

Der Index i bei dB_i beschreibt den Bezug auf den isotropen Strahler.

- **Beispiel 12.8.3/2:** Sende- und Empfangsantenne sind $r = 80$ km voneinander entfernt. Der Sender strahlt die Leistung $P_s = 40$ kW bei der Betriebsfrequenz $f = 500$ MHz ab. Die Gewinne der Antennen sind $G_{i(S)} = 10$, $G_{i(E)} = 20$. Wie große ist die Empfangsleistung?

Lösung:

$$\lambda = \frac{300 \cdot 10^6\ \text{ms}}{500 \cdot 10^6\ \text{s}} = 0{,}6\ \text{m} \,,$$

$$\frac{a}{\text{dB}_i} = 20\lg\left(\frac{4\pi \cdot 80 \cdot 10^3\ \text{m}}{0{,}6\ \text{m}}\right) - 10\lg 10 - 10\lg 20 = 101{,}5 \,,$$

$$P_E = \frac{40\ \text{kW}}{10^{10{,}15}} = 2{,}8\ \mu\text{W} \,.$$

12.8.4 Reflektoren, Direktoren

Im Abschnitt 12.8.1 wurden die Einflüsse der Anzahl, der Anordnung und der Strombelegung der Einzelstrahler auf das Richtdiagramm aufgezeigt. Hier soll der Einfluß einer Phasenverschiebung zwischen den Strömen der Einzelstrahler einer Antennengruppe erläutert werden.

Einsatz findet dieses Verfahren, um unsymmetrische, einseitige Richtcharakteristiken zu erhalten. Bei Antennenbetrieb auf Richtfunkstrecken, an Landesgrenzen und zur Vermeidung von Überlappungsbereichen sind solche Richtdiagramme erforderlich.

Gespeister Reflektordipol

Im Abstand $a = \lambda/4$ eines Dipols A sei ein gleichartiger Dipol R aufgestellt. Dieser werde zwar mit der gleichen Stromamplitude gespeist; aber der Strom in Dipol R eile um 90° dem Strom in Diopol A vor. Gesucht ist die Richtcharakteristik.

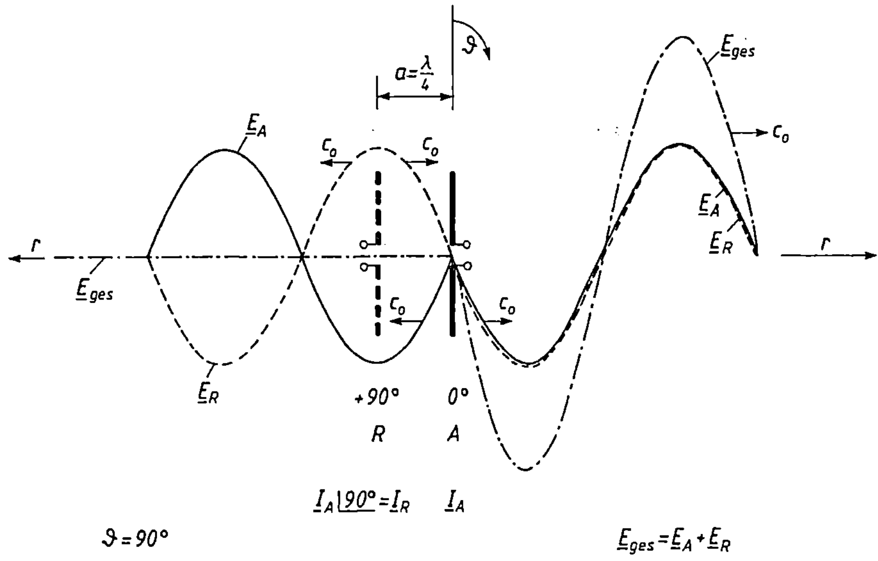

Bild 12.8.4-1 Gespeister Reflektordipol
Die Überlagerung der Einzelfeldstärken von Reflektor-und Hauptantenne liefert für $\vartheta = 90°$ in einer Richtung Auslöschung und in der hierzu um 180° gedrehten Richtung Verdopplung der elektrischen Feldstärke.

Vor dem rechnerischen Lösungsverfahren sei an Bild 12.8.4-1 das prinzipielle Verhalten erläutert. Aufgetragen sind zum Zeitpunkt $t =$ konst. längs der räumlichen Ausdehnung r die Fernfeldstärken E_A und E_R. Diese sind proportional den Strömen im jeweiligen Dipol. Sie wandern mit der Phasengeschwindigkeit c_0 von den Dipolen weg. Die Darstellung zeigt sowohl die einzelnen Feldstärkeanteile als auch die durch Überlagerung entstandene resultierende Feldstärke E_{ges}. Man erkennt, daß der Dipol R den Reflektor darstellt. Der Dipol A ist die „Hauptantenne". In Richtung Hauptantenne–Reflektor löschen sich die Feldstärken durch Interferenz aus. In Richtung Reflektor–Hauptantenne verstärken sich die Felder. Die Rechnung soll nun das gesamte räumliche Strahlungsverhalten ermitteln. Es seien $\lambda/2$-Dipole eingesetzt.

Wie in den Kapiteln 12.8.1 und 12.8.2 kann genähert werden:

$$r_A \approx r_R \approx r \quad \text{und} \quad |\underline{E}_A| = |\underline{E}_R| \,.$$

Der Strahl vom Reflektor hat entsprechend Bild 12.8.4-2a einen weiteren Weg

$$s = a \cdot \cos\varphi \cdot \sin\vartheta = \frac{\lambda}{4} \cdot \cos\varphi \cdot \sin\vartheta \qquad (12.8.4/1)$$

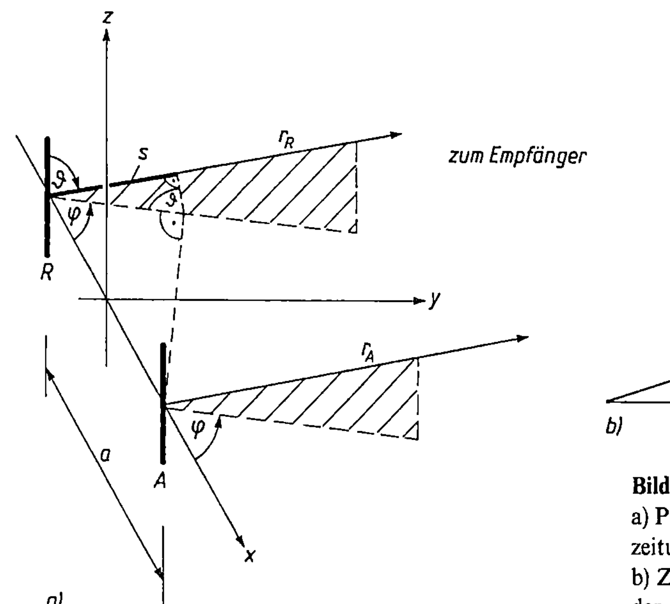

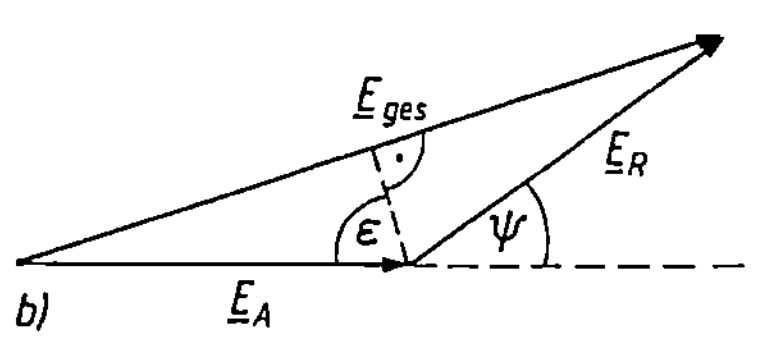

Bild 12.8.4-2
a) Phasenverschiebung durch Laufzeitunterschiede längs s
b) Zeigerdiagramm zur Ermittlung der Gesamtfeldstärke

bis zum Empfangspunkt zurückzulegen, was bei der Phasenlage zu berücksichtigen ist. Hinzu kommt noch die Voreilung des Reflektorstromes I_R um den Winkel $\Omega = \pi/2 \mathrel{\hat=} 90°$. Also gilt

$$\underline{E}_A = \underline{E}_E \,, \tag{12.8.4/2}$$

$$\underline{E}_R = \underline{E}_E \cdot e^{j(-\beta s + \Omega)} = \underline{E}_E \cdot e^{j\psi} \,, \tag{12.8.4/3}$$

$$\underline{E}_{ges} = \underline{E}_A + \underline{E}_R = \underline{E}_E(1 + e^{j\psi}) \,, \tag{12.8.4/4}$$

mit

$$\psi = \Omega - \beta s = \frac{\pi}{2} - \frac{2\pi}{\lambda} \cdot \frac{\lambda}{4} \cdot \cos\varphi \cdot \sin\vartheta = \frac{\pi}{2}(1 - \cos\varphi \cdot \sin\vartheta) \,. \tag{12.8.4/5}$$

Aus Bild 12.8.4-2b erkennt man

$$\varepsilon = \frac{\pi - \psi}{2} = \frac{\pi - \dfrac{\pi}{2} + \dfrac{\pi}{2} \cdot \cos\varphi \cdot \sin\vartheta}{2} = \frac{\pi}{4}(1 + \cos\varphi \cdot \sin\vartheta) \,. \tag{12.8.4/6}$$

Die Richtcharakteristik ist

$$C_G = \left|\frac{\underline{E}_{ges}}{\underline{E}_E}\right| = |1 + e^{j\psi}| \,, \tag{12.8.4/7}$$

$$C_G = \left|2 \cdot \sin\left[\frac{\pi}{4}(1 + \cos\varphi \cdot \sin\vartheta)\right]\right| \tag{12.8.4/8}$$

und die Empfangsfeldstärke

$$E_{ges} = E_E \cdot C_G = 2 \cdot E_0 \cdot \frac{\cos\left(\dfrac{\pi}{2}\cos\vartheta\right)}{\sin\vartheta} \cdot \sin\left[\frac{\pi}{4}(1 + \cos\varphi \cdot \sin\vartheta)\right] \,. \tag{12.8.4/9}$$

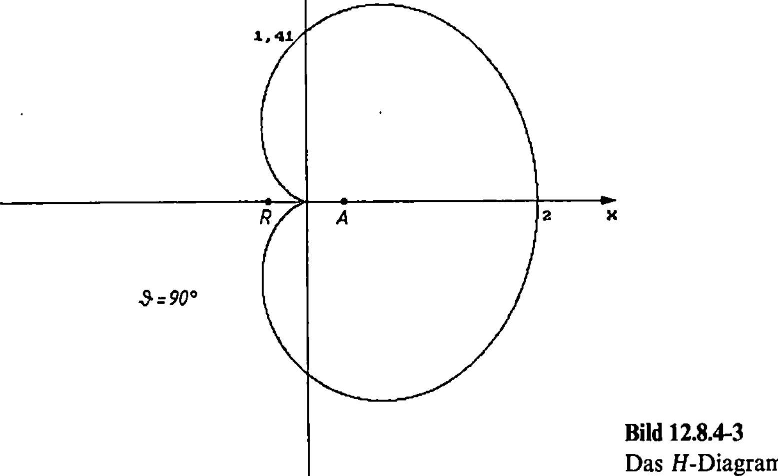

Bild 12.8.4-3
Das H-Diagramm des gespeisten
Reflektors ist eine Kardioide.

Für $\vartheta = 90°$ liefert das H-Diagramm nach Gleichung 12.8.4/8 eine Kardiode (Bild 12.8.4-3).
Die Strahlung erfolgt vorzugsweise in einer Raumhälfte.

Spiegelantenne

Als Vorüberlegung zur Spiegelantenne diene nachfolgendes Beispiel.

- **Beispiel 12.8.4/1:** Zwei gleichartige Dipole im Abstand $a = \lambda/2$ werden als Zeile in Gegenphase erregt $\Omega = \pi \triangleq 180°$. Die Ströme beider Dipole besitzen gleiche Amplitude. Gesucht ist die Richtcharakteristik.

Lösung:

In Analogie zum Reflektordipol gilt für die Phasenverschiebung ψ zwischen den beiden Feldstärken am Empfangsort

$$\psi = \Omega - \beta s = \pi - \frac{2\pi}{\lambda} \cdot \frac{\lambda}{2} \cdot \cos\varphi \cdot \sin\vartheta = \pi - \pi \cdot \cos\varphi \cdot \sin\vartheta$$

und

$$\varepsilon = \frac{\pi - \psi}{2} = \frac{\pi}{2} \cdot \cos\varphi \cdot \sin\vartheta .$$

Damit wird die Richtcharakteristik

$$C_G = \left| \frac{E_{ges}}{E_E} \right| = \left| 2 \cdot \sin\left(\frac{\pi}{2} \cdot \cos\varphi \cdot \sin\vartheta \right) \right| .$$

Bild 12.8.4-4 stellt hierzu das Richtdiagramm dar.

Ein gegenphasig erregter Dipol wie in Beispiel 12.8.4/1 läßt sich nach der Bildladungstheorie durch eine idealleitende Platte im Abstand $a_1 = a/2$ nachbilden (siehe Kapitel 12.5.1). Die Strahlung erfolgt nur in einer Raumhälfte.

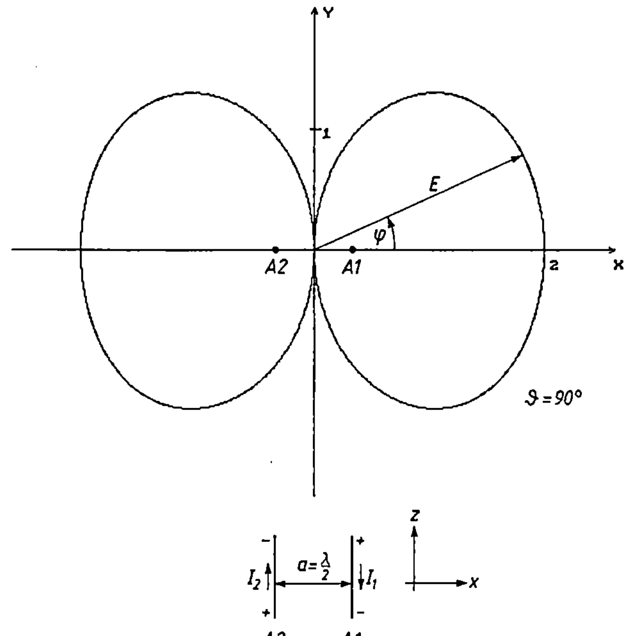

Bild 12.8.4-4
H-Diagramm für zwei Dipole
im Abstand $a = \lambda/2$
bei gegenphasiger Erregung

Für die vorliegende Aufgabe bedeutet dies, daß hinter einem Dipol im Abstand

$$a_1 = \frac{a}{2} = \frac{1}{2} \cdot \frac{\lambda}{2} = \frac{\lambda}{4} \tag{12.8.4/10}$$

eine idealleitende Platte aufgestellt wird. Die Richtcharakteristik entspricht der in Beispiel 12.8.4/1

$$C_G = \left| 2 \cdot \sin\left(\frac{\pi}{2} \cdot \cos\varphi \cdot \sin\vartheta\right) \right| \tag{12.8.4/11}$$

und gilt für $\varphi = -90° \ldots +90°$, $\vartheta = 0° \ldots 180°$. Das Richtdiagramm für $\vartheta = 90°$ ist in Bild 12.8.4-5 dargestellt.

Für die Praxis folgt hieraus: Eine hinter einer Dipolanordnung aufgestellte metallische Wand wirkt wie ein reflektierender Spiegel. Hierdurch wird eine einseitige Richtcharakteristik erreicht.

Anstelle der Vollwand können auch Gitterstäbe angeordnet werden. Um eine Vollwand vorzutäuschen, sollte der Abstand zwischen den Stäben kleiner als $\lambda/10$ sein. Neben dem Gewicht, den Kosten wird die Windlast vermindert (Bild 12.8.4-6).

Parasitärantenne
Bringt man einen kurzgeschlossenen Dipol in das Strahlungsfeld einer gespeisten Antenne, so kann hierdurch eine einseitige Strahlung erreicht werden.

Das Prinzip soll an Bild 12.8.4-7 erläutert werden. Der gespeiste Dipol D1 sei im Abstand a parallel und ohne Versatz in z-Richtung zu einem nicht gespeisten (parasitären) Dipol D2 angeordnet. An den Eingangsklemmen des parasitären Dipols befinde sich die Impedanz $\underline{Z}_B$. Da Dipol D2 im Strahlungsfeld von Dipol D1 liegt, wird in Dipol D2 ein Strom $\underline{I}_2$ fließen. Dieser Strom $\underline{I}_2$ streut seinerseits empfangene Leistung wieder ab. Durch geeignete Wahl des

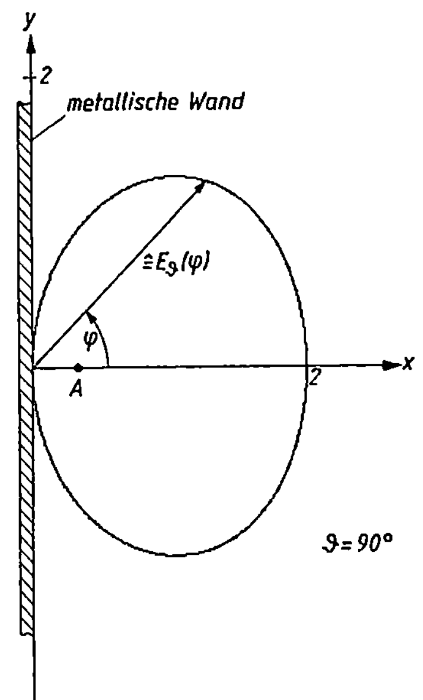

Bild 12.8.4-5
Reflektorwirkung durch Spiegelung an einer
leitenden Ebene im Abstand $a_1 = \lambda/4$ (H-Diagramm)

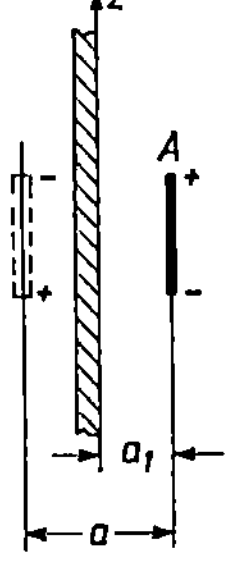

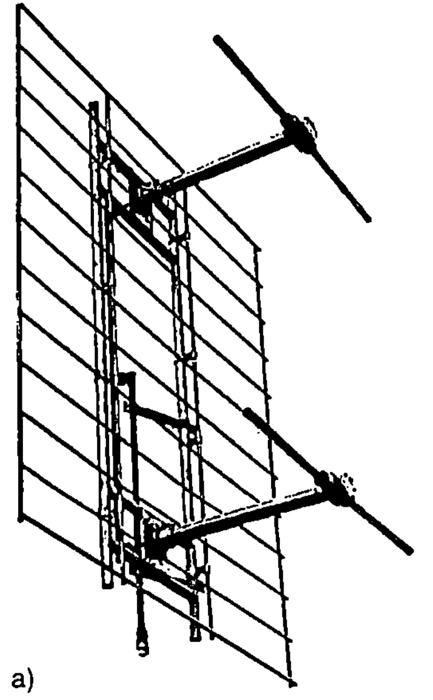

Bild 12.8.4-6
Gitterstäbe, deren Abstand
$d < \lambda/10$ ist, dienen als
Reflektorwand und gleichzeitig
als Polarisationsgitter.
a) 2-Elemente-Dipolzeile
(ROHDE & SCHWARZ)
b) 4-Elemente-Breitband-Dipol-
zeile (WISI)

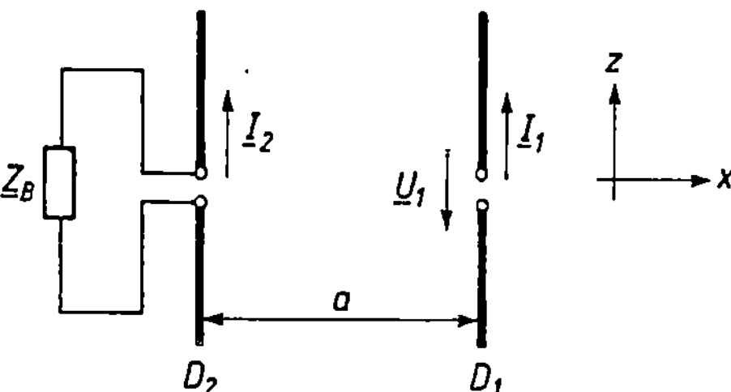

Bild 12.8.4-7
Parasitärantenne

Abstandes a und der Phasenlage zwischen $\underline{I}_2$ und $\underline{I}_1$ kommt es bei der Überlagerung beider Feldstärkeanteile im Fernfeld zu einseitiger Strahlung. Da die Strahlung von Dipol D2 durch Dipol D1 verursacht wird, bezeichnet man Dipol D2 als *Parasitärstrahler*.

Gesucht ist zunächst der Strom $\underline{I}_2$. Diese Frage ist aber bereits im Abschnitt 12.7.1 beantwortet. Es können direkt die dort gefundenen Gleichungen 12.7.1/4, /5 und /6 übernommen werden

$$\underline{U}_1 = \underline{Z}_{11} \cdot \underline{I}_1 + \underline{Z}_{21} \cdot \underline{I}_2\,,$$
$$0 = \underline{Z}_{21} \cdot \underline{I}_1 + \underline{Z}_2 \cdot \underline{I}_2\,.$$

Mit $\underline{Z}_2 = \underline{Z}_{22} + \underline{Z}_B$ wird

$$\underline{I}_2 = -\frac{\underline{Z}_{21}}{\underline{Z}_2}\,\underline{I}_1\,. \tag{12.8.4/12}$$

Hierbei sind $\underline{Z}_{11}$ die Eingangsimpedanz des Dipols D1 bei Leerlauf von Dipol D2, $\underline{Z}_{22}$ die Eingangsimpedanz des Dipols D2 bei Leerlauf von Dipol D1 und $\underline{Z}_{21}$ die Koppelimpedanz zwischen beiden Dipolen. Man beachte, daß sich $\underline{Z}_{11}$ und $\underline{Z}_{22}$ von den Eingangsimpedanzen des jeweiligen Dipols ohne Strahlungskopplung unterscheiden.

Gleichung 12.8.4/12 läßt sich in Polarkoordinaten schreiben, wenn für

$$\underline{Z}_{21} = Z_{21} \cdot e^{j\Omega_{21}} \tag{12.8.4/13}$$

und

$$\underline{Z}_2 = Z_2 \cdot e^{j\Omega_2} \tag{12.8.4/14}$$

gesetzt wird

$$\underline{I}_2 = \underline{I}_1\,\frac{Z_{21}}{Z_2}\,e^{j(\Omega_{21}-\Omega_2+\pi)}\,. \tag{12.8.4/15}$$

Mit den Abkürzungen

$$k_{21} = \frac{Z_{21}}{Z_2} \tag{12.8.4/16}$$

und

$$\Omega = \Omega_{21} - \Omega_2 + \pi \tag{12.8.4/17}$$

erhält man

$$\underline{I}_2 = \underline{I}_1 \cdot k_{21} \cdot e^{j\Omega}\,. \tag{12.8.4/18}$$

Für die Empfangsfeldstärke im Fernfeld gilt wieder

$$\underline{E}_{\text{ges}} = \underline{E}_1 + \underline{E}_2\,.$$

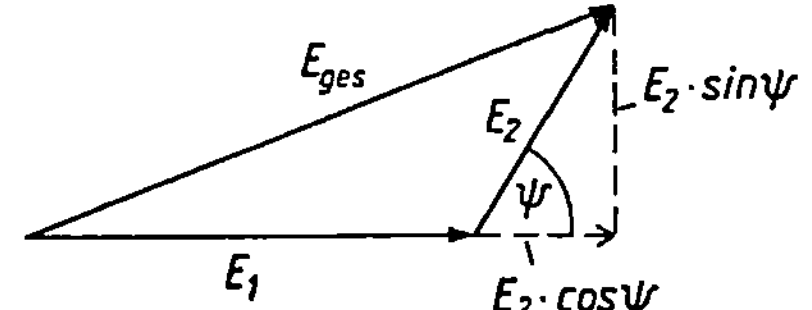

Bild 12.8.4-8
Zeigerdiagramm zu einer Parasitärantenne

Setzt man auch hier $r_1 \approx r_2 \approx r$ voraus, berücksichtigt ferner den Wegunterschied zwischen den Dipolen D1 und D2 für die Phasenverschiebung der Feldstärkeanteile entsprechend Gleichung 12.8.1/21 und Bild 12.8.1-4

$$s = a \cdot \cos \varphi \cdot \sin \vartheta$$

und daß für die Beträge der Ströme und der Feldstärken das Verhältnis gilt

$$\left| \frac{\underline{I}_2}{\underline{I}_1} \right| = \left| \frac{\underline{E}_2}{\underline{E}_1} \right| = k_{21} \, , \tag{12.8.4/19}$$

so wird mit

$$\psi = \Omega - \beta s = \Omega_{21} - \Omega_2 + \pi - \beta s \, , \tag{12.8.4/20}$$

$$\underline{E}_{ges} = \underline{E}_1(1 + k_{21} \cdot e^{j\psi}) \, . \tag{12.8.4/21}$$

Dieser Ausdruck entspricht aber der Gleichung 12.8.4/4, die die Richtcharakteristik der gespeisten Reflektordipolanordnung beschreibt.

Das Richtdiagramm erhält man gemäß Bild 12.8.4-8

$$C_G = \left| \frac{\underline{E}_{ges}}{\underline{E}_1} \right| = \sqrt{(1 + k_{21} \cdot \cos \psi)^2 + (k_{21} \cdot \sin \psi)^2} \, ,$$

$$C_G = \sqrt{1 + k_{21}^2 + 2k_{21} \cdot \cos \psi} \, . \tag{12.8.4/22}$$

Die resultierende Feldstärke $\underline{E}_{ges}$ erreicht ihr Minimum bei $\psi = \pi$ mit

$$\underline{E}_{min} = \underline{E}_1(1 - k_{21}) \, . \tag{12.8.4/23}$$

Allerdings wird die Minimalfeldstärke $\underline{E}_{min}$ nie zu 0 werden, da das Stromverhältnis dies verhindert

$$k_{21} = \left| \frac{\underline{I}_2}{\underline{I}_1} \right| < 1 \, .$$

Für gute einseitige Strahlung muß deshalb k_{21} möglichst nahe beim Wert 1 liegen.

In Bild 12.8.4-9 sind die Impedanzen zweier gekoppelter, schlanker $\lambda/2$-Dipole ($\underline{Z}_{11} = \underline{Z}_{22}$) aufgetragen. Hieraus berechnet man k_{21}. Für kurzgeschlossene Parasitärantennen liefert dies

$$k_{21}|_{Z_B=0} = \left| \frac{\underline{Z}_{21}}{\underline{Z}_2} \right|_{Z_B=0} = \left| \frac{\underline{Z}_{21}}{\underline{Z}_{22}} \right| = \sqrt{\frac{R_{21}^2 + X_{21}^2}{R_{22}^2 + X_{22}^2}} \, . \tag{12.8.4/24}$$

Man erkennt, ein günstiges k_{21} bedingt Entfernungen von $a \leq 0{,}3\lambda$.

Um die einseitige Richtwirkung einer Antenne zu beschreiben, wurde als Kennwert das *Vor-Rück-Verhältnis* a_r definiert. Das Vor-Rück-Verhältnis berechnet sich aus der Leistungsdichte S_H des Hauptkeulenmaximums zur Leistungsdichte S_R der Nebenkeule in einem

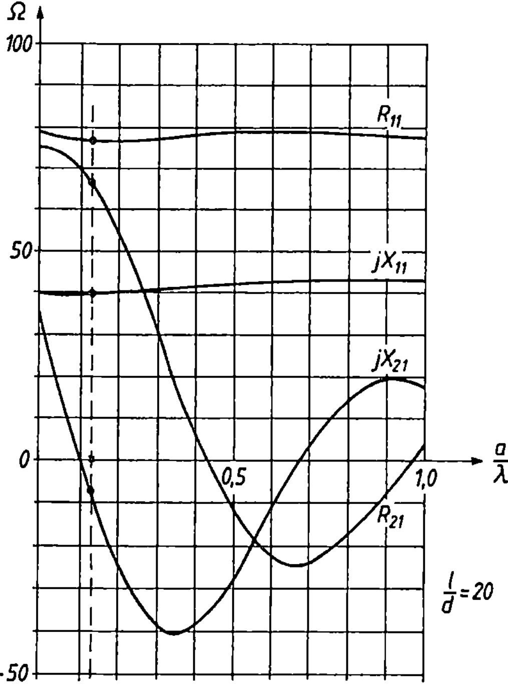

Bild 12.8.4-9
Vierpolimpedanzen zweier strahlungs-
gekoppelter λ/2-Dipole als Funktion des
Abstandes a/λ (nach [140])

rückwärts liegenden Winkel. Meist verwendet man die um 180° zum Hauptkeulenmaximum
gedrehte Richtung. Die Angabe erfolgt in dB

$$\frac{a_r}{\text{dB}} = 10 \lg \left(\frac{S_H}{S_R}\right) = 20 \lg \left(\frac{E_H}{E_R}\right).$$

(12.8.4/25)

Das grundlegende Verhalten von Antennenanordnungen mit parasitären Strahlern läßt sich
gut erläutern, wenn das Strahlungsminimum 180° zum Maximum geschwenkt ist. Bei optimaler
Dimensionierung verzichtet man auf diese Forderung. Der Einfachheit halber sei $\vartheta = 90°$
gewählt. Für Strahlungsminimum bei $\varphi = 180°$ wird aus den Gleichungen 12.8.4/20 und /22
gefordert

$$\psi = \pi = \Omega_{21} - \Omega_2 + \pi - 2\pi \frac{a}{\lambda} \cdot \cos \varphi \cdot \sin \vartheta,$$

$$\Omega_2 = \Omega_{21} + 2\pi \frac{a}{\lambda}.$$

(12.8.4/26)

Durch die Wahl des Abstandes beider Strahler liegen sowohl Ω_{21} als auch $2\pi a/\lambda$ fest und damit
auch Ω_2. Für minimale Feldstärke, also $\psi = \pi$, in Richtung $\varphi = 180°$ ergibt sich meist ein
induktiver Winkel $\Omega_2 = \Omega_{22} + \Omega_B$.

Durch eine Induktivität zwischen den Klemmen der Parasitärantenne läßt sich dies realisieren
(Anwendung bei UKW). Die gleiche Wirkung erreicht man, wenn die Impedanz $\underline{Z}_{22}$ des
parasitären Dipols induktiv ist. Man schließt den Dipol kurz und verwendet Dipollängen
$l > \lambda/4$ entsprechend der Leitungstheorie. Das Feldstärkeminimum liegt in Richtung Strahler — Parasitärantenne. Eine solche Parasitärantenne nennt man *Reflektor* (Bild 12.8.4-10a).

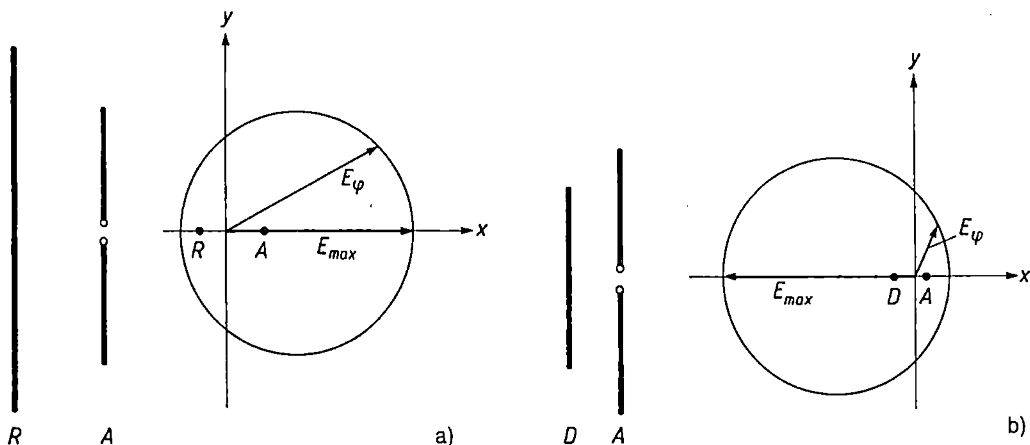

Bild 12.8.4-10 H-Diagramme bei einem Parasitärdipol a) als Reflektor, b) als Direktor

Soll allerdings das Strahlungsminimum bei $\varphi = 0°$ liegen, so gilt analog

$$\Omega_2 = \Omega_{21} - 2\pi \frac{a}{\lambda}. \tag{12.8.4/27}$$

Durch die Wahl des Abstandes a liegt Ω_2 fest. Ω_2 ist kapazitiv. Dies erreicht man durch Verkürzen der Länge $l < \lambda/4$ des kurzgeschlossenen Dipols oder durch eine kapazitive Belastung. Jetzt liegt das Strahlungsminimum in Richtung Parasitärantenne – Strahler. Die Hauptstrahlungsrichtung hat sich um 180° gedreht. Einen solchen parasitären Dipol bezeichnet man als *Direktor* (Wellenleiter) (siehe Bild 12.8.4-10b).

- **Beispiel 12.8.4/1:** Es sei eine Antenne aus zwei $\lambda/2$-Dipolen im Abstand $a = \lambda/8$ gegeben. Der eine Dipol soll als parasitärer Strahler arbeiten. Zwischen seinen Anschlußklemmen befinde sich eine Induktivität von $L = 320\,\text{nH}$. Die Dipole seien für eine Frequenz $f = 15\,\text{MHz}$ ausgelegt. Mit Hilfe von Bild 12.8.4-9 ermittle man das H-Diagramm $\vartheta = 90°$, ferner den Speisestrom des Primärstrahlers bei einer Strahlungsleistung $P_\text{s} = 1\,\text{kW}$.

Lösung:

Nach Bild 12.8.4-9:

$$R_{11} = R_{22} = 76\,\Omega, \qquad R_{12} = 67\,\Omega, \qquad X_{11} = 40\,\Omega, \qquad X_{12} = -8\,\Omega, \qquad a/\lambda = 0{,}125,$$

$$X_\text{L} = 2\pi \cdot 15 \cdot 10^6 \cdot 320 \cdot 10^{-9} \frac{\text{Vs}}{\text{As}} = 30{,}2\,\Omega,$$

$$\underline{Z}_2 = \underline{Z}_{22} + jX_\text{L} = 76\,\Omega + j(40 + 30{,}2)\,\Omega = (76 + j70)\,\Omega = 103\,\Omega \underline{/42{,}7°},$$

$$\underline{Z}_{21} = \underline{Z}_{12} = 67\,\Omega - j8\,\Omega = 67{,}5\,\Omega \underline{/-6{,}8°}.$$

Aus 12.8.4/16:

$$k_{21} = \left| \frac{\underline{Z}_{21}}{\underline{Z}_2} \right| = \frac{67{,}5}{103} = 0{,}66,$$

$$2\pi \frac{a}{\lambda} \mathrel{\widehat{=}} 360° \cdot 0{,}125 = 45°,$$

$$\psi° = 180° - 6{,}8° - 42{,}7° - 45° \cdot \cos\varphi = 130{,}5° - 45° \cdot \cos\varphi.$$

Das Richtdiagramm ergibt sich nach 12.8.4/22 zu:

$$C_G = \left|\frac{E_{ges}}{E_1}\right| = \sqrt{1 + 0{,}66^2 + 2 \cdot 0{,}66 \cdot \cos(130{,}5° - 45° \cdot \cos\varphi)}\,.$$

Durch Einsetzen von Werte für φ erhält man

$\varphi/°$	0	15	30	45	60	75	90	105	120	135	150	165	180
C_G	1,24	1,23	1,18	1,11	1,01	0,89	0,76	0,63	0,51	0,42	0,37	0,35	0,35

In Bild 12.8.4-11 ist dies skizziert.

Für das Vor-Rück-Verhältnis gilt 12.8.4/25:

$$\frac{a_r}{dB} = 20\lg\left(\frac{1{,}24}{0{,}35}\right) = 11{,}0\,.$$

Die Eingangsimpedanz von Dipol D1 berechnet man mit Hilfe der Gleichungen 12.7.1/3, /4, /5 und /6

$$\underline{Z}_1 = \frac{\underline{U}_1}{\underline{I}_1} = \underline{Z}_{11} - \frac{\underline{Z}_{12}^2}{\underline{Z}_2} = R_1 \pm jX_1\,, \tag{12.8.4/28}$$

$$\underline{Z}_1 = 76\,\Omega + j40\,\Omega - \frac{67{,}5^2\,\underline{/-6{,}8°\cdot 2}}{103\,\underline{/-42{,}7°}}\,\Omega = (51{,}5 + j76{,}8)\,\Omega\,.$$

Damit wird der Betrag des Speisestromes

$$I_1 = \sqrt{\frac{P_s}{R_1}} = \sqrt{\frac{1\,kW}{51{,}5\,\Omega}} = 4{,}41\,A\,.$$

Durch die Strahlungskopplung erniedrigt sich also der Strahlungswiderstand. Obwohl die Dipollänge $l = \lambda/4$ entspricht, ist die Eingangsimpedanz des Dipols induktiv.

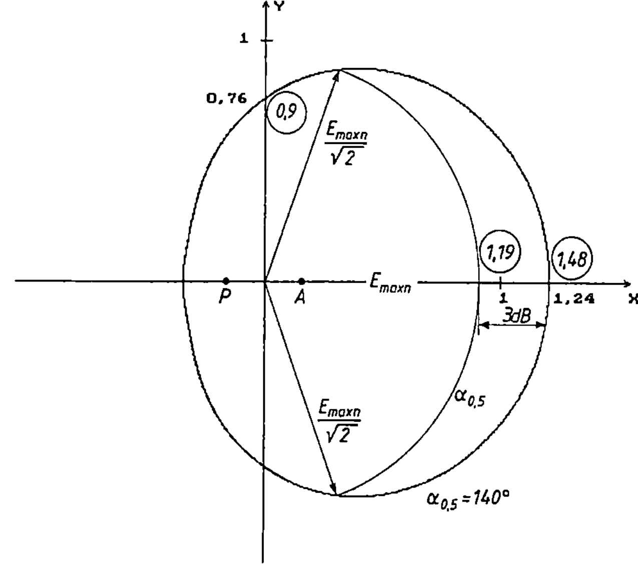

Bild 12.8.4-11
H-Diagramm der parasitären Reflektor-Antenne nach Beispiel 12.8.4/1. Die umrandeten Werte stellen die Umrechnung der Richtcharakteristik bei Bezug auf den $\lambda/2$-Dipol gleicher Leistung dar.

Ein einzelner $\lambda/2$-Dipol benötigt für die gleiche Strahlungsleistung den Strom

$$I_d = \sqrt{\frac{1\,\text{kW}}{73,2\,\Omega}} = 3,7\,\text{A}\,.$$

Da die Feldstärken den Speiseströmen entsprechen, hat man beim Vergleich der Reflektoranordnung mit dem Einzelstrahler deshalb die Werte der Reflektoranordnung noch mit dem Faktor

$$\frac{I_1}{I_d} = \frac{4,41\,\text{A}}{3,7\,\text{A}} = 1,19$$

zu multiplizieren. Damit beträgt der Gewinn der Reflektoranordnung gegenüber dem $\lambda/2$-Dipol

$$\frac{g}{\text{dB}} = 20\,\lg\,(1,19 \cdot 1,24) = 3,4\,.$$

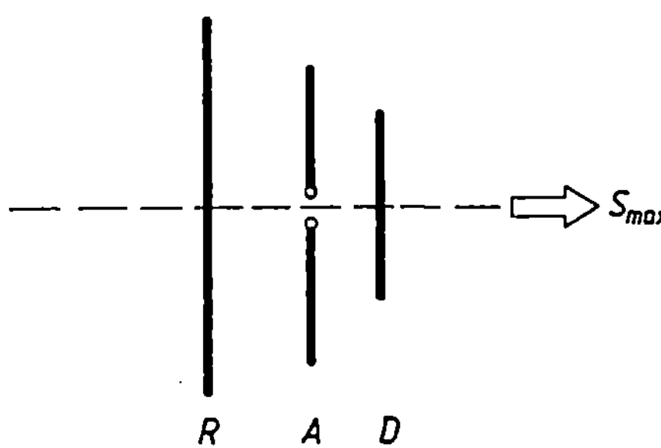

Bild 12.8.4-12
Grundform der Yagi-Antenne

Die Zusammenschaltung von Reflektor und Direktor führt dann zur Grundform der Yagi-Antenne (Bild 12.8.4-12). In vielen Ausführungen werden mehrere Direktoren eingesetzt, um das Richtdiagramm noch stärker zu bündeln, also den Gewinn zu erhöhen. Die Berechnung erfolgt mit Hilfe der Wellenleitertheorie, was hier nicht weiter verfolgt werden soll.

12.9 Anpaßschaltungen

Antennen arbeiten im allgemeinen mit Leitungen zusammen. Sei es, daß der Sender über eine Leitung die Antenne speist oder, daß die Antenne über eine Leitung den Empfänger versorgt. Beim Anschließen der Antenne an die Speiseleitung sollte daher weder das Antennenverhalten beeinflußt noch die Speiseleitung überlastet werden. Das Stehwellenverhältnis auf der Speiseleitung sollte bei VSWR ≈ 1 liegen und die Antenne sollte die vorausgesetzte Stromverteilung besitzen.

12.9.1 Elektrische Abstimmung

Die Eingangsimpedanzen von Antennen weisen meist Blindanteile auf. Verursacht wird dies durch die Abmessungen oder durch Strahlungskopplung bei Antennengruppen. Daher werden im Speisepunkt Abstimmittel angeordnet, um den Blindanteil zu kompensieren. Diese Abstimmelemente sind entweder konzentrierte Induktivitäten (Variometer) oder Kapazitäten besonders in den LF-, MF- und HF-Bereichen. Bei noch höheren Frequenzen verwendet man einstellbare Kurzschlußstichleitungen. All diese Maßnahmen beeinflussen nicht die Stromverteilung auf der Antenne selbst. Das Strahlungsverhalten bleibt unverändert, allein die Speisepunktimpedanz wird auf einen reellen Wert gebracht.

Elektrische Antennenverlängerung

Die Eingangsimpedanz einer Antenne sei kapazitiv. Für einen Monopol z. B. bedeutet dies $l < \lambda/4$ (Bild 12.9.1-1a). Um den gewünschten Speisestrom $\underline{I}_s$ auf die Antenne zu schicken, ist

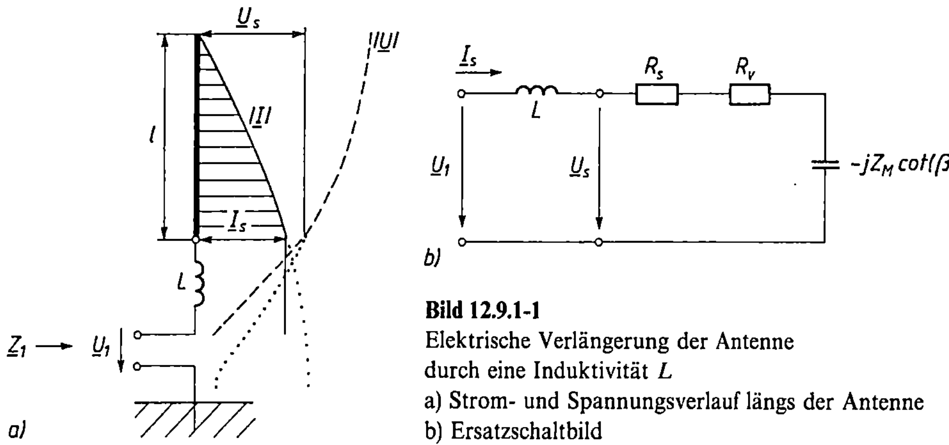

Bild 12.9.1-1
Elektrische Verlängerung der Antenne
durch eine Induktivität L
a) Strom- und Spannungsverlauf längs der Antenne
b) Ersatzschaltbild

eine Spannung $\underline{U}_s$ erforderlich. Durch die Reihenschaltung einer Induktivität kann diese Spannung auf $\underline{U}_1$ abgebaut werden. Bei Abstimmung wird die Eingangsimpedanz reell.

$$\underline{Z}_1 = \frac{\underline{U}_1}{\underline{I}_s}. \tag{12.9.1/1}$$

Für die Dimensionierung gilt mit Hilfe des Ersatzschaltbildes entsprechend Abschnitt 12.4.5 und Bild 12.9.1-1 b:

$$\underline{Z}_1 = R_s + R_v + j(\omega L - Z_M \cot (\beta l)). \tag{12.9.1/2}$$

Z_M ist hierbei der Wellenwiderstand des Monopols.

Die Abstimmung fordert

$$\omega L = Z_M \cot (\beta l). \tag{12.9.1/3}$$

Für eine Monopollänge $l < \lambda/4$ gilt somit

$$L = \frac{Z_M}{\omega} \cot (\beta l). \tag{12.9.1/4}$$

Bei vorgegebener Antenne und Frequenz läßt sich damit die Induktivität berechnen.

Soll die Kompensation durch eine Reihenkurzschlußleitung erfolgen, so gilt

$$Z_k \cdot \tan (\beta l_k) = Z_M \cot (\beta l). \tag{12.9.1/5}$$

Die gesuchte Länge l_k der Kurzschlußleitung wird mit Z_k dem Wellenwiderstand der Kurzschlußleitung zu

$$l_k = \frac{\lambda}{2\pi} \arctan\left(\frac{Z_M}{Z_k} \cdot \cot (\beta l)\right). \tag{12.9.1/6}$$

Das Abstimmen kann auch über eine parallele Kurzschlußleitung erfolgen, wobei sich allerdings der reelle Wert der Impedanz mit verändert.

- **Beispiel 12.9.1/1:** Ein Monopol der Länge $l = 7{,}5$ m mit dem Durchmesser $d = 5$ cm und der Betriebsfrequenz $f = 8$ MHz soll abgestimmt werden. Welche Reihen-Induktivität wird benötigt?

Lösung:

$$\lambda = \frac{300 \cdot 10^6 \text{ ms}}{8 \cdot 10^6 \text{ s}} = 37,5 \text{ m}$$

Aus 12.5.1/8 folgt:

$$Z_M = 60\,\Omega \ln\left(1,15\frac{750}{5}\right) = 309\,\Omega\,.$$

Nach 12.9.1/4:

$$L = \frac{309 \cdot \cot\left(\dfrac{2\pi}{37,5\text{ m}} \cdot 7,5\text{ m}\right)\Omega\text{s}}{2\pi \cdot 8 \cdot 10^6} = 2\,\mu\text{H}\,.$$

Elektrische Verkürzung

Hierbei ist die Eingangsimpedanz induktiv. Dies tritt bei strahlungsgekoppelten Antennen auf. Auch kann ein Betriebsfrequenzwechsel dazu führen, daß die Mono- oder Dipollänge $\lambda/4 < l < \lambda/2$ wird. In Analogie zur Abstimmung mit einer Induktivität gilt hier (Bild 12.9.1-2)

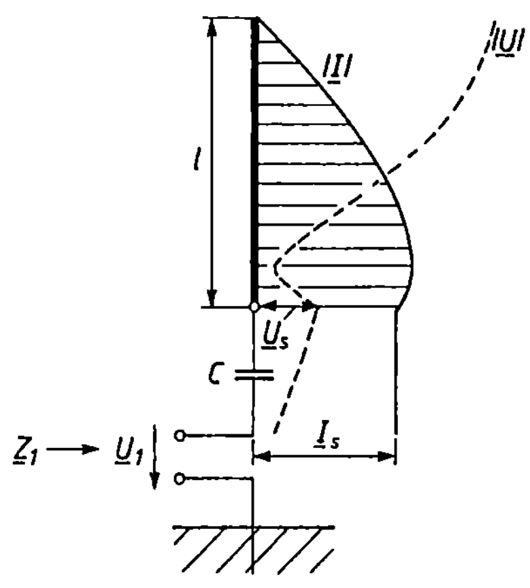

Bild 12.9.1-2

Elektrische Verkürzung der Antenne durch eine Kapazität C

$$\frac{1}{\omega C} = -Z_M \cot(\beta l)\,, \tag{12.9.1/5}$$

$$C = -\frac{\tan(\beta l)}{\omega \cdot Z_M}\,. \tag{12.9.1/6}$$

Sollten Dachkapazitäten vorhanden sein, so ist das Verlängerungsteil l_v (Kapitel 12.5.3) zur Antennenlänge l zu addieren und anstelle von l ist $l' = l + l_v$ einzusetzen.

12.9.2 Antennenverteiler

Durch die elektrische Abstimmung der Antenne werden reelle Eingangsimpedanzen erreicht. Dies ist für den direkten Anschluß an das Antennenspeisekabel noch unzureichend, da im allgemeinen der Antennenwiderstand R_A nicht dem Wellenwiderstand Z_L des Kabels entspricht. Aus Anpassungsgründen sollte aber

$$Z_L = R_A' \tag{12.9.2/1}$$

verlangt werden (VSWR = 1). Deshalb ist zwischen Antenne und Speisekabel ein Transformator zu schalten. Dies kann als gewickelter Übertrager erfolgen oder als $\lambda/4$-Transformator. Für Letzteren gilt gemäß Gleichung 8.4.1/7

$$Z_T = \sqrt{Z_L \cdot R_A} \,. \tag{12.9.2/2}$$

Hierbei ist Z_T der Wellenwiderstand der $l_T = \lambda/4$ langen Transformationsleitung.

Mit $\lambda/4$-Transformatoren werden auch Antennengruppen gespeist, um die Antennen jeweils mit ihren unterschiedlichen Eingangswiderständen an das Speisekabel reflexionsfrei anzuschließen. Gleichzeitig bietet sich die Möglichkeit, die einzelnen Antennen mit verschiedenen Leistungen zu beschicken. Hierdurch erzielt man spezielle Richtcharakteristiken. Die Anordnung, über der dies alles erfolgt, heißt *Antennenverteiler*.

In Bild 12.9.2-1 sind als Schaltskizze die reellen Eingangswiderstände von zwei Antennen dargestellt. Die Transformationsleitungen sind als besondere Zuleitungen gekennzeichnet. P_1 ist die der Antenne A1 und P_2 die der Antenne A2 zugeführte Leistung. Z_{T1}, Z_{T2} und Z_L sind die Wellenwiderstände der beiden Transformationsleitungen und der Speiseleitung. R_{11} und R_{12} stellen die Eingangswiderstände der Transformationsleitungen dar. Der Sender versorgt die Antennen mit der Gesamtleistung P. Damit die gewünschten Leistungen umgesetzt werden, muß gelten

$$P_1 = \frac{U^2}{2 \cdot R_{11}} \quad \text{und} \quad P_2 = \frac{U^2}{2 \cdot R_{12}} \tag{12.9.2/3}$$

sowie

$$P = P_1 + P_2 \tag{12.9.2/4}$$

und für Anpassung

$$R_{11} \parallel R_{12} = Z_L \,. \tag{12.9.2/5}$$

Mit diesen Gleichungen und der Transformationsgleichung lassen sich alle Größen berechnen.

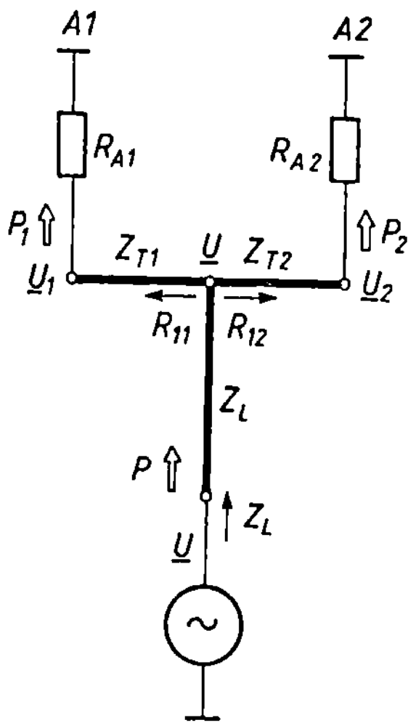

Bild 12.9.2-1
Grundform des Antennenverteilers

● **Beispiel 12.9.2/1:** Die Eingangswiderstände zweier Antennen seien $R_{A1} = 68\,\Omega$ und $R_{A2} = 93\,\Omega$. Es werden die Leistungsumsätze $P_1 = P/3$ und $P_2 = 2P/3$ gefordert. Die Transformationsleitungen sind für $f = 120\,MHz$ zu dimensionieren, wobei der Wellenwiderstand des koaxialen Speisekabels $Z_L = 50\,\Omega$ beträgt. Der innere Außendurchmesser aller Leitungen ist $D = 36\,mm$. Es kann mit einem $\varepsilon_r = 1{,}2$ gerechnet werden.

Lösung:

Aus 12.9.2/3 folgt:

$$P_1 = \frac{P}{3} = \frac{U^2}{2 \cdot R_{11}} \quad \text{und} \quad P_2 = \frac{2P}{3} = \frac{U^2}{2 \cdot R_{12}},$$

$$\frac{3}{R_{11}} = \frac{2 \cdot P}{U^2} = \frac{3}{2 \cdot R_{12}},$$

$$R_{11} = 2R_{12}$$

Ferner gilt für Anpassung (Gl. 12.9.2/5):

$$\frac{1}{50\,\Omega} = \frac{1}{2R_{12}} + \frac{1}{R_{12}} = \frac{3}{2 \cdot R_{12}},$$

$$R_{12} = \frac{3 \cdot 50\,\Omega}{2} = 75\,\Omega,$$

$$R_{11} = 2 \cdot 75\,\Omega = 150\,\Omega.$$

Damit werden die Transformationsstücke (Gl. 12.9.2/2):

$$Z_{T1} = \sqrt{R_{A1} \cdot R_{11}} = \sqrt{68 \cdot 150}\,\Omega = 101\,\Omega,$$

$$Z_{T2} = \sqrt{R_{A2} \cdot R_{12}} = \sqrt{93 \cdot 75}\,\Omega = 83{,}5\,\Omega.$$

$$\lambda = \frac{c_0}{\sqrt{\varepsilon_r} \cdot f} = \frac{300 \cdot 10^6\,m \cdot s}{\sqrt{1{,}2} \cdot 120 \cdot 10^6\,s} = 2{,}28\,m,$$

$$l_{T1} = l_{T2} = \frac{\lambda}{4} = 57\,mm.$$

Aus der Wellenwiderstandsformel der Koaxialleitung nach Beispiel 8.1.2/11 lassen sich die äußeren Durchmesser der Innenleiter d_{T1}, d_{T2} und d_L ermitteln.

$$d = D\,e^{-\frac{Z_L \sqrt{\varepsilon_r}}{60\,\Omega}},$$

$$d_{T1} = 36\,mm\,e^{-\frac{101\sqrt{1{,}2}}{60}} = 5{,}7\,mm,$$

$$d_{T2} = 36\,mm\,e^{-\frac{83{,}5\sqrt{1{,}2}}{60}} = 7{,}8\,mm,$$

$$d_L = 36\,mm\,e^{-\frac{50\sqrt{1{,}2}}{60}} = 14{,}5\,mm.$$

Für die Gestaltung des Antennenverteilers sind die Phasenbedingungen der Antennenspeise-ströme zu beachten. Häufig wird eine gleichphasige Speisung vorausgesetzt. Daher müssen auch die Zuleitungen jeder Antenne gleiche Längen besitzen. Eine Reihenschaltung ist damit nicht möglich. Die Versorgung erfolgt über parallele Auffächerung, wie in Bild 12.9.2-2 an einem Antennenverteiler für 8 Antennen gezeigt.

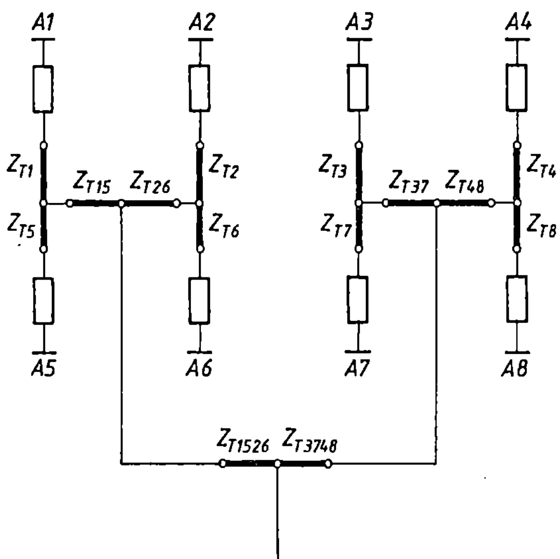

Bild 12.9.2-2
Antennenverteiler für 8 Einzelstrahler
bei unterschiedlicher Strahlungsleistung

12.9.3 Symmetrierung

Das unmittelbare Anschließen von Dipolen an Koaxialleitungen führt zu unsymmetrischer Abstrahlung von beiden Dipolhälften und damit zu Verzerrungen in der Richtcharakteristik. An Bild 12.9.3-1 sei diese Störung erläutert.

Ein Teil des elektrischen Feldes verläuft, wie beabsichtigt, von der einen Dipolhälfte zur anderen. Zusätzlich treten Feldlinien von der am Innenleiter angeschlossenen Dipolhälfte zum Kabelmantel auf. Letztere verursachen den Mantelstrom I_M. Dieser fließt bis zum Ende der Koaxialleitung und tritt dort in den Innenraum ein. Hierdurch fließen unterschiedliche Ströme auf den Dipolzweigen, was auch den Strahlungswiderstand verändert.

Um diesen Mantelstrom I_M zu verhindern, werden Sperrtöpfe und Symmetrierglieder (Baluns) zwischen die unsymmetrische Koaxialleitung und dem symmetrischen Dipol geschaltet. Zum Teil transformieren Symmetrierglieder noch die Antennenwiderstände. Einige Ausführungen seien hier erläutert.

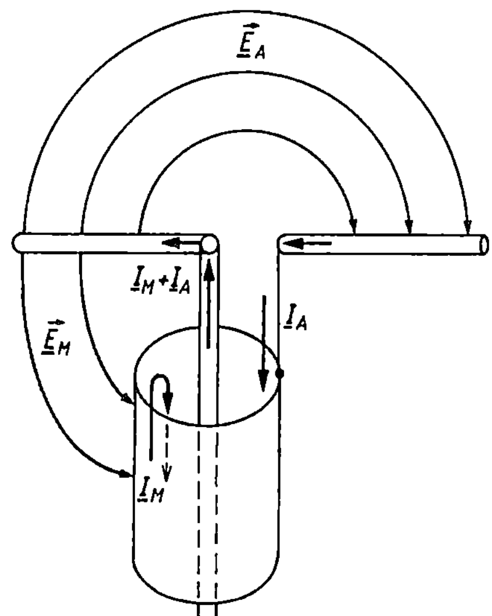

Bild 12.9.3-1
Entstehung eines Mantelstromes
bei unsymmetrischer Dipolspeisung

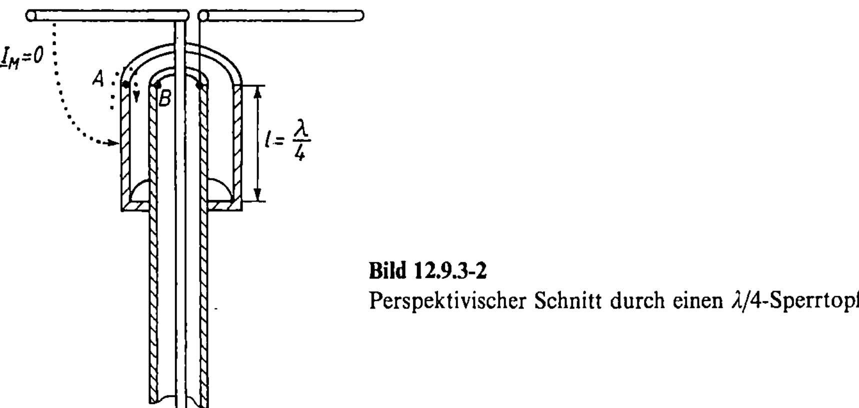

Bild 12.9.3-2
Perspektivischer Schnitt durch einen $\lambda/4$-Sperrtopf

$\lambda/4$-Sperrtopf

Um das Kabelende wird entsprechend Bild 12.9.3-2 eine leitende Manschette der Länge $l = \lambda/4$ angeordnet. Sie ist am einen Ende mit dem Kabelmantel verbunden. Die Innenseite dieser Manschette bildet mit dem Kabelmantel einen $\lambda/4$-Kurzschlußtopf. Die Eingangsimpedanz zwischen den Punkten A, B ist sehr groß. Damit können keine Mantelströme in das Kabelinnere eintreten. Die Mantelströme werden verhindert. Einsatz findet der $\lambda/4$-Sperrtopf bei hohen Frequenzen von etwa 100 MHz aufwärts.

EMI-Schleife

Nach einem ähnlichen Prinzip arbeitet die EMI-Schleife. Hier wird die $\lambda/4$-Kurzschluß-anordnung durch eine Paralleldraht-Anordnung realisiert. Wie in Bild 12.9.3-3 gezeigt, stellen die beiden Kabelmäntel zwischen den Punkten A und B eine kurzgeschlossene Paralleldraht-leitung dar. Damit kann kein Mantelstrom bei A in das Innere der Koaxialleitung eindringen.

Symmetrierspule

Dieses Verfahren wird vorzugsweise bei Empfangsantennen eingesetzt. Nach Bild 12.9.3-4 befinden sich in beiden Antennenzuführungen Induktivitäten gleicher Größe. Diese sind zusammen bifilar gewickelt. Damit heben sich bei gleich großen Strömen die magnetischen Felder gegenseitig auf. Die Induktivitäten sind unwirksam. Für ungleiche Ströme stellen die Induktivitäten eine große Reaktanz dar und verhindern damit solche Ströme.

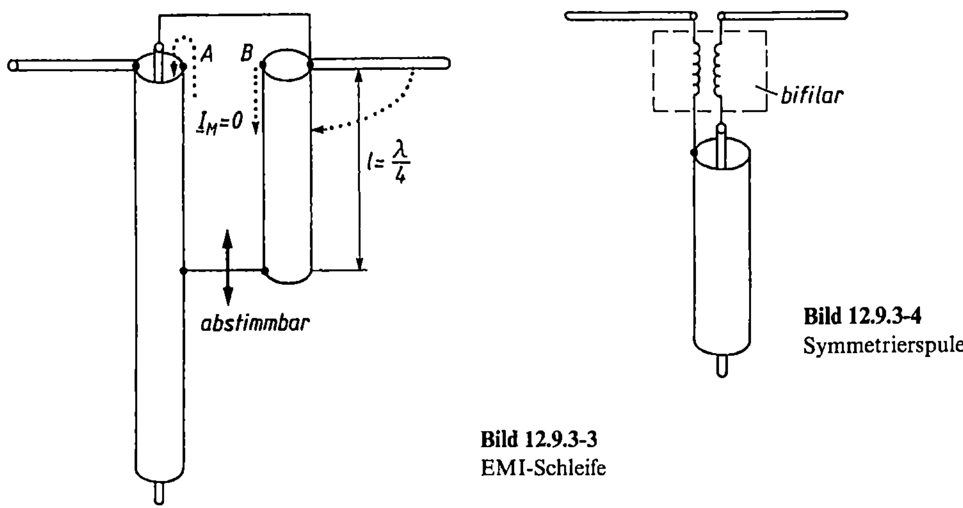

Bild 12.9.3-4
Symmetrierspule

Bild 12.9.3-3
EMI-Schleife

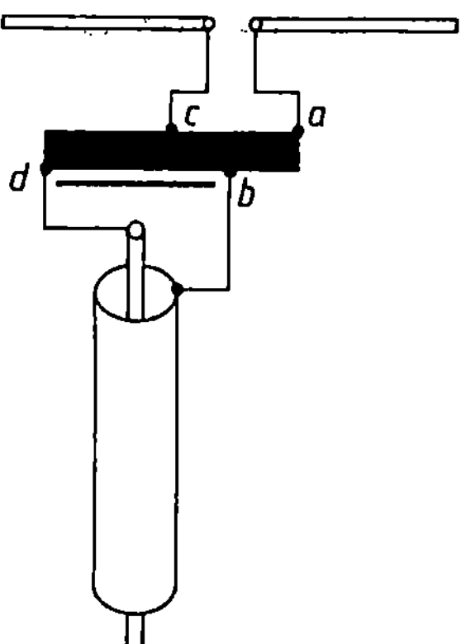

Bild 12.9.3-5
Symmetrierübertrager

Symmetrierübertrager

Bei Lang-, Mittel- und Kurzwelle können als Spulen ausgebildete Übertrager eingesetzt werden. Häufig sind diese in Spartrafo-Ausführung (Bild 12.9.3-5). Die Wicklungszahl zwischen $a-b$ muß hierbei gleich der zwischen $b-c$ sein. Sie ermöglichen eine zusätzliche Widerstandstransformation. Mit speziellen Ferriten erreicht man Frequenzbereiche bis 1 GHz.

Schlitzübertrager

Hierbei wird das koaxiale Leitungsende längs $l = \lambda/4$ aufgeschlitzt (Bild 12.9.3-6a). Der Innenleiter ist am Kabelende mit der einen Halbschale bei $B-D$ verbunden. Die beiden Halbschalen bilden eine beim Punkt C kurzgeschlossene Leitung. Daher können vom Punkt A zum Punkt D längs des Außenmantels keine Ströme gelangen. Die Verbindung vom Innenleiter B nach D ist für A wirkungslos. Es können keine Mantelströme in das Innere der koaxialen Anordnung dringen. Der Schlitz allein bringt keinerlei Veränderung in der achssymmetrischen Anordnung. Bei angepaßtem Abschluß fließt im Innern jeder Mantelhälfte der halbe Strom. Daher kann die jeweilige Anordnung, Mantelhälfte und der ihr zugewandte Teil des Innenleiters, als ein Leitungssystem mit dem Wellenwiderstand Z_S behandelt werden.

$$Z_S \approx 2Z_K \,. \tag{12.9.3/1}$$

Hierbei ist Z_K der Wellenwiderstand der ungeschlitzten Leitung. Durch den Schlitz entsteht ein 3-Leitersystem, dessen elektrische Felder voneinander getrennt aufgefaßt werden können. Der Innenleiter bleibt für beide Außenleiter die gemeinsame Rückleitung (Bild 12.9.3-6b). Als Leitungsschaltbild läßt sich die Anordnung entsprechend Bild 12.9.3-6c darstellen.

Ströme und Spannungen werden ohne Berücksichtigung der Potentialverschiebung durch die Symmetrierung betrachtet. Allgemein gilt für das Strom- und Spannungsverhalten an einem Leitungsanfang ($\underline{U}_1$, $\underline{I}_1$) bei bekannten Verhältnissen am Leitungsende ($\underline{U}_2$, $\underline{I}_2$), siehe auch Abschnitt 8.

$$\underline{U}_1 = \underline{U}_2 \cdot \cos(\beta l) + jZ_L \cdot \underline{I}_2 \cdot \sin(\beta l)\,, \tag{12.9.3/2}$$

$$\underline{I}_1 = \underline{I}_2 \cdot \cos(\beta l) + j\frac{U_2}{Z_L} \cdot \sin(\beta l)\,. \tag{12.9.3/3}$$

Da die Schlitzlänge $l = \lambda/4$ ist, werden

$$\beta l = \frac{2\pi}{\lambda} \cdot \frac{\lambda}{4} = \frac{\pi}{2} \quad \text{und} \quad \cos\left(\frac{\pi}{2}\right) = 0\,, \quad \sin\left(\frac{\pi}{2}\right) = 1\,.$$

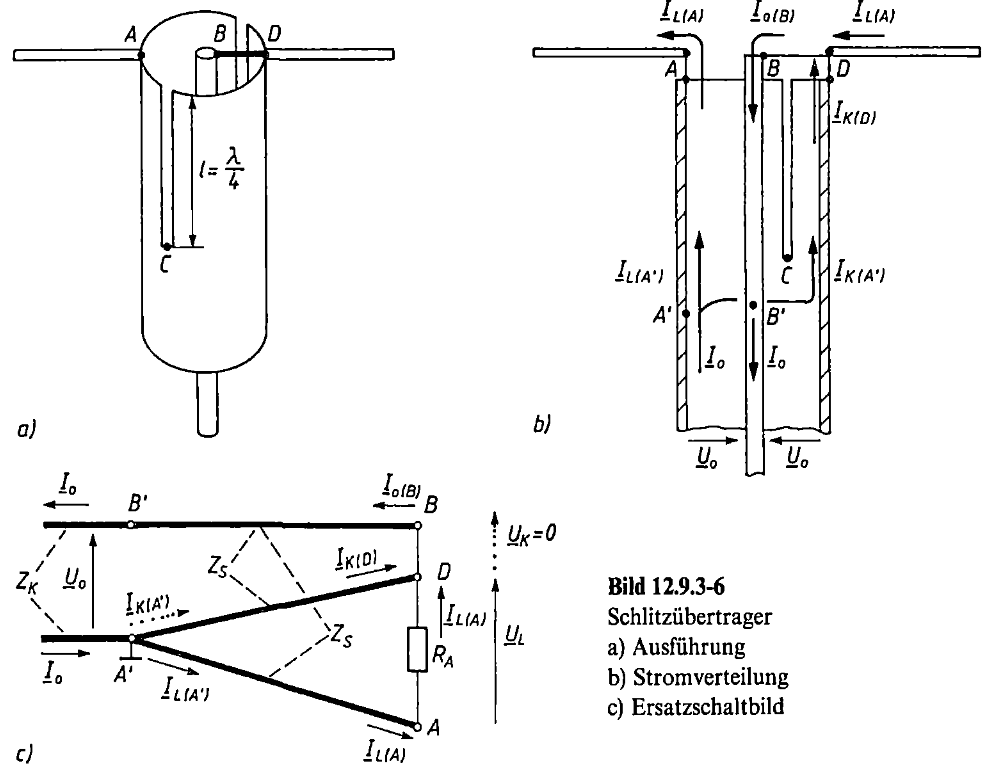

Bild 12.9.3-6
Schlitzübertrager
a) Ausführung
b) Stromverteilung
c) Ersatzschaltbild

So erhält man den einfachen Ausdruck für das vorliegende Problem

$$\underline{U}_1 = jZ_L \cdot \underline{I}_2 , \tag{12.9.3/4}$$

$$\underline{I}_1 = j\frac{\underline{U}_2}{Z_L} . \tag{12.9.3/5}$$

Wendet man diese beiden Gleichungen auf den bei $B-D$ kurzgeschlossenen Leitungsteil an, so erhält man mit $Z_L \equiv Z_S = 2 \cdot Z_K$ und $\underline{U}_2 \equiv \underline{U}_K = 0$

$$\underline{I}_{K(A')} = 0 , \tag{12.9.3/6}$$

$$\underline{I}_2 \equiv \underline{I}_{K(D)} = -j\frac{U_0}{Z_s} . \tag{12.9.3/7}$$

Werden die Gleichungen 12.9.3/4 und /5 auf den Leitungsabschnitt $A-A'$ und $B-B'$ angewendet und berücksichtigt man die angeschlossene Last R_A, die den Eingangswiderstand des Dipols darstellt, so liefert dies mit

$$\underline{U}_2 \equiv \underline{U}_L = \underline{I}_{L(A)} \cdot R_A$$

$$\underline{I}_{L(A')} = j\frac{\underline{U}_L}{Z_s} = j\underline{I}_{L(A)} \frac{R_A}{Z_s} , \tag{12.9.3/8}$$

$$\underline{U}_0 = jZ_s \cdot \underline{I}_{L(A)} . \tag{12.9.3/9}$$

Für den Strom $\underline{I}_0$ zum Punkt A' gilt

$$\underline{I}_0 = \underline{I}_{L(A')} + \underline{I}_{K(A')} = j\underline{I}_{L(A)}\frac{R_A}{Z_s}. \tag{12.9.3/10}$$

Die Eingangsimpedanz der Symmetrieanordnung wird damit

$$Z_0 = \frac{U_0}{\underline{I}_0} = \frac{jZ_s \cdot \underline{I}_{L(A)}}{j\underline{I}_{L(A)}\dfrac{R_A}{Z_s}} = \frac{Z_s^2}{R_A} = \frac{4Z_K^2}{R_A}. \tag{12.9.3/11}$$

Für Anpassung soll aber $Z_0 = Z_K$ sein, demnach wird für die Last R_A gefordert

$$Z_K = \frac{4Z_K^2}{R_A}, \tag{12.9.3/12}$$

$$R_A = 4Z_K. \tag{12.9.3/13}$$

Der Lastwiderstand muß das 4fache des Wellenwiderstandes bei Anpassung sein. Der Schlitz-übertrager transformiert im Verhältnis 4:1 den Lastwiderstand herunter.

$\lambda/2$-Umwegleitung

Bei der $\lambda/2$-Umwegleitung verzweigt sich die koaxiale Zuführung, wobei der eine Abgang genau um $\lambda/2$ länger als der andere ist (Bild 12.9.3-7). Hierdurch befindet sich die Spannung des Innenleiters von der Umwegleitung in Gegenphase zum anderen Leitungsabschnitt. Um am Verzweigungspunkt keine Fehlanpassung zu erhalten, müssen die angepaßt abgeschlossenen Parallelstücke den doppelten Wellenwiderstand wie die zuführende Leitung besitzen. Bei Anpassung haben die Abschlußlasten jeweils den Wert $2Z_L$ gegen Masse. Auf diese symmetrische Last gegen Masse kann aber verzichtet werden. Die beiden Innenleiter werden direkt an $4Z_L$ angeschlossen. Die $\lambda/2$-Umwegleitung symmetriert und transformiert im Verhältnis 4:1.

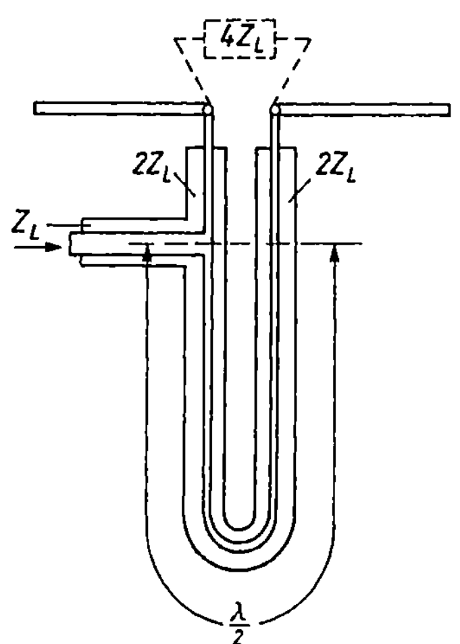

Bild 12.9.3-7
$\lambda/2$-Umwegleitung

12.10 Spezielle Antennen

12.10.1 Faltdipol

Ein Faltdipol besteht aus dicht benachbarten Dipolen, von denen ein Dipol stromgespeist, die anderen spannungsgespeist werden (Bild 12.10.1-1a und -1b).

Meistens setzt man den Zweileiter-Faltdipol ein. Dessen Strom- und Spannungsverlauf ist in Bild 12.10.1-1c dargestellt. In ganz grober Näherung kann man den Faltdipol als einfachen Dipol mit dem Durchmesser $d \approx a$ und dem maximalen Strom

$$I_{2\,\mathrm{max}} + I_{1\,\mathrm{max}} \approx 2 \cdot I_{1\,\mathrm{max}} \tag{12.10.1/1}$$

betrachten. Die abgestrahlte Leistung beträgt

$$P_\mathrm{s} \approx R_\mathrm{sd} \cdot \tfrac{1}{2} \cdot (2 \cdot I_{1\,\mathrm{max}})^2 \,, \tag{12.10.1/2}$$

mit dem Strahlungswiderstand des $\lambda/2$-Dipols R_sd.

Durch die Spannungsspeisung des zweiten Dipols hat der Speisestrom des Faltdipols nur den Wert $I_{1\,\mathrm{max}}$, der dieselbe Strahlungsleistung verursacht.

$$P_\mathrm{s} = R_\mathrm{sF} \cdot \tfrac{1}{2} \cdot I_{1\,\mathrm{max}}^2 \,. \tag{12.10.1/3}$$

Hierbei wird mit R_sF der Strahlungswiderstand des Faltdipols bezeichnet. Durch Gleichsetzen von 12.10.1/2 und /3 erhält man

$$R_\mathrm{sF} \cdot I_{1\,\mathrm{max}}^2 \approx R_\mathrm{sd} \cdot 4 \cdot I_{1\,\mathrm{max}}^2 \,, \tag{12.10.1/4}$$

$$R_\mathrm{sF} \approx 4 \cdot R_\mathrm{sd} \,. \tag{12.10.1/5}$$

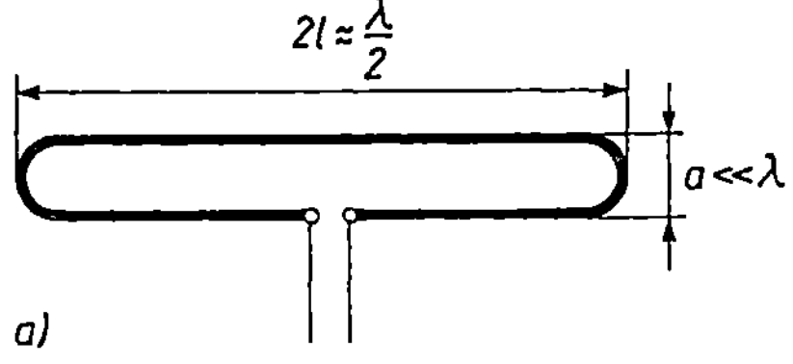

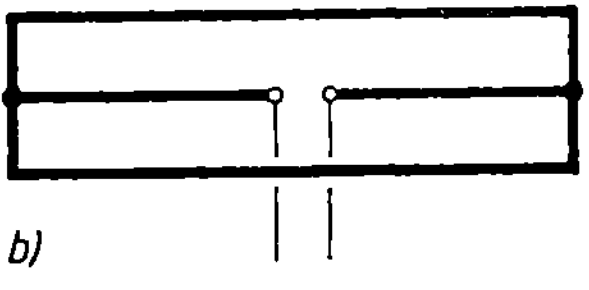

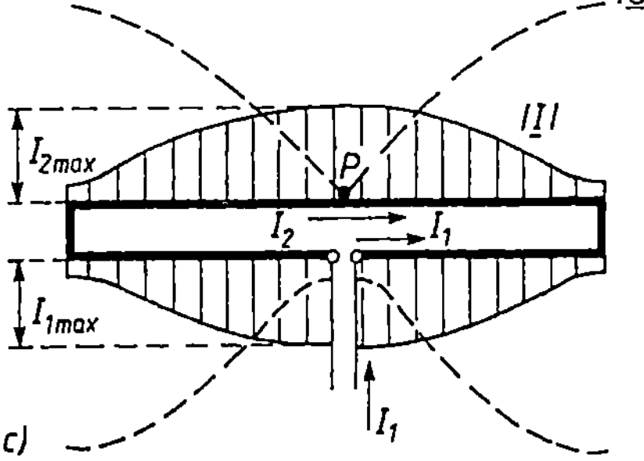

Bild 12.10.1-1
Faltdipol
a) Zweidraht-Faltdipol
b) Dreidraht-Faltdipol
c) Strom- und Spannungsverteilung

Die genauere Betrachtung berücksichtigt, daß zwischen beiden Dipolen Strahlungskopplung besteht. Da dieselbe Abstrahlung durch Stromspeisung beider Dipole mit gleichgroßen Strömen zu erreichen ist, kann man die Ersatzschaltung nach Bild 12.10.1-2 anwenden.

Mit

$$\underline{U}_\mathrm{A} = \underline{U}_1 \approx \underline{U}_2 \,, \qquad \frac{\underline{I}_\mathrm{A}}{2} = \underline{I}_1 \approx \underline{I}_2$$

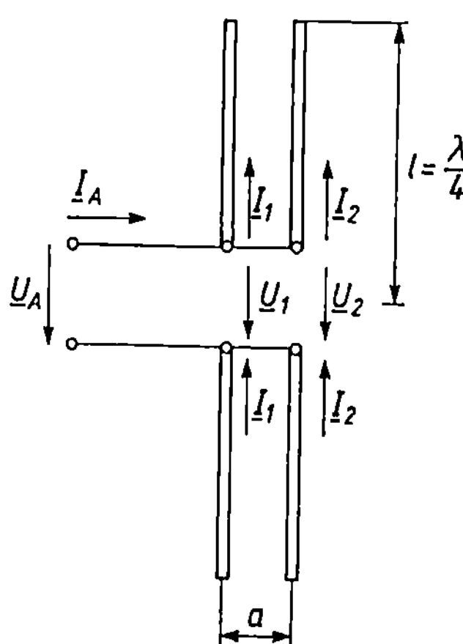

Bild 12.10.1-2
Ersatzschaltung des Faltdipols

und

$$\underline{Z}_{11} = \underline{Z}_{22}, \qquad \underline{Z}_{12} = \underline{Z}_{21}$$

wird aus den Vierpolgleichungen nach dem Umkehrsatz (Gleichungen 12.7.1/1 und /9)

$$\underline{U}_1 = (\underline{Z}_{11} + \underline{Z}_{12})\underline{I}_1 , \qquad (12.10.1/6)$$

$$\underline{Z}_1 = \frac{\underline{U}_1}{\underline{I}_1} = \underline{Z}_{11} + \underline{Z}_{12} \qquad (12.10.1/7)$$

und hieraus

$$\underline{Z}_A = R_{sA} + jX_A = \frac{\underline{U}_A}{\underline{I}_A} = \frac{\underline{U}_1}{2 \cdot \underline{I}_1} = \frac{\underline{Z}_1}{2}. \qquad (12.10.1/8)$$

Der genauere Wert des Strahlungswiderstandes wird damit

$$P_s = \frac{1}{2}I_1^2 \cdot R_{sF} \equiv \frac{1}{2}\left(\frac{I_A}{2}\right)^2 \cdot R_{sF} = \frac{1}{2}I_A^2 \cdot R_{sA} ,$$

$$R_{sF} = 4 \cdot R_{sA} = 2 \cdot Re(\underline{Z}_1). \qquad (12.10.1/9)$$

- **Beispiel 12.10.1/1:** Der Strahlungswiderstand eines Faltdipols der Länge $l = \lambda/4$ ist zu ermitteln, wenn der Abstand zwischen beiden Zweigen $a \approx 0{,}1\lambda$ beträgt. Verwenden Sie das Diagramm aus Bild 12.8.4-9.

Lösung:

$$Z_1 = 77\,\Omega + j39\,\Omega + 70\,\Omega = (147 + j39)\,\Omega ,$$
$$R_{sF} = 2 \cdot 147\,\Omega = 294\,\Omega .$$

Die Eingangsimpedanz der Dipolanordnung erhält einen induktiven Anteil. Deshalb müssen die abgestimmten Faltdipole kürzer als $l = \lambda/4$ ausgeführt werden. Dies verringert den Strahlungswiderstand. Übliche Werte liegen bei $R_{sF} \approx 260\,\Omega$.

Weicht der Durchmesser von Dipol D1 von dem Dipol D2 ab, so ändern sich die Wellenwiderstände und damit auch die Stromaufteilung $\underline{I}_1 \neq \underline{I}_2$, was auf den Strahlungswiderstand des Faltdipols zurückwirkt. Als äquivalenter Durchmesser eines Faltdipols mit gleichen Leiterdurchmessern d wird in [140] angegeben.

$$d_{acq} = 2\sqrt{\frac{d \cdot a}{2}} . \qquad (12.10.1/10)$$

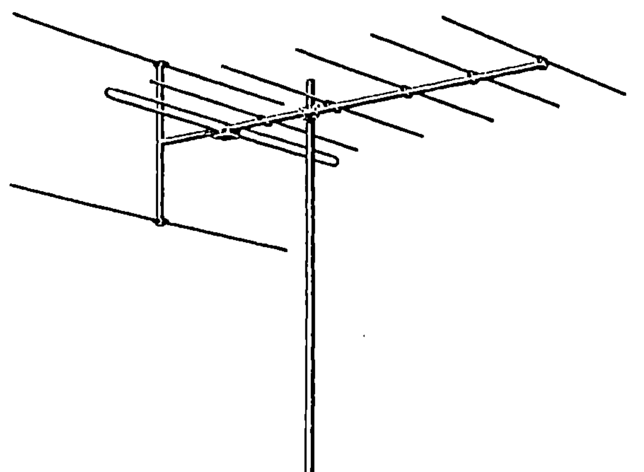

Bild 12.10.1-3
Yagi-Antenne mit Faltdipol
(SCHWAIGER)

Der Wellenwiderstand eines Faltdipols ist demnach geringer als der eines Einzelleiters. Damit vermindert sich auch die Güte. Ein Faltdipol wirkt breitbandig.

Da am Punkt P im Bild 12.10.1-1c die Spannung auf dem Faltdipol verschwindet, kann diese Stelle direkt geerdet werden. Ein einfacher Blitzschutz wird so ermöglicht. Eingesetzt werden Faltdipole besonders im VHF-, UHF-Bereich.

Bild 12.10.1-3 zeigt eine Yagi-Antenne, in der der speisende Strahler aus einem Faltdipol besteht. Einfache Dipolstäbe bilden die Direktoren und Reflektoren.

12.10.2 Konusantenne

Kegelförmige Antennen haben den Vorteil einer breitbandigen Abstrahlung. Durch Konus-übergänge erreicht man reflexionsarme Übertragung. Am Beispiel der unbegrenzten Zwei-drahtleitung mit kegelförmiger Ausbildung entsprechend Bild 12.10.2-1 sollen die grundsätz-

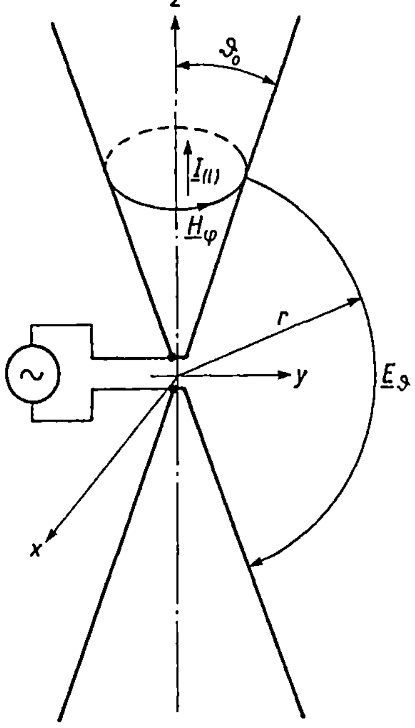

Bild 12.10.2-1
Prinzip der Konusleitung

lichen Eigenschaften erläutert werden. An der idealleitenden Oberfläche der Konusleitung mit dem Spitzenwinkel ϑ_0 können sich nur die Grundwellen der Feldstärken $\underline{H}_\varphi$ und $\underline{E}_\vartheta$ ausbilden ($\underline{E}_r = 0$, TEM-Welle). Der sphärische Verlauf dieser Feldlinien läßt sich deshalb gut in Kugelkoordinaten behandeln. Die Entfernung längs der Leiteroberfläche entspricht der Kugelkoordinate r. Spannung und Strom auf der Konusleitung werden damit durch die Gleichungen der Grundwelle beschrieben. Die Leitungsgleichungen lassen sich anwenden.

Für die magnetische Feldstärke an der Leiteroberfläche in der Entfernung r vom Speisepunkt gilt

$$\underline{H}_\varphi = \frac{\underline{I}_{(l)}}{2\pi r \cdot \sin \vartheta_0} \cdot \tag{12.10.2/1}$$

Die elektrische Feldstärke $\underline{E}_\vartheta$ ist über den Feldwiderstand des freien Raumes Z_0 mit $\underline{H}_\varphi$ gekoppelt und an einer beliebigen Stelle längs der Feldlinie

$$\underline{E}_\vartheta = \underline{H}_\varphi \cdot Z_0 = \frac{\underline{I}_{(l)} \cdot Z_0}{2\pi r \cdot \sin \vartheta_0} \cdot \tag{12.10.2/2}$$

Für die Spannung $\underline{U}_{(l)}$ zwischen Hin- und Rückleiter ergibt sich unter der für die Umgebung des Speisepunktes zulässigen Annahme einer TEM-Welle

$$\underline{U}_{(l)} = \int\limits_{\vartheta_0}^{\pi-\vartheta_0} \underline{E}_\vartheta \cdot r \cdot d\vartheta , \tag{12.10.2/3}$$

$$\underline{U}_{(l)} = \frac{\underline{I}_{(l)} \cdot Z_0 \cdot r}{2\pi r} \int\limits_{\vartheta_0}^{\pi-\vartheta_0} \frac{d\vartheta}{\sin \vartheta} = \frac{\underline{I}_{(l)} \cdot Z_0}{2\pi} \ln \left(\tan \frac{\vartheta}{2} \right) \Bigg|_{\vartheta_0}^{\pi-\vartheta_0} . \tag{12.10.2/4}$$

Damit wird der Wellenwiderstand der Konusleitung (-antenne)

$$Z_{KO} = \frac{\underline{U}_{(l)}}{\underline{I}_{(l)}} = \frac{120\pi\Omega}{2\pi} 2 \cdot \ln \left(\cot \frac{\vartheta_0}{2} \right) ,$$

$$Z_{KO} = 120 \, \Omega \ln \left(\cot \frac{\vartheta_0}{2} \right) . \tag{12.10.2/5}$$

Der Wellenwiderstand ist allein vom Spitzenwinkel ϑ_0 des Kegels abhängig.

Erreicht die Strecke längs der Feldlinie die Größenordnung der Wellenlänge, so bilden sich elektromagnetische Wellen höherer Ordnung aus. Die Anordnung strahlt. Dies erfolgt besonders im Gebiet der x/y-Ebene, denn an der Leiteroberfläche bleibt die Grundwellenform erhalten. Zur Ermittlung des Eingangswiderstandes der Konusantenne kann man deshalb mit einer verlustlosen Leitung, deren Ende mit der Admittanz $\underline{Y}_2$ belastet ist, rechnen (Bild 12.10.2-2a). Damit wird zugleich die Länge der Konus-Antenne begrenzt auf $r = l$. Das Kegelende muß so ausgebildet sein, daß auch hier die Forderung $\underline{E}_r = 0$ an der Konusoberfläche erfüllt bleibt z. B. durch Kugelflächenausbildung. In Bild 12.10.2-2b ist versucht, das Gebiet der Strahlungsleistung P_s und den Bereich der hin- und rücklaufenden Leistung P_h, P_r auf der Leitung darzustellen. Für Spitzenwinkel bei $\vartheta_0 \approx 90°$ spielt die Strahlung im Innenraum $r < l$ praktisch keine Rolle. Hier kann längs der Antenne mit einer Stromverteilung gerechnet werden, die der Leitungstheorie (Grundwelle) entspricht. Da diese Voraussetzung für Spitzenwinkel $30° < \vartheta_0 < 90°$ näherungsweise noch gilt, lassen sich mit der reinen Transversalwelle die Verhältnisse bestimmen.

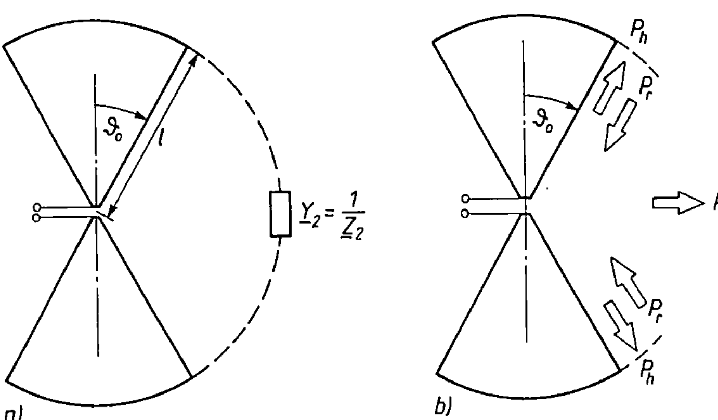

Bild 12.10.2-2
Konus-Dipol
a) Ersatzschaltung
b) Leistungsverhältnisse

Die Berechnung, die z. B. gemäß [139] und [149] nachzuvollziehen ist, liefert für die gesuchte Ersatz-Abschlußadmittanz die aufwendige Reihenentwicklung

$$\underline{Y}_2 = j \frac{Z_0}{\pi Z_{K0}^2} \sum_{n=1;3;5\,\ldots} \left[\frac{2n+1}{n(n+1)} \cdot \frac{[P_n(\cos \vartheta_0)]^2}{\dfrac{n}{\beta l} - \dfrac{H_{n-1/2}^{(2)}(\beta l)}{H_{n+1/2}^{(2)}(\beta l)}} \right] \quad (12.10.2/6)$$

Hierbei sind $H_{n-1/2}^{(2)}(x)$, $H_{n+1/2}^{(2)}(x)$ die entsprechenden Hankelfunktionen mit dem Argument $x = \beta l$. Diese lassen sich mit Hilfe der Besselfunktion $J_m(x)$ und der Neumannfunktion $N_m(x)$ ermitteln

$$H_m^{(2)}(x) = J_m(x) - jN_m(x) \quad (12.10.2/7)$$

und mit den Rekursionsformeln

$$J_{m+1}(x) = \frac{2m}{x} J_m(x) - J_{m-1}(x) \quad (12.10.2/8)$$

und

$$N_{m+1}(x) = \frac{2m}{x} N_m(x) - N_{m-1}(x) \quad (12.10.2/9)$$

immer auf die Grundelemente

$$J_{1/2}(x) = \sqrt{\frac{2}{\pi x}} \sin x\,, \quad (12.10.2/10)$$

$$N_{1/2}(x) = - \sqrt{\frac{2}{\pi x}} \cos x\,, \quad (12.10.2/11)$$

$$J_{-1/2}(x) = \sqrt{\frac{2}{\pi x}} \cos x \quad (12.10.2/12)$$

und

$$N_{-1/2}(x) = \sqrt{\frac{2}{\pi x}} \sin x \quad (12.10.2/13)$$

reduzieren.

P_n (cos ϑ_0) ist der Wert des Legendreschen Polynoms n-ter Ordnung für das Argument (cos ϑ_0). Alle diese Werte sind tabelliert und befinden sich auszugsweise im Anhang A45. Für den praktischen Einsatz vereinfacht sich der mathematische Aufwand erheblich. Meist erübrigt sich eine Berechnung über das erste Element der Reihe hinaus.

Die Näherung 1. Ordnung liefert das einfache Ergebnis

$$n = 1: \quad P_1 (\cos \vartheta_0) = \cos \vartheta_0 , \tag{12.10.2/14}$$

$$\underline{Y}_2 = j \frac{Z_0}{\pi \cdot Z_{K0}^2} \cdot \frac{2+1}{1+1} \cdot \frac{[\cos \vartheta_0]^2}{\dfrac{1}{\beta l} - \dfrac{j \sqrt{\dfrac{2}{\pi \beta l}} \cdot e^{-j\beta l}}{\sqrt{\dfrac{2}{\pi \beta l}} \cdot e^{-j\beta l} \cdot \left(\dfrac{j}{\beta l} - 1 \right)}} , \tag{12.10.2.15}$$

$$\underline{Y}_2 = j \frac{180\,\Omega}{Z_{K0}^2} \cdot \frac{\cos^2 \vartheta_0}{\dfrac{1}{\beta l} - \dfrac{j}{\dfrac{j}{\beta l} - 1}} \cdot \tag{12.10.2/16}$$

Bei bekannter Kegellänge l läßt sich dieser Wert entsprechend den Formeln der Leitungstheorie (Kapitel 8.2) zur Antenneneingangsimpedanz umrechnen.

$$\underline{Z}_A = Z_{K0} \frac{1 + jZ_{K0} \cdot \underline{Y}_2 \cdot \tan (\beta l)}{Z_{K0} \cdot \underline{Y}_2 + j \tan (\beta l)} . \tag{12.10.2/17}$$

- **Beispiel 12.10.2/1:** Für einen Konusdipol der Länge $l = \lambda/4$ ist die Eingangsimpedanz nach der Näherung 1. Ordnung zu berechnen. Der Spitzenwinkel des Konus sei $\vartheta_0 = 30°$.

Lösung:

Aus Gl. 12.10.2/5 folgt:

$$Z_{K0} = 120\,\Omega \ln \left(\cot \frac{30°}{2} \right) \approx 160\,\Omega .$$

Mit $(\cos 30°)^2 = 0{,}75$, $\quad \beta l = \dfrac{2\pi}{\lambda} \dfrac{\lambda}{4} = \dfrac{\pi}{2} \quad$ und $\quad \tan \dfrac{\pi}{2} \rightarrow \infty$ wird nach 12.10.2/16:

$$\underline{Y}_2 = j \frac{180\,\Omega}{160^2\,\Omega^2} \cdot \frac{0{,}75}{\dfrac{2}{\pi} - \dfrac{j}{j\dfrac{2}{\pi} - 1}} ,$$

$$\underline{Y}_2 = j5{,}3 \cdot 10^{-3} \frac{1}{0{,}64 - (-j0{,}71 + 0{,}45)} S = 7{,}21 \text{ mS} \underline{/15°} ,$$

$$\underline{Z}_A = Z_{K0} \frac{\dfrac{1}{\tan (\beta l)} + jZ_{K0} \cdot \underline{Y}_2}{\dfrac{Z_{K0} \cdot \underline{Y}_2}{\tan (\beta l)} + j} ,$$

$$\underline{Z}_A = Z_{K0}^2 \cdot \underline{Y}_2 = 160^2\,\Omega^2 \cdot 7{,}21 \cdot 10^{-3} \underline{/15°} S ,$$

$$\underline{Z}_A = 185\,\Omega \underline{/15°} = (178 + j48)\,\Omega .$$

Berücksichtigt man den Term 2. Ordnung noch, so wird $\underline{Z}_A = 190\,\Omega \underline{/14{,}5°} = (185 + j48)\,\Omega .$

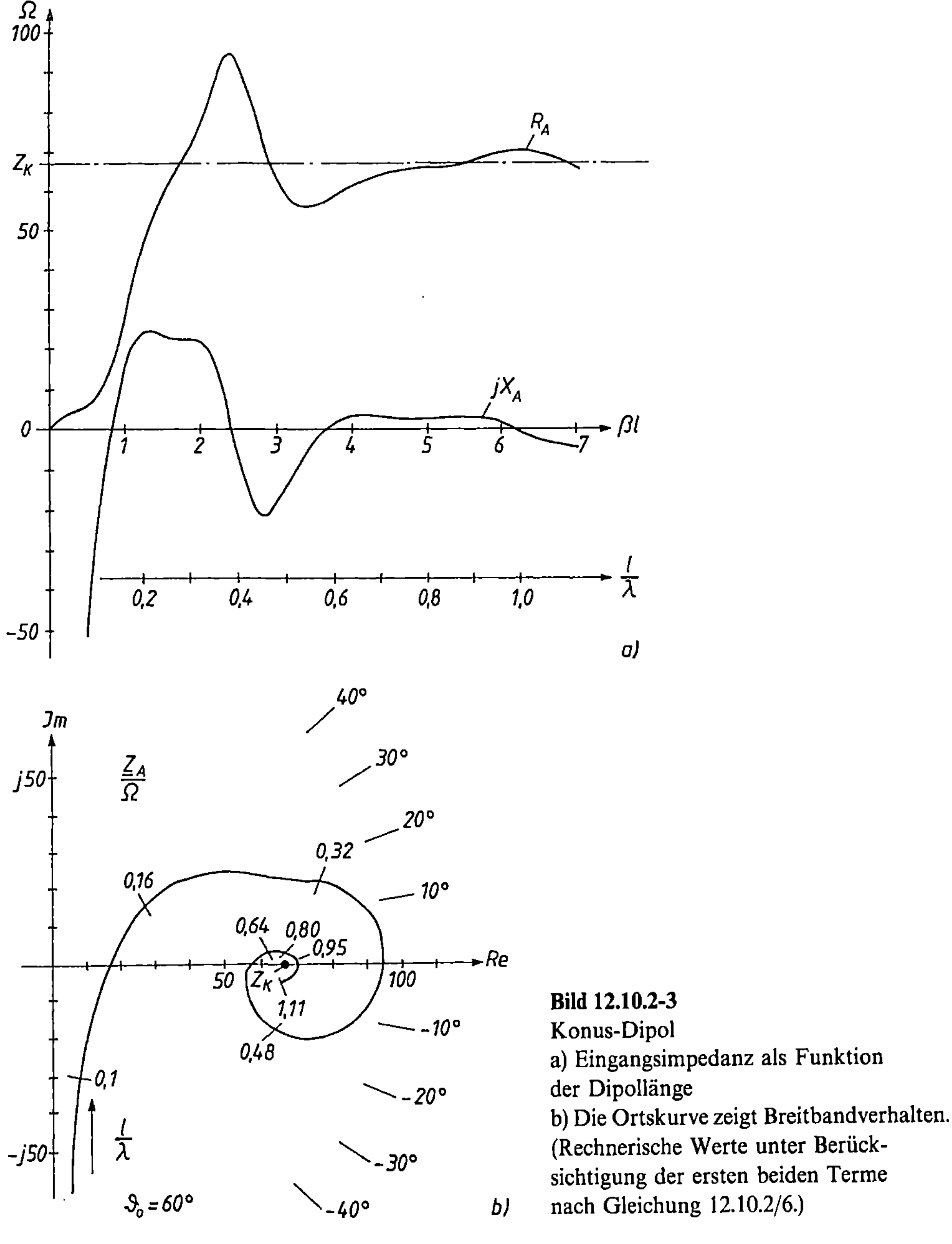

Bild 12.10.2-3
Konus-Dipol
a) Eingangsimpedanz als Funktion
der Dipollänge
b) Die Ortskurve zeigt Breitbandverhalten.
(Rechnerische Werte unter Berücksichtigung der ersten beiden Terme
nach Gleichung 12.10.2/6.)

In Bild 12.10.2-3a ist der Verlauf von Real- und Imaginärteil der Eingangsimpedanz und in Bild 12.10.2-3b die Ortskurve für einen Konusdipol mit dem Spitzenwinkel $\vartheta_0 = 60°$ aufgetragen. Deutlich ist das Hochpaßverhalten zu erkennen. Ab einer Konuslänge $l \geq \lambda/4$ ändert sich die Eingangsimpedanz der Antenne nur wenig. Die Abstrahlung bewirkt eine solche Dämpfung, daß sich als Eingangsimpedanz etwa der Wellenwiderstand der Konusantenne einstellt. Die Konusantenne besitzt Breitbandcharakter.

In der Praxis setzt man meist Doppelkonus-Antennen ein. Hierbei wird das Konusende nicht durch eine Kugelfläche, sondern durch einen zweiten Konus ersetzt. Man verhindert hier-

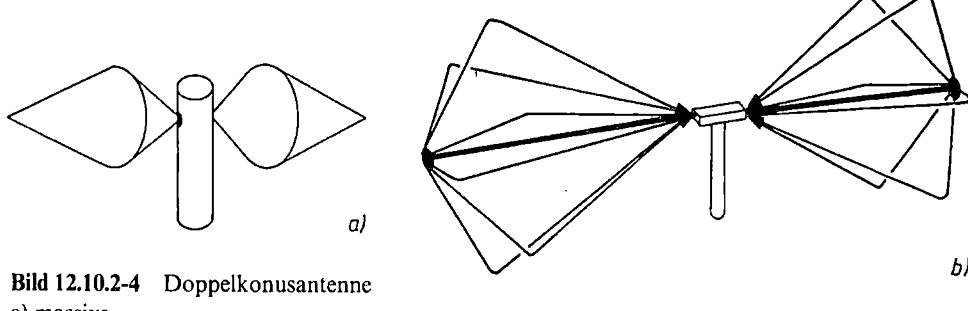

Bild 12.10.2-4 Doppelkonusantenne
a) massive
b) reusenförmige Ausführung

durch eine zu große kapazitive Spitzenbelastung. Auch wird durch die Gestaltung des Kegelabschlusses das *E*-Diagramm beeinflußt. Typisch für Konusantennen bleibt dabei immer eine erhebliche Strahlung in Richtung $\vartheta = 90°$ unabhängig von der Betriebsfrequenz. Das H-Diagramm zeigt Rundstrahlung.

Ausführungsformen sind in Bild 12.10.2-4 dargestellt.

Vorzugsweise wird dieser Antennentyp bei Frequenzen $f > 100\,\mathrm{MHz}$ eingesetzt.

12.10.3 Logarithmisch-periodische Antenne

Für Breitbandantennen müssen sich die Abmessungen proportional mit der Wellenlänge ändern. Als Beispiel hierfür wurde die Konusantenne im vorhergehenden Abschnitt behandelt. Eine endliche Begrenzung der Antennenabmessung wird möglich, wenn vor Erreichen des geometrischen Antennenendes die zugeführte Energie abgestrahlt ist. So lassen sich flächenhafte Antennen, die durch ihren Öffnungswinkel α bestimmt werden, für Breitbandbetrieb einsetzen. Hierzu gehören die logarithmisch-periodischen Antennen (LP-Antenne).

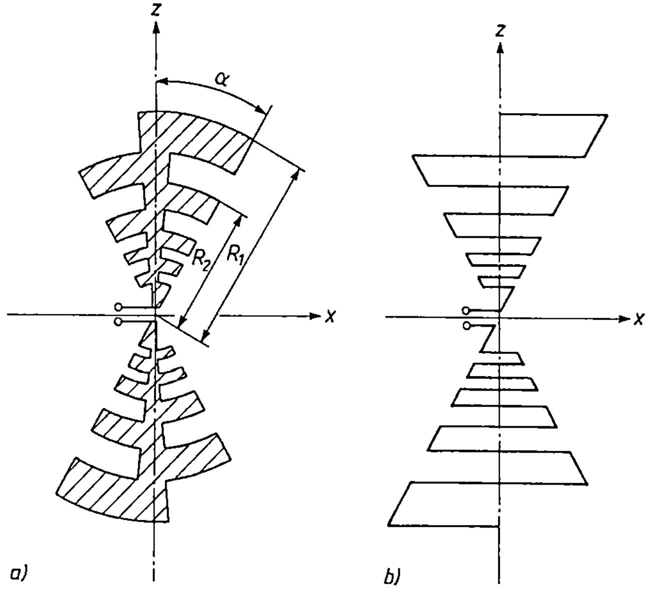

Bild 12.10.3-1
a) logarithmisch-periodische
Struktur
b) LP-Drahtantenne

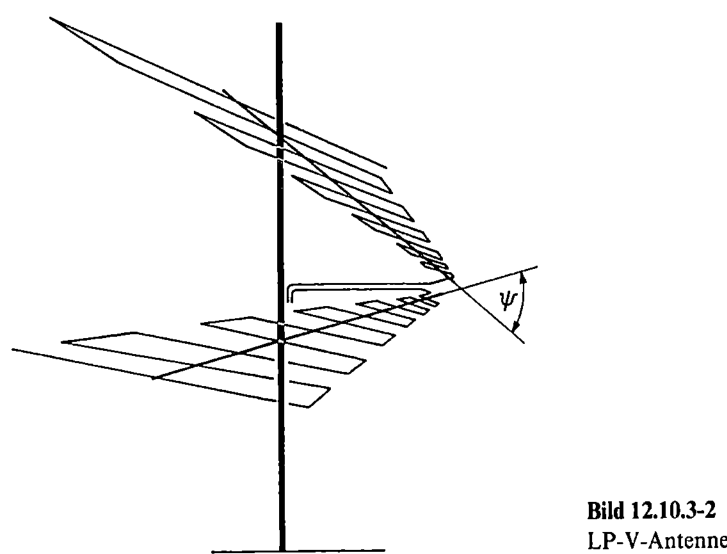

Bild 12.10.3-2
LP-V-Antenne

Ausgehend von der Grundform (Bild 12.10.3-1a) aus Kreissegmenten konnte nachgewiesen werden, daß eine durch geradlinige Leiter nachgebildete Umrandung der Grundform zu ähnlichem Verhalten führt (Bild 12.10.3-1b). Dieser Typ läßt sich wesentlich preisgünstiger realisieren. Klappt man nun beide Teile aus der ebenen Fläche $\psi = 180°$ heraus, so entsteht mit dem Winkel $\psi < 180°$ eine räumliche Anordnung: Die LP-V-Antenne mit Strahlung in Richtung der Antennenspitze (Bild 12.10.3-2). Eine noch weitere konstruktive Vereinfachung erreicht man, wenn die ebenen Flächen zu Stäben entarten. Man beachte, daß entsprechend Bild 12.10.3-3 die Halbdipole in ihrer Folge jeweils um 180° gedreht sind. Verringert man jetzt den Winkel $\psi \to 0°$, so entsteht eine Dipolanordnung mit wachsenden Abmessungen, wobei die Speisung jedes nachfolgenden Dipols umgepolt gegenüber dem vorhergehenden ist. Es erfolgt also eine elektrische Drehung um 180°, wie in den Bildern 12.10.3-4a und -4b dar-

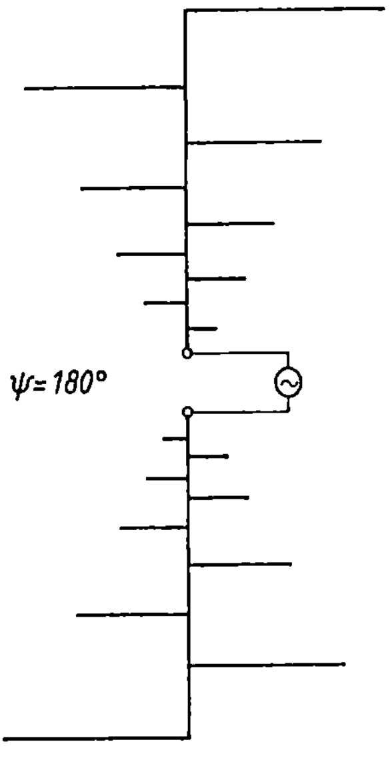

Bild 12.10.3-3
LP-Dipolstruktur

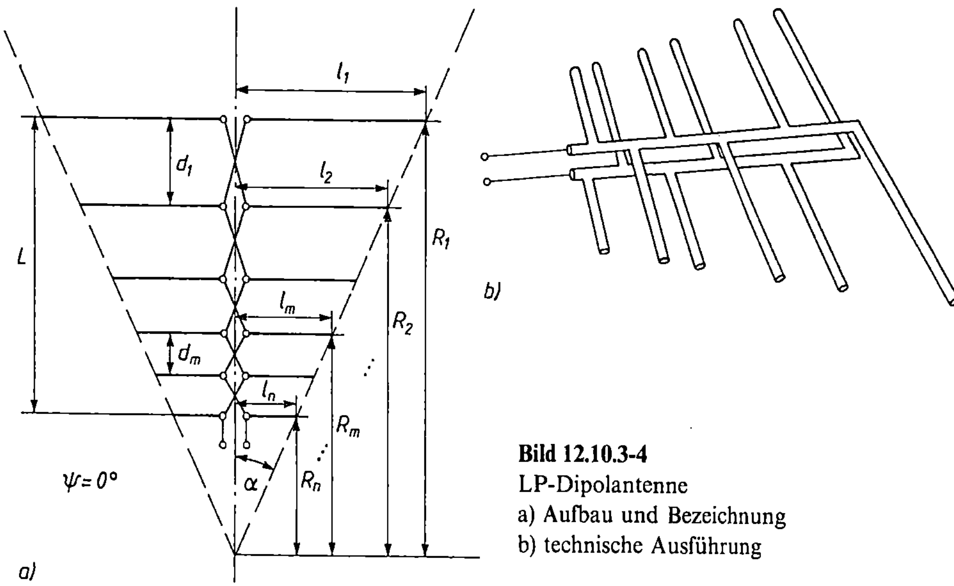

Bild 12.10.3-4
LP-Dipolantenne
a) Aufbau und Bezeichnung
b) technische Ausführung

gestellt. Die hierdurch entstandene *logarithmisch-periodische Dipolantenne* ist noch einer leichten Erklärung zugänglich.

Die LP-Antenne wird durch das konstante Abstandsverhältnis der aufeinander folgenden Dipole beschrieben. Gemäß den Bezeichnungen in Bild 12.10.3-4a gilt mit $m = 1 \ldots (n-1)$

$$\frac{R_{m+1}}{R_m} = \tau = \text{konst!} \tag{12.10.3/1}$$

Je kleiner der *Stufungsfaktor* τ hierbei ist, umso weniger Elemente befinden sich in der Anordnung. Als übliche Werte findet man $\tau = 0{,}75 \ldots 0{,}95$.

Die logarithmische Schreibweise von Formel 12.10.3/1 zeigt, daß sich die Anordnung mit der logarithmischen Differenz aufeinander folgender Abstände wiederholt.

$$\ln |R_{m+1}| - \ln |R_m| = \ln \tau = \text{konst.} \tag{12.10.3/2}$$

Dies erklärt den Namen logarithmisch-periodische Antenne. Der *Öffnungswinkel* α der Antenne stellt über den Strahlensatz die weitere Beziehung her

$$\frac{R_{m+1}}{R_m} = \frac{l_{m+1}}{l_m} = \tau . \tag{12.10.3/3}$$

Als Abstand zwischen zwei Elementen erhält man

$$d_m = R_m - R_{m+1} . \tag{12.10.3/4}$$

Mit

$$R_{m+1} = \tau \cdot R_m \tag{12.10.3/5}$$

und

$$\frac{R_m}{l_m} = \cot \alpha \tag{12.10.3/6}$$

wird Gleichung 12.10.3/4

$$d_{\mathrm{m}} = R_{\mathrm{m}}(1 - \tau)\,, \tag{12.10.3/7}$$

$$d_{\mathrm{m}} = (1 - \tau) \cdot l_{\mathrm{m}} \cdot \cot\alpha\,. \tag{12.10.3/8}$$

Als dritter Kennwert neben dem Stufungsfaktor τ und dem Öffnungswinkel α wird noch der *relative Abstand* σ angegeben.

$$\sigma = \frac{d_{\mathrm{m}}}{4l_{\mathrm{m}}} = \frac{1-\tau}{4}\cot\alpha\,. \tag{12.10.3/9}$$

Wie Rechnungen [150] und Messungen gezeigt haben, strahlt von der gesamten LP-Antenne eine aktive Zone von etwa drei Dipolen. Der wirksame Strahlungsquellpunkt liegt bei einer Dipollänge, die etwas kürzer als $\lambda/4$ ist. Für niedrigere Frequenzen wandert der Strahlungsbereich zu den längeren Dipolen, für höhere Frequenzen zu den kürzeren Dipolen. Strahlungscharakteristik und Antennenimpedanz bleiben dabei fast konstant. Hinter dem Strahlungsbereich fällt der Strom in der Speiseleitung sehr stark ab, so daß die dort befindlichen Elemente keinen Einfluß mehr haben.

Die Anordnung läßt sich mit einer Yagi-Antenne (Kapitel 12.8.4) vergleichen, wobei der wesentliche Unterschied bei der LP-Antenne die Speisung aller drei strahlenden Dipole darstellt. Die bei der Yagi-Antenne auftretende 180° Phasendrehung der parisitären Ströme wird in den LP-Antennen durch Umpolung der Speiseleitung erzwungen. Damit erfolgt die Strahlung der logarithmisch-periodischen Antenne in Richtung der kürzeren Dipole, also zur Antennenspitze. Der erreichbare Gewinn liegt zwischen 3 und 10 dB und ist von α, τ und σ abhängig (Bild 12.10.3-5). Da bei größerem Gewinn der Öffnungswinkel klein und so die Antenne sehr lang wird, verzichtet man meist auf optimale Einstellung.

Die maximale Dipollänge wird durch die niedrigste Betriebsfrequenz bestimmt.

$$l_1 = l_{\max} \approx \frac{\lambda_{\max}}{4} = \frac{c_0}{f_{\min} \cdot 4}\,. \tag{12.10.3/10}$$

Die kleinste Dipollänge liegt etwa bei

$$l_{\mathrm{n}} = l_{\min} \approx \frac{\lambda_{\min}}{6}\,. \tag{12.10.3/11}$$

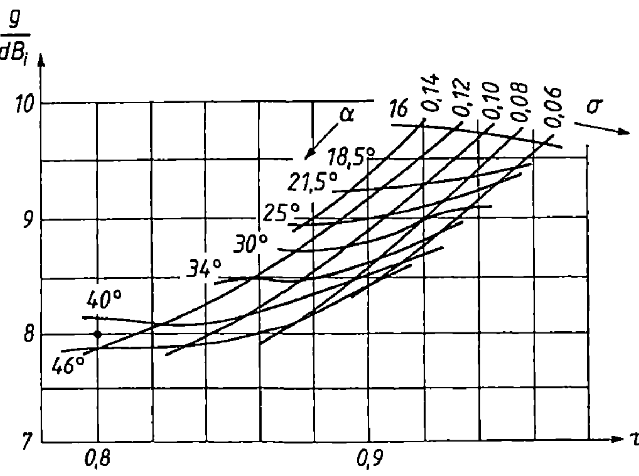

Bild 12.10.3-5
Gewinn der LP-Dipolantenne als Funktion des Stufungsfaktors τ, des relativen Abstandes σ und des Öffnungswinkels α (nach [12])

Durch die Wahl von $\lambda_{min}/6 \approx l_n < \lambda_{min}/4$ wird berücksichtigt, daß sich der strahlende Bereich über mehr als einen Dipolabstand erstreckt. Die Strukturlänge L der LP-Antenne muß deshalb etwas größer als die durch die gewünschte elektrische Bandbreite bedingte Abmessung sein. Die Speiseleitung wird hinter dem längsten Dipol mit einer Kurzschlußleitung von $l_k \approx \lambda_{max}/8$ abgeschlossen. Die Strukturlänge L berechnet sich nach Bild 12.10.3-4a

$$L = l_1 \cot \alpha - l_n \cot \alpha = (l_1 - l_n) \cot \alpha. \tag{12.10.3/12}$$

Da für die Strukturlänge auch gilt

$$L = d_1 + d_2 + \ldots + d_{n-1}, \tag{12.10.3/13}$$

wird mit den Gleichungen 12.10.3/5, /7 und /8

$$L = \underbrace{(1 - \tau) R_1}_{\tau R_1} + \ldots + \underbrace{(1 - \tau) R_{n-1}}_{\tau^{n-2} R_1},$$

$$L = (1 - \tau) l_1 \cdot \cot \alpha \cdot (1 + \tau + \tau^2 + \ldots + \tau^{n-2}),$$

$$L = l_1 \cdot \cot \alpha \cdot (1 - \tau^{n-1}). \tag{12.10.3/14}$$

Durch Gleichsetzen der Formeln 12.10.3/12 und /14 erhält man die Dipolzahl n.

$$(l_1 - l_n) \cot \alpha = l_1 \cdot \cot \alpha \cdot (1 - \tau^{n-1}),$$

$$1 - \frac{l_n}{l_1} = 1 - \tau^{n-1},$$

$$n = 1 + \frac{\ln\left(\dfrac{l_n}{l_1}\right)}{\ln \tau}. \tag{12.10.3/15}$$

Für den Eingangswiderstand der LP-Antenne wird als Näherung angegeben ([150]):

$$R_A \approx \frac{Z_L}{\sqrt{1 + \dfrac{Z_L \sqrt{\tau}}{4\sigma \cdot Z_D'}}} = \frac{Z_L}{\sqrt{1 + \dfrac{Z_L}{Z_D'} \cdot \dfrac{\sqrt{\tau}}{(1 - \tau) \cot \alpha}}}, \tag{12.10.3/16}$$

mit dem mittleren Wellenwiderstand der Dipole Z_D' nach 12.4.5/1, der mittleren Dipollänge l', dem Dipoldurchmesser d_0 und dem Wellenwiderstand Z_L der speisenden Leitung.

$$l' = \sqrt{l_n \cdot l_1}, \tag{12.10.3/17}$$

$$Z_D' = 120\,\Omega \cdot \ln\left(1,15 \frac{l'}{d_0}\right). \tag{12.10.3/18}$$

Übliche Werte der Eingangsimpedanz liegen bei 50 ... 120 Ω, wobei der Wert nur gering mit f schwankt.

Eingesetzt werden LP-Antennen im Bereich von f = 2 M ... 20 GHz. Der Frequenzbereich kann hierbei bis zum 15fachen der jeweiligen Minimalfrequenz der Antenne ausgedehnt werden.

Diese Antennen bieten im kommerziellen Sendebetrieb den Vorteil des schnellen und häufigen Frequenzwechsels. Im Empfangsbetrieb lassen sich Frequenzbänder gut überwachen, sowie Feldstärken und Richtdiagramme messen.

Im GHz-Bereich werden zirkularpolarisierende Anordnungen als Erreger für Parabole eingesetzt.

● **Beispiel 12.10.3/1:** Für den Frequenzbereich $f = (100 \ldots 500)$ MHz ist eine LP-Dipolantenne zu
entwerfen. Der Gewinn sei bei vernachlässigbaren Verlusten auf $g = 8$ dB$_i$ festgelegt. Es sollen 10 Dipole
eingesetzt werden. Der Dipoldurchmesser sei $d_0 = 5$ mm. Der Wellenwiderstand der speisenden Leitung
$Z_L = 240\ \Omega$.

Lösung:

$$\lambda_{max} = \frac{300 \cdot 10^6\ \text{ms}}{100 \cdot 10^6\ \text{s}} = 3\ \text{m}\,, \qquad \lambda_{min} = \frac{300 \cdot 10^6\ \text{ms}}{500 \cdot 10^6\ \text{s}} = 60\ \text{cm}\,,$$

$$l_1 = \frac{3\ \text{m}}{4} = 75\ \text{cm}\,, \qquad l_{10} = \frac{60\ \text{cm}}{6} = 10\ \text{cm}\,.$$

Aus Gl. 12.10.3/15 folgt:

$$\ln \tau = \frac{\ln \dfrac{10}{75}}{10 - 1} = -0{,}22 \quad \textit{(Stufungsfaktor)}$$

$$\tau = 0{,}8\,.$$

Aus Bild 12.10.3-5 folgt für $g = 8$ dB: $\alpha = 43°$.

Nach 12.10.3/12:

$$L = (75 - 10)\,\text{cm} \cdot \cot 43° \quad \textit{(Strukturlänge)}$$

$$L = 69{,}7\ \text{cm}\,.$$

Die Abstände d_m zwischen den Dipolen und die Dipollängen l_m ergeben sich aus 12.10.3/3 und /8 zu:

$$d_1 = (1 - 0{,}8) \cdot \cot 43° \cdot 75\ \text{cm} = 16{,}1\ \text{cm} \qquad\qquad l_1 = 75\ \text{cm}$$
$$d_2 = 12{,}8\ \text{cm} \qquad\qquad l_2 = 0{,}8 \cdot 75\ \text{cm} = 60\ \text{cm}$$
$$d_3 = 10{,}3\ \text{cm} \qquad\qquad l_3 = 48\ \text{cm}$$
$$d_4 = 8{,}2\ \text{cm} \qquad\qquad l_4 = 38{,}4\ \text{cm}$$
$$d_5 = 6{,}6\ \text{cm} \qquad\qquad l_5 = 30{,}7\ \text{cm}$$
$$d_6 = 5{,}3\ \text{cm} \qquad\qquad l_6 = 24{,}6\ \text{cm}$$
$$d_7 = 4{,}2\ \text{cm} \qquad\qquad l_7 = 19{,}7\ \text{cm}$$
$$d_8 = 3{,}4\ \text{cm} \qquad\qquad l_8 = 15{,}7\ \text{cm}$$
$$d_9 = 2{,}7\ \text{cm} \qquad\qquad l_9 = 12{,}6\ \text{cm}$$
$$\overline{L = 69{,}6\ \text{cm} \approx 69{,}7\ \text{cm}} \qquad\qquad l_{10} = 10\ \text{cm}$$

Mit 12.10.3/17:

$$l' = \sqrt{10 \cdot 75}\ \text{cm} = 27{,}4\ \text{cm}$$

und mit 12.10.3/18:

$$Z'_D = 120\ \Omega \ln\left(1{,}15\,\frac{27{,}4}{0{,}5}\right) = 497\ \Omega$$

wird der Eingangswiderstand der LP-Antenne nach Gl. 12.10.3/16:

$$R'_A = \frac{240\ \Omega}{\sqrt{1 + \dfrac{240\ \Omega \sqrt{0{,}8}}{497\ \Omega\,(1 - 0{,}8) \cdot \cot 43°}}} = 138\ \Omega\,.$$

12.11 Flächenantennen

12.11.1 Strahlende Flächen

Lineare Apertur

Entsprechend Bild 12.11.1-1 fließe längs einer leitenden Fläche der Breite a und der Länge $2 \cdot \Delta z \ll \lambda$ ein gleichmäßig verteilter Strom $\underline{I}_z$ in Richtung z. Es läßt sich für jedes Element der Breite Δx der Stromanteil $\Delta \underline{I}_z$ berechnen

$$\Delta \underline{I}_z = \frac{\underline{I}_z \cdot \Delta x}{a} = \underline{A}_z \cdot \Delta x \,, \tag{12.11.1/1}$$

mit dem Strombelag (der Flächenstromdichte)

$$\underline{A}_z = \frac{\underline{I}_z}{a} \tag{12.11.1/2}$$

als Abkürzung. Die Feldstärke dieses Hertzschen Dipols wird so nach Formel 12.2.2/2 für einen weitentfernten Punkt zu

$$\Delta \underline{E} = \mathrm{j} Z_0 \cdot \underline{A}_z \cdot \Delta x \frac{\Delta z}{\lambda} \frac{1}{r_x} \cdot \sin \vartheta \cdot \mathrm{e}^{-\mathrm{j}\beta r_x} \,. \tag{12.11.1/3}$$

Hierbei beschreibt r_x die Entfernung vom strahlenden Dipolelement an der Stelle x zum Empfangspunkt P. Die Summe aller Einzelfeldstärken dieser infiniten parallelen Hertzschen Dipole (Zeilenquelle) liefert die resultierende Gesamtfeldstärke $\Delta \underline{E}_\mathrm{ges}$. Mit $r_x \gg \lambda$ sind die Beträge der Einzelanteile zwar gleich ($r \approx r_x$), aber der Wegunterschied muß in der Phasenverschiebung ψ zwischen den Feldstärkeanteilen wieder berücksichtigt werden. Entsprechend Gleichung 12.8.1/21 ergibt sich als Phasenverschiebung gegenüber einem Strahl aus dem Koordinatenursprung

$$\psi = \beta \cdot s = \beta \cdot x \cdot \cos \varphi \cdot \sin \vartheta \,.$$

Für den differentiellen Feldstärkeanteil $\mathrm{d}\underline{E}$ eines Elementarstrahlers gilt mit $\Delta x \to \mathrm{d}x$:

$$\mathrm{d}\underline{E} = \mathrm{j} Z_0 \underline{A}_z \frac{\Delta z}{\lambda} \frac{1}{r} \cdot \sin \vartheta \cdot \mathrm{e}^{-\mathrm{j}\beta r} \cdot \mathrm{e}^{\mathrm{j}\beta \cos \varphi \cdot \sin \vartheta \cdot x} \, \mathrm{d}x \,. \tag{12.11.1/4}$$

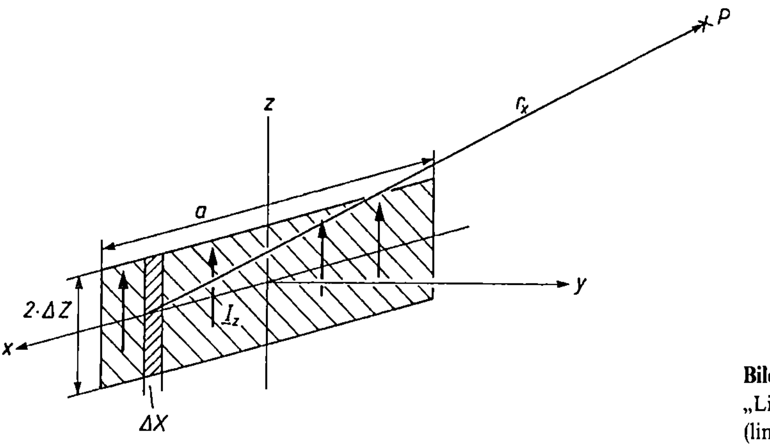

Bild 12.11.1-1
„Linienfläche"
(lineare Apertur)

Die allen Elementen gemeinsame Phasenverschiebung von $j \cdot e^{-j\beta r}$ bleibt unberücksichtigt. Die Gesamtfeldstärke erhält man durch Integrieren.

$$\Delta E_{\text{ges}} = Z_0 A_z \frac{\Delta z}{\lambda} \cdot \frac{\sin \vartheta}{r} \int\limits_{-a/2}^{+a/2} e^{j\beta \cos\varphi \cdot \sin\vartheta \cdot x} \, dx, \tag{12.11.1/5}$$

$$\Delta E_{\text{ges}} = Z_0 A_z \frac{\Delta z}{\lambda} \cdot \frac{\sin\vartheta}{r} \cdot \frac{1}{j\beta \cdot \cos\varphi \cdot \sin\vartheta} \underbrace{\left(e^{j\beta\cos\varphi \cdot \sin\vartheta \cdot \frac{a}{2}} - e^{-j\beta\cos\varphi \cdot \sin\vartheta \cdot \frac{a}{2}} \right)}_{2j \sin\left(\pi \frac{a}{\lambda} \cos\varphi \cdot \sin\vartheta \right)}$$

$$\Delta E_{\text{ges}} = Z_0 A_z \frac{\Delta z \cdot a}{r \cdot \lambda} \sin\vartheta \cdot \frac{\sin\left(\pi \frac{a}{\lambda} \cdot \cos\varphi \cdot \sin\vartheta \right)}{\pi \frac{a}{\lambda} \cdot \cos\varphi \cdot \sin\vartheta}. \tag{12.11.1/6}$$

Man erkennt wieder das multiplikative Gesetz für Gruppenstrahler (12.8.1/23): *Richtcharakteristik des Einzelstrahlers multipliziert mit der der Zeilenquelle.*

Als Gruppencharakteristik der Zeilenquelle G_{ZQ} (linearen Apertur) erhält man

$$G_{\text{ZQ}} = \left| \frac{\sin\left(\pi \frac{a}{\lambda} \cdot \cos\varphi \cdot \sin\vartheta \right)}{\pi \frac{a}{\lambda} \cdot \cos\varphi \cdot \sin\vartheta} \right|. \tag{12.11.1/7}$$

Dies entspricht der Funktion $\dfrac{\sin w}{w}$!

Da für das Produkt $-1 \leq \cos\varphi \cdot \sin\vartheta \leq 1$ gilt, läuft

$$0 \leq |w| \leq \pi \frac{a}{\lambda}. \tag{12.11.1/8}$$

Sollte also die Breite a der strahlenden Fläche größer als die Wellenlänge λ werden, so bilden sich Nebenmaxima aus, wie in Bild 12.11.1-2a zu erkennen ist. Für die Halbwertsbreite nach Abschnitt 12.8.1 muß die Feldstärke auf $1/\sqrt{2}$ ihres Maximalwertes abgefallen sein. Man erhält so aus Bild 12.11.1-2a für

$$\frac{\sin w}{w} = \frac{1}{\sqrt{2}} \quad \Rightarrow \quad w_{0,5} = 1{,}39$$

und bei einem Winkel $\vartheta = 90°$ wird

$$\pi \frac{a}{\lambda} \cos\varphi_{\text{h}} = 1{,}39 ,$$

$$\cos\varphi_{\text{h}} = \frac{1{,}39}{\pi} \cdot \frac{\lambda}{a} = 0{,}44 \frac{\lambda}{a} .$$

a)

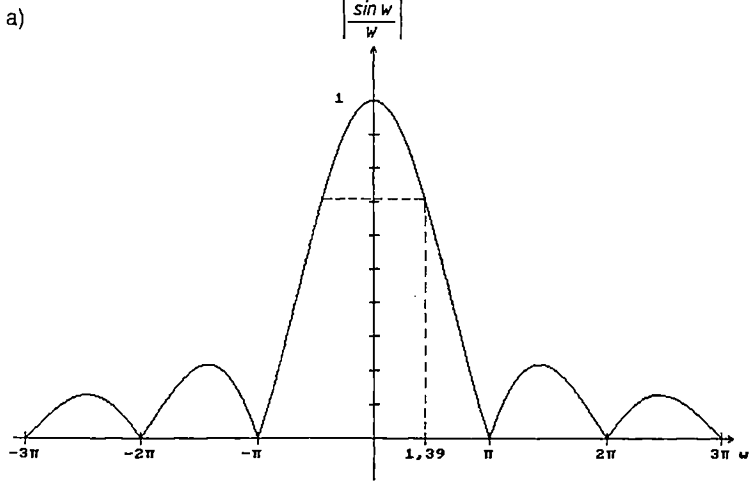

b)

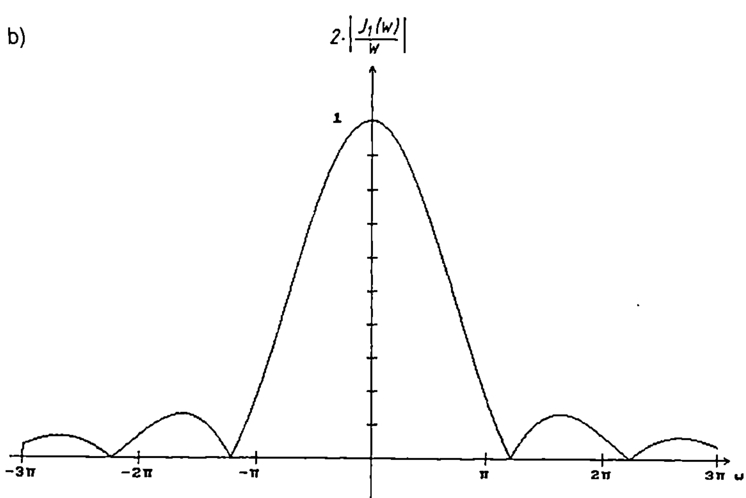

c)

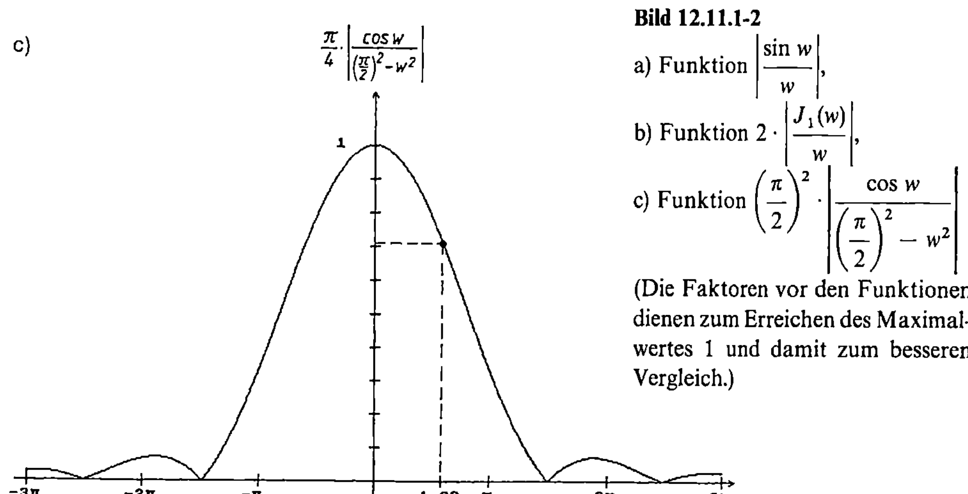

Bild 12.11.1-2

a) Funktion $\left|\dfrac{\sin w}{w}\right|$,

b) Funktion $2\cdot\left|\dfrac{J_1(w)}{w}\right|$,

c) Funktion $\left(\dfrac{\pi}{2}\right)^2\cdot\left|\dfrac{\cos w}{\left(\dfrac{\pi}{2}\right)^2-w^2}\right|$

(Die Faktoren vor den Funktionen dienen zum Erreichen des Maximalwertes 1 und damit zum besseren Vergleich.)

Als Halbwertsbreite erhält man den doppelten Komplementwinkel von φ_h, da die Bündelung in Richtung y erfolgt und φ_h von der x-Achse zählt:

$$\alpha_{0,5} = 2 \cdot (90° - \varphi_\text{h}) \, .$$

Je breiter die strahlende Fläche ausgebildet wird, umso stärker bündelt die Anordnung.

Rechteckiger Flächenstrahler

Die vorher angestellten Überlegungen behalten ihre Gültigkeit, auch wenn der Leitungsstrom $\underline{I}_\text{z}$ der Fläche durch einen Verschiebungsstrom $\underline{I}_\text{vz}$ ersetzt wird. Der Verschiebungsstrom $\underline{I}_\text{vz}$ ist der zeitlichen Änderung der elektrischen Feldstärke $\underline{E}_\text{z}$ proportional.

Die Flächenstromdichte des Verschiebungsstromes $\underline{A}_\text{vz}$ entspricht im Wert direkt der hierzu senkrecht verlaufenden magnetischen Feldstärke ([140])

$$|\underline{A}_\text{vz}| = H_\text{x} = \frac{E_\text{z}}{Z_0} \, . \tag{12.11.1/9}$$

Damit wird Gleichung 12.11.1/6 bei einer gleichmäßigen Flächenbelegung durch Verschiebungsströme ($E_\text{z} \equiv E_\text{F}$) für den Fernfeldstärkeanteil ΔE_ges zu

$$\Delta E_\text{ges} = Z_0 \frac{E_\text{F}}{Z_0} \frac{\Delta z}{r} \frac{a}{\lambda} \sin \vartheta \cdot G_\text{ZQ} \, . \tag{12.11.1/10}$$

Der Übergang auf die elektrische Feldstärke E_F hat den Vorteil, daß eine ebene Wellenfront, wie sie im Fernfeld existiert, auch hier näherungsweise vorausgesetzt werden kann. Die Grundwelle der elektrischen Feldstärke $\underline{E}_\text{F}$ bleibt erhalten, auch wenn die Seitenlänge $2 \cdot \Delta z$ der Fläche über die Wellenlänge hinaus wächst. Damit gelangt man von der strahlenden linearen „Fläche" zum rechteckigen Flächenstrahler. Er besitzt nach Bild 12.11.1-3 die Kantenlänge a und b und die geometrische Fläche $A = a \cdot b$. Betrachtet man die lineare Apertur als Einzelstrahler, so erhält man nach demselben Verfahren wie bei Gleichung 12.11.1/5 die Richtcharakteristik des Flächenstrahlers.

$$E_\text{ges} = E_\text{F} \frac{a}{r\lambda} \sin \vartheta \cdot G_\text{ZQ} \int_{-b/2}^{+b/2} e^{j\beta \cos \vartheta \cdot z} \, dz \, , \tag{12.11.1/11}$$

$$E_\text{ges} = E_\text{F} \frac{a}{r\lambda} \sin \vartheta \cdot G_\text{ZQ} \cdot \frac{2j \cdot \sin \left(\pi \dfrac{b}{\lambda} \cdot \cos \vartheta \right)}{j \dfrac{2\pi}{\lambda} \cdot \cos \vartheta} \, ,$$

$$E_\text{ges} = E_\text{F} \frac{a \cdot b}{r \cdot \lambda} \sin \vartheta \cdot G_\text{ZQ} \cdot \frac{\sin \left(\pi \dfrac{b}{\lambda} \cdot \cos \vartheta \right)}{\pi \dfrac{b}{\lambda} \cdot \cos \vartheta} \, . \tag{12.11.1/12}$$

Richtcharakteristik: *„Einzelstrahler" * Spaltenquelle.*

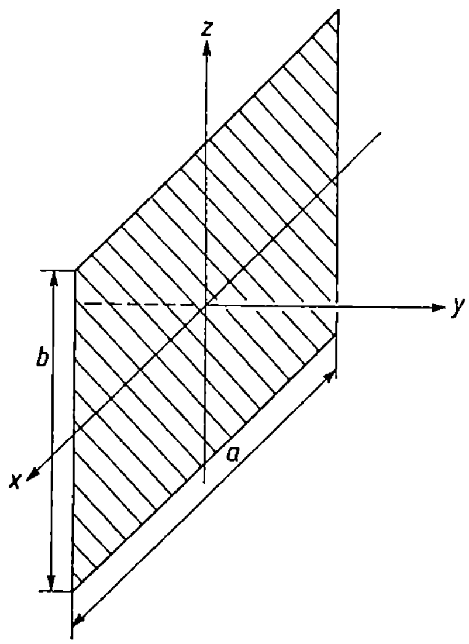

Bild 12.11.1-3
Rechteck-Flächenstrahler

Die Richtcharakteristik der Spaltenquelle G_{SQ} ist

$$G_{SQ} = \left| \frac{\sin\left(\pi \dfrac{b}{\lambda} \cdot \cos \vartheta\right)}{\pi \dfrac{b}{\lambda} \cdot \cos \vartheta} \right| . \qquad (12.11.1/13)$$

Die Seitenlänge b bündelt also in Richtung ϑ in Analogie zu Gleichung 12.11.1/7.

Kreisförmiger Flächenstrahler

Eine weitere technisch interessante Anordnung stellt die kreisförmige Fläche dar, entsprechend Bild 12.11.1-4, die in z-Richtung mit der konstanten Flächenstromdichte $\underline{A}_{vz}$ belegt ist.

Das Ergebnis, der in Polarkoordinaten durchzuführenden Rechnung ([140]), liefert für die Gesamtfeldstärke im Punkt P, wenn die strahlende Fläche in der x, z-Ebene liegt:

$$E_{ges} = E_F \frac{\pi \cdot R^2}{r \cdot \lambda} \cdot \sin \vartheta \cdot \frac{J_1\left(\dfrac{2\pi}{\lambda} R \sqrt{1 - \sin^2 \varphi \cdot \sin^2 \vartheta}\right)}{\dfrac{2\pi}{\lambda} R \sqrt{1 - \sin^2 \varphi \cdot \sin^2 \vartheta}} . \qquad (12.11.1/14)$$

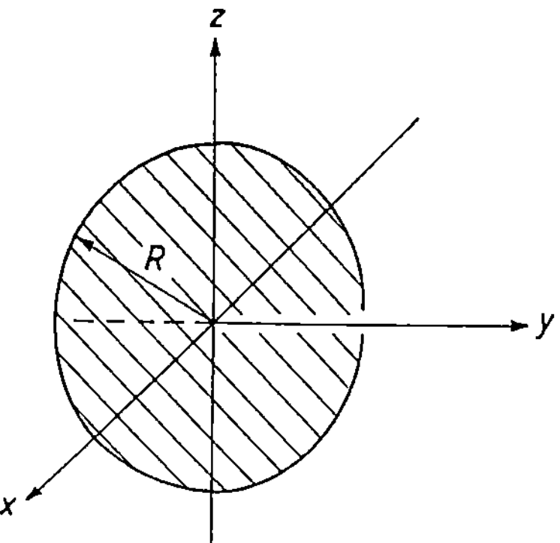

Bild 12.11.1-4
Kreis-Flächenstrahler

Hierbei ist $J_1(w)$ die Besselfunktion 1. Ordnung mit dem Argument w. Die Gesamtfunktion

$$\frac{J_1(w)}{w}$$

ist in Bild 12.11.1-2b dargestellt.

Bei der kreisförmigen Apertur ist die Halbwertsbreite größer als bei der rechteckigen; aber die Nebenmaxima werden geringer, was man für Richtstrahlung wünscht.

12.11.2 Hornstrahler

Nachdem im vorhergehenden Abschnitt die theoretischen Voraussetzungen für Flächenstrahler behandelt wurden, sollen hier Möglichkeiten der Realisierung angesprochen werden.

Leitungsströme mit den im Abschnitt 12.11.1 angenommenen Bedingungen lassen sich kaum verwirklichen. Bereits dort wurde auf Verschiebungsströme verwiesen. Die Verschiebungsströme in einem Hohlleiter erfüllen die gemachten Voraussetzungen. Der Übersichtlichkeit halber seien die Verhältnisse am Grundwellentyp des Rechteckhohlleiters, der H_{10}-Welle, erläutert. Die elektrische Feldstärkenverteilung verläuft zwischen den Seitenwänden des Hohlleiters bei der H_{10}-Welle cosinusförmig, wie in Bild 12.11.2-1 skizziert.

$$E_{\mathrm{Fz}} = E_{\mathrm{F}} \cdot \cos\left(\frac{\pi}{a} \cdot x\right). \tag{12.11.2/1}$$

Das elektrische Feld am offenen Ende eines solchen Hohlleiters entspricht in grober Näherung einer strahlenden Fläche mit allerdings nicht konstanter Flächenstromdichte $A_{\mathrm{vz}} = H_x$. Demnach verändert sich in Gleichung 12.11.1/4 und /9 der Ausdruck für die Fernfeldstärke sinngemäß in

$$dE = E_{\mathrm{F}} \cos\left(\frac{\pi}{a} x\right) \frac{\Delta z}{r \cdot \lambda} \cdot \sin\vartheta \cdot e^{j\beta\cos\varphi\cdot\sin\vartheta\cdot x}\, dx\,, \tag{12.11.2/2}$$

$$\Delta E_{\mathrm{ges}} = E_{\mathrm{F}} \frac{\Delta z}{r \cdot \lambda} \cdot \sin\vartheta \int_{-a/2}^{+a/2} \cos\left(\frac{\pi}{a} \cdot x\right) e^{j\beta\cos\varphi\cdot\sin\vartheta\cdot x}\, dx\,. \tag{12.11.2/3}$$

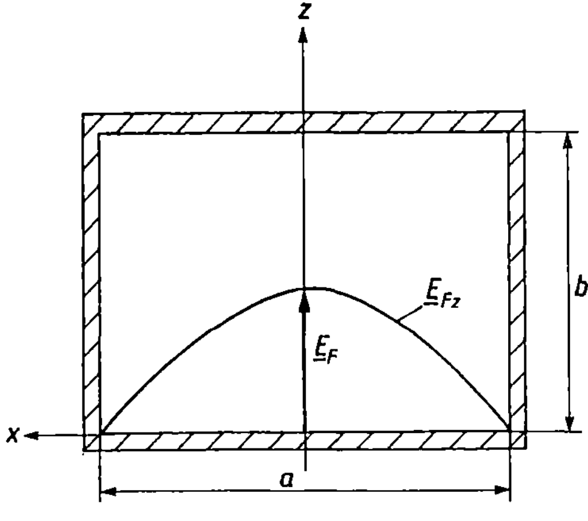

Bild 12.11.2-1
Verlauf der elektrischen Feldstärke in einem Rechteckhohlleiter bei einer H_{10}-Welle

Nach [141] liefert dieses Integral die Lösung

$$\Delta E_{\text{ges}} = E_{\text{F}} \frac{\Delta z}{r \cdot \lambda} \cdot \sin \vartheta \cdot \frac{\frac{\pi}{2} a \cdot \cos \left(\pi \frac{a}{\lambda} \cdot \cos \varphi \cdot \sin \vartheta \right)}{\left(\frac{\pi}{2} \right)^2 - \left(\pi \frac{a}{\lambda} \cdot \cos \varphi \cdot \sin \vartheta \right)^2} . \tag{12.11.2/4}$$

Die Gesamtfeldstärke im Empfangspunkt erhält man schließlich durch den Übergang $\Delta z \to dz$ und anschließender Integration über die Hohlleiterabmessung b.

$$E_{\text{ges}} = E_{\text{F}} \frac{a \cdot b}{r \cdot \lambda} \cdot \frac{\pi}{2} \cdot \sin \vartheta \cdot \frac{\cos \left(\pi \frac{a}{\lambda} \cdot \cos \varphi \cdot \sin \vartheta \right)}{\left(\frac{\pi}{2} \right)^2 - \left(\pi \frac{a}{\lambda} \cdot \cos \varphi \cdot \sin \vartheta \right)^2} \cdot \frac{\sin \left(\pi \frac{b}{\lambda} \cdot \cos \vartheta \right)}{\pi \frac{b}{\lambda} \cdot \cos \vartheta} . \tag{12.11.2/5}$$

Zusammengefaßt mit

$$G'_{\text{ZQ}} = \frac{\cos w}{\left(\frac{\pi}{2} \right)^2 - w^2}$$

ergibt sich:

$$E_{\text{ges}} = E_{\text{F}} \frac{a \cdot b \cdot \pi}{r \cdot \lambda \cdot 2} \cdot C_{\text{Hz}} \cdot G'_{\text{ZQ}} \cdot G_{\text{SQ}} . \tag{12.11.2/6}$$

G'_{ZQ} ist die Richtcharakteristik der Zeilenquelle bei cosinusförmiger Flächenstromverteilung längs x-Richtung und G_{SQ} die Richtcharakteristik der Spaltenquelle nach 12.11.1/13. Die Funktion G'_{ZQ} ist in Bild 12.11.1-2c dargestellt. Man erkennt, daß sich die Bündelung in Richtung φ nicht ganz so scharf wie bei einer gleichmäßigen Strombelegung auswirkt (Bild 12.11.1-2a); aber die Nebenmaxima, die den Nebenkeulen des Richtdiagrammes entsprechen, werden wesentlich kleiner.

Das abrupte Abbrechen der Hohlleiteranordung, wie zunächst angenommen, führt zu erheblichen Reflexionen am Hohlleiterende. Der Feldwiderstand des Hohlleiters ist nicht auf den Feldwiderstand des freien Raumes $Z_0 = 120 \pi \Omega$ angepaßt. Ferner wechselt der Grundwellentyp besonders an metallischen Kanten und Außenflächen in eine andere Form über. Man vermindert diese Störung, wenn der Hohlleiterquerschnitt trichterförmig aufgeweitet wird. Es entstehen so *Hornstrahler* mit rechteckigem Querschnitt *(Pyramidenhorn)* für Rechteckhohlleiter (H_{10}-Welle) und mit kreisförmigem Querschnitt *(Kegelhorn)* für Rundhohlleiter (H_{11}-, E_{01}-Welle). Damit wird der Wellenwiderstand des Hohlleiters allmählich Z_0 angenähert. Zwar treten an den Rändern der Öffnungsebene immer noch Modenwechsel auf, doch können diese Randstörungen vernachlässigt werden. Praktisch bleibt in der Querschnittsfläche des Horns eine ungestörte Grundwelle erhalten. Damit können die vorherigen Berechnungen mit guter Näherung angewendet werden. Je kleiner hierbei die Öffnungswinkel ψ_a, ψ_b des Horns sind (Bild 12.11.2-2), umso besser werden die Näherungen. Allerdings bedeuten kleine Öffnungswinkel sehr lange, unförmige Hörner, weshalb man praktisch Winkel von $\psi = 20 \ldots 30°$ wählt.

Die im Hohlleiter transportierte Leistung berechnet sich nach [149] zu

$$P = \frac{a' \cdot b'}{4} E_{z\,max} \cdot H_{x\,max} = \frac{a' \cdot b'}{4} \cdot \frac{E_{z\,max}^2}{Z_0} \sqrt{1 - \left(\frac{\lambda}{2a'} \right)^2} , \tag{12.11.2/7}$$

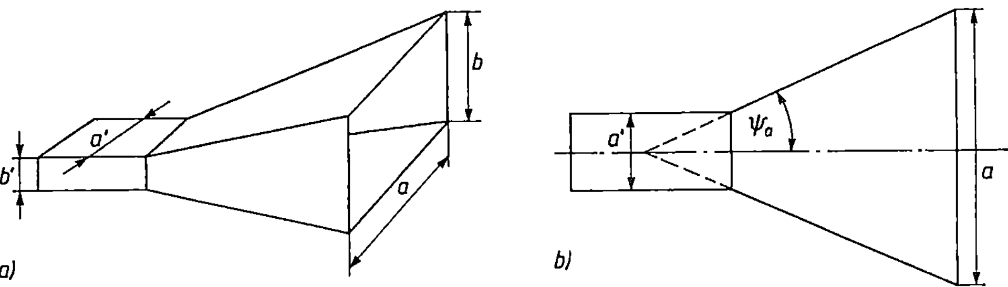

Bild 12.11.2-2   Pyramiden-Hornstrahler
a) perspektivisch
b) Öffnungswinkel ψ_a

mit a', b' den Querschnittsabmessungen des Hohlleiters und $E_{z\,max}$, $H_{x\,max}$ den Maximalfeldstärken quer zur Ausbreitungsrichtung. Setzt man näherungsweise voraus, daß die ganze Leistung in der Öffnungsebene des Trichters als Raumwelle abgestrahlt wird, so gilt entsprechend Bild 12.11.2-1, -2a

$$P = P_s = \frac{a \cdot b}{4} E_F \cdot H_F = \frac{a \cdot b}{4} \cdot \frac{E_F^2}{Z_0}. \tag{12.11.2/8}$$

Bei vorgegebener Strahlungsleistung P_s läßt sich damit die elektrische Feldstärke in der strahlenden Fläche berechnen.

$$E_F = \sqrt{\frac{4 \cdot Z_0 \cdot P_s}{a \cdot b}}. \tag{12.11.2/9}$$

Man erhält als optimale Empfangsfeldstärke ($\varphi = 90°$, $\vartheta = 90°$) im Abstand r vom Hornstrahler nach Gl. 12.11.2/5

$$E_{ges} = E_F \frac{a \cdot b \cdot \pi}{r \cdot \lambda \cdot 2} \cdot \frac{1}{\left(\dfrac{\pi}{2}\right)^2} = \sqrt{4 \cdot Z_0 \cdot P_s \cdot a \cdot b}\ \frac{2}{\pi \cdot r \cdot \lambda} \tag{12.11.2/10}$$

und kann hieraus den maximal möglichen Gewinn $G_{i(H)}^*$ und die wirksame Antennenfläche A_{eH} des Hornstrahlers ermitteln. Der Hornstrahler erzeugt am Empfangsort die Leistungsdichte

$$S_H = \frac{1}{2} \frac{E_{ges}^2}{Z_0} = \frac{4Z_0 P_s \cdot a \cdot b \cdot 4}{2 Z_0 \pi^2 r^2 \lambda^2} = \frac{8ab}{\pi^2 r^2 \lambda^2} P_s. \tag{12.11.2/11}$$

Ein isotroper Strahler mit gleicher Strahlungsleistung erreicht am Empfangsort die Leistungsdichte

$$S_i = \frac{P_s}{4\pi r^2}. \tag{12.8.3/8}$$

Als Gewinn erhält man im günstigsten Fall

$$G_{i(H)}^* = \frac{S_H}{S_i} = \frac{8ab \cdot P_s \cdot 4\pi r^2}{\pi^2 r^2 \lambda^2 \cdot P_s} = \frac{32ab}{\pi \lambda^2} \approx 10 \frac{a \cdot b}{\lambda^2}. \tag{12.11.2/12}$$

Der Gewinn wird umso besser, je größer die Öffnungsfläche des Hornstrahlers ist.

Als größtmögliche wirksame Antennenfläche des Hornstrahlers liefert Gleichung 12.8.3/23

$$A_{cH}^* = \frac{\lambda^2}{4\pi} G_{i(H)}^* = \frac{\lambda^2}{4\pi} \cdot \frac{32 \cdot a \cdot b}{\pi \cdot \lambda^2} = 0{,}81 \cdot a \cdot b \,. \qquad (12.11.2/13)$$

Maximal werden nur 81% der Öffnungsfläche des idealen Hornstrahlers wirksam. Das Verhältnis von wirksamer (A_{cH}) zu geometrischer (A) Antennenfläche bezeichnet man als *Flächenwirkungsgrad q*.

$$q = \frac{A_{cH}}{A} \,. \qquad (12.11.2/14)$$

Zu den bereits aufgeführten Einflüssen, die den realisierbaren Gewinn eines Hornstrahlers absenken, kommt als weitere störende Größe der sphärische Feldverlauf im Trichter hinzu. Da die elektrische Feldstärke senkrecht auf den Trichterwänden steht, wölbt sich die Phasenfront auf, entsprechend Bild 12.11.2-3. Es kann mit einer kugelförmigen Ausstrahlung gerechnet werden, deren Phasenzentrum (Ursprung) im Innern auf der Hornstrahlerachse liegt. Dies verhindert einen gleichphasigen Flächenstrom in der Öffnungsebene. Der Gangunterschied erreicht an den Hornwänden die Strecke δ.

$$\delta = L\left(1 - \cos\frac{\psi}{2}\right) \,. \qquad (12.11.2/15)$$

Ausgleichen läßt sich dieses Verhalten durch den Einbau eines dielektrischen, linsenförmigen Mediums mit einer relativen Dielektrizitätskonstante $\varepsilon_r > 1$ in den Hornstrahler. Beim Durchlaufen dieser dielektrischen Linse wird die Phasengeschwindigkeit der Feldstärken vermindert, so daß in der Öffnungsebene ein gleichphasiger Feldverlauf erzeugt wird. Eine zweite Möglichkeit phasengleiche Flächenbelegung zu erhalten, bieten parabolförmige Anordnungen, was im Kapitel 12.11.3 noch behandelt wird. Durch Korrekturfaktoren lassen sich diese Störungen berücksichtigen.

Hornstrahler werden bei Frequenzen $f > 1\ \text{GHz}$ eingesetzt. Hier dienen sie als Einzelstrahler und als Erreger für Parabole. Praktisch werden Flächenwirkungsgrade von $q < 65\%$ erreicht. *Sektorhörner* sind Hornstrahler bei denen nur eine Ebene als Trichter aufgeweitet ist. Die Aufweitung der E-Ebene führt zum E-Sektorhorn ($b > b'$; $a = a'$), die der H-Ebene zum H-Sektorhorn. Man beachte, daß die Richtdiagramme nur einen Sinn für $\varphi = 0 \dots 180°$ haben,

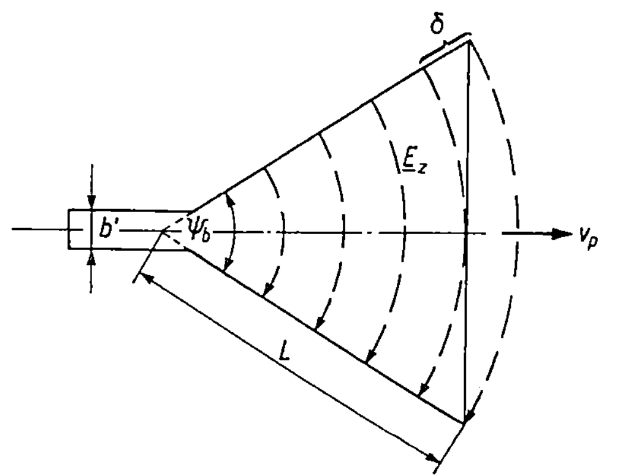

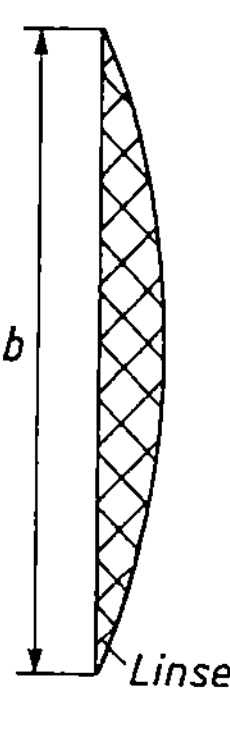

Bild 12.11.2-3 Umwandlung der sphärischen Welle eines Hornstrahlers in eine planare Welle durch eine dielektrische Linse

denn für die Rückseite existiert keine strahlende Fläche. Damit wird eine scharf gebündelte, einseitige Strahlung ermöglicht. Die durch Störung an den Hornkanten verursachte Seiten- und Rückstrahlung ist sehr gering.

- **Beispiel 12.11.2/1:** Gegeben ist ein Hornstrahler mit quadratischer Öffnungsfläche $a = b = 85$ mm, der mit einer Frequenz $f = 8{,}1$ GHz betrieben wird. Berechnen Sie den Gewinn, die Halbwerts- und die Nullwertsbreite der Hauptkeule im H-Diagramm. Die Rück- und Seitenstrahlung und die Verluste seien vernachlässigbar. Es wird mit einem Flächenwirkungsgrad von $q = 0{,}53$ gerechnet, $\vartheta = 90°$.

Lösung:

$$\lambda = \frac{300 \cdot 10^6 \text{ ms}}{8{,}1 \cdot 10^9 \text{ s}} = 3{,}7 \text{ cm}.$$

Aus Gl. 12.11.2/12 folgt:

$$G^*_{i(H)} \approx 10 \frac{8{,}5 \cdot 8{,}5 \text{ cm}^2}{3{,}7^2 \text{ cm}^2} = 52{,}8 \qquad \textit{(maximaler Gewinn)}.$$

Aus der wirksamen Antennenfläche nach Gleichung 12.11.2/14:

$$A_{eH} = 0{,}53 \cdot 8{,}5 \cdot 8{,}5 \text{ cm}^2 = 38{,}3 \text{ cm}^2$$

und nach Gleichung 12.8.3/23:

$$G_{i(H)} = \frac{4\pi \cdot 38{,}3 \text{ cm}^2}{3{,}7^2 \text{ cm}^2} = 35{,}2,$$

$$g_{i(H)} = 10 \log 35{,}2 = 15{,}4 \text{ dB} \qquad \textit{(realer Gewinn)}.$$

H-Diagramm $\vartheta = 90°$:
Mit der Richtcharakteristik Bild 12.11.2/4 und Bild 12.11.1-2c folgt für den 3 dB-Abfall der Feldstärke

$$w_{3\,dB} = 1{,}83 \quad \text{und} \quad \pi \cdot \frac{a}{\lambda} = \pi \cdot \frac{8{,}5 \text{ cm}}{3{,}7 \text{ cm}} = 7{,}22.$$

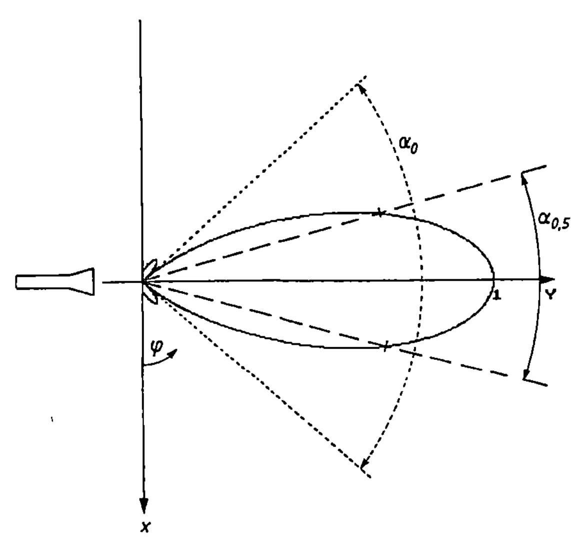

Bild 12.11.2-4
H-Diagramm eines
Hornstrahlers

Nach 12.11.2/5:

$$E_{ges} = \frac{E_F}{r} \, 30{,}67 \text{ cm} \frac{\cos(7{,}22 \cdot \cos \varphi)}{\left(\frac{\pi}{2}\right)^2 - (7{,}22 \cdot \cos \varphi)^2} \, ,$$

$w_{3\,dB} = 7{,}22 \cos \varphi = 1{,}83 \Rightarrow \cos \varphi = 0{,}25 \Rightarrow \varphi = 75{,}3° \, .$

Entsprechend Bild 12.11.2-4 wird die Halbwertsbreite $\alpha_{0{,}5}$:

$\alpha_{0{,}5} = 2 \cdot (90° - 75{,}3°) = 29{,}4° \, .$

Analog die Nullwertsbreite

$w_0 = 4{,}71$

und

$w_0 = 7{,}22 \cos \varphi_0 = 4{,}71 \Rightarrow \cos \varphi_0 = 0{,}65 \Rightarrow \varphi_0 = 49{,}3° \, ,$

$\alpha_0 = 2(90° - 49{,}3°) = 81{,}4° \, .$

Maximalfeldstärke: $\varphi = 90°$, $\vartheta = 90°$

$$E_{max} = \frac{E_F}{r} \, 30{,}67 \text{ cm} \frac{1}{2{,}47} = \frac{E_F}{r} \, 12{,}57 \text{ cm} \, .$$

12.11.3 Parabolreflektor

Um besonders scharfe einseitige Bündelung zu erreichen, verwendet man Antennen mit parabolischen Reflektoren. Bei einem Linienstrahler als Erreger werden Zylinderparabole, bei einem Punktstrahler Rotationsparaboloide eingesetzt. Liegen die Abmessungen des Parabols wesentlich über der elektrischen Wellenlänge der Betriebsfrequenzen, so kann mit quasi-optischen Bedingungen gerechnet werden. Ziel aller Anordnungen ist, genau definierte Flächenstromdichten in Form von Verschiebungsströmen, entsprechend den Überlegungen in den Kapiteln 12.11.1 und .2, zu realisieren.

So sind die Flächenströme $\underline{A}_{vz}$ auf der Öffnungsfläche eines Parabols phasengleich, wenn sich das Phasenzentrum des Erregers im Brennpunkt F befindet und eine kugelförmige Phasenfront ausgesendet wird. Dies sei an Bild 12.11.3-1 gezeigt. Der Brennpunkt F befinde sich im Koordinatenursprung und es sei die Strecke f die Brennweite. Bei Phasengleichheit der Feldstärke längs der z-Achse und damit auch auf der Öffnungslinie $D - D'$ gilt die Forderung für die Strecke des hinlaufenden und reflektierten Strahles

$$2f = \varrho + x \, . \tag{12.11.3/1}$$

In Polarkoordinaten (ϱ, ψ) wird mit $x = \varrho \cdot \cos \psi$ die Parabel beschrieben

$$2f = \varrho + \varrho \cdot \cos \psi \, ,$$

$$\varrho = \frac{2f}{1 + \cos \psi} \, . \tag{12.11.3/2}$$

Dieser Funktion muß der parabolische Reflektor genügen. Die Gleichung bleibt unverändert bei einem Rotationsparaboloid gültig.

Die aus dem Brennpunkt kommende elektrische Feldstärke wird an der leitenden Parabolfläche reflektiert. Die Phase der reflektierten elektrischen Feldstärke ist um 180° gedreht, denn der Parabolspiegel stellt einen Kurzschluß dar. Die reflektierte magnetische Feldstärke verändert ihre Phasenlage hierbei nicht. Dies ist aus der Richtung der hin- und rücklaufenden Leistungsdichte (Poyntingscher Vektor) zu erkennen.

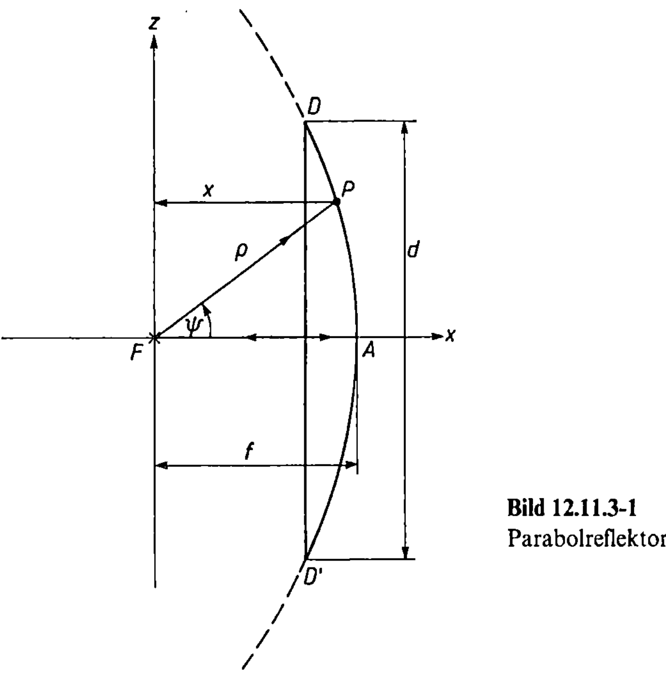

Bild 12.11.3-1
Parabolreflektor

Wie aus Bild 12.11.3-2 ersichtlich, kann die Strahlung eines im Brennpunkt befindlichen Kugelstrahlers in 3 Gebiete aufgeteilt werden.

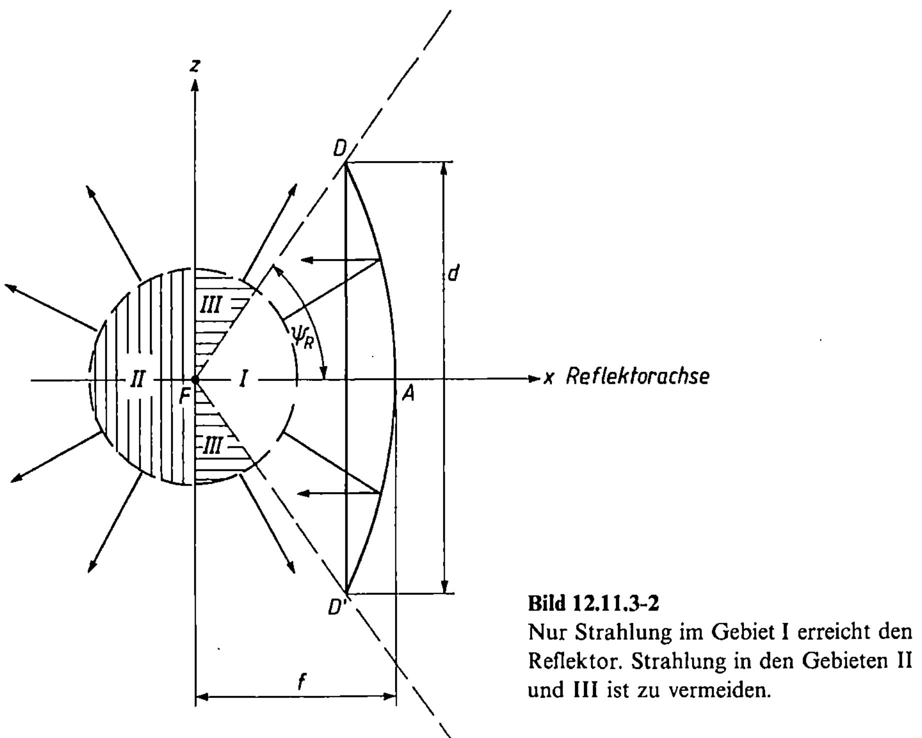

Bild 12.11.3-2
Nur Strahlung im Gebiet I erreicht den Reflektor. Strahlung in den Gebieten II und III ist zu vermeiden.

Gebiet I: Die erwünschte Teilstrahlung, die den Reflektor trifft.

Gebiet II: Die direkte Teilstrahlung in Richtung Fernfeld. Diese führt zu Interferenzen, die eine Schwächung und Veränderung der gewünschten Richtcharakteristik verursacht. Diese Strahlung muß verhindert werden. Deshalb finden als Erreger nur einseitige Strahler wie Dipole mit Reflektoren oder Hornstrahler Einsatz.

Gebiet III: Die sogenannte Rückstrahlung, die an den Rändern des Parabols vorbei in den rückwärtigen Raum trifft. Auch diese Strahlung muß verhindert werden, allein schon wegen der ungenutzten Energieabstrahlung. Nach dem Umkehrsatz erreicht zusätzlich die von rückwärts einfallende Strahlung ebenfalls den Erreger (Empfangsantenne). Letztere erhöht immer die Rauschanteile. Als Gegenmaßnahme hierfür arbeitet man mit gut vorgebündelter Richtcharakteristik des Erregers. Erwünscht ist eine bereits zum Parabolrand abfallende Flächenstrombelegung. Üblich sind bis 15 dB Dämpfung am Randöffnungswinkel ψ_R. Aus der Brennweite f und dem Paraboldurchmesser d läßt sich mit Gleichung 12.11.3/2 ψ_R ermitteln.

$$\frac{d}{2 \cdot \sin \psi_R} = \frac{2f}{1 + \cos \psi_R}. \qquad (12.11.3/3)$$

Mit

$$\frac{\sin \psi_R}{1 + \cos \psi_R} = \tan \frac{\psi_R}{2}$$

wird

$$\tan \frac{\psi_R}{2} = \frac{d}{4f}. \qquad (12.11.3/4)$$

Ebenfalls werden durch die zum Rand abnehmende Aperturbelegung geringere Nebenkeulen erzielt, wie in Abschnitt 12.11.2 bereits gezeigt wurde. Das Anbringen eines leitenden oder dämpfenden zylindrischen Kragens um den Parabolspiegel entsprechend Bild 12.11.3-3 vermindert ebenfalls die Rückstrahlung und die durch Beugung an den Rändern verursachte Strahlung. Bei Parabolantennen werden Hornstrahler als Erreger bevorzugt. Ihre etwa kugelförmige Phasenfront führt im Zusammenwirken mit Parabolreflektoren zur erwünschten strahlenden Fläche gleicher Phase (Öffnungsfläche des Parabols). Damit sind die für Flächenstrahler in den Abschnitten 12.11.1 und .2 angestellten Überlegungen auf den Parabolspiegel übertragbar. Die Richtcharakteristiken müssen sich bei ähnlichen Flächenstrombelegungen entsprechen. Wegen der geringeren Ausleuchtung zu den Parabolrändern hin vermindert sich die wirksame Antennenfläche A_{cP} gegenüber der geometrischen Parabolfläche. Übliche

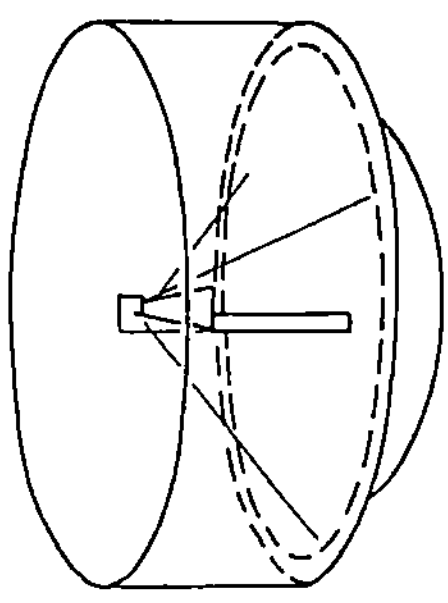

Bild 12.11.3-3
Abschirmring (Kragen) um eine Parabolantenne

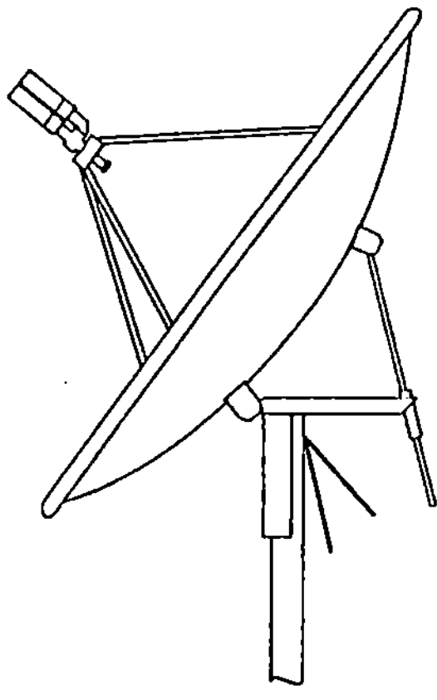

Bild 12.11.3-4
Fokusgespeiste Parabolantenne (Hirschmann)

Flächenwirkungsgrade liegen bei $q = 0,55 \dots 0,8$. Da die Verluste vernachlässigt werden können, ergibt sich für den Gewinn des Parabolspiegels $G_{i(P)}$

$$G_{i(P)} \approx D_{i(P)} = q\,\frac{\pi \cdot d^2}{4} \cdot \frac{1}{A_{ci}} = q\,\frac{\pi \cdot d^2}{4} \cdot \frac{4\pi}{\lambda^2} = q\left(\frac{\pi d}{\lambda}\right)^2 . \qquad (12.11.3/5)$$

Eine technische Ausführung einer fokusgespeisten Parabolantenne stellt Bild 12.11.3-4 dar. Die Speiseleitung des Erregers liegt im Strahlungsfeld. Dies erfordert eine lange Zuleitung, was zusätzlich Dämpfung und Rauschen bei Empfangsbetrieb zur Folge hat. Die Strahlungsstreuung an der Zuleitung verursacht Nebenstrahlung.

12.11.4 Hornparabol, Muschelstrahler

Die Hornparabol- und die Muschelantenne werden als asymmetrische Strahler bezeichnet. Der Erreger strahlt hierbei nicht das Symmetriezentrum um die Parabolachse an, sondern eine seitliche Fläche aus.

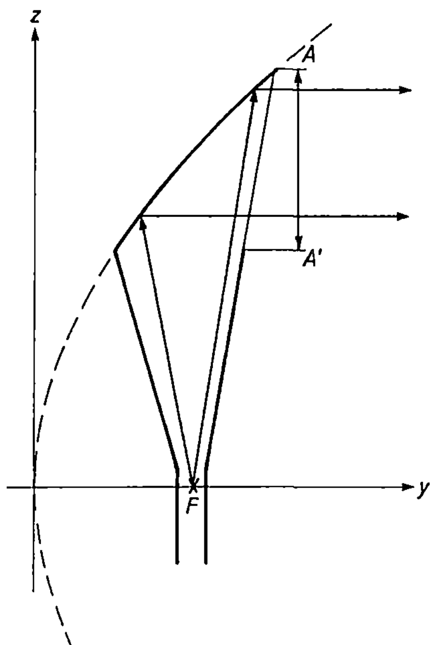

Bild 12.11.4-1
Hornparabol

Hornparabol

Beim Hornparabol reicht der Trichter des Hornstrahlers bis an die reflektierende paraboloide Fläche heran, wie in Bild 12.11.4-1 gezeigt. Das Phasenzentrum liegt im Brennpunkt. Die strahlende Fläche wird durch die Strecke $A - A'$ bestimmt. Die seitlichen Wände des Horns verhindern die Rückwärtsstrahlung (≈ 65 dB). Durch die kurze Speiseleitung zwischen Sender (Empfänger) und Horn wird das Rauschen vermindert. Störungen durch metallische Stützen entfallen. Hornparabole besitzen wegen des langen Horns große Abmessungen. Bei linearer Polarisation tritt ein höherer Kreuzpolarisationsanteil auf als beim Rotationsparaboloid. Dies verursacht die Drehung der Erregerachse, also der Hauptstrahlung, aus der Parabolachse.

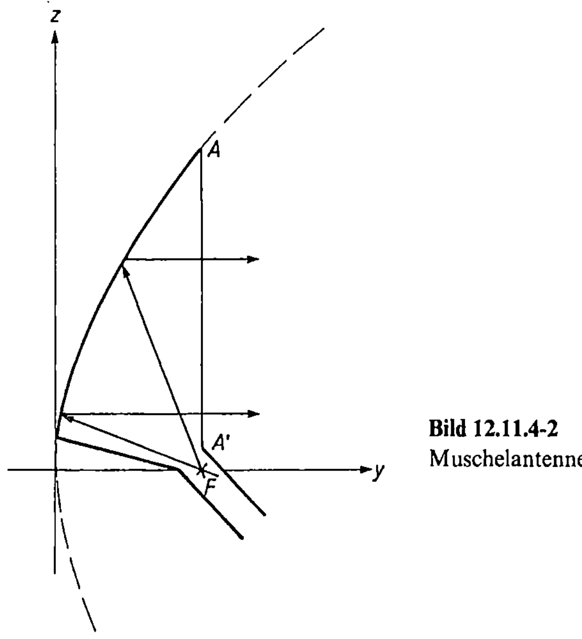

Bild 12.11.4-2
Muschelantenne

Muschelantenne

Die Muschelantenne (Bild 12.11.4-2) verwendet einen Parabolausschnitt, der näher an der Parabolachse liegt. Der Erreger mit dem Phasenzentrum im Brennpunkt kann wesentlich kleiner ausgebildet werden. Der Winkel zwischen der Strahler- und der Erregerachse ·ist praktisch nur halb so groß wie bei der Hornparabolantenne. Das setzt die Abmessungen der Muschelantenne herab. Die Rückstrahlung ist etwas größer als bei der Hornparabolantenne.

12.11.5 Doppelspiegel-Antennen

Diese Antennensysteme arbeiten mit zwei Spiegeln (Haupt- und Nebenreflektor). Hierbei wird in einem Brennpunkt des Nebenreflektors der Erreger angeordnet. Er strahlt aus der Achse des Hauptreflektors den in der Umgebung des Hauptreflektor-Brennpunktes angebrachten Subreflektor an. Dieser wirft die Strahlung so auf den Hauptreflektor zurück, als käme sie aus einer Punktquelle im Brennpunkt des Hauptreflektors. Damit erreicht man wieder die phasengleiche Verschiebungsstrom-Belegung in der Öffnungsfläche des Hauptreflektors. Verwendet werden hierbei die aus der Optik bekannten Spiegelsysteme nach Cassegrain oder Gregory (Bild 12.11.5-1a und -1b).

Da der Abstand zwischen Empfänger und Erreger kurz gehalten werden kann, sind die Rauschverhältnisse günstiger als bei der einfachen Parabolantenne. Ebenso kann die Überstrahlung des Hauptreflektors durch die Form des Nebenreflektors weiter vermindert werden.

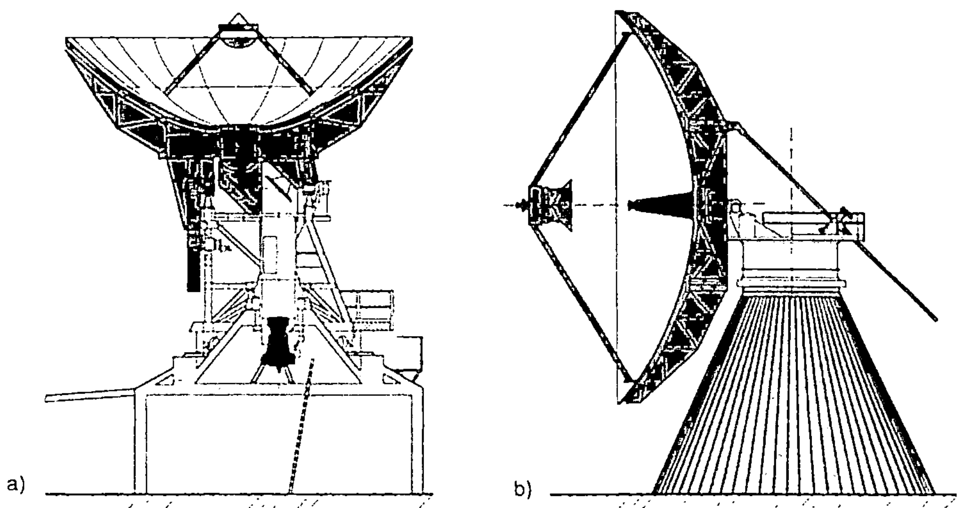

Bild 12.11.5-1   Doppelreflektorantenne
a) 11 m-Cassegrain-Antenne für 20/30 GHz
b) 15 m-Gregory-Antenne für 11/14 GHz (Erdefunkstelle der Deutschen Bundespost)

Cassegrain-Antenne

Bei der Cassegrain-Antenne ist der Hilfsreflektor ein *konvexes Hyperboloid*. Das Phasenzentrum des erregenden Strahlers befindet sich im Brennpunkt F_2 dieses Hyperboloids (Bild 12.11.5-2). Die auftreffende Welle wird durch den Subreflektor so reflektiert, als kämen die Strahlen aus

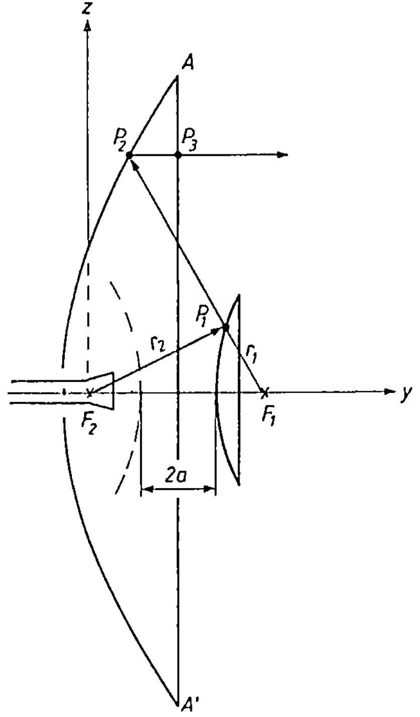

Bild 12.11.5-2
Cassegrain-Prinzip

seinem Brennpunkt F_1. Ursache hierfür ist die Hyperbeleigenschaft, wodurch die Tangenten an der Hyperbel zugleich Winkelhalbierende der Brennpunktstrahlen sind. Wenn nun F_1 auch Brennpunkt des paraboloiden Hauptreflektors ist, werden alle Strahlen nach Reflexion am Hauptreflektor parallel zueinander verlaufen.

Die weitere Hyperbeleigenschaft, daß die Differenz der Brennpunktstrahlen konstant ist

$$|r_2 - r_1| = 2a, \qquad (12.11.5/1)$$

stellt gleiche Entfernungen der Strahlen vom Phasenzentrum bis zur Öffnungsebene des Hauptreflektors $A-A'$ sicher. Hierdurch wird eine großflächige, gleichphasige Flächenstromdichte $\underline{A}_{vz}$ in der Öffnungsebene erreicht und damit die gewünschte Bündelung. Der konstante Weg z. B. $\overline{F_2P_1P_2P_3}$ läßt sich leicht nachweisen

$$\overline{F_2P_1P_2P_3} = r_2 + \overline{P_1P_2} + \overline{P_2P_3} = r_2 + \overline{F_1P_2} - r_1 + P_2P_3,$$

$$\overline{F_2P_1P_2P_3} = r_2 - r_1 + \overline{F_1P_2} + \overline{P_2P_3},$$

$$\overline{F_2P_1P_2P_3} = \underset{\uparrow}{2a} + \underset{\uparrow}{\text{konst.}} \qquad (12.11.5/2)$$

$$\text{Hyperbel} \qquad \text{Parabel}$$

Wenn der Koordinatenursprung im Brennpunkt F_2 liegt, gilt für die Hyperbel die Gleichung in Polarkoordinaten entsprechend Bild 12.11.5-3 mit Hilfe des Cosinussatzes.

$$r_2 > r_1: \quad r_2 = a\,\frac{1 - \varepsilon^2}{1 - \varepsilon \cdot \cos \Phi}, \qquad (12.11.5/3)$$

$$r_1 = -a\,\frac{1 - \varepsilon^2}{1 + \varepsilon \cdot \cos \psi}. \qquad (12.11.5/4)$$

Hierbei ist die Abkürzung ε die *numerische Exzentrizität*.

$$\varepsilon = \frac{f_H}{a} > 1. \qquad (12.11.5/5)$$

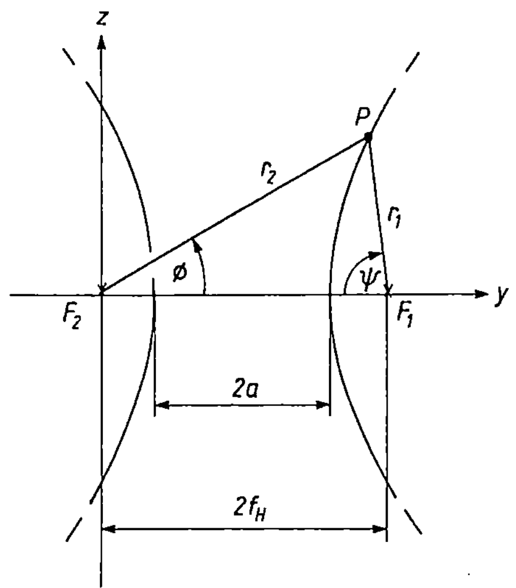

Bild 12.11.5-3
Zur Hyperbelfunktion

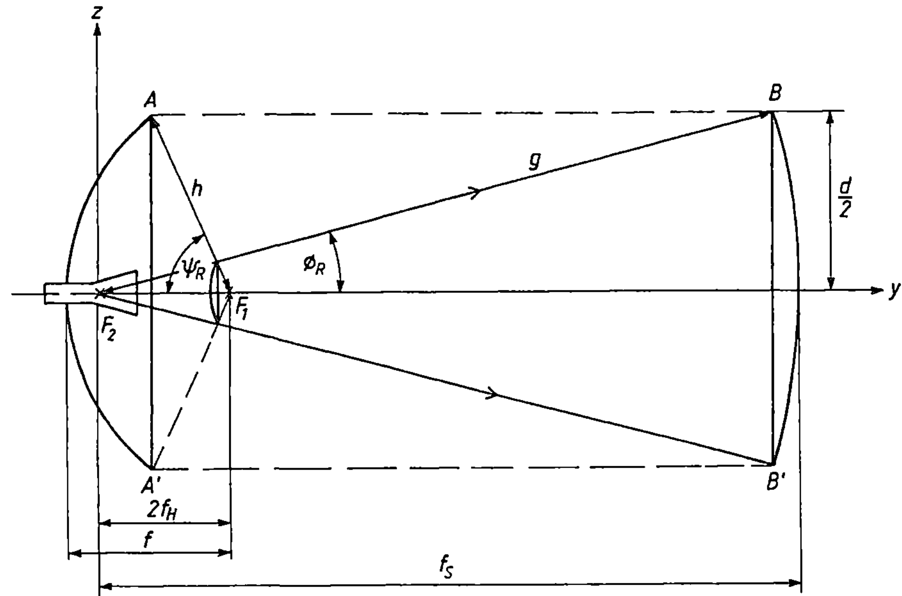

Bild 12.11.5-4   Cassegrain-Antenne im Vergleich zur Parabolantenne

Wollte man mit demselben Richtdiagramm des Erregers direkt einen Parabolspiegel gleicher Fläche ausleuchten, so erforderte dies die Brennweite f_s gegenüber f, der Parabolbrennweite im Cassegrain-System, wie in Bild 12.11.5-4 gezeigt. Die Anordnung mit Doppelspiegel wird also wesentlich kürzer. Als *Vergrößerungsfaktor m* definiert man das Verhältnis

$$m = \frac{f_s}{f} \, . \qquad\qquad (12.11.5/6)$$

Aus der Geometrie der Anordnung erhält man als weiteren Zusammenhang

$$\frac{d}{2} = h \cdot \sin \psi_R = g \cdot \sin \Phi_R \, . \qquad\qquad (12.11.5/7)$$

Mit den Parabelgleichungen 12.11.3/2

$$h = \frac{2 \cdot f}{1 + \cos \psi_R} \quad \text{und} \quad g = \frac{2 \cdot f_s}{1 + \cos \Phi_R}$$

und der Gleichung 12.11.5/7 wird

$$m = \frac{f_s}{f} = \frac{\tan \dfrac{\psi_R}{2}}{\tan \dfrac{\Phi_R}{2}} \, . \qquad\qquad (12.11.5/8)$$

Der Hilfsreflektor schattet einen Teil des Hauptreflektors ab. Hierdurch wird die Richtcharakteristik beeinflußt. Dies spricht für einen kleinen Hilfsreflektor. Allerdings sollte für dessen Durchmesser d_H gelten

$$d_H > 10 \cdot \lambda \, , \qquad\qquad (12.11.5/9)$$

sonst macht sich die Beugung an den Rändern zu stark bemerkbar. Diese Beugungsanteile in Richtung Hauptstrahlung werden als *Vorwärtsüberstrahlung,* die in Richtung über den Hauptreflektor hinweg als *Rückwärtsüberstrahlung* bezeichnet. Die Vorwärtsüberstrahlung ist hierbei der größere Teil. Ferner stellen die mechanischen Stützen, die den Hilfsreflektor halten, eine zusätzliche Beugungs- und Reflexionsquelle dar. Auch dies beeinflußt die Richtcharakteristik. Um den Winddruck und den Materialaufwand zu vermindern, können als Reflektorflächen auch metallische Netzwerke verwendet werden. Auch hier sollte die größte offene Strecke im Reflektor immer kleiner als $\lambda/10$ bleiben.

Gregory-Antenne

Bei der Gregory-Antenne dient ein *konkaves Ellipsoid* als Hilfsreflektor. Ansonsten können die Verhältnisse der Cassegrain-Antenne weitgehend auch auf die Gregory-Antenne übertragen werden (Bild 12.11.5-5).

Die Strahlung der Erregerquelle in der Umgebung des Parabolmittelpunktes kommt kugelförmig aus dem Brennpunkt F_2 des Ellipsoides. (Der Einfachheit halber werden die Verhältnisse in der Ebene erläutert.) Wieder gilt das Gesetz der Winkelhalbierenden wie bei der Hyperbel. Die vom Hilfsreflektor zurückgeworfene Strahlung läuft durch dessen Brennpunkt F_1, der mit dem Brennpunkt der Parabel zusammenfällt, zum Hauptspiegel und wird von diesem als parallele Strahlung reflektiert.

Mit der weiteren Eigenschaft der Ellipse, daß die Summe der Brennpunktstrahlen konstant ist:

$$r_1 + r_2 = 2a , \qquad\qquad (12.11.5/10)$$

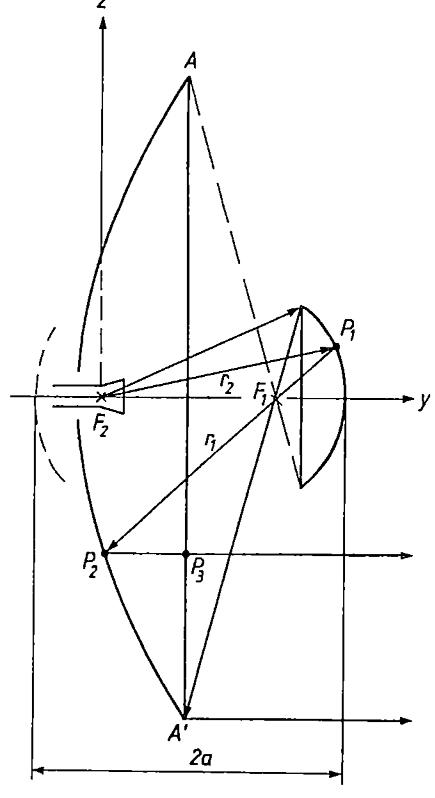

Bild 12.11.5-5
Gregory-Prinzip

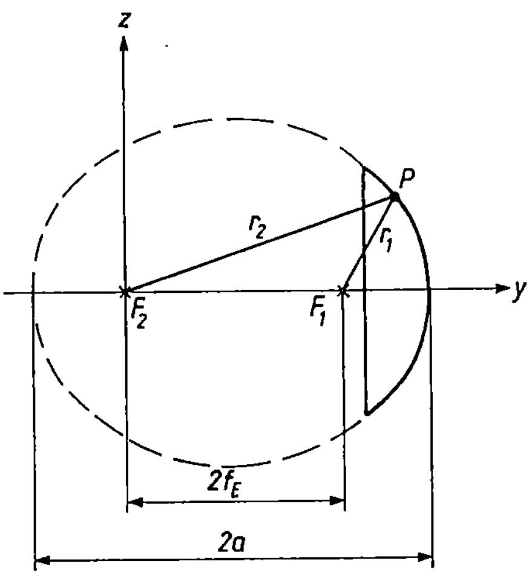

Bild 12.11.5-6
Zur Ellipsenfunktion

erhält man entsprechend Bild 12.11.5-6

$$r_1 = a\,\frac{1 - \varepsilon^2}{1 + \varepsilon \cdot \cos \psi}, \tag{12.11.5/11}$$

$$r_2 = a\,\frac{1 - \varepsilon^2}{1 + \varepsilon \cdot \cos \Phi} \tag{12.11.5/12}$$

und mit

$$\varepsilon = \frac{f_E}{a} < 1 \tag{12.11.5/13}$$

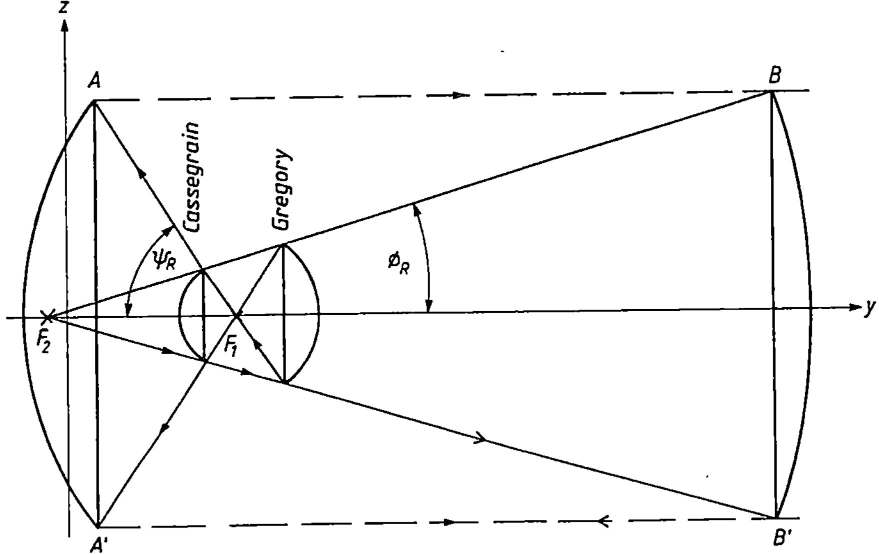

Bild 12.11.5-7   Gregory-Antenne im Vergleich zur Cassegrain- und Parabolantenne

den Vergrößerungsfaktor

$$m = \frac{f_s}{f} = \frac{\tan\dfrac{\psi_R}{2}}{\tan\dfrac{\Phi_R}{2}} . \qquad\qquad (12.11.5/13)$$

Die besonderen Merkmale der Gregory-Antenne sind ihre hohe Kreuzpolarisationsdämpfung und ihre sehr kleinen Nebenzipfel.

Im Vergleich nach Bild 12.11.5-7 erkennt man, daß beim selben Vergrößerungsfaktor m der Hilfsreflektor einer Cassegrain-Antenne kleiner als der einer Gregory-Antenne ist. Damit schattet der Cassegrain-Subreflektor auch weniger ab.

Nahfeldantennen

Bei diesen Antennen vom Cassegrain- und Gregorytyp liegt der Subreflektor dicht vor dem Erreger. Die Erregerstrahlung kann als parallele (also keine kugelförmige) Wellenfront angenähert werden. Auch der Hilfsreflektor ist als Parabol ausgebildet. Bei diesen Antennen baut man den Hauptreflektor als tiefes Parabol, womit die Rückwärtsstrahlung sehr vermindert wird.

Lösungen der Übungsaufgaben

Übung 8.1/1:

Verlustlos $\Rightarrow R' = 0, \quad G' = 0$.

Aus (8.1/6): $\underline{\gamma} = \alpha + j\beta = \sqrt{j\omega L' \cdot j\omega C'} = j\omega \sqrt{L'C'} \Rightarrow \beta = \omega \sqrt{L'C'}$. $\hfill$ (1)

Für verlustlose Leitungen mit Luft als Dielektrikum ($\varepsilon_r = 1$) ist die Phasengeschwindigkeit v_{Ph} gleich der Lichtgeschwindigkeit $c = 3 \cdot 10^8$ m/s.

Aus Beispiel 8.1/1, Gleichung (10) $\Rightarrow v_{Ph} = \dfrac{\omega}{\beta} = c \Rightarrow \omega = c \cdot \beta$. $\hfill$ (2)

(2) in (1): $\beta = c \cdot \beta \sqrt{L'C'}$;

$$1 = c \cdot \sqrt{L'C'} \Rightarrow L' = \frac{1}{C' \cdot c^2};$$

$$L' = \frac{1}{45 \cdot 10^{-12} \cdot \dfrac{\text{As}}{\text{Vm}} \cdot (3 \cdot 10^8)^2 \left(\dfrac{\text{m}}{\text{s}}\right)^2} = 2{,}47 \cdot 10^{-7} \cdot \frac{\text{Vs}}{\text{Am}} = 0{,}247 \, \frac{\mu\text{H}}{\text{m}}.$$

Übung 8.1/2:

a) $\underline{Z}_a = (25 - j50)\,\Omega = 55{,}9 \cdot e^{-j63{,}43°}\,\Omega$;

$$\underline{I}_a = \frac{\underline{U}_a}{\underline{Z}_a} = \frac{1\,\text{V}}{55{,}9 \cdot e^{-j63{,}43°}\,\Omega} = 17{,}9 \cdot e^{j63{,}43°}\,\text{mA}.$$

Aus Beispiel 8.1/3:

$$(1) \quad \Rightarrow \underline{U}_{h0} = \frac{\underline{U}_a}{2} \cdot \left(1 + \frac{\underline{Z}_0}{\underline{Z}_a}\right) = \frac{1\,\text{V}}{2} \cdot \left(1 + \frac{50}{55{,}9 \cdot e^{-j63{,}43°}}\right) = 0{,}81 \cdot e^{j29{,}74°}\,\text{V};$$

$$(2) \quad \Rightarrow \underline{U}_{r0} = \frac{\underline{U}_a}{2} \cdot \left(1 - \frac{\underline{Z}_0}{\underline{Z}_a}\right) = 0{,}5\,\text{V}\,(1 - 0{,}4 - j0{,}8) = 0{,}5 \cdot e^{-j53{,}13°}\,\text{V};$$

$$(3) \quad \Rightarrow \underline{I}_{h0} = \frac{\underline{U}_{h0}}{\underline{Z}_0} = \frac{0{,}81 \cdot e^{j29{,}74°}\text{V}}{50\,\Omega} = 16{,}2 \cdot e^{j29{,}74°}\,\text{mA};$$

$$(4) \quad \Rightarrow \underline{I}_{r0} = -\frac{\underline{U}_{r0}}{\underline{Z}_0} = -\frac{0{,}5 \cdot e^{-j53{,}13°}\text{V}}{50\,\Omega} = -10 \cdot e^{-j53{,}13°}\,\text{mA} = 10 \cdot e^{j126{,}87°}\,\text{mA}.$$

b) Das Zeigerdiagramm ist in Bild L-39 skizziert. Die Ströme und Spannungen wurden so normiert, daß die Zeiger $\underline{I}_{h0}$ und $\underline{U}_{h0}$ die gleichen Längen besitzen.

Übung 8.2/1:

Die Berechnung wird analog zu Beispiel 8.2/1 durchgeführt. Die Größen $\underline{r}_{0IV} = 0$, $\underline{r}_{III} = 0$, $\underline{Z}_{aIII} = 50\,\Omega$ und $\underline{r}_{0III} = -0{,}2$ können übernommen werden.

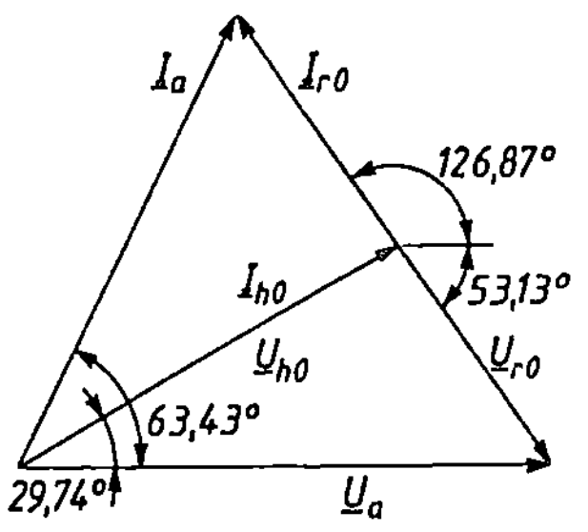

Bild L-39
Zeigerbild für das Leitungsende
(Ort der Lastimpedanz)

$$\beta = \frac{\omega}{c} = \frac{2\pi \cdot 2,5 \cdot 10^8 \, 1/s}{3 \cdot 10^8 \cdot \frac{m}{s}} = 5,236 \cdot \frac{1}{m}$$

$$\underline{r}_{II} = \underline{r}_{0III} \cdot e^{-j2\beta l_{II,III}} = -0,2 \cdot e^{-j2 \cdot 5,236 \cdot 0,3} = -0,2 \cdot e^{-j180°} = 0,2 \, ,$$

$$\underline{Z}_{aII} = \underline{Z}_{0II,III} \cdot \frac{1 + \underline{r}_{II}}{1 - \underline{r}_{II}} = 75\,\Omega \cdot \frac{1 + 0,2}{1 - 0,2} = 112,5\,\Omega \, ,$$

$$\underline{r}_{0II} = \frac{\underline{Z}_{aII} - \underline{Z}_{0I,II}}{\underline{Z}_{aII} + \underline{Z}_{0I,II}} = \frac{112,5 - 50}{112,5 + 50} = 0,3846 \, ,$$

$$\underline{r}_{I} = \underline{r}_{0II} \cdot e^{-j2\beta l_{I,II}} = 0,3846 \cdot e^{-j2 \cdot 5,236 \cdot 0,6} = 0,3846 \cdot e^{-j360°} = 0,3846 \, ,$$

$$\underline{Z}_{in} = \underline{Z}_{aI} = \underline{Z}_{0I,II} \cdot \frac{1 + \underline{r}_I}{1 - \underline{r}_I} = 50\,\Omega \cdot \frac{1 + 0,3846}{1 - 0,3846} = 112,5\,\Omega \, .$$

Übung 8.3.1/1:

Lösungsweg analog zu Beispiel 8.3.1/1:

$$\underline{r}_0 = \frac{\underline{Z}_a - Z_0}{\underline{Z}_a + Z_0} = \frac{60 - j60 - 60}{60 - j60 + 60} = 0,447 \cdot e^{-j63,44°} \, ;$$

$$\underline{r}_L = \underline{r}_0 \cdot e^{-2\underline{\gamma} l_{ges}} = \underline{r}_0 \cdot e^{-2\alpha l_{ges}} \cdot e^{-j2\beta l_{ges}} = 0,312 \cdot e^{-j185,84°} \, ;$$

$$\underline{Z}_L = Z_0 \cdot \frac{1 + \underline{r}_L}{1 - \underline{r}_L} = 60\,\Omega \, \frac{1 - 0,3104 + j0,0317}{1 + 0,3104 - j0,0317} = 31,51 \cdot e^{j4,01°}\,\Omega \, ;$$

$$\underline{I}_0 = \frac{U_0}{Z_G + \underline{Z}_L} = \frac{100\,V}{(60 + 31,43 + j2,2)\,\Omega} = 1,093 \cdot e^{-j1,38°}\,A \, ;$$

$$\underline{U}_L = \underline{I}_0\underline{Z}_L = 1,093 \cdot e^{-j1,38°} \cdot 31,51 \cdot e^{j4,01°}\,\Omega = 34,44 \cdot e^{j2,63°}\,V \, ;$$

$$\underline{U}_{hL} = \frac{U_0}{2} = \frac{100\,V}{2} = 50\,V \, , \qquad 2.\,Weg: \quad \underline{U}_{hL} = \frac{\underline{U}_L}{1 + \underline{r}_L} = \frac{34,44 \cdot e^{j2,63°}\,V}{1 - 0,3104 + j0,0314} = 50\,V \, ;$$

$$P_4 \triangleq P_{hL} = \frac{1}{2} \cdot \frac{|\underline{U}_{hL}|^2}{Z_0} = \frac{1}{2} \cdot \frac{(50\,V)^2}{60\,\Omega} = 20,83\,W \, ;$$

$$P_3 \triangleq P_{rL} = |\underline{r}_L|^2 \cdot P_{hL} = 0,312^2 \cdot 20,83\,W = 2,03\,W \, .$$

Kontrolle: $\quad P_4 - P_3 = P_L = \frac{1}{2} \cdot |\underline{I}_0|^2 \cdot \text{Re}\{\underline{Z}_L\} = \frac{1}{2} \cdot (1,093\,A)^2 \cdot 37,88\,\Omega = 18,8\,W \, ;$

$$P_5 \triangleq P_{h0} = P_{hL} \cdot e^{-2\alpha l_{ges}} = 20,83\,W \cdot 0,698 = 14,54\,W \, ;$$

$$P_2 \triangleq P_{r0} = P_{h0} \cdot |\underline{r}_0|^2 = 14,54\,W \cdot 0,447^2 = 2,91\,W \, ;$$

$$P_1 \triangleq P_a = P_{h0} - P_{r0} = (14,54 - 2,91)\,W = 11,63\,W \, .$$

Übung 8.3.2/1:

$$\underline{r}_0 = \frac{Z_a - Z_0}{Z_a + Z_0} = 0, \qquad \underline{r}_L = \underline{r}_0 \cdot e^{-2\underline{\gamma}l_{ges}} = 0, \qquad \underline{Z}_L = Z_0 \cdot \frac{1 + \underline{r}_L}{1 - \underline{r}_L} = Z_0;$$

(s. Bild 8.3.2-1b): $\quad \underline{I}_0 = \dfrac{\underline{U}_0}{\underline{Z}_G + \underline{Z}_L} = 60{,}96 \cdot e^{j35{,}66°}\,\text{mA}\,;$

$$\underline{U}_L = \underline{I}_0 \underline{Z}_L = 3{,}05 \cdot e^{j35{,}66°}\,\text{V}\,, \qquad P_L = \tfrac{1}{2} \cdot |\underline{I}_0|^2\,\text{Re}\,\{\underline{Z}_L\} = 92{,}9\,\text{mW}\,;$$

$$\underline{U}_{hL} = \frac{\underline{U}_L}{1 + \underline{r}_L} = \underline{U}_L = 3{,}05 \cdot e^{j35{,}66°}\,\text{V}\,, \qquad \underline{U}_{rL} = \underline{r}_L \cdot \underline{U}_{hL} = 0 \Rightarrow P_{rL} = 0;$$

$$P_{hL} = \frac{1}{2} \cdot \frac{|\underline{U}_{hL}|^2}{Z_0} = 92{,}9\,\text{mW}\,, \qquad P_{h0} = P_{hL} \cdot e^{-2\alpha l_{ges}} = 83{,}7\,\text{mW}\,, \qquad P_{r0} = |\underline{r}_0|^2 \cdot P_{h0} = 0;$$

$$P_a = P_{h0} - P_{r0} = 83{,}7\,\text{mW}\,;$$

$$\underline{U}_{h0} = \underline{U}_{hL} \cdot e^{-\underline{\gamma}l_{ges}} = 2{,}89 \cdot e^{-j159{,}15°}\,\text{V}\,, \qquad \underline{U}_{r0} = \underline{r}_0 \cdot \underline{U}_{h0} = 0;$$

$$\underline{U}_a = \underline{U}_{h0} + \underline{U}_{r0} = 2{,}89 \cdot e^{-j159{,}15°}\,\text{V}\,, \qquad \underline{I}_a = \frac{\underline{U}_a}{Z_a} = 57{,}86 \cdot e^{-j159{,}15°}\,\text{mA}\,;$$

$$P_a = \tfrac{1}{2} \cdot |\underline{I}_a|^2\,\text{Re}\,\{\underline{Z}_a\} = 83{,}7\,\text{mA}\,.$$

Übung 8.3.3/1:

$$\underline{r}_0 = \frac{\underline{Z}_a - Z_0}{\underline{Z}_a + Z_0} = 0{,}2529 \cdot e^{-j132{,}25°}\,;$$

$$\underline{r}_L = \underline{r}_0 \cdot e^{-2\underline{\gamma}l_{ges}} = 0{,}101 \cdot e^{-j29{,}58°}\,, \qquad \underline{Z}_L = Z_0 \cdot \frac{1 + \underline{r}_L}{1 - \underline{r}_L} = 89{,}4 \cdot e^{-j5{,}77°}\,\Omega = \underline{Z}_G^*\,,$$

$$\underline{I}_0 = \frac{\underline{U}_0}{\underline{Z}_G + \underline{Z}_L} = \frac{\underline{U}_0}{2\,Re\{\underline{Z}_G\}} = 0{,}1405\,\text{A}\,, \qquad \underline{U}_L = \underline{I}_0 \cdot \underline{Z}_L = 12{,}56 \cdot e^{-j5{,}77°}\,\text{V}\,,$$

$$\underline{U}_{hL} = \frac{\underline{U}_L}{1 + \underline{r}_L} = 11{,}53 \cdot e^{-j3{,}14°}\,\text{V}\,, \qquad P_1 \triangleq P_{hL} = \frac{1}{2} \cdot \frac{|\underline{U}_{hL}|^2}{Z_0} = 886{,}89\,\text{mW}\,,$$

$$P_5 \triangleq P_{rL} = |\underline{r}_L|^2 \cdot P_{hL} = 9{,}05\,\text{mW}\,.$$

Kontrolle: $\quad P_L = \tfrac{1}{2} \cdot |\underline{I}_0|^2 \cdot Re\{\underline{Z}_L\} = P_1 - P_5 = 877{,}84\,\text{mW}\,;$

$$P_2 \triangleq P_{h0} = P_{hL} \cdot e^{-2\alpha l_{ges}} = 355{,}33\,\text{mW}\,, \qquad P_4 \triangleq P_{r0} = P_{h0} \cdot |\underline{r}_0|^2 = 22{,}73\,\text{mW}\,,$$

$$P_3 \triangleq P_a = P_{h0} - P_{r0} = 332{,}6\,\text{mW}\,.$$

Übung 8.4.1/1:

Aus (8.4/1): $\quad \beta = \omega\sqrt{L'C'}$

$$\beta = 2\pi \cdot 0{,}4 \cdot 10^9 \cdot \frac{1}{s} \cdot \sqrt{236 \cdot 10^{-9}\,\frac{\text{Vs}}{\text{Am}} \cdot 94{,}4 \cdot 10^{-12}\,\frac{\text{As}}{\text{Vm}}} = 11{,}86 \cdot \frac{1}{\text{m}}\,.$$

Aus Beispiel 8.1/1, Gleichung (9): $\quad \lambda_{L,\varepsilon_r} = \dfrac{2\pi}{\beta} = 0{,}53\,\text{m} \Rightarrow l_{ges} = \dfrac{\lambda_{L,\varepsilon_r}}{4} = 0{,}132\,\text{m}\,.$

Aus Beispiel 8.3/1: $\quad \lambda_{\mathrm{L},\varepsilon_r} = \dfrac{c}{\sqrt{\varepsilon_r}\cdot f} = \dfrac{2\pi}{\beta}$

$$\Rightarrow \varepsilon_r = \left(\frac{c\cdot\beta}{f\cdot 2\pi}\right)^2 = \left[\frac{3\cdot10^8\cdot\dfrac{m}{s}\cdot 11{,}86\cdot\dfrac{1}{m}}{0{,}4\cdot10^9\cdot\dfrac{1}{s}\cdot 2\pi}\right]^2 = 2\,.$$

Aus (8.4/2): $\quad Z_0 = \sqrt{\dfrac{L'}{C'}} = \sqrt{\dfrac{236\cdot10^{-9}\cdot\dfrac{Vs}{Am}}{94{,}4\cdot10^{-12}\cdot\dfrac{As}{Am}}} = 50\,\Omega\,.$

Aus (8.4.1/7): $\quad \underline{Z}_{\mathrm{in}} = \dfrac{Z_0^2}{\underline{Z}_a} = \dfrac{(50\,\Omega)^2}{30\cdot e^{\mathrm{j}35°}\,\Omega} = 83{,}33\cdot e^{-\mathrm{j}35°}\,\Omega\,.$

Übung 8.4.1/2:

a) $\quad l_{\mathrm{ges}} = \dfrac{\lambda_{\mathrm{L}}}{4}, \quad$ *aus (8.4.1/7):* $\quad \underline{Z}_{\mathrm{in}} = \dfrac{Z_0^2}{\underline{Z}_a}\,.$

Gefordert: Reflexionsfaktor am Eingang soll Null sein.

$$\underline{Z}_{\mathrm{in}} \overset{!}{=} R_G = \frac{Z_0^2}{R_a} \Rightarrow Z_0 = \sqrt{R_G\cdot R_a} = \sqrt{40\,\Omega\cdot 135\,\Omega} = 73{,}5\,\Omega$$

b) *Aus Bild L-40:* $\quad \hat{u}_{\mathrm{in}} = \dfrac{\hat{u}_0}{2} = 5\,\mathrm{V}\,.$

Durchgehende Wirkleistung: $\quad P_{\mathrm{L}} = \dfrac{\hat{u}_{\mathrm{in}}^2}{2R_{\mathrm{in}}} = \dfrac{\hat{u}_a^2}{2R_a} \Rightarrow \hat{u}_a = \hat{u}_{\mathrm{in}}\sqrt{\dfrac{R_a}{R_{\mathrm{in}}}} = 5\,\mathrm{V}\cdot\sqrt{\dfrac{135}{40}} = 9{,}18\,\mathrm{V}\,.$

2. Weg: Aus (8.4.1/1) $\quad \Rightarrow \underline{r}_0 = \dfrac{\underline{Z}_a - Z_0}{\underline{Z}_a + Z_0} = \dfrac{135 - 73{,}5}{135 + 73{,}5} = 0{,}295\,.$

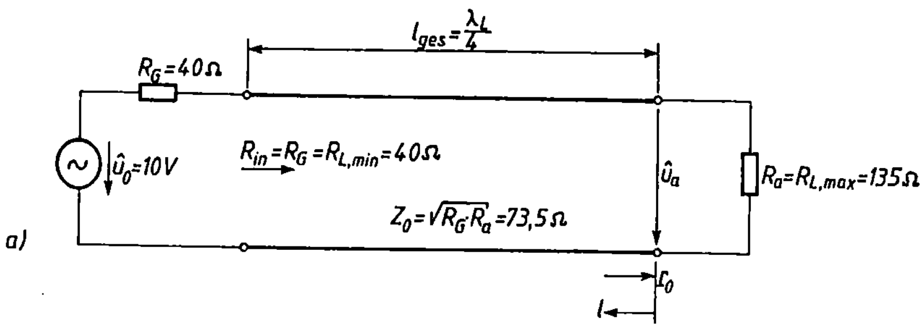

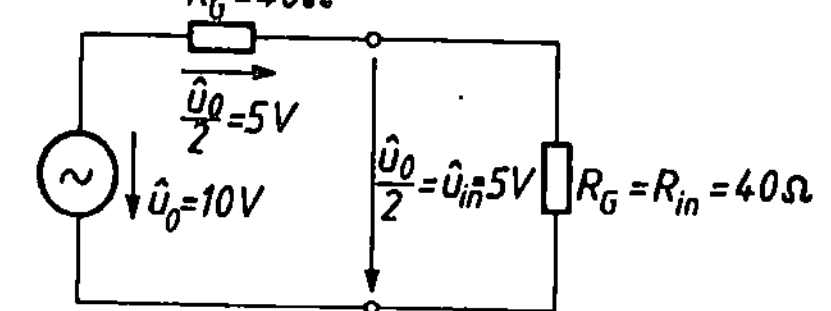

Bild L-40

a) Anpassungstransformation mit $\lambda_{\mathrm{L}}/4$-Leitungsstück

b) Ersatzschaltbild für den Eingang

Aus (8.4.1/2): $|\underline{r}(l)| = |\underline{r}| = |\underline{r}_0| = 0{,}295$.

Aus (8.4.1/14): $m = \dfrac{|\underline{U}_{\min}|}{|\underline{U}_{\max}|} = \dfrac{1 - |\underline{r}|}{1 + |\underline{r}|} = 0{,}544$.

$\underline{U}_{\min}$ tritt auf bei $R_{L,\min} = R_{in} \Rightarrow \hat{u}_{\min} = \hat{u}_{in} = 5$ V.

$\underline{U}_{\max}$ tritt auf bei $R_{L,\max} = R_a \Rightarrow \hat{u}_a = \hat{u}_{\max} = \dfrac{\hat{u}_{\min}}{m} = \dfrac{5\,\text{V}}{0{,}544} = 9{,}18$ V .

Übung 8.4.1/3:

$l_{ges}/\lambda_L = 0{,}5 \Rightarrow$ eine Drehung im Smithdiagramm $\Rightarrow R_{in} = R_a = 80\,\Omega$ (Bild L-41a).

Aus Bild L-41b: $\dfrac{\hat{u}_{in}}{\hat{u}_0} = \dfrac{R_{in}}{R_G + R_{in}} = \dfrac{80}{200 + 80} = 0{,}286 \Rightarrow \hat{u}_{in} = 5{,}71$ V .

Durchgehende Wirkleistung: $P_L = \dfrac{\hat{u}_{in}^2}{2R_{in}} = \dfrac{\hat{u}_a^2}{2R_a} \Rightarrow$ wegen $R_{in} = R_a$:

$\hat{u}_a = \hat{u}_{in} = 5{,}71$ V $\Rightarrow \hat{\imath}_{in} = \hat{\imath}_a = \dfrac{\hat{u}_{in}}{R_{in}} = \dfrac{\hat{u}_a}{R_a} = \dfrac{5{,}71\,\text{V}}{80\,\Omega} = 71{,}38$ mA .

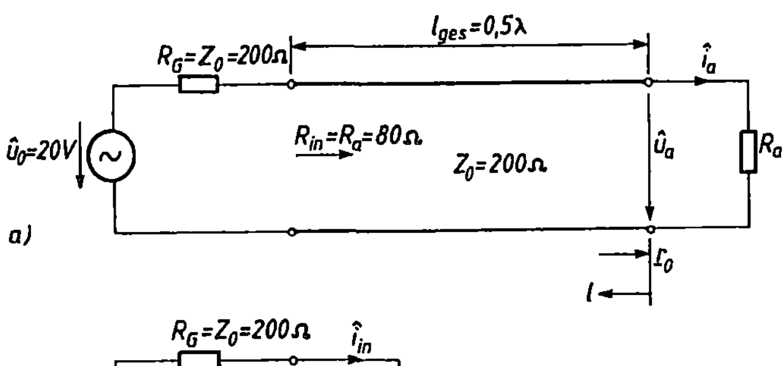

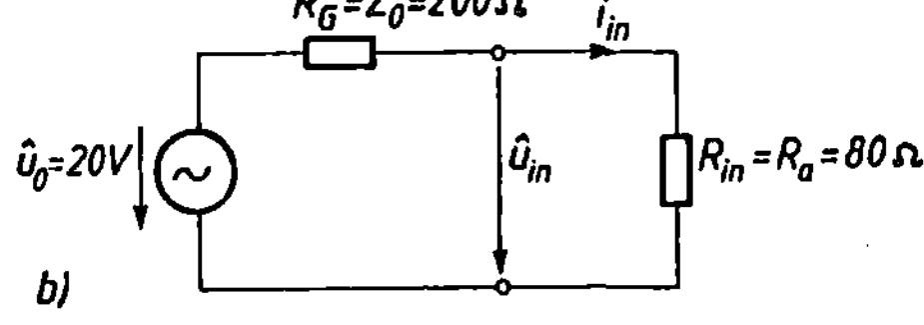

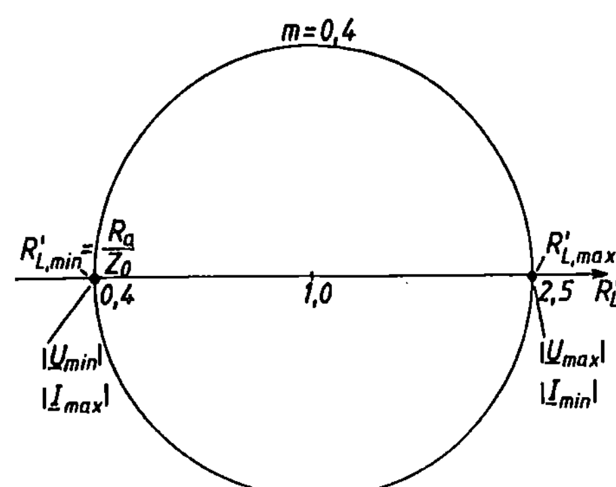

Bild L-41
a) Verlustlose Leitung
b) Ersatzschaltbild für den Eingang
c) m-Kreis für die Ermittlung der Extremwerte von $|\underline{U}(l)|$ und $|\underline{I}(l)|$

Aus (8.4.1/1): $\quad r_0 = \dfrac{\underline{Z}_a - \underline{Z}_0}{\underline{Z}_a + \underline{Z}_0} = \dfrac{80 - 200}{80 + 200} = -0{,}4286$.

Aus (8.4.1/2): $\quad |\underline{r}(l)| = |\underline{r}| = |\underline{r}_0| = 0{,}4286$.

Aus (8.4.1/14): $\quad m = \dfrac{|\underline{U}_{\min}|}{|\underline{U}_{\max}|} = \dfrac{|\underline{I}_{\min}|}{|\underline{I}_{\max}|} = \dfrac{1 - |\underline{r}|}{1 + |\underline{r}|} = 0{,}4$.

Aus Bild L-41c $\Rightarrow |\underline{U}_{\min}|$ und $|\underline{I}_{\max}|$ treten auf bei $R_{L,\min} = R_a = R_{\min} \Rightarrow \hat{u}_{\min} = \hat{u}_a = \hat{u}_{in} = 5{,}71$ V

$$\Rightarrow \hat{i}_{\max} = \hat{i}_a = \hat{i}_{in} = 71{,}38 \text{ mA} .$$

$|\underline{U}_{\max}|$ und $|\underline{I}_{\min}|$ treten auf bei $R_{L,\max} \Rightarrow \hat{u}_{\max} = \dfrac{\hat{u}_{\min}}{m} = 14{,}28$ V ;

$\hat{i}_{\min} = m \cdot \hat{i}_{\max} = 28{,}55$ mA

$\Rightarrow$ An den Orten $l = 0$ und $l = \lambda_L/2$ existieren $\hat{u}_{\min} = 5{,}71$ V und $\hat{i}_{\max} = 71{,}38$ mA, während $\hat{u}_{\max} = 14{,}28$ V und $\hat{i}_{\min} = 28{,}55$ mA am Ort $l = \lambda_L/4$ auftreten.

Übung 8.4.1/4:

Die normierten Lastimpedanzen ($\underline{Z}_a' = \underline{Z}_a/\underline{Z}_0$) wurden in Bild L-42 eingetragen und r_0, m sowie l/λ_L abgelesen.

$|\underline{U}_{\max}|$ liegt bei $R_{L,\max}$ ($l/\lambda_L = 0{,}25$) $\Big\}$ *gesucht ist der im Uhrzeigersinn*
$|\underline{U}_{\min}|$ liegt bei $R_{L,\min}$ ($l/\lambda_L = 0$) $\quad\;$ *kürzeste Abstand (s. Tabelle)*

$\underline{Z}_a'$	$|\underline{r}_0|$	arg $\{\underline{r}_0\}$	m	$\dfrac{l}{\lambda_L}$	$l_{\min}/$cm für $|\underline{U}_{\max}|$	$l_{\min}/$cm für $|\underline{I}_{\max}|$
$\underline{Z}_{a1}' = 3$	0,5	0°	0,33	0,25	6	3
$\underline{Z}_{a2}' = 1$	0	./.	1	./.	./.	./.
$\underline{Z}_{a3}' = 0{,}2$	0,67	$\pm 180°$	0,2	0	3	6
$\underline{Z}_{a4}' = j0{,}6$	1	118°	0	0,0865	1,962	4,962
$\underline{Z}_{a5}' = -j3$	1	$-37°$	0	0,301	5,388	2,388
$\underline{Z}_{a6}' = 0{,}6 + j1{,}6$	0,73	58,5°	0,15	0,1685	0,978	3,978

Übung 8.4.2/1:

a) Wird der Generator eingeschaltet, dann „sieht" die hinlaufende Welle den Wellenwiderstand $Z_0 = R_G$ als Eingangswiderstand ($R_{in} = Z_0 = R_G = 90\,\Omega$).

$$\Rightarrow \hat{u}_{in} = \frac{\hat{u}_0}{2} = 8 \text{ V} , \qquad P_h = P_{\max} = P_v = \frac{\hat{u}_{in}^2}{2R_{in}} = \frac{(8 \text{ V})^2}{2 \cdot 90\,\Omega} = 0{,}356 \text{ W} ;$$

$$\underline{Z}_a' = \frac{\underline{Z}_a}{Z_0} = \frac{160 + j70}{90} = 1{,}78 + j0{,}78 \Rightarrow \textit{aus Bild L-43:} \quad m = 0{,}45 .$$

Mit (8.4.2/2): $\quad P_a = P_v \cdot \dfrac{4m}{(1 + m)^2} = 0{,}356 \text{ W} \cdot \dfrac{4 \cdot 0{,}45}{1{,}45^2} = 0{,}305 \text{ W} .$

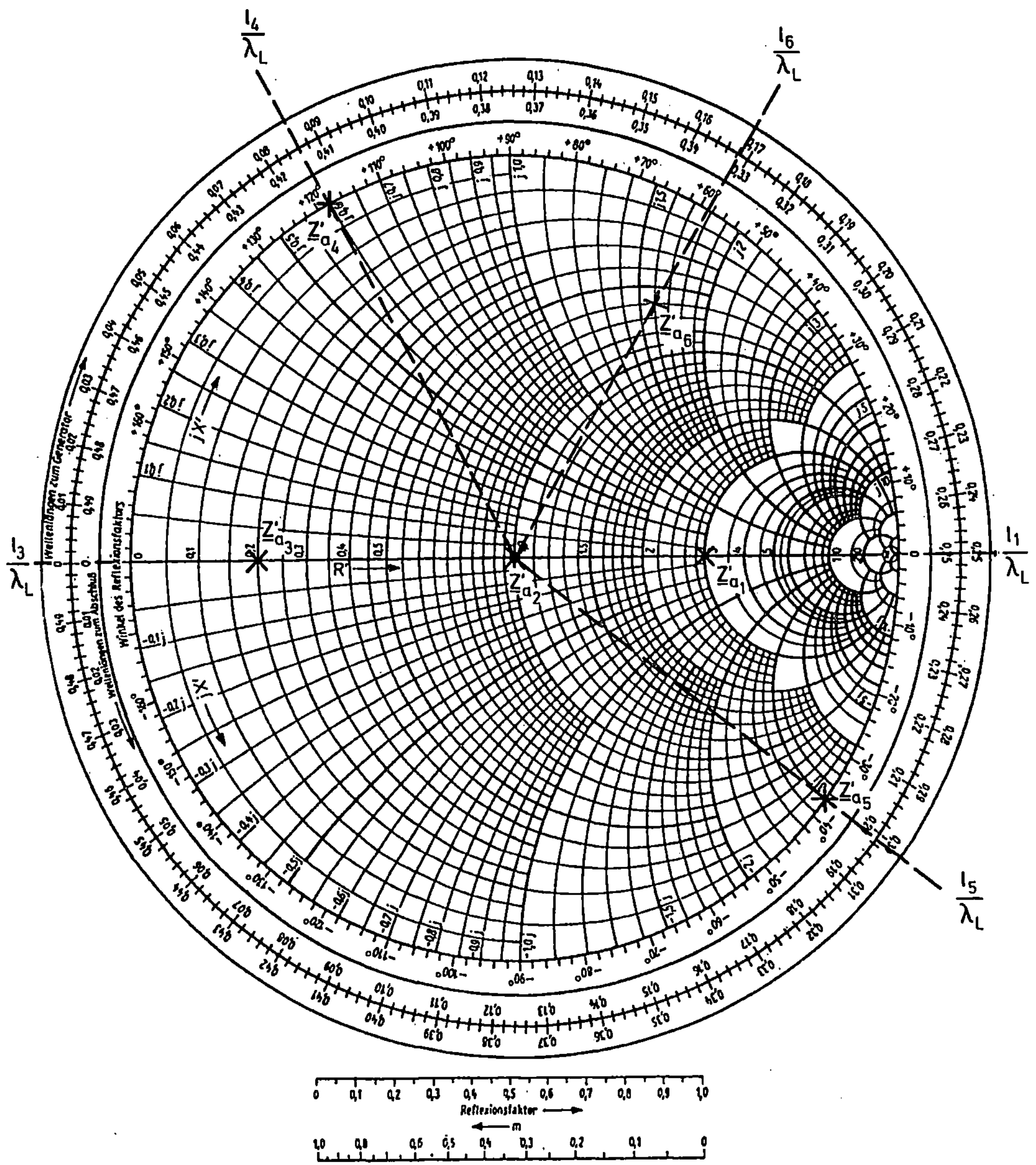

Bild L-42   Normierte Lastimpedanzen und ihre dazugehörigen l/λ_L-Werte

b) *Aus Bild L-43:* $l_a/\lambda_L = 0{,}2085$;

$$\frac{l_{in}}{\lambda_L} = \frac{l_a}{\lambda_L} + \frac{l_{ges}}{\lambda_L} = 0{,}2085 + 0{,}64 = \underbrace{0{,}8485}_{} \triangleq 0{,}3485 \, .$$

1 · 0,5 abgezogen ≙ einer Drehung
im Smithdiagramm

Um von $\dfrac{l_a}{\lambda_L}$ nach $\dfrac{l_{in}}{\lambda_L}$ zu gelangen, passiert man einmal $R_{L,min}$ ($\hat{i}_{max}$), d. h. es existiert ein Strommaximum

bei $R_{L,min}$ auf der Leitung. *Aus Bild L-43* $\Rightarrow R'_{L,min} = m = 0{,}45$

$\Rightarrow R_{L,min} = R'_{L,min} \cdot Z_0 = 0{,}45 \cdot 90 \, \Omega = 40{,}5 \, \Omega \, .$

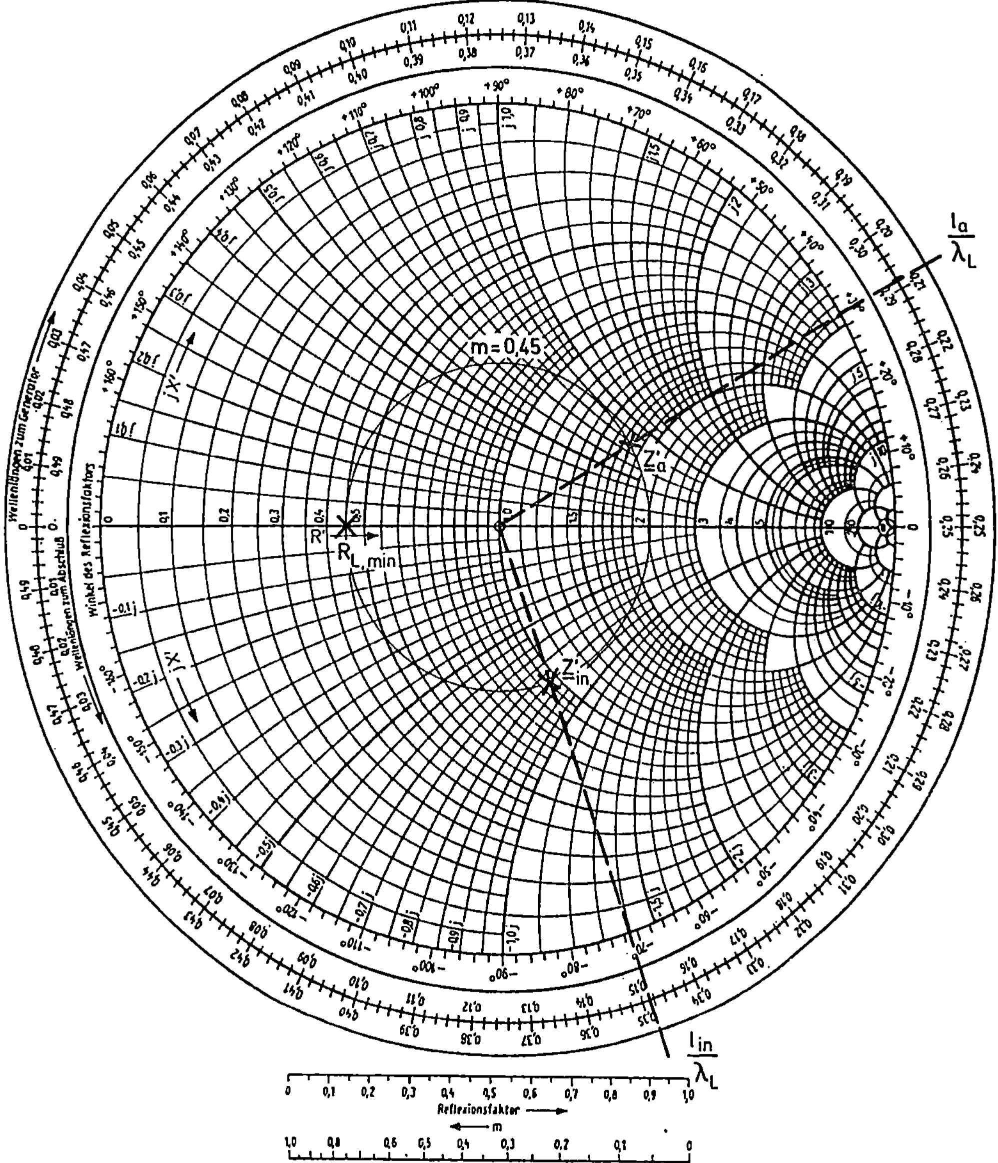

Bild L-43 Leitungstransformation mit verlustloser Leitung

Auf dem m-Kreis ist die Wirkleistung konstant (Prinzip der durchgehenden Wirkleistung): $P_L = P_{in}$
$= P_a = 0,305$ W

$$P_L = \frac{\hat{i}_{max}^2}{2} \cdot R_{L,min} \Rightarrow \hat{i}_{max} = \sqrt{\frac{2 \cdot P_L}{R_{L,min}}} = \sqrt{\frac{2 \cdot 0,305 \cdot A^2}{40,5}} = 0,123 \text{ A} .$$

Übung 8.4.2/2:

a) $\underline{Z}'_a = \dfrac{\underline{Z}_a}{Z_0} = \dfrac{65 + j100}{100} = 0,65 + j .$

$\underline{Z}'_a$ wird in Bild L-44 eingetragen und durch eine $l/\lambda_L = 0,25$-Transformation die Admittanz $\underline{Y}'_a = 0,45$
$- j0,7$ erzeugt, die um $l_S/\lambda_L = 0,132$ zum Ort b) auf der Leitung transformiert wird $(Y'_{in,b})$.

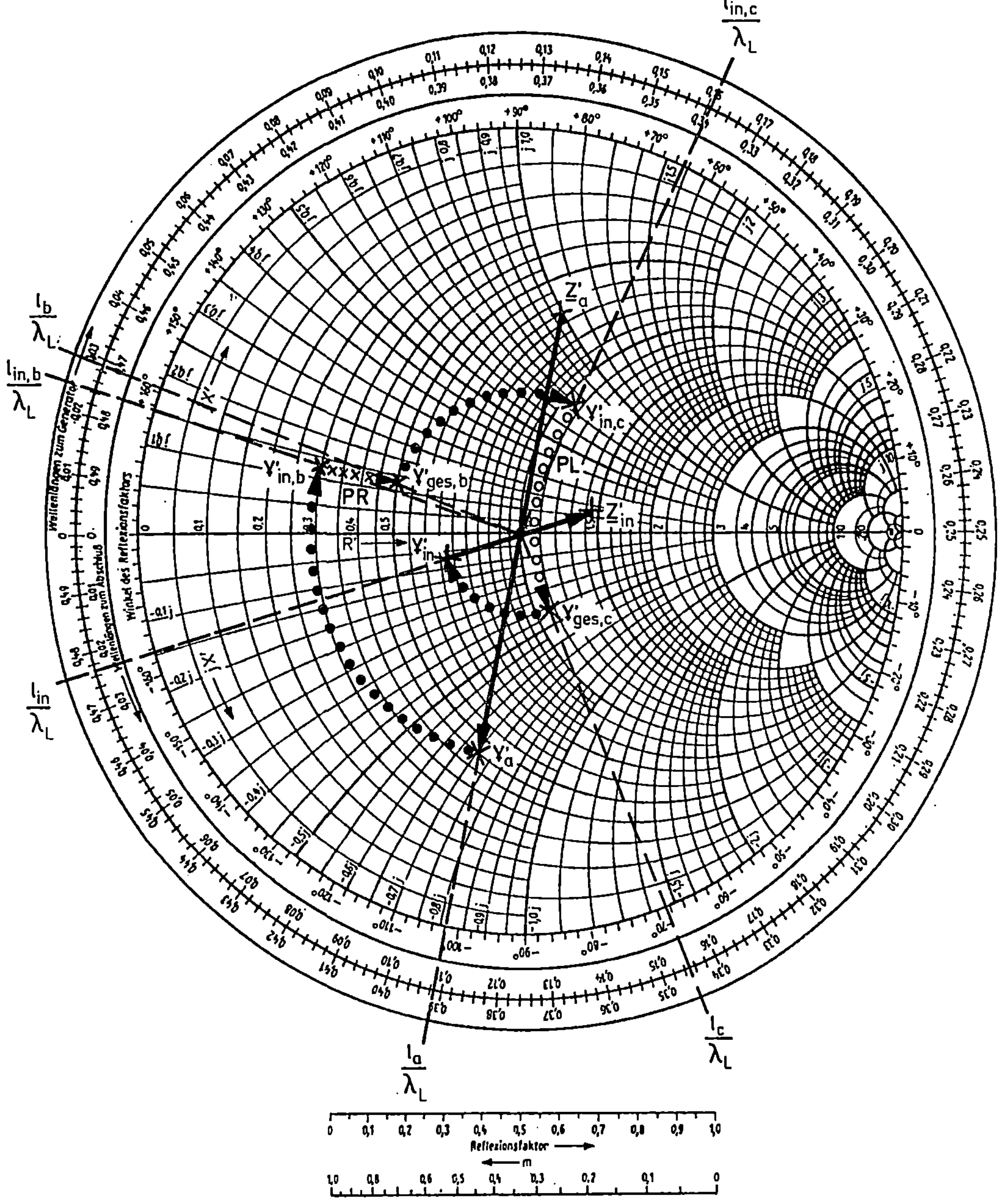

Bild L-44 Leitungstransformationen mit verlustlosen Leitungen

$$\frac{l_{\mathrm{in,b}}}{\lambda_{\mathrm{L}}} = \frac{l_{\mathrm{a}}}{\lambda_{\mathrm{L}}} + \frac{l_{\mathrm{s}}}{\lambda_{\mathrm{L}}} = 0{,}392 + 0{,}132 = 0{,}524 \,\hat{=}\, 0{,}024 \Rightarrow \underline{Y}'_{\mathrm{in,b}} = 0{,}3 + \mathrm{j}1{,}3$$

$$\underline{Z}'_{\mathrm{b}} = \frac{Z_{\mathrm{b}}}{Z_0} = \frac{500}{100} = 5\,, \qquad \underline{Y}'_{\mathrm{ges,b}} = \underline{Y}'_{\mathrm{in,b}} + \frac{1}{\underline{Z}'_{\mathrm{b}}} = 0{,}3 + \mathrm{j}1{,}3 + \frac{1}{5} = 0{,}5 + \mathrm{j}1{,}3$$

$$\underline{Y}_{\mathrm{ges,b}} = \frac{\underline{Y}'_{\mathrm{ges,b}}}{Z_0} = \frac{0{,}5 + \mathrm{j}1{,}3}{100\,\Omega} = (5 + \mathrm{j}13)\,\mathrm{mS}$$

Im Smithdiagramm findet eine *PR*-Transformation statt (s. auch Bild 7.6-7) $\Rightarrow l_b/\lambda_L = 0{,}029$. $\underline{Y}'_{\text{ges,b}}$ wird um $l_s/\lambda_L = 0{,}132$ zum Ort c) transformiert ($\underline{Y}'_{\text{in,c}}$).

$$\frac{l_{\text{in,c}}}{\lambda_L} = \frac{l_b}{\lambda_L} + \frac{l_s}{\lambda_L} = 0{,}029 + 0{,}132 = 0{,}161 \Rightarrow \underline{Y}'_{\text{in,c}} = 1{,}07 + j0{,}75 \,;$$

$$\underline{Z}'_c = \frac{\underline{Z}_c}{Z_0} = \frac{j87}{100} = j0{,}87\,, \qquad \underline{Y}'_{\text{ges,c}} = \underline{Y}'_{\text{in,c}} + \frac{1}{\underline{Z}'_c} = 1{,}07 + j0{,}75 - \frac{j}{0{,}87}$$

$$= 1{,}07 - j0{,}399\,, \qquad \underline{Y}_{\text{ges,c}} = \frac{\underline{Y}'_{\text{ges,c}}}{Z_0} = \frac{1{,}07 - j0{,}399}{100\,\Omega} = (10{,}7 - j3{,}99)\,\text{mS}\,.$$

Im Smithdiagramm findet eine *PL*-Transformation statt (s. auch Bild 7.6-7) $\Rightarrow l_c/\lambda_L = 0{,}345$. $\underline{Y}'_{\text{ges,c}}$ wird um $l_s/\lambda_L = 0{,}132$ zum Leitungseingang transformiert ($\underline{Y}'_{\text{in}}$).

$$\frac{l_{\text{in}}}{\lambda_L} = \frac{l_c}{\lambda_L} + \frac{l_s}{\lambda_L} = 0{,}345 + 0{,}132 = 0{,}477 \Rightarrow \underline{Y}'_{\text{in}} = 0{,}67 - j0{,}07\,.$$

Durch eine $l/\lambda_L = 0{,}25$-Transformation erhält man dann $\underline{Z}'_{\text{in}} = 1{,}43 + j0{,}15$.

$$\underline{Z}_{\text{in}} = \underline{Z}'_{\text{in}} \cdot Z_0 = (1{,}43 + j0{,}15) \cdot 100\,\Omega = (143 + j15)\,\Omega = 143{,}8 \cdot e^{j6°}\,\Omega\,.$$

b) $\quad P_{\text{in}} = \dfrac{\hat{i}_{\text{in}}^2}{2} \cdot Re\{\underline{Z}_{\text{in}}\} = \dfrac{\hat{u}_0^2}{2|R_G + \underline{Z}_{\text{in}}|^2} \cdot Re\{\underline{Z}_{\text{in}}\} = \dfrac{(100\,\text{V})^2 \cdot 143\,\Omega}{2[(100 + 143)^2 + 15^2]\,\Omega^2} = 12{,}06\,\text{W}$

Erstes Leitungsstück (Leitungseingang bis c):

Prinzip der durchgehenden Wirkleistung: $P_{\text{in}} = P_L = \dfrac{\hat{u}_c^2}{2} \cdot Re\{\underline{Y}_{\text{ges,c}}\}$

$$\Rightarrow \hat{u}_c = \sqrt{\frac{2 \cdot P_{\text{in}}}{Re\{\underline{Y}_{\text{ges,c}}\}}} = \sqrt{\frac{2 \cdot 12{,}06}{10{,}7 \cdot 10^{-3}}\,\text{V}^2} = 47{,}48\,\text{V}\,.$$

Da $\underline{Z}_c$ rein imaginär ist und deshalb keine Wirkleistung aufnehmen kann, gilt: $P_{\text{in}} = P_L = \dfrac{\hat{u}_b^2}{2} \cdot Re\{\underline{Y}_{\text{ges,b}}\}$

$$\hat{u}_b = \sqrt{\frac{2 \cdot P_{\text{in}}}{Re\{\underline{Y}_{\text{ges,b}}\}}} = \sqrt{\frac{2 \cdot 12{,}06 \cdot \text{V}^2}{5 \cdot 10^{-3}}} = 69{,}46\,\text{V}\,, \qquad \underline{Z}_b = R_b = 500\,\Omega\,;$$

$$P_{R_b} = \frac{\hat{u}_b^2}{2R_b} = \frac{(69{,}46\,\text{V})^2}{2 \cdot 500\,\Omega} = 4{,}82\,\text{W}\,, \qquad P_{\text{L,b-a}} = P_{\text{in}} - P_{R_b} = (12{,}06 - 4{,}82)\,\text{W} = 7{,}24\,\text{W}\,;$$

$$P_{\text{L,b-a}} = \frac{\hat{u}_a^2}{2} \cdot Re\{\underline{Y}_a\}\,, \qquad \underline{Y}_a = \frac{\underline{Y}'_a}{Z_0} = \frac{0{,}45 - j0{,}7}{100\,\Omega} = (4{,}5 - j7)\,\text{mS}\,;$$

$$\hat{u}_a = \sqrt{\frac{2 \cdot P_{\text{L,b-a}}}{Re\{\underline{Y}_a\}}} = \sqrt{\frac{2 \cdot 7{,}24 \cdot \text{V}^2}{4{,}5 \cdot 10^{-3}}} = 56{,}73\,\text{V}\,.$$

Übung 8.4.3/1:

a) $\quad \underline{Z}'_a = \dfrac{\underline{Z}_a}{Z_0} = \dfrac{250{,}4 + j69{,}9}{100} = 2{,}504 + j0{,}699$

$\underline{Z}'_a$ wird in Bild L-45 eingetragen, der *m*-Kreis konstruiert und $l_a/\lambda_L = 0{,}2305$ abgelesen. Um für eine minimale Transformationslänge $l_{\text{min,1}}$ in den Anpassungspunkt zu gelangen, muß bei $l = l_{\text{min,1}}$ eine *PL*-Transformation durchgeführt werden, d. h. die kurzgeschlossene Leitung muß eine Induktivität erzeugen. Da die *PL*-Transformation in der Admittanzebene erfolgt, wird die normierte Impedanz

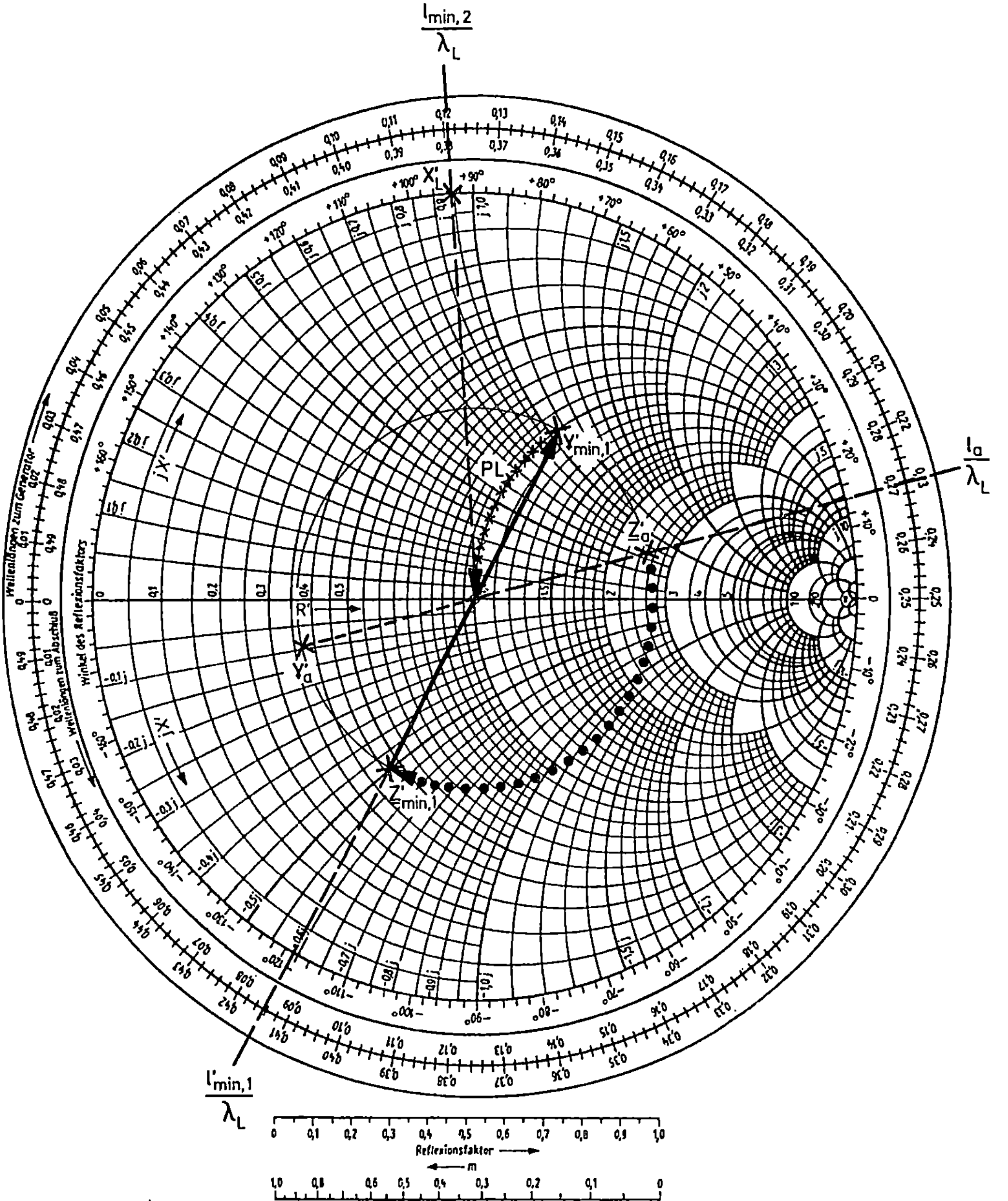

Bild L-45   Anpassungstransformation

$\underline{Z}'_{\text{min},1}$ durch eine $l/\lambda_{\text{L}} = 0{,}25$-Transformation invertiert. Von $\underline{Y}'_{\text{min},1}$ aus kann dann die PL-Transformation (s. Bild 7.6-7) erfolgen.

Aus Bild L-45: $\dfrac{l'_{\text{min},1}}{\lambda_{\text{L}}} = 0{,}414\;;$

$$\frac{l_{\text{min},1}}{\lambda_{\text{L}}} = \frac{l'_{\text{min},1}}{\lambda_{\text{L}}} - \frac{l_{\text{a}}}{\lambda_{\text{L}}} = 0{,}414 - 0{,}2305 = 0{,}1835\;;$$

$l_{\text{min},1} = 0{,}1835 \cdot 100\,\text{cm} = 18{,}35\,\text{cm}\;.$

b) $B'_L = B_L \cdot Z_0 = -\dfrac{Z_0}{\omega L} = \underbrace{0 - 1{,}06}_{} = -1{,}06$;

Länge der PL-Transformation in Bild L-45

$X'_L = -\dfrac{1}{B'_L} = -\dfrac{1}{-1{,}06} = 0{,}943$ wird in Bild L-45 eingetragen und $l_{\text{min},2}/\lambda_L = 0{,}1205$ abgelesen, da in der Impedanzebene der Kurzschluß bei $l/\lambda_L = 0$ liegt. Eine Berechnung in der Admittanzebene wäre auch möglich.

$l_{\text{min},2} = 0{,}1205 \cdot 100 \text{ cm} = 12{,}05 \text{ cm}$

c) $\underline{Z}_{\text{in}} = Z_0$ gilt vom Eingang bis zum Verzweigungspunkt $\Rightarrow \hat{u}_{\text{in}} = \hat{u}_Z$ (Spannungsamplitude am Verzweigungspunkt, s. Bild L-46). Prinzip der durchgehenden Wirkleistung:

$$P_L = \frac{\hat{u}_{\text{in}}^2}{2} \cdot Re\{\underline{Y}_{\text{in}}\} = \frac{\hat{u}_a^2}{2} \cdot Re\{\underline{Y}_a\} \Rightarrow \hat{u}_{\text{in}} = \hat{u}_a \cdot \sqrt{\frac{Re\{\underline{Y}_a\}}{Re\{\underline{Y}_{\text{in}}\}}} = \hat{u}_a \cdot \sqrt{\frac{Re\{Y'_a\}}{Re\{Y'_{\text{in}}\}}}$$

$\underline{Z}'_{\text{in}} = Z'_0 = 1 \Rightarrow \underline{Y}'_{\text{in}} = 1 \Rightarrow Re\{Y'_{\text{in}}\} = 1$.

Aus Bild L-45 $\Rightarrow Re\{Y'_a\} = 0{,}37$, $\qquad \hat{u}_{\text{in}} = \hat{u}_Z = 50 \text{ V} \cdot \sqrt{\dfrac{0{,}37}{1}} = 30{,}41 \text{ V}$.

d) $\hat{i}_a = \dfrac{\hat{u}_a}{|\underline{Z}_a|} = \dfrac{50 \text{ V}}{260 \,\Omega} = 0{,}192 \text{ A}$, $\qquad \hat{i}_{\text{in}} = \dfrac{\hat{u}_{\text{in}}}{|\underline{Z}_{\text{in}}|} = \dfrac{\hat{u}_{\text{in}}}{Z_0} = \dfrac{30{,}41 \text{ V}}{100 \,\Omega} = 0{,}3041 \text{ A}$.

Aus Bild L-45: $\quad \underline{Z}'_{\text{min},1} = 0{,}475 - j0{,}49$, $\qquad \underline{Z}_{\text{min},1} = \underline{Z}'_{\text{min},1} \cdot Z_0 = (47{,}5 - j49)\,\Omega$,

$\hat{i}_{Z1} = \dfrac{\hat{u}_Z}{|\underline{Z}_{\text{min},1}|} = \dfrac{30{,}41 \text{ V}}{\sqrt{47{,}5^2 + 49^2}\,\Omega} = 0{,}4456 \text{ A}$;

$\hat{i}_{Z2} = \dfrac{\hat{u}_Z}{Z_0} = \dfrac{30{,}41 \text{ V}}{100 \,\Omega} = 0{,}3041 \text{ A}$;

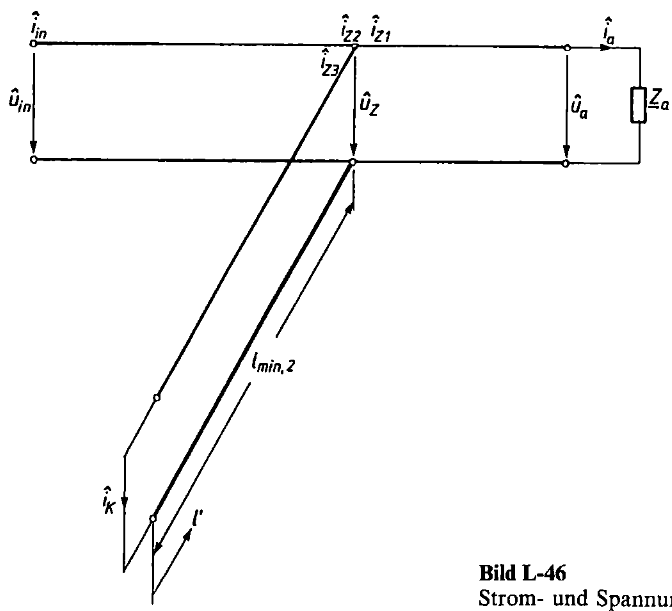

Bild L-46
Strom- und Spannungsamplituden

$$X_{\mathrm{L}} = X'_{\mathrm{L}} \cdot Z_0 = 94{,}3\,\Omega, \qquad \hat{\imath}_{Z3} = \frac{\hat{u}_Z}{X_{\mathrm{L}}} = \frac{30{,}41\,\mathrm{V}}{94{,}3\,\Omega} = 0{,}3225\,\mathrm{A}\,.$$

Aus Bild 8.2-2: $\quad \underline{I}_{\mathrm{h0}} = \underline{I}_{\mathrm{r0}}\,, \qquad \hat{\imath}_{\mathrm{K}} = |\underline{I}_{\mathrm{K}}| = |\underline{I}_{\mathrm{h0}}| + |\underline{I}_{\mathrm{r0}}| = 2|\underline{I}_{\mathrm{h0}}|\,.$ $\hfill (1)$

Analog (8.1/17) für $\underline{\gamma} = \mathrm{j}\beta$ *(verlustlose Leitung):*

$$\underline{I}(l') = \underline{I}_{\mathrm{r0}} \cdot \mathrm{e}^{-\mathrm{j}\beta l'} + \underline{I}_{\mathrm{h0}} \cdot \mathrm{e}^{\mathrm{j}\beta l'} \Rightarrow \underline{I}(l' = l_{\min,2}) = \underline{I}_{Z3}$$

$$= \underline{I}_{\mathrm{h0}} \cdot [\mathrm{e}^{\mathrm{j}\beta l_{\min,2}} + \mathrm{e}^{-\mathrm{j}\beta l_{\min,2}}] = \underline{I}_{\mathrm{h0}} \cdot 2 \cdot \cos\,(\beta \cdot l_{\min,2}) \Rightarrow |\underline{I}_{\mathrm{h0}}| = \frac{|\underline{I}_{Z3}|}{2 \cdot \cos\,(\beta \cdot l_{\min,2})}\,. \hfill (2)$$

Aus Gleichung (9) des Beispiels 8.1/1: $\quad \beta = \dfrac{2\pi}{\lambda_{\mathrm{L}}} = 2\pi \cdot \dfrac{1}{m}\,.$

(2) in (1): $\quad \hat{\imath}_{\mathrm{K}} = \dfrac{2 \cdot |\underline{I}_{Z3}|}{2 \cdot \cos\,(\beta \cdot l_{\min,2})} = \dfrac{\hat{\imath}_{Z3}}{\cos\,(\beta \cdot l_{\min,2})}\,;$

$$\hat{\imath}_{\mathrm{K}} = \frac{0{,}3225\,\mathrm{A}}{\cos\,(2\pi \cdot 0{,}1205)} = 0{,}4437\,\mathrm{A}\,.$$

Übung 9.2.1/1:

Aus (9.2.1/9) $\;\Rightarrow\; \underbrace{\|\underline{S}\|^{\mathrm{T}} \cdot \|\underline{S}\|^{*}}_{\|\underline{C}\|} = \|E\|$

$$\|\underline{S}\|^{*} = \begin{pmatrix} \underline{S}^{*}_{11}\underline{S}^{*}_{12}\underline{S}^{*}_{13}\underline{S}^{*}_{14} \\ \underline{S}^{*}_{21}\underline{S}^{*}_{22}\underline{S}^{*}_{23}\underline{S}^{*}_{24} \\ \underline{S}^{*}_{31}\underline{S}^{*}_{32}\underline{S}^{*}_{33}\underline{S}^{*}_{34} \\ \underline{S}^{*}_{41}\underline{S}^{*}_{42}\underline{S}^{*}_{43}\underline{S}^{*}_{44} \end{pmatrix}$$

$$\underbrace{\begin{pmatrix} \underline{S}_{11}\underline{S}_{21}\underline{S}_{31}\underline{S}_{41} \\ \underline{S}_{12}\underline{S}_{22}\underline{S}_{32}\underline{S}_{42} \\ \underline{S}_{13}\underline{S}_{23}\underline{S}_{33}\underline{S}_{43} \\ \underline{S}_{14}\underline{S}_{24}\underline{S}_{34}\underline{S}_{44} \end{pmatrix}}_{\|\underline{S}\|^{\mathrm{T}}} \qquad \begin{pmatrix} \underline{C}_{11}\underline{C}_{12}\underline{C}_{13}\underline{C}_{14} \\ \underline{C}_{21}\underline{C}_{22}\underline{C}_{23}\underline{C}_{24} \\ \underline{C}_{31}\underline{C}_{32}\underline{C}_{33}\underline{C}_{34} \\ \underline{C}_{41}\underline{C}_{42}\underline{C}_{43}\underline{C}_{44} \end{pmatrix} \begin{pmatrix} 1 & 0 & 0 & 0 \\ 0 & 1 & 0 & 0 \\ 0 & 0 & 1 & 0 \\ 0 & 0 & 0 & 1 \end{pmatrix} = \|E\|$$

$$\underline{C}_{11} = \underline{S}_{11} \cdot \underline{S}^{*}_{11} + \underline{S}_{21} \cdot \underline{S}^{*}_{21} + \underline{S}_{31} \cdot \underline{S}^{*}_{31} + \underline{S}_{41} \cdot \underline{S}^{*}_{41} = 1$$

$$\underline{C}_{12} = \underline{S}_{11} \cdot \underline{S}^{*}_{12} + \underline{S}_{21} \cdot \underline{S}^{*}_{22} + \underline{S}_{31} \cdot \underline{S}^{*}_{32} + \underline{S}_{41} \cdot \underline{S}^{*}_{42} = 0$$

$$\underline{C}_{13} = \underline{S}_{11} \cdot \underline{S}^{*}_{13} + \underline{S}_{21} \cdot \underline{S}^{*}_{23} + \underline{S}_{31} \cdot \underline{S}^{*}_{33} + \underline{S}_{41} \cdot \underline{S}^{*}_{43} = 0$$

$$\underline{C}_{14} = \underline{S}_{11} \cdot \underline{S}^{*}_{14} + \underline{S}_{21} \cdot \underline{S}^{*}_{24} + \underline{S}_{31} \cdot \underline{S}^{*}_{34} + \underline{S}_{41} \cdot \underline{S}^{*}_{44} = 0$$

$$\underline{C}_{21} = \underline{S}_{12} \cdot \underline{S}^{*}_{11} + \underline{S}_{22} \cdot \underline{S}^{*}_{21} + \underline{S}_{32} \cdot \underline{S}^{*}_{31} + \underline{S}_{42} \cdot \underline{S}^{*}_{41} = 0$$

$$\underline{C}_{22} = \underline{S}_{12} \cdot \underline{S}^{*}_{12} + \underline{S}_{22} \cdot \underline{S}^{*}_{22} + \underline{S}_{32} \cdot \underline{S}^{*}_{32} + \underline{S}_{42} \cdot \underline{S}^{*}_{42} = 1$$

$$\underline{C}_{23} = \underline{S}_{12} \cdot \underline{S}^{*}_{13} + \underline{S}_{22} \cdot \underline{S}^{*}_{23} + \underline{S}_{32} \cdot \underline{S}^{*}_{33} + \underline{S}_{42} \cdot \underline{S}^{*}_{43} = 0$$

$$\underline{C}_{24} = \underline{S}_{12} \cdot \underline{S}^{*}_{14} + \underline{S}_{22} \cdot \underline{S}^{*}_{24} + \underline{S}_{32} \cdot \underline{S}^{*}_{34} + \underline{S}_{42} \cdot \underline{S}^{*}_{44} = 0$$

$$\underline{C}_{31} = \underline{S}_{13} \cdot \underline{S}^{*}_{11} + \underline{S}_{23} \cdot \underline{S}^{*}_{21} + \underline{S}_{33} \cdot \underline{S}^{*}_{31} + \underline{S}_{43} \cdot \underline{S}^{*}_{41} = 0$$

$$\underline{C}_{32} = \underline{S}_{13} \cdot \underline{S}_{12}^* + \underline{S}_{23} \cdot \underline{S}_{22}^* + \underline{S}_{33} \cdot \underline{S}_{32}^* + \underline{S}_{43} \cdot \underline{S}_{42}^* = 0$$

$$\underline{C}_{33} = \underline{S}_{13} \cdot \underline{S}_{13}^* + \underline{S}_{23} \cdot \underline{S}_{23}^* + \underline{S}_{33} \cdot \underline{S}_{33}^* + \underline{S}_{43} \cdot \underline{S}_{43}^* = 1$$

$$\underline{C}_{34} = \underline{S}_{13} \cdot \underline{S}_{14}^* + \underline{S}_{23} \cdot \underline{S}_{24}^* + \underline{S}_{33} \cdot \underline{S}_{34}^* + \underline{S}_{43} \cdot \underline{S}_{44}^* = 0$$

$$\underline{C}_{41} = \underline{S}_{14} \cdot \underline{S}_{11}^* + \underline{S}_{24} \cdot \underline{S}_{21}^* + \underline{S}_{34} \cdot \underline{S}_{31}^* + \underline{S}_{44} \cdot \underline{S}_{41}^* = 0$$

$$\underline{C}_{42} = \underline{S}_{14} \cdot \underline{S}_{12}^* + \underline{S}_{24} \cdot \underline{S}_{22}^* + \underline{S}_{34} \cdot \underline{S}_{32}^* + \underline{S}_{44} \cdot \underline{S}_{42}^* = 0$$

$$\underline{C}_{43} = \underline{S}_{14} \cdot \underline{S}_{13}^* + \underline{S}_{24} \cdot \underline{S}_{23}^* + \underline{S}_{34} \cdot \underline{S}_{33}^* + \underline{S}_{44} \cdot \underline{S}_{43}^* = 0$$

$$\underline{C}_{44} = \underline{S}_{14} \cdot \underline{S}_{14}^* + \underline{S}_{24} \cdot \underline{S}_{24}^* + \underline{S}_{34} \cdot \underline{S}_{34}^* + \underline{S}_{44} \cdot \underline{S}_{44}^* = 1$$

Übung 9.2.1/2:

$$\underline{r}_1 = 0 \Rightarrow \underline{b}_1 = \underline{r}_1 \cdot \underline{a}_1 = 0, \quad \textit{analog zu (9/5)} \quad \Rightarrow P_1 = \tfrac{1}{2} \cdot |\underline{a}_1|^2 ,$$

$$\textit{aus (9.2.1/1)} \quad \Rightarrow \underline{S}_{21} = \frac{\underline{b}_2}{\underline{a}_1} = 0{,}95 \Rightarrow \underline{b}_2 = \underline{a}_1 \cdot \underline{S}_{21} = \underline{a}_1 \cdot 0{,}95 ,$$

$$\textit{aus } \|\underline{S}\|$$

$$\underline{a}_2 = \underline{r}_2 \cdot \underline{b}_2, \quad \textit{aus (9.2.1/1)} \quad \Rightarrow \underline{S}_{32} = \frac{\underline{b}_3}{\underline{a}_2} = 0{,}95 \Rightarrow$$

$$\textit{aus } \|\underline{S}\|$$

$$\underline{b}_3 = \underline{S}_{32} \cdot \underline{a}_2 = 0{,}95 \cdot \underline{a}_2 = 0{,}95 \cdot \underline{r}_2 \cdot \underline{b}_2 = 0{,}95 \cdot \underline{r}_2 \cdot \underline{a}_1 \cdot 0{,}95 .$$

$$\textit{Analog zu (9.1/6):} \quad P_3 = \tfrac{1}{2} \cdot |\underline{b}_3|^2 \cdot (1 - |\underline{r}_3|^2) = \tfrac{1}{2} \cdot |0{,}95^2 \cdot \underline{r}_2 \cdot \underline{a}_1|^2 (1 - |\underline{r}_3|^2)$$

$$= \tfrac{1}{2} \cdot 0{,}95^4 \cdot |\underline{r}_2|^2 \cdot |\underline{a}_1|^2 \cdot (1 - |\underline{r}_3|^2) = 0{,}95^4 \cdot |\underline{r}_2|^2 \cdot P_1 \cdot (1 - |\underline{r}_3|^2)$$

$$= 0{,}95^4 \cdot 51^2 \cdot 1{,}5 \,\text{nW} = 3{,}18 \,\mu\text{W} .$$

$$\underline{a}_3 = \underline{r}_3 \cdot \underline{b}_3 = 0{,}95^2 \cdot \underline{r}_2 \cdot \underline{r}_3 \cdot \underline{a}_1 , \quad \textit{aus (9.2.1/1)} \quad \Rightarrow \underline{S}_{43} = \frac{\underline{b}_4}{\underline{a}_3} = 0{,}95 \Rightarrow \underline{b}_4 = \underline{a}_3 \cdot \underline{S}_{43} = \underline{a}_3 \cdot 0{,}95$$

$$\textit{aus } \|\underline{S}\|$$

$$= 0{,}95^3 \cdot \underline{r}_2 \cdot \underline{r}_3 \cdot \underline{a}_1 , \quad \underline{a}_4 = 0 \quad \text{wegen} \quad \underline{r}_4 = 0 \Rightarrow P_4 = \tfrac{1}{2} \cdot |\underline{b}_4|^2$$

$$= \tfrac{1}{2} \cdot |0{,}95^3 \cdot \underline{r}_2 \cdot \underline{r}_3 \cdot \underline{a}_1|^2 = 0{,}95^6 \cdot |\underline{r}_2|^2 \cdot |\underline{r}_3|^2 \cdot \tfrac{1}{2} \cdot |\underline{a}_1|^2 = 0{,}95^6 \cdot |\underline{r}_2|^2 \cdot |\underline{r}_3|^2$$

$$= 0{,}7351 \cdot 2601 \cdot 2{,}5 \cdot 10^{-3} \cdot 1{,}5 \,\text{nW} = 7{,}17 \,\text{nW} .$$

Übung 9.2.2/1:

Das Zweitor ist übertragungssymmetrisch

$$\Rightarrow \underline{S}_{12} = \underline{S}_{21} .$$

$$\textit{Aus Beispiel 9.2.2/1, Gleichung (4):} \quad \underline{S}_{21} = \frac{\underline{U}_2 - \underline{I}_2 \cdot Z_0}{\underline{U}_1 + \underline{I}_1 \cdot Z_0} . \tag{1}$$

$$\textit{Aus Bild L-47a} \quad \underline{I}_1 = \underline{U}_1 \left[\underline{Y}_1 + \frac{\underline{Y}_0 + \underline{Y}_2}{\underline{Z}_3(\underline{Y}_0 + \underline{Y}_2) + 1} \right] \quad \text{mit} \quad Y_0 = \frac{1}{Z_0} ; \tag{2}$$

$$\underline{U}_3 = \underline{U}_1 - \underline{U}_2, \quad \underline{I}_3 = \frac{\underline{U}_3}{\underline{Z}_3} = \frac{\underline{U}_1 - \underline{U}_2}{\underline{Z}_3} ; \tag{3}$$

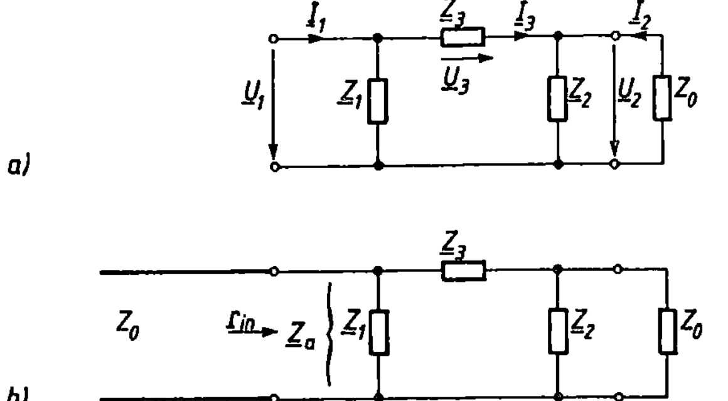

a)

b)

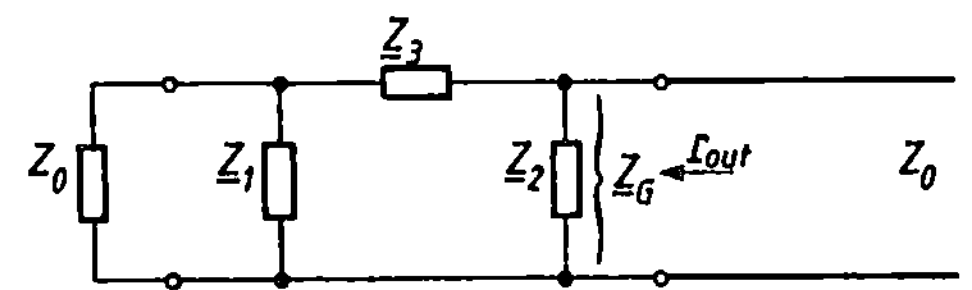

c)

Bild L-47
Ersatzschaltbilder für die
Berechnung von
a) $\underline{S}_{21}$
b) $\underline{S}_{11}$
c) $\underline{S}_{22}$

$$\underline{I}_2 = \frac{-\underline{U}_2}{Z_0}, \qquad \underline{U}_2 = (\underline{I}_3 + \underline{I}_2)\underline{Z}_2 = \left(\underbrace{\frac{\underline{U}_1 - \underline{U}_2}{\underline{Z}_3}}_{aus\ (3)} - \frac{\underline{U}_2}{Z_0}\right)\underline{Z}_2$$

$$\Rightarrow \underline{U}_1 = \underline{U}_2 \cdot \left[\frac{\underline{Z}_3}{\underline{Z}_2} + 1 + \frac{\underline{Z}_3}{Z_0}\right] = \underline{U}_2 \cdot [\underline{Z}_3(Y_0 + \underline{Y}_2) + 1]. \tag{4}$$

(4) in (2): $\underline{I}_1 = \underline{U}_2[\underline{Z}_3\underline{Y}_1(Y_0 + \underline{Y}_2) + \underline{Y}_1 + Y_0 + \underline{Y}_2]$

$$\Rightarrow \underline{S}_{21} = \underline{S}_{12} = \frac{2}{2 + Z_0(\underline{Y}_1 + \underline{Y}_2) + \underline{Z}_3[Y_0 + \underline{Y}_1 + \underline{Y}_2 + \underline{Y}_1\underline{Y}_2 Z_0]}.$$

Aus Beispiel 9.2.2/1, Gleichung (9): $\underline{S}_{11} = \underline{r}_{in}\Big|_{r_a = 0} = \left.\dfrac{\underline{Z}_a - Z_0}{\underline{Z}_a + Z_0}\right|_{\text{Abschluß mit } Z_0}. \tag{5}$

Aus Bild L-47b: $\underline{Z}_a = \dfrac{1}{\underline{Y}_1 + \dfrac{Y_0 + \underline{Y}_2}{\underline{Z}_3(Y_0 + \underline{Y}_2) + 1}} = \dfrac{\underline{Z}_3(Y_0 + \underline{Y}_2) + 1}{\underline{Z}_3\underline{Y}_1(Y_0 + \underline{Y}_2) + \underline{Y}_1 + Y_0 + \underline{Y}_2}. \tag{6}$

(6) in (5): $\underline{S}_{11} = \dfrac{\underline{Z}_3(Y_0 + \underline{Y}_2) + 1 - Z_0[\underline{Z}_3\underline{Y}_1(Y_0 + \underline{Y}_2) + \underline{Y}_1 + Y_0 + \underline{Y}_2]}{\underline{Z}_3(Y_0 + \underline{Y}_2) + 1 + Z_0[\underline{Z}_3\underline{Y}_1(Y_0 + \underline{Y}_2) + \underline{Y}_1 + Y_0 + \underline{Y}_2]}$

$$= \frac{-Z_0(\underline{Y}_1 + \underline{Y}_2) + \underline{Z}_3[Y_0 - \underline{Y}_1 + \underline{Y}_2 - \underline{Y}_1\underline{Y}_2 Z_0]}{2 + Z_0(\underline{Y}_1 + \underline{Y}_2) + \underline{Z}_3[Y_0 + \underline{Y}_1 + \underline{Y}_2 + \underline{Y}_1\underline{Y}_2 Z_0]}.$$

Aus Beispiel 9.2.2/1, Gleichung (11): $\underline{S}_{22} = \underline{r}_{out}\Big|_{r_G = 0} = \left.\dfrac{\underline{Z}_G - Z_0}{\underline{Z}_G + Z_0}\right|_{\text{Abschluß mit } Z_0}. \tag{7}$

Aus Bild L-47c: $\underline{Z}_G = \dfrac{1}{\underline{Y}_2 + \dfrac{Y_0 + \underline{Y}_1}{\underline{Z}_3(Y_0 + \underline{Y}_1) + 1}} = \dfrac{\underline{Z}_3(Y_0 + \underline{Y}_1) + 1}{\underline{Z}_3\underline{Y}_2(Y_0 + \underline{Y}_1) + \underline{Y}_2 + Y_0 + \underline{Y}_1}. \tag{8}$

(8) in (7): $\underline{S}_{22} = \dfrac{\underline{Z}_3(Y_0 + \underline{Y}_1) + 1 - Z_0[\underline{Z}_3\underline{Y}_2(Y_0 + \underline{Y}_1) + \underline{Y}_2 + Y_0 + \underline{Y}_1]}{\underline{Z}_3(Y_0 + \underline{Y}_1) + 1 + Z_0[\underline{Z}_3\underline{Y}_2(Y_0 + \underline{Y}_1) + \underline{Y}_2 + Y_0 + \underline{Y}_1]}$

$$= \frac{-Z_0(\underline{Y}_1 + \underline{Y}_2) + \underline{Z}_3[Y_0 + \underline{Y}_1 - \underline{Y}_2 - \underline{Y}_1\underline{Y}_2 Z_0]}{2 + Z_0(\underline{Y}_1 + \underline{Y}_2) + \underline{Z}_3[Y_0 + \underline{Y}_1 + \underline{Y}_2 + \underline{Y}_1\underline{Y}_2 Z_0]}.$$

Übung 9.2.2/2:

$$\underline{S}_{11} = \underline{r}_{\text{in}}\Big|_{r_a=0} = \frac{\underline{Z}_a - Z_0}{\underline{Z}_a + Z_0}\Big|_{\text{Abschluß mit } Z_0}.$$

Aus Bild L-48a: $\underline{Z}'_a = \dfrac{Z_0}{1 + j\omega C Z_0} = \dfrac{Z_0}{1 + j} = 0{,}5 \cdot (1 - j) \cdot Z_0;$

$$\underline{r}(0) = \frac{\underline{Z}'_a - Z_0}{\underline{Z}'_a + Z_0} = \frac{0{,}5 \cdot Z_0(1 - j) - Z_0}{0{,}5 \cdot Z_0(1 - j) + Z_0} = \frac{-1 - j}{3 - j} = 0{,}4472 \cdot e^{-j116{,}57°};$$

$$\underline{r}(l_1) = \underline{r}(0) \cdot \underbrace{e^{-j\beta l_1}}_{1} = \underline{r}(0) \Rightarrow \underline{Z}_a = \underline{Z}'_a \Rightarrow \underline{S}_{11} = \underline{r}_{\text{in}} = \underline{r}(l_1) = \underline{r}(0) = 0{,}4472 \cdot e^{-j116{,}57°}.$$

$$\underline{S}_{22} = \underline{r}_{\text{out}}\Big|_{r_G=0}, \qquad r_G = 0 \Rightarrow \text{Abschluß mit } Z_0 \text{ (s. Bild L-48b)} \Rightarrow$$

$$\underline{Z}''_a = \underline{Z}'_a \Rightarrow \underline{r}(0) = \frac{\underline{Z}''_a - Z_0}{\underline{Z}''_a + Z_0} = 0{,}4472 \cdot e^{-j116{,}57°};$$

$$\underline{r}(l_2) = \underline{r}(0) \cdot \underbrace{e^{-j\beta l_2}}_{-1} = -\underline{r}(0) = -0{,}4472 \cdot e^{-j116{,}57°}.$$

$$\underline{S}_{22} = \underline{r}_{\text{out}} = \underline{r}(l_2) = -\underline{r}(0) = -\underline{S}_{11} = 0{,}4472 \cdot e^{j63{,}43°}.$$

Übung 9.2.2/3:

a) *Aus (9.2.2/15):* $\underline{r}_{\text{in}} = \underline{S}_{11} + \dfrac{\underline{S}_{12} \cdot \underline{S}_{21} \cdot \underline{r}_a}{1 - \underline{S}_{22} \cdot r_a} = 0{,}34 \cdot e^{j42°}.$

Aus (9.2.2/19): $\underline{r}_{\text{out}} = \underline{S}_{22} + \dfrac{\underline{S}_{12} \cdot \underline{S}_{21} \cdot \underline{r}_G}{1 - \underline{S}_{11} \cdot \underline{r}_G} = 0{,}22 \cdot e^{-j92°}.$

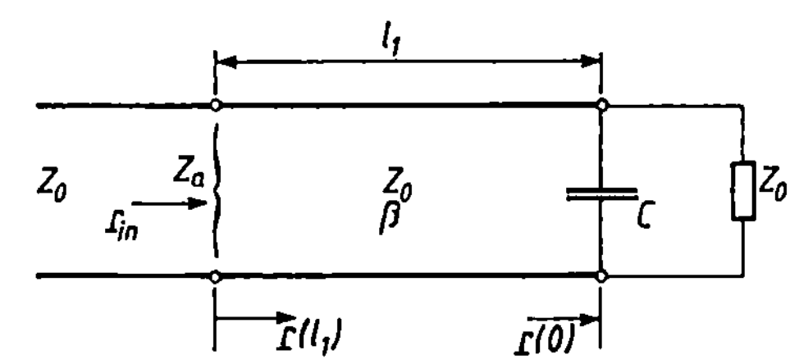

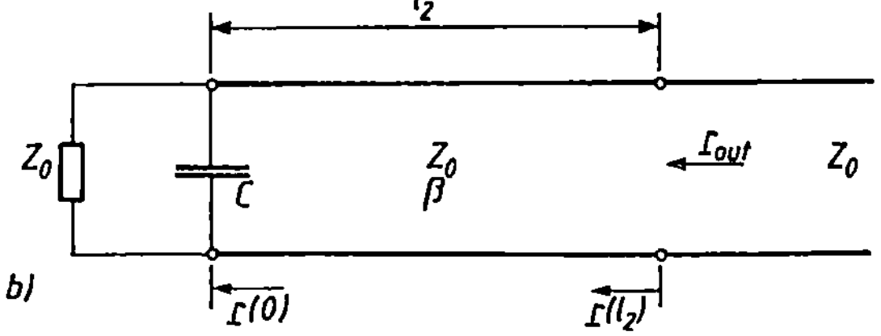

Bild L-48
Ersatzschaltbilder für die
Berechnung von
a) $\underline{S}_{11}$
b) $\underline{S}_{22}$

b) *Aus Übung 9.2.1/1 für $n = 2$:*

$$\underline{C}_{11} = \underline{S}_{11} \cdot \underline{S}_{11}^* + \underline{S}_{21} \cdot \underline{S}_{21}^* = |\underline{S}_{11}|^2 + |\underline{S}_{21}|^2 = 1;$$

$$\left. \begin{array}{l} \underline{C}_{12} = \underline{S}_{11} \cdot \underline{S}_{12}^* + \underline{S}_{21} \cdot \underline{S}_{22}^* = 0 \\ \underline{C}_{21} = \underline{S}_{12} \cdot \underline{S}_{11}^* + \underline{S}_{22} \cdot \underline{S}_{21}^* = 0 \end{array} \right\} \text{ identisch}$$

$$\underline{C}_{22} = \underline{S}_{12} \cdot \underline{S}_{12}^* + \underline{S}_{22} \cdot \underline{S}_{22}^* = |\underline{S}_{12}|^2 + |\underline{S}_{22}|^2 = 1$$

$$\underline{C}_{11} = 0{,}39^2 + 1{,}69^2 = 3{,}008 \neq 1 \Rightarrow \text{Matrix ist nicht unitär.}$$

Übung 9.2.2/4:

Für den 4-Tor-Zirkulator in Bild 9.2.1-2a gilt nach (9.2.1/10) die Streumatrix:

$$\|\underline{S}\| = \begin{bmatrix} 0 & 0 & 0 & e^{j\Psi} \\ e^{j\Psi} & 0 & 0 & 0 \\ 0 & e^{j\Psi} & 0 & 0 \\ 0 & 0 & e^{j\Psi} & 0 \end{bmatrix} .$$

Schließt man die Tore 3 und 4 in Bild 9.2.1-2a reflexionsfrei ab ($a_3 = \underline{a}_4 = 0$) und betrachtet den 4-Tor-Zirkulator als Zweitor, dann erhält man einen Isolator mit der Streumatrix

$$\|\underline{S}\| = \begin{bmatrix} 0 & 0 \\ e^{j\Psi} & 0 \end{bmatrix} .$$

Übung 9.2.2/5:

Das Zweitor ist übertragungssymmetrisch: $\underline{S}_{12} = \underline{S}_{21}$.

Analog zu Beispiel 9.2.2/3:

$$\underline{S}_{21} = \frac{\underline{U}_2 - \underline{I}_2 Z_{02}}{\underline{U}_1 + \underline{I}_1 Z_{01}} \sqrt{\frac{Z_{01}}{Z_{02}}}, \quad \text{aus Bild L-49a} \Rightarrow \underline{U}_2 = -\underline{I}_2 Z_{02}, \quad \frac{\underline{U}_1}{\underline{U}_2} = \frac{n_1}{n_2} \Rightarrow$$

$$\underline{U}_1 = \underline{U}_2 \cdot \frac{n_1}{n_2} = -\underline{I}_2 Z_{02} \cdot \frac{n_1}{n_2}, \quad \frac{\underline{I}_1}{\underline{I}_2} = -\frac{n_2}{n_1} \Rightarrow \underline{I}_1 = -\frac{n_2}{n_1} \cdot \underline{I}_2;$$

$$\underline{S}_{21} = \frac{-\underline{I}_2 Z_{02} - \underline{I}_2 Z_{02}}{-\underline{I}_2 Z_{02} \cdot \dfrac{n_1}{n_2} - \dfrac{n_2}{n_1} \cdot \underline{I}_2 Z_{01}} \sqrt{\frac{Z_{01}}{Z_{02}}} = \frac{2 Z_{02}}{Z_{02} \cdot \dfrac{n_1}{n_2} + \dfrac{n_2}{n_1} \cdot Z_{01}} \sqrt{\frac{Z_{01}}{Z_{02}}}$$

$$= \frac{2 Z_{02}}{Z_{01}} \cdot \frac{n_1}{n_2} \cdot \frac{1}{\dfrac{n_1^2}{n_2^2} \cdot \dfrac{Z_{02}}{Z_{01}} + 1} \sqrt{\frac{Z_{01}}{Z_{02}}} = 2 \cdot \frac{n_1}{n_2} \sqrt{\frac{Z_{02}}{Z_{01}}} \cdot \frac{1}{\left(\dfrac{n_1}{n_2} \cdot \sqrt{\dfrac{Z_{02}}{Z_{01}}} \right)^2 + 1} = \frac{2\ddot{u}'}{\ddot{u}'^2 + 1}$$

mit $\ddot{u}' = \dfrac{n_1}{n_2} \cdot \sqrt{\dfrac{Z_{02}}{Z_{01}}} \triangleq$ normiertes Übersetzungsverhältnis .

$$\underline{S}_{11} = \underline{r}_{\text{in}} \Big|_{r_a = 0} = \frac{\underline{Z}_a - Z_{01}}{\underline{Z}_a + Z_{01}} \Big|_{\text{Abschluß mit } Z_{02}} \qquad \text{(s. Bild L-49b);}$$

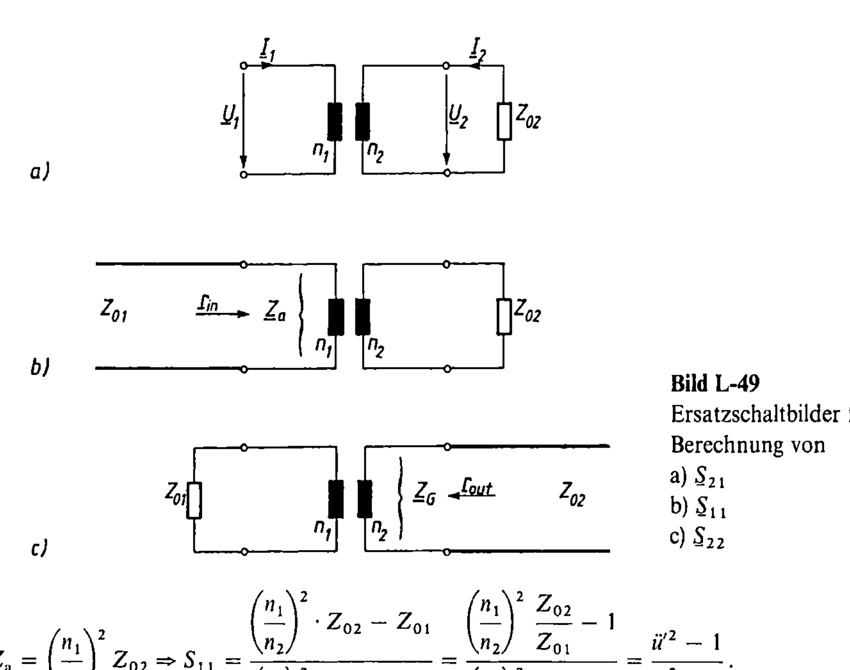

$$\underline{Z}_a = \left(\frac{n_1}{n_2}\right)^2 Z_{02} \Rightarrow \underline{S}_{11} = \frac{\left(\dfrac{n_1}{n_2}\right)^2 \cdot Z_{02} - Z_{01}}{\left(\dfrac{n_1}{n_2}\right)^2 \cdot Z_{02} + Z_{01}} = \frac{\left(\dfrac{n_1}{n_2}\right)^2 \dfrac{Z_{02}}{Z_{01}} - 1}{\left(\dfrac{n_1}{n_2}\right)^2 \dfrac{Z_{02}}{Z_{01}} + 1} = \frac{\ddot{u}'^2 - 1}{\ddot{u}'^2 + 1}.$$

$$\underline{S}_{22} = \underline{r}_{out}\bigg|_{r_G = 0} = \frac{\underline{Z}_G - Z_{02}}{\underline{Z}_G + Z_{02}}\bigg|_{\text{Abschluß mit } Z_{01}} \qquad \text{(s. Bild L-49c)};$$

$$\underline{Z}_G = \left(\frac{n_2}{n_1}\right)^2 Z_{01} \Rightarrow \underline{S}_{22} = \frac{\left(\dfrac{n_2}{n_1}\right)^2 \cdot Z_{01} - Z_{02}}{\left(\dfrac{n_2}{n_1}\right)^2 \cdot Z_{01} + Z_{02}} = \frac{1 - \left(\dfrac{n_1}{n_2}\right)^2 \dfrac{Z_{02}}{Z_{01}}}{1 + \left(\dfrac{n_1}{n_2}\right)^2 \dfrac{Z_{02}}{Z_{01}}} = \frac{1 - \ddot{u}'^2}{1 + \ddot{u}'^2}.$$

Übung 9.2.2/6:

Die Berechnung erfolgt analog zu Beispiel 9.2.2/3.

a) $\underline{S}'_{11} = \underline{r}'_{in, 1}\bigg|_{r_a = 0} = \frac{\underline{Z}'_{a1} - Z_{01}}{\underline{Z}'_{a1} + Z_{01}}\bigg|_{r_a = 0} \Rightarrow$ Tor 2′ mit Z_{01}, Tor 3′ mit Z_{02} abgeschlossen (s. Bild L-50a)

$$\Rightarrow \underline{Z}'_{a1} = \frac{m^2 Z_{02}}{1 + jm^2 Z_{02} B} + Z_{01};$$

$$\underline{S}'_{11} = \underline{S}'_{22} = \frac{\dfrac{m^2 Z_{02}}{1 + jm^2 Z_{02} B} + Z_{01} - Z_{01}}{\dfrac{m^2 Z_{02}}{1 + jm^2 Z_{02} B} + Z_{01} + Z_{01}} = \frac{m^2 Z_{02}}{m^2 Z_{02} + 2 Z_{01}(1 + jm^2 Z_{02} B)}. \tag{1}$$

$$\underline{S}'_{33} = \underline{r}'_{in, 3}\bigg|_{r_a = 0} = \frac{\underline{Z}'_{a3} - Z_{02}}{\underline{Z}'_{a3} + Z_{02}}\bigg|_{r_a = 0} \Rightarrow \text{die Tore 1' und 2' sind jeweils mit } Z_{01} \text{ abgeschlossen}$$

(s. Bild L-50b) $\Rightarrow \underline{Z}'_{a3} = \dfrac{2 Z_{01}}{m^2(1 + j2 Z_{01} B)};$

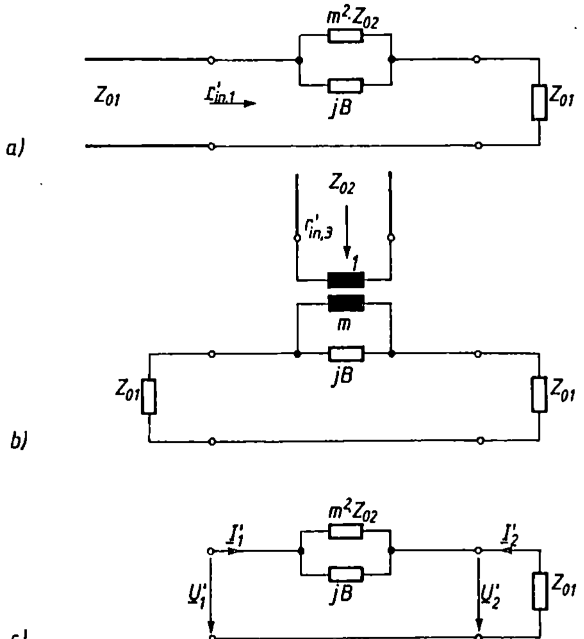

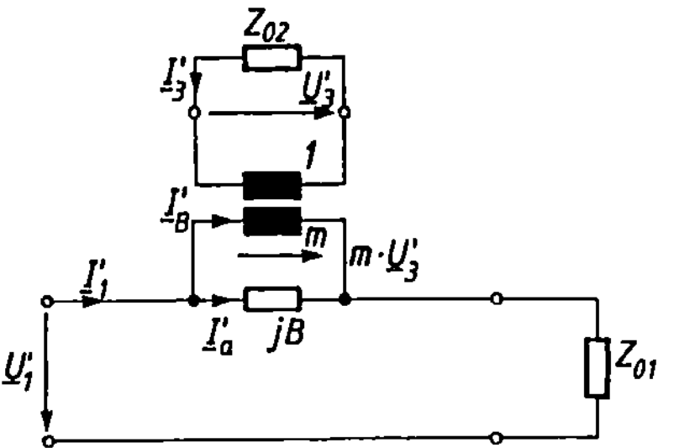

Bild L-50
Ersatzschaltbilder für die
Berechnung von
a) $\underline{S}'_{11}$
b) $\underline{S}'_{33}$
c) $\underline{S}'_{21}$
d) $\underline{S}'_{31}$

$$\underline{S}'_{33} = \frac{2Z_{01} - Z_{02}m^2(1 + j2Z_{01}B)}{2Z_{01} + Z_{02}m^2(1 + j2Z_{01}B)} = \frac{-m^2Z_{02} + 2Z_{01}(1 - jm^2Z_{02}B)}{m^2Z_{02} + 2Z_{01}(1 + jm^2Z_{02}B)} \, . \tag{2}$$

$$\underline{S}'_{21} = \left.\frac{\underline{U}'_2 - \underline{I}'_2 \cdot Z_{01}}{\underline{U}'_1 + \underline{I}'_1 \cdot Z_{01}}\right|_{\text{Bild L-50\,c}} , \qquad \underline{I}'_2 = -\underline{I}'_1 , \qquad \underline{U}'_2 = \underline{I}'_1 \cdot Z_{01} ;$$

$$\underline{U}'_1 = \underline{I}'_1 \cdot \left[\frac{m^2Z_{02} \cdot \dfrac{1}{jB}}{\dfrac{1}{jB} + m^2Z_{02}} + Z_{01} \right] = \underline{I}'_1 \cdot \left[\frac{m^2Z_{02}}{1 + jm^2Z_{02}B} + Z_{01} \right] ;$$

$$\underline{S}'_{21} = \underline{S}'_{12} = \frac{\underline{I}'_1 \cdot Z_{01} + \underline{I}'_1 \cdot Z_{01}}{\underline{I}'_1 \cdot \left[\dfrac{m^2Z_{02}}{1 + jm^2Z_{02}B} + Z_{01} \right] + Z_{01} \cdot \underline{I}'_1} = \frac{2Z_{01}(1 + jm^2Z_{02}B)}{m^2Z_{02} + 2Z_{01}(1 + jm^2Z_{02}B)} \, . \tag{3}$$

$$\underline{S}'_{31} = \underline{S}'_{13} = -\underline{S}'_{32} = -\underline{S}'_{23} = \left.\frac{\underline{U}'_3 - \underline{I}'_3 \cdot Z_{02}}{\underline{U}'_1 + \underline{I}'_1 \cdot Z_{01}} \sqrt{\frac{Z_{01}}{Z_{02}}}\right|_{\text{Bild L-50\,d}} , \qquad \underline{U}'_3 = -\underline{I}'_3 \cdot Z_{02} ;$$

$$\underline{I}'_B = -\frac{1}{m} \cdot \underline{I}'_3, \qquad \underline{I}'_a = m\underline{U}'_3 \, jB = -jm\underline{I}'_3 Z_{02} B, \qquad \underline{I}'_1 = \underline{I}'_a + \underline{I}'_B = -jm\underline{I}'_3 Z_{02} B - \frac{1}{m} \cdot \underline{I}'_3$$

$$= -\underline{I}'_3 \cdot \frac{1}{m} \cdot (1 + jm^2 Z_{02} B), \qquad \underline{U}'_1 = \underline{I}'_1 \cdot \left[Z_{01} + \frac{m^2 Z_{02} \cdot \dfrac{1}{jB}}{m^2 Z_{02} + \dfrac{1}{jB}} \right] = \underline{I}'_1 \cdot \left(Z_{01} + \frac{m^2 Z_{02}}{1 + jm^2 Z_{02} B} \right)$$

$$= \underline{I}'_3 \cdot \frac{1}{m} (1 + jm^2 Z_{02} B) \left(Z_{01} + \frac{m^2 Z_{02}}{1 + jm^2 Z_{02} B} \right) = -\underline{I}'_3 \cdot \frac{1}{m} (Z_{01} + jm^2 Z_{01} Z_{02} B + m^2 Z_{02});$$

$$\underline{S}'_{31} = \frac{-\underline{I}'_3 Z_{02} - \underline{I}'_3 Z_{02}}{-\underline{I}'_3 \cdot \dfrac{1}{m} \cdot (Z_{01} + jm^2 Z_{01} Z_{02} B + m^2 Z_{02}) - \underline{I}'_3 \cdot \dfrac{1}{m} \cdot (1 + jm^2 Z_{02} B) Z_{01}} \sqrt{\frac{Z_{01}}{Z_{02}}}$$

$$= \frac{2m Z_{02}}{m^2 Z_{02} + 2Z_{01}(1 + jm^2 Z_{02} B)} \cdot \sqrt{\frac{Z_{01}}{Z_{02}}} = \underline{S}'_{13} = -\underline{S}'_{32} = -\underline{S}'_{23} . \tag{4}$$

b) $\quad \underline{C}'_{11} = \underline{S}'_{11} \cdot \underline{S}'^{*}_{11} + \underline{S}'_{21} \cdot \underline{S}'^{*}_{21} + \underline{S}'_{31} \cdot \underline{S}'^{*}_{31} = 1, \tag{5}$

$$\underline{C}'_{12} = \underline{S}'_{11} \cdot \underline{S}'^{*}_{21} + \underline{S}'_{21} \cdot \underline{S}'^{*}_{11} - \underline{S}'_{31} \cdot \underline{S}'^{*}_{31} = 0, \tag{6}$$

$$\underline{C}'_{13} = \underline{S}'_{11} \cdot \underline{S}'^{*}_{31} - \underline{S}'_{21} \cdot \underline{S}'^{*}_{31} + \underline{S}'_{31} \cdot \underline{S}'^{*}_{33} = 0, \tag{7}$$

$$\underline{C}'_{33} = \underline{S}'_{31} \cdot \underline{S}'^{*}_{31} + \underline{S}'_{31} \cdot \underline{S}'^{*}_{31} + \underline{S}'_{33} \cdot \underline{S}'^{*}_{33} = 1. \tag{8}$$

Setzt man die Gleichungen (1)—(4) in (5)—(8) ein, dann erkennt man, daß die berechneten Streuparameter des verlustlosen Dreitors die Unitaritätsgleichungen erfüllen.

Übung 9.2.2/7:

Analog zur $\underline{S}_{31}$-Berechnung in Beispiel 9.2.2/3:

$$\underline{S}_{31} = \frac{\underline{b}_3}{\underline{a}_1}\bigg|_{a_2 = a_3 = 0} = \frac{\dfrac{\underline{U}_3 - \underline{I}_3 Z_{03}}{2 \cdot \sqrt{Z_{03}}}}{\dfrac{\underline{U}_1 + \underline{I}_1 Z_{01}}{2 \cdot \sqrt{Z_{01}}}} = \frac{\underline{U}_3 - \underline{I}_3 Z_{03}}{\underline{U}_1 + \underline{I}_1 Z_{01}} \cdot \sqrt{\frac{Z_{01}}{Z_{03}}}\bigg|_{\text{Bild L-51}} ;$$

$$\underline{Z}' = \frac{Z_{02}}{1 + j\omega C Z_{02}}, \qquad \underline{Z}'' = \left(\frac{n_1}{n_2} \right)^2 \cdot Z_{03}, \qquad \underline{I}_3 = -\frac{n_1}{n_2} \cdot \underline{I}_1, \qquad \underline{U}_3 = -\underline{I}_3 Z_{03} \Rightarrow \frac{\underline{I}_1}{\underline{U}_3} = \frac{\dfrac{n_1}{n_2}}{\underline{Z}''},$$

Bild L-51
Ersatzschaltbild für die
$\underline{S}_{31}$-Berechnung

$$\frac{\underline{I}_1}{\underline{U}_1} = \frac{1}{\underline{Z}'' + R + j\omega L + \underline{Z}'}, \qquad \frac{\underline{U}_1}{\underline{U}_3} = \frac{\dfrac{n_1}{n_2} \cdot [\underline{Z}'' + R + j\omega L + \underline{Z}']}{\underline{Z}''};$$

$$\underline{S}_{31} = \frac{\underline{U}_3}{\underline{U}_1} \cdot \frac{1 + \dfrac{n_1}{n_2} \cdot \dfrac{\underline{I}_1}{\underline{U}_3} \cdot Z_{03}}{1 + \dfrac{\underline{I}_1}{\underline{U}_1} \cdot Z_{01}} \cdot \sqrt{\frac{Z_{01}}{Z_{03}}} = \frac{\underline{Z}''}{\dfrac{n_1}{n_2}[\underline{Z}'' + R + j\omega L + \underline{Z}']} \cdot \frac{1 + \dfrac{n_1}{n_2} \cdot Z_{03} \cdot \dfrac{\dfrac{n_1}{n_2}}{\underline{Z}''}}{1 + \dfrac{Z_{01}}{\underline{Z}'' + R + j\omega L + \underline{Z}'}} \cdot \sqrt{\frac{Z_{01}}{Z_{03}}}$$

$$= \frac{\dfrac{n_1}{n_2} \cdot 2Z_{03} \cdot \sqrt{\dfrac{Z_{01}}{Z_{03}}}}{\left(\dfrac{n_1}{n_2}\right)^2 \cdot Z_{03} + R + j\omega L + \dfrac{Z_{02}}{1 + j\omega C Z_{02}} + Z_{01}}.$$

Übung 9.2.3/1:

a) *Analog zu (9.2.3/5):* $\quad \underline{S}_{11} = \tilde{\underline{S}}_{11} \cdot e^{j2\beta l_1} = 0{,}240 \cdot e^{-j80°}, \qquad \underline{S}_{33} = \tilde{\underline{S}}_{33} \cdot e^{j2\beta l_2} = 0{,}5090 \cdot e^{-j34{,}96°}.$

Analog zu (9.2.3/7): $\quad \underline{S}_{21} = \tilde{\underline{S}}_{21} \cdot e^{j2\beta l_1} = 0{,}7543 \cdot e^{-j76{,}4°}, \qquad \underline{S}_{31} = \tilde{\underline{S}}_{31} \cdot e^{j\beta(l_1 + l_2)} = 0{,}6087 \cdot e^{-j54{,}8°}$

Aus Beispiel 9.2.2/3a: $\quad \underline{S}_{22} = \underline{S}_{11}, \qquad \underline{S}_{12} = \underline{S}_{21}, \qquad \underline{S}_{13} = -\underline{S}_{32} = -\underline{S}_{23} = \underline{S}_{31}.$

b) *Aus Beispiel 9.2.3/1:* $\quad \dfrac{b'}{2} - c = \dfrac{\arg\left\{\dfrac{1}{\underline{S}_{11} + \underline{S}_{21}}\right\}}{2\beta} = \dfrac{\arg\{e^{j77{,}29°}\}}{2 \cdot 0{,}4759 \cdot \dfrac{1}{mm}} = \dfrac{1{,}3489\,mm}{0{,}9518} = 1{,}4173\,mm,$

$$c' = \frac{1}{2\beta} \cdot \arg\left\{\frac{\underline{S}_{21}}{\underline{S}_{33} \cdot \underline{S}_{21}^*} \cdot \frac{\underline{S}_{21}^* - \underline{S}_{11}^*}{\underline{S}_{21} + \underline{S}_{11}}\right\} = \frac{mm}{2 \cdot 0{,}4759} \cdot \arg\{e^{j151{,}95°} \cdot e^{-j117{,}84°}\}$$

$$= 1{,}0506\,mm \cdot \arg\{e^{j34{,}11°}\} = 0{,}6255\,mm.$$

c) *Aus Beispiel 9.2.3/1:* $\quad n = \sqrt{2 \cdot \dfrac{Z_{01}}{Z_{02}} \cdot Re\left\{\dfrac{\underline{S}_{11}}{\underline{S}_{21}}\right\}} = \sqrt{2 \cdot \dfrac{b}{b'} \cdot Re\left\{\dfrac{\underline{S}_{11}}{\underline{S}_{21}}\right\}}$

$$= \sqrt{2 \cdot \frac{3{,}556}{3{,}2} \cdot Re\{0{,}3261 \cdot e^{-j3{,}6°}\}} = \sqrt{2{,}222 \cdot 0{,}3255} = 0{,}8505, \qquad \frac{X}{Z_{01}} = 2 \cdot Im\left\{\frac{\underline{S}_{11}}{\underline{S}_{21}}\right\}$$

$$= 2 \cdot 0{,}3261 \cdot \sin(-3{,}6°) = -0{,}04095.$$

Übung 9.2.3/2:

Analog zu (9.2.3/5): $\quad \underline{S}_{11} = \underline{S}'_{11} \cdot e^{-j2\beta\left(\frac{b' - 2d}{2}\right)}.$ $\hspace{3cm}$ (1)

Analog zu (9.2.3/7): $\quad \underline{S}_{21} = \underline{S}'_{21} \cdot e^{-j2\beta\left(\frac{b' - 2d}{2}\right)}.$ $\hspace{3cm}$ (2)

$$(2)/(1): \quad \frac{\underline{S}_{21}}{\underline{S}_{11}} = \frac{\underline{S}'_{21}}{\underline{S}'_{11}} = \frac{2Z_{01}(1 + jm^2 Z_{02} B)}{\underbrace{N}} \cdot \frac{N}{m^2 Z_{02}} = \frac{2Z_{01}}{Z_{02}} \cdot \left(\frac{1}{m^2} + jZ_{02} B\right); \tag{3}$$

$$\text{aus Übung 9.2.2/6 mit } N = m^2 Z_{02} + 2Z_{01}(1 + jm^2 Z_{02} B)$$

$$\Rightarrow \frac{1}{m^2} + jZ_{02} B = \frac{Z_{02}}{2Z_{01}} \cdot \frac{\underline{S}_{21}}{\underline{S}_{11}}. \tag{4}$$

Realteil von (4): $\quad \Rightarrow m = \sqrt{\dfrac{2Z_{01}}{Z_{02}} \cdot \dfrac{1}{Re\left\{\dfrac{\underline{S}_{21}}{\underline{S}_{11}}\right\}}}.$ \hfill (5)

Imaginärteil von (4): $\quad \Rightarrow B = \dfrac{1}{2Z_{01}} \cdot Im\left\{\dfrac{\underline{S}_{21}}{\underline{S}_{11}}\right\}.$ \hfill (6)

$$\underline{S}'_{11} = \underbrace{\frac{m^2 Z_{02}}{N}}_{\text{aus Übung 9.2.2/6}} = \frac{1}{1 + \dfrac{2Z_{01}}{Z_{02}}\left(\dfrac{1}{m^2} + jZ_{02} B\right)} = \frac{1}{\underbrace{1 + \dfrac{\underline{S}_{21}}{\underline{S}_{11}}}_{\text{aus (3)}}} = \frac{\underline{S}_{11}}{\underline{S}_{11} + \underline{S}_{21}} = \underbrace{\underline{S}_{11} \cdot e^{j2\beta\left(\frac{b'}{2} - d\right)}}_{\text{aus (1)}}$$

$$\Rightarrow e^{j2\beta\left(\frac{b'}{2} - d\right)} = \frac{1}{\underline{S}_{11} + \underline{S}_{21}};$$

$$2\beta\left(\frac{b'}{2} - d\right) = \arg\left\{\frac{1}{\underline{S}_{11} + \underline{S}_{21}}\right\} \Rightarrow d = \frac{b'}{2} - \frac{\arg\left\{\dfrac{1}{\underline{S}_{11} + \underline{S}_{21}}\right\}}{2\beta}. \tag{7}$$

Analog zu (9.2.3/5):

$$\underline{S}_{33} = \underline{S}'_{33} \cdot e^{-j2\beta d'} = \underbrace{\frac{-m^2 Z_{02} + 2Z_{01}(1 - jm^2 Z_{02} B)}{m^2 Z_{02} + 2Z_{01}(1 + jm^2 Z_{02} B)}}_{\text{aus Übung 9.2.2/6}} \cdot e^{-j2\beta d'},$$

$$\underline{S}_{33} = \frac{-1 + \dfrac{2Z_{01}}{Z_{02}}\left(\dfrac{1}{m^2} - jZ_{02} B\right)}{1 + \dfrac{2Z_{01}}{Z_{02}}\left(\dfrac{1}{m^2} + jZ_{02} B\right)} \cdot e^{-j2\beta d'} = \frac{-1 + \left(\dfrac{\underline{S}_{21}}{\underline{S}_{11}}\right)^*}{\underbrace{1 + \left(\dfrac{\underline{S}_{21}}{\underline{S}_{11}}\right)}_{\text{aus (3)}}} \cdot e^{-j2\beta d'}$$

$$\frac{-\underline{S}^*_{11} + \underline{S}^*_{21}}{\underline{S}_{11} + \underline{S}_{21}} \cdot \frac{\underline{S}_{11}}{\underline{S}^*_{11}} \cdot e^{-j2\beta d'} \Rightarrow e^{j2\beta d'} = \frac{\underline{S}_{11}}{\underline{S}_{33} \cdot \underline{S}^*_{11}} \cdot \frac{\underline{S}^*_{21} - \underline{S}^*_{11}}{\underline{S}_{21} + \underline{S}_{11}}; \qquad d' = \frac{1}{2\beta} \cdot \arg\left(\frac{\underline{S}_{11}}{\underline{S}_{33} \cdot \underline{S}^*_{11}} \cdot \frac{\underline{S}^*_{21} - \underline{S}^*_{11}}{\underline{S}_{21} + \underline{S}_{11}}\right). \tag{8}$$

Übung 9.2.4/1:

a) *Mit (8) aus Beispiel 9.2.4/1:*

$$\|\underline{T}'\| = \begin{bmatrix} 0,6 \cdot e^{j50^\circ} & 0 \\ \dfrac{-0,2 \cdot e^{j30^\circ}}{0,6 \cdot e^{j50^\circ}} & \dfrac{1}{0,6} \cdot e^{-j50^\circ} \end{bmatrix}, \qquad \|\underline{T}''\| = \begin{bmatrix} 0,1 & 0 \\ 0 & \dfrac{1}{0,97} \end{bmatrix}.$$

b)

$$
\left.\begin{array}{c}
\begin{array}{cc} 0{,}1 & 0 \\ 0 & 1{,}03 \end{array} \\[4pt]
\hline \\[-6pt]
\begin{array}{cc|cc}
0{,}6 \cdot e^{j50^\circ} & 0 & 0{,}06 \cdot e^{j50^\circ} & 0 \\[4pt]
-0{,}33 \cdot e^{-j20'} & 1{,}67 \cdot e^{-j50''} & -0{,}033 \cdot e^{-j20^\circ} & 1{,}72 \cdot e^{-j50^\circ}
\end{array}
\end{array}\right\} \; \|\underline{T}\|
$$

c) *Mit (6) aus Beispiel 9.2.4/1:*

$$
\|\underline{S}\| =
\begin{bmatrix}
0 & 0{,}06 \cdot e^{j50^\circ} \\[6pt]
\dfrac{1}{1{,}72} \cdot e^{j50'} & \dfrac{0{,}033 \cdot e^{-j20'}}{1{,}72 \cdot e^{-j50^\circ}}
\end{bmatrix}
=
\begin{bmatrix}
0 & 0{,}06 \cdot e^{j50^\circ} \\[6pt]
0{,}58 \cdot e^{j50^\circ} & 0{,}019 \cdot e^{j30^\circ}
\end{bmatrix} .
$$

d) *Analog zu Übung 9.2.1/1 für n = 2:* $\underline{C}_{11} = |\underline{S}_{11}|^2 + |\underline{S}_{21}|^2 = 1$

$\underline{C}_{11} = 0{,}58^2 = 0{,}33 \neq 1 \Rightarrow$ Matrix ist nicht unitär.

Übung 9.3/1:

a) Transformierte Ersatzwellenquelle für die Klemmen 1-1':

Aus (9.3/4): $\quad \underline{a}'_{0,1\text{-}1'} = \dfrac{\underline{S}_{21} \cdot \underline{a}_0}{1 - \underline{S}_{11} \cdot \underline{r}_G} = 2{,}509 \sqrt{W} \cdot e^{-j48{,}21^\circ} .$

Aus (9.3/1): $\quad \underline{r}'_{G,1\text{-}1'} = \underline{S}_{22} + \dfrac{\underline{S}_{12} \cdot \underline{S}_{21} \cdot \underline{r}_G}{1 - \underline{S}_{11} \cdot \underline{r}_G} = 0{,}2195 \cdot e^{-j91{,}6^\circ} .$

Damit läßt sich die gegebene Schaltung (Bild 9.3-3) mit der in Bild L-52 skizzierten Ersatzschaltung beschreiben. Damit kann man die transformierte Ersatzwellenquelle für die Klemmen 2-2' dimensionieren:

Analog zu Gleichung (2) in Beispiel 9.3/1: $\quad \underline{a}'_{0,2\text{-}2'} = e^{-\underline{\gamma}l_{ges}} \cdot \underline{a}'_{0,1-1'} = e^{-0{,}13 \cdot 0{,}4} \cdot e^{j8{,}5 \cdot 0{,}4}$
$\cdot 2{,}509 \sqrt{W} \cdot e^{-j48{,}21'} = 2{,}381 \sqrt{W} \cdot e^{j116{,}98^\circ} .$

Analog zu Gl. (3) in Beispiel 9.3/1: $\quad \underline{r}'_{G,2\text{-}2'} = e^{-2\underline{\gamma}l_{ges}} \cdot \underline{r}'_{G,1-1'} = e^{-2 \cdot 0{,}13 \cdot 0{,}4} \cdot e^{-j2 \cdot 8{,}5 \cdot 0{,}4}$
$\cdot 0{,}2195 \cdot e^{-j91{,}6^\circ} = 0{,}1978 \cdot e^{-j121{,}21^\circ} .$

b) *Analog zu (9.1/6):* $\quad P_a = \dfrac{|\underline{a}'_{0,2-2'}|^2}{2} \cdot \dfrac{(1 - |\underline{r}_a|^2)}{|1 - \underline{r}'_{G,2-2'} \cdot \underline{r}_a|^2}$

$$
= \frac{(2{,}381 \sqrt{W})^2}{2} \cdot \frac{(1 - 0{,}35^2)}{|1 - 0{,}1978 \cdot e^{-j121{,}21^\circ} \cdot 0{,}35 \cdot e^{-j95^\circ}|} = 2{,}228 \; W .
$$

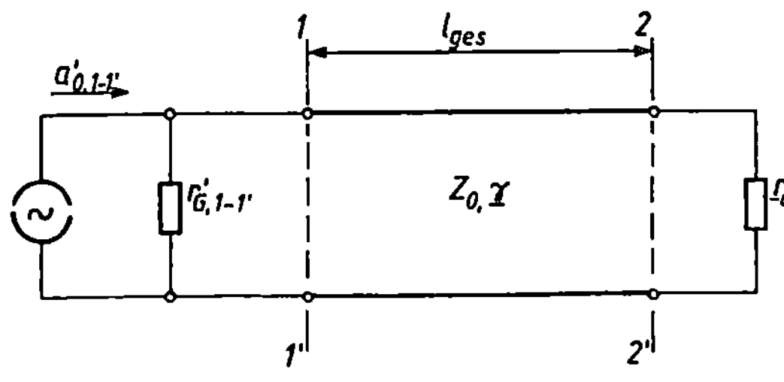

Bild L-52
Ersatzschaltung für Bild 9.3-3

Übung 9.3/2:

a) *Aus (9/27):* $\underline{a}_0 = \underline{U}_0 \dfrac{\sqrt{Z_0}}{\underline{Z}_G + Z_0} = 1{,}319 \cdot e^{-j3{,}14°} \sqrt{W}$.

Aus (9/26): $\underline{r}_G = \dfrac{\underline{Z}_G - Z_0}{\underline{Z}_G + Z_0} = \dfrac{88{,}95 + j8{,}98 - 75}{88{,}95 + j8{,}98 + 75} = 0{,}101 \cdot e^{j29{,}63°}$.

Aus (9.1/5): $\underline{r}_a = \dfrac{\underline{Z}_a - Z_0}{\underline{Z}_a + Z_0} = \underline{r}_0 = 0{,}2529 \cdot e^{-j132{,}25°}$.

$$\underbrace{\qquad\qquad\qquad\qquad}_{\text{aus Übung 8.3.3/1}}$$

Aus Beispiel 9.2.2/2: $\|\underline{S}\| = \begin{bmatrix} 0 & e^{-\underline{\gamma}l_{ges}} \\ e^{-\underline{\gamma}l_{ges}} & 0 \end{bmatrix}$;

$e^{-\underline{\gamma}l_{ges}} = e^{-0{,}017 \cdot 27} \cdot e^{-j6{,}25 \cdot 27} = 0{,}6319 \cdot e^{j51{,}34°}$.

b) *Aus (9.2.2/15):* $\underline{r}_{in} = \underline{S}_{11} + \dfrac{\underline{S}_{12} \cdot \underline{S}_{21} \cdot \underline{r}_a}{1 - \underline{S}_{22} \cdot \underline{r}_a} = 0{,}101 \cdot e^{-j29{,}57°} = \underline{r}_G^*$.

c) $\underline{r}_{out} = \underline{r}_a^* = 0{,}2529 \cdot e^{j132{,}25°}$

Aus (9.2.2/19): $\underline{r}_{out} = \underbrace{\underline{S}_{22}}_{0} + \dfrac{\underline{S}_{12} \cdot \underline{S}_{21} \cdot \underline{r}_G}{1 - \underbrace{\underline{S}_{11} \cdot \underline{r}_G}_{0}} = \underline{S}_{12} \cdot \underline{S}_{21} \cdot \underline{r}_G \Rightarrow \underline{r}_G$

$$= \dfrac{\underline{r}_{out}}{\underline{S}_{12} \cdot \underline{S}_{21}} = \dfrac{\underline{r}_a^*}{\underline{S}_{12} \cdot \underline{S}_{21}} = \dfrac{0{,}2529 \cdot e^{j132{,}25°}}{(0{,}6319)^2 \cdot e^{j2 \cdot 51{,}34°}} = 0{,}6334 \cdot e^{j29{,}57°}$$.

d) $\underline{r}_a = \underline{r}_{out}^* = \underline{r}_G'^*$ (s. transformierte Ersatzwellenquelle)

Aus Gleichung (6) des Beispiels 9.3/1: $P_a = P_{a,max} = P_V' = \dfrac{|\underline{a}_0|^2}{2} \cdot e^{-2\alpha l_{ges}} \cdot \dfrac{1}{1 - e^{-4\alpha l_{ges}} \cdot |\underline{r}_G|^2}$

$= 0{,}8699 \cdot 0{,}3993 \cdot 1{,}0683 \text{ W} = 371{,}09 \text{ mW}$.

Übung 9.4.3/1:

a) $\underline{\varDelta} = \underline{S}_{11}\underline{S}_{22} - \underline{S}_{12}\underline{S}_{21} = 0{,}1219 \cdot e^{j86{,}8°}$.

a1) $\underline{A} = 1 - \underline{S}_{11}\underline{r}_G = 1{,}01 \cdot e^{-j11{,}79°}$, $\underline{B} = \underline{S}_{22} - \underline{r}_G \cdot \underline{\varDelta} = 0{,}2218 \cdot e^{-j103{,}4°}$,

$\underline{C} = 1 - \underline{S}_{22}\underline{r}_a = 1{,}058 \cdot e^{-j2{,}17°}$, $\underline{D} = \underline{S}_{11} - \underline{r}_a \cdot \underline{\varDelta} = 0{,}3601 \cdot e^{j39{,}65°}$,

$P_V = \dfrac{|\underline{a}_0|^2}{2} \cdot \dfrac{1}{1 - |\underline{r}_G|^2} = 13{,}91 \text{ mW}$, $P_V' = \dfrac{|\underline{a}_0|^2}{2} \cdot \dfrac{|\underline{S}_{21}|^2}{|\underline{A}|^2 - |\underline{B}|^2} = 29{,}42 \text{ mW}$,

$P_{in} = \dfrac{|\underline{a}_0|^2}{2} \cdot \dfrac{|\underline{C}|^2 - |\underline{D}|^2}{|\underline{C} - \underline{r}_G\underline{D}|^2} = 8{,}37 \text{ mW}$, $P_a = \dfrac{|\underline{a}_0|^2}{2} \cdot \dfrac{|\underline{S}_{21}|^2 \, (1 - |\underline{r}_a|^2)}{|\underline{A} - \underline{r}_a\underline{B}|^2} = 21{,}19 \text{ mW}$,

$L_{\ddot{U}} = \dfrac{P_a}{P_V} = 1{,}52$, $L_{eff} = \dfrac{P_a}{P_{in}} = 2{,}53$, $L_V = \dfrac{P_V'}{P_V} = 2{,}12$.

a2) $\underline{A} = 1{,}01 \cdot e^{-j11{,}79^\circ}$, $\underline{B} = 0{,}2218 \cdot e^{-j103{,}4^\circ}$, $\underline{r}_{out} = \underline{S}_{22} + \dfrac{\underline{S}_{12}\underline{S}_{21}\underline{r}_G}{1 - \underline{S}_{11}\underline{r}_G}$

   $= 0{,}2195 \cdot e^{-j91{,}6^\circ}$, $\underline{r}_a = \underline{r}_{out}^* = 0{,}2195 \cdot e^{j91{,}6^\circ}$, $\underline{C} = 0{,}9616 \cdot e^{j1{,}24^\circ}$,

   $\underline{D} = 0{,}4118 \cdot e^{j32{,}78^\circ}$, $P_V = 13{,}91\,\text{mW}$, $P_V' = 29{,}42\,\text{mW}$, $P_{in} = 8{,}16\,\text{mW}$,

   $P_a = 29{,}42\,\text{mW} = P_V'$, $L_{\ddot{U}} = 2{,}12$, $L_{eff} = 3{,}6$, $L_V = 2{,}12 = L_{\ddot{U}}$.

a3) $\underline{r}_{in} = \underline{S}_{11} + \dfrac{\underline{S}_{12}\underline{S}_{21}\underline{r}_a}{1 - \underline{S}_{22}\underline{r}_a} = 0{,}3403 \cdot e^{j41{,}83^\circ}$, $\underline{r}_G = \underline{r}_{in}^* = 0{,}3403 \cdot e^{-j41{,}83^\circ}$,

   $\underline{A} = 0{,}8683 \cdot e^{j1{,}04^\circ}$, $\underline{B} = 0{,}2403 \cdot e^{-j122{,}56^\circ}$, $\underline{C} = 1{,}131 \cdot e^{-j20{,}79^\circ}$,

   $\underline{D} = 0{,}3601 \cdot e^{j39{,}65^\circ}$, $P_V = 11{,}31\,\text{mW}$, $P_V' = 41{,}02\,\text{mW}$, $P_{in} = 11{,}31\,\text{mW} = P_V$,

   $P_a = 28{,}6\,\text{mW}$, $L_{\ddot{U}} = 2{,}53$, $L_{eff} = 2{,}53 = L_{\ddot{U}}$, $L_V = 3{,}63$.

a4) $P_V = \dfrac{|\underline{a}_0|^2}{2} = 10\,\text{mW}$, $P_V' = \dfrac{|\underline{a}_0|^2}{2} \cdot \dfrac{|\underline{S}_{21}|^2}{1 - |\underline{S}_{22}|^2} = 29{,}75\,\text{mW}$,

   $P_{in} = \dfrac{|\underline{a}_0|^2}{2} \cdot (1 - |\underline{S}_{11}|^2) = 8{,}48\,\text{mW}$, $P_a = \dfrac{|\underline{a}_0|^2}{2} \cdot |\underline{S}_{21}|^2 = 28{,}56\,\text{mW}$,

   $L_{\ddot{U}} = 2{,}86$, $L_{eff} = 3{,}37$, $L_V = 2{,}98$.

b) $F_1 = 1 + |\underline{S}_{11}|^2 - |\underline{S}_{22}|^2 - |\underline{\Delta}|^2 = 1{,}0972 > 0$, $\underline{E}_1 = \underline{S}_{11} - \underline{\Delta} \cdot \underline{S}_{22}^* = 0{,}4142 \cdot e^{j34{,}52^\circ}$,

   $\underline{r}_G = \underline{E}_1^* \cdot \left[\dfrac{F_1 - \sqrt{F_1^2 - 4\,|\underline{E}_1|^2}}{2\,|\underline{E}_1|^2} \right] = 0{,}456 \cdot e^{-j34{,}52^\circ}$,

   $F_2 = 1 + |\underline{S}_{22}|^2 - |\underline{S}_{11}|^2 - |\underline{\Delta}|^2 = 0{,}8730$, $\underline{E}_2 = \underline{S}_{22} - \underline{\Delta} \cdot \underline{S}_{11}^* = 0{,}2471 \cdot e^{-j121{,}57^\circ}$,

   $\underline{r}_a = \underline{E}_2^* \cdot \left[\dfrac{F_2 - \sqrt{F_2^2 - 4\,|\underline{E}_2|^2}}{2\,|\underline{E}_2|^2} \right] = 0{,}31 \cdot e^{j121{,}57^\circ}$.

c) $P_{in} = P_V = \dfrac{|\underline{a}_0|^2}{2} \cdot \dfrac{1}{1 - |\underline{r}_G|^2} = 12{,}63\,\text{mW}$, $P_a = P_V' = \dfrac{|\underline{a}_0|^2}{2} \cdot \dfrac{|\underline{S}_{21}|^2}{|1 - \underline{S}_{11}\underline{r}_G|^2} \cdot \dfrac{1}{1 - |\underline{r}_a|^2}$

   $= 46{,}75\,\text{mW}$, $L_{\ddot{U}} = L_{eff} = L_V = \dfrac{P_a}{P_V} = \dfrac{P_a}{P_{in}} = \dfrac{P_V'}{P_V} = 3{,}7$.

Übung 9.4.3/2:

a) $\underline{\Delta} = \underline{S}_{11}\underline{S}_{22} - \underline{S}_{12}\underline{S}_{21} = 0{,}4902 \cdot e^{-j112{,}37^\circ}$, $F_1 = 1 + |\underline{S}_{11}|^2 - |\underline{S}_{22}|^2 - |\underline{\Delta}|^2 = 0{,}9517 > 0$,

   $\underline{E}_1 = \underline{S}_{11} - \underline{\Delta} \cdot \underline{S}_{22}^* = 0{,}3878 \cdot e^{j54{,}79^\circ}$, $\underline{r}_G = \underline{E}_1^* \cdot \left[\dfrac{F_1 - \sqrt{F_1^2 - 4\,|\underline{E}_1|^2}}{2\,|\underline{E}_1|^2} \right] = 0{,}516 \cdot e^{-j54{,}79^\circ}$,

   $F_2 = 1 + |\underline{S}_{22}|^2 - |\underline{S}_{11}|^2 - |\underline{\Delta}|^2 = 0{,}5677 > 0$, $\underline{E}_2 = \underline{S}_{22} - \underline{\Delta} \cdot \underline{S}_{11}^* = 0{,}067 \cdot e^{-j7{,}07^\circ}$,

   $\underline{r}_a = \underline{E}_2^* \left[\dfrac{F_2 - \sqrt{F_2^2 - 4\,|\underline{E}_2|^2}}{2\,|\underline{E}_2|^2} \right] = 0{,}1195 \cdot e^{j7{,}07^\circ}$.

b) $L_V = L_{\ddot{U}} = L_{eff} = \dfrac{|\underline{S}_{21}|^2}{|1 - \underline{S}_{11}\underline{r}_G|^2} \cdot \dfrac{1 - |\underline{r}_G|^2}{1 - |\underline{r}_a|^2} = 12{,}81$.

Übung 9.5/1:

a) *Aus (9.2.2/15):* $\quad \underline{r}_{in}^{T} = \underline{S}_{11}^{T} = \underline{S}_{22}^{T}$. $\qquad\qquad\qquad\qquad\qquad\qquad\qquad\qquad$ (1)

$\quad$ *Aus (9.2.2/19):* $\quad \underline{r}_{out}^{T} = \underline{S}_{22}^{T} + \dfrac{\underline{S}_{12}^{T}\underline{S}_{21}^{T}\underline{r}_{out}^{M}}{1 - \underline{S}_{11}^{T}\underline{r}_{out}^{M}} = \underline{S}_{22}^{T} + \dfrac{(\underline{S}_{21}^{T})^{2} \cdot \underline{r}_{out}^{M}}{1 - \underline{S}_{22}^{T}\underline{r}_{out}^{M}}$

$$= \underbrace{\frac{\underline{S}_{22}^{T}(1 - \underline{S}_{22}^{T}\underline{r}_{out}^{M}) + (\underline{S}_{21}^{T})^{2} \cdot \underline{r}_{out}^{M}}{1 - \underline{S}_{22}^{T}\underline{r}_{out}^{M}} = e^{j\,2\,\arg\{\underline{S}_{22}^{T}\}} \cdot \frac{(\underline{S}_{22}^{T})^{*} - \underline{r}_{out}^{M}}{1 - \underline{S}_{22}^{T}\underline{r}_{out}^{M}}}_{analog\ zu\ Gl.\ (4)\ in\ Beispiel\ 9.5/1} \cdot \qquad (2)$$

$\quad$ *Aus (2):* $\quad \underline{r}_{out}^{T} = \underline{r}_{a} = 0 \quad$ für $\quad (\underline{S}_{22}^{T})^{*} = \underline{r}_{out}^{M} \Rightarrow \underline{S}_{11}^{T} = \underline{S}_{22}^{T} = \underbrace{(\underline{r}_{out}^{M})^{*} = \underline{r}_{in}^{T}}_{aus\ (1)}$. $\quad$ (3)

b) $\underline{r}_{out}^{M} = \underline{S}_{22}^{M} + \dfrac{\underline{S}_{12}^{M}\underline{S}_{21}^{M}\underline{r}_{G}}{1 - \underline{S}_{11}^{M}\underline{r}_{G}} = 0{,}2195 \cdot e^{-j91{,}6°}$.

$\quad$ *Aus (3):* $\quad \underline{S}_{11}^{T} = \underline{S}_{22}^{T} = (\underline{r}_{out}^{M})^{*} = 0{,}2195 \cdot e^{j91{,}6°}$.

$\quad$ *Aus (9.5/5):* $\quad |\underline{S}_{21}^{T}| = |\underline{S}_{12}^{T}| = \sqrt{1 - |\underline{S}_{11}^{T}|^{2}} = \sqrt{1 - 0{,}2195^{2}} = 0{,}9756$.

$\quad$ *Aus (9.5/6):* $\quad \arg\{\underline{S}_{21}^{T}\} = \arg\{\underline{S}_{12}^{T}\} = \arg\{\underline{S}_{22}^{T}\} \pm \dfrac{\pi}{2} = 91{,}6° \pm 90°$.

Bei praktischen Berechnungen kommt nur der Term $\underline{S}_{12}^{T}\underline{S}_{21}^{T} = (\underline{S}_{21}^{T})^{2}$ vor, d. h. es wird nur $2 \cdot \arg\{\underline{S}_{21}^{T}\}$ $= 183{,}2° \pm 180° = 3{,}2°$ benötigt.

Übung 9.5/2:

a) $\underline{\Delta} = \underline{S}_{11}\underline{S}_{22} - \underline{S}_{12}\underline{S}_{21} = 0{,}40 \cdot e^{j169{,}5°}$.

$\quad$ *Aus (9.4.3/3):* $\quad F_{1} = 1 + |\underline{S}_{11}|^{2} - |\underline{S}_{22}|^{2} - |\underline{\Delta}|^{2} = 0{,}898 > 0$,

$\quad \underline{E}_{1} = \underline{S}_{11} - \underline{\Delta} \cdot \underline{S}_{22}^{*} = 0{,}3557 \cdot e^{j62{,}66°}$.

$\quad$ *Aus (9.4.3/2):* $\quad \underline{r}_{G} = \underline{E}_{1}^{*} \left[\dfrac{F_{1} - \sqrt{F_{1}^{2} - 4\,|\underline{E}_{1}|^{2}}}{2\,|\underline{E}_{1}|^{2}} \right] = 0{,}4921 \cdot e^{-j62{,}66°}$.

$\quad$ *Aus (9.4.3/6):* $\quad F_{2} = 1 + |\underline{S}_{22}|^{2} - |\underline{S}_{11}|^{2} - |\underline{\Delta}|^{2} = 0{,}782 > 0$,

$\quad \underline{E}_{2} = \underline{S}_{22} - \underline{\Delta} \cdot \underline{S}_{11}^{*} = 0{,}2789 \cdot e^{-j116{,}84°}$.

$\quad$ *Aus (9.4.3/5):* $\quad \underline{r}_{a} = \underline{E}_{2}^{*} \left[\dfrac{F_{2} - \sqrt{F_{2}^{2} - 4\,|\underline{E}_{2}|^{2}}}{2\,|\underline{E}_{2}|^{2}} \right] = 0{,}4194 \cdot e^{j116{,}84°}$.

b) *Aus Kap. 9.4.3:* $\quad \underline{r}_{in} = \underline{r}_{G}^{*} = 0{,}4921 \cdot e^{j62{,}66°}$,

$\quad \underline{r}_{out} = \underline{r}_{a}^{*} = 0{,}4194 \cdot e^{-j116{,}84°}$.

$\quad$ *Analog zu Beispiel 9.5/1:* $\quad \underline{r}_{G} = \underline{S}_{22}^{I} = \underline{r}_{in}^{*} \Rightarrow \underline{r}_{I} = 0$;

$\quad \underline{r}_{a} = \underline{S}_{11}^{II} = \underline{r}_{out}^{*} \Rightarrow \underline{r}_{II} = 0$.

c) $\underline{S}_{11}^{I} = \underline{S}_{22}^{I} = \underline{r}_{in}^{*} = \underline{r}_{G} = 0{,}4921 \cdot e^{-j62{,}66°}$.

$\quad$ *Aus (9.5/5):* $\quad |\underline{S}_{21}^{I}| = \sqrt{1 - |\underline{S}_{11}^{I}|^{2}} = \sqrt{1 - 0{,}4921^{2}} = 0{,}8705$.

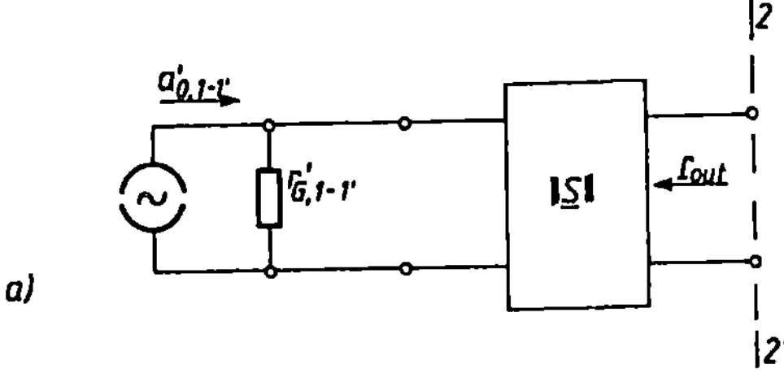

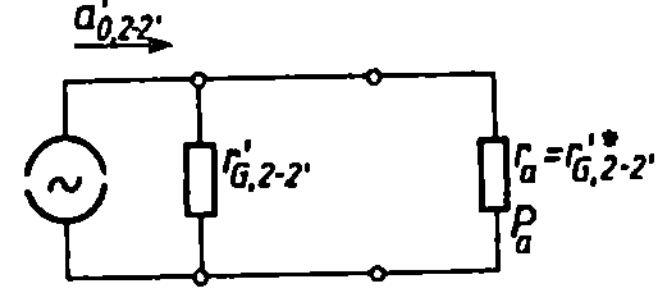

Bild L-53
Transformierte Ersatzwellenquelle
für die Ebene
a) 1-1'
b) 2-2'

Analog zu (9.3/4): $\quad \underline{a}'_{0,\,1-1'} = \dfrac{\underline{S}^{I}_{21}\underline{a}_0}{1 - \underbrace{\underline{S}^{I}_{11}\underline{r}}_{0}} = \underline{S}^{I}_{21}\underline{a}_0 \;\Rightarrow\; |\underline{a}'_{0,\,1-1'}| = |\underline{S}^{I}_{21}| \cdot |\underline{a}_0| .$ (1)

Analog zu (9.1/10): $\quad P_{\mathrm{v}} = \dfrac{|\underline{a}_0|^2}{2} \cdot \dfrac{1}{1 - \underbrace{|\underline{r}|^2}_{0}} = \dfrac{|\underline{a}_0|^2}{2} \;\Rightarrow\; |\underline{a}_0| = \sqrt{2P_{\mathrm{v}}} .$ (2)

(2) in (1): $\quad |\underline{a}'_{0,\,1-1'}| = |\underline{S}^{I}_{21}| \cdot \sqrt{2P_{\mathrm{v}}} = 0{,}8705 \cdot \sqrt{2 \cdot 10\,\mathrm{mW}} = 0{,}1231 \cdot \sqrt{W} ;$

$\underline{r}'_{\mathrm{G},\,1-1'} = \underline{r}_{\mathrm{G}} = 0{,}4921 \cdot \mathrm{e}^{-\mathrm{j}62{,}66}$ (s. Bild L-53a).

Analog zu (9.3/4): $\quad \underline{a}'_{0,\,2-2'} = \dfrac{\underline{S}_{21}\underline{a}'_{0,\,1-1'}}{1 - \underline{S}_{11}\underline{r}'_{\mathrm{G},\,1-1'}} \;\Rightarrow\; |\underline{a}'_{0,\,2-2'}| = 0{,}6329\,\sqrt{W} ;$

$\underline{r}'_{\mathrm{G},\,2-2'} = \underline{r}_{\mathrm{out}} = 0{,}4194 \cdot \mathrm{e}^{-\mathrm{j}116{,}84}$ (s. Bild L-53b).

d) $P_{\mathrm{L}} = P_{\mathrm{a}}$, da der *E-H*-Tuner verlustlos.

Analog zu (9.1/10): $\quad P_{\mathrm{L}} = P_{\mathrm{a}} = P_{\mathrm{a,\,max}} = \dfrac{|\underline{a}'_{0,\,2-2'}|^2}{2} \cdot \dfrac{1}{1 - |\underline{r}'_{\mathrm{G},\,2-2'}|^2}$

$$= \dfrac{(0{,}6329\,\sqrt{W})^2}{2} \cdot \dfrac{1}{1 - 0{,}4194^2} = 242{,}95\,\mathrm{mW} .$$

Übung 10.3/1:

a) *Aus (10.3/8):* $\quad f_{\mathrm{c}} = \dfrac{c}{2a} = \dfrac{3 \cdot 10^8\,\frac{\mathrm{m}}{\mathrm{s}}}{2 \cdot 5 \cdot 10^{-2}\,\mathrm{m}} = 3\,\mathrm{GHz} .$

b) *Aus (10.3/3):* $\quad \lambda_{\mathrm{H}} = \dfrac{\lambda}{\sqrt{1 - \left(\frac{\lambda}{2a}\right)^2}} = \dfrac{7{,}5\,\mathrm{cm}}{\sqrt{1 - \left(\frac{7{,}5}{10}\right)^2}} = 11{,}34\,\mathrm{cm} .$

c) *Aus (10.3/31):*

$$\lambda_{\mathrm{H},\,\varepsilon_{\mathrm{r}}} = \dfrac{\lambda}{\sqrt{\varepsilon_{\mathrm{r}}} \cdot \sqrt{1 - \left(\frac{\lambda}{\sqrt{\varepsilon_{\mathrm{r}}} \cdot 2a}\right)^2}} = \dfrac{7{,}5\,\mathrm{cm}}{\sqrt{2{,}1} \cdot \sqrt{1 - \left(\frac{5{,}175}{10}\right)^2}} = 6{,}049\,\mathrm{cm} .$$

d) $f_1 = f_c = 3\,\text{GHz} \Rightarrow \lambda_H = \infty \Rightarrow v_{\text{Ph},f_1} = c \cdot \dfrac{\lambda_H}{\lambda} = \infty \Rightarrow v_{\text{Gr},f_1} = \dfrac{c^2}{\underbrace{v_{\text{Ph},f_1}}} = 0\,;$

$$\underbrace{\qquad\qquad}_{aus\ (10.3/4)} \qquad\qquad \underbrace{\qquad\qquad}_{aus\ Beispiel\ 10.3/1}$$

$$v_{\text{Ph},f_2} = c \cdot \frac{\lambda_H}{\lambda} = 3 \cdot 10^8\,\frac{\text{m}}{\text{s}} \cdot \frac{11,34}{7,5} = 4,536 \cdot 10^8\,\frac{\text{m}}{\text{s}} > c\,;$$

$$v_{\text{Gr},f_2} = \frac{c^2}{v_{\text{Ph},f_2}} = \frac{\left(3 \cdot 10^8\,\frac{\text{m}}{\text{s}}\right)^2}{4,536 \cdot 10^8\,\dfrac{\text{m}}{\text{s}}} = 1,984 \cdot 10^8\,\frac{\text{m}}{\text{s}} < c\,.$$

Übung 10.3/2:

Aus (10.3/29): $\quad \underline{\gamma} z = \beta z = \dfrac{2\pi}{\lambda_H} \cdot z\,.$

Aus (10.3/37): $\quad E_y(x, z) = -\tilde{E}_y \cdot \sin\left(\dfrac{\pi x}{a}\right) \cdot \cos\left(\dfrac{2\pi}{\lambda_H} \cdot z\right).$

Aus (10.3/38): $\quad H_x(x, z) = \dfrac{-\underline{\gamma}}{\omega\mu} \cdot \tilde{E}_y \cdot \sin\left(\dfrac{\pi x}{a}\right) \cdot \cos\left(\dfrac{2\pi}{\lambda_H} \cdot z\right).$

Aus (10.3/39): $\quad H_z(x, z) = \dfrac{\pi}{\omega\mu a} \cdot \tilde{E}_y \cdot \cos\left(\dfrac{\pi x}{a}\right) \cdot \sin\left(\dfrac{2\pi}{\lambda_H} \cdot z\right).$

Mit den normierten Feldgrößen der Tabelle wurde der prinzipielle Feld- und Wandstromverlauf in Bild L-54 dargestellt (vgl. mit den Bildern 10.3-2 und 10.3-3).

$-\dfrac{z}{\lambda_H}$	$\dfrac{x}{a}$	$\dfrac{E_y(x, z)}{\tilde{E}_y}$	$\dfrac{H_x(x, z) \cdot \omega\mu}{\underline{\gamma} \cdot \tilde{E}_y}$	$\dfrac{H_z(x, z) \cdot \omega\mu a}{\pi \cdot \tilde{E}_y}$
0	1/4	$-0,707$	$-0,707$	0
0	1/2	-1	-1	0
0	3/4	$-0,707$	$-0,707$	0
1/4	1/4	0	0	$-0,707$
1/4	1/2	0	0	0
1/4	3/4	0	0	0,707
1/2	1/4	0,707	0,707	0
1/2	1/2	1	1	0
1/2	3/4	0,707	0,707	0
3/4	1/4	0	0	0,707
3/4	1/2	0	0	0
3/4	3/4	0	0	$-0,707$
1	1/4	$-0,707$	$-0,707$	0
1	1/2	-1	-1	0
1	3/4	$-0,707$	$-0,707$	0

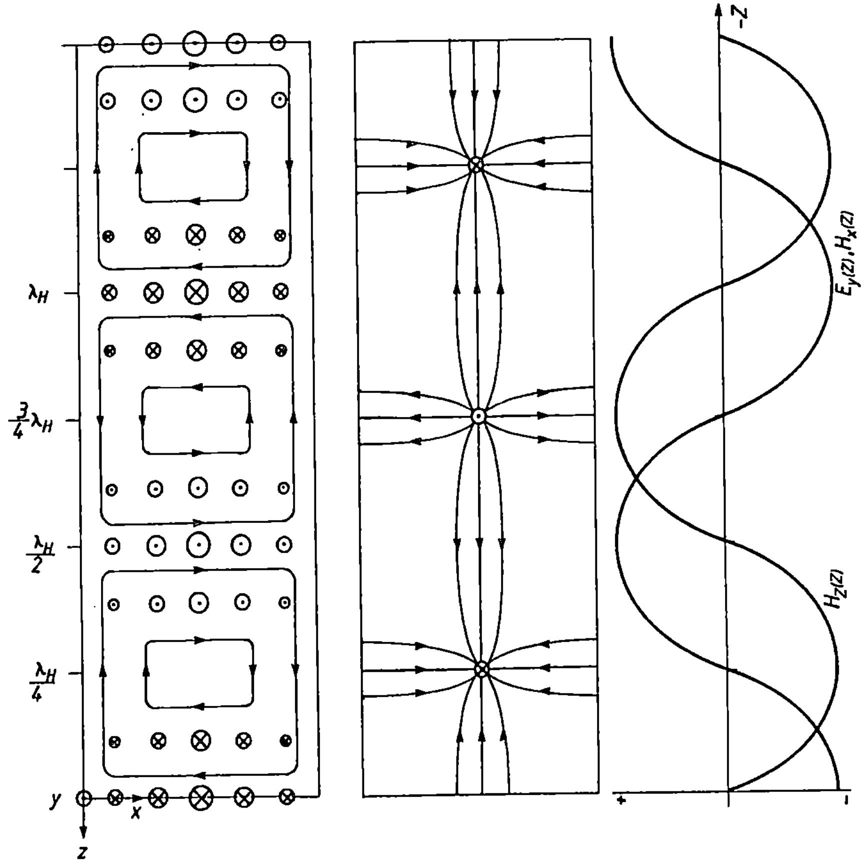

Bild L-54 Prinzipieller Feld- und Wandstromverlauf für eine sich in $-z$-Richtung ausbreitende H_{10}-Welle

Übung 10.3/3:

a) *Aus Tabelle 10.3-1* $\Rightarrow$ R320-Hohlleiter für das R-Rand: $26{,}4-40{,}0$ GHz.

b) *Aus (10.3/8):* $f_c = \dfrac{c}{2a} = 21{,}09$ GHz $\Rightarrow f = 1{,}5 \cdot f_c = 31{,}64$ GHz;

$$\lambda = \frac{c}{f} = 9{,}483\ \text{mm} \Rightarrow aus\ (10.3/3):\quad \frac{\lambda_H}{\lambda} = \frac{1}{\sqrt{1-\left(\dfrac{\lambda}{2a}\right)^2}} = 1{,}342\ .$$

$$Aus\ (10.3/42):\quad Z_{\text{OH}}(P,\underline{U}) = 754\ \Omega \cdot \frac{b}{a} \cdot \frac{\lambda_H}{\lambda} = 42{,}67\ \Omega\ .$$

c) Schalter geschlossen: $\arg\{\underline{r}_1\} = \Phi_1 = 180°$;

Schalter offen: $\arg\{\underline{r}_2\} = \Phi_2$;

$$\Delta\Phi = \Phi_1 - \Phi_2 = 120° \Rightarrow \Phi_2 = \Phi_1 - 120° = 60° \triangleq \frac{\pi}{3};$$

$$\underline{r}_2 = \underline{r}(0) \cdot e^{-j\beta l_P} = \underbrace{e^{j\pi}}_{Kurzschlu\beta} \cdot\, e^{-j2\beta l_P} = e^{j(\pi - 2\beta l_P)}\quad \text{mit}\quad \beta = \frac{2\pi}{\lambda_H}, \qquad \lambda_H = 12{,}72\ \text{mm};$$

$$\Rightarrow \arg\{\underline{r}_2\} = \Phi_2 = \frac{\pi}{3} = \pi - 2 \cdot \frac{2\pi}{\lambda_\mathrm{H}} \cdot l_\mathrm{P} = \pi\left(1 - \frac{4l_\mathrm{P}}{\lambda_\mathrm{H}}\right) \Rightarrow 1 - \frac{4l_\mathrm{P}}{\lambda_\mathrm{H}} = \frac{1}{3};$$

$$\Rightarrow l_\mathrm{P} = \frac{\lambda_\mathrm{H}}{6} = 2{,}12\ \mathrm{mm}.$$

Übung 10.3/4:

Berechnung erfolgt analog zu Beispiel 8.2/1:

$$\underline{Z}_1^\mathrm{I} = Z_\mathrm{OH}^\mathrm{I} \cdot \frac{1 + \underline{r}_1^\mathrm{I}}{1 - \underline{r}_1^\mathrm{I}} = Z_\mathrm{OH}^\mathrm{I} \cdot \frac{1 + e^{j\Phi_1^\mathrm{I}}}{1 - e^{j\Phi_1^\mathrm{I}}}, \qquad \underline{r}_1^\mathrm{II} = \frac{\underline{Z}_1^\mathrm{I} - Z_\mathrm{OH}^\mathrm{II}}{\underline{Z}_1^\mathrm{I} + Z_\mathrm{OH}^\mathrm{II}} = 1 \cdot e^{j\Phi_1^\mathrm{II}};$$

$$\underline{Z}_2^\mathrm{I} = Z_\mathrm{OH}^\mathrm{I} \cdot \frac{1 + \underline{r}_2^\mathrm{I}}{1 - \underline{r}_2^\mathrm{I}} = Z_\mathrm{OH}^\mathrm{I} \cdot \frac{1 + e^{j\Phi_2^\mathrm{I}}}{1 - e^{j\Phi_2^\mathrm{I}}}, \qquad \underline{r}_2^\mathrm{II} = \frac{\underline{Z}_2^\mathrm{I} - Z_\mathrm{OH}^\mathrm{II}}{\underline{Z}_2^\mathrm{I} + Z_\mathrm{OH}^\mathrm{II}} = 1 \cdot e^{j\Phi_2^\mathrm{II}};$$

$$\frac{\underline{r}_1^\mathrm{II}}{\underline{r}_2^\mathrm{II}} = \frac{e^{j\Phi_1^\mathrm{II}}}{e^{j\Phi_2^\mathrm{II}}} = e^{j(\Phi_1^\mathrm{II} - \Phi_2^\mathrm{II})} = e^{-j\Delta\Phi^\mathrm{II}} = e^{\mp j\pi} = -1 = \frac{\underline{Z}_1^\mathrm{I} - Z_\mathrm{OH}^\mathrm{II}}{\underline{Z}_1^\mathrm{I} + Z_\mathrm{OH}^\mathrm{II}} \cdot \frac{\underline{Z}_2^\mathrm{I} + Z_\mathrm{OH}^\mathrm{II}}{\underline{Z}_2^\mathrm{I} - Z_\mathrm{OH}^\mathrm{II}}$$

$$= \frac{Z_\mathrm{OH}^\mathrm{I} \cdot \dfrac{1 + e^{j\Phi_1^\mathrm{I}}}{1 - e^{j\Phi_1^\mathrm{I}}} - Z_\mathrm{OH}^\mathrm{II}}{Z_\mathrm{OH}^\mathrm{I} \cdot \dfrac{1 + e^{j\Phi_1^\mathrm{I}}}{1 - e^{j\Phi_1^\mathrm{I}}} + Z_\mathrm{OH}^\mathrm{II}} \cdot \frac{Z_\mathrm{OH}^\mathrm{I} \cdot \dfrac{1 + e^{j\Phi_2^\mathrm{I}}}{1 - e^{j\Phi_2^\mathrm{I}}} + Z_\mathrm{OH}^\mathrm{II}}{Z_\mathrm{OH}^\mathrm{I} \cdot \dfrac{1 + e^{j\Phi_2^\mathrm{I}}}{1 - e^{j\Phi_2^\mathrm{I}}} - Z_\mathrm{OH}^\mathrm{II}}$$

$$= \frac{1 + e^{j\Phi_1^\mathrm{I}} - \delta(1 - e^{j\Phi_1^\mathrm{I}})}{1 + e^{j\Phi_1^\mathrm{I}} + \delta(1 - e^{j\Phi_1^\mathrm{I}})} \cdot \frac{1 + e^{j\Phi_2^\mathrm{I}} + \delta(1 - e^{j\Phi_2^\mathrm{I}})}{1 + e^{j\Phi_2^\mathrm{I}} - \delta(1 - e^{j\Phi_2^\mathrm{I}})}$$

$$= \frac{1 - \delta + e^{j\Phi_1^\mathrm{I}}(1 + \delta)}{1 + \delta + e^{j\Phi_1^\mathrm{I}}(1 - \delta)} \cdot \frac{1 + \delta + e^{j\Phi_2^\mathrm{I}}(1 - \delta)}{1 - \delta + e^{j\Phi_2^\mathrm{I}}(1 + \delta)},$$

mit

$$\delta = \frac{Z_\mathrm{OH}^\mathrm{II}}{Z_\mathrm{OH}^\mathrm{I}}$$

$$-1 \cdot [1 - \delta^2 + e^{j\Phi_1^\mathrm{I}}(1 - \delta)^2 + e^{j\Phi_2^\mathrm{I}}(1 + \delta)^2 + (1 - \delta^2)e^{j(\Phi_1^\mathrm{I} + \Phi_2^\mathrm{I})}] = 1 - \delta^2 + e^{j\Phi_1^\mathrm{I}}(1 + \delta)^2$$

$$+ e^{j\Phi_2^\mathrm{I}}(1 - \delta)^2 + (1 - \delta^2)e^{j(\Phi_1^\mathrm{I} + \Phi_2^\mathrm{I})};$$

$$-(1 + \delta^2) \cdot [e^{j\Phi_1^\mathrm{I}} + e^{j\Phi_2^\mathrm{I}}] + (\delta^2 - 1) \cdot [1 + e^{j(\Phi_1^\mathrm{I} + \Phi_2^\mathrm{I})}] = 0;$$

$$-(1 + \delta^2) \cdot [1 + e^{j(\Phi_2^\mathrm{I} - \Phi_1^\mathrm{I})}] + (\delta^2 - 1) \cdot [e^{-j\Phi_1^\mathrm{I}} + e^{j\Phi_2^\mathrm{I}}] = 0;$$

$$\delta^2 \cdot [e^{j\Phi_1^\mathrm{I}}(\underbrace{e^{-j2\Phi_1^\mathrm{I}}}_{\frac{\pi}{2}} + e^{j(\Phi_2^\mathrm{I} - \Phi_1^\mathrm{I})}) - 1 - \underbrace{e^{j(\Phi_2^\mathrm{I} - \Phi_1^\mathrm{I})}}_{\frac{\pi}{2}}] = e^{-j\Phi_1^\mathrm{I}} + 1 + \underbrace{e^{j(\Phi_2^\mathrm{I} - \Phi_1^\mathrm{I})}}_{\frac{\pi}{2}}(e^{j\Phi_1^\mathrm{I}} + 1);$$

$$\delta^2 \cdot [e^{j\Phi_1^\mathrm{I}}(e^{-j2\Phi_1^\mathrm{I}} + j) - 1 - j] = e^{-j\Phi_1^\mathrm{I}} + 1 + j(e^{j\Phi_1^\mathrm{I}} + 1);$$

$$\delta^2 = \frac{e^{-j\Phi_1^\mathrm{I}} + 1 + j(e^{j\Phi_1^\mathrm{I}} + 1)}{e^{-j\Phi_1^\mathrm{I}} - 1 + j(e^{j\Phi_1^\mathrm{I}} - 1)} = \frac{\cos(\Phi_1^\mathrm{I}) - j\sin(\Phi_1^\mathrm{I}) + 1 + j\cos(\Phi_1^\mathrm{I}) - \sin(\Phi_1^\mathrm{I}) + j}{\cos(\Phi_1^\mathrm{I}) - j\sin(\Phi_1^\mathrm{I}) - 1 + j\cos(\Phi_1^\mathrm{I}) - \sin(\Phi_1^\mathrm{I}) - j}$$

$$= \frac{\cos(\Phi_1^\mathrm{I}) - \sin(\Phi_1^\mathrm{I}) + 1 + j[1 + \cos(\Phi_1^\mathrm{I}) - \sin(\Phi_1^\mathrm{I})]}{\cos(\Phi_1^\mathrm{I}) - \sin(\Phi_1^\mathrm{I}) - 1 + j[-1 + \cos(\Phi_1^\mathrm{I}) - \sin(\Phi_1^\mathrm{I})]}.$$

Mit der Abkürzung $\xi = \cos(\Phi_1^I) - \sin(\Phi_1^I) - 1$ ergibt sich:

$$\delta^2 = \frac{\xi + 2 + j(\xi + 2)}{\xi + j\xi} = \frac{[\xi + 2 + j(\xi + 2)](\xi - j\xi)}{2\xi^2} = \frac{2\xi^2 + 4\xi}{2\xi^2} = 1 + \frac{2}{\xi}$$

$$\Rightarrow \delta^2 = \left(\frac{Z_{OH}^{II}}{Z_{OH}^{I}}\right)^2 = 1 + \frac{2}{\cos(\Phi_1^I) - \sin(\Phi_1^I) - 1}. \tag{1}$$

In Bild L-55a ist der Verlauf von Gl. (1) skizziert. Da nur für $\delta^2 > 0$ eine praktische Realisierung möglich ist, erhält man für die 90°- auf 180°-Transformation aus Bild L-55a die Randbedingungen:

$$\left.\begin{array}{l} 90° < \Phi_1^I < 180°, \\ 270° < \Phi_1^I < 360°. \end{array}\right\} \tag{2}$$

Daraus ergibt sich der kleinste Wellenwiderstandsunterschied (wegen Bandbreite) für:

Φ_1^I	δ^2	$\delta = \dfrac{Z_{OH}^{II}}{Z_{OH}^{I}}$
135°	0,1716	0,414
315°	5,828	2,414

$$\tag{3}$$

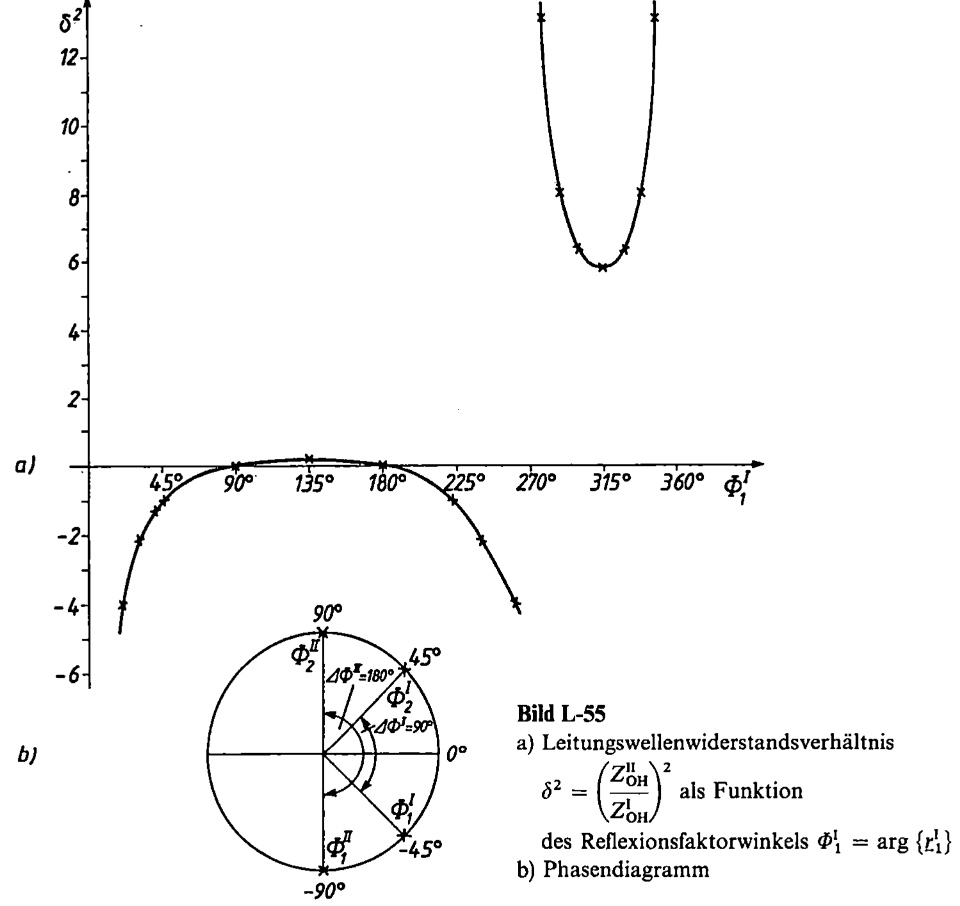

Bild L-55

a) Leitungswellenwiderstandsverhältnis

$\delta^2 = \left(\dfrac{Z_{OH}^{II}}{Z_{OH}^{I}}\right)^2$ als Funktion

des Reflexionsfaktorwinkels $\Phi_1^I = \arg\{r_1^I\}$

b) Phasendiagramm

Analog zu (10.3/45):

$$\frac{Z_{OH}^{II}}{Z_{OH}^{I}} = \frac{b^{II}}{b^{I}} = \frac{4{,}318\ \text{mm}}{b^{I}}, \qquad b^{I} < b^{II}\ \text{vorgegeben};$$

$$\Rightarrow \text{aus (3):} \quad \frac{4{,}318\ \text{mm}}{b^{I}} = 2{,}414 \quad \text{für} \quad \Phi_1^I = \arg\{\underline{r}_1^I\} = 315° \,\hat{=}\, -45°;$$

$$\Rightarrow b^{I} = \frac{4{,}318\ \text{mm}}{2{,}414} = 1{,}789\ \text{mm}, \qquad \Phi_2^I = \arg\{\underline{r}_2^I\} = 90° + \Phi_1^I = 45°.$$

Kontrolle

$$\underline{r}_1^{II} = \frac{\dfrac{\underline{Z}_1^I}{Z_{OH}^{II}} - 1}{\dfrac{\underline{Z}_1^I}{Z_{OH}^{II}} + 1} = \frac{-1 - j}{1 - j} = e^{-j90°}, \qquad \underline{r}_2^{II} = \frac{\dfrac{\underline{Z}_2^I}{Z_{OH}^{II}} - 1}{\dfrac{\underline{Z}_2^I}{Z_{OH}^{II}} + 1} = \frac{-1 + j}{1 + j} = e^{j90°}.$$

Bild L-55b zeigt die Lage der vier Phasenzustände. Mit dem idealen Hohlleitersprung (Leitungs-wellenwiderstandssprung) ist es also möglich, eine Phasendifferenz von $\Delta\Phi^I = 90°$ auf $\Delta\Phi^{II} = 180°$ zu vergrößern.

Übung 10.3/5:

Die Berechnung erfolgt mit den Gln. (2) und (3) des Beispiels 10.3/5: $\alpha = 0{,}4142$, $C = 4{,}0$.

f/GHz	λ_H/mm	A	A'	B/Y_{OH}
18,0	26,70	72,41	$1{,}556 \cdot 10^3$	0,376
18,5	24,95	62,38	$1{,}358 \cdot 10^3$	0,405
19,0	23,48	54,42	$1{,}200 \cdot 10^3$	0,434
19,5	22,20	47,94	$1{,}072 \cdot 10^3$	0,463
20,0	21,09	42,57	$0{,}966 \cdot 10^3$	0,491

Übung 10.3/6:

a) *Aus (10.3/33):*
$$f_{c,\varepsilon_r} = \frac{c}{\sqrt{\varepsilon_r} \cdot 2a} = 11{,}99\ \text{GHz}.$$

b) *Aus Beispiel 10.3/2:*
$$v_{\text{Ph},\varepsilon_r} = \frac{1}{\sqrt{\varepsilon_r}} \cdot \frac{c}{\sqrt{1 - \left(\dfrac{f_{c,\varepsilon_r}}{f}\right)^2}} = 3{,}443 \cdot 10^8\ \frac{\text{m}}{\text{s}};$$

$$v_{\text{Gr},\varepsilon_r} = \frac{1}{v_{\text{Ph},\varepsilon_r}} \cdot \frac{c^2}{\varepsilon_r} = 1{,}245 \cdot 10^8\ \frac{\text{m}}{\text{s}}.$$

c) *Aus (10.3/46):* mit $\varkappa = \dfrac{1}{\varrho}$;

$$\alpha_{H_{10}} = \sqrt{2\omega\varepsilon\varrho} \cdot \frac{a + b \cdot \left(\dfrac{f_c}{f}\right)^2}{a \cdot b \cdot \sqrt{1 - \left(\dfrac{f_c}{f}\right)^2}} = \frac{0{,}1358}{\text{m}}.$$

d) *Aus (10.3/35):* mit $Z_0 \approx 377\,\Omega$

$$Z_{\mathrm{F.}\,\varepsilon_r} = \frac{Z_0}{\sqrt{\varepsilon_r} \cdot \sqrt{1 - \left(\dfrac{\lambda_{\varepsilon_r}}{\lambda_c}\right)^2}} = 432{,}41\,\Omega\,.$$

Übung 10.4/1:

a) *Aus (10.3/33):* $\quad f_{c,\,\varepsilon_r} = \dfrac{c}{\sqrt{\varepsilon_r} \cdot 2a} = 40{,}75\,\text{GHz}\,.$

b) *Analog zu (10.3/45):* $\quad \dfrac{Z_{\mathrm{OH}} - Z'_{\mathrm{OH}}}{Z_{\mathrm{OH}}} = \dfrac{b - b'}{b} = 84{,}25\%\,.$

Übung 10.4/2:

a) $\lambda = \dfrac{c}{f} = 12\,\text{mm}\,, \qquad \lambda_{\mathrm{H}} = \dfrac{\lambda}{\sqrt{1 - \left(\dfrac{\lambda}{2a}\right)^2}} = 14{,}51\,\text{mm}\,.$

Aus Bild 10.4-2: $\quad |\underline{r}(z = 0)| = 0 \quad \text{für} \quad \dfrac{l_{\text{ges, min}}}{\lambda_{\mathrm{H}}} = 1 \Rightarrow l_{\text{ges, min}} = 14{,}51\,\text{mm}\,.$

b) $b(z = 0{,}75 \cdot l_{\text{ges}}) = 0{,}5\,\text{mm} \cdot \left[\dfrac{4{,}318}{0{,}5}\right]^{0{,}75 \left(1 - \frac{\sin(2\pi \cdot 0{,}75)}{2\pi \cdot 0{,}75}\right)} = 3{,}55\,\text{mm}\,.$

c) $\lambda = \dfrac{c}{f} = 15\,\text{mm}\,, \qquad \lambda_{\mathrm{H}} = 21{,}09\,\text{mm}\,, \qquad \dfrac{l_{\text{ges}}}{\lambda_{\mathrm{H}}} = \dfrac{9{,}5}{21{,}09} = 0{,}45\,.$

Analog zu (10.3/45): $\quad \dfrac{Z_{\mathrm{OH}}(z = l_{\text{ges}})}{Z_{\mathrm{OH}}(z = 0)} = \dfrac{b(z = l_{\text{ges}})}{b(z = 0)} = 8{,}636\,.$

Aus Beispiel 10.4/1: $\quad \underline{r}(z = 0) = \dfrac{1}{2}\ln\left(\dfrac{Z_{\mathrm{OH}}(z = l_{\text{ges}})}{Z_{\mathrm{OH}}(z = 0)}\right) \cdot \dfrac{1}{1 - \left(\dfrac{2l_{\text{ges}}}{\lambda_{\mathrm{H}}}\right)^2} \cdot$

$$\dfrac{\sin\left(2\pi \cdot \dfrac{l_{\text{ges}}}{\lambda_{\mathrm{H}}}\right)}{2\pi \cdot \dfrac{l_{\text{ges}}}{\lambda_{\mathrm{H}}}} \cdot e^{-\mathrm{j}2\pi \cdot \frac{l_{\text{ges}}}{\lambda_{\mathrm{H}}}} = 0{,}62 \cdot e^{-\mathrm{j}162°}\,.$$

Übung 10.4/3:

a) *Aus Tabelle 10.3-1:* $\quad$ K-Band $(17{,}9 - 26{,}7\,\text{GHz})\,.$

b) *Aus Beispiel 10.4/2 mit Gl.:*

(1): $\quad Z_{\mathrm{OH}}(P, \underline{U}) = 754\,\Omega \cdot \dfrac{b'}{a} \cdot \dfrac{\lambda_{\mathrm{H}}}{\lambda} = 45{,}39\,\Omega \quad \text{mit} \quad \dfrac{\lambda_{\mathrm{H}}}{\lambda} = \dfrac{1}{\sqrt{1 - \left(\dfrac{\lambda}{2a}\right)^2}} = 1{,}2844\,.$

Ohne eingebaute Diode ist $P_{t,3} = P_{h,3}$ (s. Bild 10.4-6a),

$$P_{t,5} = \underbrace{D \cdot P_{t,3}}_{(15)} = D \cdot P_{h,3} = \underbrace{D \cdot D \cdot P_{h,1}}_{(14)} = D^2 \cdot P_{h,1} \Rightarrow D = \sqrt{\frac{P_{t,5}}{P_{h,3}}} = 0{,}954 \,.$$

$$(16): \quad T = D^2 \cdot \frac{P_{h,1}}{P_{t,5,min}} = 0{,}91 \cdot \frac{100}{0{,}8} = 113{,}75 \,.$$

$$(17): \quad R_j = \frac{Z_{OH}(b')}{2(\sqrt{T} - 1)} = \frac{45{,}39 \,\Omega}{2(\sqrt{113{,}75} - 1)} = 2{,}348 \,\Omega \,.$$

Aus Bild 10.4-9: $\quad f_0 = 23 \,\text{GHz}, \quad f_u = 22 \,\text{GHz}, \quad f_{Res} = 22{,}4 \,\text{GHz} \,.$

$$(12): \quad L_P = \frac{1}{\omega_0 - \omega_u} \cdot \frac{R_j}{\sqrt{1 - \dfrac{2}{T}}} = \frac{1}{2\pi \cdot 10^9 \cdot (23 - 22) \cdot \dfrac{1}{s}} \cdot \frac{2{,}348 \,\Omega}{0{,}9912} = 0{,}377 \,\text{nH} \,.$$

$$(13): \quad C_j = \frac{1}{\omega_{Res}^2 \cdot L_P} = 0{,}134 \,\text{pF} \,.$$

c)   *Analog zu (15):* $\quad P_{t,3,min} = \dfrac{P_{t,5,min}}{D} = \dfrac{0{,}8 \,\mu\text{W}}{0{,}954} = 0{,}84 \,\mu\text{W} \,.$

Aus (14): $\quad P_{h,3} = D \cdot P_{h,1} = 0{,}954 \cdot 100 \,\mu\text{W} = 95{,}4 \,\mu\text{W} \,.$

Bei der Resonanzfrequenz f_{Res} heben sich die beiden Imaginärteile der Diodenimpedanz auf, so daß nur noch der Bahnwiderstand R_j wirkt (Bild L-56a). Die Leistung $P_{t,5,min}$ wird mit einem reflexionsfreien Leistungsmeßgerät gemessen (Isolator in Bild 10.4-6b), d. h. die Meßebene $5-5'$ in Bild 10.4-6a ist mit dem Wellenwiderstand $Z_{OH}(b)$ abgeschlossen. Dieser Wellenwiderstand $Z_{OH}(b)$ transformiert sich durch

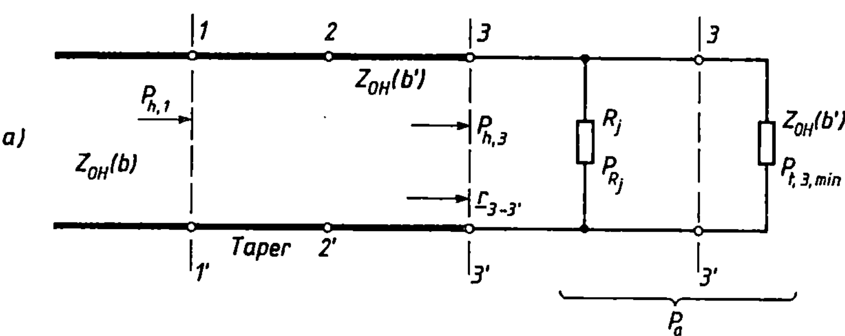

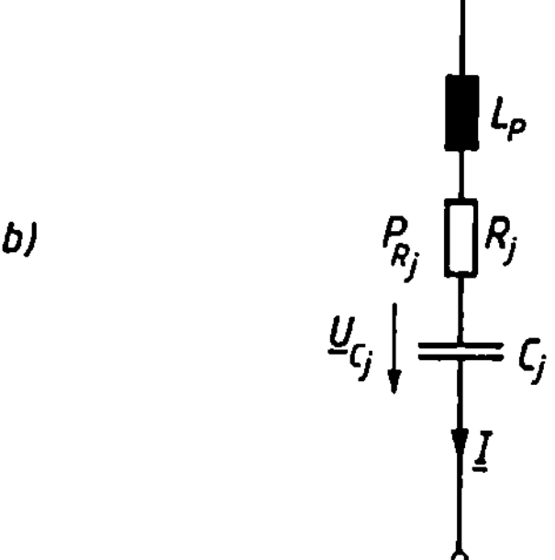

Bild L-56
Ersatzschaltbilder zur Berechnung der Sperrschicht-spannungsamplitude $\hat{u}_{Cj}$

den Taper in den Wellenwiderstand $Z_{OH}(b')$, so daß die rechte Seite der Diodenebene $3-3'$ mit dem Wellenwiderstand $Z_{OH}(b')$ abgeschlossen ist (Bild L-56a).

$$R_P = \frac{R_j \cdot Z_{OH}(b')}{R_j + Z_{OH}(b')} = \frac{2{,}348 \cdot 45{,}39\ \Omega}{2{,}348 + 45{,}39} = 2{,}23\ \Omega\ ;$$

$$\underline{r}_{3-3'} = \underbrace{\frac{R_P - Z_{OH}(b')}{R_P + Z_{OH}(b')}}_{\text{\textit{analog zu (8.2/6)}}} = \frac{2{,}23 - 45{,}39}{2{,}23 + 45{,}39} = -0{,}906\ ;$$

$$P_a = P_{R_j} + P_{t,3,\min} = \underbrace{P_{h,3}(1 - |\underline{r}_{3-3'}|^2)}_{\text{\textit{analog zu (8.3/6)}}} = 17{,}03\ \mu W\ ;$$

$$P_{R_j} = \tfrac{1}{2} \cdot |\underline{I}|^2 \cdot R_j = P_a - P_{t,3,\min} = (17{,}03 - 0{,}84)\ \mu W = 16{,}19\ \mu W\ ;$$

$$\Rightarrow |\underline{I}| = \sqrt{\frac{2 P_{R_j}}{R_j}} = 3{,}71\ mA \quad (\text{s. Bild L-56b})\ ;$$

$$\Rightarrow \hat{u}_{C_j} = |\underline{U}_{C_j}| = \frac{|\underline{I}|}{\omega_{Res} C_j} = \frac{3{,}71 \cdot 10^{-3}\ V}{2\pi \cdot 22{,}4 \cdot 10^9 \cdot 0{,}134 \cdot 10^{-12}} = 0{,}197\ V\ .$$

Übung 12.4.3/1:

Nach Gleichungen 12.4.3/10 (nicht 12.4.3/12, da $I_S \neq 0$ ist!) und 12.2.3/4:

$$l = \lambda/2 \rightarrow \beta l = \frac{2\pi}{\lambda} \cdot \frac{\lambda}{2} = \pi\ ;$$

$$E_{\vartheta\lambda} = Z_0 \cdot H_{\varphi\lambda} = 120\,\pi\Omega\,\frac{I_{\max}}{2\pi r} \cdot \frac{\cos(\pi \cdot \cos\vartheta) - \cos\pi}{\sin\vartheta}\ ;$$

$$E_{\vartheta\lambda} = \frac{60\,\Omega \cdot I_{\max}}{r} \cdot \frac{\cos(\pi \cdot \cos\vartheta) + 1}{\sin\vartheta} = E_0 \cdot \frac{\cos(\pi \cdot \cos\vartheta) + 1}{\sin\vartheta}\ ;$$

hierbei mit $E_0 = \dfrac{60\,\Omega \cdot I_{\max}}{r}$;

$$C_\lambda = \left|\frac{E_{\vartheta\lambda}}{E_0}\right| = \left|\frac{\cos(\pi \cdot \cos\vartheta) + 1}{\sin\vartheta}\right| \qquad (\text{Bild L-57})\ .$$

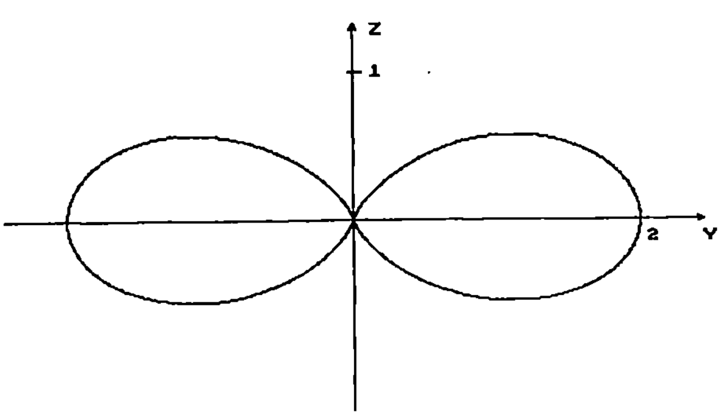

Bild L-57
E-Diagramm des λ-Dipols

Übung 12.4.3/2:

Nach Gleichung 12.4.3/16:

$$l = \lambda/2 \rightarrow 2\beta l = 2\frac{2\pi}{\lambda} \cdot \frac{\lambda}{2} = 2\pi \rightarrow 4\beta l = 4\pi \, ;$$

$$R_{S\lambda} = 60\,\Omega\{(1 + \cos(2\pi)) \cdot [E + \ln(2\pi) - Ci(2\pi)] - \sin(2\pi) \cdot [\ldots]$$
$$- \tfrac{1}{2} \cdot \cos(2\pi) \cdot [E + \ln(4\pi) - Ci(4\pi)]\} = 200\,\Omega \, .$$

Übung 12.4.3/3:

$$l = 3 \cdot \lambda/8 \rightarrow 2\beta l = 2 \cdot \frac{2\pi}{\lambda} \frac{3\lambda}{8} = \frac{3\pi}{2} \rightarrow 4\beta l = 3\pi \, ;$$

$$R_{S(6\lambda/8)} = 60\,\Omega\{(1 + \cos(\tfrac{3}{2}\pi)) \cdot [E + \ln(\tfrac{3}{2}\pi) - Ci(\tfrac{3}{2}\pi)]$$
$$- \sin(\tfrac{3}{2}\pi) \cdot [Si(\tfrac{3}{2}\pi) - \tfrac{1}{2} Si(3\pi)] - \tfrac{1}{2}\cos(\tfrac{3}{2}\pi) \cdot [\ldots]\} \, ;$$

$$R_{S(6\lambda/8)} = 186\,\Omega \, .$$

Übung 12.4.5/1:

Nach Gleichungen 12.4.5/1, 12.4.5/22, 12.4.5/25 und 12.4.5/18:

$$Z_D = 120\,\Omega \cdot \ln(1{,}15 \cdot 20) = 376\,\Omega \, ;$$

$$\alpha = \frac{186\,\Omega}{376\,\Omega \cdot \left[\dfrac{3}{8}\lambda - \dfrac{\lambda \cdot \sin\left(\dfrac{3\pi}{2}\right)}{2\pi}\right]} = \frac{0{,}92}{\lambda} \rightarrow 2\alpha l = 2 \cdot \frac{0{,}92}{\lambda} \cdot \frac{3}{8}\lambda = 0{,}69 \, ;$$

$$\underline{Z}_L = 376\,\Omega \left(1 - j\frac{0{,}92\lambda}{\lambda \cdot 2\pi}\right) = 380\,\Omega^{\angle -8{,}3°} \, ;$$

$$\underline{Z}_A = 380\,\Omega^{\angle -8{,}3°} \frac{1 + e^{-0{,}69} \cdot j}{1 - e^{-0{,}69} \cdot j} = 380\,\Omega^{\angle 45°} = (269 + j269)\,\Omega \, .$$

Übung 12.5.1/1:

Nach Gleichungen 12.5.1/2, 12.4.2/3, 12.5.1/6, 12.5.1/8, 12.4.5/3 und 12.4.4/2;

$$\lambda = \frac{300 \cdot 10^6\,\text{m s}}{500 \cdot 10^3\,\text{s}} = 600\,\text{m} \rightarrow \beta l = \frac{2\pi}{600\,\text{m}} 100\,\text{m} = 1{,}05 \triangleq 60° \, ;$$

$$h_e = \frac{1}{2} \cdot \frac{600\,\text{m}(1 - \cos 60°)}{\pi \cdot \sin 60°} = 55{,}1\,\text{m} \, ;$$

$$R_{sM} = 1600\,\Omega \left(\frac{55{,}1\,\text{m}}{600\,\text{m}}\right)^2 = 13{,}5\,\Omega \, ; \qquad I_s = \sqrt{\frac{50\,\text{kW}}{13{,}5\,\Omega}} = 60{,}9\,\text{W} \, ;$$

$$Z_M = 60\,\Omega \cdot \ln\left(1{,}15\frac{100\,\text{m}}{1\,\text{m}}\right) = 285\,\Omega \, ;$$

$$\underline{Z}_A = 13{,}5\,\Omega + 3{,}5\,\Omega - j285\,\Omega \cdot \cot 60° = (17 - j165)\,\Omega = 165{,}4\,\Omega^{\angle -84{,}1°} \, ;$$

$$U_s = 165{,}4\,\Omega \cdot 60{,}9\,\text{A} = 10\,\text{kV} \, ; \qquad \eta = \frac{13{,}5\,\Omega}{13{,}5\,\Omega + 3{,}5\,\Omega} = 0{,}79 \triangleq 79\% \, .$$

Übung 12.8.1/1:

Nach Gleichung 12.8.1/22 und Beispiel 12.8.3/2

mit $n = 3$: $\sin \vartheta = \sin 90° = 1$.

$$G_{\text{Zeile}} = \left| \frac{\sin\left(\dfrac{3\pi \cdot \lambda}{\lambda \cdot 2} \cdot \cos \varphi\right)}{\sin\left(\dfrac{\pi \cdot \lambda}{\lambda \cdot 2} \cdot \cos \varphi\right)} \right| = \left| \frac{\sin\left(\dfrac{3\pi}{2} \cdot \cos \varphi\right)}{\sin\left(\dfrac{\pi}{2} \cdot \cos \varphi\right)} \right| .$$

Nullstellen bei $\cos \varphi = \pm \frac{2}{3} k$ mit $k = 1$.

$\cos \varphi_{1p} = 0{,}666$, $\varphi_{11} = 48{,}2°$, $\varphi_{12} = 311{,}8°$;

$\cos \varphi_{2p} = -0{,}666$, $\varphi_{21} = 131{,}8°$, $\varphi_{22} = 228{,}2°$.

Maximum bei $\cos \varphi_{Mp} = 0$, $\varphi_{M1} = 90°$, $\varphi_{M2} = 270°$.

$$G_{\text{Zeile }(\varphi=90°)} = \left| \frac{\sin\left(\dfrac{3\pi}{2} \cdot \cos \varphi\right)}{\sin\left(\dfrac{\pi}{2} \cdot \cos \varphi\right)} \right|_{\cos \varphi \to 0} = \left| \frac{\dfrac{3\pi}{2} \cdot \cos \varphi}{\dfrac{\pi}{2} \cdot \cos \varphi} \right|_{\cos \varphi \to 0} = 3 .$$

Für die Nebenkeulenmaxima lassen sich der Winkel und der Betrag numerisch durch die Wahl einer immer kleineren Schrittweite in der Umgebung der Maxima mit ausreichender Genauigkeit ermitteln (Bild L-58).

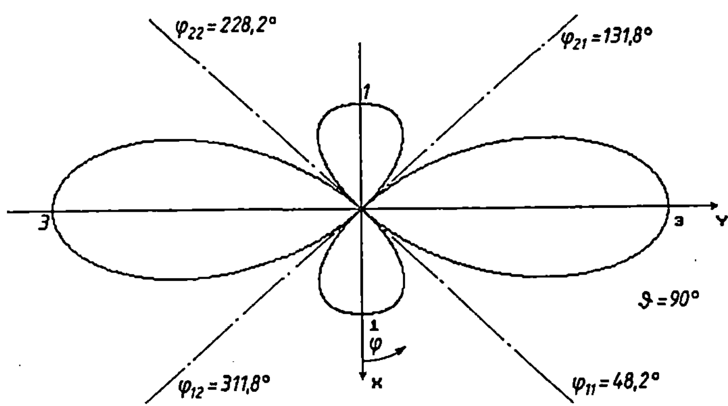

Bild L-58 H-Diagramm einer Antennenzeile aus 3 Dipolen im Abstand $a = \lambda/2$

Übung 12.8.1/2:

Entsprechend Übung 12.8.1/1

mit $n = 6$: $\sin \vartheta = \sin 90° = 1$.

$$G_{\text{Zeile}} = \left| \frac{\sin\left(\dfrac{6\pi \cdot \lambda}{\lambda \cdot 2} \cdot \cos \varphi\right)}{\sin\left(\dfrac{\pi \cdot \lambda}{\lambda \cdot 2} \cdot \cos \varphi\right)} \right| = \left| \frac{\sin\left(3\pi \cdot \cos \varphi\right)}{\sin\left(\dfrac{\pi}{2} \cdot \cos \varphi\right)} \right| .$$

Nullstellen bei $\quad 3\pi \cdot \cos\varphi = \pm k\pi$, $\qquad \cos\varphi = \pm\tfrac{1}{3}k \quad$ mit $\quad k = 1, 2, 3$.

$\cos\varphi_{1p} = 0{,}33$, $\qquad \varphi_{11} = 70{,}7°$, $\qquad \varphi_{12} = 289{,}3°$;

$\cos\varphi_{2p} = -0{,}33$, $\qquad \varphi_{21} = 109{,}3°$, $\qquad \varphi_{22} = 250{,}7°$;

$\cos\varphi_{3p} = 0{,}66$, $\qquad \varphi_{31} = 48{,}7°$, $\qquad \varphi_{32} = 311{,}3°$;

$\cos\varphi_{4p} = -0{,}66$, $\qquad \varphi_{41} = 131{,}3°$, $\qquad \varphi_{42} = 228{,}7°$;

$\cos\varphi_{5p} = \pm 1$, $\qquad \varphi_{51} = 0°$, $\qquad \varphi_{52} = 180°$.

Maximum bei $\quad \cos\varphi_{Mp} = 0$, $\qquad \varphi_{M1} = 90°$, $\qquad \varphi_{M2} = 270°$.

$$G_{\text{Zeile }(\varphi=90°)} = \left|\frac{\sin(3\pi\cdot\cos\varphi)}{\sin\left(\dfrac{\pi}{2}\cdot\cos\varphi\right)}\right|_{\cos\varphi\to 0} = \left|\frac{3\pi\cdot\cos\varphi}{\dfrac{\pi}{2}\cdot\cos\varphi}\right|_{\cos\varphi\to 0} = 6 .$$

(Bild L-59).

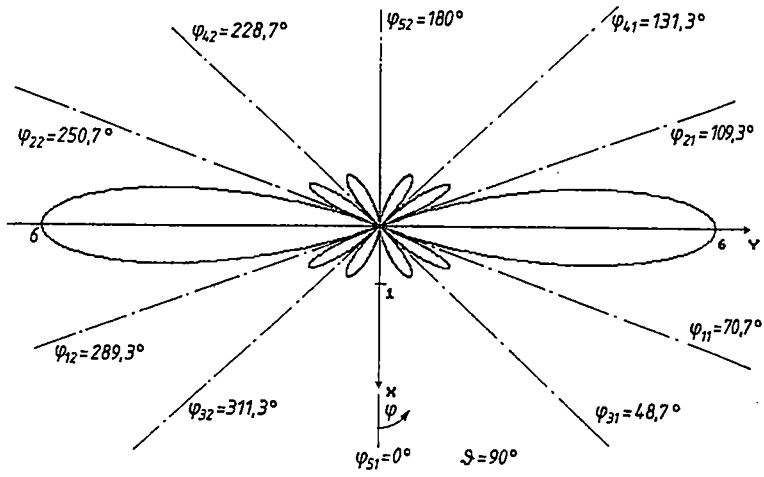

Bild L-59 $\quad H$-Diagramm einer Antennenzeile aus 6 Dipolen im Abstand $a = \lambda/2$

Übung 12.8.3/1:

Nach Gleichung 12.4.3/13, /14 und Beispiel 12.4.3/2:

Die maximale Leistungsdichte des $\lambda/2$-Dipols liegt bei $\vartheta = 90°$.

$$E_{9d} = E_0 = 60\,\Omega\frac{I_s}{r} ;$$

$$I_s = \sqrt{\frac{2P_s}{R_d}} = \sqrt{\frac{2P_s}{73{,}2\,\Omega}} \rightarrow S_d = \frac{E_0^2}{2Z_0} = \frac{60^2\,\Omega^2\cdot 2\cdot P_s}{73{,}2\,\Omega\cdot r^2\cdot 2\cdot 120\,\pi\Omega} = 0{,}1305\,\frac{P_s}{r^2} .$$

Nach Gleichung 12.8.3/4 entsprechend 12.8.3/5.

$$S_i = \frac{P_s}{4\pi r^2}$$

wird

$$D_{i(d)} = \frac{S_d}{S_i} = \frac{0{,}1305\cdot P_s\cdot 4\pi r^2}{r^2\cdot P_s} = 1{,}64 .$$

Übung 12.8.3/2:

Nach Übung 12.8.3/1 und Gleichung 12.8.3/5:

$$D_{\text{Hz(d)}} = \frac{S_\text{d}}{S_\text{Hz}} = \frac{S_\text{d}}{S_\text{i}} \cdot \frac{S_\text{i}}{S_\text{Hz}} = \frac{D_{\text{i(d)}}}{D_{\text{i(Hz)}}} = \frac{1{,}64}{1{,}5} = 1{,}1 \ .$$

Anhang

Zusammenstellung der benutzten mathematischen Operationen

1 Fourierreihe

1.1 Reelle Fourierreihe

$$f(x) = a_0 + \sum_{n=1}^{\infty} [a_n \cos (nx) + b_n \sin (nx)] , \tag{A1}$$

mit den Koeffizienten $\quad a_0 = \dfrac{1}{2\pi} \cdot \displaystyle\int_{-\pi}^{\pi} f(x)\,dx , \tag{A2}$

$$a_n = \frac{1}{\pi} \cdot \int_{-\pi}^{\pi} f(x) \cos (nx)\,dx , \tag{A3}$$

$$b_n = \frac{1}{\pi} \cdot \int_{-\pi}^{\pi} f(x) \sin (nx)\,dx . \tag{A4}$$

a) *f (x) ist eine gerade Funktion*

$$a_0 = \frac{1}{\pi} \cdot \int_{0}^{\pi} f(x)\,dx , \tag{A5}$$

$$a_n = \frac{2}{\pi} \cdot \int_{0}^{\pi} f(x) \cos (nx)\,dx , \tag{A6}$$

$$b_n = 0 . \tag{A7}$$

b) *f (x) ist eine ungerade Funktion*

$$a_n = 0 , \tag{A8}$$

$$b_n = \frac{2}{\pi} \cdot \int_{0}^{\pi} f(x) \sin (nx)\,dx . \tag{A9}$$

1.2 Spektraldarstellung

$$f(x) = a_0 + \sum_{n=1}^{\infty} \hat{d}_n \sin (nx + \Psi_n) \tag{A10}$$

$$\text{mit} \quad \hat{d}_n = \sqrt{a_n^2 + b_n^2}\,, \tag{A11}$$

$$\Psi_n = \arctan \left\{ \frac{a_n}{b_n} \right\} \tag{A12}$$

$$\text{für} \quad a_n = 0: \quad \hat{d}_n = |b_n|\,, \tag{A13}$$

$$\text{für} \quad b_n = 0: \quad \hat{d}_n = |a_n|\,. \tag{A14}$$

1.3 Komplexe Fourierreihe

$$f(x) = \sum_{n=-\infty}^{\infty} \underline{C}_n\, e^{jnx} \tag{A15}$$

$$\text{mit} \quad \underline{C}_n = \frac{1}{2\pi} \cdot \int_{-\pi}^{\pi} f(x)\, e^{-jnx} \cdot dx\,. \tag{A16}$$

1.4 Umrechnungsformeln

$$C_0 = a_0\,, \tag{A17}$$

$$\underline{C}_n = \frac{a_n - jb_n}{2} = |\underline{C}_n| \cdot e^{j\Phi_n}\,, \tag{A18}$$

$$\underline{C}_{-n} = \underline{C}_n^* = \frac{a_n + jb_n}{2} = |\underline{C}_n| \cdot e^{-j\Phi_n}\,, \tag{A19}$$

$$\hat{d}_n = 2\,|\underline{C}_n|\,. \tag{A20}$$

$$\Psi_n = \Phi_n + \frac{\pi}{2}\,, \tag{A21}$$

$$a_n = 2\,\text{Re}\,\{\underline{C}_n\}\,, \tag{A22}$$

$$b_n = -2\,\text{Im}\,\{\underline{C}_n\}\,. \tag{A23}$$

2 Additionstheoreme

$$\sin (\alpha) \cos (\beta) = \frac{\sin (\alpha - \beta) + \sin (\alpha + \beta)}{2}\,, \tag{A24}$$

$$\cos^2 (\alpha) = \frac{1 + \cos (2\alpha)}{2}\,, \tag{A25}$$

$$\sin (2\alpha) = 2 \cos (\alpha) \sin (\alpha)\,, \tag{A26}$$

$$\cos (2\alpha) = \cos^2 (\alpha) - \sin^2 (\alpha)\,, \tag{A27}$$

$$\frac{\sin (3\alpha)}{3} = \sin (\alpha) - \frac{4}{3} \sin^3 (\alpha)\,, \tag{A28}$$

$$\sin^2(\alpha) = \frac{1 - \cos(2\alpha)}{2}, \tag{A29}$$

$$2\sin(3\alpha)\cos(2\alpha) = \sin(\alpha) + \sin(5\alpha), \tag{A30}$$

$$2\cos(\alpha)\sin(2\alpha) = \sin(\alpha) + \sin(3\alpha), \tag{A31}$$

$$2\cos(\alpha)\sin(4\alpha) = \sin(3\alpha) + \sin(5\alpha), \tag{A32}$$

$$2\sin(4\alpha)\cos(2\alpha) = \sin(2\alpha) + \sin(6\alpha), \tag{A33}$$

$$2\cos(\alpha)\sin(3\alpha) = \sin(2\alpha) + \sin(4\alpha), \tag{A34}$$

$$2\cos(\alpha)\sin(5\alpha) = \sin(4\alpha) + \sin(6\alpha), \tag{A35}$$

$$\cos(\alpha)\cos(\beta) = \frac{\cos(\pm\alpha \mp \beta) + \cos(\alpha + \beta)}{2}, \tag{A36}$$

$$\cos^3(\alpha) = \frac{\cos(3\alpha) + 3\cos(\alpha)}{4}, \tag{A37}$$

$$\cos^2(\alpha)\cos(\beta) = \tfrac{1}{2}\cdot\cos(\beta) + \tfrac{1}{2}\cdot\cos(2\alpha)\cos(\beta)$$

$$= \tfrac{1}{2}\cdot\cos(\beta) + \tfrac{1}{4}\cdot[\cos(\beta - 2\alpha) + \cos(\beta + 2\alpha)], \tag{A38}$$

$$\sin(\alpha)\sin(\beta) = \tfrac{1}{2}\cdot[\cos(\alpha - \beta) - \cos(\alpha + \beta)], \tag{A39}$$

$$\sin(\alpha + \beta) = \sin(\alpha)\cos(\beta) + \cos(\alpha)\sin(\beta), \tag{A40}$$

$$\cos(\alpha + \beta) = \cos(\alpha)\cos(\beta) - \sin(\alpha)\sin(\beta). \tag{A41}$$

3 Komplexe Umformungen

$$\sum_{i=1}^{m} \hat{a}_i \cos(\omega_i t + \Phi_i) = \sum_{i=1}^{m} \frac{\hat{a}_i}{2}\cdot[e^{j(\omega_i t + \Phi_i)} + e^{-j(\omega_i t + \Phi_i)}] = \frac{1}{2}\cdot\sum_{i=1}^{m}[|\underline{A}_i|\,e^{j\Phi_i}\,e^{j\omega_i t}$$

$$+ |\underline{A}_i|\,e^{-j\Phi_i}\,e^{-j\omega_i t}] = \frac{1}{2}\cdot\sum_{i=1}^{m}[\underline{A}_i\,e^{j\omega_i t} + \underline{A}_i^*\,e^{-j\omega_i t}]. \tag{A42}$$

4 Rotation

Die Rotation eines komplexen Vektors $\vec{\underline{H}}$ berechnet sich für ein kartesisches Koordinatensystem mit:

$$\mathrm{rot}\,(\vec{\underline{H}}(x, y, z)) = \begin{vmatrix} \vec{e}_x & \vec{e}_y & \vec{e}_z \\ \dfrac{\partial}{\partial x} & \dfrac{\partial}{\partial y} & \dfrac{\partial}{\partial z} \\ \underline{H}_x & \underline{H}_y & \underline{H}_z \end{vmatrix} = \left(\frac{\partial \underline{H}_z}{\partial y} - \frac{\partial \underline{H}_y}{\partial z}\right)\vec{e}_x + \left(\frac{\partial \underline{H}_x}{\partial z} - \frac{\partial \underline{H}_z}{\partial x}\right)\vec{e}_y + \left(\frac{\partial \underline{H}_y}{\partial x} - \frac{\partial \underline{H}_x}{\partial y}\right)\vec{e}_z. \tag{A43}$$

5 Mathematische Zeichen

$x(y)$	Funktion vom Argument y
$\underline{X}$	Komplexe Größe
$\underline{X}^*$	Konjugiert komplexe Größe
$\|\underline{X}\| = X$	Betrag der komplexen Größe
$\arg\{\underline{X}\}$	Argument von $\underline{X}$
$\mathrm{Re}\{\underline{X}\}$	Realteil von $\underline{X}$
$\mathrm{Im}\{\underline{X}\}$	Imaginärteil von $\underline{X}$
$\vec{X}$	Vektor
$\underline{\vec{X}}$	Komplexer Vektor
$\mathrm{rot}\,(\vec{X})$	Rotor von $\vec{X}$
$\mathrm{div}\,(\vec{X})$	Divergenz von $\vec{X}$
$\mathrm{grad}\,(x)$	Gradient von x
$\Delta\vec{X}$	Laplaceoperator von $\vec{X}$

Formelverzeichnis für Kapitel 12 (Antennen)

A_w	wirksame Antennenfläche		R_S	äquivalenter Strahlungswiderstand im Speisepunkt
a	Wegdifferenz, Streckendämpfungsmaß		r	Entfernung, Reflexionsfaktor
a_r	Vor-Rück-Verhältnis		$\underline{\vec{S}}$	Poyntingscher Vektor (Leistungsdichte)
$\underline{\vec{B}}$	Komplexer Augenblickswert der magnetischen Induktion			
C	Kapazität, Richtcharakteristik		$\underline{U}$	Komplexer Augenblickswert der Spannung
C'	Kapazitätsbelag		U_s	Antennenspeisespannung
D	Richtfaktor (directivity), Durchmesser		$\underline{U}_\mathrm{max}$	Komplexer maximaler Scheitelwert der räumlichen Spannungsverteilung
D'	Richtmaß		$\underline{U}_\mathrm{min}$	Komplexer minimaler Scheitelwert der räumlichen Spannungsverteilung auf dem Dipol
d	Dipoldurchmesser, Reusendurchmesser, Entfernung			
$\underline{\vec{E}}$	Komplexer Augenblickswert des elektrischen Feldstärkevektors		U_i	induzierte Spannung
E	Scheitelwert der elektrischen Feldstärke		U_l	Leerlaufspannung
E_eff	Effektivwert der elektrischen Feldstärke		VSWR	Spannungsstehwellenverhältnis (voltage standing wave ratio)
F_h	Höhenfaktor			
G	Gruppencharakteristik, Gewinn		X_A	Antennenreaktanz
G'	Ableitungsbelag		$\underline{Y}$	Admittanz
g	Gewinnmaß		$\underline{Z}$	Impedanz
$\underline{\vec{H}}$	Komplexer Augenblickswert des magnetischen Feldstärkevektors		α	Dämpfungskonstante, Erhebungswinkel, Öffnungswinkel
$\underline{\vec{H}}^*$	Konjugiert komplexer Wert zu $\underline{\vec{H}}$		α_0	Nullwertsbreite
$\underline{I}$	Komplexer Augenblickswert des Stromes		β	Phasenkonstante
			γ	Ausbreitungskonstante
i	Scheitelwert des Stromes		ε	Dielektrizitätskonstante, numerische Exzentrizität
I_s	Antennenspeisestrom			
$\underline{\vec{J}}$	Leitungsstromdichte		η	Wirkungsgrad
$\underline{\vec{J}}_\mathrm{v}$	Verschiebungsstromdichte		μ	Permeabilität
L	Induktivität, Strukturlänge		φ	Phasenverschiebung durch Wegdifferenz
l	Länge, elektrische Dipollänge			
m	Anzahl, Dipolzahl der Spalte		Ω	Winkel
P_s	Strahlungsleistung		x, y, z	Karthesische Koordinaten
q	Flächenwirkungsgrad		φ, ϱ, z	Zylinderkoordinaten
R	Widerstand, Entfernung		r, ϑ, φ	Kugelkoordinaten

6 Tabelle des Integralsinus

$$\mathrm{Si}(x) = \int\limits_0^x \frac{\sin u}{u}\, du = x - \frac{x^3}{3!\,3} + \frac{x^5}{5!\,5} - \frac{x^7}{7!\,7} + \dots \tag{A44}$$

x	$\mathrm{Si}(x)$	x	$\mathrm{Si}(x)$	x	$\mathrm{Si}(x)$	x	$\mathrm{Si}(x)$
0,0	0,0000	8,0	1,5742	16,0	1,6313	24,0	1,5547
0,2	0,1996	8,2	1,5981	16,2	1,6266	24,2	1,5476
0,4	0,3965	8,4	1,6198	16,4	1,6197	24,4	1,5415
0,6	0,5881	8,6	1,6386	16,6	1,6111	24,6	1,5367
0,8	0,7721	8,8	1,6538	16,8	1,6011	24,8	1,5333
1,0	0,9461	9,0	1,6650	17,0	1,5901	25,0	1,5315
1,2	1,1081	9,2	1,6721	17,2	1,5787	26,0	1,5449
1,4	1,2562	9,4	1,6747	17,4	1,5671	27,0	1,5803
1,6	1,3892	9,6	1,6732	17,6	1,5560	28,0	1,6047
1,8	1,5058	9,8	1,6676	17,8	1,5457	29,0	1,5973
2,0	1,6054	10,0	1,6584	18,0	1,5366	30,0	1,5668
2,2	1,6876	10,2	1,6460	18,2	1,5291	31,0	1,5418
2,4	1,7525	10,4	1,6311	18,4	1,5234	32,0	1,5442
2,6	1,8004	10,6	1,6144	18,6	1,5197	33,0	1,5703
2,8	1,8321	10,8	1,5965	18,8	1,5181	34,0	1,5953
3,0	1,8487	11,0	1,5783	19,0	1,5186	35,0	1,5969
3,2	1,8514	11,2	1,5604	19,2	1,5212	36,0	1,5751
3,4	1,8419	11,4	1,5436	19,4	1,5257	37,0	1,5506
3,6	1,8220	11,6	1,5284	19,6	1,5319	38,0	1,5455
3,8	1,7933	11,8	1,5154	19,8	1,5395	39,0	1,5633
4,0	1,7582	12,0	1,5050	20,0	1,5482	40,0	1,5870
4,2	1,7184	12,2	1,4976	20,2	1,5577	41,0	1,5949
4,4	1,6758	12,4	1,4933	20,4	1,5674	42,0	1,5808
4,6	1,6325	12,6	1,4922	20,6	1,5771	43,0	1,5583
4,8	1,5900	12,8	1,4943	20,8	1,5864	44,0	1,5481
5,0	1,5499	13,0	1,4994	21,0	1,5949	45,0	1,5587
5,2	1,5137	13,2	1,5071	21,2	1,6023	46,0	1,5798
5,4	1,4823	13,4	1,5172	21,4	1,6082	47,0	1,5918
5,6	1,4567	13,6	1,5291	21,6	1,6126	48,0	1,5845
5,8	1,4374	13,8	1,5423	21,8	1,6153	49,0	1,5651
6,0	1,4247	14,0	1,5562	22,0	1,6161	50,0	1,5516
6,2	1,4187	14,2	1,5704	22,2	1,6151		
6,4	1,4192	14,4	1,5841	22,4	1,6124		
6,6	1,4258	14,6	1,5970	22,6	1,6081		
6,8	1,4379	14,8	1,6085	22,8	1,6023		
7,0	1,4546	15,0	1,6182	23,0	1,5955		
7,2	1,4751	15,2	1,6258	23,2	1,5877		
7,4	1,4983	15,4	1,6309	23,4	1,5795		
7,6	1,5233	15,6	1,6336	23,6	1,5710		
7,8	1,5489	15,8	1,6337	23,8	1,5626		

7 Tabelle des Integralkosinus

$$\mathrm{Ci}(x) = - \int\limits_x^\infty \frac{\cos u}{u}\, du = 0{,}577 + \ln x - \frac{x^2}{2!\,2} + \frac{x^4}{4!\,4} - \frac{x^6}{6!\,6} + \dots \tag{A45}$$

x	$\mathrm{Ci}(x)$	x	$\mathrm{Ci}(x)$	x	$\mathrm{Ci}(x)$	x	$\mathrm{Ci}(x)$
0,01	−4,0280	5,40	−0,1544	14,40	0,0677	23,40	−0,0417
0,02	−3,3349	5,60	−0,1287	14,60	0,0628	23,60	−0,0423
0,03	−2,9296	5,80	−0,0994	14,80	0,0555	23,80	−0,0411
0,04	−2,6421	6,00	−0,0681	15,00	0,0463	24,00	−0,0383
0,05	−2,4191	6,20	−0,0359	15,20	0,0354	24,20	−0,0341
0,10	−1,7279	6,40	−0,0042	15,40	0,0234	24,40	−0,0286
0,15	−1,3255	6,60	0,0258	15,60	0,0108	24,60	−0,0220
0,20	−1,0422	6,80	0,0531	15,80	−0,0019	24,80	−0,0147
0,25	−0,8247	7,00	0,0767	16,00	−0,0142	25,00	−0,0068
0,30	−0,6492	7,20	0,0960	16,20	−0,0257	26,00	−0,0283
0,35	−0,5031	7,40	0,1104	16,40	−0,0358	27,00	0,0357
0,40	−0,3788	7,60	0,1196	16,60	−0,0443	28,00	0,0109
0,45	−0,2715	7,80	0,1236	16,80	−0,0509	29,00	−0,0219
0,50	−0,1778	8,00	0,1224	17,00	−0,0552	30,00	−0,0330
0,55	−0,0953	8,20	0,1164	17,20	−0,0573	31,00	−0,0140
0,60	−0,0223	8.40	0,1061	17,40	−0,0571	32,00	0,0164
0,65	0,0427	8,60	0,0919	17,60	−0,0546	33,00	0,0303
0,70	0,1005	8,80	0,0747	17,80	−0,0500	34,00	0,0163
0,75	0,1522	9,00	0,0553	18,00	−0,0435	35,00	−0,0115
0,80	0,1983	9,20	0,0345	18,20	−0,0354	36,00	−0,0274
0,85	0,2394	9,40	0,0133	18,40	−0,0261	37,00	−0,0179
0,90	0,2761	9,60	−0,0077	18,60	−0,0160	38,00	0,0071
0,95	0,3086	9,80	−0,0275	18,80	−0,0054	39,00	0,0245
1,00	0,3374	10,00	−0,0455	19,00	0,0052	40,00	0,0190
1,20	0,4205	10,20	−0,0609	19,20	0,0153	41,00	−0,0033
1,40	0,4620	10,40	−0,0733	19,40	0,0246	42,00	−0,0216
1,60	0,4717	10,60	−0,0824	19,60	0,0327	43,00	−0,0196
1,80	0,4568	10,80	−0,0878	19,80	0,0394	44,00	−0,0001
2,00	0,4230	11,00	−0,0896	20,00	0,0444	45,00	0,0186
2,20	0,3751	11,20	−0,0877	20,20	0,0476	46,00	0,0198
2,40	0,3173	11,40	−0,0824	20,40	0,0487	47,00	0,0031
2,60	0,2533	11,60	−0,0740	20,60	0,0480	48,00	−0,0157
2,80	0,1865	11,80	−0,0630	20,80	0,0453	49,00	−0,0196
3,00	0,1196	12,00	−0,0498	21,00	0,0409	50,00	−0,0056
3,20	0,0553	12,20	−0,0350	21,20	0,0349		
3,40	−0,0045	12,40	−0,0194	21,40	0,0277		
3,60	−0,0580	12,60	−0,0034	21,60	0,0195		
3,80	−0,1038	12,80	0,0121	21,80	0,0107		
4,00	−0,1410	13,00	0,0268	22,00	0,0016		
4,20	−0,1690	13,20	0,0399	22,20	−0,0073		
4,40	−0,1877	13,40	0,0510	22,40	−0,0159		
4,60	−0,1970	13,60	0,0598	22,60	−0,0236		
4,80	−0,1976	13,80	0,0660	22,80	−0,0303		
5,00	−0,1900	14,00	0,0694	23,00	−0,0357		
5,20	−0,1753	14,20	0,0699	23,20	−0,0395		

8 Legendresche Polynome

$$P_n(x) = \frac{1}{2^n \cdot n!} \frac{d^n[(x^2 - 1)^n]}{dx^n}, \tag{A46}$$

$$P_0(x) = 1,$$

$$P_1(x) = x,$$

$$P_2(x) = \tfrac{1}{2}(3x^2 - 1),$$

$$P_3(x) = \tfrac{1}{2}(5x^3 - 3x),$$

$$P_4(x) = \tfrac{1}{8}(35x^4 - 30x^2 + 3),$$

$$P_5(x) = \tfrac{1}{8}(63x^5 - 7x^3 + 15x).$$

Literatur

[1] Bronstein, I. N. und Semendjajew, K. A., Taschenbuch der Mathematik; Verlag Harri Deutsch, Frankfurt 1973

[2] Fukui, H., Available Power Gain, Noise Figure, and Noise Measure of Two-Ports and Their Graphical Representations; IEEE Trans. on Circuit Theory, vol. CT-13 (1966) 2

[3] Hewlett Packard, Accurate and Automatic Noise Figure Measurements; Application Note 64-3, June 1980

[4] Monroe, J. W., de Koning, J. G., Kelly, W. M., Tokuda, H., Spot Compression Points With Equal-Gain Circles; Microwaves (1977) 10

[5] Geißler, R., Meß- und Auswerteverfahren zur Fehlerminimierung bei der Rauschparameterbestimmung im mm-Wellengebiet; Frequenz 37 (1983) 10

[6] Solbach, K., Auswertung von Mikrowellen-Messungen durch rechnergestützte analytische Approximationsverfahren; Mikrowellen Magazin (1981) 2

[7] Löcherer, K.-H., Elektronenröhren und Halbleiterbauelemente; Vorlesungsskript, Universität Hannover, 1979

[8] Hewlett Packard, Spectrum Analyzer Basics; Application Note 150, April 1974

[9] Oberg, H. J., Berechnung nichtlinearer Schaltungen für die Nachrichtenübertragung; Teubner Studienskripten, 1973

[10] Zinke, O., Brunswig, H., Lehrbuch der Hochfrequenztechnik; Springer-Verlag, 1986

[11] Löcherer, K.-H., HF-Sende- und Empfangstechnik; Vorlesungsskript, Universität Hannover, 1976

[12] Meinke, H., Gundlach, F. W., Taschenbuch der Hochfrequenztechnik; Springer-Verlag, 1986

[13] Rothe, H., Dahlke, W., Theory of Noisy Fourpoles; Proc. of the IRE, June 1956

[14] Voges, E., Hochfrequenztechnik (Band 1); Hüthig-Verlag, 1986

[15] Telefunken-Fachbuch, Röhre und Transistor als Vierpol; Franzis-Verlag, 1967

[16] Niemeyer, M., Ein parametrischer Verstärker für den 11 GHz-Bereich; NTZ, Heft 11 und 12, 1979

[17] Okean, H. C., Asmus, J. R., Steffek, L. J., Low-noise, 94 GHz parametric amplifier development; IEEE-G-MTT Int. Microwave Symp. Digest, Boulder, 1973

[18] Edrich, J., A Cryogenically Cooled Two-Channel Paramp Radiometer for 47 GHz; IEEE MTT-25, No. 4, April 1977

[19] Kuramoto, M., Kaji, M., Kajikawa, M., Rauscharmer parametrischer Breitband-Verstärker im 20 GHz-Band; Trans. of the Inst. of Electronics and Communication Engineers of Japan, 1977

[20] Heinlein, W., Mezger, P. G., Theorie des parametrischen Reflexionsverstärkers; Frequenz 16 (1962), Nr. 9, 10 und 11

[21] Penfield, P., Rafuse, R., Varactor Applications; Cambridge Mass., M.I.T. Press, 1960

[22] Löcherer, K.-H., Brandt, C. D., Parametric Electronics; Springer-Verlag, 1982

[23] Okean, H. C., DeGruyl, J. A., Ng, E., Ultra Low Noise, Ku-Band Parametric Amplifier Assembly; IEEE MTT-S Int. Microwave Symp. Digest of Tech. Papers, Cherry Hill, 1976

[24] Okajima, K., et al., 18 GHz Paramps with Triple-Tuned Characteristics for Both Room and Liquid Helium Temperature Operation; IEEE Trans., Microwave Theory Tech., Vol. MTT-20, December 1972

[25] Zappe, H., Bertsch, G., Ungekühlter parametrischer Verstärker für Kleinerdefunkstellen, NTZ, 32 (1979), Heft 11

[26] Skolnik, M. I., Radar Handbook; McGraw Hill Book Company, New York 1970

[27] Löcherer, K.-H., Parametrische Schaltungen mit niedrigen Pumpfrequenzen; AEÜ, Band 31 (1977), Heft 9

[28] Geißler, R., Parametrischer Mikrowellenverstärker mit einer niedrigen Pumpfrequenz; AEÜ, Band 37 (1983), Heft 11/12

[29] Steiner, K.-H., Pungs, L., Parametrische Systeme; S. Hirzel Verlag, Stuttgart 1965

[30] Geißler, R., Microwave Parametric Upper-Sideband Down Convertor With Conversion Gain; ELECTRONICS LETTERS, Vol. 18, No. 10, May 1982

[31] Bücker, H., Selbstschwingende Mischstufen mit Bipolar-Transistoren im Mikrowellenbereich; Dissertation, Universität Hannover, 1982

[32] Kindler, K., Mischstufen mit Feldeffekt-Transistoren; Studienarbeit, Inst. f. HF-Technik, Universität Hannover, 1978

[33] Schoen, H., Weitzsch, F., Zur additiven Mischung mit Transistoren; Valvo Berichte, Band VIII, Heft 1, 1962

[34] Spiegel, M. R., Mathematical Handbook of Formulas and Tables; McGraw-Hill Book Company, New York, 1968

[35] Schmidt, H., Selbstschwingende Mischstufe für 100 MHz; Diplomarbeit, Universität Hannover, 1977

[36] Mäusl, R., Modulationsverfahren in der Nachrichtentechnik mit Sinusträger; Hüthig-Verlag, 1981

[37] Stoll, D., Einführung in die Nachrichtentechnik; AEG-Telefunken Fachbuchsonderausgabe für Studierende, 1979

[38] Tietze, U., Schenk, Ch., Halbleiter-Schaltungstechnik; Springer-Verlag, 1980

[39] Mäusl, R., Analoge Modulationsverfahren; Hüthig-Verlag, 1988

[40] Mäusl, R., Digitale Modulationsverfahren; Hüthig-Verlag, 1988

[41] Herter/Lörcher, Nachrichtentechnik; Hanser-Verlag, 1987

[42] Weidenfeller, H., Hochfrequenztechnik; Vorlesungsskript, FH Frankfurt/M., 1988

[43] Weidenfeller/Ladenburg, Digitale Modulationsverfahren für die frequenzband- und leistungsbegrenzte Mikrowellen-Funkübertragung; VDI-Verlag, 1988

[44] Nibler u. a., Hochfrequenzschaltungstechnik; Expert-Verlag, 1984

[45] Dietz, W., Zürn, K., Leistungsendstufe für KW; Diplomarbeit, FH Frankfurt/M., 1987

[46] Koch, H., Transistorsender; Franzis-Verlag, 1972

[47] Kammerloher, J., Transistoren (Teil III), Berechnung eines UKW-Transistor-Supers; Winter'sche Verlagshandl., Prien, 1966

[48] Henne, W., Empfänger-Elektronik; Hüthig-Verlag, 1973

[49] Best, R., Theorie u. Anwendungen des Phase-locked Loops; AT-Verlag Aarau, 1987

[50] Geschwinde, H., Einführung in die PLL-Technik; Vieweg-Verlag, 1980

[51] Zinke, O., Brunswig, H., Lehrbuch der Hochfrequenztechnik; Springer-Verlag, 1990

[52] Frohne, H., Einführung in die Elektrotechnik (3. Band: Wechselstrom); Teubner Studienskripten, 1971

[53] Frohne, H., Übungsaufgaben zur Vorlesung „Grundlagen der Elektrotechnik für Elektroingenieure"; Universität Hannover, 1972

[54] Stadler, E., Hochfrequenztechnik; AEG-Telefunken Fachbuchsonderausgabe für Studierende, Vogel-Verlag, 1973

[55] Lange, K., Theoretische Elektrotechnik I−IV; Vorlesungsskript, Universität Hannover, 1975

[56] Dalichau, H., Übungsaufgaben zur Vorlesung „Theoretische Elektrotechnik I−IV", Universität Hannover, 1975

[57] Oberg, H. J., Allgemeine Elektrotechnik; Vorlesungsmitschrift, FH Hamburg, 1970

[58] Oberg, H. J., Lineare und nichtlineare Systeme; Vorlesungsmitschrift, FH Hamburg, 1971

[59] Piefke, G., Zusammenfassung der Maxwellschen und Londonschen Theorie mit Anwendung auf supraleitende Bandleitungen; AEÜ 17, 1963

[60] Mahr, H., Ein Beitrag zur Theorie der im Grundwellentyp angeregten Koaxialleitung; Der Fernmeldeingenieur 23, 1969, Heft 5−7

[61] Mie, G., Elektrische Wellen an zwei parallelen Drähten; Ann. Phys. 2, 1900

[62] Marquardt, J., Wellenausbreitung auf Leitungen; Vorlesungsskript, Universität Hannover, 1980

[63] Geißler, R., Übungsaufgaben zur Vorlesung „Wellenausbreitung auf Leitungen", Universität Hannover, 1980

[64] Whinnery, J. R., Jamieson, H. W., Robbins, T. E., Coaxial-Line Discontinuities; Proc. of the I.R.E., 1944

[65] Mohr, W., Verstimmbarer Hohlleiteroszillator im R-Band; Studienarbeit, Inst. f. HF-Technik, Universität Hannover, 1979

[66] Geißler, R., Meßaufbau zur Varaktoruntersuchung im R-Band; Frequenz, Band 35, 1981

[67] Marcuvitz, N., Waveguide Handbook; McGraw-Hill Book Co., Inc., New York, 1951

[68] Bodway, G. E., Two port flow analysis using generalized scattering parameters; Microwave Journal, May 1967

[69] Geißler, R., Rechnergesteuerter E-H-Tuner; Mikrowellenmagazin, Vol. 9, No. 6, 1983

[70] Schwab, A. J., Begriffswelt der Feldtheorie; Springer-Verlag, 1987

[71] Kühn, E., Microwave Band-Stop Filters Using Quarter-Wave-Coupled Open E-Plane Stubs in Rectangular Waveguide; AEÜ, Band 29, 1975, Heft 3

[72] Geißler, R., Chahabadi, Z., Hohlleiter-Filter für das R-Band (26,5 – 40,0 GHz); AEÜ, Band 33, 1979, Heft 1

[73] Chahabadi, Z., Filter in Hohlleitertechnik; Diplomarbeit, Inst. f. HF-Technik, Universität Hannover, 1978

[74] Bräckelmann, W., Hohlleiterverbindungen für Rechteckhohlleiter, NTZ, Heft 1, 1970

[75] Stösser, W., Das Magische T; Frequenz 14, 1960, Nr. 1

[76] Geißler, R., Hohlleiter-Doppel-T-Anpassungstransformator; Deutsches Patent, Nr. P3242975.4-35, 20. 06. 1985

[77] Brand, H., Der Doppel-T-Anpassungstransformator; AEÜ, Band 18, 1964, Heft 3

[78] Van Koughnett, A. L., Wyslouzil, W., An Automatic Tuner for Resonant Microwave Heating Systems; Journal of Microwave power, 6(1), 1971

[79] Naumann, G., Wirkungsgradverbesserung bei Mikrowellenerwärmungsanlagen durch automatisches Anpassen; Mikrowellenmagazin, 2, 1981

[80] Geißler, R., Rechnergesteuerter Rauschoptimierungsmeßplatz für das mm-Wellengebiet; Frequenz, 37, 1983, 3

[81] Heine, W., Transistor-Leistungsverstärker; Abschlußbericht „Breitband-Richtfunksysteme mit Einseitenband-Amplitudenmodulation" für das Bundesministerium für Forschung und Technologie, 1983

[82] Mohr, W., Optimierung von Gunnoszillatoren im R-Band; Diplomarbeit, Inst. f. HF-Technik, Universität Hannover, 1981

[83] Janssen, W., Hohlleiter und Streifenleiter; Hüthig-Verlag, 1977

[84] John, Grundlagen und Bauteile der Mikrowellentechnik; Vorlesungsmitschrift an der TU Berlin, 1972

[85] Levy, R., Analysis and synthesis of waveguide multiaperture directional couplers; IEEE Trans. MTT-16, 1968

[86] Levy, R., Improved single and multiaperture waveguide coupling theory, including explanations of mutual interactions; IEEE Trans. MTT-28, 1980

[87] Schelkunoff, S. A., Electromagnetic waves; D. Van Nostrand Co., New York. 1943

[88] Walker, R. M., Waveguide Impedance – Too Many Definitions; Electronic Communicator, April 1966

[89] Bräckelmann, W., Hess, H., Die Berechnung von Filtern und 3dB-Kopplern für die H_{m0}-Wellen im Rechteckhohlleiter, AEÜ, Band 22, März 1968, Heft 3

[90] Jaumann, A., Ringfilter als Frequenzweichen für den Millimeter-Wellenbereich; NTZ, 1963, Heft 6

[91] Tajima, Y., Sawayama, Y., Design and Analysis of a Waveguide-Sandwich Microwave Filter; IEEE Trans-MTT, Sept. 74

[92] Konishi, Y., Uenakada, K., The Design of a Bandpass Filter with Inductive Strip-Planar Circuit Mounted in Waveguide; IEEE Trans. MTT, Oct. 1974

[93] Taub, J. J., Sleven, R. L., Design of Band-Stop Filters in the Presence of Dissipation; IEEE Trans. MTT, Sept. 1965

[94] Moove, B. D., Cogdell, J. R., A Millimeter-Wave Directional Filter Cavity; IEEE Trans. MTT, Nov. 1976

[95] Craven, G. F., Mok, C. K., The Design of Evanescent Mode Waveguide Bandpass Filters for a Prescribed Insertion Loss Characteristic; IEEE Trans. MTT, March 1971

[96] Chen, T.-S., Harrison, N. J., Characteristics of Waveguide Resonant-Iris Filters; IEEE Trans. MTT, April 1967

[97] Rhodes, J. D., The Design and Synthesis of a Class of Micrwave Bandpass Linear Phase Filters; IEEE Trans. MTT, April 1969

[98] Rhodes, J. D., Waveguide sandwich Filters; IEEE Trans. MTT, April 1974

[99] Young, L., Matthaei, G. L., Jones, E. M., Microwave Band-Stop Filters with narrow Stop Bands; IEEE Trans. MTT, Nov. 1962

[100] Kühn, E., Microwave bandpass filters consisting of rectangular waveguides with 1-dimensional offsets; Internat. J. Circuit Theory and Appl. 6, 1978

[101] Matthaei, G. L., Young, L., Jones, E. M., Microwave filters, impedance-matching networks, and coupling structures; McGraw Hill Book Co., New York, 1964

[102] Büchs, J.-D., Reflexionsphasenumschalter für PSK-Richtfunksysteme; Wissenschaftliche Berichte AEG-Telefunken, 48, 1975, 1

[103] Ohm, G., Alberty, M., 11-GHz MIC QPSK Modulator for Regenerative Satellite Repeater; IEEE Trans. MTT, Nov. 1982

[104] Büchs, J.-D., Geidel, W., Zimmer, W., Ein verlustarmer Reflexionsphasenmodulator für Vierphasenumtastung im 15-GHz-Bereich; Frequenz, 30, 1977, 3

[105] Renz, E., PIN- und Schottky-Dioden; Hüthig-Verlag, 1975

[106] Geißler, R., Reflection Phase Shifter; United States Patent, No. 4,613,835, 23. 09. 1986, Canadian Patent, No. 1232036, 26. 01. 1988 European Patent, No. 0163005, 27. 04. 1988

[107] Collin, R. E., The Optimum Tapered Transmission Line Matchin Section; Proc. IRE, April 1956

[108] Klopfenstein, R. W., A Transmission Line Taper of Improved Design; Proc. IRE, Januar 1956

[109] Matsumaru, K., Reflection Coefficient of E-Plane Tapered Waveguides; IRE Trans. on Microw. Th. and Techn., April 1958

[110] Rubin, D., Wide-Bandwidth Millimeter-Wave Gunn Amplifier in Reduced-Height Waveguide; IEEE Trans. MTT, Oct. 1975

[111] Bolinder, F., Fourier transforms in the theory of inhomogeneous transmission lines; Trans. Roy. Inst. Tech., Stockholm, No. 48, 1951

[112] Eisenhardt, R. L., Khan, P. J., Theoretical and experimental analysis of a waveguide mounting structure; IEEE Trans. MTT, August 1971

[113] Roe, J. M., Rosenbaum, F. J., Characterization of Packaged Microwave Diodes in Reduced-Height-Waveguide; IEEE Trans-MTT, Sept. 1970

[114] Houlding, N., Measurement of varactor quality; Microwave J., Januar 1960

[115] Deloach, B. C., A new microwave measurement technique to characterize diodes and an 800 Gc cutoff frequency varactor at zero volts bias; IEEE Trans. MTT, Jan. 1964

[116] Geißler, R., Ein Meßverfahren für die dynamische Güte von Varaktoren im mm-Wellengebiet; Mikrowellenmagazin, Vol. 9, No. 3, 1983

[117] Kühn, E., Exact calculation and some applications of the equivalent networks of open E-plane T-junctions; Proc. Fifth Colloquium on Microwave Communication, Budapest, 1974, Vol. IV

[118] Geißler, R., Ein- und Zweiseitenbandrauschzahl von Meßobjekten im Mikro- und Millimeterwellengebiet; NTZ, Band 37, 1984

[119] Van Heuven, J. H. C., PIN-Schaltdioden in Phasenschiebern für elektronisch gesteuerte Antennen; Philips Technische Rundschau, 1971/72, Nr. 9/10/11/12

[120] Cohn, S. B., Slotline on a dielectric substrate; IEEE Trans. MTT-17, 1969

[121] Hofmann, H., Fin-line dispersion; Electronics Letters, 12, 1976

[122] Hofmann, H., Dispersion of planar waveguides for mm-wave applications; AEÜ, 31, 1977

[123] Schmidt, L.-P., Itoh, T., Hofmann, H., Characteristics of unilateral fin-lines structures with arbitrarily located slots; IEEE Trans. MTT-29, 1981

[124] Schmidt, L.-P., Menzel, W., Berechnung der Leitungsparameter quasiplanarer Wellenleiter für integrierte Millimeter-Schaltungen; Wiss. Berichte AEG-Telefunken, 54, 1981

[125] Solbach, K., The status of printed mm-wave E-plane circuits; IEEE Trans. MTT-31, 1983

[126] Meinel, H., Callsen, H., Fin-line PIN-diode attenuators and switches for the 94 GHz range; Electronics Letters, 18, 1982

[127] Menzel, W., Callsen, H., Integrated fin-line components and subsystems at 60 and 94 GHz; IEEE Trans. MTT-31, 1983

[128] Begemann, G., An X-Band balanced fin-line mixer; Symp. Dig., MTT-S, Ottawa, 1978

[129] Menzel, W., Callsen, H., 94-GHz balanced fin-line mixers; Electronics Letters, 18, 1982

[130] Saad, A. M. K., Schünemann, K., Design and performance of fin-line bandpass filters; 9th EuMC, 1979

[131] Arndt, F. u. a., Theory and design of low-insertion loss fin-line filters; IEEE Trans. MTT-30, 1982

[132] Chye, P. W., Huang, C., Quarter Micron Low Noise GaAs FET's. IEEE Electron Device Letters, Vol. EDL-3, 1982

[133] Thill, R. W., Kennan, W., Osbrink, N. K., A Low-Noise GaAs FET Preamplifier for 21 GHz Satellite Earth Terminals; Microwave Journal, March 1983

[134] Weinreb, S., Low-Noise Cooled GASFET Amplifiers; IEEE Trans. MTT-28, 1980

[135] Hauth, W., Planarer Gegentaktmischer auf Al_2O_3-Substrat für den 20 GHz-Bereich; Frequenz 35, 1981, 2

[136] Super-Compact; Computerprogramm zur Analyse, Synthese und Optimierung von HF-Schaltungen

[137] Geißler, R., Mikrowellenverstärker in planarer Leitungstechnik mit einem Feldeffekttransistor; Deutsches Patent, Nr. P3327186.0-31, 22. 11. 84

[138] Slaymaker, N. A., Soares, R. A., Turner, J. A., GaAs MESFET Small-Signal X-Band Amplifiers; IEEE Trans. MTT-24, 1976

[139] Heilmann, A., Antennen I; Bibliographisches Institut, 1970

[140] Heilmann, A., Antennen II; Bibliographisches Institut, 1970

[141] Hütte, Die Grundlagen der Ingenieur-Wissenschaften; Springer-Verlag, 1989

[142] Kraus, J. D., Antennas; McGraw-Hill Book Company, 1950

[143] Fränz, K., Lassen, H., Antennen und Ausbreitung; Springer-Verlag, 1956

[144] Rothammel, K., Antennenbuch; Militärverlag der DDR, 1989

[145] Stirner, E., Antennen (Band 1); Hüthig-Verlag, 1984

[146] Stirner, E., Antennen (Band 2); Hüthig-Verlag, 1986

[147] Meinke, H., Gundlach, F. W., Taschenbuch der Hochfrequenztechnik; Springer-Verlag, 1962

[148] Vilbig, F., Lehrbuch der Hochfrequenztechnik (Band I), Akademische Verlagsgesellschaft, 1960 ·

[149] Simonyi, K., Theoretische Elektrotechnik; VEB Deutscher Verlag der Wissenschaften, 1971

[150] Carrel, R., The design of log-periodic dipole antennas; IRE int. conc. Rec., 1961

[151] Ajsenberg, G. S., Kurzwellen-Antennen; Fachbuchverlag, 1954

[152] Kreth, H., Programmieren von Taschenrechnern; Vieweg-Verlag, 1983

[153] Baumann, E., Grundschaltungen mit Transistoren; Verlag ETH Zürich, 1972

[154] Limann/Pelka, Fernsehtechnik ohne Ballast; Franzis München, 1988

Sachwortverzeichnis